普通高等教育"十一五"国家级规划教材·辅导教材
北京高等教育精品教材·辅导教材
高等院校精品教材系列

理论力学学习指导与题解

白若阳　水小平　刘海燕　编著

电子工业出版社
Publishing House of Electronics Industry
北京·BEIJING

内 容 简 介

本书是与全国优秀教师和北京市教学名师水小平教授编著的《理论力学教程》配套的教学参考、学习辅导与考研指导用书。

本书按照主教材的体系结构顺序编写，对每章的教学内容和重点、难点做了简洁、清晰、深入的归纳与总结，且在某些阐述方面比主教材还有所提高；对部分概念性较强的思考题和比较典型或综合性较强的习题给予了详细解答，大多数题目还给出了一题多解，在所有选解习题的后面都附有关于分析思路、解题关键、易犯错误、拓展问题的"解析"，目的是帮助读者加深对基本概念和基本理论的理解，加强对解题的基本方法和技巧的掌握，着力培养分析问题和综合解决问题的能力，进而提高学习能力、工程应用能力和应试水平，进一步拓宽视野，激发创新思维。另外，本书还附有6套自测题，以便读者自行检验和总结对理论力学知识的掌握情况。

本书继承了主教材的风格特点，结构严谨、层次分明、内容丰富、深入浅出、通俗易懂，可与主教材配套使用，是高等院校理工科相关专业本科生的学习和应试指导书，同样适合高职高专、自学考试和成人教育的学生在学习提高时使用，也可作为研究生入学考试的复习、青年教师的教学及工程技术人员的应用的参考书独立使用。

未经许可，不得以任何方式复制或抄袭本书之部分或全部内容。
版权所有，侵权必究。

图书在版编目（CIP）数据

理论力学学习指导与题解/白若阳，水小平，刘海燕编著．— 北京：电子工业出版社，2014.3
高等院校精品教材系列
ISBN 978-7-121-22552-9

I．①理⋯　II．①白⋯②水⋯③刘⋯　III．①理论力学－高等学校－教学参考资料　IV．①O31

中国版本图书馆 CIP 数据核字（2014）第 037901 号

策划编辑：余　义
责任编辑：余　义
印　　刷：北京七彩京通数码快印有限公司
装　　订：北京七彩京通数码快印有限公司
出版发行：电子工业出版社
　　　　　北京市海淀区万寿路 173 信箱　　邮编：100036
开　　本：787×1092　1/16　印张：23.5　字数：602 千字
版　　次：2014 年 3 月第 1 版
印　　次：2025 年 7 月第 17 次印刷
定　　价：49.00 元

凡所购买电子工业出版社图书有缺损问题，请向购买书店调换。若书店售缺，请与本社发行部联系，联系及邮购电话：(010) 88254888，88258888。
质量投诉请发邮件至 zlts@phei.com.cn，盗版侵权举报请发邮件至 dbqq@phei.com.cn。
本书咨询联系方式：(010) 88254556，zhaoys@phei.com.cn。

前　　言

　　理论力学是一门理论性、系统性和灵活性都很强的技术基础课，是力学类、航空类、航天类、机械类、材料类、能源类、动力类、土建类、船舶类、水利类等专业的必修课。大多数授课教师认为这门课不容易讲透，要使学生全面掌握解题方法就更难。很多学生对这门课有一种共同的感觉，那就是"听懂容易，做题难，而且很容易做错"，有的甚至于对考试产生了畏难情绪。为了帮助读者更好地学习理论力学，我们在总结自己丰富的教学经验和对课程多年的研究成果的基础上，精心编写了这本《理论力学学习指导与题解》，相信能够对学生的课程学习及考研提供有力帮助，希望对青年教师的备课也有参考价值。

　　本书与全国优秀教师、第三届北京市高等学校教学名师奖获得者水小平教授编著的普通高等教育"十一五"国家级规划教材和北京高等教育精品教材——《理论力学教程》（电子工业出版社）相配套，并按照主教材的体系结构顺序编写。"内容提要"对本章知识进行了系统梳理，以提纲挈领的形式列出该章的基本概念、基本原理和基本公式及相关的物理意义，尽可能采用表格对教学内容进行归纳和提炼，使读者容易发现知识的内在联系和发展变化，系统地掌握本章的知识体系和主要内容；在相关知识的后面，对重点进行了强调，对难点进行了剖析，给出了学习和解题时应注意的事项，并在某些阐述方面比主教材还有所提高，以方便读者更好复习和深入理解。"思考题及解答"精选了主教材中概念性较强和具有启发性的思考题，并给予了详细解答，以帮助读者掌握容易混淆或易于错误理解的概念，并将重要概念的理解引向深入。"习题及解答"精选了主教材中比较典型或综合性较强的习题，并给予了详细解答，使读者领会正确的解题思路、基本的分析方法、规范化的解题步骤和灵活的计算技巧，将概念分析和问题求解有机结合，大多数题目还给出了一题多解，以增强学生分析问题的能力、灵活运用知识的能力和发散思维的能力；在所有选解习题的后面都附有"解析"，有的特别点明解题的关键，有的详细点出学生在解题中容易混淆的概念或容易忽略的问题，有的明确指出初学者常犯的错误及其根源，有的对相关问题展开了进一步的分析与讨论，让读者加深、加宽对问题本质的理解，以启迪读者的思维，进一步开阔视野，达到深入理解课程内容和有效提高解题能力的目的，起到触类旁通、举一反三的作用。另外，还附有6套自测题（均选自北京理工大学历届理论力学课程期末考试题，所有考试题均是课程组教师自编题目），以便读者自行检验和总结对理论力学知识的掌握情况。

　　本书的"内容提要"部分由水小平教授精心编写，白若阳副教授参与了部分工作；"思考题及解答"和"习题及解答"部分先由白若阳副教授认真编写，水小平教授再进行细致修改并做了进一步的完善；刘海燕副教授仔细校核了全书内容和所有思考题和习题的解答。工程力学课程组的韩斌、廖力、秦晓桐、张强、李海龙、赵希淑等老师在本书的编写过程中也参与了部分工作。

　　本书在编写过程中得到北京理工大学各级领导的关心和支持，也得到了宇航学院力学系许多教师，尤其是工程力学课程组全体教师的鼓励和帮助。首届高等学校国家级教学名师奖获得者梅凤翔教授对书稿进行了详细审阅，并提出了许多宝贵意见。电子工业出版社对本书的出版提供了热情帮助和大力支持。在此，作者一并表示诚挚的感谢。

　　由于作者的水平有限，书中疏漏、欠妥和有误之处在所难免，恳请读者批评指正。

白若阳　水小平　刘海燕
2013年12月

目 录

第一篇 运 动 学

第1章 运动学基础 … 2
- 1.1 内容提要 … 2
  - 1.1.1 参考体、参考系和运动学的研究任务 … 2
  - 1.1.2 约束及其分类 … 2
  - 1.1.3 刚体运动的分类 … 2
  - 1.1.4 机构、广义坐标、自由度 … 3
  - 1.1.5 点的一般运动及其描述方法 … 3
  - 1.1.6 刚体的基本运动及其描述方法 … 4
- 1.2 思考题及解答 … 5
- 1.3 习题及解答 … 6

第2章 刚体的平面运动 … 10
- 2.1 内容提要 … 10
  - 2.1.1 刚体平面运动研究的简化和运动方程 … 10
  - 2.1.2 平面运动刚体的角速度 ω 和角加速度 α … 10
  - 2.1.3 速度分析 … 11
  - 2.1.4 加速度分析 … 12
- 2.2 思考题及解答 … 15
- 2.3 习题及解答 … 24

第3章 复合运动 … 48
- 3.1 内容提要 … 48
  - 3.1.1 点的复合运动基本概念 … 48
  - 3.1.2 点的速度合成定理 … 49
  - 3.1.3 点的加速度合成定理 … 49
  - 3.1.4 动点和动系的选取原则 … 50
  - 3.1.5 平面运动刚体的复合运动 … 51
- 3.2 思考题及解答 … 51
- 3.3 习题及解答 … 56

第二篇 静 力 学

第4章 静力学基本概念 … 106
- 4.1 内容提要 … 106
  - 4.1.1 力的概念、力与力矩的计算方法 … 106
  - 4.1.2 力偶和力偶矩 … 108
  - 4.1.3 力系的特征量 … 108
  - 4.1.4 力系平衡的基本公理 … 108
  - 4.1.5 力和力偶矩的平行四边形法则 … 108
  - 4.1.6 约束与约束力 … 109
  - 4.1.7 受力分析与受力图 … 109
- 4.2 思考题及解答 … 110
- 4.3 习题及解答 … 115

第5章 力系的简化 … 123
- 5.1 内容提要 … 123
  - 5.1.1 力系的简化定义 … 123
  - 5.1.2 力的平移定理 … 123
  - 5.1.3 力系向一点简化 … 123
  - 5.1.4 平行力系的中心与刚体的重心 … 124
  - 5.1.5 分布载荷的简化 … 125
- 5.2 思考题及解答 … 126
- 5.3 习题及解答 … 132

第6章 力系的平衡 … 143
- 6.1 内容提要 … 143
  - 6.1.1 平衡力系、平衡条件和平衡方程 … 143
  - 6.1.2 物体的平衡和物系的平衡 … 144
  - 6.1.3 静定和超静定（静不定） … 144
  - 6.1.4 物系平衡问题的求解 … 144
  - 6.1.5 平面桁架 … 145
  - 6.1.6 摩擦 … 146
- 6.2 思考题及解答 … 148
- 6.3 习题及解答 … 158

第三篇 动　力　学

- 第7章 动力学基础 ················194
  - 7.1 内容提要 ··················194
    - 7.1.1 惯性参考系中的质点动力学 ···194
    - 7.1.2 非惯性参考系中的质点动力学 ··195
    - 7.1.3 质点系质量分布的特征量 ······195
  - 7.2 思考题及解答 ···············196
  - 7.3 习题及解答 ···············203
- 第8章 动能定理 ·················218
  - 8.1 内容提要 ··················218
    - 8.1.1 动能 ·················218
    - 8.1.2 力的功 ···············218
    - 8.1.3 势力场和势能 ···········219
    - 8.1.4 动能定理及机械能守恒定律 ···219
  - 8.2 思考题及解答 ···············221
  - 8.3 习题及解答 ···············226
- 第9章 动量定理 ·················237
  - 9.1 内容提要 ··················237
    - 9.1.1 动量和动量矩的计算 ·······237
    - 9.1.2 质点系的动量定理及动量守恒定律、质点系质心运动定理及质心运动守恒定律 ···············238
    - 9.1.3 质点系的动量矩定理及动量矩守恒定律 ···············238
    - 9.1.4 平面运动刚体的动力学方程（运动微分方程）··········240
    - 9.1.5 碰撞 ·················241
  - 9.2 思考题及解答 ···············243
  - 9.3 习题及解答 ···············251
- 第10章 达朗贝尔原理 ···············281
  - 10.1 内容提要 ·················281
    - 10.1.1 质点惯性力的定义 ········281
    - 10.1.2 达朗贝尔原理 ···········281
    - 10.1.3 刚体上惯性力系的简化 ····281
    - 10.1.4 解决动力学问题的动静法 ···283
    - 10.1.5 达朗贝尔原理与动量原理的关系及其特点 ···············283
    - 10.1.6 定轴转动刚体的轴承动约束力 ···284
    - 10.1.7 动平衡与静平衡 ·········284
  - 10.2 思考题及解答 ·············284
  - 10.3 习题及解答 ··············289
- 第11章 虚位移原理 ················314
  - 11.1 内容提要 ·················314
    - 11.1.1 约束方程及其分类 ·······314
    - 11.1.2 虚位移 ··············314
    - 11.1.3 虚功与理想约束 ········315
    - 11.1.4 虚位移原理 ···········316
    - 11.1.5 用广义力表示质点系的平衡条件 ···············316
    - 11.1.6 单自由度有势系统的平衡稳定性 ···············317
    - 11.1.7 求解静力学问题的虚位移原理与力系平衡法的比较 ········317
  - 11.2 思考题及解答 ·············318
  - 11.3 习题及解答 ··············323
- 第12章 动力学普遍方程和第二类拉格朗日方程 ···················338
  - 12.1 内容提要 ·················338
    - 12.1.1 动力学普遍方程（达朗贝尔-拉格朗日原理）·········338
    - 12.1.2 第二类拉格朗日方程 ·····338
    - 12.1.3 有势（保守）系统第二类拉格朗日方程的首次积分 ······339
  - 12.2 思考题及解答 ·············340
  - 12.3 习题及解答 ··············344
- 附录A 自测题 ···················358
- 附录B 自测题参考答案 ············366
- 参考文献 ······················368

第一篇 运 动 学

  运动学是研究物体运动的几何性质的科学，也就是从几何学方面来研究物体机械运动的描述方法和各运动学量之间的相互关系，而不研究物体的运动原因。运动学虽然不深入研究物体机械运动的本质，却也有重大意义。首先，动力学问题的解决不能离开运动学，因为只有将物体的运动规律与运动学结合起来才能解决动力学问题；其次，在机构学中，常常需要研究某些部分的运动情况，以考察它是否能完成所规定的任务，这往往纯粹是运动学问题。这说明，运动学在理论力学中成为一个独立的部分，不仅为动力学打下坚实基础，而且它本身也能直接应用于工程实际。从力学的发展史来看，运动学在 19 世纪，当工业上普遍使用机器时，由法国科学家安培建议独立成篇，以后它的发展与机构学的研究紧密地联系在一起。运动学研究的力学模型是点和刚体（其上任意两点之间的距离永远保持不变的物体），即运动学包括点的运动学和刚体运动学两个部分。

第1章 运动学基础

1.1 内容提要

1.1.1 参考体、参考系和运动学的研究任务

为了描述运动,必须首先确定某个不变形的物体为参照物,这个参照物就称为参考体。为了运动描述定量化,一般在参照物上固连某一坐标系,这个坐标系就称为参考系。描述质点或刚体相对于参考系位置的参量就是坐标。在运动学中,不考虑运动的原因,只是从几何的角度给出物体运动的描述方法,在给定独立运动的情况下,建立非独立运动与独立运动的关系。或者说,运动学是研究物体运动的几何性质,就是在独立运动给定的情况下,确定质点或刚体的坐标、点的速度和加速度、刚体的角速度和角加速度。

1.1.2 约束及其分类

事先给定的限制物体运动的条件称为约束。按照约束的不同特点,可将约束分为不可伸长的柔性体约束(只限制物体沿柔性体伸长方向的运动)、光滑面约束(只限制物体沿接触处公法线进入约束面的运动)、光滑圆柱铰链约束(相连的两物体只允许发生绕销钉轴线的相对定轴转动)、光滑固定铰支座约束(与之相连的物体只能绕固定支座作定轴转动)、光滑活动铰支座约束(与光滑面约束的性质一致)、光滑球铰链支座约束(与之相连物体上圆球中心受固定球窝的限制不能发生位移,但该物体可作任何方向的转动)、固定端约束(与之相连的物体在接触处既不能发生任何线位移,也不能发生任何角位移)和链杆约束(与之相连物体的连接点不能发生使链杆伸长或缩短方向的任何位移)等。

1.1.3 刚体运动的分类

1. 刚体的平移

刚体运动时,若其上的任一直线永远平行于其初始位置,则称刚体作平移运动,简称平移或平动。刚体平移时,其上各点轨迹相同,当轨迹为直线时称为直线平移,当轨迹为曲线时称为曲线平移,圆弧平移是曲线平移的特殊情况。平移刚体的角速度和角加速度恒为零。在任一瞬时,平移刚体上各点的速度相同,加速度也相同,因此,描述刚体的平移运动可简化为刚体上任一点的运动,或者说,刚体平移时可归纳为点的运动。

2. 刚体的定轴转动

刚体运动时,若其上或其延拓部分上有且只有一条直线始终固定不动,则称刚体作定轴转动。作定轴转动的刚体,其上各点均在垂直于转动轴的平面内作圆周运动。

3. 刚体的平面运动

刚体运动时,其上任一点与某固定平面的距离始终保持不变,则称刚体作平面运动。作平面运动的刚体,其上各点都在平行面内运动,即各点的轨迹都为平面曲线(直线为其特殊情况),刚体上与

这个固定平面平行的同一截面上各点的轨迹、速度、加速度一般都不相同，但刚体上垂直于这个固定平面的同一直线上各点的轨迹形状、速度、加速度却一定相同。

4. 刚体的定点运动

刚体运动时，若其上或其延拓部分上有且只有一个点固定不动，则称刚体作定点运动。

5. 刚体的一般运动

刚体运动时，若刚体在空间的运动不受任何限制，即刚体在空间中可自由运动，则称刚体作一般运动。

1.1.4 机构、广义坐标、自由度

将各刚体在接触处施以一定形式的约束，可以实现某种预期运动的系统，称为机构，也称为机械系统。机构的位置总可以由某些独立的几何参数所确定，这些独立的几何参数称为机构的广义坐标。若系统所受的约束都是对坐标的限制，则这些独立几何参数的数目反映了系统能够自由运动的程度，称为机构的自由度数。对于给定机构，其自由度数是确定的，而其广义坐标的选择可以采用不同的方案。对于同一机构、不同广义坐标的选择，对其运动描述的难易程度会有一定的不同。定轴转动刚体的自由度数为 1，平移刚体的自由度数为 1~3，一般平面运动刚体（非平移和非定轴转动的平面运动刚体）的自由度数为 1~3。

1.1.5 点的一般运动及其描述方法

研究点的一般运动，就是要研究点的运动几何性质，即研究点的几何位置随时间的变化规律。常用的方法有：

1. 矢径法

点的矢径形式的运动方程即将所研究的点 M 相对于参考空间某固定点 O 的矢径表示为时间的函数，即 $\vec{r} = \overrightarrow{OM} = \vec{r}(t)$，于是，点的速度为 $\vec{v} = \dfrac{\mathrm{d}\vec{r}(t)}{\mathrm{d}t} = \dot{\vec{r}}(t)$，点的加速度为 $\vec{a} = \dfrac{\mathrm{d}\vec{v}(t)}{\mathrm{d}t} = \dot{\vec{v}} = \ddot{\vec{r}}(t)$。[①]

2. 直角坐标法

若在参考空间的某固定点 O 处建立与参考空间固连的直角坐标系 $Oxyz$，则

$$\vec{r}(t) = x(t)\vec{i} + y(t)\vec{j} + z(t)\vec{k}, \quad \vec{v}(t) = \dot{x}(t)\vec{i} + \dot{y}(t)\vec{j} + \dot{z}(t)\vec{k}, \quad \vec{a}(t) = \ddot{x}(t)\vec{i} + \ddot{y}(t)\vec{j} + \ddot{z}(t)\vec{k}$$

3. 自然坐标法（弧坐标法）

对于非自由质点 M，当已知其运动轨迹的曲线方程时，为确定该动点的运动，可在轨迹上选择一点 O 为原点，某一侧为正向，原点 O 至动点 M 的弧长 $s = \overparen{OM}$ 为坐标，称为弧坐标或自然坐标，动点 M 在每一瞬时的位置可由其弧坐标唯一确定 $s = s(t)$，它是一个代数量。以该动点为原点建立自然轴系，沿坐标轴的三个基矢量分别为 $\vec{e}_\mathrm{t}$（轨迹切向，并沿弧坐标的正向）、$\vec{e}_\mathrm{n}$（轨迹主法向，指向曲率中心）和 $\vec{e}_\mathrm{b}$（轨迹副法向），且有 $\vec{e}_\mathrm{b} = \vec{e}_\mathrm{t} \times \vec{e}_\mathrm{n}$，则点的速度和加速度在自然轴系中的表示式为

$$\vec{v} = v\vec{e}_\mathrm{t}, \quad v = \dot{s} \ ; \quad \vec{a} = \frac{\mathrm{d}\vec{v}}{\mathrm{d}t} = \frac{\mathrm{d}(v\vec{e}_\mathrm{t})}{\mathrm{d}t} = \dot{v}\vec{e}_\mathrm{t} + \frac{v^2}{\rho}\vec{e}_\mathrm{n}$$

或

$$\vec{a} = \vec{a}_\mathrm{t} + \vec{a}_\mathrm{n}, \quad \vec{a}_\mathrm{t} = a_\mathrm{t}\vec{e}_\mathrm{t}, \quad \vec{a}_\mathrm{n} = a_\mathrm{n}\vec{e}_\mathrm{n}, \quad a_\mathrm{t} = \dot{v} = \ddot{s}, \quad a_\mathrm{n} = \frac{v^2}{\rho} = \frac{\dot{s}^2}{\rho}$$

[①] 由于学生在习题解答过程中通常用手书写，故为了便于学生区别与表达矢量，本书中的矢量均采用加箭头的手书表达方式，而非黑斜体——编者注。

式中，$\vec{a}_t$ 为切向加速度，表示速度大小的变化率；$\vec{a}_n$ 为法向加速度，表示速度方向的变化率。当 $\vec{a}_t \cdot \vec{v} > 0$ 时为加速运动，当 $\vec{a}_t \cdot \vec{v} < 0$ 时为减速运动，当 $\vec{a}_t = 0$ 时为匀速运动。$\vec{a}_n$ 总是指向该点所处位置的曲率中心（即指向曲线内凹的一侧）。需要注意的是，自然轴系只表示轨迹曲线在指定点的走向，任一瞬时都随点的运动而改变，因而并无坐标的意义。

建立点的运动方程的关键，是要选择合适的坐标系，并将点置于一般位置时来列写。同时必须注意，无论使用哪种坐标，一定要先确定坐标原点及坐标正向，一般在图中标出。

在上述三种描述点的运动方法中，矢径法表达形式简单，适用于理论推导；而具体计算时采用直角坐标法和自然坐标法。直角坐标法从点在空间中的三个直角坐标随时间的变化情况来分析点的运动，用于点的轨迹未知或已知的情况；自然坐标法结合点的轨迹的几何性质分析点的运动，其物理意义明确，如果点的运动轨迹已知，且弧长随时间的变化规律也已知，一般采用自然坐标法。当点的轨迹未知，仍使用点的速度沿轨迹的切线方向及切向和法向加速度的概念，同一点速度和加速度在直角坐标系和自然轴系下求得的大小和方向必然是一致的。

当已知与机构自由度数相等的独立运动，即已知机构的整体运动情况，求解机构上某点在给定位置的速度、加速度及曲率半径这类问题时，应先将机构放置于一般位置（通常将所研究的点放置于直角坐标系的第一象限内或弧坐标的正向），选择决定机构位置的广义坐标（通常为构件上某固连直线与参考空间某固定方向的夹角 φ 或参考空间中某固定点至某动点的位移 x），根据几何关系和机构已知的运动条件，求出广义坐标对时间的一阶、二阶导数的表达式，然后将所研究点的位置坐标表示为广义坐标的函数，得到其运动方程，再对运动方程求导，根据相关公式即得问题的一般解，最后将给定位置的已知值代入即可得到问题的答案。这种求解方法常称为解析法，其中 $\dot{\varphi}$、$\ddot{\varphi}$ 的正转向与 φ 正转向相同或 $\dot{x}$、$\ddot{x}$ 的正方向与 x 的正方向相同。若用运动方程在某一特定瞬时的具体值对时间求导或用速度在这一特定瞬时的具体值对时间求导都是错误的。

1.1.6 刚体的基本运动及其描述方法

1. 刚体的平移

设 A、B 为平移刚体上的任意两点，则 $\vec{r}_A = \vec{r}_B + \overrightarrow{BA}$（$\overrightarrow{BA}$ 为常矢量），$\vec{v}_A = \vec{v}_B$，$\vec{a}_A = \vec{a}_B$，因此，只要找出刚体上的某一个容易分析计算的特征点，通过研究该特征点的运动就可以求出平移刚体上各点的速度和加速度。当刚体为曲线平移时，其上点的加速度可分解为切向加速度和法向加速度，要注意区分圆弧平移刚体和定轴转动刚体的差别，即圆弧平移刚体既无角速度，也无角加速度，而定轴转动刚体一般既有角速度，又有角加速度。

2. 刚体的定轴转动

刚体定轴转动的运动方程：

$$\varphi = \varphi(t)$$

刚体的角速度矢量：

$$\vec{\omega} = \omega \vec{k}, \quad \omega = \dot{\varphi}$$

刚体的角加速度矢量：

$$\vec{\alpha} = \frac{d\vec{\omega}}{dt} = \frac{d\omega}{dt}\vec{k} = \alpha \vec{k}, \quad \alpha = \dot{\omega} = \ddot{\varphi}$$

刚体作定轴转动时，其角速度和角加速度是反映整个刚体转动性质的物理量，虽然其上点的轨迹为圆周运动，但由于点的运动只分为直线运动和曲线运动，点不是刚体，说明点无转动的概念，所以不能说"某点的角速度和角加速度"。

定轴转动刚体上的点 M 相对于转轴上某确定点 O 的矢径为 $\vec{r}$，则其速度与加速度的矢量表达式为
$$\vec{v} = \vec{\omega} \times \vec{r}, \quad \vec{a} = \vec{\alpha} \times \vec{r} + \vec{\omega} \times \vec{v}, \quad \vec{a}_t = \vec{\alpha} \times \vec{r}, \quad \vec{a}_n = \vec{\omega} \times \vec{v} = \vec{\omega} \times (\vec{\omega} \times \vec{r})$$

如果定轴转动刚体上某点 M 至转轴的垂直距离为 ρ，则该点的速度、切向加速度、法向加速度的大小分别为

$$v = \rho\omega, \quad a_t = \rho\alpha, \quad a_n = \rho\omega^2$$

即均与 ρ 成正比，由此可知：在刚体垂直于转轴的截面上，由转轴出发的同一直线上各点的速度分布呈直角三角形，如图 1-1 所示，而加速度分布呈锐角三角形，加速度 $\vec{a}$ 与该点至转轴的连线的夹角 θ 为

$$\theta = \arctan \frac{a_t}{a_n} = \arctan \frac{\alpha}{\omega^2}$$

对同一瞬时的不同点，θ 角都相同，如图 1-2 所示，且加速度矢量 $\vec{a}$ 到 $\overrightarrow{MO}$ 的转向与角加速度 α 的转向相同。

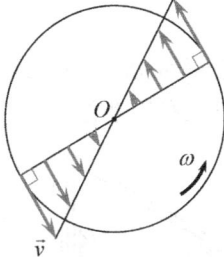
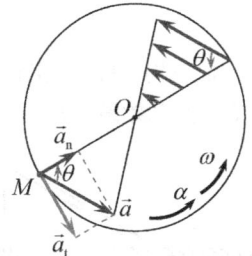

图 1-1　定轴转动刚体上点的速度分布规律　　　　图 1-2　定轴转动刚体上点的加速度分布规律

对于一些平移和定轴转动相结合的情况，要注意分析结合点的加速度，例如由皮带和定轴圆轮组成的传动系统中，皮带在直线段上的点的加速度和曲线段上的点的加速度是有区别的，在结合部位进入到曲线段后和脱离曲线段前是有法向加速度的，而在直线段中是没有法向加速度的。

1.2　思考题及解答

1-2　如果刚体上每一点轨迹都是圆，则该刚体一定作定轴转动吗？为什么？

解答：刚体上每一点轨迹都是圆，该刚体不一定作定轴转动。例如，某一刚体作平移运动，若其上某一点轨迹是圆，则其上所有点的轨迹都是圆，但该刚体不是作定轴转动，而是作圆弧平移运动。

1-3　若某刚体作平面运动，其上各点轨迹不相同，试问其上某点的轨迹为圆弧可能吗？试举例说明。

解答：某刚体作平面运动，其上各点轨迹不相同，但其上某一点的轨迹可能为圆弧。例如，一个在固定不动的圆弧凹面或圆弧凸面上作纯滚动的圆盘，其圆心点的轨迹为圆弧，但其他各点的轨迹都是各不相同的平面曲线。

1-5　如图所示，点 M 沿螺旋线自外向里运动，若它走过的弧长与时间的一次方成正比，试问该点速度大小的变化情况和该点加速度大小的变化情况。

解答：设 $s = kt$（k 为常数），则 $v = \dot{s} = k = \text{const}$，$a_t = \dfrac{dv}{dt} = 0$，

$a_n = \dfrac{v^2}{\rho} \neq \text{const}$。

思考题 1-5 图

即该点的速度大小不变,为匀速,切向加速度为零。法向加速度不为零,也不等于常数,当点 M 沿螺旋线自外向里运动时,ρ 越来越小,a_n 越来越大。也就是说,点 M 作匀速率曲线运动,但加速度却越来越大。

1-6 如图所示,点作曲线运动,已知点的加速度为常矢量,试问该点是否作匀变速运动?

解答:如解答图所示,设 $\vec{a}$ 与点 M 的运动速度方向的夹角为 φ,则 $a_t = a\cos\varphi$,在图中 φ 越来越小,a_t 越来越大,说明该点的速度大小越来越大,是加速运动,但不是匀加速运动。

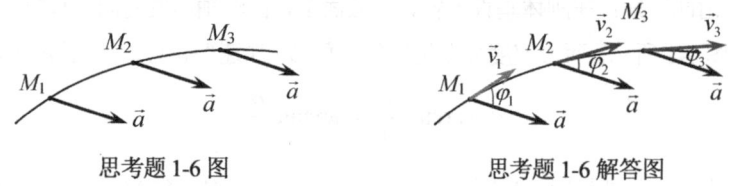

思考题 1-6 图 　　　　　　思考题 1-6 解答图

1.3 习题及解答

1-1 图示平面机构,杆 AB 沿铅垂导槽以匀速 $\vec{v}$ 向上运动,通过连杆 BC 带动滑块 C 沿水平直槽运动,若 $BC = l$,且初始瞬时 $\theta = 0°$,试求 $\theta = 30°$ 时,滑块 C 的速度和加速度。

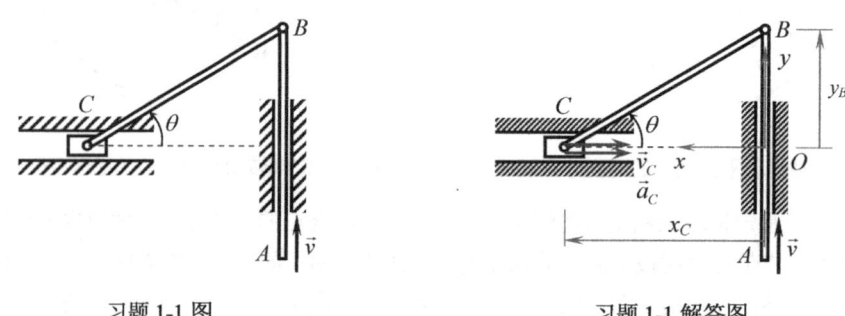

习题 1-1 图　　　　　　习题 1-1 解答图

解:建立如解答图所示的直角坐标系 Oxy,则

$$x_C = l\cos\theta, \quad y_B = vt = l\sin\theta, \quad v = \dot{y}_B = l\cos\theta \cdot \dot{\theta} \quad \Rightarrow \quad \dot{\theta} = \frac{v}{l\cos\theta}$$

$$v_C = -\dot{x}_C = l\sin\theta \cdot \dot{\theta} = l\sin\theta \cdot \frac{v}{l\cos\theta} = v\tan\theta \;(\rightarrow), \quad a_C = \dot{v}_C = \frac{v}{\cos^2\theta} \cdot \dot{\theta} = \frac{v^2}{l\cos^3\theta}$$

当 $\theta = 30°$ 时:$v_C = v\tan\theta\big|_{\theta=30°} = \frac{\sqrt{3}}{3}v \;(\rightarrow), \quad a_C = \frac{v^2}{l\cos^3\theta}\bigg|_{\theta=30°} = \frac{8\sqrt{3}v^2}{9l} \;(\rightarrow)$

解析:

(1)建立恰当的参考坐标系是解决问题的关键。本题中,点 C 作水平直线运动,点 B 作铅垂直线运动,注意到坐标原点不能运动,所以建立了固定直角坐标系 Oxy 为参考系,这样可方便地写出点 B、C 的直角坐标。

(2)由于 $\vec{v}_B$ 的方向与 y 轴正向相同,所以 $v_B = \dot{y}_B$;由于 $\vec{v}_C$ 的方向与 x 轴正向相反,所以 $v_C = -\dot{x}_C$;由于图示 $\vec{v}_C$ 与 $\vec{a}_C$ 的方向相同,所以 $a_C = \dot{v}_C$。

(3)若在滑块 C 上建立直角坐标系 Cxy(x 轴水平向右)并将 x_C 写成 $x_C = l\cos\theta$,则是错误的,因为点 C 是运动的,Cxy 不是大地上的固连坐标系,而是平移坐标系。

(4)可以在滑块 C 的初始位置(此时杆 CB 处于水平位置)处建立与大地固连的直角坐标系 C_0xy(x 轴水平向右),则此时 $x_C = l - l\cos\theta$,$v_C = \dot{x}_C$。

1-5 图示平面系统，套筒 A 由绕过定滑轮 B（大小不计）的不可伸长的绳索牵引而沿轨道上升，定滑轮 B 到导轨的水平距离为 l，铅垂绳索以等速 $\vec{v}$ 下拉，试求套筒 A 的速度和加速度与坐标 x 的关系。

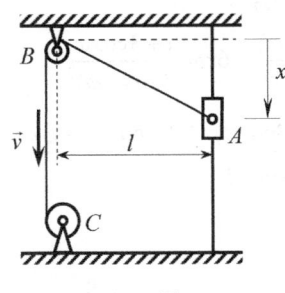

习题 1-5 图

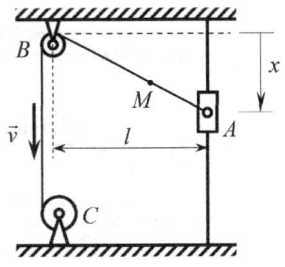

习题 1-5 解答图

解： 如解答图所示，设 $AB = s$，由几何关系知
$$s^2 = l^2 + x^2 \qquad (a)$$

式中，$s = l_0 - vt$（l_0 是 AB 段绳子的初始长度），所以
$$\dot{s} = -v, \quad v_{Ax} = \dot{x} = -v_A, \quad a_{Ax} = \dot{v}_{Ax} = \ddot{x} = -a_A = -\dot{v}_A$$

由式(a)得到
$$2s \cdot \dot{s} = 2x \cdot \dot{x} \quad \Rightarrow \quad v_A = -\dot{x} = \frac{s}{x}v = \frac{\sqrt{l^2+x^2}}{x}v \quad (\uparrow)$$

$$a_A = \dot{v}_A = \frac{\mathrm{d}}{\mathrm{d}t}\left(\frac{s}{x}v\right) = \frac{-vx - (s)\cdot\left(-\frac{s}{x}v\right)}{x^2}v = \frac{-vx^2 + s^2 v}{x^3}v = \frac{l^2}{x^3}v^2 \quad (\uparrow)$$

解析：

（1）由于所求数值 v_A、a_A 均大于 0，所以 $\vec{v}_A$、$\vec{a}_A$ 在图中所设方向与真实方向相同。

（2）当一个矢量的方向与坐标轴方向平行时，该矢量在该坐标轴上的投影（为代数量）与它的大小不一定是相等关系，本题中由于 $\vec{v}_A$、$\vec{a}_A$ 的方向均与 x 轴正向相反，所以 $v_A = -\dot{x}$，$a_A = -\ddot{x}$。由于 AB 段绳长是变短的，题中 v 是速度大小，所以 $\dot{s} = -v$。

（3）铅垂段绳子上各点速度大小都为 v；由于 AB 段绳子上各点的轨迹互不相同，所以其上各点速度的大小和方向都不相同，但其上各点速度在 $\overrightarrow{AB}$ 方向上的投影却相等，都等于 v。铅垂段绳子上各点加速度都为零，但 AB 段绳子上各点（B 点除外）的加速度却不等于零，它们的大小和方向也不相同，且在 $\overrightarrow{AB}$ 方向上的投影也不相等。以上结论可由点的速度和加速度在极坐标中的表示 $\vec{v}_M = \dot{\rho}\vec{e}_\rho + \rho\dot{\varphi}\vec{e}_\varphi$，$\vec{a}_M = (\ddot{\rho} - \rho\dot{\varphi}^2)\vec{e}_\rho + (\rho\ddot{\varphi} + 2\dot{\rho}\dot{\varphi})\vec{e}_\varphi$ 得到说明。其中，ρ 为点 B 至绳上确定点 M 的距离，$\vec{e}_\rho$ 为 $\overrightarrow{BM}$ 方向单位矢量，φ 为 $\overrightarrow{BM}$ 与铅垂向下方向的夹角，$\vec{e}_\varphi$ 为 $\vec{e}_\rho$ 逆时针转过 90° 所得方向的单位矢量。具体推导过程请读者自己完成。

1-8 图示为牛头刨床中的摇杆机构，曲柄 O_1A 以匀角速度 ω 绕轴 O_1 作顺时针转动，套筒 A 可沿摇杆 O_2B 滑动，并同时带动摇杆 O_2B 绕轴 O_2 摆动，O_1、O_2 处于同一铅垂直线上，固连于滑枕上的销钉 D 放置于摇杆 O_2B 的直槽内，已知 $O_1A = r$，$O_1O_2 = 3r$，滑枕到轴 O_2 的距离为 $6r$，$t = 0$ 时，$\varphi = 0$，试求任一瞬时，滑枕沿水平滑道运动速度和加速度。

解： 建立如解答图所示的直角坐标系 O_2xy。
由几何关系得到
$$x_D = 6r\tan\theta$$

其中
$$\tan\theta = \frac{O_1 A\sin\varphi}{O_1 O_2 + O_1 A\cos\varphi} = \frac{r\sin\varphi}{3r + r\cos\varphi} = \frac{\sin\varphi}{3 + \cos\varphi}$$

则
$$x_D = 6r\tan\theta = 6r\frac{\sin\varphi}{3+\cos\varphi} = \frac{6r\sin\varphi}{3+\cos\varphi}$$

$$v_D = \dot{x}_D = 6r\dot\varphi\frac{\cos\varphi(3+\cos\varphi)-\sin\varphi(-\sin\varphi)}{(3+\cos\varphi)^2} = 6r\omega\frac{1+3\cos\varphi}{(3+\cos\varphi)^2}$$

$$a_D = \dot{v}_D = 6r\omega\frac{-3\dot\varphi\sin\varphi(3+\cos\varphi)^2-(1+3\cos\varphi)\cdot 2(3+\cos\varphi)(-\dot\varphi\sin\varphi)}{(3+\cos\varphi)^4}$$

$$= 6r\omega^2\frac{(3\cos\varphi-7)\sin\varphi}{(3+\cos\varphi)^3}$$

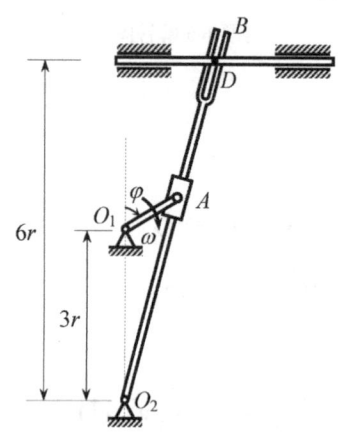

习题 1-8 图

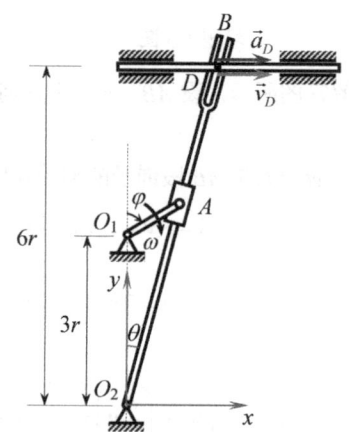

习题 1-8 解答图

解析：

（1）在滑枕上的销钉 D 相对于摇杆 O_2B 的直槽滑动，套筒 A 又沿摇杆 O_2B 有相对滑动，所以本问题属于双重复合运动问题。

（2）销钉 D 在作直线平移的滑枕上，销钉 D 的运动轨迹为水平直线，则销钉 D 的运动方程为 $x_D = f(t)$，$y_D = 0$。

（3）曲杆 O_1A 的角速度为 $\omega_{O_1A} = \dot\varphi = \omega$，转向为顺时针方向；摇杆 O_2B 的角速度为 $\omega_{O_2B} = \dot\theta = \left(\arctan\dfrac{\sin\varphi}{3+\cos\varphi}\right)' = \dfrac{1+3\cos\varphi}{(3+\cos\varphi)^2}\omega_{O_1A}$，从而建立了曲杆 O_1A 的角速度与摇杆 O_2B 的角速度之间的关系。请注意，不能直接对 $\omega_{O_2B} = \dfrac{1+3\cos\varphi}{(3+\cos\varphi)^2}\omega_{O_1A}$ 求时间的一阶导数而得到 $\alpha_{O_2B} = \dfrac{1+3\cos\varphi}{(3+\cos\varphi)^2}\alpha_{O_1A}$，因为 φ 是随时间变化的，$\dfrac{1+3\cos\varphi}{(3+\cos\varphi)^2}$ 也是时间的函数。

1-9 图示轮 I、II 的半径分别为 $r_1 = 15$ cm，$r_2 = 20$ cm，它们的中心分别铰接于杆 AB 的两端，两轮在半径 $R = 45$ cm 的固定不动的曲面上运动，在图示瞬时，点 A 的加速度大小为 $a_A = 120$ cm/s²，其方向与 OA 线成 60° 夹角，试求杆 AB 的角速度、角加速度及点 B 的加速度大小。

解：

1. 运动分析

如解答图所示，由于在运动过程中三角形 OAB 的形状保持不变，所以杆 AB 绕轴 O 作定轴转动。

圆轮 I 的中心点 A 作圆周运动（以点 O 为圆心，半径为 $R+r_1$）；圆轮 II 的中心点 B 作圆周运动（以点 O 为圆心，半径为 $R+r_2$）。

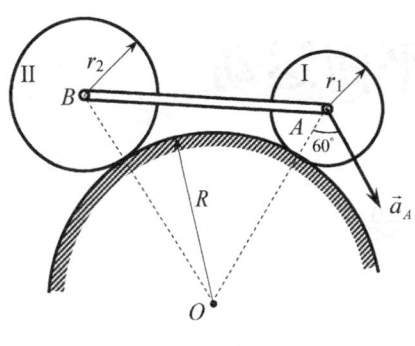

习题 1-9 图

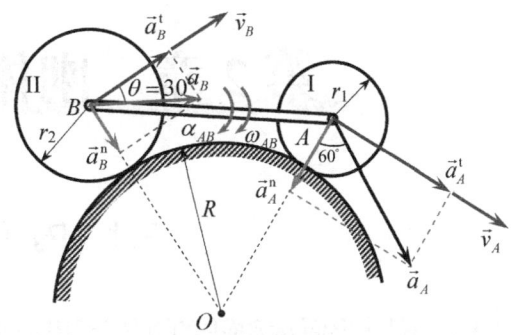

习题 1-9 解答图

2. 点 A 的速度与加速度

$$a_A^n = a_A \cos 60° = \frac{1}{2} a_A = \frac{v_A^2}{R+r_1} \quad \Rightarrow \quad v_A = \sqrt{(R+r_1)a_A^n} = \sqrt{\frac{1}{2}(R+r_1)a_A}$$

$$a_A^t = a_A \sin 60° = \frac{\sqrt{3}}{2} a_A$$

3. 杆 AB 的角速度及点 B 的速度

$$\omega_{AB} = \frac{v_A}{R+r_1} = \frac{\sqrt{\frac{1}{2}(R+r_1)a_A}}{R+r_1} = \sqrt{\frac{120}{2(45+15)}} = 1 \text{ rad/s （顺时针）}$$

$$v_B = (R+r_2)\omega_{AB} = (R+r_2)\sqrt{\frac{a_A}{2(R+r_1)}}$$

4. 杆 AB 的角加速度及点 B 的加速度

$$\alpha_{AB} = \frac{a_A^t}{R+r_1} = \frac{\sqrt{3}}{2} \cdot \frac{a_A}{R+r_1} = \frac{\sqrt{3}}{2} \cdot \frac{120}{45+15} = \sqrt{3} \text{ rad/s}^2 \text{ （顺时针）}$$

$$a_B^n = \frac{v_B^2}{R+r_2} = \frac{R+r_2}{R+r_1} \cdot \frac{a_A}{2}, \quad a_B^t = (R+r_2)\alpha_{AB} = \frac{\sqrt{3}}{2} \cdot \frac{R+r_2}{R+r_1} a_A$$

$$a_B = \sqrt{(a_B^n)^2 + (a_B^t)^2} = \frac{R+r_2}{R+r_1} a_A = \frac{45+20}{45+15} \times 120 = 130 \text{ cm/s}^2$$

$$\theta = \arctan \frac{a_B^n}{a_B^t} = \arctan \frac{\sqrt{3}}{3} = 30°$$

解析：

（1）轮 I 中心点 A 的运动轨迹为以点 O 为圆心、以 $R+r_1$ 为半径的圆周曲线；轮 II 中心点 B 的运动轨迹为以点 O 为圆心、以 $R+r_2$ 为半径的圆周曲线。换言之，杆 AB 上的两点 A、B 随杆 AB 作平面运动始终与点 O 的距离保持不变，所以杆 AB 上任意点与点 O 的距离也保持不变，可见杆 AB 绕轴 O 作定轴转动。或者想象将杆 AB 延拓为一个三角板 OAB，显然三角板 OAB 绕轴 O 作定轴转动。判断出杆 AB 作定轴转动是本题的求解关键。另外，此题中的两个圆轮在固定不动凸曲面上不一定作纯滚动。

（2）利用定轴转动刚体上点的速度的加速度的分布特征也可快速求出点 B 的速度和加速度，$v_B = \frac{OB}{OA} v_A$，方向垂直于 OB 向右；$a_B = \frac{OB}{OA} a_A$，$\vec{a}_B$ 与 $\overrightarrow{BO}$ 的夹角与 $\vec{a}_A$ 与 $\overrightarrow{AO}$ 的夹角相同，都为 60°。

第 2 章 刚体的平面运动

2.1 内 容 提 要

2.1.1 刚体平面运动研究的简化和运动方程

刚体运动时，若其上任一点与某个固定平面之间的距离始终保持不变，则称刚体作平面运动。刚体的平面运动可用其上与这个固定平面相平行的某一截面的平面图形在其自身所在平面内的运动来研究，这个平面图形可以按研究需要任意延拓，但其上任意两点之间的距离始终保持不变。该平面图形在其所处平面内的位置可由图形上任一直线 AB 的位置确定，若在平面图形所在平面上建立固定直角坐标系 Oxy，则直线 AB 的位置完全由点 A 的坐标和 AB 与 Ox 轴夹角确定（如图 2-1 所示），即刚体的平面运动方程为

$$\begin{cases} x_A = x_A(t) \\ y_A = y_A(t) \\ \varphi = \varphi(t) \end{cases}$$

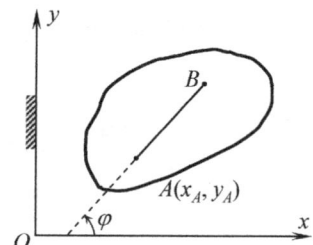

图 2-1 刚体平面运动的描述

显然，如果 φ 为常数，则刚体是平移；若 x_A 和 y_A 都为常数，则刚体作定轴转动，这说明，刚体的平面平移和定轴转动是平面运动的特殊情况，或者说，刚体的平面运动包含了平面平移和定轴转动两种基本运动形式。通常，将不是平面平移和定轴转动的平面运动称为一般平面运动。

2.1.2 平面运动刚体的角速度 ω 和角加速度 α

平面运动刚体的方位角 $\varphi = \varphi(t)$，即为其上任一直线 AB 与 x 轴夹角，一般规定由 Ox 轴正向转至 $\overrightarrow{AB}$ 方向为逆时针转向时为正。当然，也可以将 x 轴改为参考系中某个固定方向，也就是说，平面运动刚体上某固连直线与惯性空间某固定方向的夹角都可以称为平面运动刚体的方位角，由这个固定方向转至这条固连直线的转向称为方位角的转向。

平面运动刚体的角速度 ω：

$$\omega(t) = \dot{\varphi}(t) \quad \text{或} \quad \vec{\omega} = \omega\vec{k} = \dot{\varphi}\vec{k}$$

平面运动刚体的角加速度 α：

$$\alpha(t) = \dot{\omega}(t) = \ddot{\varphi}(t) \quad \text{或} \quad \vec{\alpha} = \alpha\vec{k} = \dot{\omega}\vec{k} = \ddot{\varphi}\vec{k}$$

平面运动刚体的角速度和角加速度是其方位角对时间 t 的一阶和二阶导数，它们的正转向与方位角的正转向一致，即平面运动刚体的角速度和角加速度的方向总是垂直于其平面图形所在的平面，一般以逆时针转向，即 z 轴正向为正。

必须注意，平面运动刚体的角速度和角加速度是描述刚体整体转动情况的运动量，即角速度和角加速度都是相对"体"而言的，在给定瞬时它们都是确定值，它们不需要转轴，只需要说明转向，这说明，平面运动刚体的角速度和角加速度都是自由矢量。而刚体上点的运动量是速度和加速度，点无

角速度和角加速度的概念。研究刚体的平面运动就是要建立其上"点"的运动量（速度、加速度）与"体"的运动量（角速度、角加速度）之间的关系。

2.1.3 速度分析

用几何法进行速度分析是研究某瞬时平面运动刚体上各点速度矢量应满足的几何关系，即速度分布规律，有三种方法：

1. 速度瞬心法

某一瞬时，当平面运动刚体的角速度不为零时，其上唯一存在速度等于零的点 P，称它为速度瞬心。平面运动刚体上各点的速度分布，可以看成该瞬时平面图形绕过速度瞬心 P 且垂直于运动平面的轴（速度瞬时转轴）作瞬时转动时图形上各点的速度分布，即 $\vec{v}_M = \vec{\omega} \times \overrightarrow{PM}$。必须注意，速度瞬心是该平面运动刚体上或其延拓部分上的点，在不同的瞬时平面运动刚体有不同的速度瞬心，因此，刚体的平面运动可以认为是绕一系列速度瞬心所作的瞬时转动。

使用速度瞬心法分析平面运动刚体上点的速度的前提是在各种情况下找到速度瞬心 P 的位置，表 2-1 提供了确定速度瞬心的基本方法。

表 2-1 确定速度瞬心 P 位置的基本方法

刚体沿固定表面作纯滚动	已知刚体上一点的速度 $\vec{v}_A$ 和刚体的角速度 ω	刚体上两点的速度方向不平行	刚体上两点的速度方向平行			
			两点速度与两点连线垂直，大小不等		两点速度矢量相等	
			两速度同向	两速度反向	与两点连线垂直	与两点连线不垂直
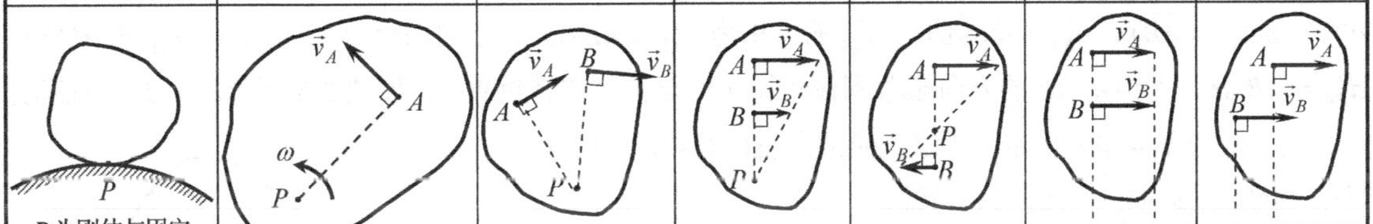 P 为刚体与固定表面的接触点	$PA = \dfrac{v_A}{\omega}$	P 为两点速度垂线的交点	P 为两点连线与两点速度矢端连线的交点		P 在无穷远处	
刚体瞬时转动					刚体瞬时平移	

表 2-1 说明，作一般平面运动的刚体，在某瞬时的运动不是瞬时转动就是瞬时平移，对于瞬时平移可以理解为速度瞬心在无穷远处。必须注意，速度瞬心的速度为零，但它的加速度却不为零，显然，定轴转动刚体转轴上的点的速度和加速度都为零，这说明速度瞬时转轴与定轴是不一样的。瞬时平移就是刚体瞬时不转，即该瞬时刚体的角速度 $\omega = 0$，但该瞬时刚体的角加速度 $\alpha \neq 0$，也就是说，在这之前和之后刚体都是有角速度的，瞬时平移刚体上各点的速度在该瞬时都相同，但其上各点的加速度在该瞬时却不相同，这与平移刚体既无角速度也无角加速度以及平移刚体上各点的速度和加速度在同一瞬时都相同是不一样的，所以，解题时"将平移写成瞬时平移"或"将瞬时平移写成平移"都是错误的。对于平面系统，每个作一般平面运动的刚体在同一瞬时都有自己的速度瞬心，即作平面运动的不同刚体，在同一瞬时，它们的速度瞬心也是不一样的。

2. 两点的速度关系（速度的基点法）

同一刚体上，任一点 B 的速度等于基点 A 的速度和该点 B 相对于以基点 A 为原点的平移坐标系 $Ax'y'$ 的速度 $\vec{v}_{BA}$ 的矢量之和，即

$$\vec{v}_B = \vec{v}_A + \vec{v}_{BA} = \vec{v}_A + \vec{\omega} \times \overrightarrow{AB}$$

式中，$\vec{v}_{BA}$ 的大小为 $v_{BA} = AB \cdot \omega$，方向由矢量 $\overrightarrow{AB}$ 的方向顺着刚体角速度 ω 的转向转过 $90°$，如图 2-2 所示。

3. 速度投影定理

同一刚体上任意两点的速度在该两点连线上的投影相等，即 $[\vec{v}_A]_{AB} = [\vec{v}_B]_{AB}$，体现了同一刚体上任意两点的距离永远保持不变的特性。

4. 速度分析的三种方法的总结

速度瞬心法在使用时最为方便，同时还能直观地表示一般平面运动刚体上各点的速度分布情况；基点法则是最基本的方法，在无法找到速度瞬心时很有用；当已知平面运动刚体上一点的速度大小和方向，还知道另一点的速度方位，要求该点速度的大小和指向时，则用速度投影法求解最简单，但这种方法无法求得平面运动刚体的角速度。

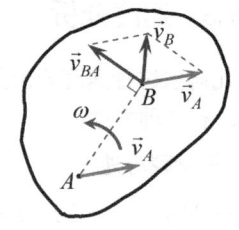

图 2-2　同一刚体上两点的速度关系

2.1.4　加速度分析

用几何法进行加速度分析是研究某瞬时平面运动刚体上各点加速度矢量应满足的几何关系，即加速度分布规律，有两种方法：

1. 两点的加速度关系（加速度的基点法）

平面运动刚体上任意点 B 的加速度 $\vec{a}_B$ 等于基点 A 的加速度 $\vec{a}_A$ 和该点 B 相对于以基点 A 为原点的平移坐标系 $Ax'y'$ 的法向加速度 $\vec{a}_{BA}^n$、切向加速度 $\vec{a}_{BA}^t$ 的矢量之和，即 $\vec{a}_B = \vec{a}_A + \vec{a}_{BA}^n + \vec{a}_{BA}^t$，其中 $\vec{a}_{BA}^n = \vec{\omega} \times (\vec{\omega} \times \overrightarrow{AB})$，$\vec{a}_{BA}^t = \vec{\alpha} \times \overrightarrow{AB}$，$\vec{a}_{BA}^n$ 的大小为 $a_{BA}^n = AB \cdot \omega^2$，方向由点 B 指向点 A；$\vec{a}_{BA}^t$ 的大小为 $a_{BA}^t = AB \cdot \alpha$，方向由 $\overrightarrow{AB}$ 的方向顺着刚体角加速度 α 的转向转过 $90°$，如图 2-3 所示。由于角加速度 α 的转向一般不能事先确定，所以，通常先假设其转向，由计算结果的正、负最终确定其真实转向。

在一般情况下，将同一刚体上两点 A、B 的加速度关系向 A、B 两点连线上投影时，$\vec{a}_{BA}^t$ 的投影固然为零，但 $\vec{a}_{BA}^n$ 的投影却不为零，所以同一刚体上 A、B 两点的加速度 $\vec{a}_A$ 和 $\vec{a}_B$ 在该两点连线上的投影是不相等的，故不存在像速度投影定理那样简单且具一般意义的加速度投影定理。只有在平面运动刚体的角速度 $\omega = 0$ 的瞬时，才有同一平面运动刚体上任意两点的加速度在该两点连线上的投影相等这种瞬时存在的特殊情况。

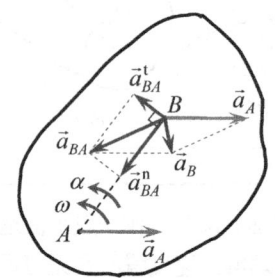

图 2-3　同一刚体上两点的加速度关系

2. 加速度瞬心法

某一瞬时，当平面运动刚体的角速度和角加速度不全为零时，其上唯一存在加速度等于零的点 P^*，称它为加速度瞬心。平面运动刚体上各点的加速度分布，可以看成该瞬时平面图形绕过加速度瞬心 P^* 且垂直于运动平面的轴（加速度瞬时转轴）作瞬时转动时图形上各点的加速度分布（如图 2-4 所示），即

$$\vec{a}_M = \vec{a}_{MP^*}^t + \vec{a}_{MP^*}^n = \vec{\alpha} \times \overrightarrow{P^*M} + \vec{\omega} \times (\vec{\omega} \times \overrightarrow{P^*M})$$

式中，$a_{MP^*}^t = P^*M \cdot \alpha$，$a_{MP^*}^n = P^*M \cdot \omega^2$，$a_M = P^*M \cdot \sqrt{\alpha^2 + \omega^4}$，$\tan\theta = \dfrac{\alpha}{\omega^2}$，且加速度矢量 $\vec{a}_M$ 到 $\overrightarrow{MP^*}$ 的转向与刚体角加速度的转向相同。

注意：加速度瞬心是平面运动刚体上或其延拓部分上的点，在不同瞬时，平面运动刚体有不同的加速度瞬心。对于一般平面运动的刚体，速度瞬心 P 的速度为零，但其加速度不为零；加速度瞬心 P^* 的加速度为零，但其速度不为零；这说明在同一瞬时，速度瞬心 P 和加速度瞬心 P^* 并不是平面运动刚体上的同一点。

与速度瞬心不同，加速度瞬心一般来说不易确定，只有在以下三种情况下才可以很方便地确定平面运动刚体加速度瞬心 P^* 的位置。

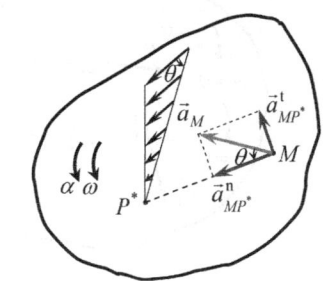

图 2-4 用加速度瞬心法确定平面运动刚体上各点的加速度分布规律

（1）若平面运动刚体上某点 A 的速度为常矢量，则点 A 即为平面运动刚体的加速度瞬心 P^*。例如，半径为 r 的圆盘在直线轨道上作匀角速 ω 纯滚动，则 $\vec{v}_C$ = 常矢量，说明圆心 C 即为圆盘的加速度瞬心，如图 2-5(a)所示。

（2）若某瞬时平面运动刚体的角速度 $\omega = 0$、角加速度 $\alpha \neq 0$（对应于瞬时平移或无初速释放的瞬时），只要知道其上两点加速度方向，则过这两个点分别作这两个加速度的垂直线，这两条垂直线的交点即为加速度瞬心 P^*，且该瞬时其上任一点 M 的加速度的大小为 $a_M = P^*M \cdot \alpha$，方向由 $\overrightarrow{P^*M}$ 的方向顺着刚体角加速度 α 的转向转过 $90°$（如图 2-6 所示）。显然，此时确定加速度瞬心的位置及该平面上任意点的加速度与速度瞬心法相类似。例如，如图 2-5(b) 所示的曲柄-连杆-滑块机构，曲柄 OA 以匀角速度 ω 绕定轴 O 转动，在图示瞬时，连杆 AB 为瞬时平移，点 P^* 即为杆 AB 的加速度瞬心；如图 2-5(c)所示的机构，圆盘 A 可在水平地面上作纯滚动，系统于图示位置无初速释放，则释放瞬时，点 P_1^*（$a_{P_1^*} = \omega_{盘}^2 \cdot r = 0$）和点 P_2^* 分别为圆盘 A 和杆 AB 的加速度瞬心，这也说明，当一般平面运动的刚体，由静止开始运动的初瞬时，其形式上的速度瞬心就是加速度瞬心。

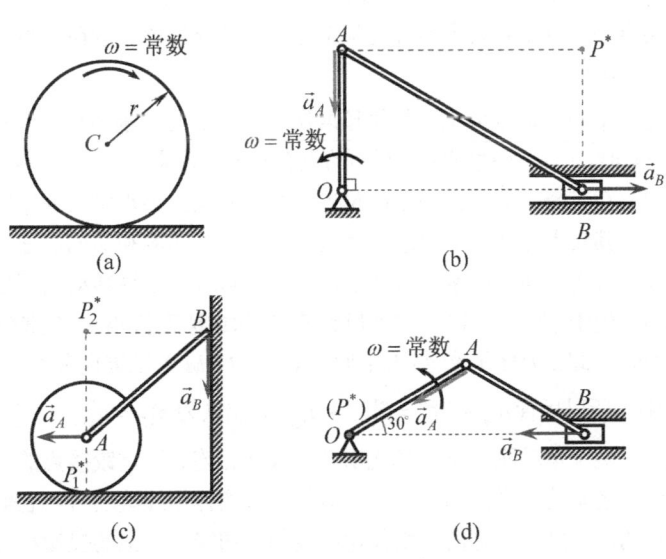

图 2-5 加速度瞬心实例

（3）若平面运动刚体某瞬时的角速度 $\omega \neq 0$，但角加速度 $\alpha = 0$，只要知道其上两点加速度方向，则这两个点加速度所沿直线的交点即为加速度瞬心 P^*，且该瞬时其上任一点 M 的加速度的大小为 $a_M = P^*M \cdot \omega^2$，方向由点 M 指向加速度瞬心 P^*（如图 2-7 所示）。例如，在图 2-5(d)所示的曲柄-连杆-滑块机构中，$OA = AB$，杆 OA 以匀角速度 ω 绕定轴 O 转动，因 $\triangle OAB$ 为等腰三角形，所以杆 AB 的角速度恒为 ω，转向为顺时针，此时，杆 AB 的加速度瞬心 P^* 与点 O 重合。

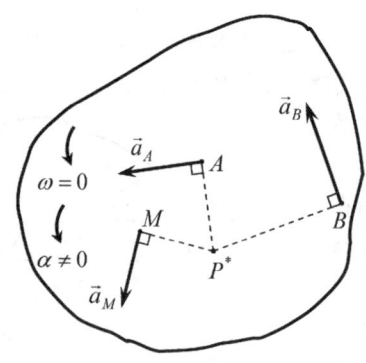 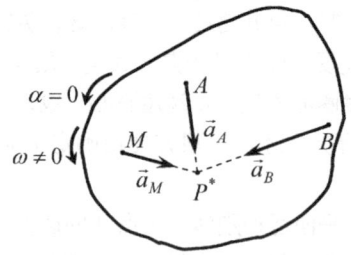

图 2-6　当 $\omega=0$，$\alpha\neq 0$ 时加速度瞬心的位置　　图 2-7　当 $\omega\neq 0$，$\alpha=0$ 时加速度瞬心的位置

除以上三种特殊情况外，在平面运动刚体的加速度分析中一般多采用基点法。由于平面运动刚体上点的轨迹一般为平面曲线，其上点的加速度一般有切向加速度和法向加速度，所以两点加速度关系式中所包含的矢量较多。当两点加速度关系中的矢量只有三个，且已知其中某个加速度矢量的大小和方向及其他两个加速度矢量的方位时，则利用矢量合成平行四边形法则及其中的三角形关系可快速地确定其余两个加速度的指向和大小。而当两点加速度关系中的矢量超过三个时，一般采用投影法进行求解，即先在机构图上画出各加速度矢量图，然后将两点加速度关系式沿两个线性无关的方向投影得到两个投影式（最好一个投影式只含有一个未知量），求解两个未知量。当然，若只需求解一个未知量，可适当选择投影方向，使另一个未知量的投影为零，这样可以减少一个投影式。另外还必须指出，两点加速度的矢量关系式不是加速度矢量的"平衡"表达式，若将其中所有加速度矢量在某轴正方向上的投影之和写成等于它们在该轴负方向上投影之和，则是错误的，而应该写成两点加速度关系式中"等号左边的所有矢量"在某方向上的投影的代数和等于"等号右边的所有矢量"在该方向上的投影的代数和。当所要求的某点加速度 $\vec{a}$ 的大小和方向都未知时，可求得该矢量在直角坐标轴 x 和 y 上的投影值 a_x 和 a_y，然后用 $\vec{a}=a_x\vec{i}+a_y\vec{j}$ 表示即可。

需要特别指出的是，平面运动刚体上点的轨迹取决于该平面运动刚体事先给定的约束，与刚体的运动状态无关。在同一瞬时，平面运动刚体上不同的点有不同的曲率中心。曲率中心不是刚体上的点，即使平面运动刚体上一点在某瞬时的曲率中心的位置已知，若认为该点绕其曲率中心以刚体的角速度和角加速度作定轴转动（其实点无转动的概念）而写出其切向加速度和法向加速度则是完全错误的。由于速度瞬心有加速度，若将平面运动刚体看成绕速度瞬时转轴作定轴转动而写出其上各点的切向和法向加速度也是错误的。由于平面运动刚体的速度瞬心 P 和加速度瞬心 P^* 不重合，造成其上的点 M 的切向加速度 $\vec{a}_M^t$（$//\vec{v}_M$，即 $\perp PM$）和法向加速度 $\vec{a}_M^n$（$// PM$）的方向分别与 $\vec{a}_{MP^*}^t$（$\perp P^*M$）和 $\vec{a}_{MP^*}^n$（$// P^*M$）不一致，所以尽管 $\vec{a}_M^t+\vec{a}_M^n=\vec{a}_{MP^*}^t+\vec{a}_{MP^*}^n$，但认为 $a_M^t=a_{MP^*}^t$，$a_M^n=a_{MP^*}^n$ 也是错误的。

对于平面运动系统，两个运动刚体常通过光滑圆柱铰链相连，通过铰接点的速度相同和加速度相同可建立两个刚体运动量之间的关系；当一物体相对于另一物体作纯滚动时，它们接触处的切点的速度相同，但这两个切点的加速度只在这两个物体轮廓线的公切线方向上的投影相等，在其他方向上的投影并不相等（否则，这两个切点在下一时刻不分离了），因此，此时在切点处只能建立一个加速度的投影方程。如果这两个物体都作一般平面运动，在进行加速度分析时，有时将系统放置于一般位置，先将某个物体的角速度写成通式（即任意位置都成立的式子），然后利用定义法将该角速度对时间求一阶导数，即可求出这个物体的角加速度，再利用上述成立的加速度投影方程可求出另一物体的角加速度。注意，若在特定位置求出了某物体角速度 ω 的具体值，一般该值在其他位置不成立，这时若对它求时间的一阶导数得到该物体的角加速度则是错误的，同样对只在某特定瞬时成立的某点速度大小求时间的一阶导数得到该点的切向加速度也是错误的,即瞬时的具体数值是不能求导的,这是初学者很容易犯错的地方。

两点速度关系式和两点加速度关系式对运动刚体的任意瞬时都成立,但在具体解题时,其中各矢量的大小和方向都在给定位置写出。本章给出的速度分析方法和加速度分析方法其实质都是采用速度或加速度的矢量求和的几何法求得指定瞬时(位置)某些速度(角速度)或加速度(角加速度)。平面运动的某些问题也可采用第 1 章所介绍的解析法来求解,这时常将系统放置于一般位置,其运动方程通过几何关系建立,并对时间求一阶、二阶导数来求解。当然,若几何一般关系不易建立或关系式很复杂时,则还是用本章介绍的瞬时分析的几何法求解。

2.2 思考题及解答

2-7 图(a)、图(b)所示两个相同的绕线盘以同一速度 $\vec{v}$ 拉动,设绳与轮之间无相对滑动,盘轮在水平地面上作纯滚动,试问这两个绕线盘往哪边滚动?角速度谁大?水平段绳子的长度在这两种情形下变化情况如何?

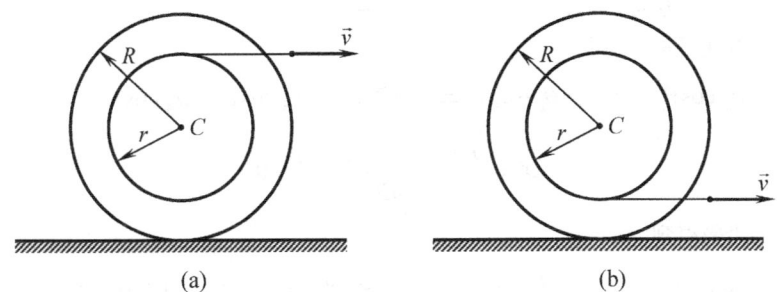

思考题 2-7 图

解答:两种情况的绕线盘都沿顺时针方向滚动,即向右滚动。因为两种情况的绕线盘都在水平地面上作纯滚动,速度瞬心都是与地面的接触点。

$$\omega_a = \frac{v}{R+r}, \quad \omega_b = \frac{v}{R-r}, \text{ 可见 } \omega_b > \omega_a$$

对于图(a),由于 $v_C < v$,说明水平段绳子上的点比圆心运动得要快,也就是说,水平段绳子将越来越长;对于图(b),由于 $v_C > v$,说明水平段绳子上的点比圆心运动得要慢,也就是说,水平段绳子将越来越短。

2-8 试判断图示平面图形上加速度分布情况是否可能?为什么?

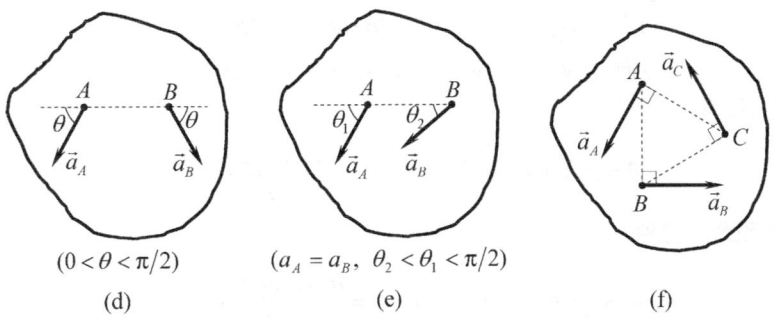

思考题 2-8 图

解答：(d)不可能。如解答图(d)所示，假设平面图形的角速度ω和角加速度α均为顺时针转向

$$\vec{a}_B = \vec{a}_A + \vec{a}_{BA}^n + \vec{a}_{BA}^t$$

| 大小 | a_B | a_A | $AB\cdot\omega^2$ | $AB\cdot\alpha$ |
| 方向 | √ | √ | ← | ↓ |

将上式沿水平向左方向投影，得到

$$-a_B\cos\theta = a_A\cos\theta + a_{BA}^n \Rightarrow AB\cdot\omega^2 = -(a_A+a_B)\cos\theta \Rightarrow$$

$$\omega^2 = -\frac{(a_A+a_B)\cos\theta}{AB} < 0$$

这是不可能的，所以不能实现。

(e)可能。如解答图(e)所示，假设平面图形的角速度ω和角加速度α均为顺时针转向

$$\vec{a}_B = \vec{a}_A + \vec{a}_{BA}^n + \vec{a}_{BA}^t$$

| 大小 | a_B | a_A | $AB\cdot\omega^2$ | $AB\cdot\alpha$ |
| 方向 | √ | √ | ← | ↓ |

将上式沿水平向左方向投影，得到

$$a_B\cos\theta_2 = a_A\cos\theta_1 + a_{BA}^n \Rightarrow AB\cdot\omega^2 = a_B\cos\theta_2 - a_A\cos\theta_1 \Rightarrow$$

$$\omega^2 = \frac{a_A(\cos\theta_2-\cos\theta_1)}{AB} > 0$$

将上式沿铅垂向下投影得到

$$a_B\sin\theta_2 = a_A\sin\theta_1 + a_{BA}^t \Rightarrow a_B\sin\theta_2 - a_A\sin\theta_1 = AB\cdot\alpha \Rightarrow$$

$$\alpha = \frac{a_A(\sin\theta_2-\sin\theta_1)}{AB} < 0 \quad（说明\alpha的真实转向与图示相反）$$

上述分析的结果完全合理，可以实现。

(f)可能。

特殊情况：如解答图(f)所示，平面图形中的三角形ABC为等边三角形，平面图形绕三角形的形心O作定轴转动，这样就实现了符合上述条件的运动了，且$a_A=a_B=a_C$。

一般情况：如解答图(f)所示，平面图形中的三角形ABC为一般三角形，假设平面图形的角速度ω和角加速度α均为逆时针转向

$$\vec{a}_B = \vec{a}_A + \vec{a}_{BA}^n + \vec{a}_{BA}^t$$

| 大小 | a_B | a_A | $AB\cdot\omega^2$ | $AB\cdot\alpha$ |
| 方向 | √ | √ | $B\to A$ | $\perp AB$ |

将上式沿AB方向投影，得到

$$0 = a_A\cos\varphi_1 - a_{BA}^n \Rightarrow \omega^2 = \frac{a_A\cos\varphi_1}{AB} \tag{1}$$

将上式沿$\vec{a}_B$方向投影，得到

$$a_B = -a_A\sin\varphi_1 + a_{BA}^t \Rightarrow \alpha = \frac{a_A\sin\varphi_1+a_B}{AB} \tag{2}$$

$$\begin{array}{cccccc} & \vec{a}_C & = & \vec{a}_B & + & \vec{a}_{CB}^{n} & + & \vec{a}_{CB}^{t} \\ \text{大小} & a_C & & a_B & & BC\cdot\omega^2 & & BC\cdot\alpha \\ \text{方向} & \checkmark & & \checkmark & & C\to B & & \perp BC \end{array}$$

将上式沿 BC 方向投影，得到

$$0 = a_B\cos\varphi_1 - a_{CB}^{n} \;\Rightarrow\; \omega^2 = \frac{a_B\cos\varphi_2}{BC} \tag{3}$$

将上式沿 $\vec{a}_C$ 方向投影，得到

$$a_C = -a_B\sin\varphi_2 + a_{CB}^{t} \;\Rightarrow\; \alpha = \frac{a_B\sin\varphi_2 + a_C}{BC} \tag{4}$$

$$\begin{array}{cccccc} & \vec{a}_C & = & \vec{a}_A & + & \vec{a}_{CA}^{n} & + & \vec{a}_{CA}^{t} \\ \text{大小} & a_C & & a_A & & AC\cdot\omega^2 & & AC\cdot\alpha \\ \text{方向} & \checkmark & & \checkmark & & C\to A & & \perp AC \end{array}$$

将上式沿 CA 方向投影，得到

$$a_C\cos\varphi_3 = a_{CA}^{n} \;\Rightarrow\; \omega^2 = \frac{a_C\cos\varphi_3}{AC} \tag{5}$$

将上式沿 $\vec{a}_A$ 方向投影，得到

$$-a_C\sin\varphi_3 = a_A - a_{CA}^{t} \;\Rightarrow\; \alpha = \frac{a_A + a_C\sin\varphi_3}{AC} \tag{6}$$

几何关系：在三角形 ABC 中

$$\varphi_1 + \varphi_2 + \varphi_3 = 90° \;\Rightarrow\; \varphi_3 = 90° - (\varphi_1 + \varphi_2) \tag{7}$$

$$\frac{AB}{\sin(90°-\varphi_3)} = \frac{AC}{\sin(90°-\varphi_2)} = \frac{BC}{\sin(90°-\varphi_1)} \;\Rightarrow\; \frac{AB}{\cos\varphi_3} = \frac{AC}{\cos\varphi_2} = \frac{BC}{\cos\varphi_1} \tag{8}$$

由式（1）、式（3）、式（7）、式（8），得到

$$a_B = \frac{\cos^2\varphi_1}{\cos\varphi_2\sin(\varphi_1+\varphi_2)} a_A$$

由式（1）、式（5）、式（7）、式（8），得到

$$a_C = \frac{\cos\varphi_1\cos\varphi_2}{\sin^2(\varphi_1+\varphi_2)} a_A$$

由式（2）、式（4）、式（7）、式（8），得到

$$a_A\sin\varphi_1\cos\varphi_1 + a_B\cos\varphi_1 = a_B\sin\varphi_2\sin(\varphi_1+\varphi_2) + a_C\sin(\varphi_1+\varphi_2)$$

由式（4）、式（6）、式（7）、式（8），得到

$$a_B\sin\varphi_2\cos\varphi_2 + a_C\cos\varphi_2 = a_A\cos\varphi_1 + a_C\cos(\varphi_1+\varphi_2)\cos\varphi_1$$

由以上四个式子进一步推导得到恒等式，说明这种运动形式是可以实现的。

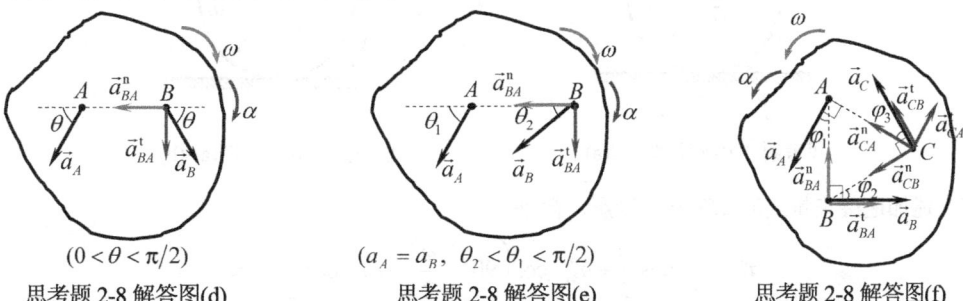

思考题 2-8 解答图(d)　　思考题 2-8 解答图(e)　　思考题 2-8 解答图(f)

2-10 图(a)、图(b)、图(c)所示半径为 r 的圆盘以角速度 ω、角加速度 α 分别在水平地面、半径为 R 的凸面、半径为 R 的凹面上作纯滚动，试问三种情况的速度瞬心的加速度有何区别？点 M 的曲率半径有何区别？

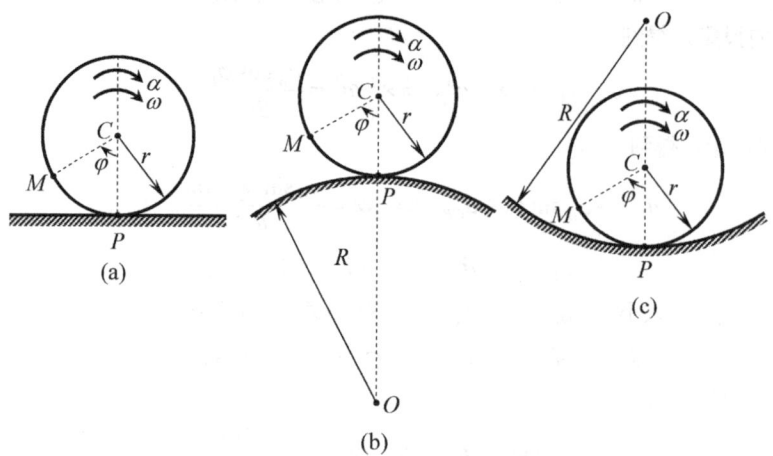

思考题 2-10 图

解答：

对于图(a)

（1）速度瞬心 P 的加速度分析，如解答图(a)-(a)所示。

$$\vec{a}_P = \vec{a}_C + \vec{a}_{PC}^n + \vec{a}_{PC}^t$$

| 大小 | ? | $r\alpha$ | $r\omega^2$ | $r\alpha$ |
| 方向 | ? | $\rightarrow$ | $\uparrow$ | $\leftarrow$ |

$a_{Px} = a_C - a_{PC}^t = r\alpha - r\alpha = 0$，$a_{Py} = a_{PC}^n = r\omega^2$ （↑）

即速度瞬心 P 的加速度为 $a_P = r\omega^2$ （↑）。

（2）分析点 M 的曲率半径，如解答图(a)-(b)所示。

$$\vec{a}_M^n + \vec{a}_M^t = \vec{a}_C + \vec{a}_{MC}^n + \vec{a}_{MC}^t$$

| 大小 | $\dfrac{v_M^2}{\rho}$ | ? | $r\alpha$ | $r\omega^2$ | $r\alpha$ |
| 方向 | √ | √ | $\rightarrow$ | √ | √ |

思考题 2-10 解答图(a)-(a)   思考题 2-10 解答图(a)-(b)

将上述加速度矢量式沿 MP 方向投影，得到

$$a_M^n = a_C \cos\frac{\varphi}{2} + a_{MC}^n \cos\left(90° - \frac{\varphi}{2}\right) - a_{MC}^t \cos\frac{\varphi}{2} \Rightarrow$$

$$\frac{v_M^2}{\rho} = r\alpha\cos\frac{\varphi}{2} + r\omega^2\sin\frac{\varphi}{2} - r\alpha\cos\frac{\varphi}{2} \Rightarrow \frac{(MP\cdot\omega)^2}{\rho} = r\omega^2\sin\frac{\varphi}{2} \Rightarrow$$

$$\frac{2r^2(1-\cos\varphi)\cdot\omega^2}{\rho} = r\omega^2\sin\frac{\varphi}{2} \Rightarrow$$

$$\rho = 4r\sin\frac{\varphi}{2} = 2MP$$

对于图(b)

（1）速度瞬心 P 的加速度分析，如解答图(b)-(a)所示。

$$\vec{a}_P = \vec{a}_C^{\,n} + \vec{a}_C^{\,t} + \vec{a}_{PC}^{\,n} + \vec{a}_{PC}^{\,t}$$

大小　　?　　$\dfrac{r^2\omega^2}{R+r}$　　$r\alpha$　　$r\omega^2$　　$r\alpha$

方向　　?　　↓　　→　　↑　　←

$$a_{Px} = a_C^{\,t} - a_{PC}^{\,t} = r\alpha - r\alpha = 0, \quad a_{Py} = -a_C^{\,n} + a_{PC}^{\,n} = \frac{Rr}{R+r}\omega^2\ (\uparrow)$$

即速度瞬心 P 的加速度为 $a_P = \dfrac{Rr}{R+r}\omega^2\ (\uparrow)$。

（2）分析点 M 的曲率半径，如解答图(b)-(b)所示。

$$\vec{a}_M^{\,n} + \vec{a}_M^{\,t} = \vec{a}_C^{\,n} + \vec{a}_C^{\,t} + \vec{a}_{MC}^{\,n} + \vec{a}_{MC}^{\,t}$$

大小　　$\dfrac{v_M^2}{\rho}$?　　?　　$\dfrac{r^2\omega^2}{R+r}$　　$r\alpha$　　$r\omega^2$　　$r\alpha$

方向　　√　　√　　↓　　→　　√　　√

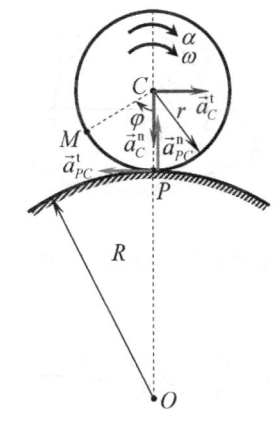
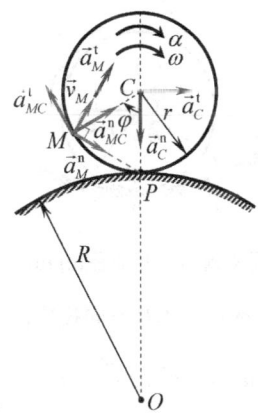

思考题 2-10 解答图(b)-(a)　　　思考题 2-10 解答图(b)-(b)

将上述加速度矢量式沿 MP 方向投影，得到

$$a_M^{\,n} = a_C^{\,n}\sin\frac{\varphi}{2} + a_C^{\,t}\cos\frac{\varphi}{2} + a_{MC}^{\,n}\cos\left(90° - \frac{\varphi}{2}\right) - a_{MC}^{\,t}\cos\frac{\varphi}{2} \Rightarrow$$

$$\frac{v_M^2}{\rho} = \frac{r^2\omega^2}{R+r}\sin\frac{\varphi}{2} + r\alpha\cos\frac{\varphi}{2} + r\omega^2\sin\frac{\varphi}{2} - r\alpha\cos\frac{\varphi}{2} \Rightarrow$$

$$\frac{(MP\cdot\omega)^2}{\rho} = \frac{r^2\omega^2}{R+r}\sin\frac{\varphi}{2} + r\omega^2\sin\frac{\varphi}{2} \Rightarrow$$

$$\frac{2r^2(1-\cos\varphi)\cdot\omega^2}{\rho}=\frac{r^2\omega^2}{R+r}\sin\frac{\varphi}{2}+r\omega^2\sin\frac{\varphi}{2}\quad\Rightarrow$$

$$\rho=\frac{4r(R+r)}{R+2r}\sin\frac{\varphi}{2}=\frac{2(R+r)}{R+2r}MP$$

对于图(c)

（1）速度瞬心 P 的加速度分析，如解答图(c)-(a)所示。

$$\vec{a}_P = \vec{a}_C^n + \vec{a}_C^t + \vec{a}_{PC}^n + \vec{a}_{PC}^t$$

大小　　？　　$\dfrac{r^2\omega^2}{R-r}$　　$r\alpha$　　$r\omega^2$　　$r\alpha$

方向　　？　　↑　　→　　↑　　←

$a_{Px}=a_C^t-a_{PC}^t=r\alpha-r\alpha=0$，$a_{Py}=a_C^n+a_{PC}^n=\dfrac{Rr}{R-r}\omega^2$　　（↑）

即速度瞬心 P 的加速度为 $a_P=\dfrac{Rr}{R-r}\omega^2$（↑）。

（2）分析点 M 的曲率半径，如解答图(c)-(b)所示。

$$\vec{a}_M^n + \vec{a}_M^t = \vec{a}_C^n + \vec{a}_C^t + \vec{a}_{MC}^n + \vec{a}_{MC}^t$$

大小　　$\dfrac{v_M^2}{\rho}$？　　？　　$\dfrac{r^2\omega^2}{R-r}$　　$r\alpha$　　$r\omega^2$　　$r\alpha$

方向　　√　　√　　↑　　→　　√　　√

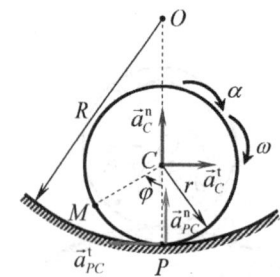 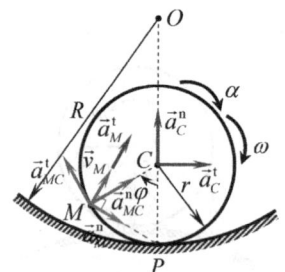

思考题 2-10 解答图(c)-(a)　　　思考题 2-10 解答图(c)-(b)

将上述加速度矢量式沿 MP 方向投影，得到

$$a_M^n=-a_C^n\sin\frac{\varphi}{2}+a_C^t\cos\frac{\varphi}{2}+a_{MC}^n\cos\left(90°-\frac{\varphi}{2}\right)-a_{MC}^t\cos\frac{\varphi}{2}\Rightarrow$$

$$\frac{v_M^2}{\rho}=-\frac{r^2\omega^2}{R-r}\sin\frac{\varphi}{2}+r\alpha\cos\frac{\varphi}{2}+r\omega^2\sin\frac{\varphi}{2}-r\alpha\cos\frac{\varphi}{2}\quad\Rightarrow$$

$$\frac{(MP\cdot\omega)^2}{\rho}=-\frac{r^2\omega^2}{R-r}\sin\frac{\varphi}{2}+r\omega^2\sin\frac{\varphi}{2}\quad\Rightarrow$$

$$\frac{2r^2(1-\cos\varphi)\cdot\omega^2}{\rho}=-\frac{r^2\omega^2}{R-r}\sin\frac{\varphi}{2}+r\omega^2\sin\frac{\varphi}{2}\quad\Rightarrow$$

$$\rho=\frac{4r(R-r)}{R-2r}\sin\frac{\varphi}{2}=\frac{2(R-r)}{R-2r}MP$$

2-13 图示在铅垂平面内运动的直杆 AB 的 A 端以匀速度 v_A 沿水平直线轨道运动，其 B 端在铅垂轨道上运动，$AB=l$，$AM=l/4$，试问在图示位置点 M 的曲率半径为多大？

解答：

(1) 速度分析，如解答图(a)所示。

杆 AB 的速度瞬心为点 P，$\omega = \dfrac{v_A}{PA} = \dfrac{2v_A}{l}$（逆时针），

$v_M = PM \cdot \omega = \dfrac{\sqrt{3}l}{4} \cdot \dfrac{2v_A}{l} = \dfrac{\sqrt{3}}{2} v_A$（方向如图）。

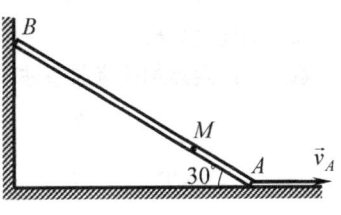

思考题 2-13 图

(2) 加速度分析，如解答图(b)所示。

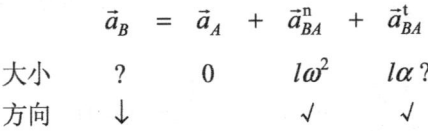

$$\vec{a}_B = \vec{a}_A + \vec{a}_{BA}^{n} + \vec{a}_{BA}^{t}$$

大小　　？　　 0　　 $l\omega^2$　　$l\alpha$？

方向　　↓　　　　　　√　　　√

由图示几何关系，得到

$$a_{BA}^{t} = a_{BA}^{n} \cot 30° \Rightarrow \alpha = \sqrt{3}\omega^2 = \sqrt{3}\left(\dfrac{2v_A}{l}\right)^2 = \dfrac{4\sqrt{3}v_A^2}{l^2} \text{（逆时针）}$$

$$\vec{a}_M^{n} + \vec{a}_M^{t} = \vec{a}_A + \vec{a}_{MA}^{n} + \vec{a}_{MA}^{t}$$

大小　　$\dfrac{v_M^2}{\rho}$？　 ？　　 0　　 $\dfrac{1}{4}l\omega^2$　　$\dfrac{1}{4}l\alpha$

方向　　√　　 √　　　　　　 √　　　√

将上式沿 PM 方向投影，得到

$$a_M^{n} = a_{MA}^{t} \Rightarrow \dfrac{v_M^2}{\rho} = \dfrac{1}{4}l\alpha \Rightarrow \dfrac{\left(\dfrac{\sqrt{3}}{2}v_A\right)^2}{\rho} = \dfrac{1}{4}l \cdot \dfrac{4\sqrt{3}v_A^2}{l^2} \Rightarrow \rho = \dfrac{\sqrt{3}}{4}l$$

即点 M 的曲率中心在速度瞬心点 P 与点 M 的连线的延长线上，距点 M 的距离为 $\rho = \dfrac{\sqrt{3}}{4}l$。

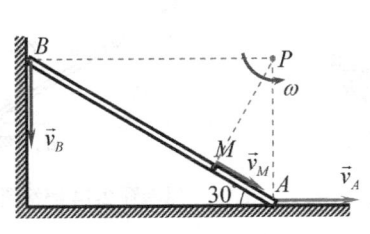

思考题 2-13 解答图(a)

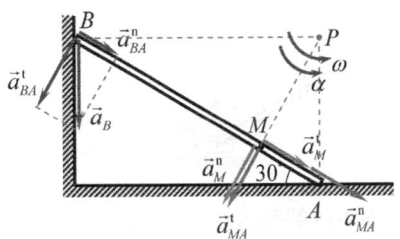

思考题 2-13 解答图(b)

注意： 此情况下，曲率中心不是与速度瞬心 P 重合，尽管 $PM = \dfrac{\sqrt{3}}{4}l$，但是曲率中心在点 M 的另一侧。也可以利用点 A 为杆 AB 的加速度瞬心，根据 $\vec{a}_B = \vec{a}_{BA}^{n} + \vec{a}_{BA}^{t}$，通过三角形关系由 a_{BA}^{n} 求出 a_B，再根据 $\vec{a}_M = \dfrac{AM}{AB}\vec{a}_B = \dfrac{1}{4}\vec{a}_B = \vec{a}_M^{n} + \vec{a}_M^{t}$ 求出 a_M^{n}，最后得到点 M 的曲率半径，显然这种解法更简便。

2-14 图示曲柄-连杆-滑块机构，杆 OA 以匀角速度 ω 绕轴 O 作顺时针转动，$OA=r$，$AB=2r$，试问图示位置杆 AB 的中点 C 的曲率半径为多大？

解答：

（1）速度分析，如解答图(a)所示。

杆 AB 为瞬时平移

$$\omega_{AB}=0, \quad \alpha_{AB}\ne 0, \quad v_B=v_C=v_A=r\omega\ (\leftarrow)$$

（2）加速度分析。

解法一： 两点加速度关系法，如解答图(b)所示。

$$\vec{a}_B=\vec{a}_A+\vec{a}_{BA}^{n}+\vec{a}_{BA}^{t}$$

大小	?	$r\omega^2$	$2r\omega_{AB}^2=0$	$2r\alpha_{AB}$?
方向	←	↑		⊥ AB

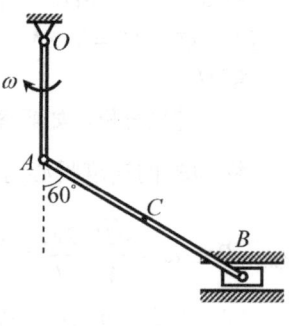

思考题 2-14 图

沿铅垂向上投影，得到

$$0=a_A-a_{BA}^{t}\sin 60° \Rightarrow 0=r\omega^2-2r\alpha_{AB}\cdot\frac{\sqrt{3}}{2} \Rightarrow \alpha_{AB}=\frac{\sqrt{3}}{3}\omega^2\ (\text{顺时针})$$

$$\vec{a}_C^{n}+\vec{a}_C^{t}=\vec{a}_A+\vec{a}_{CA}^{n}+\vec{a}_{CA}^{t}$$

大小	$\dfrac{v_C^2}{\rho}$?	?	$r\omega^2$	$r\omega_{AB}^2=0$	$r\alpha_{AB}$
方向	↑	←	↑		⊥ AB

沿铅垂向上投影，得到

$$a_C^{n}=a_A-a_{CA}^{t}\sin 60° \Rightarrow \frac{v_C^2}{\rho}=r\omega^2-r\alpha_{AB}\cdot\frac{\sqrt{3}}{2} \Rightarrow$$

$$\frac{(r\omega)^2}{\rho}=r\omega^2-r\cdot\frac{\sqrt{3}}{3}\omega^2\cdot\frac{\sqrt{3}}{2} \Rightarrow \rho=2r$$

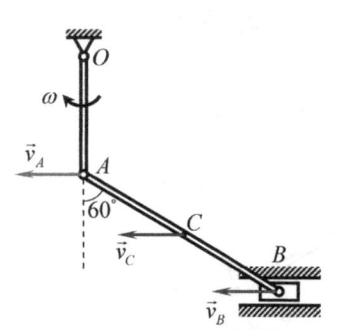

思考题 2-14 解答图(a)

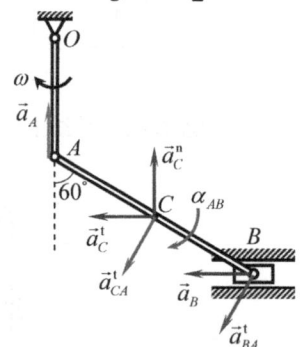

思考题 2-14 解答图(b)

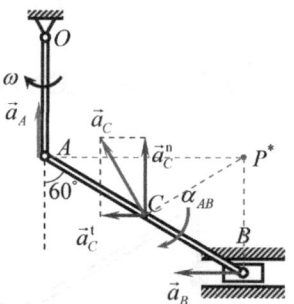

思考题 2-14 解答图(c)

解法二： 加速度瞬心法，如解答图(c)所示。

杆 AB 为瞬时平移

$$\omega_{AB}=0, \quad \alpha_{AB}\ne 0$$

杆 AB 的加速度瞬心为点 P^*，则

$$\alpha_{AB}=\frac{a_A}{P^*A}=\frac{r\omega^2}{\sqrt{3}r}=\frac{\sqrt{3}}{3}\omega^2\ (\text{顺时针})$$

$$a_C=P^*C\cdot\alpha_{AB}=r\cdot\frac{\sqrt{3}}{3}\omega^2=\frac{\sqrt{3}}{3}r\omega^2$$

$$a_C^n = a_C \sin 60° = \frac{\sqrt{3}}{3}r\omega^2 \cdot \frac{\sqrt{3}}{2} = \frac{1}{2}r\omega^2, \quad \rho = \frac{v_C^2}{a_C^n} = 2r$$

比较解法一和解法二知，当平面运动刚体在某瞬时其角速度 $\omega = 0$，角加速度 $\alpha \neq 0$ 时，用加速度瞬心法求解要比用两点加速度关系简便得多。

2-15 图示曲柄-连杆-滑块机构，杆 OA 以匀角速度 ω 绕轴 O 作逆时针转动，$OA = AB = l$，点 C 为杆 AB 的中点，试问在图示位置点 C 的曲率半径为多大？

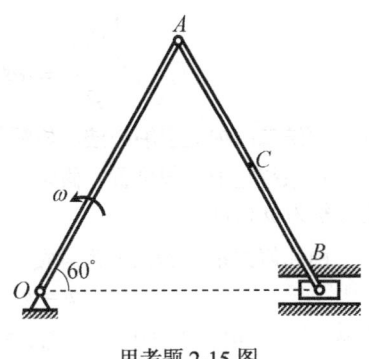

思考题 2-15 图

解答：

（1）速度分析，如解答图(a)所示。杆 AB 的速度瞬心为点 P，
$v_A = l\omega$（方向如图），$\omega_{AB} = \dfrac{v_A}{PA} = \dfrac{l\omega}{l} = \omega$（顺时针）

$v_C = PC \cdot \omega_{AB} = \dfrac{\sqrt{7}}{2}l\omega$（方向如图）

（2）加速度分析。

解法一：两点加速度关系法，如解答图(b)所示。

$$\vec{a}_B = \vec{a}_A + \vec{a}_{BA}^n + \vec{a}_{BA}^t$$

大小	?	$l\omega^2$	$l\omega_{AB}^2$	$l\alpha_{AB}$?
方向	←	√	√	√

沿铅垂向上投影，得到

$$0 = -a_A \sin 60° + a_{BA}^n \sin 60° - a_{BA}^t \cos 60° \Rightarrow$$

$$0 = -l\omega^2 \cdot \frac{\sqrt{3}}{2} + l\omega^2 \cdot \frac{\sqrt{3}}{2} - l\alpha_{AB} \cdot \frac{1}{2} \Rightarrow \alpha_{AB} = 0$$

$$\vec{a}_C^n + \vec{a}_C^t = \vec{a}_A + \vec{a}_{CA}^n + \vec{a}_{CA}^t$$

大小	$\dfrac{v_C^2}{\rho}$	?	$l\omega^2$	$\dfrac{1}{2}l\omega_{AB}^2$	$\dfrac{1}{2}l\alpha_{AB} = 0$
方向	√	√	√	√	√

在 $\triangle APC$ 中，
$\dfrac{AC}{\sin\theta} = \dfrac{PC}{\sin 120°}$
$\cos\theta = \dfrac{5\sqrt{7}}{14}$
$\sin\theta = \dfrac{\sqrt{21}}{14}$

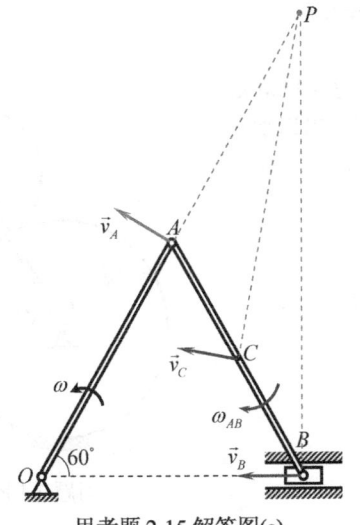

思考题 2-15 解答图(a)

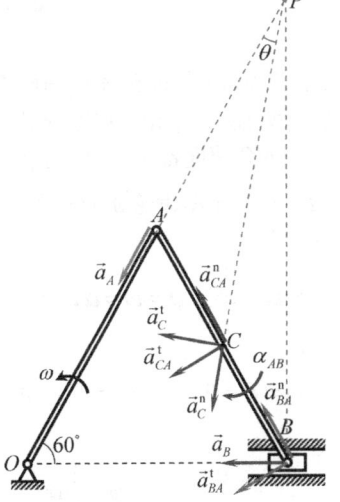

思考题 2-15 解答图(b)

沿 PC 方向投影，得到

$$a_C^n = a_A\cos\theta - a_{CA}^n\cos(180° - 120° - \theta) \Rightarrow \frac{v_C^2}{\rho} = l\omega^2\cos\theta - \frac{1}{2}l\omega_{AB}^2\cos(60° - \theta) \Rightarrow$$

$$\frac{\frac{7}{4}l^2\omega^2}{\rho} = l\omega^2\cos\theta - \frac{1}{2}l\omega^2\cos(60° - \theta) \Rightarrow \rho = \frac{7\sqrt{7}}{6}l$$

解法二：加速度瞬心法，如解答图(c)所示。

将系统置于一般位置，假设杆 OA 和杆 AB 与水平线的夹角分别为 φ 和 ψ。

由几何关系，ΔOAB 为等腰三角形

$$\varphi = \psi$$

所以 $\omega = \dot{\varphi} = \text{const}$，$\omega_{AB} = \dot{\psi} = \dot{\varphi} = \omega = \text{const}$

则 $\alpha_{AB} = \dot{\omega}_{AB} = 0$

杆 AB 的加速度瞬心为点 P^*（与点 O 重合）

当 $\varphi = \psi = 60°$ 时，$P^*C = \frac{\sqrt{3}}{2}l$，$a_C = P^*C \cdot \omega_{AB}^2 = \frac{\sqrt{3}}{2}l\omega^2$

$$a_C^n = a_C\cos\beta = \frac{\sqrt{3}}{2}l\omega^2\cos(\theta + 30°)$$

$$= \frac{\sqrt{3}}{2}l\omega^2(\cos\theta\cos 30° - \sin\theta\sin 30°)$$

$$= \frac{\sqrt{3}}{2}l\omega^2\left(\frac{5\sqrt{7}}{14} \cdot \frac{\sqrt{3}}{2} - \frac{\sqrt{21}}{14} \cdot \frac{1}{2}\right) = \frac{3\sqrt{7}}{14}l\omega^2,$$

$$\rho = \frac{v_C^2}{a_C^n} = \frac{7\sqrt{7}}{6}l$$

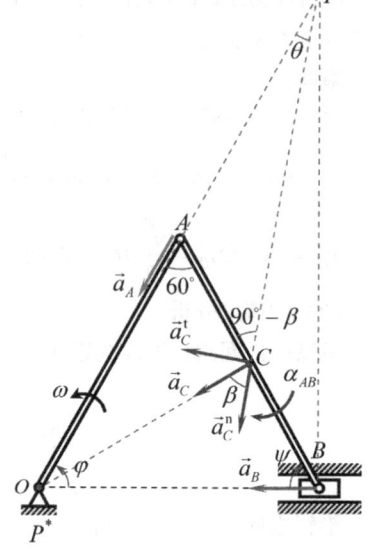

思考题 2-15 解答图(c)

比较解法一和解法二知，当平面运动刚体在某瞬时其角速度 $\omega \neq 0$，角加速度 $\alpha = 0$ 时，用加速度瞬心法求解要比用两点加速度关系简便。

2.3 习题及解答

2-1 图示半径为 r 的齿轮 A 由曲柄 OA 带动，沿半径为 R 的固定齿轮滚动，如曲柄 OA 以常角加速度 α 绕轴 O 作逆时针转动。当运动开始时，曲柄 OA 的角速度 $\omega = 0$，转角 $\varphi = 0$，齿轮 A 的轮缘上点 M 与固定齿轮啮合，试写出动齿轮 A 的平面运动方程。

解：对于曲柄 OA：

$$\ddot{\varphi} = \alpha = \text{const} \xrightarrow{积分} \dot{\varphi} = \omega = \alpha t + C_1 \xrightarrow{积分} \varphi = \frac{1}{2}\alpha t^2 + C_1 t + C_2$$

当 $t = 0$ 时，

$$\omega = \dot{\varphi} = 0 \Rightarrow C_1 = 0, \quad \varphi = 0 \Rightarrow C_2 = 0$$

则

$$\varphi = \frac{1}{2}\alpha t^2$$

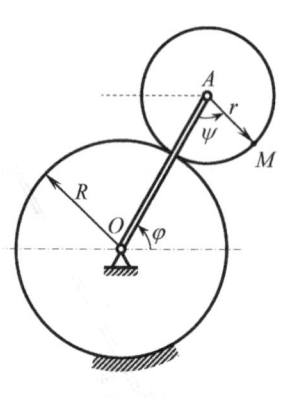

习题 2-1 图

方法一（直角坐标法）：

建立直角坐标系 Oxy，如解答图(a)所示，假设曲柄 OA 由初始位置逆时针转过 φ 角度；齿轮 A 由初始位置逆时针转过 θ 角度。

$$x_A = (R+r)\cos\varphi = (R+r)\cos\left(\frac{1}{2}\alpha t^2\right), \quad y_A = (R+r)\sin\varphi = (R+r)\sin\left(\frac{1}{2}\alpha t^2\right)$$

齿轮 A 在固定齿轮 O 上作纯滚动

$$\varphi R = r\psi \quad \Rightarrow \quad \psi = \frac{R}{r}\varphi$$

即齿轮 A 的平面运动方程为

$$\theta = \varphi + \psi = \left(1 + \frac{R}{r}\right)\varphi = \frac{1}{2}\left(1 + \frac{R}{r}\right)\alpha t^2$$

$$\begin{cases} x_A = (R+r)\cos\left(\dfrac{1}{2}\alpha t^2\right) \\ y_A = (R+r)\sin\left(\dfrac{1}{2}\alpha t^2\right) \\ \theta = \dfrac{1}{2}\left(1 + \dfrac{R}{r}\right)\alpha t^2 \end{cases}$$

方法二（弧坐标法）：

建立自然坐标系（弧坐标）s（原点为点 A 的初始位置），如解答图(b)所示。

$$s = (R+r)\varphi = \frac{1}{2}(R+r)\alpha t^2$$

齿轮 A 在固定齿轮 O 上作纯滚动

$$\varphi R = r\psi \quad \Rightarrow \quad \psi = \frac{R}{r}\varphi$$

$$\theta = \varphi + \psi = \left(1 + \frac{R}{r}\right)\varphi = \frac{1}{2}\left(1 + \frac{R}{r}\right)\alpha t^2$$

即齿轮 A 的平面运动方程为

$$\begin{cases} s = \dfrac{1}{2}(R+r)\alpha t^2 \\ \theta = \dfrac{1}{2}\left(1 + \dfrac{R}{r}\right)\alpha t^2 \end{cases}$$

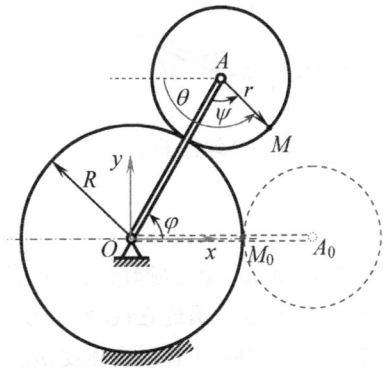

习题 2-1 解答图(a)

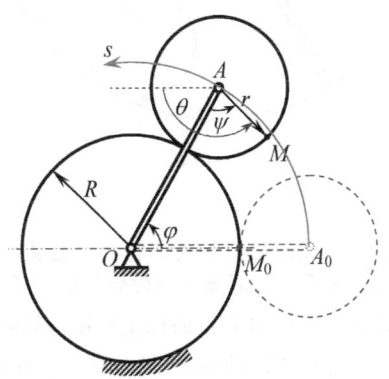

习题 2-1 解答图(b)

解析：

（1）对于齿轮 A，若写成 $\omega_A = \dot{\psi}$，$\alpha_A = \ddot{\psi}$ 则是错误的，因为转角 ψ 不是齿轮 A 上的固定直线 AM 与惯性参考空间固定方向的夹角，也就是说，ψ 不是齿轮 A 的方位角。

（2）本题求解还必须利用纯滚动的运动约束条件，由于两齿轮在啮合点无相对运动，故有几何条件 $R\varphi = r\psi$。

（3）方法一（直角坐标法）和方法二（弧坐标法）的比较：这两种方法都是求解运动学问题的基本方法，必须熟练掌握。但是，通过两种方法的求解过程可知，方法二（弧坐标法）要比方法一（直角坐标法）简捷明了、概念更加清晰。一般而言，未知动点的轨迹的情况常用直角坐标法，已知动点的轨迹常用弧坐标法。

2-2 图示细长直杆 OA、OB 的长度都为 R，与半径为 R 的圆弧形杆 AB 相互焊接而成一扇形刚体，该刚体绕轴 O 作定轴转动，一半径为 r 的圆盘 D 相对于圆弧形杆 AB 作纯滚动，已知 OA 与铅垂直线的夹角 $\varphi = \varphi(t)$，O、D 两点连线与铅垂直线的夹角 $\psi = \psi(t)$，试求圆盘 D 的角速度。

解法一： 扇形刚体 OAB 作定轴转动，圆盘 D 作平面运动。

假设 ω_{OAB} 为扇形刚体 OAB 的角速度，ω_D 为圆盘 D 的角速度，则有

$$\omega_{OAB} = \dot{\varphi} \text{（顺时针）}, \quad v_M = R\omega_{OAB} = R\dot{\varphi} \text{（方向如解答图(a)所示）}$$

圆盘中心 D 的轨迹为圆弧，其弧坐标为

$$s_D = (R-r)\psi$$

所以

$$v_D = \dot{s}_D = (R-r)\dot{\psi} \text{（方向如解答图(a)所示）}$$

圆盘 D 相对于扇形刚体 OAB 作纯滚动，两刚体在其接触点速度相等，因此圆盘 D 的速度瞬心为点 P，如解答图(a)所示。

$$v_M = PM \cdot \omega_D, \quad v_D = PD \cdot \omega_D \Rightarrow PM = \frac{R\dot{\varphi}}{\omega_D}, \quad PD = \frac{(R-r)\dot{\psi}}{\omega_D}$$

且

$$PM + PD = r \Rightarrow \frac{R\dot{\varphi}}{\omega_D} + \frac{(R-r)\dot{\psi}}{\omega_D} = r \Rightarrow \omega_D = \frac{R}{r}\dot{\varphi} + \frac{R-r}{r}\dot{\psi} \text{（顺时针）}$$

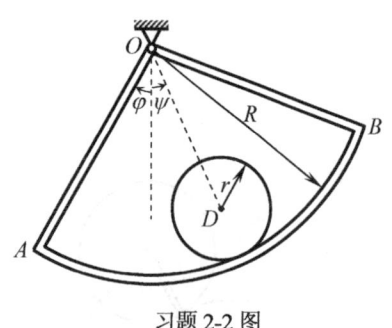

习题 2-2 图

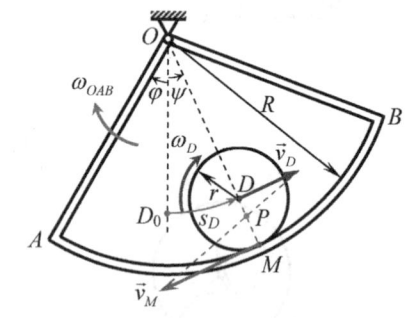

习题 2-2 解答图(a)

解析：

（1）本题主要考察角位移和角速度、弧坐标和线速度的概念。

（2）由于角位移 φ（顺时针）描述了扇形刚体 OAB 的转动，所以 $\omega_{OAB} = \dot{\varphi}$（顺时针）；而角度 ψ 仅描述了圆盘中心点 D 的位置变化，而非圆盘 D 的角位移，即 OD 不是圆盘上固连直线，所以 $\omega_D \neq \dot{\psi}$，这是最容易犯错误的地方。假想有一根杆 OD 铰接于 O 和 D 两点之间，这样杆 OD 的角速度 $\omega_{OD} = \dot{\psi}$，而假想中的杆 OD 作定轴转动，圆盘 D 作一般平面运动，它们的角速度是不相等的。

（3）圆盘相对于扇形刚体作纯滚动，它们的接触点速度相等，这是求解的关键，这样可以马上确定圆盘的速度瞬心所在位置。

解法二：刚体复合运动方法（利用第 3 章复合运动的知识）。

扇形刚体 OAB 作定轴转动；圆盘 D 相对于扇形刚体 OAB 作纯滚动，即圆盘 D 的绝对运动为平面运动。假设 ω_{OAB} 为扇形刚体 OAB 的角速度，$\omega_{OAB} = \dot{\varphi}$（顺时针），$\omega_D$ 为圆盘 D 的角速度，转向如解答图(b)所示。

下面求圆盘 D 相对于扇形刚体 OAB 的相对角速度 ω_D^r：圆盘中心 D 相对于扇形刚体 OAB 的轨迹也为圆弧，如解答图(c)所示，其相对弧长为

$$s_r^D = \widehat{D'D} = (R-r)(\varphi+\psi)$$

于是，有

$$v_D^r = \dot{s}_r^D = (R-r)(\dot{\varphi}+\dot{\psi})$$

又因为圆盘相对扇形刚体 OAB 作纯滚动，所以 $v_D^r = r\omega_D^r$，则

$$\omega_D^r = \dot{\theta} = \frac{R-r}{r}(\dot{\varphi}+\dot{\psi}) \quad （顺时针）$$

故圆盘 D 的绝对角速度为

$$\omega_D = \omega_{OAB} + \omega_D^r = \frac{R}{r}\dot{\varphi} + \frac{R-r}{r}\dot{\psi} \quad （顺时针）$$

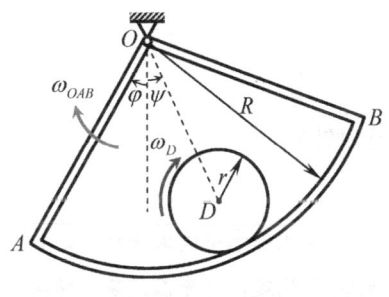
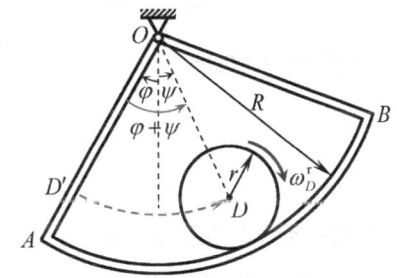

习题 2-2 解答图(b)　　　　　习题 2-2 解答图(c)

2-7 图示为某一蒸汽机传动机构的简图，已知活塞水平向右运动的速度为 $\vec{v}$；$O_1A_1 = a_1$，$O_2A_2 = a_2$，$CB_1 = b_1$，$CB_2 = b_2$；齿轮半径分别为 r_1 和 r_2；且有 $a_1b_2r_2 \neq a_2b_1r_1$。在图示瞬时，杆 B_1B_2 处于铅垂位置，点 A_1、A_2 和轴 O_1、O_2 都在同一铅垂直线上，试求该瞬时齿轮 O_1 的角速度。

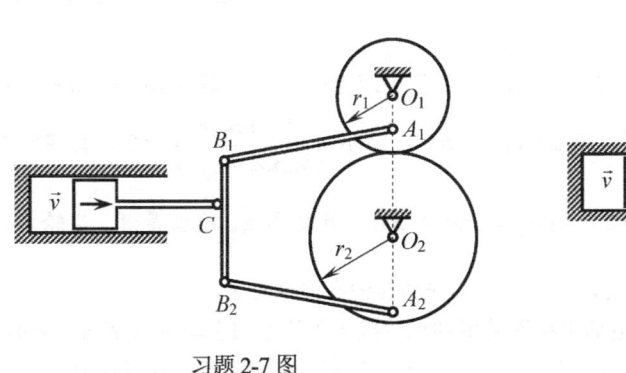

习题 2-7 图　　　　　习题 2-7 解答图

解:

(1) 运动分析：活塞作直线水平向右平移；杆 B_1B_2、A_1B_1、A_2B_2 作平面运动；齿轮 O_1 和齿轮 O_2 作定轴转动。

(2) 速度分析，如解答图所示。

活塞： $v_C = v$ （水平向右）

杆 B_1B_2: $\vec{v}_{B_1} = \vec{v}_C + \vec{v}_{B_1C}$, $\vec{v}_{B_2} = \vec{v}_C + \vec{v}_{B_2C}$
$\quad\quad\quad\quad\quad\quad \rightarrow \quad\quad \rightarrow \quad\quad \leftarrow \quad\quad \rightarrow \quad\quad \leftarrow$

杆 A_1B_1: $\vec{v}_{A_1}$ 的方向为水平向右，可见杆 A_1B_1 为瞬时平移，所以 $\vec{v}_{A_1} = \vec{v}_{B_1}$。

杆 A_2B_2: $\vec{v}_{A_2}$ 的方向为水平向左，可见杆 A_2B_2 为瞬时平移，所以 $\vec{v}_{A_2} = \vec{v}_{B_2}$。

齿轮 O_1、O_2: $v_{A_1} = a_1\omega_1$, $v_{A_2} = a_2\omega_2$, $v_M = r_1\omega_1 = r_2\omega_2$ $\Rightarrow$ $\omega_2 = \dfrac{r_1}{r_2}\omega_1$

杆 B_1B_2: $\quad\quad\quad\quad \vec{v}_{B_1} = \vec{v}_C + \vec{v}_{B_1C}$
大小 $\quad\quad a_1\omega_1 \quad\quad v \quad\quad b_1\omega_3?$
方向 $\quad\quad \rightarrow \quad\quad \rightarrow \quad\quad \rightarrow$

所以 $\quad a_1\omega_1 = v + b_1\omega_3 \quad \Rightarrow \quad \omega_3 = \dfrac{a_1\omega_1 - v}{b_1}$

又因为 $\quad\quad\quad\quad \vec{v}_{B_2} = \vec{v}_C + \vec{v}_{B_2C}$
大小 $\quad\quad a_2\omega_2 \quad\quad v \quad\quad b_2\omega_3?$
方向 $\quad\quad \leftarrow \quad\quad \rightarrow \quad\quad \leftarrow$

所以 $a_2\omega_2 = -v + b_2\omega_3 \Rightarrow a_2\cdot\dfrac{r_1}{r_2}\omega_1 = -v + b_2\cdot\dfrac{a_1\omega_1 - v}{b_1} \Rightarrow$

$$\omega_1 = \dfrac{(b_1+b_2)r_2 v}{a_1 b_2 r_2 - a_2 b_1 r_1} \quad (逆时针)$$

解析：

(1) 判断机构中六个构件的运动形式十分重要。容易判定活塞作水平向右平移，则 $\vec{v}_C = \vec{v}$（水平向右）；也容易判定齿轮 O_1 和齿轮 O_2 作定轴转动，但是转向不确定，可先假设某一转向（假设齿轮 O_1 的角速度 ω_1 为逆时针转向），要注意的是两个外啮合齿轮的转向相反（此时齿轮 O_2 的角速度 ω_2 为顺时针转向），由此可断定，齿轮 O_1 上的点 A_1 的速度 $\vec{v}_{A_1}$ 水平（向右，按齿轮 O_1 的假设逆时针转向），齿轮 O_2 上的点 A_2 的速度 $\vec{v}_{A_2}$ 也水平（向左，按齿轮 O_2 的假设顺时针转向）；而杆 B_1B_2 作一般平面运动，可根据两点的速度关系（以点 C 为基点，写出点 B_1 和点 B_2 的速度，$\vec{v}_{B_1} = \vec{v}_C + \vec{v}_{B_1C}$, $\vec{v}_{B_2} = \vec{v}_C + \vec{v}_{B_2C}$）或速度投影定理（$[\vec{v}_{B_1}]_{B_1B_2} = [\vec{v}_{B_2}]_{B_1B_2} = [\vec{v}_C]_{B_1B_2} = 0$），进而判定点 B_1 和点 B_2 的速度为水平方向，从而判断 A_1B_1 和杆 A_2B_2 作瞬时平移，则 $\vec{v}_{A_1} = \vec{v}_{B_1}$, $\vec{v}_{A_2} = \vec{v}_{B_2}$。

(2) 从计算结果看出，齿轮 O_1 的角速度 ω_1 可为"+"也可为"−"（若 $a_1 b_2 r_2 > a_2 b_1 r_1$，则 $\omega_1 = \dfrac{(b_1+b_2)r_2 v}{a_1 b_2 r_2 - a_2 b_1 r_1} > 0$，真实转向为逆时针；若 $a_1 b_2 r_2 < a_2 b_1 r_1$，则 $\omega_1 = \dfrac{(b_1+b_2)r_2 v}{a_1 b_2 r_2 - a_2 b_1 r_1} < 0$，真实转向为顺时针），但是一旦 $\omega_1 = \dfrac{(b_1+b_2)r_2 v}{a_1 b_2 r_2 - a_2 b_1 r_1} > 0$，则 $\omega_2 > 0$ 和 $\omega_3 > 0$，反之亦然。也就是说，齿轮 O_1、齿轮 O_2 和杆 B_1B_2 三个构件的任一个转向确定，其余两个构件的转向也就确定了。

2-8 如图所示，地铁动力车是通过与电动机相连的用轴承铰接在车体上的主动齿轮 B 驱动的。齿轮 B 的半径为 r，与固连于半径为 $r_1 = 3r$ 的车轮 C 上半径为 $r_2 = 2r$ 的齿轮相啮合（注意在 B 处不与

车轮 C 铰接），铰接于车体的车轮 C 在水平地面上作纯滚动，若该车以速度 v 向右前进，试求齿轮 B 的角速度。

解：

（1）运动分析：车体作直线平移；齿轮组 C 沿水平地面作纯滚动；齿轮 B 随车体作平面运动。

（2）速度分析，如解答图所示。

齿轮组 C（车轮 C）：$v_C = v$（水平向右）

$$\omega_C = \frac{v_C}{r_1} = \frac{v}{3r}\ （顺时针），\quad v_M = PM \cdot \omega_C = (r_1 + r_2)\frac{v}{3r} = \frac{5}{3}v\ （水平向右）$$

齿轮 B：$\quad v_B = v$（水平向右）

$$\vec{v}_B = \vec{v}_M + \vec{v}_{BM}$$

| 大小 | v | $\dfrac{5}{3}v$ | $r\omega_B$? |
| 方向 | → | → | ← |

所以

$$v_B = v_M - v_{BM} \ \Rightarrow\ v = \frac{5}{3}v - r\omega_B \ \Rightarrow\ \omega_B = \frac{2}{3}\frac{v}{r}\ （逆时针）$$

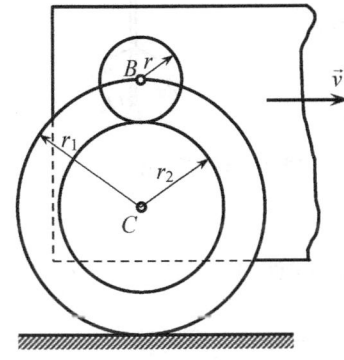

习题 2-8 图

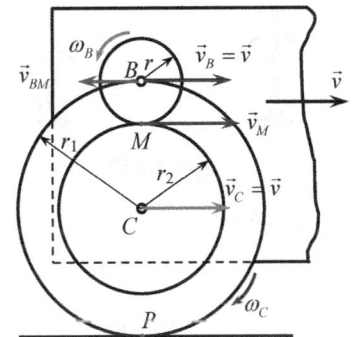

习题 2-8 解答图

解析：

（1）齿轮 B 与齿轮 C 的啮合点 M 的速度大小相等、方向相同。啮合点是指在两个相互啮合传动的齿轮上的接触点，该接触点分别属于不同的刚体（齿轮），但却占据了空间的相同位置。换言之，在齿轮 B 上的点 M 与齿轮 C 上的点 M' 相互接触，而点 M 在齿轮 B 上，点 M' 在齿轮 C 上。根据齿轮啮合的传动规律知道，$\vec{v}_M = \vec{v}_{M'}$，$\vec{a}_M = \vec{a}_M^n + \vec{a}_M^t \neq \vec{a}_{M'} = \vec{a}_{M'}^n + \vec{a}_{M'}^t$，此题啮合处轮廓线的公切线方向即为啮合点的速度方向，由 $\vec{a}_M^n + \vec{a}_M^t = \vec{a}_B + \vec{a}_{MB}^n + \vec{a}_{MB}^t$ 可知，$a_M^n = a_{MB}^n = r\omega_B^2 = \dfrac{4v^2}{9r}$（↑），由 $\vec{a}_{M'}^n + \vec{a}_{M'}^t = \vec{a}_C + \vec{a}_{M'C}^n + \vec{a}_{M'C}^t$ 可知，$a_{M'}^n = a_{M'C}^n = r_2\omega_C^2 = 2r\omega_C^2 = \dfrac{2v^2}{9r}$（↓），所以 $a_M^n \neq a_{M'}^n$，且这两个法向加速度方向相反，但 $\vec{a}_M^t = \vec{a}_{M'}^t$，即这两个接触点的切向加速度不仅大小相等，方向也相同，其方向与啮合点的速度方向相同或相反。其实齿轮与齿条的啮合，当啮合点速度沿它们的轮廓线在啮合点的切线方向时，也有类似的啮合传动规律。

（2）齿轮 B 和齿轮 C 都与作平移运动的车体相铰接，因此齿轮 B 和齿轮 C 相对于平移车体均作定轴转动，可见齿轮中心点 B 和齿轮中心点 C 的速度与车体平移速度相同。

2-9 在图示平面机构中，已知 $O_1A = 30$ cm，$O_2B = 20$ cm，$O_1O_2 = 40$ cm，在图示位置：杆 O_1A、O_2B 处于铅垂位置，点 A、C、O_2 在一直线上，杆 BC 处于水平位置，$\omega_1 = 2.5$ rad/s，$\omega_2 = 3$ rad/s，试求该位置点 C 的速度。

解法一： 两点的速度关系法。

（1）运动分析：杆 O_1A、O_2B 作定轴转动；杆 AC、BC 作平面运动。

（2）速度分析，如解答图(a)所示。

杆 O_1A：$v_A = O_1A \cdot \omega_1 = 30 \times 2.5 = 75$ (cm/s)（水平向右）。

杆 O_2B：$v_B = O_2B \cdot \omega_2 = 20 \times 3 = 60$ (cm/s)（水平向右）。

杆 AC：$\vec{v}_C = \vec{v}_A + \vec{v}_{CA}$；杆 BC：$\vec{v}_C = \vec{v}_B + \vec{v}_{CB}$。

联立上述两式，得

	$\vec{v}_A$	$+$	$\vec{v}_{CA}$	$=$	$\vec{v}_B$	$+$	$\vec{v}_{CB}$
大小	v_A		$AC \cdot \omega_{AC}$?		v_B		$BC \cdot \omega_{BC}$?
方向	$\rightarrow$		$\perp AC$		$\rightarrow$		$\perp BC$

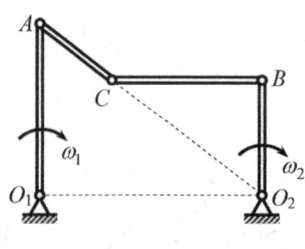

习题 2-9 图

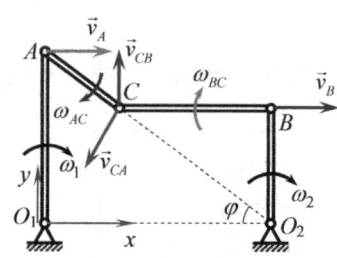

习题 2-9 解答图(a)

沿 x 轴投影，得到

$$v_A - v_{CA} \sin\varphi = v_B \Rightarrow v_A - AC \cdot \omega_{AC} \sin\varphi = v_B \Rightarrow$$

$$\omega_{AC} = \frac{v_A - v_B}{AC \cdot \sin\varphi} = \frac{v_A - v_B}{O_1A - O_2B} = \frac{75 - 60}{30 - 20} = 1.5 \text{ (rad/s)（顺时针）}$$

杆 AC：

	$\vec{v}_C$	$=$	$\vec{v}_A$	$+$	$\vec{v}_{CA}$
大小	?		v_A		$AC \cdot \omega_{AC}$
方向	?		$\rightarrow$		$\perp AC$

$$v_{Cx} = v_A - v_{CA}\sin\varphi = v_A - AC \cdot \omega_{AC}\sin\varphi = v_A - (O_1A - O_2B)\omega_{AC}$$

$$= 75 - (30-20) \times 1.5 = 60 \text{ (cm/s)}$$

$$v_{Cy} = -v_{CA}\cos\varphi = -AC \cdot \omega_{AC}\cos\varphi = -(O_1O_2 - BC)\omega_{AC} = -\left(O_1O_2 - \frac{O_2B}{\tan\varphi}\right)\omega_{AC}$$

$$= -\left(O_1O_2 - O_2B \cdot \frac{O_1O_2}{O_1A}\right)\omega_{AC} = -\left(40 - 20 \cdot \frac{40}{30}\right) \times 1.5 = -20 \text{ (cm/s)}$$

$$v_C = \sqrt{v_{Cx}^2 + v_{Cy}^2} = 20\sqrt{10} \text{ (cm/s)（斜右下）}$$

其与水平线夹角为 $\theta = \arctan\left|\dfrac{v_{Cy}}{v_{Cx}}\right| = \arctan\dfrac{1}{3}$。

解法二：速度投影定理。

（1）运动分析：杆 O_1A、O_2B 作定轴转动；杆 AC、BC 作平面运动。

（2）速度分析，如解答图(b)所示。

杆 O_1A：$v_A = O_1A \cdot \omega_1 = 30 \times 2.5 = 75$ (cm/s)（水平向右）。

杆 O_2B：$v_B = O_2B \cdot \omega_2 = 20 \times 3 = 60$ (cm/s)（水平向右）。

假设点 C 的速度 $\vec{v}_C$ 的方向与水平线成 θ 夹角，根据速度投影定理，得到

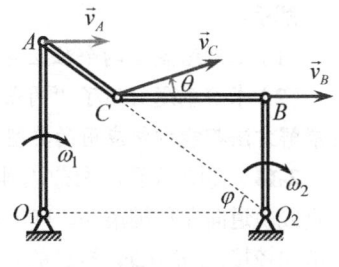

习题 2-9 解答图(b)

杆 AC：$[\vec{v}_A]_{AC} = [\vec{v}_C]_{AC}$ $\Rightarrow$ $v_A \cos\varphi = v_C \cos(\theta+\varphi)$ $\Rightarrow$ $75\cos\varphi = v_C \cos(\theta+\varphi)$ $\Rightarrow$

$$75\cos\varphi = v_C(\cos\theta\cos\varphi - \sin\theta\sin\varphi) \Rightarrow 75 \times \frac{4}{5} = v_C\left(\frac{4}{5}\cos\theta - \frac{3}{5}\sin\theta\right) \Rightarrow$$

$$300 = v_C(4\cos\theta - 3\sin\theta) \tag{1}$$

杆 BC：$[\vec{v}_C]_{CB} = [\vec{v}_B]_{CB}$ $\Rightarrow$ $v_C \cos\theta = v_B$ $\Rightarrow$ $v_C \cos\theta = 60$ (2)

将式（1）和式（2）联立求解，得到

$$v_{Cx} = v_C\cos\theta = 60 \text{ (cm/s)}, \quad v_{Cy} = v_C\sin\theta = -20 \text{ (cm/s)}$$

则 $v_C = 20\sqrt{10}$ (cm/s)，$\theta = \arctan\dfrac{v_{Cy}}{v_{Cx}} = -\arctan\dfrac{1}{3}$（即 $\vec{v}_C$ 的方向为斜右下）。

解法三：速度瞬心法。

如解答图(c)所示。

杆 O_1A：$v_A = O_1A \cdot \omega_1 = 30 \times 2.5 = 75$ (cm/s)（水平向右）。

杆 O_2B：$v_B = O_2B \cdot \omega_2 = 20 \times 3 = 60$ (cm/s)（水平向右）。

假设点 C 的速度与水平直线的夹角为 β，则点 P_1、P_2 分别为杆 AC 和杆 BC 的速度瞬心。

由于 $\triangle P_1DC \approx \triangle P_2BC$，且 $BC = 2CD$，故 $P_2C = 2P_1C$。

因为 $v_C = P_1C \cdot \omega_{AC} = P_2C \cdot \omega_{BC}$ $\Rightarrow$

$$\omega_{AC} = 2\omega_{BC} \tag{1}$$

设 $P_1D = y$ cm，则

$$v_A = P_1A \cdot \omega_{AC} = (y + AD) \cdot \omega_{AC} = (y+10) \cdot \omega_{AC} = 75 \tag{2}$$

$$v_B = P_2B \cdot \omega_{BC} = 2y \cdot \omega_{BC} = 60 \tag{3}$$

联立式（1）、式（2）、式（3）求解得到

$$y = 40 \text{ cm}$$

于是

$$\omega_{AC} = \frac{v_A}{P_1A} = \frac{75}{y+10} = \frac{75}{40+10} = \frac{3}{2} \text{（顺时针）},$$

$$\omega_{BC} = \frac{v_B}{P_2B} = \frac{v_B}{2y} = \frac{60}{2 \times 40} = \frac{3}{4}$$

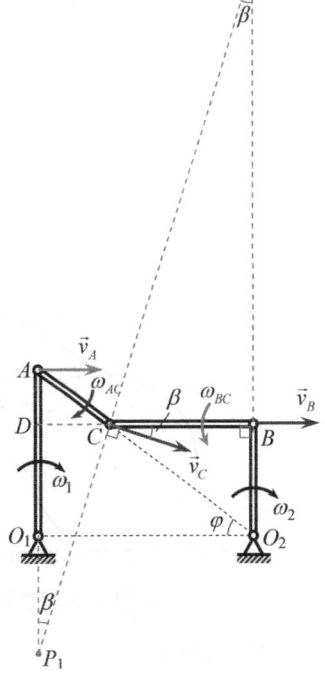

习题 2-9 解答图(c)

$$v_C = P_1C \cdot \omega_{AC} = \sqrt{P_1D^2 + CD^2} \cdot \omega_{AC} = \frac{40}{3}\sqrt{10} \cdot \frac{3}{2} = 20\sqrt{10} \text{ cm/s}, \quad \tan\beta = \frac{CD}{P_1D} = \frac{1}{3}$$

第 2 章 刚体的平面运动 ▶ 31

解析:

(1) 本题给定了两个独立运动,其机构的自由度数为2。

(2) 求解本题时用了"两点的速度关系法"、"速度投影法"和"速度瞬心法",是速度分析三种求解方法都能方便应用的典型例子。

2-13 在图示平面系统中,半径为 r 的圆盘以匀角速度 ω 沿水平直线轨道向左作纯滚动,直角三角板的两顶点 A、B 分别与圆盘和滑块铰接,$AB=2r$,滑道的倾角为 $30°$,试求图示位置(AO 处于铅垂位置,AB 处于水平位置)三角板顶点 C 的速度和加速度。

习题 2-13 图

解:

(1) 运动分析:圆盘 O 作纯滚动;三角板 ABC 作平面运动;滑块 B 作直线平移。

(2) 速度分析,如解答图(a)所示。

圆盘 O:
$$v_A = 2r\omega \ (\leftarrow)$$

三角板 ABC:
$$\omega_{ABC} = \frac{v_A}{PA} = \frac{2r\omega}{2\sqrt{3}r} = \frac{\sqrt{3}}{3}\omega \ (顺时针)$$

$$v_C = PC \cdot \omega_{ABC} = 3r \cdot \frac{\sqrt{3}}{3}\omega = \sqrt{3}r\omega \ (// \overrightarrow{CA})$$

(3) 加速度分析,如解答图(b)所示。

圆盘 O:
$$\vec{a}_A = \vec{a}_O + \vec{a}_{AO}^n + \vec{a}_{AO}^t$$

式中,$a_O = 0$,$a_{AO}^n = r\omega^2 \ (\downarrow)$,$a_{AO}^t = 0$,所以

$$\vec{a}_A = \vec{a}_{AO}^n, \quad a_A = a_{AO}^n = r\omega^2 \ (\downarrow)$$

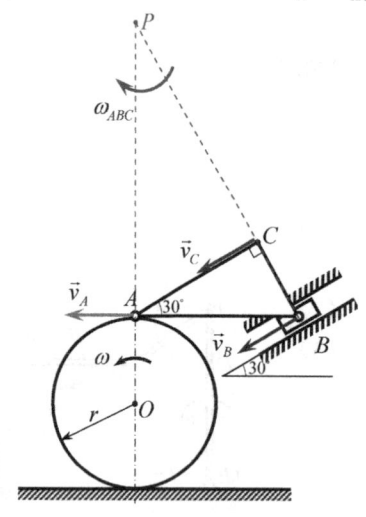

习题 2-13 解答图(a)

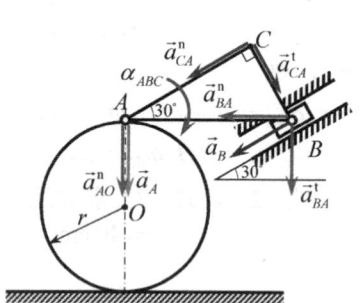

习题 2-13 解答图(b)

三角板 ABC:

	$\vec{a}_B$	=	$\vec{a}_A$	+	$\vec{a}_{BA}^n$	+	$\vec{a}_{BA}^t$
大小	?		$r\omega^2$		$2r \cdot \omega_{ABC}^2$		$2r \cdot \alpha_{ABC}$?
方向	✓		↓		←		↓

沿 $\overrightarrow{BC}$ 方向投影,得到

$$0 = -a_A\cos 30° + a_{BA}^{\mathrm{n}}\sin 30° - a_{BA}^{\mathrm{t}}\cos 30° \quad \Rightarrow$$

$$0 = -r\omega^2\cdot\frac{\sqrt{3}}{2} + 2r\left(\frac{\sqrt{3}}{3}\omega\right)^2\cdot\frac{1}{2} - 2r\alpha_{ABC}\cdot\frac{\sqrt{3}}{2} \quad \Rightarrow \quad \alpha_{ABC} = -\frac{9-2\sqrt{3}}{18}\omega^2$$

	$\vec{a}_C$	$=$	$\vec{a}_A$	$+$	$\vec{a}_{CA}^{\mathrm{n}}$	$+$	$\vec{a}_{CA}^{\mathrm{t}}$
大小	?		$r\omega^2$		$AC\cdot\omega_{ABC}^2$		$AC\cdot\alpha_{ABC}$
方向	?		↓		$A\to C$		$\perp CA$

$$a_{Cx} = -a_{CA}^{\mathrm{n}}\cos 30° + a_{CA}^{\mathrm{t}}\sin 30° = -\frac{4+3\sqrt{3}}{12}r\omega^2$$

$$a_{Cy} = -a_A - a_{CA}^{\mathrm{n}}\cos 60° - a_{CA}^{\mathrm{t}}\cos 30° = -\frac{3+4\sqrt{3}}{12}r\omega^2$$

解析：

（1）关于纯滚动圆盘上的点 M 的速度。用"速度瞬心法"表示纯滚动圆盘边缘点 M 的速度 $\vec{v}_M$ 最为简单。圆盘无论是在水平地面上作纯滚动，还是在固定圆凸面（圆凹面）上作纯滚动，其上与地面接触点 P 为瞬时速度中心（速度瞬心），则 $\vec{v}_M = \vec{\omega}\times\overrightarrow{PM}$，这样点 M 的速度大小与方向最容易表示。其实，该方法对于纯滚动圆盘上的非边缘点（只要是圆盘上的点）都适用。若将 $\vec{v}_M = \vec{\omega}\times\overrightarrow{OM}$ 是错误的（其中，点 O 为圆盘的中心点），其错误的原因在于将中心点 O 的速度 v_O 误认为是零了，因为利用"两点的速度关系"有 $\vec{v}_M = \vec{v}_O + \vec{v}_{MO}$，而 $\vec{v}_{MO} = \vec{\omega}\times\overrightarrow{OM}$，$\vec{v}_O = \vec{\omega}\times\overrightarrow{PO}$。

（2）关于纯滚动圆盘上的点 M 的加速度。圆盘无论是在水平地面上、固定圆凸面，还是固定圆凹面上作纯滚动，其圆盘中心点 O 的轨迹为已知且简单明了，因此用圆盘中心点 O 作为基点，利用"两点的加速度关系"来表示圆盘上其他点的加速度最为简单明了，即 $\vec{a}_M = \vec{a}_O + \vec{a}_{MO}^{\mathrm{n}} + \vec{a}_{MO}^{\mathrm{t}} = \vec{a}_O^{\mathrm{n}} + \vec{a}_O^{\mathrm{t}} + \vec{a}_{MO}^{\mathrm{n}} + \vec{a}_{MO}^{\mathrm{t}}$。

（3）若圆盘在水平地面上作纯滚动，则 $\vec{a}_O = \vec{\alpha}\times\overrightarrow{PO}$；若圆盘在固定圆凸面上作纯滚动，则 $\vec{a}_O = \vec{a}_O^{\mathrm{n}} + \vec{a}_O^{\mathrm{t}}$，$a_O^{\mathrm{n}} = \dfrac{v_O^2}{R+r}$（方向由圆盘中心点 O 指向固定圆凸面的中心 O'），$a_O^{\mathrm{t}} = r\alpha$（方向垂直于 OO'）；若圆盘在固定圆凹面上作纯滚动，则 $\vec{a}_O = \vec{a}_O^{\mathrm{n}} + \vec{a}_O^{\mathrm{t}}$，$a_O^{\mathrm{n}} = \dfrac{v_O^2}{R-r}$（方向由圆盘中心点 O 指向固定圆凸面的中心 O'），$a_O^{\mathrm{t}} = r\alpha$（方向垂直于 OO'）（其中圆盘的半径为 r，圆盘的角速度和角加速度分别为 ω 和 α）。

2-18 在图示平面机构中，杆 OA 以匀角速度 ω 绕轴 O 作逆时针转动，$OA=r$，$AB=2r$，菱形板的边长为 $\dfrac{2\sqrt{3}}{3}r$，试求图示瞬时，菱形板的角速度和角加速度及其顶点 E 的速度和加速度。

解：

（1）运动分析：杆 OA 作定轴转动；菱形 $ADBE$ 作平面运动（瞬时平移）；滑块 B 作直线平移。

（2）速度分析，如解答图(a)所示。

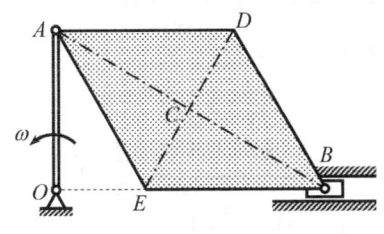

习题 2-18 图

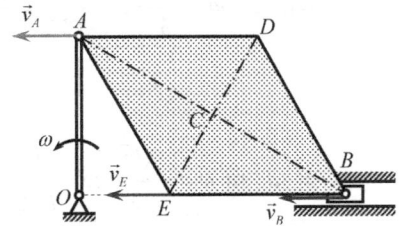

习题 2-18 解答图(a)

杆 OA：$v_A = r\omega$（←）。

菱形 $ADBE$：瞬时平移

$$\omega_{菱} = 0, \quad v_E = v_B = v_A = r\omega \text{（←）}$$

（3）加速度分析：如解答图(b)所示。

方法一：两点的加速度关系法。

杆 OA：$\quad a_A = a_A^n = r\omega^2$

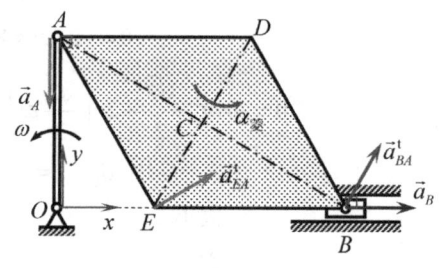

习题 2-18 解答图(b)

菱形 $ADBE$：

	$\vec{a}_B$	$=$	$\vec{a}_A$	$+$	$\vec{a}_{BA}^n$	$+$	$\vec{a}_{BA}^t$
大小	?		$r\omega^2$		$AB\cdot\omega_{菱}^2=0$		$AB\cdot\alpha_{菱}$?
方向	→		↓				⊥ AB

沿 y 轴投影，得到

$$0 = -a_A + a_{BA}^t \cos 30° \Rightarrow 0 = -r\omega^2 + 2r\alpha_{菱}\cdot\frac{\sqrt{3}}{2} \Rightarrow \alpha_{菱} = \frac{\sqrt{3}}{3}\omega^2 \text{（逆时针）}$$

	$\vec{a}_E$	$=$	$\vec{a}_A$	$+$	$\vec{a}_{EA}^n$	$+$	$\vec{a}_{EA}^t$
大小	?		$r\omega^2$		$EA\cdot\omega_{菱}^2=0$		$EA\cdot\alpha_{菱}$
方向	?		↓				⊥ EA

沿 x 轴投影，得到

$$a_{Ex} = a_{EA}^t \cos 30° = EA\cdot\alpha_{菱}\cdot\frac{\sqrt{3}}{2} = \frac{2\sqrt{3}}{3}r\cdot\frac{\sqrt{3}}{3}\omega^2\cdot\frac{\sqrt{3}}{2} = \frac{\sqrt{3}}{3}r\omega^2$$

沿 y 轴投影，得到

$$a_{Ey} = -a_A + a_{EA}^t \sin 30° = -r\omega^2 + EA\cdot\alpha_{菱}\cdot\frac{1}{2} = -r\omega^2 + \frac{2\sqrt{3}}{3}r\cdot\frac{\sqrt{3}}{3}\omega^2\cdot\frac{1}{2} = -\frac{2}{3}r\omega^2$$

方法二：加速度瞬心法。

由于菱形 $ADBE$ 作瞬时平移，则菱形 $ADBE$ 的加速度瞬心为点 P^*，如解答图(c)所示。

$$\alpha_{菱} = \frac{a_A}{P^*A} = \frac{r\omega^2}{\frac{\sqrt{3}}{3}r + \frac{2\sqrt{3}}{3}r} = \frac{\sqrt{3}}{3}\omega^2 \text{（逆时针）}$$

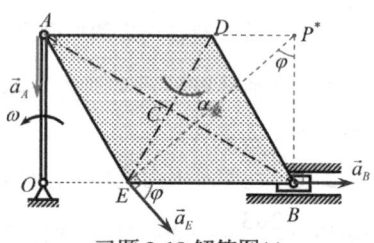

习题 2-18 解答图(c)

$$a_E = P^*E\cdot\alpha_{菱} = \sqrt{r^2 + \left(\frac{2\sqrt{3}}{3}r\right)^2}\cdot\frac{\sqrt{3}}{3}\omega^2 = \frac{\sqrt{7}}{3}r\omega^2 \text{（方向如图，⊥}P^*E\text{）}$$

$$a_{Ex} = a_E\cos\varphi = \frac{\sqrt{7}}{3}r\omega^2\cdot\frac{P^*B}{P^*E} = \frac{\sqrt{7}}{3}r\omega^2\cdot\frac{r}{\sqrt{r^2 + \left(\frac{2\sqrt{3}}{3}r\right)^2}} = \frac{\sqrt{3}}{3}r\omega^2$$

$$a_{Ey} = -a_E\sin\varphi = -\frac{\sqrt{7}}{3}r\omega^2\cdot\frac{BE}{P^*E} = -\frac{\sqrt{7}}{3}r\omega^2\cdot\frac{\frac{2\sqrt{3}}{3}r}{\sqrt{r^2 + \left(\frac{2\sqrt{3}}{3}r\right)^2}} = -\frac{2}{3}r\omega^2$$

解析：

本题加速度分析的解答中给出了"两点的加速度关系法"和"加速度瞬心法"两种不同的解法。从两种不同解法容易看出，"加速度瞬心法"简便且不易出错，用"两点的加速度关系法"麻烦，容易出错，因此能用"加速度瞬心法"求解的问题就尽可能用"加速度瞬心法"，而不用"两点的加速度关系法"。但是，使用"加速度瞬心法"的前提是加速度瞬心容易确定。对本题而言，菱形板是瞬时平移 $\omega = 0$，且已知菱形板上两点 A、B 的加速度方向，因此过点 A 和点 B 分别作点 A 的加速度矢量和点 B 的加速度矢量的垂线，两条垂线的交点即为菱形板的加速度瞬心 P^*，并已知其一点的加速度大小，就可以求得菱形板的角加速度和其上任意一点的加速度的大小及方向。

2-20 如图所示，齿条 AB 的 A 端沿水平地面以速度 $\vec{v}$ 向右匀速运动，带动半径为 r 的齿轮 D 在水平地面上作纯滚动。试求当 $\varphi = 60°$ 时，齿条 AB 及齿轮 D 的角速度和角加速度。

解法一：解析法。

（1）运动分析：齿轮 D 沿水平地面作纯滚动；齿条 AB 作平面运动。

（2）速度分析，如解答图(a)所示。

将系统置于一般位置，假设齿轮 D 与齿条 AB 的啮合点为 M 点（齿轮 D 上的点 M 与齿条 AB 上的点 M' 相接触，为啮合点）。

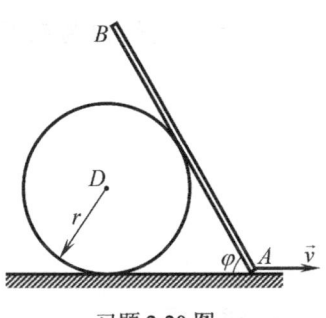
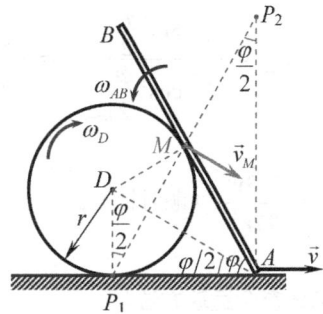

习题 2-20 图　　　　习题 2-20 解答图(a)

点 P_1 为齿轮 D 的速度瞬心；点 P_2 为齿条 AB 的速度瞬心。

由几何关系，得到

$$P_1 A = r \cot \frac{\varphi}{2}, \qquad P_2 A = P_1 A \cot \frac{\varphi}{2} = r \cot^2 \frac{\varphi}{2}$$

$$P_1 M = 2r \cos \frac{\varphi}{2}, \qquad P_1 P_2 = \frac{P_1 A}{\sin \frac{\varphi}{2}} = \frac{r \cos \frac{\varphi}{2}}{\sin^2 \frac{\varphi}{2}}$$

$$P_2 M = P_1 P_2 - P_1 M = \frac{r \cos \frac{\varphi}{2}}{\sin^2 \frac{\varphi}{2}} - 2r \cos \frac{\varphi}{2} = r \cos \frac{\varphi}{2} \frac{\cos \varphi}{\sin^2 \frac{\varphi}{2}}$$

又因为

$$\omega_{AB} = \frac{v_A}{P_2 A} = \frac{v}{r \cot^2 \frac{\varphi}{2}} = \frac{v}{r} \tan^2 \frac{\varphi}{2}$$

$$v_M = P_2 M \cdot \omega_{AB} = r \cos \frac{\varphi}{2} \frac{\cos \varphi}{\sin^2 \frac{\varphi}{2}} \cdot \frac{v}{r} \tan^2 \frac{\varphi}{2} = v \frac{\cos \varphi}{\cos \frac{\varphi}{2}}, \qquad \omega_D = \frac{v_M}{P_1 M} = \frac{v \cos \varphi}{2r \cos^2 \frac{\varphi}{2}}$$

当 $\varphi=60°$ 时，$\omega_{AB}=\dfrac{v}{r}\tan^2\dfrac{\varphi}{2}\bigg|_{\varphi=60°}=\dfrac{v}{3r}$（逆时针），$\omega_D=\dfrac{v\cos\varphi}{2r\cos^2\dfrac{\varphi}{2}}\bigg|_{\varphi=60°}=\dfrac{v}{3r}$（顺时针）。

（3）加速度分析：

$$\alpha_{AB}=\dfrac{\mathrm{d}\omega_{AB}}{\mathrm{d}t}=\dfrac{\mathrm{d}}{\mathrm{d}t}\left(\dfrac{v}{r}\tan^2\dfrac{\varphi}{2}\right)=\dfrac{v}{r}\dfrac{\sin\dfrac{\varphi}{2}}{\cos^3\dfrac{\varphi}{2}}\dot{\varphi}\xrightarrow{\dot{\varphi}=-\omega_{AB}}-\dfrac{v}{r}\dfrac{\sin\dfrac{\varphi}{2}}{\cos^3\dfrac{\varphi}{2}}\omega_{AB}$$

$$=-\dfrac{v}{r}\dfrac{\sin\dfrac{\varphi}{2}}{\cos^3\dfrac{\varphi}{2}}\cdot\dfrac{v}{r}\tan^2\dfrac{\varphi}{2}=-\dfrac{v^2}{r^2}\dfrac{\sin^3\dfrac{\varphi}{2}}{\cos^5\dfrac{\varphi}{2}}$$

$$\alpha_D=\dfrac{\mathrm{d}\omega_D}{\mathrm{d}t}=\dfrac{\mathrm{d}}{\mathrm{d}t}\left(\dfrac{v\cos\varphi}{2r\cos^2\dfrac{\varphi}{2}}\right)=-\dfrac{v}{2r}\dfrac{\sin\dfrac{\varphi}{2}}{\cos^3\dfrac{\varphi}{2}}\dot{\varphi}\xrightarrow{\dot{\varphi}=-\omega_{AB}}\dfrac{v}{2r}\dfrac{\sin\dfrac{\varphi}{2}}{\cos^3\dfrac{\varphi}{2}}\omega_{AB}=\dfrac{v^2}{2r^2}\dfrac{\sin^3\dfrac{\varphi}{2}}{\cos^5\dfrac{\varphi}{2}}$$

当 $\varphi=60°$ 时，$\alpha_{AB}=-\dfrac{v^2}{r^2}\dfrac{\sin^3\dfrac{\varphi}{2}}{\cos^5\dfrac{\varphi}{2}}\bigg|_{\varphi=60°}=-\dfrac{4\sqrt{3}v^2}{27r^2}$（负号表示其真实转向为顺时针），$\alpha_D=\dfrac{v^2}{2r^2}\dfrac{\sin^3\dfrac{\varphi}{2}}{\cos^5\dfrac{\varphi}{2}}\bigg|_{\varphi=60°}=\dfrac{2\sqrt{3}v^2}{27r^2}$（顺时针）。

解法二：点的复合运动方法。

（1）运动分析：动点：齿轮 D 的中心点 D；动系：与齿条 AB 固连。

（2）速度分析，如解答图(b)所示。

$$\vec{v}_a=\vec{v}_e+\vec{v}_r$$

其中，$\vec{v}_e=\vec{v}_{D'}=\vec{v}_A+\vec{v}_{D'A}$，则

	$\vec{v}_a$	$=$	$\vec{v}_A$	$+$	$\vec{v}_{D'A}$	$+$	$\vec{v}_r$
大小	$r\omega_D$?		v		$AD\cdot\omega_{AB}$ $=2r\omega_{AB}$?		$r\omega_r$ $=r(\omega_D+\omega_{AB})$?
方向	$\rightarrow$		$\rightarrow$		$\perp AD$		$//AB$

沿 x 轴投影，得到

$$v_a=v_A-v_{D'A}\cos60°-v_r\cos60°\Rightarrow r\omega_D=v-r\omega_{AB}-\dfrac{1}{2}r(\omega_D+\omega_{AB})$$

沿 y 轴投影，得到

$$0=-v_{D'A}\sin60°+v_r\sin60°\Rightarrow \omega_{AB}=\omega_D$$

联立求解，得到

$$\omega_{AB}=\dfrac{v}{3r}\text{（逆时针）}，\quad \omega_D=\dfrac{v}{3r}\text{（顺时针）}$$

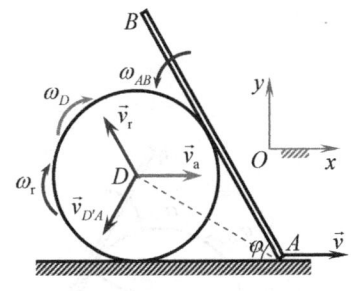

习题 2-20 解答图(b)

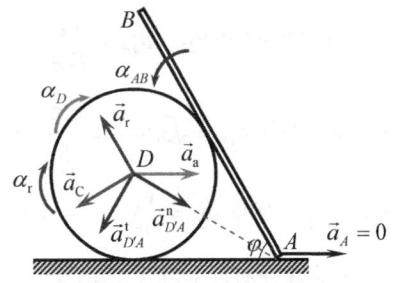

习题 2-20 解答图(c)

(3) 加速度分析，如解答图(c)所示。

$$\vec{a}_a = \vec{a}_e + \vec{a}_r + \vec{a}_C$$

其中，$\vec{a}_e = \vec{a}_A + \vec{a}_{D'A}^n + \vec{a}_{D'A}^t$。

	$\vec{a}_a$	=	$\vec{a}_A$	+	$\vec{a}_{D'A}^n$	+	$\vec{a}_{D'A}^t$	+	$\vec{a}_r$	+	$\vec{a}_C$
大小	$r\alpha_D$?		0		$AD \cdot \omega_{AB}^2$ $= 2r\omega_{AB}^2$		$AD \cdot \alpha_{AB}$? $= 2r\alpha_{AB}$		$r\alpha_r$ $= r(\alpha_D + \alpha_{AB})$?		$2\omega_{AB}v_r$
方向	→				$D \to A$		$\perp AD$		$//AB$		$\perp AB$

沿 x 轴投影，得到

$$a_a = a_{D'A}^n \sin 60° - a_{D'A}^t \cos 60° - a_r \cos 60° - a_C \sin 60° \Rightarrow$$

$$r\alpha_D = \sqrt{3}r\left(\frac{v}{3r}\right)^2 - r\alpha_{AB} - \frac{1}{2}r(\alpha_D + \alpha_{AB}) - \sqrt{3}\frac{v}{3r} \cdot r\left(\frac{v}{3r} + \frac{v}{3r}\right) \Rightarrow$$

$$\alpha_D + \alpha_{AB} = -\frac{2\sqrt{3}}{27}\frac{v^2}{r^2} \quad (1)$$

沿 y 轴投影，得到

$$0 = -a_{D'A}^n \cos 60° - a_{D'A}^t \sin 60° + a_r \sin 60° - a_C \cos 60° \Rightarrow$$

$$0 = -2r\omega_{AB}^2 \cdot \frac{1}{2} - 2r\alpha_{AB} \cdot \frac{\sqrt{3}}{2} + r(\alpha_D + \alpha_{AB}) \cdot \frac{\sqrt{3}}{2} - 2\omega_{AB}v_r \cdot \frac{1}{2} \Rightarrow$$

$$\alpha_D - \alpha_{AB} = \frac{2\sqrt{3}v^2}{9r^2} \quad (2)$$

联立式（1）和式（2）求解，得到

$$\alpha_{AB} = -\frac{4\sqrt{3}v^2}{27r^2} \text{（负号表示其真实转向为顺时针）}, \quad \alpha_D = \frac{2\sqrt{3}v^2}{27r^2} \text{（顺时针）}$$

解析：

（1）本题是齿条和齿轮相啮合的问题，是难度较大的题目。

假设齿轮上的点 M 与齿条上的 M' 相接触，是两个啮合点。根据两啮合点无相对滑动，但下一瞬时这两个啮合点又相互分离，可知齿条和齿轮的传动规律为 $\vec{v}_M = \vec{v}_{M'}$，$[\vec{a}_M]_{BA} = [\vec{a}_{M'}]_{BA}$，但是 $\vec{a}_M \neq \vec{a}_{M'}$。如果用"刚体的平面运动"的知识来求解这道题，方法如下：

第一步，运动分析：齿轮 D 沿水平地面作纯滚动；齿条 AB 作平面运动。

第二步，速度分析，如解答图(a)所示。

齿轮 D：速度瞬心为 P_1，$v_M = P_1M \cdot \omega_D = 2r\cos\frac{\varphi}{2} \cdot \omega_D = \sqrt{3}r\omega_D$ ($\perp P_1M$)

第 2 章 刚体的平面运动 ▶ 37

齿条 AB：速度瞬心为 P_2，$\omega_{AB} = \dfrac{v_A}{P_2 A} = \dfrac{v}{3r}$（逆时针），

$$v_{M'} = P_2 M' \cdot \omega_{AB} = \sqrt{3}r \cdot \dfrac{v}{3r} = \dfrac{\sqrt{3}}{3}v \quad (\perp P_2 M)$$

因为 $\vec{v}_{M'} = \vec{v}_M$，所以 $\omega_D = \dfrac{v_M}{\sqrt{3}r} = \dfrac{v}{3r}$（顺时针）。

第三步，加速度分析，如解答图(d)所示。

齿轮 D：$a_D = r\alpha_D \;(\rightarrow)$

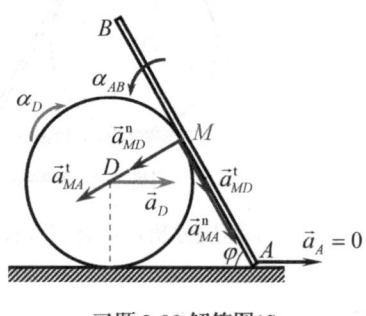

习题 2-20 解答图(d)

	$\vec{a}_M$	=	$\vec{a}_D$	+	$\vec{a}_{MD}^n$	+	$\vec{a}_{MD}^t$
大小	?		$r\alpha_D$?		$r\omega_D^2$		$r\alpha_D$?
方向	?		$\rightarrow$		$M \rightarrow D$		$\perp MD$

沿齿轮与齿条的轮廓公切线的方向（即 $\overrightarrow{BA}$）投影，得到

$$[\vec{a}_M]_{BA} = a_D \cos 60° + a_{MD}^t = \dfrac{1}{2}r\alpha_D + r\alpha_D = \dfrac{3}{2}r\alpha_D$$

齿条 AB：

	$\vec{a}_{M'}$	=	$\vec{a}_A$	+	$\vec{a}_{M'A}^n$	+	$\vec{a}_{M'A}^t$
大小	?		0		$M'A \cdot \omega_{AB}^2$ $=\sqrt{3}r\omega_{AB}^2$		$M'A \cdot \alpha_{AB}$? $=\sqrt{3}\alpha_{AB}$
方向	?				$M' \rightarrow D$		$\perp M'D$

沿齿轮与齿条的轮廓公切线的方向（即 $\overrightarrow{BA}$）投影，得到

$$[\vec{a}_{M'}]_{BA} = a_{M'A}^n = \sqrt{3}r\omega_{AB}^2$$

根据齿轮齿条的啮合传递关系，$\vec{a}_M$ 和 $\vec{a}_{M'}$ 分别沿齿轮与齿条的轮廓线的公切线方向（即 $\overrightarrow{BA}$）的投影相等，得到

$$\dfrac{3}{2}r\alpha_D = \sqrt{3}r\omega_{AB}^2 \quad\Rightarrow\quad \alpha_D = \dfrac{2\sqrt{3}}{3}\omega_{AB}^2 = \dfrac{2\sqrt{3}}{3}\left(\dfrac{v}{3r}\right)^2 = \dfrac{2\sqrt{3}v^2}{27r^2} \quad（顺时针）$$

注意，由于两啮合点沿齿轮与齿条的轮廓线的公法线方向的投影不相等，该方法无法求出齿条 AB 的角加速度，因为再没有可以利用的传递关系了。

（2）本题的第一种解法为速度瞬心的求导解析法，这是对运动学问题普遍适用的方法。该方法要利用"齿轮和齿条啮合点的速度相等"的关系。

刚体在不同瞬时（位置）具有不同的速度瞬心。在某一确定的瞬时（位置），速度瞬心具有存在性和唯一性，在此瞬时（位置）刚体的角速度 ω 与其上各点的速度都有确定的瞬时性。因此不能对 $\varphi = 60°$ 时刚体的角速度 ω 求时间的一阶导数而得到刚体的角加速度 α。正确的做法如下：将单自由度系统置于一般位置（任意瞬时），并将系统中各刚体的角速度都用一般位置的广义坐标 φ（系统中某一刚体的方位角）来表示，则此时的各刚体速度瞬心位置随 φ 而变化，而此时的刚体角速度也是 φ 的函数，因此可对刚体的角速度求时间的一阶导数而得到刚体的角加速度，当 φ、ω、α 的转向一致时，即有 $\omega = \dfrac{d\varphi}{dt}$，$\alpha = \dfrac{d\omega}{dt}$。但是要特别注意，在本题中 φ 随时间增加而减少，而 ω_{AB} 的转向已判定，所以其大小 $\omega_{AB} = -\dfrac{d\varphi}{dt}$。

（3）本题的第二种解法是"点的复合运动"方法，关于复合运动的知识要到第3章才能讲授。首先，动点与动系不能选在同一刚体，且动点和动系确定后要使其相对运动的轨迹为已知，且相对运动轨迹越简单越好，是直线或圆周曲线为最合适。其次，齿轮在水平地面上作纯滚动（平面运动），与之啮合的齿条也作平面运动，而齿轮相对于齿条又作纯滚动（平面运动）。动点为齿轮中心点D，动系与齿条AB固连。绝对运动为点D沿地面水平向右的直线运动；相对运动是齿轮D相对于齿条AB的纯滚动而使得点D平行于齿条AB的直线运动，设ω_{AB}为齿条AB的绝对角速度，逆时针；ω_D为齿轮D的绝对角速度，顺时针；α_{AB}为齿条AB的绝对角加速度，逆时针；α_D为齿轮D的绝对角加速度，顺时针。根据刚体复合运动的角速度和角加速度合成公式有

$$\vec{\omega}_a = \vec{\omega}_e + \vec{\omega}_r \qquad\qquad \vec{\alpha}_a = \vec{\alpha}_e + \vec{\alpha}_r$$

方向　ω_D　ω_{AB}　？　　　方向　α_D　α_{AB}　？
方向　顺　逆　顺　　　　　方向　顺　逆　顺

齿轮相对于齿条的相对角速度和相对角加速度分别为$\omega_r = \omega_D + \omega_{AB}$（顺时针）、$\alpha_r = \alpha_D + \alpha_{AB}$（顺时针），故有$v_r = r\omega_r = r(\omega_D + \omega_{AB})$，$a_r = r\alpha_r = r(\alpha_D + \alpha_{AB})$。

（4）若选齿轮上的啮合点M为动点，齿条为动系，由于齿轮相对于齿条作纯滚动，所以$v_r = 0$，$a_C = 0$；若齿轮相对于齿条的角速度为ω_r，则$a_r = \omega_r^2 r$，方向由点M指向圆心D，再结合刚体复合运动知识，也可方便求解，请读者自己完成。

2-21 图示四连杆机构，$OA = OB = l$，$AC = BC = \dfrac{\sqrt{3}}{3}l$，铰链$C$上系一根不可伸长的绳子，绳子绕过不计大小的转轴$O$后以匀速$\vec{v}$向右拉动，以收起机构，试求当$\varphi = 60°$时杆$OA$的角速度和角加速度。

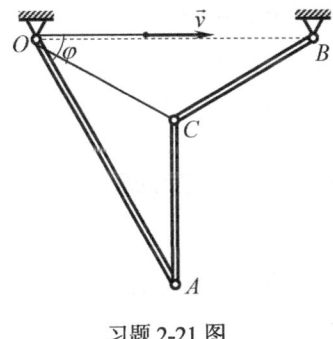

习题2-21图

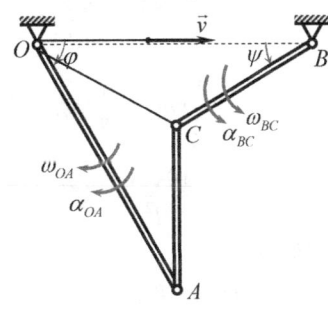

习题2-21解答图(a)

解法一：定义法。

将机构放置于一般位置时，设杆BC与水平线夹角为ψ，如解答图(a)所示，令$OC = s$，则

$$s^2 = OB^2 + BC^2 - 2\cdot OB \cdot BC \cdot \cos\psi \Rightarrow s^2 = l^2 + \left(\frac{\sqrt{3}}{3}l\right)^2 - 2l\cdot\frac{\sqrt{3}}{3}l\cdot\cos\psi = \frac{4}{3}l^2 - \frac{2\sqrt{3}}{3}l^2\cos\psi$$

将上式对时间t求一阶导数，得到

$$2s\dot{s} = \frac{2\sqrt{3}}{3}l^2 \sin\psi \cdot \frac{d\psi}{dt}$$

将上式对时间t求二阶导数，得到

$$2\dot{s}^2 + 2s\ddot{s} = \frac{2\sqrt{3}}{3}l^2\left[\cos\psi\cdot\left(\frac{d\psi}{dt}\right)^2 + \sin\psi\cdot\frac{d^2\psi}{dt^2}\right]$$

而 $\dot{s}=-v$，$\ddot{s}=0$，$\dfrac{\mathrm{d}\psi}{\mathrm{d}t}=\omega_{BC}$，$\dfrac{\mathrm{d}^2\psi}{\mathrm{d}t^2}=\alpha_{BC}$，再将 $\psi=30°$，$s=\dfrac{\sqrt{3}}{3}l$ 表示图示位置代入上两个式中得到 $\omega_{BC}=-\dfrac{2v}{l}$，$\alpha_{BC}=-\dfrac{2\sqrt{3}v^2}{l^2}$（负号表示其真实转向与图示相反，即为顺时针）。

由几何关系得到

$$OC\cdot\cos\dfrac{\varphi}{2}+BC\cdot\cos\psi=OB \quad\Rightarrow\quad s\cdot\cos\dfrac{\varphi}{2}+\dfrac{\sqrt{3}}{3}l\cdot\cos\psi=l$$

将上式对时间 t 求一阶导数，得到

$$\dot{s}\cdot\cos\dfrac{\varphi}{2}-s\cdot\sin\dfrac{\varphi}{2}\cdot\dfrac{\dot\varphi}{2}-\dfrac{\sqrt{3}}{3}l\cdot\sin\psi\cdot\dot\psi=0$$

将上式对时间 t 求二阶导数，得到

$$\ddot{s}\cos\dfrac{\varphi}{2}-\dot{s}\sin\dfrac{\varphi}{2}\cdot\dfrac{\dot\varphi}{2}-\dot{s}\sin\dfrac{\varphi}{2}\cdot\dfrac{\dot\varphi}{2}-s\cos\dfrac{\varphi}{2}\cdot\left(\dfrac{\dot\varphi}{2}\right)^2-s\sin\dfrac{\varphi}{2}\cdot\dfrac{\ddot\varphi}{2}-\dfrac{\sqrt{3}}{3}l\cos\psi\cdot\dot\psi^2-\dfrac{\sqrt{3}}{3}l\sin\psi\cdot\ddot\psi=0 \Rightarrow$$

$$\ddot{s}\cos\dfrac{\varphi}{2}-\dot{s}\dot\varphi\sin\dfrac{\varphi}{2}-\dfrac{1}{4}s\dot\varphi^2\cos\dfrac{\varphi}{2}-\dfrac{1}{2}s\ddot\varphi\sin\dfrac{\varphi}{2}-\dfrac{\sqrt{3}}{3}l\dot\psi^2\cos\psi-\dfrac{\sqrt{3}}{3}l\ddot\psi\sin\psi=0$$

而 $\dot{s}=-v$，$\ddot{s}=0$，$\dot\varphi=\omega_{OA}$，$\ddot\varphi=\alpha_{OA}$，$\dot\psi=\omega_{BC}$，$\ddot\psi=\alpha_{BC}$，再将 $\varphi=60°$，$\psi=30°$，$s=\dfrac{\sqrt{3}}{3}l$ 表示图示位置代入上两式中，得到

$$-\dfrac{\sqrt{3}}{2}v-\dfrac{\sqrt{3}}{12}l\omega_{OA}-\dfrac{\sqrt{3}}{6}l\omega_{BC}=0 \quad\Rightarrow\quad \omega_{OA}=-\dfrac{2v}{l}$$

$$\dfrac{1}{2}v\omega_{OA}-\dfrac{1}{8}l\omega_{OA}^2-\dfrac{\sqrt{3}}{12}l\alpha_{OA}-\dfrac{1}{2}l\omega_{BC}^2-\dfrac{\sqrt{3}}{6}l\alpha_{BC}=0 \quad\Rightarrow$$

$$\alpha_{OA}=-\dfrac{10\sqrt{3}v^2}{l^2}$$（负号表示其真实转向与图示相反，即为逆时针）

解法二：瞬时法。
(1) 运动分析：杆 OA 和杆 BC 作定轴转动；绳索 OC 和杆 AC 作平面运动。
(2) 速度分析，如解答图(b)所示。

杆 OA： $\quad v_A=OA\cdot\omega_{OA}=l\omega_{OA}$

杆 BC： $\quad v_C=BC\cdot\omega_{BC}=\dfrac{\sqrt{3}}{3}l\omega_{BC}$

根据绳子上各点速度沿绳子方向上投影相等，可知

$$v_C\cos30°=v \quad\Rightarrow\quad \dfrac{\sqrt{3}}{3}l\omega_{BC}\cdot\dfrac{\sqrt{3}}{2}=v \quad\Rightarrow\quad \omega_{BC}=\dfrac{2v}{l} \text{（顺时针）}$$

杆 AC：速度瞬心为 P，由速度投影定理：

$$[\vec{v}_C]_{AC}=[\vec{v}_A]_{AC} \quad\Rightarrow\quad \dfrac{\sqrt{3}}{3}l\omega_{BC}\sin60°=l\omega_{OA}\cos60° \quad\Rightarrow$$

$$\omega_{OA}=\omega_{BC}=\dfrac{2v}{l} \text{（逆时针）}, \quad \omega_{AC}=\dfrac{v_C}{PC}=\dfrac{4v}{l} \text{（逆时针）}$$

绳索 OC：
$$\omega_{OC} = \frac{v_C \cos 60°}{OC} = \frac{v}{l} \quad \text{（逆时针）}$$

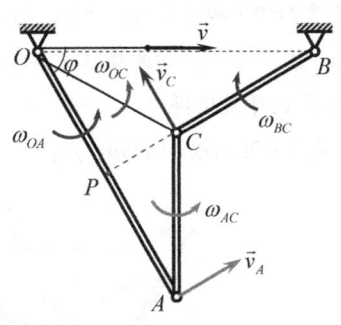

习题 2-21 解答图(b)

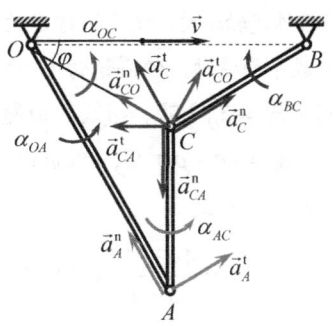

习题 2-21 解答图(c)

（3）加速度分析，如解答图(c)所示。

杆 OA：
$$a_A^n = l\omega_{OA}^2 = l \cdot \left(\frac{2v}{l}\right)^2 = \frac{4v^2}{l} \qquad a_A^t = l\alpha_{OA} ?$$

杆 BC：
$$a_C^n = \frac{\sqrt{3}}{3}l\omega_{BC}^2 = \frac{4\sqrt{3}v^2}{3l} \qquad a_C^t = \frac{\sqrt{3}}{3}l\alpha_{BC} ?$$

绳索 OC：由题 1-5 解析中所给公式知
$$\vec{a}_O = (\ddot{\rho} - \rho\dot{\varphi}^2)\vec{e}_\rho + (\rho\ddot{\varphi} + 2\dot{\rho}\dot{\varphi})\vec{e}_\varphi = 2\dot{\rho}\dot{\varphi}\vec{e}_\varphi = 2v\omega_{OC}\vec{e}_\varphi$$

$$\vec{a}_C^n \quad + \quad \vec{a}_C^t \quad = \quad \vec{a}_O \quad + \quad \vec{a}_{CO}^n \quad + \quad \vec{a}_{CO}^t$$

大小 $\quad \dfrac{4\sqrt{3}v^2}{3l} \quad \dfrac{\sqrt{3}}{3}l\alpha_{BC} ? \quad 2v\cdot\omega_{OC} \quad OC\cdot\omega_{OC}^2 \quad OC\cdot\alpha_{OC} ?$

方向 $\quad C \to B \quad \perp BC \quad \perp OC \quad C \to O \quad \perp OC$

沿 $\overrightarrow{OC}$ 方向投影，得到
$$a_C^n \cos 60° - a_C^t \sin 60° = -a_{CO}^n \quad \Rightarrow \quad \alpha_{BC} = \frac{2\sqrt{3}v^2}{l^2} \quad \text{（顺时针）}$$

杆 AC：
$$\vec{a}_C^n \quad + \quad \vec{a}_C^t \quad = \quad \vec{a}_A^n \quad + \quad \vec{a}_A^t \quad + \quad \vec{a}_{CA}^n \quad + \quad \vec{a}_{CA}^t$$

大小 $\quad \dfrac{4\sqrt{3}v^2}{3l} \quad \dfrac{\sqrt{3}}{3}l\alpha_{BC} \quad \dfrac{4v^2}{l} \quad l\cdot\alpha_{OA} ? \quad \dfrac{\sqrt{3}}{3}l\omega_{AC}^2 \quad \dfrac{\sqrt{3}}{3}l\alpha_{AC} ?$

方向 $\quad C \to B \quad \perp BC \quad A \to O \quad \perp OA \quad C \to A \quad \perp AC$

沿 $\overrightarrow{AC}$ 方向投影，得到
$$a_C^n \cos 60° + a_C^t \sin 60° = a_A^n \sin 60° + a_A^t \cos 60° - a_{CA}^n \quad \Rightarrow$$

$$\frac{4\sqrt{3}v^2}{3l}\cdot\frac{1}{2} + \frac{\sqrt{3}}{3}l\alpha_{BC}\cdot\frac{\sqrt{3}}{2} = \frac{4v^2}{l}\cdot\frac{\sqrt{3}}{2} + l\alpha_{OA}\cdot\frac{1}{2} - \frac{\sqrt{3}}{3}l\omega_{AC}^2 \quad \Rightarrow \quad \alpha_{OA} = \frac{10\sqrt{3}v^2}{l^2} \quad \text{（逆时针）}$$

解析：

（1）对一些难题，利用定义法常常成为快速求解的关键，本题的解法一就是一个典型例子。

（2）销钉 C 的运动受到了绳索 OC 和杆 BC 的双重约束，而杆 BC 作绕轴 B 的定轴转动，绳索 OC 作一般平面运动，且 OC 段绳索的长度是不断变化的。

（3）在图示位置绳索 OC 的角速度和角加速度均不为零，而且其销钉 C 的速度 $\vec{v}_C$ 与绳索并不垂直，须将销钉 C 的速度 $\vec{v}_C$ 沿垂直于绳索方向投影来计算绳索 OC 的角速度 ω_{OC}。

（4）杆 BC 作定轴转动，使得销钉 C 的加速度有法向加速度和切向加速度两个分量，$\vec{a}_C = \vec{a}_C^n + \vec{a}_C^t$；绳索 OC 作一般平面运动，使得销钉 C 的加速度为 $\vec{a}_C = \vec{a}_O + \vec{a}_{CO}^n + \vec{a}_{CO}^t$；由此建立了解法二中加速度之间的关系 $\vec{a}_C^n + \vec{a}_C^t = \vec{a}_O + \vec{a}_{CO}^n + \vec{a}_{CO}^t$。由题 1-5 解析中所给公式也可直接得到

$$\vec{a}_C = (\ddot{\rho} - \rho\dot{\varphi}^2)\vec{e}_\rho + (\rho\ddot{\varphi} + 2\dot{\rho}\dot{\varphi})\vec{e}_\varphi = -OC \cdot \omega_{OC}^2 \vec{e}_\rho + (OC \cdot \alpha_{OC} + 2v\omega_{OC})\vec{e}_\varphi$$

（5）通过求解，得到

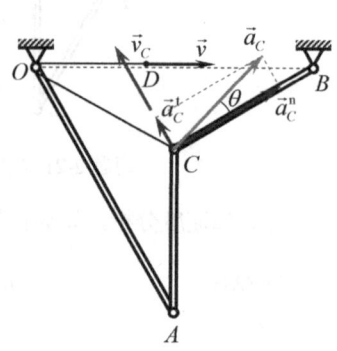

$$a_C^n = \frac{4\sqrt{3}}{3}\frac{v^2}{l} \quad (\text{方向} C \rightarrow B)$$

$$a_C^t = BC \cdot \alpha_{BC} = \frac{\sqrt{3}}{3}l \cdot \frac{2\sqrt{3}}{3}\frac{v^2}{l} = \frac{2}{3}\frac{v^2}{l} \quad (\perp BC, \text{如解答图(d)所示})$$

$$a_C = \sqrt{(a_C^n)^2 + (a_C^t)^2} = \sqrt{\frac{16}{3} + \frac{4}{9}}\frac{v^2}{l} = \frac{\sqrt{52}}{3}\frac{v^2}{l} = \frac{2\sqrt{13}}{3}\frac{v^2}{l}$$

$$\tan\theta = \frac{a_C^t}{a_C^n} = \frac{2}{3}\bigg/\frac{4\sqrt{3}}{3} = \frac{\sqrt{3}}{6} \quad \Rightarrow \quad \theta \approx 16.10° \quad (\text{如解答图(d)所示})$$

习题 2-21 解答图(d)

可见，当绳索 OD 以匀速 $\bar{v}$ 收起机构时，OD 段绳子上各点加速度都为零，但销钉 C 的加速度沿绳索 OC 方向的投影并不为零，又点 O 的加速度沿绳索 OC 方向上的投影为零，因 OC 段绳子上各点加速度是连续变化的，可推知 OC 段绳子上各点加速度沿绳索 OC 方向上的投影并不相等。

2-25 在图示平面系统中，已知机构在图示瞬时物块 D 的速度为 v_0，加速度为 a_0，方向均铅垂向下，半径为 r 的圆轮在水平轨道上作纯滚动，不可伸长的柔绳与圆轮间无相对滑动，两端分别与圆轮和滑块铰接的连杆 BC 的长度为 $l = \sqrt{3}r$，试求此瞬时滑块 C 的速度和加速度。

解：

（1）运动分析：物块 D 和滑块 C 沿铅垂线作直线平移；圆轮 O 作纯滚动；杆 BC 作平面运动。

（2）速度分析，如解答图(a)所示。

圆轮 O：速度瞬心为 P_1

$$v_A = v_0 \quad (\leftarrow)$$

$$\omega_O = \frac{v_A}{2r} = \frac{v_0}{2r} \quad (\text{逆时针})$$

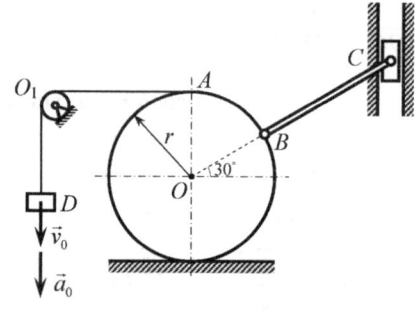

$$v_B = P_1B \cdot \omega_O = \sqrt{3}r\omega_O = \frac{\sqrt{3}}{2}v_0 \quad (\perp P_1B)$$

习题 2-25 图

杆 BC：速度瞬心为 P_2

$$\omega_{BC} = \frac{v_B}{P_2B} = \frac{\sqrt{3}}{2}\frac{v_0}{r} \quad (\text{顺时针}), \quad v_C = P_2C \cdot \omega_{BC} = r \cdot \frac{\sqrt{3}}{2}\frac{v_0}{r} = \frac{\sqrt{3}}{2}v_0 \quad (\downarrow)$$

（3）加速度分析，如解答图(b)所示。

圆轮 O：　　$\vec{a}_A^n$　　+　　$\vec{a}_A^t$　　=　　$\vec{a}_O$　　+　　$\vec{a}_{AO}^n$　　+　　$\vec{a}_{AO}^t$

大小　　$\dfrac{v_A^2}{\rho}$?　　　　a_0　　　　$r\alpha_O$?　　　　$r\omega_O^2$　　　　$r\alpha_O$?

方向　　↓　　　　←　　　　←　　　　↓　　　　←

42　理论力学学习指导与题解

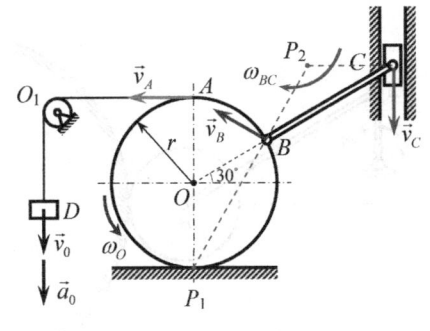
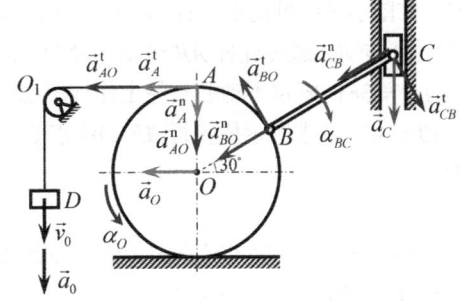

习题 2-25 解答图(a)　　　　　　　　　习题 2-25 解答图(b)

沿 x 轴投影，得到

$$-a_A^t = -a_O - a_{AO}^t \Rightarrow a_0 = r\alpha_O + r\alpha_O \Rightarrow \alpha_O = \frac{a_0}{2r} （逆时针）$$

又因为　　　　　$\vec{a}_B = \vec{a}_O + \vec{a}_{BO}^n + \vec{a}_{BO}^t$，对杆 BC：$\vec{a}_C = \vec{a}_B + \vec{a}_{CB}^n + \vec{a}_{CB}^t$

所以　　$\vec{a}_C$　　　$=$　　　$\vec{a}_O$　　　$+$　　　$\vec{a}_{BO}^n$　　　$+$　　　$\vec{a}_{BO}^t$　　　$+$　　　$\vec{a}_{CB}^n$　　　$+$　　　$\vec{a}_{CB}^t$

大小　　　?　　　　　　　$r\alpha_O$　　　　　$r\omega_O^2$　　　　$r\alpha_O$　　　　$\sqrt{3}r\omega_{BC}^2$　　　$\sqrt{3}r\alpha_{BC}$?

方向　　　↓　　　　　　　←　　　　　　$B \to O$　　　$\perp BO$　　　$C \to B$　　　$\perp CB$

沿 $\overrightarrow{BC}$ 方向投影，得到

$$-a_C \sin 30° = -a_O \cos 30° - a_{BO}^n - a_{CB}^n \Rightarrow -a_C \cdot \frac{1}{2} = -r\alpha_O \cdot \frac{\sqrt{3}}{2} - r\omega_O^2 - \sqrt{3}r\omega_{BC}^2 \Rightarrow$$

$$a_C = \frac{\sqrt{3}}{2}a_0 + \frac{1+3\sqrt{3}}{2}\frac{v_0^2}{r} \quad (\downarrow)$$

解析：

（1）圆轮 O 在水平轨道上作纯滚动，圆轮 O 上与轨道的接触点 P_1 为圆轮的速度瞬心，则 $v_A = P_1A \cdot \omega_O$（方向垂直于 P_1A，水平向左），而 $v_A = v_0$，从而求得圆轮的角速度 $\omega_O = \frac{v_A}{P_1A} = \frac{v_0}{2r}$（逆时针）。若认为 $v_A = OA \cdot \omega_O$，则是错误的，其原因在于误认为圆轮绕中心点 O 的水平轴作定轴转动了，其实 $v_O \neq 0$。

（2）在加速度分析中，圆轮边缘点 A 的加速度可表示为 $\vec{a}_A = \vec{a}_A^n + \vec{a}_A^t$，其中法向加速度 $\vec{a}_A^n$ 和切向加速度 $\vec{a}_A^t$ 的方向都可以通过点 A 的速度方向判断出来，切向加速度 $\vec{a}_A^t$ 的大小等于 a_0，法向加速度 $\vec{a}_A^n$ 的大小为 $a_A^n = \frac{v_A^2}{\rho}$，点 A 的曲率半径 $\rho = 4r$，所以 $a_A^n = \frac{(2r\omega_O)^2}{4r} = r\omega_O^2$，这与 $\vec{a}_A^n + \vec{a}_A^t = \vec{a}_O + \vec{a}_{AO}^n + \vec{a}_{AO}^t$ 知 $a_A^n = a_{AO}^n = OA \cdot \omega_O^2 = r\omega_O^2$ 是一致的。如果认为 $a_A^n = \frac{v_A^2}{2r}$ 则是错误的，错误的原因在于将速度瞬心 P_1 当成加速度瞬心；如果认为 $a_A^n = r\omega_O^2$ 和 $a_A^t = r\alpha_O$ 则也是错误的，错误的原因在于将圆轮理解成绕其通过中心点的水平轴作定轴转动了，其实 $a_O \neq 0$；如果将点 A 的加速度 $\vec{a}_A$ 的大小认为等于 a_0 也是错误的，因为点 A 的加速度有法向和切向两个分量，a_0 只是点 A 的切向加速度分量的大小。

（3）若将点 C 的加速度写成如下形式则是错误的：$\vec{a}_C = \vec{a}_O + \vec{a}_{CO}^n + \vec{a}_{CO}^t$ 或 $\vec{a}_C = \vec{a}_A + \vec{a}_{CA}^n + \vec{a}_{CA}^t$。错误的原因在于"两点的加速度关系"的两点是指同一刚体上的两个点，而点 O 和点 C 两点及点 A 和点 C 两点都不是同一刚体上的两点，所以不能应用"两点的加速度关系"。

2-27 在图示平面机构中，杆 OA 以匀角速度 ω 绕轴 O 作顺时针转动，通过连杆 AB 带动半径为 r 的圆轮 B 在半径为 $R = 3r$ 的固定不动的凸轮上作纯滚动，已知 $OA = r$，$AB = 4r$，试求图示位置杆 AB 的中点 C 的速度和加速度。

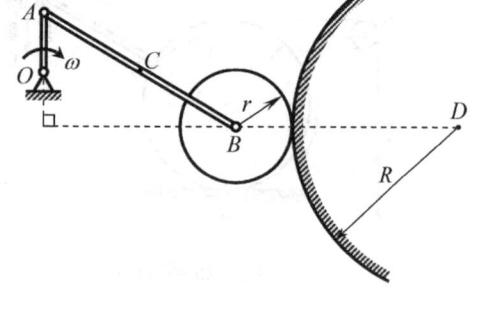

习题 2-27 图

解：

（1）运动分析：杆 OA 作定轴转动；杆 AB 作平面运动；圆轮 B 沿固定凸面作纯滚动。

（2）速度分析，如解答图(a)所示。

杆 OA：$v_A = r\omega$（$\rightarrow$）

圆轮 B：速度瞬心为点 P_1，$v_B = P_1 B \cdot \omega_B = r\omega_B$（$\downarrow$）

杆 AB：速度瞬心为点 P_2，$\omega_{AB} = \dfrac{v_A}{P_2 A} = \dfrac{r\omega}{2r} = \dfrac{1}{2}\omega$（顺时针）

$$v_C = P_2 C \cdot \omega_{AB} = 2r \cdot \dfrac{1}{2}\omega = r\omega \quad (\perp P_2 C，如图所示)$$

$$\omega_B = \dfrac{v_B}{r} = \dfrac{P_2 B \cdot \omega_{AB}}{r} = \dfrac{2\sqrt{3}r \cdot \dfrac{1}{2}\omega}{r} = \sqrt{3}\omega \quad (\text{逆时针})$$

（3）加速度分析，如解答图(b)所示。

杆 OA：$a_A = a_A^n = r\omega^2$（$\downarrow$）

圆轮 B：$a_B^n = \dfrac{v_B^2}{R+r} = \dfrac{(\sqrt{3}r\omega)^2}{3r+r} = \dfrac{3}{4}r\omega^2$（$\rightarrow$），$a_B^t = r\alpha_B$？（$\downarrow$）

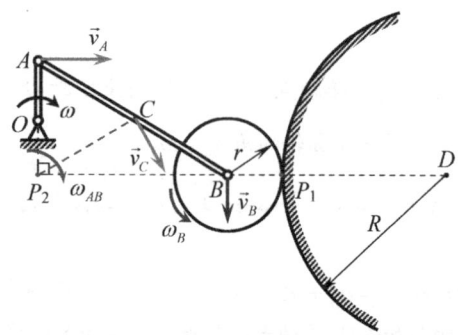

习题 2-27 解答图(a)

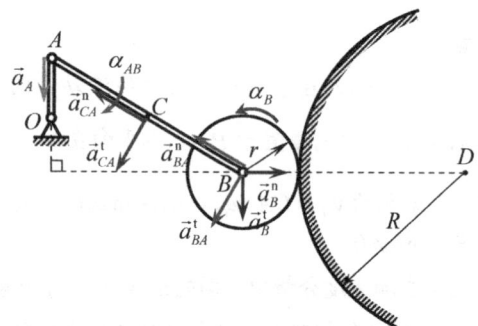

习题 2-27 解答图(b)

杆 AB：

方法一：

	$\vec{a}_B^n$	+	$\vec{a}_B^t$	=	$\vec{a}_A$	+	$\vec{a}_{BA}^n$	+	$\vec{a}_{BA}^t$
大小	$\dfrac{3}{4}r\omega^2$		$r\alpha_B$？		$r\omega^2$		$4r\omega_{AB}^2$		$4r\alpha_{AB}$？
方向	$\rightarrow$		$\downarrow$		$\downarrow$		$B \rightarrow A$		$\perp AB$

沿 x 轴投影，得到

$$a_B^n = -a_{BA}^n \cos 30° - a_{BA}^t \sin 30° \quad \Rightarrow$$

$$\frac{3}{4}r\omega^2 = -4r\omega_{AB}^2 \cdot \frac{\sqrt{3}}{2} - 4r\alpha_{AB} \cdot \frac{1}{2} \quad \Rightarrow \quad \frac{3}{4}r\omega^2 = -4r\left(\frac{1}{2}\omega\right)^2 \cdot \frac{\sqrt{3}}{2} - 4r\alpha_{AB} \cdot \frac{1}{2} \quad \Rightarrow$$

$$\alpha_{AB} = -\frac{3+2\sqrt{3}}{8}\omega^2 \quad \text{（负号表示其真实转向与图示相反，即为逆时针）}$$

	$\vec{a}_C$	$=$	$\vec{a}_A$	$+$	$\vec{a}_{CA}^{\mathrm{n}}$	$+$	$\vec{a}_{CA}^{\mathrm{t}}$
大小	?		$r\omega^2$		$2r\omega_{AB}^2$		$2r\alpha_{AB}$
方向	?		↓		$C \to A$		$\perp CA$

$$a_{Cx} = -a_{CA}^{\mathrm{n}}\cos 30° - a_{CA}^{\mathrm{t}}\sin 30° = -2r\omega_{AB}^2 \cdot \frac{\sqrt{3}}{2} - 2r\alpha_{AB} \cdot \frac{1}{2} = \frac{3}{8}r\omega^2$$

$$a_{Cy} = -a_A + a_{CA}^{\mathrm{n}}\sin 30° - a_{CA}^{\mathrm{t}}\cos 30° = -r\omega^2 + 2r\omega_{AB}^2 \cdot \frac{1}{2} - 2r\alpha_{AB} \cdot \frac{\sqrt{3}}{2} = \frac{3\sqrt{3}}{8}r\omega^2$$

方法二：

	$\vec{a}_B^{\mathrm{n}}$	$+$	$\vec{a}_B^{\mathrm{t}}$	$=$	$\vec{a}_A$	$+$	$\vec{a}_{BA}^{\mathrm{n}}$	$+$	$\vec{a}_{BA}^{\mathrm{t}}$
大小	$\frac{3}{4}r\omega^2$		$r\alpha_B$?		$r\omega^2$		$4r\omega_{AB}^2$		$4r\alpha_{AB}$?
方向	→		↓		↓		$B \to A$		$\perp AB$

沿 $\overrightarrow{AB}$ 方向投影，得到

$$a_B^{\mathrm{n}}\cos 30° + a_B^{\mathrm{t}}\sin 30° = a_A \sin 30° - a_{BA}^{\mathrm{n}} \quad \Rightarrow$$

$$\frac{3}{4}r\omega^2 \cdot \frac{\sqrt{3}}{2} + r\alpha_B \cdot \frac{1}{2} = r\omega^2 \cdot \frac{1}{2} - 4r\omega_{AB}^2 \quad \Rightarrow \quad \frac{3}{4}r\omega^2 \cdot \frac{\sqrt{3}}{2} + r\alpha_B \cdot \frac{1}{2} = r\omega^2 \cdot \frac{1}{2} - 4r\left(\frac{1}{2}\omega\right)^2 \quad \Rightarrow$$

$$\alpha_B = -\frac{4+3\sqrt{3}}{4}\omega^2 \quad \text{（负号表示其真实转向与图示相反，即为顺时针）}$$

又因为 $\vec{a}_C = \frac{1}{2}(\vec{a}_A + \vec{a}_B) = \frac{1}{2}(\vec{a}_A + \vec{a}_B^{\mathrm{n}} + \vec{a}_B^{\mathrm{t}})$，所以

$$a_{Cx} = \frac{1}{2}a_B^{\mathrm{n}} = \frac{1}{2} \cdot \frac{3}{4}r\omega^2 = \frac{3}{8}r\omega^2$$

$$a_{Cy} = \frac{1}{2}(-a_A - a_B^{\mathrm{t}}) = \frac{1}{2}(-r\omega^2 - r\alpha_B) = \frac{1}{2}\left[-r\omega^2 - r\left(-\frac{4+3\sqrt{3}}{4}\omega^2\right)\right] = \frac{3\sqrt{3}}{8}r\omega^2$$

解析：

（1）圆轮 B 在固定凸圆曲面上作纯滚动，其圆轮中心点 B 的运动轨迹为圆周曲线（以点 D 为圆心，以 $R+r$ 为半径的圆周曲线）。既然点 B 的运动轨迹已知，那么点 B 的速度和加速度方向就可以判定了。

（2）点 B 的速度 $\vec{v}_B$ 方向应与其轨迹的切线方向相平行，可见 $\vec{v}_B \perp BD$，且点 P_1 为圆轮 B 的速度瞬心，则 $v_B = P_1 B \cdot \omega_B = r\omega_B$。点 B 的加速度 $\vec{a}_B$ 有两个分量，即 $\vec{a}_B = \vec{a}_B^{\mathrm{n}} + \vec{a}_B^{\mathrm{t}}$，法向加速度的大小为 $a_B^{\mathrm{n}} = \dfrac{v_B^2}{R+r}$，方向由点 B 指向点 D；切向加速度大小为 $a_B^{\mathrm{t}} = r\alpha_B$（$\alpha_B$ 为圆轮 B 的角加速度），方向垂直于点 B、D 的连线。切记不能将点 B 的法向加速度写成 $a_B^{\mathrm{n}} = r\omega_B^2$ 或 $a_B^{\mathrm{n}} = (R+r)\omega_B^2$，也不能将点 B 的切向加速度写成 $a_B^{\mathrm{t}} = (R+r)\alpha_B$，这些写法都是错误的。

（3）圆轮无论是在水平地面上作纯滚动还是在固定凸（或凹）圆曲面上作纯滚动，其圆轮中心点

B 的切向加速度都可写成 $a_B^t = r\alpha_B$ 的形式。因为只要圆轮 B 作纯滚动，其上与地面的接触点 P_1 均为速度瞬心，那么 $v_B = P_1B \cdot \omega_B = r\omega_B$，这一表达式是在任意瞬时都成立的，因此可对其等式两端求时间的一阶导数而得到 $a_B^t = r\dot{\omega}_B = r\alpha_B$。

2-30 在图示平面系统中，长度为 $l = \sqrt{3}r$ 的直杆 AB 的两端分别与滑块 A 和半径为 r 的圆盘盘缘 B 处铰接，滑块 A 以匀速度 $\vec{v}_A$ 沿水平滑道向左运动，通过杆 AB 带动圆盘在半径为 $R = 3r$ 的固定不动的圆弧形的凹面上作纯滚动。试求图示瞬时，圆盘的角速度和角加速度。

解：

（1）运动分析：滑块 A 沿水平滑道作直线平移；杆 AB 作平面运动；圆盘 C 在凹面上作纯滚动。

（2）速度分析，如解答图(a)所示。

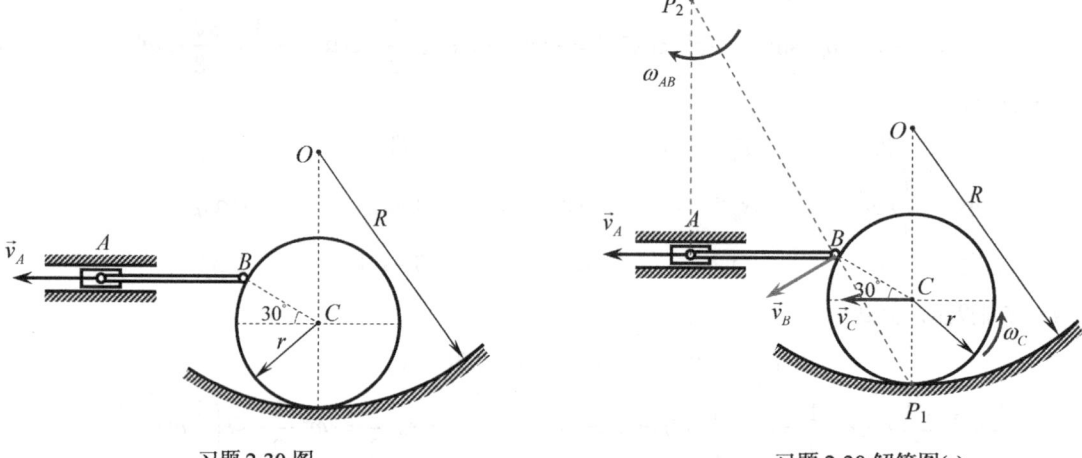

习题 2-30 图 　　　　　　习题 2-30 解答图(a)

杆 AB：速度瞬心为点 P_2，$\omega_{AB} = \dfrac{v_A}{P_2A} = \dfrac{v_A}{\sqrt{3}l} = \dfrac{v_A}{3r}$ （顺时针）

$$v_B = P_2B \cdot \omega_{AB} = 2\sqrt{3}r \cdot \dfrac{v_A}{3r} = \dfrac{2\sqrt{3}}{3}v_A \quad (\perp P_2B，如图所示)$$

圆盘 C：速度瞬心为点 P_1，$\omega_C = \dfrac{v_B}{P_1B} = \dfrac{2v_A}{3r}$ （逆时针）

$$v_C = P_1C \cdot \omega_C = r \cdot \dfrac{2v_A}{3r} = \dfrac{2}{3}v_A \quad (\leftarrow)$$

（3）加速度分析，如解答图(b)所示。

滑块 A：$a_A = 0$

杆 AB：$\vec{a}_B = \vec{a}_A + \vec{a}_{BA}^n + \vec{a}_{BA}^t$

圆盘 C：$\vec{a}_C = \vec{a}_C^n + \vec{a}_C^t = \vec{a}_B + \vec{a}_{CB}^n + \vec{a}_{CB}^t$

则

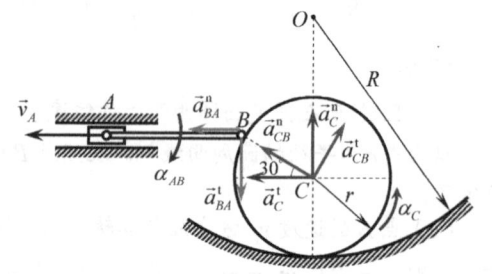

习题 2-30 解答图(b)

	$\vec{a}_C$	=	$\vec{a}_C^n$	+	$\vec{a}_C^t$	=	$\vec{a}_A$	+	$\vec{a}_{BA}^n$	+	$\vec{a}_{BA}^t$	+	$\vec{a}_{CB}^n$	+	$\vec{a}_{CB}^t$
大小			$\dfrac{v_C^2}{R-r}$		$r\alpha_C$?		0		$\sqrt{3}r \cdot \omega_{AB}^2$		$\sqrt{3}r \cdot \alpha_{AB}$?		$r\omega_C^2$		$r\alpha_C$?
方向			$\uparrow$		$\leftarrow$				$B \to A$		$\downarrow$		$C \to B$		$\perp CB$

沿 x 轴投影，得到

$$-a_C^t = -a_{BA}^n - a_{CB}^n \cos 30° + a_{CB}^t \sin 30° \quad \Rightarrow$$

$$-r\alpha_C = -\sqrt{3}r\left(\frac{v_A}{3r}\right)^2 - r\left(\frac{2v_A}{3r}\right)^2 \cdot \frac{\sqrt{3}}{2} + r\alpha_C \cdot \frac{1}{2} \quad \Rightarrow \quad \alpha_C = \frac{2\sqrt{3}v_A^2}{9r^2} \text{（逆时针）}$$

解析：

（1）若将圆盘速度瞬心 P_1 的加速度认为等于零，而将 B 点的切向和法向加速度写成 $a_B^t = P_1B \cdot \alpha_C$，$a_B^n = P_1B \cdot \omega_C^2$ 则是错误的，纯滚动圆盘上点的加速度一般以圆心为基点通过两点的加速度关系写出；将圆心 C 的速度、切向和法向加速度写成 $v_C = (R-r)\omega_C$，$a_C^t = (R-r)\alpha_C$ 和 $a_C^n = (R-r)\omega_C^2$ 都是错误的，因为点无转动的概念，尽管它的轨迹是以 O 为圆心，半径等于 $R-r$ 的圆弧，此处 ω_C 和 α_C 是纯滚动圆盘的角速度和角加速度，而不是想象中与圆盘铰接且绕轴 O 作定轴转动的杆 OC 的角速度和角加速度，圆心 C 的速度、切向和法向加速度必须按照纯滚动圆盘的运动特性以及点的切向和法向加速度的计算公式写出。

（2）矢量式中 $\vec{a}_C^n + \vec{a}_C^t = \vec{a}_A + \vec{a}_{BA}^n + \vec{a}_{BA}^t + \vec{a}_{CB}^n + \vec{a}_{CB}^t$ 尽管有三项 a_C^t、a_{BA}^t 和 a_{CB}^t 未知，但真正的未知量只有两个：α_C 和 α_{AB}，所以可以求解。

第 3 章 复合运动

3.1 内容提要

3.1.1 点的复合运动基本概念

点相对于某一参考系（称为第一个参考系）运动，而此参考系又相对于另一参考系（称为第二个参考系）运动，对于第二个参考系而言，点就作复合运动。点的复合运动理论就是研究同一点相对于不同参考系运动时各运动学参数之间的关系，为了建立它们之间的关系，必须首先明确站在什么参考系上和观察什么对象。为了研究方便，引入了下列基本概念。

1. 两个参考系

研究复合运动时，第一个参考系称为动参考系（简称为动系），第二个参考系称为定参考系（简称为定系），可以根据具体问题的研究需要人为选取合适的动系和定系。习惯上将与地面固连的坐标系取为定系，此时不需要进行特殊说明。

2. 两个点

相对于定系和动系均有运动的被考察的点，称为动点。任一瞬时，动系上与动点重合的点称为动点的牵连点。牵连点不是动系上的某个固定点，不同的瞬时有不同的牵连点，这是在理解牵连点时应特别注意的地方。动点和牵连点不是同一个点，而是具有相对运动的两个不同点，只是在所研究的瞬时位置重合。

3. 三种运动

动点相对于定系的运动称为绝对运动，动点相对于动系的运动称为相对运动，动系相对于定系的运动称为牵连运动。

显然，绝对运动和相对运动都是指点的运动，应该用点的运动学来描述和分析，它们可以是直线运动或曲线运动（圆弧运动属于曲线运动的特殊情况）。而牵连运动是指动系的运动，由于动系固连于运动的刚体上，这个运动刚体可以是明确的或想象中的，所以牵连运动是刚体的运动，它可以是平移、定轴转动、平面运动或其他更复杂的刚体运动。点的复合运动可以看成点相对于刚体的运动（即相对运动）和刚体运动（即牵连运动）的合成。

4. 三种速度和四种加速度

动点相对于定系的速度和加速度称为动点的绝对速度和绝对加速度，记为 $\vec{v}_a$ 和 $\vec{a}_a$；动点相对于动系的速度和加速度称为动点的相对速度和相对加速度，记为 $\vec{v}_r$ 和 $\vec{a}_r$；研究的瞬时动系上（即牵连运动刚体或其延拓部分上）与动点相重合的那一牵连点在该瞬时相对于定系的绝对速度和绝对加速度称为动点的牵连速度和牵连加速度，记为 $\vec{v}_e$ 和 $\vec{a}_e$。再次指出，由于动点相对于动系有相对运动，故不同瞬时动点有不同的牵连点。

将动系转动的角速度（即牵连角速度）$\vec{\omega}_e$ 与动点的相对速度 $\vec{v}_r$ 的矢量叉积（或称矢积）的 2 倍称为科氏加速度，记为 $\vec{a}_C = 2\vec{\omega}_e \times \vec{v}_r$，科氏加速度是由于牵连运动和相对运动相互影响而产生的，即相对速度的变化除决定相对加速度外，还会改变牵连点的位置，使牵连速度发生了变化而产生的附加加速度；当存在牵连转动时，牵连速度的变化除决定牵连加速度外，还会引起相对速度的方向在定系中发生了变化而产生的附加加速度。由矢量叉积运算规则，科氏加速度 $\vec{a}_C$ 垂直于牵连角速度 $\vec{\omega}_e$ 和相对速度 $\vec{v}_r$（这两个矢量都在动点上画出）所组成的平面，方向按右手螺旋法则确定，大小为 $a_C = 2\omega_e v_r \sin\theta$，其中 θ 为牵连角速度矢量 $\vec{\omega}_e$ 和相对速度 $\vec{v}_r$ 矢量之间的夹角。显然动系作平移或瞬时平移，或某瞬时 $v_r = 0$，或 $\vec{\omega}_e // \vec{v}_r$ 时，$a_C = 0$；当 $\vec{\omega}_e \perp \vec{v}_r$ 时，科氏加速度的大小为 $a_C = 2\omega_e v_r$，科氏加速度 $\vec{a}_C$ 的方向可直接将相对速度 $\vec{v}_r$ 矢量按牵连角速度 $\vec{\omega}_e$ 的转向转过90°即可得到。

3.1.2　点的速度合成定理

在每一瞬时，动点的绝对速度等于动点的相对速度与牵连速度的矢量和，即 $\vec{v}_a = \vec{v}_r + \vec{v}_e$，应用点的速度合成定理时需要注意以下几点：（1）点的速度合成定理适用于动系作任意的运动；（2）动点的绝对速度可以由相对速度和牵连速度为邻边构成的速度平行四边形的对角线来确定；（3）对于平面问题，点的速度合成公式是瞬时平面矢量方程，包含各项速度大小和方向，当未知量不超过两个时，可以求解出需求的未知量。具体解题时，通常已知其中一个速度的大小和方向与其他的两个速度的方位，通过作速度平行四边形（注意，作图时要使绝对速度在平行四边形的对角线上）可确定其他两个速度的真实方向，再利用速度平行四边形其中的三角形关系可快速求得这两个速度的大小。当然，也可以用投影法求解，即将速度合成的矢量式沿两个线性无关的方向投影（最好一个投影式只含一个未知量），未知速度指向可假定，当求出其值为正时，该速度方向与假定指向一致，当求出其值为负时，该速度的真实方向与假定指向相反。当动点或牵连点为平面运动刚体上的点时，其绝对速度或牵连速度按照平面运动刚体速度分析的方法给出。

3.1.3　点的加速度合成定理

在每一瞬时，动点的绝对加速度等于动点的相对加速度、牵连加速度与科氏加速度的矢量和，即 $\vec{a}_a = \vec{a}_r + \vec{a}_e + \vec{a}_C$，应用点的加速度合成定理时需要注意以下几点：（1）点的加速度合成定理适用于动系作任意的运动；（2）由于点的绝对运动和相对运动都可能是曲线运动，绝对加速度和相对加速度都可能由切向分量和法向分量组成，当动系作曲线平移或定轴转动时，牵连加速度也由切向分量和法向分量组成，而当动系作一般平面运动时，牵连加速度还需通过两点加速度关系写出。所以，加速度合成公式中实际上包含的矢量一般较多，而对于平面问题最多只能求解两个未知量，因此，具体解题时，通常采用投影法求解，即先在机构图上画出各加速度矢量图，然后将点的加速度合成公式沿两个线性无关的方向投影得到两个投影式（最好一个投影式只含一个未知量），从而求出所需的未知量。当然，若只需求解一个未知量，通过适当选择投影方向，使另一个未知量的投影为零，这样可减少一个投影式。求解时应特别注意牵连加速度的正确含义，有科氏加速度时不要将它遗漏，当动点或牵连点为平面运动刚体上的点时，其绝对加速度或牵连加速度要在该平面运动刚体上通过两点的加速度关系写出。另外还应注意，不要将加速度合成定理的矢量关系式错误地理解成加速度矢量的"平衡"表达式，当采用投影求解时，它的投影式是根据"合矢量在某轴上的投影的代数和"等于"所有分矢量在该轴上投影的代数和"，即要将表达式两边的矢量投影后所得的代数量仍表达在原矢量所在的等号的那一侧。若认为将其中所有加速度矢量在某轴正方向上的投影等于它们在该轴负方向上的投影这种加速度"平衡"方程，则是错误的，这是初学者很容易犯错的地方。

3.1.4 动点和动系的选取原则

应用点的速度合成公式和点的加速度合成公式解决实际问题时，正确地选取动点和动系是求解问题的关键。动点和动系的选择应遵循的两个原则：（1）动点和动系不能选在同一刚体上，以保证动点相对于动系有相对运动；（2）使牵连运动尽量简单，并使动点相对于动系的相对运动轨迹最好为直线或圆弧，否则动点相对动系的相对运动轨迹的曲率半径未知，从而使相对加速度的法向分量 a_r^n 也成为未知量，造成加速度合成分析为平面矢量式时，因超过两个未知量而使问题无法求解。

应该指出，动点、动系的选择是由机构的组成形式决定的，与题目的已知条件和所求未知量无关。一般在有机构传递的情况下，当两个刚体的接触处为点线接触时，其中某一刚体的接触点永远保持不变，这时宜选这个不变（持续）的接触点为动点，而选择接触点总在改变的另一刚体为动系，这样动点的相对轨迹就是选择为动系的那个刚体上的接触线，有利于运动分析和求解。而对于接触处为线线接触的情形，由于两刚体的接触点都是时变点（即随时间改变的点），所以，通常不选择接触点为动点，否则动点的相对轨迹为未知曲线，使加速度分析时因 a_r^n 和 a_r^t 都为未知量而难以进行，这时应按照上述两个原则巧妙地选取动点和动系。当某个动点的绝对运动直接受到与之接触的两个刚体的运动制约，且该动点相对这两个刚体都有相对运动时，则可分别取这两个刚体为动系，并将动点的绝对运动在这两个动系上进行分解，然后联立求解，称之为联立求解型接触。若动点的绝对运动由两个及以上的复合运动组合而成，则可采用多层嵌套合成方法进行解决，称之为递推型接触。以上四类接触归纳如表 3-1 所示。

由于合成运动的题目类型多种多样，动点和动系的选取因情况不同而有所区别，就是对同一题目，动点和动系的选取也经常存在多种方案。必须指出，选取不同的动点和动系，只会影响计算过程的繁简，但不会影响最终的计算结果，希望读者在今后的做题中多加体会，并注意归纳总结，根据具体问题快速找到最佳的动点和动系的选取方案。

表 3-1 动点、动系的选取类型

类型	点线接触型	线线接触型	联立求解型接触	递推型接触
举例	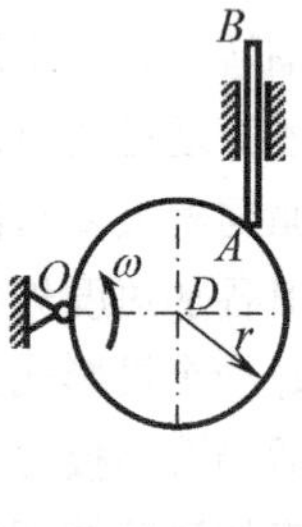 （图示）	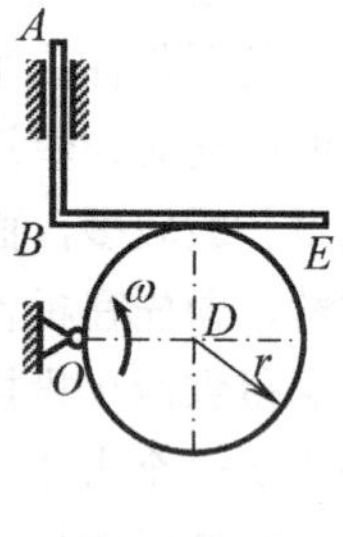 （图示）	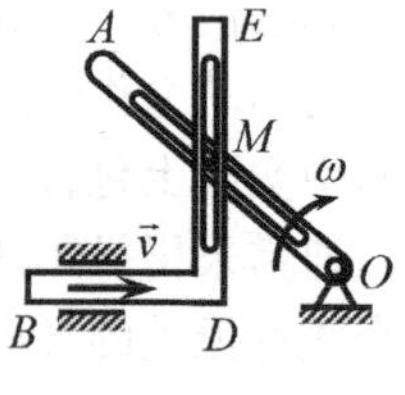 （图示）	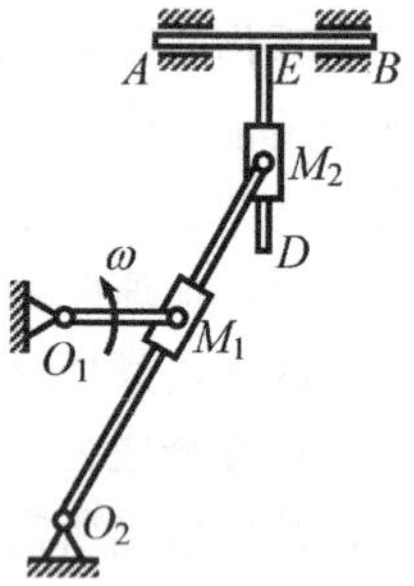 （图示）
动点与动系的选取	动点：杆 AB 上接触点 A；动系：圆盘 D	动点：圆心 D；动系：直角弯杆 ABE	动点：销钉 M；动系 1：直角弯杆 BDE；动系 2：杆 OA	动点 1：杆 O_1M_1 上的点 M_1；动系 1：杆 O_2M_2；动点 2：杆 O_2M_2 上的点 M_2；动系 2：T 型杆 ABD
相对运动轨迹	圆盘 D 的圆弧轮廓线（以 D 为圆心，半径为 r 的圆弧）	过圆心 D，且平行于 BE 边的直线	相对轨迹 1：平行于 DE 边的铅垂直线；相对轨迹 2：平行于 OA 的斜直线	相对轨迹 1：平行于 O_2M_2 的斜直线；相对轨迹 2：平行于边 DE 的铅垂直线

3.1.5 平面运动刚体的复合运动

研究刚体相对于不同参考系的运动之间的关系称为刚体的复合运动。刚体复合运动可以看成两个刚体运动的合成,即动刚体相对于动参考体的运动(为刚体运动)和动参考体相对于定参考体的运动(为刚体运动)的合成。刚体的一般平面运动总可以分解为随其上某点(称为基点)的平移和绕基点平移坐标系的定轴转动。由于平面运动刚体上各点的轨迹、速度和加速度一般都是不相同的,所以,平面运动刚体随同基点的平移规律,即位移、速度和加速度与基点的选择有关;由于在基点建立的动参考系相对于定系都为平移参考系,所以平面运动刚体绕基点平移参考系的定轴转动规律,即相对角位移、相对角速度和相对角加速度与基点的选择无关,它们分别就是平面运动刚体的绝对角位移、绝对角速度和绝对角加速度。而当平面运动刚体上存在一点到定系中某固定点距离保持不变时,该平面运动刚体又可分解为两个定轴转动,这常给解题带来一定的简便。

当刚体作复杂的一般平面运动时,也可将它分解为相对于动系作较为特殊的平面运动(例如,纯滚动)和动系相对于定系作特殊的平面运动(例如,平动、定轴转动、纯滚动)。由于点的运动及刚体的平移、定轴转动和纯滚动都已得到很好描述与求解,因此,刚体的复合运动的核心问题就是刚体的角速度的合成和角加速度的合成问题。

1. 平面运动刚体的角速度合成定理

平面运动刚体相对于定系的绝对角速度等于该平面运动刚体相对于动系的相对角速度与动系相对于定系的牵连角速度的矢量和,即 $\vec{\omega}_a = \vec{\omega}_r + \vec{\omega}_e$,式中 $\vec{\omega}_a // \vec{\omega}_r // \vec{\omega}_e$。

2. 平面运动刚体的角加速度合成定理

平面运动刚体相对于定系的绝对角加速度等于该平面运动刚体相对于动系的相对角加速度与动系相对于定系的牵连角加速度的矢量和,即 $\vec{\alpha}_a = \vec{\alpha}_r + \vec{\alpha}_e$,式中 $\vec{\alpha}_a // \vec{\alpha}_r // \vec{\alpha}_e$。

本章介绍的复合运动方法所得的点的速度合成公式、点的加速度合成公式及平面运动刚体的角速度合成定理和角加速度合成定理对任意瞬时都成立,但在具体解题时常用于建立特定瞬时的速度(角速度)关系和加速度(角加速度)关系,其中所涉及的矢量平行四边形或矢量投影法其实质都是几何法。复合运动中的某些问题也可采用第 1 章所介绍的解析法来求解。若将复合运动解法和解析解法进行比较的话,复合运动法主要研究动点在指定位置上的相关速度和相关加速度的关系或平面运动刚体的相关角速度和相关角加速度的关系,往往不要求弄清其运动全貌;解析法则通过建立动点的绝对运动方程或平面运动刚体绝对方位角,然后通过对时间求一阶和二阶导数得到持续运动过程中的各个运动量,从而也得到指定瞬时(位置)的各个运动量,便于弄清运动的全貌。对于实际问题应根据具体的情况和不同的要求,选用恰当的研究方法。

3.2 思考题及解答

3-1 有人说:"牵连速度是动参考物带动动点的速度。"这种说法正确吗?为什么?

解答:不正确。动参考物是一个有限大小、不变形的物体,而动参考系是与动参考物固连的坐标系,它可以无限延伸。动点与动系是两个独立运动的对象,只是为了研究彼此之间的关系才建立了绝对运动、相对运动和牵连运动的概念。牵连速度是牵连点相对于定系的绝对速度,而牵连点是在动参考系上与动点重合的点,动点不一定与动参考物体接触。如果动点与动参考物体不接触,那么动参考物如何带动动点运动?所以不能说牵连速度是动参考物带动动点的速度。

3-6 如图所示,车 A 沿半径为 r 的圆弧形道路运行,其速度为 $\vec{v}_A$;车 B 沿直线道路行驶,其速

度为 $\vec{v}_B$，坐在车 A 中的观察者所看到的车 B 的相对速度 $\vec{v}_{BA}$ 与坐在车 B 中的观察者所看到的车 A 的相对速度 $\vec{v}_{AB}$ 是否满足 $\vec{v}_{AB}=-\vec{v}_{BA}$？请说明理由。

解答： $\vec{v}_{AB}=-\vec{v}_{BA}$ 是错误的。分析如下：车 A 作定轴转动；车 B 作直线平移。

（1）动点：车 B 的中心点；动系：与车 A 固连，如解答图(a)所示。

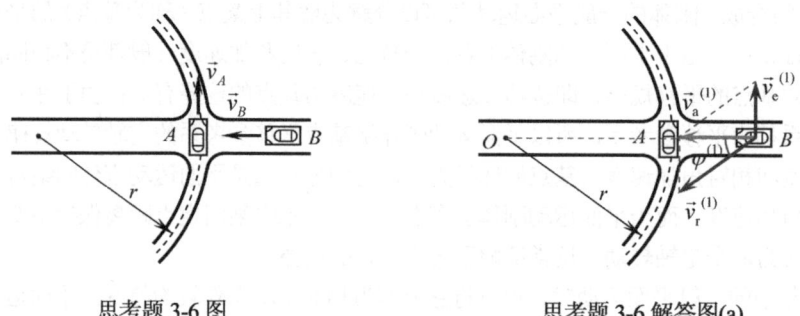

思考题 3-6 图　　　　　　　思考题 3-6 解答图(a)

车 A 的角速度为 $\omega_A = \dfrac{v_A}{r}$（逆时针），假设车 A 与车 B 之间的距离为 s。

$$\vec{v}_a^{(1)} = \vec{v}_e^{(1)} + \vec{v}_r^{(1)}$$

大小	v_B	$(r+s)\cdot\omega_A = \dfrac{r+s}{r}v_A$	v_{BA}？
方向	←	$\perp OB$	？

由几何关系，得到

$$v_{BA} = v_r^{(1)} = \sqrt{(v_a^{(1)})^2 + (v_e^{(1)})^2} = \sqrt{v_B^2 + \left(\dfrac{r+s}{r}v_A\right)^2}$$

方向：$\tan\varphi^{(1)} = \dfrac{v_e^{(1)}}{v_a^{(1)}} = \dfrac{r+s}{r}\dfrac{v_A}{v_B} \Rightarrow \varphi^{(1)} = \arctan\left(\dfrac{r+s}{r}\dfrac{v_A}{v_B}\right)$

（2）动点：车 A 的中心点；动系：与车 B 固连，如解答图(b)所示。

思考题 3-6 解答图(b)

$$\vec{v}_a^{(2)} = \vec{v}_e^{(2)} + \vec{v}_r^{(2)}$$

大小	v_A	v_B	v_{AB}？
方向	↑	←	？

由几何关系，得到

$$v_{AB} = v_r^{(2)} = \sqrt{(v_a^{(2)})^2 + (v_e^{(2)})^2} = \sqrt{v_B^2 + v_A^2}$$

方向：$\tan\varphi^{(2)} = \dfrac{v_a^{(2)}}{v_e^{(2)}} = \dfrac{v_A}{v_B} \Rightarrow \varphi^{(2)} = \arctan\dfrac{v_A}{v_B}$

而 $v_{BA} = \sqrt{v_B^2 + \left(\dfrac{r+s}{r}v_A\right)^2}$，其与水平线夹角为 $\varphi^{(1)} = \arctan\left(\dfrac{r+s}{r}\dfrac{v_A}{v_B}\right)$，可见 $\vec{v}_{AB} = -\vec{v}_{BA}$ 的结论是错误的。

3-8 试画出图示三种情况下，杆 AB 速度瞬心的位置。

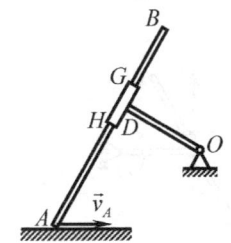
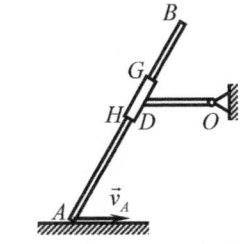
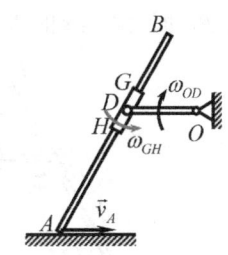

(a) 套筒 GH 与杆 OD 垂直固连　　(b) 套筒 GH 与杆 OD 固连，但不垂直　　(c) 套筒 GH 与杆 OD 在 D 处铰接，且 $\omega_{GH}=2\omega_{OD}$

思考题 3-8 图

解答：要确定杆 AB 速度瞬心的位置，除知道杆 AB 上点 A 的速度方向外，还要知道杆 AB 上另一点的速度方向。

(a) 套筒 GH 与杆 OD 垂直固连

动点：杆 AB 上的点 D′（在杆 AB 上与杆 OD 的点 D 重合的点）；动系：与套筒 GH（杆 OD）固连。由速度合成定理得到 $\vec{v}_a^{(a)}=\vec{v}_e^{(a)}+\vec{v}_r^{(a)}$，作速度合成矢量图，如解答图(a)-(a)所示。由于 $\vec{v}_e^{(a)}$ 和 $\vec{v}_r^{(a)}$ 的方向都与杆 AB 平行，所以 $\vec{v}_{D'}=\vec{v}_a^{(a)}$ 的方向也与杆 AB 平行。杆 AB 的速度瞬心 P 如解答图(a)-(a)所示。

(b) 套筒 GH 与杆 OD 固连，但不垂直

过点 O 作杆 AB 的垂线交杆 AB 于点 E。动点：杆 AB 上的点 E；动系：与杆 OD 固连。由于 $\vec{v}_e\;/\!/\;\overrightarrow{AB}$，$\vec{v}_r\;/\!/\;\overrightarrow{AB}$，$\vec{v}_E=\vec{v}_a\;/\!/\;\overrightarrow{AB}$，杆 AB 的速度瞬心 P 如解答图(b)-(a)所示。

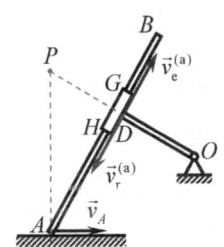
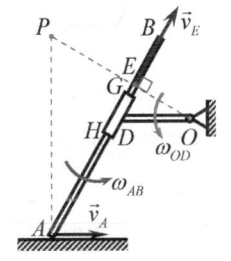

套筒 GH 与杆 OD 垂直固连　　　　　　套筒 GH 与杆 OD 固连，但不垂直

思考题 3-8 解答图(a)-(a)　　　　　　思考题 3-8 解答图(b)-(a)

(c) 套筒 GH 与杆 OD 在 D 处铰接

由于 $\omega_{AB}=\omega_{GH}=2\omega_{OD}$（杆 AB 的角速度为逆时针），过点 A 作 $\vec{v}_A$ 的垂直线，由 ω_{AB} 的逆时针转向知，杆 AB 的速度瞬心在点 A 的正上方，$PA=\dfrac{v_A}{\omega_{AB}}=\dfrac{v_A}{2\omega_{OD}}$，需要通过计算才能确定杆 AB 的速度瞬心 P 的位置，如解答图(c)-(a)所示。

另一种确定杆 AB 的速度瞬心的方法如下，如解答图(c)-(b)所示。

套筒 GH 的速度瞬心为点 P_{GH}，且 $P_{GH}D=\dfrac{v_D}{\omega_{GH}}=\dfrac{OD\cdot\omega_{OD}}{2\omega_{OD}}=\dfrac{1}{2}OD$。

过点 P_{GH} 作杆 AB 的垂线交杆 AB 于点 K。

动点：杆 AB 上的点 K；动系：与套筒 GH 固连。

由"点的复合运动"可知，牵连点 K′（套筒上与动点 K 相重合的点）的牵连速度 $\vec{v}_e$ 的方向沿 $\overrightarrow{AB}$ 的方向，动点 K 相对于动系（套筒 GH）的相对速度 $\vec{v}_r$ 的方向平行于杆 AB，可见动点（杆 AB 上的）K 的绝对速度 $\vec{v}_a$ 的方向也平行于杆 AB。所以，杆 AB 的速度瞬心在过杆 AB 上的点 K 作垂直于杆 AB

的直线上,即杆 AB 的速度瞬心在连线 $P_{GH}K$ 上。再过点 A 作 $\vec{v}_A$ 的垂线(即铅垂线)与连线 $P_{GH}K$ 交于一点 P,即为杆 AB 的速度瞬心。

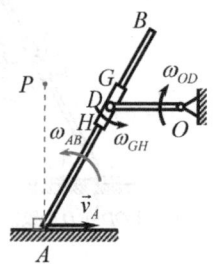

套筒 GH 与杆 OD 在 D 处铰接,且 $\omega_{GH} = 2\omega_{OD}$

思考题 3-8 解答图(c)-(a)

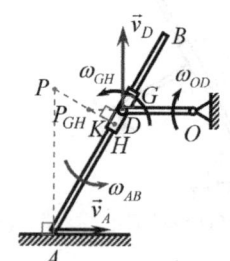

套筒 GH 与杆 OD 在 D 处铰接,且 $\omega_{GH} = 2\omega_{OD}$

思考题 3-8 解答图(c)-(b)

3-9 在图示四连杆机构中,$O_1A = O_2B = O_1O_2 = AB = l$,杆 O_1A 以匀角速度 ω_0 绕轴 O_1 作逆时针转动,试问若分别以杆 O_1A、O_2B 为动系,所观察到的杆 AB 的中点 D 的科氏加速度一样吗?为什么?

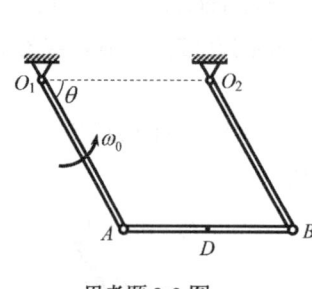

思考题 3-9 图

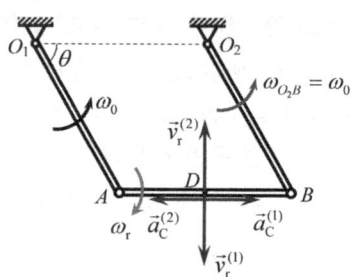

思考题 3-9 解答图

解答:根据题意可知,杆 O_1A 的角速度与杆 O_2B 的角速度大小相等、转向相同,即 $\omega_{O_1A} = \omega_{O_2B} = \omega_0$(逆时针);杆 AB 作平移,无论动系是杆 O_1A 还是杆 O_2B,动系的角速度为 $\omega_e = \omega_0$(逆时针),而杆 AB 相对于杆 O_1A 的角速度或相对于杆 O_2B 的角速度均为 $\omega_r = \omega_0$(顺时针)。

(1) 动点:杆 AB 的中点 D;动系:与杆 O_1A 固连。如解答图所示。

$$\vec{a}_C^{(1)} = 2\vec{\omega}_e \times \vec{v}_r^{(1)},\text{ 其中 } v_r^{(1)} = \frac{1}{2}l\omega_r = \frac{1}{2}l\omega_0 \text{(方向:铅垂向下)}$$

$$a_C^{(1)} = 2\omega_e v_r^{(1)} = 2\omega_0 \cdot \frac{1}{2}l\omega_0 = l\omega_0^2 \text{(方向:水平向右)}$$

(2) 动点:杆 AB 的中点 D;动系:与杆 O_2B 固连。如解答图所示。

$$\vec{a}_C^{(2)} = 2\vec{\omega}_e \times \vec{v}_r^{(2)},\text{ 其中 } v_r^{(2)} = \frac{1}{2}l\omega_r = \frac{1}{2}l\omega_0 \text{(方向:铅垂向上)}$$

$$a_C^{(2)} = 2\omega_e v_r^{(2)} = 2\omega_0 \cdot \frac{1}{2}l\omega_0 = l\omega_0^2 \text{(方向:水平向左)}$$

结论:分别以杆 O_1A、O_2B 为动系,所观察到的杆 AB 的中点 D 的科氏加速度的大小相等,但方向相反。

3-10 图示处于铅垂面内系统,$OA = l$,$AB = 2l$,杆 OA 以匀角速度 ω_0 绕轴 O 作逆时针转动,杆 AB 与台阶尖点 D 接触,若以杆 AB 上的点 B 为动点,动系与杆 OA 固连,试问图示瞬间($AD = \sqrt{3}l$)杆 AB 速度瞬心在何处?动点的科氏加速度的大小和方向又如何?

解答：由光滑约束性质可知道，杆 AB 上与台阶尖点 D 重合的点 D' 的速度方向与杆 AB 平行，由此可知杆 AB 的速度瞬心为点 P，如解答图所示。

杆 OA：$v_A = l\omega_0$（↑），杆 AB：$\omega_{AB} = \dfrac{v_A}{PA} = \dfrac{l\omega_0}{2l} = \dfrac{1}{2}\omega_0$（顺时针）。

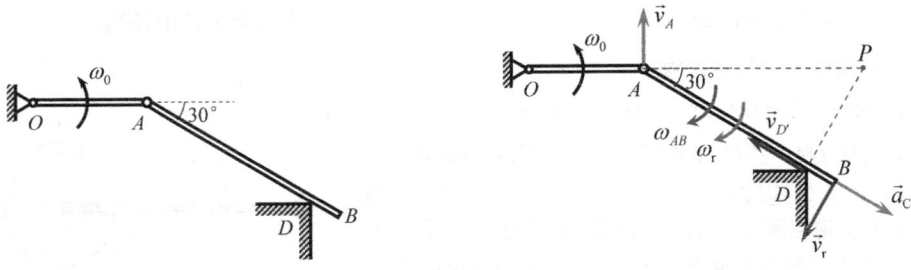

思考题 3-10 图　　　　　　　思考题 3-10 解答图

对于动点 B：由于杆 AB 相对于杆 OA 作定轴转动，根据刚体的角速度合成定理 $\vec{\omega}_a = \vec{\omega}_e + \vec{\omega}_r$ 知其相对角速度为 $\omega_r = \omega_{AB} + \omega_0 = \dfrac{3}{2}\omega_0$（顺时针），所以动点 B 相对于杆 OA 的速度为 $v_r = AB \cdot \omega_r = 3l\omega_0$（方向如图），故 $\vec{a}_C = 2\vec{\omega}_e \times \vec{v}_r$，其中 $\omega_e = \omega_{OA} = \omega_0$（逆时针），$a_C = 2\omega_e v_r = 2\omega_0 \cdot 3l\omega_0 = 6l\omega_0^2$（$//\overrightarrow{AB}$）。

3-13　在图示平面系统中，长度为 $l = 4r$ 的直杆 OA 以匀角速度 ω_0 绕轴 O 作逆时针转动，与杆 OA 铰接的半径为 r 的圆盘相对于杆 OA 以匀角速度 $\omega_r = 3\omega_0$ 绕轴 A 作顺时针转动，试问圆盘的速度瞬心和加速度瞬心在何处？

解答：
（1）求圆盘的绝对角速度 ω_a。

以圆盘 A 为动刚体；动系与直杆 OA 固连。由刚体的角速度合成定理，得到

	$\vec{\omega}_a$	=	$\vec{\omega}_e$	+	$\vec{\omega}_r$
大小	?		ω_0		$\omega_r = 3\omega_0$
转向	?		逆时针		顺时针

所以，圆盘 A 的绝对角速度为

$$\omega_a = -\omega_e + \omega_r = -\omega_0 + 3\omega_0 = 2\omega_0 \text{（顺时针）}$$

（2）确定圆盘 A 的速度瞬心。

杆 OA：$v_A = OA \cdot \omega_0 = 4r\omega_0$（↑）。

根据速度瞬心法可知，圆盘 A 的速度瞬心与 $\vec{v}_A$ 垂直，即在水平直线上。假设圆盘 A 的速度瞬心为点 P，在圆盘中心点 A 的右侧水平直线上，如解答图(a)所示，则根据两点的速度关系得

	$\vec{v}_P$	=	$\vec{v}_A$	+	$\vec{v}_{PA}$
大小	0		$4r\omega_0$		$PA \cdot \omega_a$ $= PA \cdot 2\omega_0$
方向			↑		↓

所以

$$0 = v_A - v_{PA} \Rightarrow 0 = 4r\omega_0 - PA \cdot 2\omega_0 \Rightarrow PA = 2r$$

故圆盘 A 的速度瞬心点 P 位于圆盘中心点 A 的右侧水平直线上距中心点 A 的距离为 $2r$，如解答图(a)所示。

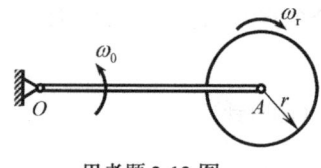

思考题 3-13 图

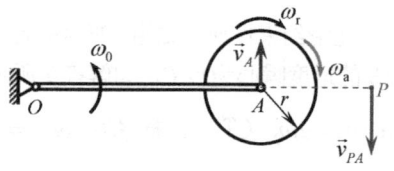

思考题 3-13 解答图(a)

(3) 确定圆盘 A 的加速度瞬心。

杆 OA: $a_A = a_A^n = OA \cdot \omega_0^2 = 4r\omega_0^2$ ($A \to O$)。

由于动系杆 OA、圆盘 A 相对于杆 OA 均为匀速转动，所以圆盘 A 也为匀速转动，可见圆盘 A 的绝对角加速度 $\alpha_a = 0$。根据加速度瞬心法知道，圆盘 A 的加速度瞬心 P^* 在 $\vec{a}_A$ 的延长线上，即在水平直线上。假设圆盘 A 的加速度瞬心为点 P^*，在圆盘中心点 A 的左侧水平直线上，如解答图(b)所示，则根据两点的加速度关系得

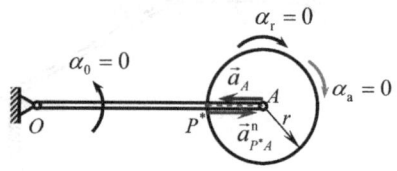

思考题 3-13 解答图(b)

$$\vec{a}_{P^*} = \vec{a}_A + \vec{a}_{P^*A}^n + \vec{a}_{P^*A}^t$$

大小　　0　　　$4r\omega_0^2$　　$\begin{array}{c}P^*A \cdot \omega_a^2 \\ = P^*A \cdot 4\omega_0^2\end{array}$　　$P^*A \cdot \alpha_a = 0$

方向　　　　　　←　　　　　$P^* \to A$

所以

$$0 = -a_A + a_{P^*A}^n \Rightarrow 0 = -4r\omega_0^2 + P^*A \cdot 4\omega_0^2 \Rightarrow P^*A = r$$

故圆盘 A 的加速度瞬心点 P^* 位于圆盘中心点 A 的左侧水平直线上距中心点 A 的距离为 r，如解答图(b)所示。

3.3 习题及解答

3-9 在图示平面系统中，已知 $OA = AB = BD = DO = l$，滑块 A 以匀速 v_0 铅垂向下运动，小虫 M 以匀速 $v' = \sqrt{3}v_0$ 相对于杆 BD 爬动，试以小虫为动点，动系分别与杆 AB、杆 BD 和杆 OA 固连时，写出小虫在图示位置（小虫恰好位于杆 BD 的中点）的科氏加速度。

解:

(1) 速度分析，如解答图(a)所示。

杆 OA: 速度瞬心为点 P_1，$\omega_{OA} = \dfrac{v_0}{P_1A} = \dfrac{2v_0}{l}$（逆时针）。

杆 AB: 作铅垂直线平移，$\omega_{AB} = 0$，$\vec{v}_B = \vec{v}_A = \vec{v}_0$。

杆 BD: 速度瞬心为点 P_2，$\omega_{BD} = \dfrac{v_B}{P_2B} = \dfrac{2v_0}{l}$（逆时针）。

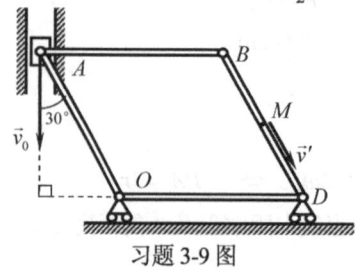

习题 3-9 图

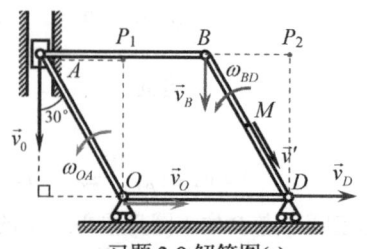

习题 3-9 解答图(a)

（2）分析科氏加速度。

① 动系与杆 AB 固连：$\vec{a}_C^{AB} = 2\vec{\omega}_{AB} \times \vec{v}_r^{AB} = 0$。

② 动系（1）与杆 BD 固连：

$$\vec{a}_C^{(1)} = 2\vec{\omega}_{BD} \times \vec{v}_r^{(1)} = 2\vec{\omega}_{BD} \times \vec{v}'$$

$$a_C^{(1)} = 2\omega_{BD} \cdot v' = 2 \cdot \frac{2v_0}{l} \cdot \sqrt{3}v_0 = 4\sqrt{3}\frac{v_0^2}{l}$$

方向垂直于杆 BD，斜右向上，如解答图(b)所示。

③ 动系（2）与杆 OA 固连：必须注意，虽然 $\omega_{OA} = \omega_{BD}$，杆 BD 相对于杆 OA 作相互平行的运动，但是 $\vec{v}_r^{(2)} \neq \vec{v}_r^{(1)} = \vec{v}'$，则 $\vec{a}_C^{(1)} \neq \vec{a}_C^{(2)}$。具体分析如下，如解答图(c)所示。

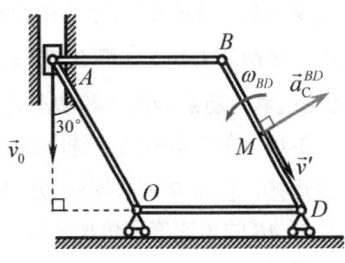

习题 3-9 解答图(b)

	$\vec{v}_a$	$=$	$\vec{v}_e^{(2)}$	$+$	$\vec{v}_r^{(2)}$	$=$	$\vec{v}_e^{(1)}$	$+$	$\vec{v}_r^{(1)}$
大小			$P_1 M \cdot \omega_{OA}$ $= \frac{\sqrt{3}}{2}l \cdot \frac{2v_0}{l}$ $= \sqrt{3}v_0$		?		$P_2 M \cdot \omega_{BD}$ $= \frac{1}{2}l \cdot \frac{2v_0}{l}$ $= v_0$		$v' = \sqrt{3}v_0$
方向			$\perp P_1 M$		?		$\perp P_2 M$		$M \to D$

沿 x 轴投影，得到

$$v_e^{(2)}\cos 60° + v_{rx}^{(2)} = v_e^{(1)}\sin 60° + v_r^{(1)}\cos 60° \Rightarrow$$

$$\frac{1}{2}\cdot\sqrt{3}v_0 + v_{rx}^{(2)} = \frac{\sqrt{3}}{2}v_0 + \frac{1}{2}\cdot\sqrt{3}v_0 \Rightarrow v_{rx}^{(2)} = \frac{\sqrt{3}}{2}v_0$$

沿 y 轴投影，得到

$$v_e^{(2)}\sin 60° + v_{ry}^{(2)} = -v_e^{(1)}\cos 60° - v_r^{(1)}\sin 60° \Rightarrow$$

$$\frac{\sqrt{3}}{2}\cdot\sqrt{3}v_0 + v_{ry}^{(2)} = -\frac{1}{2}v_0 - \frac{\sqrt{3}}{2}\cdot\sqrt{3}v_0 \Rightarrow v_{ry}^{(2)} = -\frac{7}{2}v_0$$

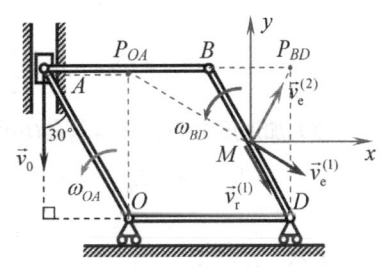

习题 3-9 解答图(c)

则

$$\vec{v}_r^{(2)} = v_{rx}^{(2)}\vec{i} + v_{ry}^{(2)}\vec{j} = \frac{\sqrt{3}}{2}v_0\vec{i} - \frac{7}{2}v_0\vec{j}$$

故

$$\vec{a}_C^{(2)} = 2\vec{\omega}_{OA} \times \vec{v}_r^{(2)} = 2 \cdot \frac{2v_0}{l}\vec{k} \times \left(\frac{\sqrt{3}}{2}v_0\vec{i} - \frac{7}{2}v_0\vec{j}\right) = \frac{v_0^2}{l}(14\vec{i} + 2\sqrt{3}\vec{j})$$

解析：

（1）本题主要考查科氏加速度的概念。科氏加速度的定义为 $\vec{a}_C = 2\vec{\omega}_e \times \vec{v}_r$，只有已知或求得了动系的角速度 $\vec{\omega}_e$（大小及转向）和动点相对于动系的相对速度 $\vec{v}_r$（大小及方向），才能求解科氏加速度 $\vec{a}_C$（大小及方向）。对于以下特殊情况：①动系为平移或瞬时平移 $\vec{\omega}_e = 0$ 时；②动点相对于动系无相对运动，即 $\vec{v}_r = 0$ 时；动点的科氏加速度为零。对于平面运动系统，科氏加速度位于系统所处的平面内，其大小为 $a_C = 2\omega_e v_r$，其方向为将相对速度 $\vec{v}_r$ 按动系的角速度 $\vec{\omega}_e$ 的转向转过 90°。

（2）虽然杆 OA 与 BD 作相互平行的平面运动，$\omega_{OA} \equiv \omega_{BD}$，但是动点 M 相对于杆 OA 和相对于

杆 BD 的运动完全不同,动点 M 相对于杆 BD 的运动为直线运动,由于杆 OA 与杆 BD 之间的垂直距离是变化的,动点 M 相对于杆 OA 却是未知的平面曲线运动,也就是说 $\vec{v}_r^{(1)} = \vec{v}'$,$\vec{v}_r^{(2)} \neq \vec{v}'$,($\vec{v}_r^{(2)}$ 的大小、方向均未知),那么 $\vec{a}_C^{(1)} = 2\vec{\omega}_{BD} \times \vec{v}_r^{(1)} = 2\vec{\omega}_{BD} \times \vec{v}'$,而 $\vec{a}_C^{(2)} = 2\vec{\omega}_{OA} \times \vec{v}_r^{(2)} \neq \vec{a}_C^{(1)}$,因此还要借助于"无论选取的动系如何,其动点的绝对运动相同"的关系来求得 $\vec{v}_r^{(2)}$,然后再求 $\vec{a}_C^{(2)}$。

3-19 在图示曲柄-摇杆机构中,曲柄 OA 以匀角速度 ω_0 绕轴 O 作逆时针转动,连杆 AB 与套筒 B 垂直焊接,套筒 B 可沿摇杆 DE 滑动,$OA = AB = l$,试求图示瞬时连杆 AB 的角速度和角加速度。

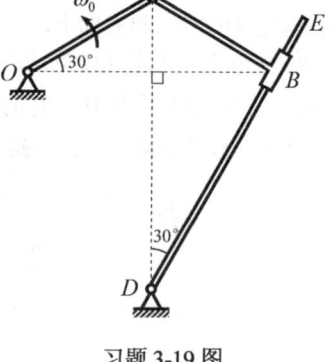

习题 3-19 图

解法一:

(1) 动点与动系的选取。

动点:杆 OA(杆 AB)上的点 A;动系:与杆 DE 固连。

(2) 速度分析,如解答图(a)所示。

	$\vec{v}_a$	=	$\vec{v}_e$	+	$\vec{v}_r$
大小	$OA \cdot \omega_0$ $= l\omega_0$		$AD \cdot \omega_{DE}$ $= 2l\omega_{DE}$		?
方向	$\perp OA$		$\perp AD$		$// DE$

由几何关系,得到

$$v_a = v_e = v_r = l\omega_0 \implies \omega_{DE} = \frac{v_e}{2l} = \frac{1}{2}\omega_0$$

故

$$\omega_{AB} = \omega_{DE} = \omega = \frac{1}{2}\omega_0 \text{(逆时针)}, \quad v_r = l\omega_0 \text{(方向如图,} // DE\text{)}$$

(3) 加速度分析,如解答图(b)所示。

	$\vec{a}_a^n$	+	$\vec{a}_a^t$	=	$\vec{a}_e^n$	+	$\vec{a}_e^t$	+	$\vec{a}_r$	+	$\vec{a}_C$
大小	$l\omega_0^2$		0		$AD \cdot \omega_{DE}^2$ $= \frac{1}{2}l\omega_0^2$		$AD \cdot \alpha_{DE}$ $= 2l\alpha_{DE}$?		?		$2\omega_{DE} v_r$ $= l\omega_0^2$
方向	$// OA$		$\downarrow$		$\perp AD$				$// DE$		$\perp DE$

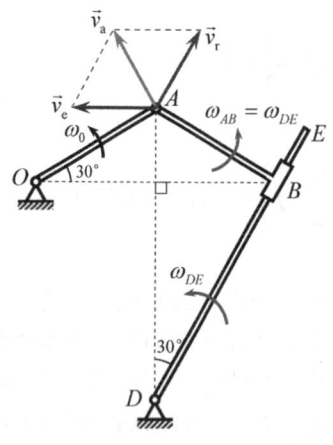

习题 3-19 解答图(a)

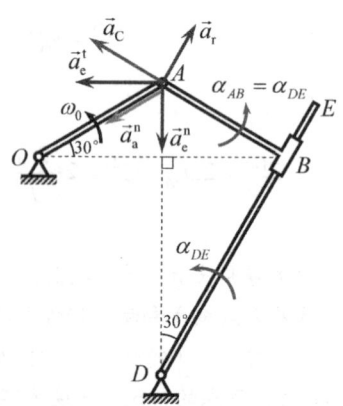

习题 3-19 解答图(b)

沿 $\overrightarrow{AB}$ 方向投影，得到

$$-a_{\mathrm{a}}^{\mathrm{n}}\sin 30°=a_{\mathrm{a}}^{\mathrm{n}}\sin 30°-a_{\mathrm{e}}^{\mathrm{t}}\cos 30°-a_{\mathrm{C}} \quad \Rightarrow$$

$$-l\omega_0^2\cdot\frac{1}{2}=\frac{1}{2}l\omega_0^2\cdot\frac{1}{2}-2l\alpha_{DE}\cdot\frac{\sqrt{3}}{2}-l\omega_0^2 \quad \Rightarrow \quad \alpha_{DE}=-\frac{\sqrt{3}}{12}\omega_0^2$$

故

$$\alpha_{AB}=\alpha_{DE}=-\frac{\sqrt{3}}{12}\omega_0^2 \text{（负号表示其真实转向与图示转向相反，即为顺时针）}$$

解法二：

（1）动点与动系的选取。

动点：杆 AB 上的点 B；动系：与杆 DE 固连。

（2）速度分析，如解答图(c)所示。

$$\vec{v}_{\mathrm{a}} = \vec{v}_A + \vec{v}_{BA} = \vec{v}_{\mathrm{e}} + \vec{v}_{\mathrm{r}}$$

大小	$OA\cdot\omega_0$ $=l\omega_0$	$AB\cdot\omega_{AB}$? $=\sqrt{3}l\omega_{AB}$	$BD\cdot\omega_{DE}$?	?
方向	$\perp OA$	$\perp AB$	$//BD$	$//DE$

沿 $\overrightarrow{AB}$ 方向投影，得到

$$-v_A\cos 30°=-v_{\mathrm{e}} \quad \Rightarrow \quad -l\omega_0\cdot\frac{\sqrt{3}}{2}=-\sqrt{3}l\omega_{AB} \quad \Rightarrow \quad \omega_{AB}=\frac{1}{2}\omega_0 \text{（逆时针）}$$

沿 $\overrightarrow{DE}$ 方向投影，得到

$$v_A\sin 30°+v_{BA}=v_{\mathrm{r}} \quad \Rightarrow \quad v_{\mathrm{r}}=l\omega_0\cdot\frac{1}{2}+l\omega_{AB}=l\omega_0 \text{（方向如图，}//DE\text{）}$$

（3）加速度分析，如解答图(d)所示。

$$\vec{a}_{\mathrm{a}}=\vec{a}_B=\vec{a}_A+\vec{a}_{BA}^{\mathrm{n}}+\vec{a}_{BA}^{\mathrm{t}}=\vec{a}_{\mathrm{e}}^{\mathrm{n}}+\vec{a}_{\mathrm{e}}^{\mathrm{t}}+\vec{a}_{\mathrm{r}}+\vec{a}_{\mathrm{C}}$$

大小	$l\omega_0^2$	$l\omega_{AB}^2$	$l\alpha_{AB}$?	$BD\cdot\omega_{DE}^2$ $=\frac{\sqrt{3}}{4}l\omega_0^2$?	$\sqrt{3}l\alpha_{DE}$?	?	$2\omega_{DE}v_{\mathrm{r}}$ $=l\omega_0^2$
方向	$A\to O$	$B\to A$	$\perp AB$	$B\to D$	$\perp BD$	$//DE$	$\perp DE$

其中 $\omega_{AB}=\omega_{DE}$, $\alpha_{AB}=\alpha_{DE}$

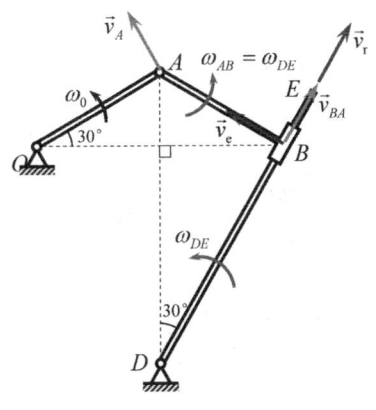

习题 3-19 解答图(c)

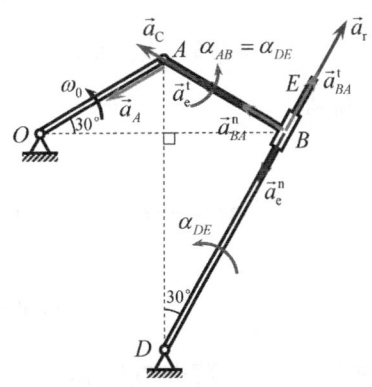

习题 3-19 解答图(d)

沿 $\overrightarrow{AB}$ 方向投影，得到

$$-a_A\sin 30°-a_{BA}^n=-a_e^t-a_C \Rightarrow$$

$$-l\omega_0^2\cdot\frac{1}{2}-l\omega_{AB}^2=-\sqrt{3}l\alpha_{DE}-l\omega_0^2 \Rightarrow -l\omega_0^2\cdot\frac{1}{2}-l\cdot(\frac{1}{2}\omega_0)^2=-\sqrt{3}l\alpha_{AB}-l\omega_0^2 \Rightarrow$$

$$\alpha_{AB}=-\frac{\sqrt{3}}{12}\omega_0^2 \text{（负号表示其真实转向与图示转向相反，即为顺时针）}$$

解析：

（1）由于杆 AB 与套筒 B 焊接成一体，使得杆 AB 的角速度 ω_{AB}（角加速度 α_{AB}）与套筒 B 的角速度 ω_B（角加速度 α_B）大小相等、转向相同，又因为套筒 B 套在杆 DE 上，使得套筒 B 只能沿杆 DE 滑动不能产生相对转动，所以杆 DE 的角速度 ω_{DE}（角加速度 α_{DE}）与套筒 B 的角速度 ω_B（角加速度 α_B）大小相等、转向相同。这样，就有杆 AB 的角速度 ω_{AB}（角加速度 α_{AB}）与杆 DE 的角速度 ω_{DE}（角加速度 α_{DE}）大小相等、转向相同，即 $\omega_{AB}=\omega_{DE}$，$\alpha_{AB}=\alpha_{DE}$。或由杆 AB 与杆 DE 恒垂直也可得到以上结论。在求解中利用了这一关系。

（2）在本题的求解中给出了两种不同的动点、动系的解法，但动点与动系都不在同一刚体之上（动点与动系不属于同一刚体），且动点与动系的相对运动轨迹均为直线，但显然解法一要比解法二简便一些。

3-21 在图示平面机构中，已知直角弯杆 O_1A 段的长度为 r，AE 段与半径也为 r 的圆盘 B 始终相切。在图示位置时，两个刚体的切点 D 离 A 的距离为 $AD=1.5r$，直角弯杆的角速度、角加速度的大小分别为 ω_0、α_0，转向都为顺时针。试求该位置圆盘 B 绕轴 O_2 转动的角速度和角加速度。

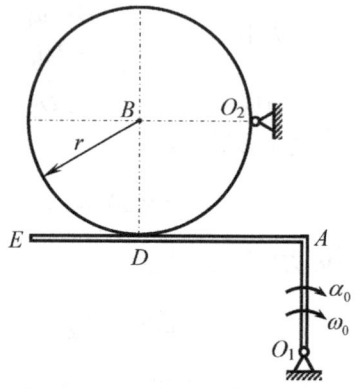

习题 3-21 图

解：

（1）动点与动系的选取。

动点：圆盘中心点 B；动系：与直角弯杆 O_1ADE 固连。

（2）速度分析，如解答图(a)所示。

	$\vec{v}_a$	=	$\vec{v}_e$	+	$\vec{v}_r$
大小	$r\omega$?		$O_1B\cdot\omega_0$ $=\frac{5}{2}r\omega_0$		?
方向	$\perp O_2B$		$\perp O_1B$		// AE

由几何关系，得到

$$v_a=v_e\sin\varphi=\frac{5}{2}r\omega_0\cdot\frac{3}{5}=\frac{3}{2}r\omega_0 \Rightarrow \omega=\frac{v_a}{O_2B}=\frac{\frac{3}{2}r\omega_0}{r}=\frac{3}{2}\omega_0 \text{（顺时针）}$$

$$v_r=v_e\cos\varphi=\frac{5}{2}r\omega_0\cdot\frac{4}{5}=2r\omega_0 \text{（←）}$$

（3）加速度分析，如解答图(b)所示。

	$\vec{a}_a^n$	+	$\vec{a}_a^t$	=	$\vec{a}_e^n$	+	$\vec{a}_e^t$	+	$\vec{a}_r$	+	$\vec{a}_C$
大小	$r\omega^2$		$r\alpha$?		$O_1B\cdot\omega_0^2$ $=\frac{5}{2}r\omega_0^2$		$O_1B\cdot\alpha_0$ $=\frac{5}{2}r\alpha_0$		?		$2\omega_0 v_r$ $=4r\omega_0^2$
方向	$B\to O_2$		$\perp O_2B$		$B\to O_1$		$\perp O_1B$		$//\,AE$		$\perp O_2B$

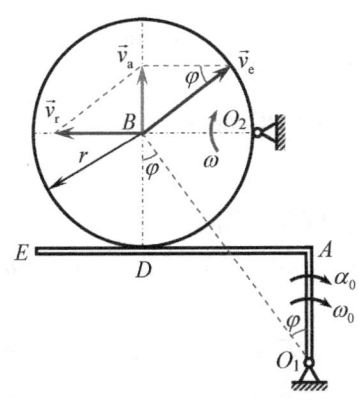

习题 3-21 解答图(a)

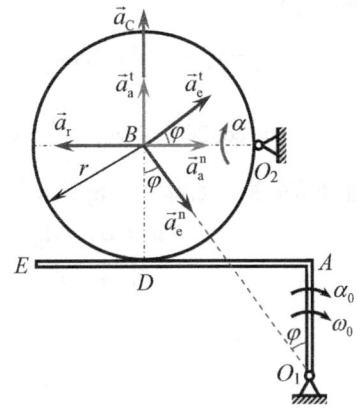

习题 3-21 解答图(b)

沿铅垂向上方向投影，得到

$$a_a^t = -a_e^n\cos\varphi + a_e^t\sin\varphi + a_C \Rightarrow$$

$$r\alpha = -\frac{5}{2}r\omega_0^2\cdot\frac{4}{5} + \frac{5}{2}r\alpha_0\cdot\frac{3}{5} + 4r\omega_0^2 \Rightarrow \alpha = 2\omega_0^2 + \frac{3}{2}\alpha_0 \text{（顺时针）}$$

解析：

（1）动点与动系的选取不一定在两个刚体的接触处。本题中，两个刚体相切接触，若将接触处的某切点选取为动点，即动点选为直角弯杆 O_1AE 上的切点 D，动系与圆盘固连；或动点选为圆盘 B 上的切点 D，动系与直角弯杆 O_1AE 固连，它们相对运动的轨迹均为未知曲线，这样 a_r^n、a_r^t 和圆盘角加速度 α 均未知，使得加速度分析不能顺利进行。题中选取圆盘中心点 B 为动点，动系与直角弯杆 O_1AE 固连，就能保证相对运动轨迹为直线，因为在运动过程中，杆与圆盘相切，说明圆心 B 到弯杆 AE 段的距离保持不变，从而使问题顺利得到求解。

（2）要特别注意，圆盘 B 与直角弯杆 O_1AE 之间的相对运动并非纯滚动，而是连滚带滑的平面运动，即 $v_r \neq r\omega_r$，$a_r \neq r\alpha_r$，其中 ω_r 和 α_r 分别为圆轮 B 相对于直角弯杆 O_1AE 的角速度和角加速度，由 $\vec{\omega}_a = \vec{\omega}_r + \vec{\omega}_e$ 可得到 $\omega_r = \omega_a - \omega_e = \frac{3}{2}\omega_0 - \omega_0 = \frac{1}{2}\omega_0$（顺时针），由 $\vec{\alpha}_a = \vec{\alpha}_r + \vec{\alpha}_e$ 可得到 $\alpha_r = \alpha_a - \alpha_e = 2\omega_0^2 + \frac{3}{2}\alpha_0 - \alpha_0 = 2\omega_0^2 + \frac{1}{2}\alpha_0$（顺时针）。

3-23 在图示平面系统中，半径为 r 的圆盘 D 以匀角速度 ω_0 在半径为 $R = 3r$ 的凹面上作纯滚动，其盘缘 A 与一可沿套筒 E 滑动的直杆 AB 铰接，从而带动套筒绕轴 E 转动，试求图示瞬时杆 AB 的角速度和角加速度。

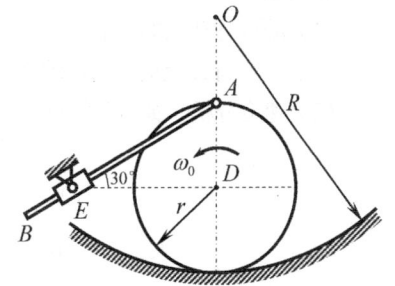

习题 3-23 图

解法一：

（1）动点与动系的选取。

动点：圆盘 D（或杆 AB）上的点 A；动系：与套筒 E 固连。

(2) 速度分析，如解答图(a)所示。

$$\vec{v}_a = \vec{v}_e + \vec{v}_r$$

大小	$PA \cdot \omega_0$ $= 2r\omega_0$	$AE \cdot \omega$ $= 2r\omega$	?
方向	←	⊥ AE	// AE

由几何关系，得到

$$v_e = v_a \sin 30° = 2r\omega_0 \cdot \frac{1}{2} = r\omega_0 \Rightarrow \omega = \frac{v_e}{AE} = \frac{r\omega_0}{2r} = \frac{1}{2}\omega_0 \text{（逆时针）}$$

$$v_r = v_a \cos 30° = 2r\omega_0 \cdot \frac{\sqrt{3}}{2} = \sqrt{3}r\omega_0 \text{（// AE）}, \quad v_D = PD \cdot \omega_0 = r\omega_0 \text{（←）}$$

(3) 加速度分析，如解答图(b)所示。

$$\vec{a}_a = \vec{a}_A = \vec{a}_D + \vec{a}_{AD}^n + \vec{a}_{AD}^t = \vec{a}_D^n + \vec{a}_D^t + \vec{a}_{AD}^n + \vec{a}_{AD}^t$$

$$\vec{a}_a = \vec{a}_D^n + \vec{a}_D^t + \vec{a}_{AD}^n + \vec{a}_{AD}^t = \vec{a}_e^n + \vec{a}_e^t + \vec{a}_r + \vec{a}_C$$

大小	$\dfrac{v_D^2}{R-r}$ $= \dfrac{1}{2}r\omega_0^2$	0	$r\omega_0^2$	0	$AE \cdot \omega^2$ $= \dfrac{1}{2}r\omega_0^2$	$AE \cdot \alpha$ $= 2r\alpha$	?	$2\omega v_r$ $= \sqrt{3}r\omega_0^2$
方向	↑		↓		$A \to E$	⊥ AE	// AE	⊥ AE

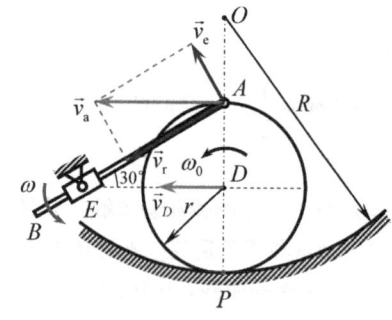
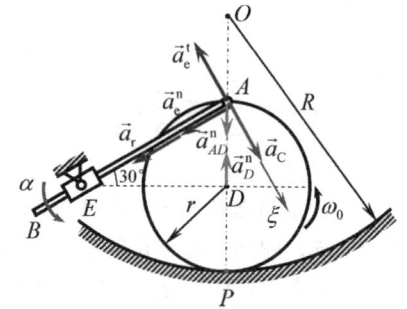

习题 3-23 解答图(a)　　　　习题 3-23 解答图(b)

沿 ξ 轴投影，得到

$$-a_D^n \cos 30° + a_{AD}^n \cos 30° = -a_e^t + a_C \Rightarrow$$

$$-\frac{1}{2}r\omega_0^2 \cdot \frac{\sqrt{3}}{2} + r\omega_0^2 \cdot \frac{\sqrt{3}}{2} = -2r\alpha + \sqrt{3}r\omega_0^2 \Rightarrow \alpha = \frac{3\sqrt{3}}{8}\omega_0^2 \text{（逆时针）}$$

解法二：

(1) 动点与动系的选取。

动点：套筒 E 上的点 E；动系：与杆 AB 固连。

(2) 速度分析，如解答图(c)所示。

$$\vec{v}_a = \vec{v}_e + \vec{v}_r, \quad \vec{v}_e = \vec{v}_{E'} = \vec{v}_A + \vec{v}_{E'A}$$

$$\vec{v}_a = \vec{v}_A + \vec{v}_{E'A} + \vec{v}_r$$

大小	0	$PA \cdot \omega_0$ $= 2r\omega_0$	$AE' \cdot \omega_{AB}$ $= 2r\omega_{AB}$	?
方向		←	⊥ AE'	// AB

沿 ξ 轴投影，得到

$$0 = -v_A \sin 30° + v_{E'A} \quad \Rightarrow \quad 0 = -2r\omega_0 \cdot \frac{1}{2} + 2r\omega_{AB} \quad \Rightarrow \quad \omega_{AB} = \frac{1}{2}\omega_0 \text{（逆时针）}$$

沿 $\overrightarrow{AB}$ 方向投影，得到

$$0 = v_A \cos 30° - v_r \quad \Rightarrow \quad 0 = 2r\omega_0 \cdot \frac{\sqrt{3}}{2} - v_r \quad \Rightarrow$$

$$v_r = \sqrt{3}r\omega_0 \text{（方向如图）}$$

另外，$v_D = PD \cdot \omega_0 = r\omega_0$（←）。

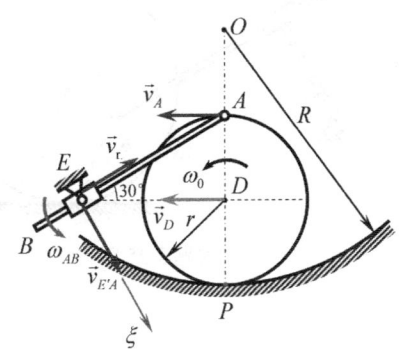 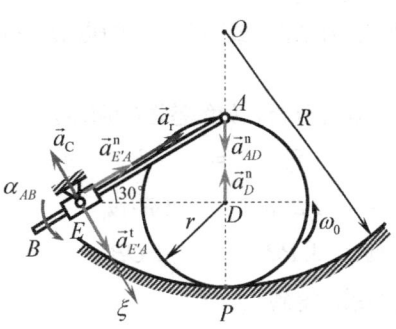

习题 3-23 解答图(c)   习题 3-23 解答图(d)

（3）加速度分析，如解答图(d)所示。

$$\vec{a}_a = \vec{a}_e + \vec{a}_r + \vec{a}_C, \quad \vec{a}_e = \vec{a}_{E'} = \vec{a}_A + \vec{a}_{E'A}^n + \vec{a}_{E'A}^t, \quad \vec{a}_A = \vec{a}_D + \vec{a}_{AD}^n + \vec{a}_{AD}^t, \quad \vec{a}_D = \vec{a}_D^n + \vec{a}_D^t$$

	$\vec{a}_a$	=	$\vec{a}_D^n$	+	$\vec{a}_D^t$	+	$\vec{a}_{AD}^n$	+	$\vec{a}_{AD}^t$	+	$\vec{a}_{E'A}^n$	+	$\vec{a}_{E'A}^t$	+	$\vec{a}_r$	+	$\vec{a}_C$
大小	0		$\dfrac{v_D^2}{R-r}$ $=\dfrac{1}{2}r\omega_0^2$		0		$r\omega_0^2$		0		$AE' \cdot \omega_{AB}^2$ $=\dfrac{1}{2}r\omega_0^2$		$AE' \cdot \alpha_{AB}$ $=2r\alpha_{AB}$		?		?		$2\omega_{AB}v_r$ $=\sqrt{3}r\omega_0^2$
方向			↑				↓				$E' \to A$		⊥ AE'		// AB		⊥ AB

沿 ξ 轴投影，得到

$$0 = -a_D^n \cos 30° + a_{AD}^n \cos 30° + a_{E'A}^t - a_C \quad \Rightarrow$$

$$0 = -\frac{1}{2}r\omega_0^2 \cdot \frac{\sqrt{3}}{2} + r\omega_0^2 \cdot \frac{\sqrt{3}}{2} + 2r\alpha_{AB} - \sqrt{3}r\omega_0^2 \quad \Rightarrow \quad \alpha = \frac{3\sqrt{3}}{8}\omega_0^2 \text{（逆时针）}$$

解析：

（1）尽管套筒 E 作定轴转动，杆 AB 作平面运动，但由于它们始终相互平行，所以套筒 E 与杆 AB 具有同样的角速度和角加速度的关系，即 $\omega_E = \omega_{AB}$，$\alpha_E = \alpha_{AB}$。

（2）在求解中，要注意：点 A 的加速度的表达式为 $\vec{a}_A = \vec{a}_D + \vec{a}_{AD}^n + \vec{a}_{AD}^t$，点 D 的加速度的表达式为 $\vec{a}_D = \vec{a}_D^n + \vec{a}_D^t$，由于圆盘 D 作匀角速度 ω_0 的纯滚动，所以 $a_{AD}^n = AD \cdot \omega_0^2 = r\omega_0^2$（方向由点 A 指向点 D），$a_{AD}^t = AD \cdot \alpha_{圆盘} = 0$，$a_D^t = r\alpha_{圆盘} = 0$，又因为圆盘中心点 D 的轨迹为半径是 $(R-r)$ 圆周曲线，因此 $a_D^n = \dfrac{v_D^2}{R-r} = \dfrac{(r\omega_0)^2}{3r-r} = \dfrac{1}{2}r\omega_0^2$（方向由点 D 指向曲率中心 O）。切记，将点 A 的加速度写成

$\vec{a}_A = \vec{a}_A^n + \vec{a}_A^t$，而认为圆盘绕其中心转动，即 $a_A^n = AD \cdot \omega_0^2 = r\omega_0^2$ 和 $a_A^t = AD \cdot \alpha_{圆盘}$ 是错误的；或者认为圆盘绕其速度瞬心轴转动，认为 $a_A^n = PA \cdot \omega_0^2 = 2r\omega_0^2$ 也是错误的；将点 D 的加速度写成 $\vec{a}_D = \vec{a}_D^n + \vec{a}_D^t$，而认为圆盘绕 O 轴转动，即 $a_D^n = OD \cdot \omega_0^2 = 2r\omega_0^2$ 和 $a_D^t = OD \cdot \alpha_{圆盘}$，同样是错误的。

3-25 在图示平面系统中，长度为 r 的杆 OA 与套筒 A 垂直焊接，可沿套筒滑动的杆 BE，其 B 端与一可沿水平地面作纯滚动的半径为 r 的圆盘铰接，$BD = r/2$，杆 OA 以匀角速度 ω_0 绕轴 O 作顺时针转动。在图示瞬时，杆 OA 与水平线夹角为 $60°$，O、B 两点的连线为水平直线，B、D 两点连线与水平线夹角为 $30°$，试求该瞬时圆盘 D 的角速度和角加速度。

解法一：

(1) 动点与动系的选取。

动点：杆 BE（或圆盘）上的点 B；动系：与套筒杆 OA 固连。

(2) 速度分析，如解答图(a)所示。

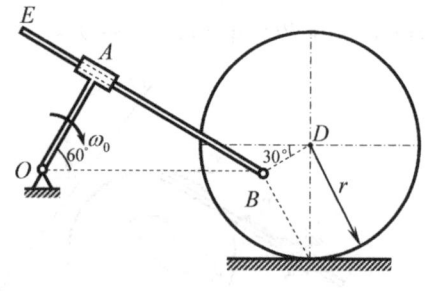

习题 3-25 图

	$\vec{v}_a$	=	$\vec{v}_e$	+	$\vec{v}_r$
大小	$PB \cdot \omega$?		$OB \cdot \omega_0$		?
方向	$\perp PB$		$\perp OB$		$//BE$

由几何关系，得到

$$v_a = v_e = OB \cdot \omega_0 = 2r\omega_0 \quad (\perp PB)$$

故

$$\omega = \frac{v_a}{PB} = \frac{2r\omega_0}{\frac{\sqrt{3}}{2}r} = \frac{4\sqrt{3}}{3}\omega_0 \quad (逆时针)，\quad v_r = v_e = OB \cdot \omega_0 = 2r\omega_0 \quad (//BE)$$

(3) 加速度分析，如解答图(b)所示。

$$\vec{a}_a = \vec{a}_B = \vec{a}_D + \vec{a}_{BD}^n + \vec{a}_{BD}^t，\quad \vec{a}_a = \vec{a}_e^n + \vec{a}_e^t + \vec{a}_r + \vec{a}_C$$

所以

	$\vec{a}_D$	+	$\vec{a}_{BD}^n$	+	$\vec{a}_{BD}^t$	=	$\vec{a}_e^n$	+	$\vec{a}_e^t$	+	$\vec{a}_r$	+	$\vec{a}_C$
大小	$r\alpha$?		$BD \cdot \omega^2$		$BD \cdot \alpha$?		$OB \cdot \omega_0^2$		0		?		$2\omega_0 v_r$
方向	←		$B \to D$		$\perp BD$		$B \to O$				$//BE$		$\perp BE$

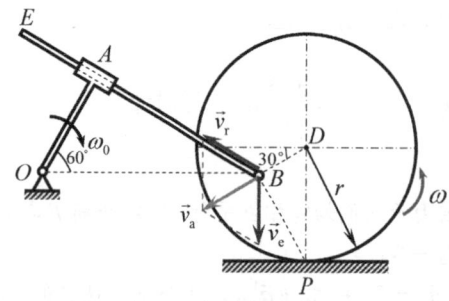

习题 3-25 解答图(a)

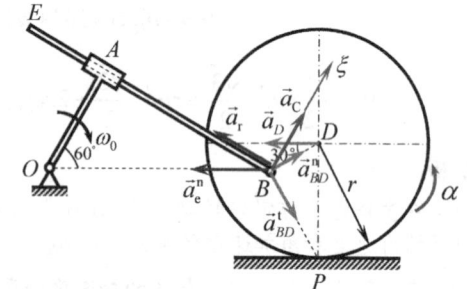

习题 3-25 解答图(b)

沿 ξ 轴投影，得到

$$-a_D \sin 30° + a_{BD}^n \cos 30° - a_{BD}^t \sin 30° = -a_e^n \sin 30° + a_C \quad \Rightarrow$$

$$-r\alpha \cdot \frac{1}{2} + BD \cdot \omega^2 \cdot \frac{\sqrt{3}}{2} - BD \cdot \alpha \cdot \frac{1}{2} = -OB \cdot \omega_0^2 \cdot \frac{1}{2} + 2\omega_0 v_r \quad \Rightarrow$$

$$\alpha = -\left(4 - \frac{16\sqrt{3}}{9}\right)\omega_0^2 \text{（括号前的负号表示其真实转向与图示相反，为顺时针）}$$

解法二：

（1）动点与动系的选取。

动点：杆 OA（或套筒 A）上的点 A；动系：与杆 BE 固连。

（2）速度分析，如解答图(c)所示。

$$\vec{v}_e = \vec{v}_{A'} = \vec{v}_B + \vec{v}_{A'B}, \quad \vec{v}_a = \vec{v}_e + \vec{v}_r, \quad \text{且} \quad \omega_{BE} = \omega_{OA} = \omega_0 \text{（顺时针）}$$

所以 $\vec{v}_a \quad = \quad \vec{v}_B \quad + \quad \vec{v}_{A'B} \quad + \quad \vec{v}_r$

大小 $r\omega_0 \quad\quad \begin{matrix}PB\cdot\omega_D \\ =\frac{\sqrt{3}}{2}r\omega_D\end{matrix}? \quad \begin{matrix}A'B\cdot\omega_{BE} \\ =\sqrt{3}r\omega_0\end{matrix} \quad ?$

方向 $\perp OA \quad\quad \perp PB \quad\quad \perp AB \quad\quad // AB$

沿 $\overrightarrow{OA}$ 方向投影，得到

$$0 = -v_B \cos 30° + v_{A'B} \quad \Rightarrow \quad \omega_D = \frac{4\sqrt{3}}{3}\omega_0 \text{（逆时针）}$$

沿 $\overrightarrow{EB}$ 方向投影，得到

$$v_a = -v_B \cos 60° + v_r \quad \Rightarrow \quad r\omega_0 = -\frac{\sqrt{3}}{2}r\omega_D \cdot \frac{1}{2} + v_r \quad \Rightarrow$$

$$r\omega_0 = -\frac{\sqrt{3}}{2}r \cdot \frac{4\sqrt{3}}{3}\omega_0 \cdot \frac{1}{2} + v_r \quad \Rightarrow \quad v_r = 2r\omega_0 \text{（}//\overrightarrow{AB}\text{）}$$

（3）加速度分析，如解答图(d)所示。

$$\vec{a}_e = \vec{a}_{A'} = \vec{a}_B + \vec{a}_{A'B}^n + \vec{a}_{A'B}^t = \vec{a}_D + \vec{a}_{BD}^n + \vec{a}_{BD}^t + \vec{a}_{A'B}^n + \vec{a}_{A'B}^t, \quad \vec{a}_a = \vec{a}_e + \vec{a}_r + \vec{a}_C,$$

且 $\alpha_{BE} = \alpha_{OA} = 0$

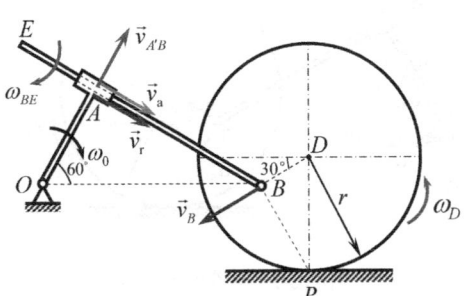

习题 3-25 解答图(c)

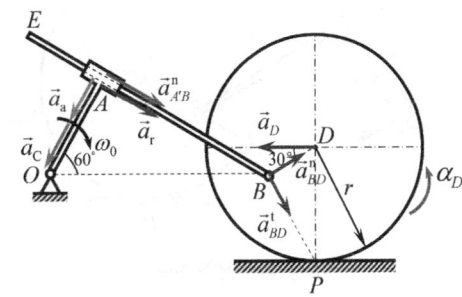

习题 3-25 解答图(d)

所以 $\vec{a}_a \quad = \quad \vec{a}_D \quad + \quad \vec{a}_{BD}^n \quad + \quad \vec{a}_{BD}^t \quad + \quad \vec{a}_{A'B}^n \quad + \quad \vec{a}_{A'B}^t \quad + \quad \vec{a}_r \quad + \quad \vec{a}_C$

大小 $r\omega_0^2 \quad r\alpha_D? \quad \frac{1}{2}r\omega_D^2 \quad \frac{1}{2}r\alpha_D? \quad \begin{matrix}A'B\cdot\omega_{BE}^2 \\ =\sqrt{3}r\omega_0^2\end{matrix} \quad \begin{matrix}A'B\cdot\alpha_{BE} \\ =0\end{matrix} \quad ? \quad 2\omega_{BE}v_r$

方向 $A \to O \quad \leftarrow \quad B \to D \quad \perp BD \quad A' \to B \quad\quad\quad // AB \quad \perp AB$

第 3 章 复合运动   65

沿 $\overrightarrow{OA}$（$\perp \vec{a}_r$）方向投影，得到

$$-a_a = -a_D\cos 60° + a_{BD}^n\cos 30° - a_{BD}^t\cos 60° - a_C \Rightarrow$$

$$-r\omega_0^2 = -r\alpha_D\cdot\frac{1}{2} + \frac{1}{2}r\omega_D^2\cdot\frac{\sqrt{3}}{2} - \frac{1}{2}r\alpha_D\cdot\frac{1}{2} - 2\omega_{BE}v_r \Rightarrow$$

$$\alpha_D = -\left(4 - \frac{16\sqrt{3}}{9}\right)\omega_0^2 \quad \text{（括号前的负号表示其真实转向与图示相反，为顺时针）}$$

解法三：

（1）动点与动系的选取。

动点：杆 OA（或大地）上的点 O；动系：与杆 BE 固连。

（2）速度分析，如解答图(e)所示。

$$\vec{v}_a = \vec{v}_e + \vec{v}_r, \quad \vec{v}_e = \vec{v}_B + \vec{v}_{O'B}, \quad \text{且} \quad \omega_{BE} = \omega_{OA} = \omega_0$$

所以　　　　　　　　$\vec{v}_a$　　　=　　$\vec{v}_B$　　+　　$\vec{v}_{O'B}$　　+　　$\vec{v}_r$

大小　　　　　0　　　　　$\begin{aligned}&PB\cdot\omega_D\\&=\tfrac{\sqrt{3}}{2}r\omega_D\end{aligned}$?　　$\begin{aligned}&O'B\cdot\omega_{BE}\\&=2r\omega_0\end{aligned}$?

方向　　　　　　　　　　$\perp PB$　　　　　$\perp O'B$　　　　　// AB

沿 $\overrightarrow{OA}$ 方向投影，得

$$0 = -v_B\cos 30° + v_{O'B}\cos 30° \Rightarrow 0 = -\frac{\sqrt{3}}{2}r\omega_D\cdot\frac{\sqrt{3}}{2} + 2r\omega_0\cdot\frac{\sqrt{3}}{2} \Rightarrow \omega_D = \frac{4\sqrt{3}}{3}\omega_0 \text{（逆时针）}$$

沿 $\overrightarrow{EB}$ 方向投影，得

$$0 = -v_B\cos 60° - v_{O'B}\cos 60° + v_r \Rightarrow 0 = -\frac{\sqrt{3}}{2}r\omega_D\cdot\frac{1}{2} - 2r\omega_0\cdot\frac{1}{2} + v_r \Rightarrow$$

$$0 = -\frac{\sqrt{3}}{2}r\cdot\frac{4\sqrt{3}}{3}\omega_0\cdot\frac{1}{2} - 2r\omega_0\cdot\frac{1}{2} + v_r \Rightarrow v_r = 2r\omega_0 \text{（方向如图）}$$

（3）加速度分析，如解答图(f)所示。

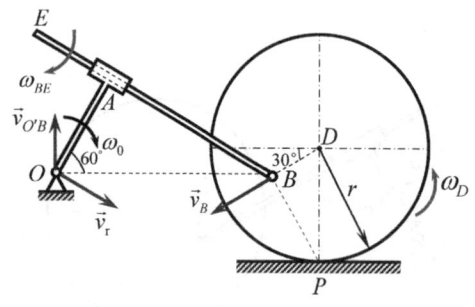
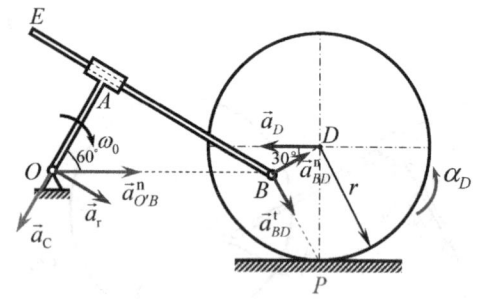

习题 3-25 解答图(e)　　　　　习题 3-25 解答图(f)

$$\vec{a}_a = \vec{a}_e + \vec{a}_r + \vec{a}_C, \quad \vec{a}_e = \vec{a}_B + \vec{a}_{O'B}^n + \vec{a}_{O'B}^t, \quad \vec{a}_B = \vec{a}_D + \vec{a}_{BD}^n + \vec{a}_{BD}^t, \quad \text{且}\ \alpha_{BE} = \alpha_{OA} = 0$$

所以　　　$\vec{a}_a$　=　$\vec{a}_D$　+　$\vec{a}_{BD}^n$　+　$\vec{a}_{BD}^t$　+　$\vec{a}_{O'B}^n$　+　$\vec{a}_{O'B}^t$　+　$\vec{a}_r$　+　$\vec{a}_C$

大小　　　0　　$r\alpha_D$?　$\begin{aligned}BD\cdot\omega_D^2\\=\tfrac{1}{2}r\omega_D^2\end{aligned}$　$\begin{aligned}BD\cdot\alpha_D\\=\tfrac{1}{2}r\alpha_D\end{aligned}$?　$\begin{aligned}O'B\cdot\omega_{BE}^2\\=2r\omega_0^2\end{aligned}$　$\begin{aligned}O'B\cdot\alpha_{BE}\\=0\end{aligned}$　?　$2\omega_{BE}v_r$

方向　　　　　←　　$B\to D$　　$\perp BD$　　$O'\to B$　　　　　// AB　　$\perp AB$

沿 $\overrightarrow{OA}$（$\perp \vec{a}_r$）方向投影，得到

$$0 = -a_D \cos 60° + a_{BD}^n \cos 30° - a_{BD}^t \cos 60° + a_{O'B}^n \cos 60° - a_C \Rightarrow$$

$$0 = -r\alpha_D \cdot \frac{1}{2} + \frac{1}{2}r\omega_D^2 \cdot \frac{\sqrt{3}}{2} - \frac{1}{2}r\alpha_D \cdot \frac{1}{2} + 2r\omega_0^2 \cdot \frac{1}{2} - 2\omega_{BE}v_r \Rightarrow$$

$$\alpha_D = -\left(4 - \frac{16\sqrt{3}}{9}\right)\omega_0^2 \text{（括号前的负号表示其真实转向与图示相反，为顺时针）}$$

解析：

（1）本题给出了三种不同的动点、动系选取的解法，请读者仔细比较三种解法的共同之处与不同之处，要着重理解三种不同的动点、动系的选取，其牵连点、牵连速度和牵连加速度以及科氏加速度的差别。

（2）在本题求解中，要注意利用杆 OA 与杆 BE 具有同样的角速度和角加速度的关系，即 $\omega_{OA} = \omega_{BE} = \omega_0$（顺时针），$\alpha_{OA} = \alpha_{BE} = 0$。

（3）在求解中，要注意：点 B 的加速度的表达式 $\vec{a}_B = \vec{a}_D + \vec{a}_{BD}^n + \vec{a}_{BD}^t$，由于圆盘 D 在水平地面上作纯滚动，$a_D = r\alpha_D$（假设圆盘 D 的角加速度 α_D 为逆时针转向，则其方向按假设水平向左），$a_{BD}^n = BD \cdot \omega_D^2 = \frac{1}{2}r\omega_D^2$（方向由点 B 指向点 D），$a_{BD}^t = BD \cdot \alpha_D = \frac{1}{2}r\alpha_D$（方向垂直于 BD 连线，与圆盘 D 的角加速度 α_D 的假设转向有关）。切记，将点 B 的加速度写成 $\vec{a}_B = \vec{a}_B^n + \vec{a}_B^t$，而认为 $a_B^n = BD \cdot \omega_D^2 = \frac{1}{2}r\omega_D^2$ 和 $a_B^t = BD \cdot \alpha_D = \frac{1}{2}r\alpha_D$，或者 $a_B^n = PB \cdot \omega_D^2 = \frac{\sqrt{3}}{2}r\omega_D^2$ 和 $a_B^t = PB \cdot \alpha_D = 0$ 都是错误的。

3-26 在图示平面系统中，直杆 BE 可沿铰接于杆 OA 的套筒 A 和铰接于大地的套筒 D 滑动，长度为 r 的杆 OA 以匀角速度 ω_0 绕轴 O 作逆时针转动，O、D 两点连线为铅垂直线，试求图示瞬时杆 BE 的角速度和角加速度及滑块 B 沿水平滑道运动的速度和加速度。

解法一：

（1）动点与动系的选取。

动点 1：杆 OA 上的点 A，动点 2：滑块（或杆 BE）上的点 B；动系：与套筒 D 固连。

（2）速度分析，如解答图(a)所示。

$$\vec{v}_a^{(1)} = \vec{v}_e^{(1)} + \vec{v}_r^{(1)}$$

大小	$r\omega_0$	$AD \cdot \omega_{套筒}$ $= 2r\omega_{套筒}$	?
方向	↑	$\perp AD$	$// AB$

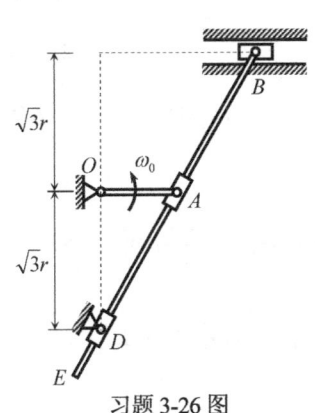

习题 3-26 图

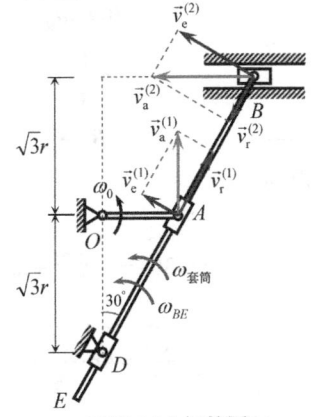

习题 3-26 解答图(a)

由几何关系，得到

$$v_e^{(1)} = \frac{1}{2}v_a^{(1)} = \frac{1}{2}r\omega_0 \Rightarrow v_e^{(1)} = 2r\omega_{套筒} = \frac{1}{2}r\omega_0 \Rightarrow \omega_{套筒} = \frac{1}{4}\omega_0 \Rightarrow \omega_{BE} = \omega_{套筒} = \frac{1}{4}\omega_0 \text{（逆时针）}$$

$$v_r^{(1)} = \frac{\sqrt{3}}{2}v_a^{(1)} = \frac{\sqrt{3}}{2}r\omega_0 \text{（方向如图）}$$

	$\vec{v}_a^{(2)}$	=	$\vec{v}_e^{(2)}$	+	$\vec{v}_r^{(2)}$
大小	v_B ?		$BD\cdot\omega_{套筒}$ $=4r\omega_{套筒}$		?
方向	←		⊥ BD		// BA

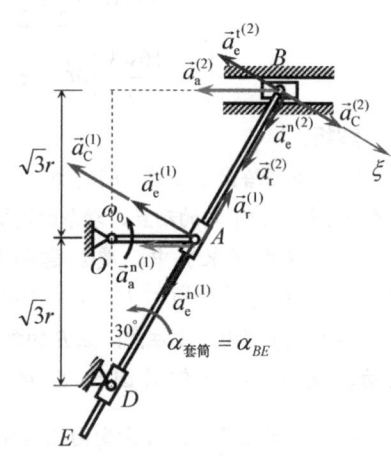

由几何关系，得到

$$v_B = v_a^{(2)} = \frac{v_e^{(2)}}{\cos 30°} = \frac{2\sqrt{3}}{3}r\omega_0 \text{（←）}$$

$$v_r^{(2)} = v_e^{(2)}\tan 30° = \frac{\sqrt{3}}{3}r\omega_0 \text{（方向如图）}$$

（3）加速度分析，如解答图(b)所示。

习题 3-26 解答图(b)

	$\vec{a}_a^{n(1)}$	=	$\vec{a}_e^{(1)}$	+	$\vec{a}_e^{t(1)}$	+	$\vec{a}_r^{(1)}$	+	$\vec{a}_C^{(1)}$
大小	$r\omega_0^2$		$AD\cdot\omega_{套筒}^2$ $=\frac{1}{8}r\omega_0^2$		$AD\cdot\alpha_{套筒}$ $=2r\alpha_{套筒}$?		?		$2\omega_{套筒}v_r^{(1)}$ $=\frac{\sqrt{3}}{4}r\omega_0^2$
方向	←		$A\to D$		⊥ AD		// BD		⊥ AD

沿 ξ 轴投影，得到

$$-a_a^{n(1)}\cos 30° = -a_e^{t(1)} - a_C^{(1)} \Rightarrow r\omega_0^2\cdot\frac{\sqrt{3}}{2} = 2r\alpha_{套筒} + \frac{\sqrt{3}}{4}r\omega_0^2 \Rightarrow$$

$$\alpha_{套筒} = \frac{\sqrt{3}}{8}\omega_0^2 \Rightarrow \alpha_{BE} = \alpha_{套筒} = \frac{\sqrt{3}}{8}\omega_0^2 \text{（逆时针）}$$

	$\vec{a}_a^{(2)}$	=	$\vec{a}_e^{n(2)}$	+	$\vec{a}_e^{t(2)}$	+	$\vec{a}_r^{(2)}$	+	$\vec{a}_C^{(2)}$
大小	a_B ?		$BD\cdot\omega_{套筒}^2$ $=\frac{1}{4}r\omega_0^2$		$BD\cdot\alpha_{套筒}$ $=4r\alpha_{套筒}$		?		$2\omega_{套筒}v_r^{(2)}$ $=\frac{\sqrt{3}}{6}r\omega_0^2$
方向	←		$B\to D$		⊥ BD		// BD		⊥ BD

沿 ξ 轴投影，得到

$$-a_a^{(2)}\cos 30° = -a_e^{t(2)} + a_C^{(2)} \Rightarrow a_B\cdot\frac{\sqrt{3}}{2} = 4r\alpha_{套筒} - \frac{\sqrt{3}}{6}r\omega_0^2 \Rightarrow$$

$$a_B\cdot\frac{\sqrt{3}}{2} = 4r\cdot\frac{\sqrt{3}}{8}\omega_0^2 - \frac{\sqrt{3}}{6}r\omega_0^2 \Rightarrow a_B = \frac{2}{3}r\omega_0^2 \text{（←）}$$

解法二：

(1) 动点与动系的选取。

① 动点 1：杆 BE 上的点 B；动系 1：与套筒 D 固连；

② 动点 2：杆 OA 上的点 A；动系 2：与杆 BE 固连。

(2) 速度分析，如解答图(c)所示。

$$\vec{v}_a^{(1)} = \vec{v}_e^{(1)} + \vec{v}_r^{(1)}$$

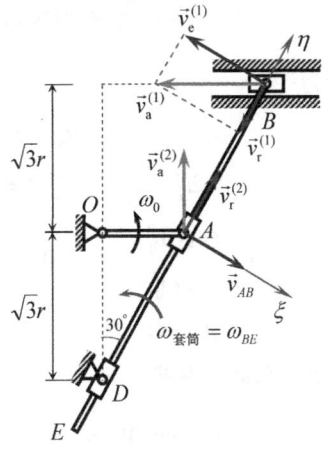

习题 3-26 解答图(c)

大小	v_B？	$BD\cdot\omega_{套筒}$ $=4r\omega_{套筒}$	？
方向	←	$\perp BD$	$//BD$

由几何关系得到 $v_r^{(1)} = \frac{1}{2}v_a^{(1)} = \frac{1}{2}v_B$，

$v_e^{(1)} = \sqrt{3}v_r^{(1)} = \frac{\sqrt{3}}{2}v_B \Rightarrow \omega_{套筒} = \frac{v_e^{(1)}}{BD} = \frac{\sqrt{3}}{8}\frac{v_B}{r}$（逆时针）

$$\vec{v}_a^{(2)} = \vec{v}_e^{(2)} + \vec{v}_r^{(2)} = \vec{v}_B + \vec{v}_{AB} + \vec{v}_r^{(2)}$$

大小	$OA\cdot\omega_0$ $=r\omega_0$		v_B？	$AB\cdot\omega_{BE}$ $=2r\omega_{套筒}$	？
方向	$\perp OA$		←	$\perp AB$	$//AB$

沿 ξ 轴投影，得到

$$-v_a^{(2)}\sin 30° = -v_B\cos 30° + v_{AB} \Rightarrow$$

$$-r\omega_0\cdot\frac{1}{2} = -v_B\cdot\frac{\sqrt{3}}{2} + 2r\omega_{套筒} \Rightarrow -r\omega_0\cdot\frac{1}{2} = -v_B\cdot\frac{\sqrt{3}}{2} + 2r\cdot\frac{\sqrt{3}}{8}\frac{v_B}{r} \Rightarrow v_B = \frac{2\sqrt{3}}{3}r\omega_0 \text{（←）}$$

则

$$\omega_{BE} = \omega_{套筒} = \frac{\sqrt{3}}{8}\frac{v_B}{r} = \frac{1}{4}\omega_0\text{（逆时针）}, \quad v_r^{(1)} = \frac{1}{2}v_B = \frac{\sqrt{3}}{3}r\omega_0\text{（//BD）}$$

沿 η 轴投影，得到

$$v_a^{(2)}\cos 30° = -v_B\sin 30° + v_r^{(2)} \Rightarrow r\omega_0\cdot\frac{\sqrt{3}}{2} = -\frac{2\sqrt{3}}{3}r\omega_0\cdot\frac{1}{2} + v_r^{(2)} \Rightarrow v_r^{(2)} = \frac{5\sqrt{3}}{6}r\omega_0\text{（//AB）}$$

(3) 加速度分析，如解答图(d)所示。

$$\vec{a}_a^{(1)} = \vec{a}_e^{n(1)} + \vec{a}_e^{t(1)} + \vec{a}_r^{(1)} + \vec{a}_C^{(1)}$$

大小	a_B？	$BD\cdot\omega_{套筒}^2$ $=4r\omega_{套筒}^2$	$BD\cdot\alpha_{套筒}$？ $=4r\alpha_{套筒}$	？	$2\omega_{套筒}v_r^{(1)}$
方向	←	$B\to D$	$\perp BD$	$//BD$	$\perp BD$

沿 ξ 轴投影，得到

$$-a_a^{(1)}\cos 30° = -a_e^{t(1)} + a_C^{(1)} \Rightarrow -a_B\cdot\frac{\sqrt{3}}{2} = -4r\alpha_{套筒} + 2\omega_{套筒}v_r^{(1)} \Rightarrow$$

第 3 章 复合运动

$$-a_B \cdot \frac{\sqrt{3}}{2} = -4r\alpha_{套筒} + 2\left(\frac{1}{4}\omega_0\right)\left(\frac{\sqrt{3}}{3}r\omega_0\right) \quad \Rightarrow \quad \alpha_{套筒} = \frac{\sqrt{3}}{8}\frac{a_B}{r} + \frac{\sqrt{3}}{24}\omega_0^2 \quad (1)$$

因为

$$\vec{a}_a^{n(2)} + \vec{a}_a^{t(2)} = \vec{a}_e^{(2)} + \vec{a}_r^{(2)} + \vec{a}_C^{(2)}, \quad \vec{a}_e^{(2)} = \vec{a}_B + \vec{a}_{AB}^n + \vec{a}_{AB}^t$$

	$\vec{a}_a^{n(2)}$	+	$\vec{a}_a^{t(2)}$	=	$\vec{a}_B$	+	$\vec{a}_{AB}^n$	+	$\vec{a}_{AB}^t$	+	$\vec{a}_r^{(2)}$	+	$\vec{a}_C^{(2)}$
大小	$OA \cdot \omega_0^2$ $= r\omega_0^2$		0		a_B?		$AB \cdot \omega_{BE}^2$ $= 2r\omega_{套筒}^2$		$AB \cdot \alpha_{BE}$ $= 2r\alpha_{套筒}$		?		$2\omega_{BE} v_r^{(2)}$ $= 2\omega_{套筒} v_r^{(2)}$
方向	$A \to O$				$\leftarrow$		$A \to B$		$\perp AB$		$// AB$		$\perp AB$

沿 ξ 轴投影，得到

$$-a_a^{n(2)} \cos 30° = -a_B \cos 30° + a_{AB}^t - a_C^{(2)} \quad \Rightarrow$$

$$-r\omega_0^2 \cdot \frac{\sqrt{3}}{2} = -a_B \cdot \frac{\sqrt{3}}{2} + 2r\alpha_{套筒} - 2\omega_{套筒} v_r^{(2)} \quad \Rightarrow$$

$$-r\omega_0^2 \cdot \frac{\sqrt{3}}{2} = -a_B \cdot \frac{\sqrt{3}}{2} + 2r\alpha_{套筒} - 2\left(\frac{1}{4}\omega_0\right)\left(\frac{5\sqrt{3}}{6}r\omega_0\right) \quad \Rightarrow$$

$$\alpha_{BE} = \alpha_{套筒} = \frac{\sqrt{3}}{4}\frac{a_B}{r} - \frac{\sqrt{3}}{24}\omega_0^2 \quad (2)$$

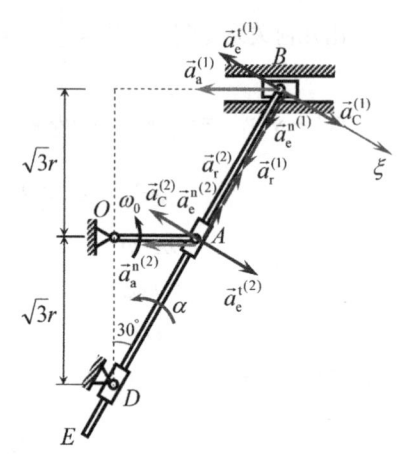

习题 3-26 解答图(d)

联立式（1）和式（2）求解，得到

$$a_B = \frac{2}{3}r\omega_0^2 \quad (\leftarrow), \qquad \alpha_{BE} = \frac{\sqrt{3}}{8}\omega_0^2 \quad (逆时针)$$

解法三：

(1) 动点与动系的选取。

动点：杆 BE 上的点 B；动系1与套筒 D 固连，动系2与套筒 A 固连。

(2) 速度分析，如解答图(e)所示。

$\omega_{BE} = \omega_{套筒A} = \omega_{套筒D}$（逆时针），$\vec{v}_a = \vec{v}_B = \vec{v}_e^{(1)} + \vec{v}_r^{(1)} = \vec{v}_e^{(2)} + \vec{v}_r^{(2)}$，其中 $\vec{v}_e^{(2)} = \vec{v}_A + \vec{v}_{B'A}$

故

	$\vec{v}_a$	=	$\vec{v}_e^{(1)}$	+	$\vec{v}_r^{(1)}$	=	$\vec{v}_A$	+	$\vec{v}_{B'A}$	+	$\vec{v}_r^{(2)}$	(a)
大小	v_B?		$BD \cdot \omega_{BE}$? $= 4r\omega_{BE}$		?		$OA \cdot \omega_0$ $= r\omega_0$		$AB' \cdot \omega_{BE}$? $= 2r\omega_{BE}$		?	
方向	$\leftarrow$		$\perp BD$		$// BE$		$\perp OA$		$\perp B'A$		$// BE$	

将式(a)中的等式 $\vec{v}_e^{(1)} + \vec{v}_r^{(1)} = \vec{v}_A + \vec{v}_{B'A} + \vec{v}_r^{(2)}$ 沿 ξ 轴投影，得到

$$-v_e^{(1)} = -v_A \sin 30° - v_{B'A} \quad \Rightarrow \quad -4r\omega_{BE} = -r\omega_0 \cdot \frac{1}{2} - 2r\omega_{BE} \quad \Rightarrow \quad \omega_{BE} = \frac{1}{4}\omega_0 \quad (逆时针)$$

将式(a)中的等式 $\vec{v}_a = \vec{v}_e^{(1)} + \vec{v}_r^{(1)}$ 沿铅垂向上投影，得到

$$0 = v_e^{(1)} \sin 30° - v_r^{(1)} \cos 30° \quad \Rightarrow \quad 0 = 4r\omega_{BE} \cdot \frac{1}{2} - v_r^{(1)} \cdot \frac{\sqrt{3}}{2} \quad \Rightarrow$$

$$0 = 4r \cdot \frac{1}{4}\omega_0 \cdot \frac{1}{2} - v_r^{(1)} \cdot \frac{\sqrt{3}}{2} \quad \Rightarrow \quad v_r^{(1)} = \frac{\sqrt{3}}{3}r\omega_0 \quad (方向平行于 \overrightarrow{BE})$$

将式(a)中的等式 $\vec{v}_e^{(1)} + \vec{v}_r^{(1)} = \vec{v}_A + \vec{v}_{B'A} + \vec{v}_r^{(2)}$ 沿 η 轴投影，得到

$$-v_r^{(1)} = v_A \cos 30° - v_r^{(2)} \Rightarrow -\frac{\sqrt{3}}{3}r\omega_0 = r\omega_0 \cdot \frac{\sqrt{3}}{2} - v_r^{(2)} \Rightarrow v_r^{(2)} = \frac{5\sqrt{3}}{6}r\omega_0 \ (//\overrightarrow{BE})$$

将式(a)中的等式 $\vec{v}_a = \vec{v}_e^{(1)} + \vec{v}_r^{(1)}$ 沿 ξ 轴投影，得到

$$-v_a \cos 30° = -v_e^{(1)} \Rightarrow -v_B \cdot \frac{\sqrt{3}}{2} = -4r\omega_{BE} \Rightarrow v_B \cdot \frac{\sqrt{3}}{2} = 4r \cdot \frac{1}{4}\omega_0 \Rightarrow v_B = \frac{2\sqrt{3}}{3}r\omega_0 \ (\leftarrow)$$

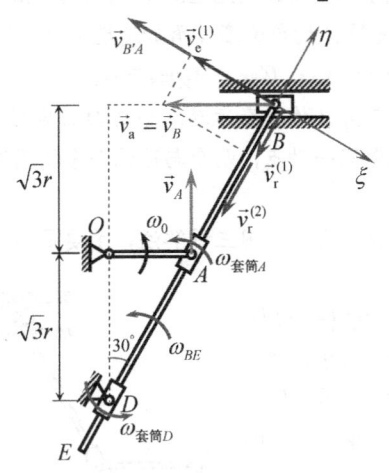

习题 3-26 解答图(e)　　　　　习题 3-26 解答图(f)

（3）加速度分析，如解答图(f)所示，因为 $\alpha_{BE} = \alpha_{套筒A} = \alpha_{套筒D}$（假设都为逆时针转向），

$\vec{a}_a = \vec{a}_B = \vec{a}_e^{n(1)} + \vec{a}_e^{t(1)} + \vec{a}_r^{(1)} + \vec{a}_C^{(1)} = \vec{a}_e^{(2)} + \vec{a}_r^{(2)} + \vec{a}_C^{(2)}$，其中 $\vec{a}_e^{(2)} = \vec{a}_{B'} = \vec{a}_A^n + \vec{a}_{B'A}^n + \vec{a}_{B'A}^t$

所以

$$\vec{a}_a = \vec{a}_e^{n(1)} + \vec{a}_e^{t(1)} + \vec{a}_r^{(1)} + \vec{a}_C^{(1)} = \vec{a}_A^n + \vec{a}_{B'A}^n + \vec{a}_{B'A}^t + \vec{a}_r^{(2)} + \vec{a}_C^{(2)} \quad \text{(b)}$$

其中　　$a_a = a_B = ?\ (\leftarrow)$，$\quad a_e^{n(1)} = BD \cdot \omega_{BE}^2 = 4r \cdot \left(\frac{1}{4}\omega_0\right)^2 = \frac{1}{4}r\omega_0^2\ (B \to D)$

$$a_e^{t(1)} = BD \cdot \alpha_{BE} = 4r\alpha_{BE} = ?\ (\perp BD)\ ,\quad a_r^{(1)} = ?\ (//BD)$$

$$a_C^{(1)} = 2\omega_D v_r^{(1)} = 2\omega_{BE} v_r^{(1)} = 2 \cdot \frac{1}{4}\omega_0 \cdot \frac{\sqrt{3}}{3}r\omega_0 = \frac{\sqrt{3}}{6}r\omega_0^2\ (\perp BD),\quad a_A^n = r\omega_0^2\ (A \to O)$$

$$a_{B'A}^n = AB' \cdot \omega_A^2 = AB' \cdot \omega_{BE}^2 = 2r \cdot \left(\frac{1}{4}\omega_0\right)^2 = \frac{1}{8}r\omega_0^2\ (B' \to A)$$

$$a_{B'A}^t = AB' \cdot \alpha_A = AB' \cdot \alpha_{BE} = 2r\alpha_{BE} = ?\ (\perp B'A)\ ,\quad a_r^{(2)} = ?\ (//BE)$$

$$a_C^{(2)} = 2\omega_A v_r^{(2)} = 2\omega_{BE} v_r^{(2)} = 2 \cdot \frac{1}{4}\omega_0 \cdot \frac{5\sqrt{3}}{6}r\omega_0 = \frac{5\sqrt{3}}{12}r\omega_0^2\ (\perp BD)$$

将式(b)中的第二个等式沿 ξ 轴投影，得到

$$-a_e^{t(1)} + a_C^{(1)} = -a_A^n \cos 30° - a_{B'A}^t + a_C^{(2)} \Rightarrow$$

$$-4r\alpha_{BE} + \frac{\sqrt{3}}{6}r\omega_0^2 = -r\omega_0^2 \cdot \frac{\sqrt{3}}{2} - 2r\alpha_{BE} + \frac{5\sqrt{3}}{12}r\omega_0^2 \Rightarrow \alpha_{BE} = \frac{\sqrt{3}}{8}\omega_0^2\ （逆时针）$$

将式(b)中的第一个等式沿 ξ 轴投影，得到

$$-a_B\cos 30° = -a_e^{t(1)} + a_C^{(1)} \Rightarrow -a_B \cdot \frac{\sqrt{3}}{2} = -4r\alpha_{BE} + \frac{\sqrt{3}}{6}r\omega_0^2 \Rightarrow$$

$$-a_B \cdot \frac{\sqrt{3}}{2} = -4r \cdot \frac{\sqrt{3}}{8}\omega_0^2 + \frac{\sqrt{3}}{6}r\omega_0^2 \Rightarrow a_B = \frac{2}{3}r\omega_0^2 \ (\leftarrow)$$

解析：

（1）本题所给出的是单自由度系统。由于套筒 A 和套筒 D 都套在杆 BE 上，使得杆 BE 相对于两个套筒均作直线平移，所以杆 BE 的角速度（角加速度）、套筒 A 的角速度（角加速度）和套筒 D 的角速度（角加速度）大小相等、转向相同，即 $\omega_{BE} = \omega_{套筒A} = \omega_{套筒D}$，$\alpha_{BE} = \alpha_{套筒A} = \alpha_{套筒D}$。

（2）由于平面运动的杆 BE 上套有两个套筒 A 和 D，且套筒 A 作平面运动，套筒 D 作定轴转动，杆 BE 相对于套筒 A 和套筒 D 均作直线平移，所以解法三选取同一动点，两个与这两个套筒固连的动系，进行了分析并求解。

（3）在本题的三种解法中，解法一最简单，解法三最复杂，之所以用三种解法，主要是为了帮助读者正确理解各项速度和各项加速度的正确写法。

3-27 在图示平面机构中，套筒 A 与绕轴 O 作逆时针转动的杆 OA 铰接，杆 BE 穿过套筒在其两端分别与杆 BD 和滑块 E 铰接，$OA = r$，$BD = 2r$，$BE = 4r$，且 ω_0 为常数，试求图示位置（OA、BD 处于水平位置，D、E 两点连线为铅垂直线，套筒 A 位于杆 BE 的中点处）杆 BD 的角速度和角加速度及滑块 E 沿水平滑道运动的速度和加速度。

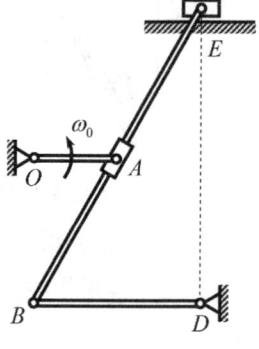

习题 3-27 图

解法一：

（1）动点与动系的选取。

动点：杆 OA（或套筒 A）上的点 A；动系：与杆 BE 固连。

（2）速度分析，如解答图(a)所示。

杆 BE 作平面运动，其速度瞬心为点 D，则 $v_e = AD \cdot \omega_{BE}$。

	$\vec{v}_a$	=	$\vec{v}_e$	+	$\vec{v}_r$
大小	$OA \cdot \omega_0$ $= r\omega_0$		$AD \cdot \omega_{BE}$ $= 2r\omega_{BE}$		?
方向	$\perp OA$		$\perp AD$		$//BE$

由几何关系，得到

$$v_e = v_a = r\omega_0 \Rightarrow \omega_{BE} = \frac{v_e}{AD} = \frac{r\omega_0}{2r} = \frac{1}{2}\omega_0 \text{（逆时针）}$$

对于杆 BE：$v_B = BD \cdot \omega_{BE}$；对于杆 BD：$v_B = BD \cdot \omega_{BD}$，所以

$$\omega_{BD} = \omega_{BE} = \frac{1}{2}\omega_0 \text{（逆时针）}$$

对于杆 BE：$v_E = DE \cdot \omega_{BE} = 2\sqrt{3}r \cdot \frac{1}{2}\omega_0 = \sqrt{3}r\omega_0$（←），$v_r = \sqrt{3}v_a = \sqrt{3}r\omega_0$（//$BE$）

（3）加速度分析，如解答图(b)所示。

	$\vec{a}_E$	=	$\vec{a}_B^n$	+	$\vec{a}_B^t$	+	$\vec{a}_{EB}^n$	+	$\vec{a}_{EB}^t$
大小	?		$BD \cdot \omega_{BD}^2$ $= 2r\omega_{BD}^2$		$BD \cdot \alpha_{BD}$ $= 2r\alpha_{BD}$?		$BE \cdot \omega_{BE}^2$ $= 4r\omega_{BE}^2$		$BE \cdot \alpha_{BE}$ $= 4r\alpha_{BE}$?
方向	←		$B \to D$		$\perp BD$		$E \to B$		$\perp BE$

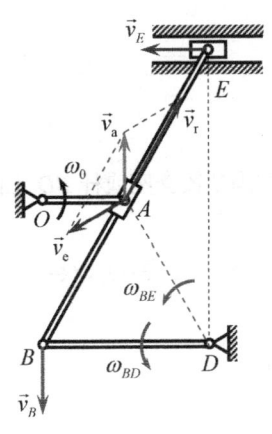
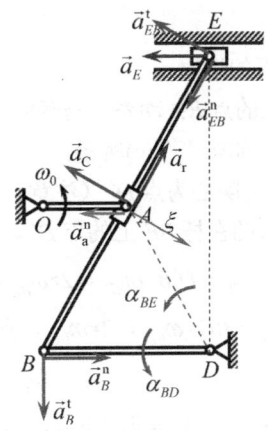

习题 3-27 解答图(a)　　　　　习题 3-27 解答图(b)

沿 $\overrightarrow{BE}$ 方向投影，得到

$$-a_E \cos 60° = a_B^n \cos 60° - a_B^t \sin 60° - a_{EB}^n \quad \Rightarrow$$

$$-a_E \cdot \frac{1}{2} = 2r\omega_{BD}^2 \cdot \frac{1}{2} - 2r\alpha_{BD} \cdot \frac{\sqrt{3}}{2} - 4r\omega_{BE}^2 \quad \Rightarrow$$

$$-a_E \cdot \frac{1}{2} = 2r\left(\frac{1}{2}\omega_0\right)^2 \cdot \frac{1}{2} - 2r\alpha_{BD} \cdot \frac{\sqrt{3}}{2} - 4r\left(\frac{1}{2}\omega_0\right)^2 \quad \Rightarrow$$

$$a_E = \frac{3}{2}r\omega_0^2 + 2\sqrt{3}r\alpha_{BD} \tag{1}$$

因为

$$\vec{a}_a^n + \vec{a}_a^t = \vec{a}_e + \vec{a}_r + \vec{a}_C, \quad \vec{a}_e = \frac{1}{2}(\vec{a}_B^n + \vec{a}_B^t + \vec{a}_E)$$

所以

	$\vec{a}_a^n$	$+$	$\vec{a}_a^t$	$=$	$\frac{1}{2}\vec{a}_B^n$	$+$	$\frac{1}{2}\vec{a}_B^t$	$+$	$\frac{1}{2}\vec{a}_E$	$+$	$\vec{a}_r$	$+$	$\vec{a}_C$
大小	$OA \cdot \omega_0^2$ $=r\omega_0^2$		0		$\frac{1}{2}BD \cdot \omega_{BD}^2$ $=r\omega_{BD}^2$		$\frac{1}{2}BD \cdot \alpha_{BD}$ $=r\alpha_{BD}$	?	$\frac{1}{2}a_E$?		?		$2\omega_{BE}v_r$
方向	$A \to O$				$B \to D$		$\perp BD$		$\leftarrow$		$//AE$		$\perp AE$

沿 ξ 轴投影，得到

$$-a_a^n \sin 60° = \frac{1}{2}a_B^n \sin 60° + \frac{1}{2}a_B^t \cos 60° - \frac{1}{2}a_E \sin 60° - a_C \quad \Rightarrow$$

$$-r\omega_0^2 \cdot \frac{\sqrt{3}}{2} = \frac{1}{2} \cdot 2r\omega_{BD}^2 \cdot \frac{\sqrt{3}}{2} + \frac{1}{2} \cdot 2r\alpha_{BD} \cdot \frac{1}{2} - \frac{1}{2}a_E \cdot \frac{\sqrt{3}}{2} - 2\omega_{BE}v_r \quad \Rightarrow$$

$$a_E = \frac{2\sqrt{3}}{3}r\alpha_{BD} - \frac{3}{2}r\omega_0^2 \tag{2}$$

联立式（1）和式（2）求解，得到

$\alpha_{BD} = -\dfrac{3\sqrt{3}}{4}\omega_0^2$（负号表示其真实转向与图示相反），$a_E = -3r\omega_0^2$（负号表示其真实方向与图示相反）

第 3 章 复合运动 ▶ 73

解法二:

(1) 动点与动系的选取。

动点:杆 BE 上的点 E;动系:与套筒 A 固连。

(2) 速度分析,如解答图(c)所示。

对于杆 BE:速度瞬心为点 D'(注意:该速度瞬心并非固定铰支座或杆 BD 上的点 D,而是与点 D 占据空间位置重合的在杆 BE 上的点 D'。)

$$v_B = D'B \cdot \omega_{BE} = 2r\omega_{BE} \ (\downarrow), \quad v_E = D'E \cdot \omega_{BE} = 2\sqrt{3}r\omega_{BE} \ (\leftarrow)$$

对于杆 BD: $v_B = BD \cdot \omega_{BD} = 2r\omega_{BD}$,所以

$$\omega_{BE} = \omega_{BD} \ (\text{逆时针})$$

又因为 $\vec{v}_a = \vec{v}_e + \vec{v}_r \quad \vec{v}_e = \vec{v}_A + \vec{v}_{E'A}$,所以

	$\vec{v}_a$	=	$\vec{v}_A$	+	$\vec{v}_{E'A}$	+	$\vec{v}_r$
大小	$v_E = 2\sqrt{3}r\omega_{BE}$?		$r\omega_0$		$AE \cdot \omega_{BE} = 2r\omega_{BE}$?		?
方向	$\leftarrow$		$\uparrow$		$\perp AE$		$// EA$

沿 ξ 轴投影,得到

$$v_a \cos 30° = -v_A \sin 30° - v_{E'A} \quad \Rightarrow$$

$$-2\sqrt{3}r\omega_{BE} \cdot \frac{\sqrt{3}}{2} = -r\omega_0 \cdot \frac{1}{2} - 2r\omega_{BE} \quad \Rightarrow \quad \omega_{BE} = \omega_{BD} = \frac{1}{2}\omega_0 \ (\text{逆时针})$$

沿 $\overrightarrow{EB}$ 方向投影,得到

$$v_a \sin 30° = -v_A \cos 30° + v_r \quad \Rightarrow$$

$$2\sqrt{3}r\omega_{BE} \cdot \frac{1}{2} = -r\omega_0 \cdot \frac{\sqrt{3}}{2} + v_r \quad \Rightarrow \quad 2\sqrt{3}r \cdot \frac{1}{2}\omega_0 \cdot \frac{1}{2} = -r\omega_0 \cdot \frac{\sqrt{3}}{2} + v_r \quad \Rightarrow$$

$v_r = \sqrt{3}r\omega_0$ (方向如图 $//\overrightarrow{EB}$),则 $v_E = 2\sqrt{3}r\omega_{BE} = \sqrt{3}r\omega_0 \ (\leftarrow)$

(3) 加速度分析,如解答图(d)所示。

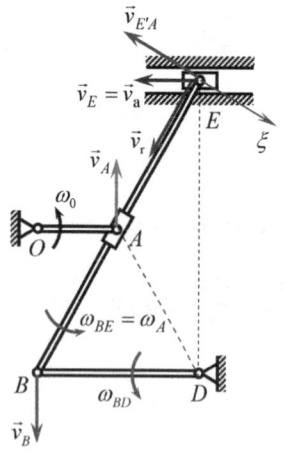
习题 3-27 解答图(c)

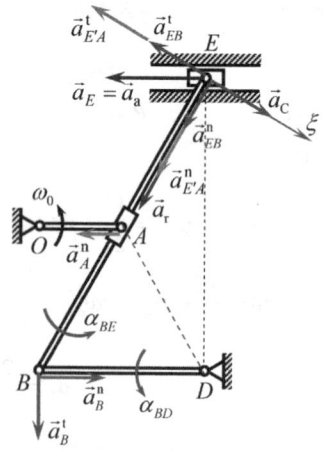
习题 3-27 解答图(d)

对于杆 BE：

	$\vec{a}_E$	=	$\vec{a}_B^n$	+	$\vec{a}_B^t$	+	$\vec{a}_{EB}^n$	+	$\vec{a}_{EB}^t$
大小	?		$BD \cdot \omega_{BD}^2$ $= \frac{1}{2}r\omega_0^2$		$BD \cdot \alpha_{BD}$ $= 2r\alpha_{BD}$?		$BE \cdot \omega_{BE}^2$ $= r\omega_0^2$		$BE \cdot \alpha_{BE}$ $= 4r\alpha_{BE}$?
方向	←		→		↓		$E \to B$		$\perp BE$

沿 $\overrightarrow{EB}$ 方向投影，得到

$$a_E \sin 30° = -a_B^n \sin 30° + a_B^t \cos 30° + a_{EB}^n \quad \Rightarrow$$

$$a_E \cdot \frac{1}{2} = -\frac{1}{2}r\omega_0^2 \cdot \frac{1}{2} + 2r\alpha_{BD} \cdot \frac{\sqrt{3}}{2} + r\omega_0^2 \quad \Rightarrow \quad a_E = \frac{3}{2}r\omega_0^2 + 2\sqrt{3}r\alpha_{BD} \tag{1}$$

沿铅垂向上投影，得到

$$0 = -a_B^t - a_{EB}^n \cos 30° + a_{EB}^t \sin 30° \quad \Rightarrow$$

$$0 = -2r\alpha_{BD} - r\omega_0^2 \cdot \frac{\sqrt{3}}{2} + 4r\alpha_{BE} \cdot \frac{1}{2} \quad \Rightarrow \quad \alpha_{BE} - \alpha_{BD} = \frac{\sqrt{3}}{4}\omega_0^2 \tag{2}$$

对于动点，又有

$$\vec{a}_a = \vec{a}_e + \vec{a}_r + \vec{a}_C, \quad \vec{a}_e = \vec{a}_A^n + \vec{a}_{E'A}^n + \vec{a}_{E'A}^t$$

所以

	$\vec{a}_a$	=	$\vec{a}_A^n$	+	$\vec{a}_{E'A}^n$	+	$\vec{a}_{E'A}^t$	+	$\vec{a}_r$	+	$\vec{a}_C$
大小	a_E ?		$r\omega_0^2$		$E'A \cdot \omega_{BE}^2$ $= \frac{1}{2}r\omega_0^2$		$E'A \cdot \alpha_{BE}$ $= 2r\alpha_{BE}$?		?		$2\omega_{BE}v_r$ $= \sqrt{3}r\omega_0^2$
方向	←		←		$E' \to A$		$\perp E'A$		$//EB$		$\perp BE$

沿 ξ 轴投影，得到

$$-a_a \cos 30° = -a_A^n \cos 30° - a_{E'A}^t + a_C \quad \Rightarrow$$

$$-a_E \cdot \frac{\sqrt{3}}{2} = -r\omega_0^2 \cdot \frac{\sqrt{3}}{2} - 2r\alpha_{BE} + \sqrt{3}r\omega_0^2 \quad \Rightarrow \quad a_E = \frac{4\sqrt{3}}{3}r\alpha_{BE} - r\omega_0^2 \tag{3}$$

联立式（1）、式（2）、式（3）求解，得到

$$\alpha_{BD} = -\frac{3\sqrt{3}}{4}\omega_0^2, \quad a_E = -3r\omega_0^2 \quad \text{（负号表示其真实转向与图示相反）}$$

解析：

（1）本题解答给出了两种不同的选取动点、动系的解法，从求解中可以看出解法一要比解法二简单，由此可见，选取不同的动点、动系虽然都能将问题求解，却有简单和麻烦的区别，最好是通过解题掌握更简单的解法。但是，无论选取何种动点、动系都不能违背"选取动点、动系的两个原则"。

（2）求解中要注意利用杆 BE 和套筒 A 的角速度及角加速度大小相等、转向相同的性质，即 $\omega_{BE} = \omega_{套筒A}$，$\alpha_{BE} = \alpha_{套筒A}$。

（3）欲求解杆 BE 和杆 BD 的角速度（角加速度），不仅要利用动点的"速度合成定理"（"加速度合成定理"），而且还要借助杆 BE 上的点 B 和点 E 的"两点速度关系（速度瞬心法）"（"两点的加速度关系"），即 $\begin{cases} \vec{v}_a = \vec{v}_e + \vec{v}_r \\ \vec{v}_E = \vec{v}_B + \vec{v}_{EB} \end{cases}$ （$\begin{cases} \vec{a}_a = \vec{a}_e + \vec{a}_r + \vec{a}_C \\ \vec{a}_E = \vec{a}_B^n + \vec{a}_B^t + \vec{a}_{EB}^n + \vec{a}_{EB}^t \end{cases}$）联合求解。

（4）曲柄 OA 的转动带动套筒 A 在杆 BE 上滑动而产生相对运动（复合运动），与曲柄 BD-连杆 BE-滑块 E 机构的运动学约束关系是相互独立的。也就是说，如果将曲柄 OA 和套筒 A 在机构中去掉，并不影响剩余部分，即曲柄 BD-连杆 BE-滑块 E 机构的运动学约束关系。

3-28 图示系统处于同一铅垂平面内，$O_1A = 2r$，$O_2B = r$，半圆板的半径为 r，杆 O_1A 以匀角速度 ω_0 绕轴 O_1 作顺时针转动。在图示位置，$O_1A // O_2B$，试求该位置半圆板的角速度和角加速度以及杆 DE 沿水平滑道运动的速度和加速度。

解法一：

（1）动点与动系的选取。

动点：杆 DE 上的点 D；动系：与半圆板固连。

（2）速度分析，如解答图(a)所示。

对于半圆板：半圆板作瞬时平移，$\omega_{圆板} = 0$，$v_B = v_A = 2r\omega_0$，故

$$\omega_{O_2B} = \frac{v_B}{O_2B} = \frac{2r\omega_0}{r} = 2\omega_0 \quad (\text{顺时针})$$

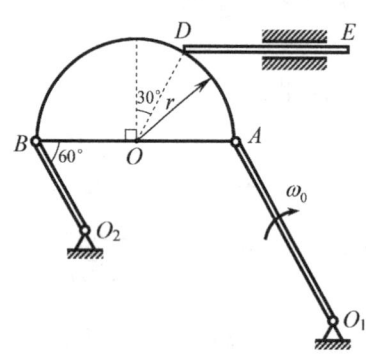

习题 3-28 图

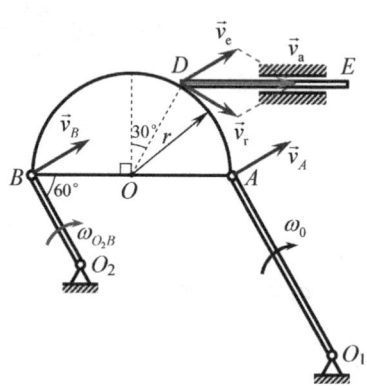

习题 3-28 解答图(a)

对于动点：

$$\vec{v}_a = \vec{v}_e + \vec{v}_r$$

大小	v_D ?	$v_A = 2r\omega_0$	?
方向	→	⊥ O_1A	⊥ OD

由几何关系，得到

$$v_D = v_a = \sqrt{3} v_e = \sqrt{3} \cdot 2r\omega_0 = 2\sqrt{3} r\omega_0 \quad (\rightarrow)$$

$$v_r = v_e = v_A = 2r\omega_0 \quad (\perp OD)$$

（3）加速度分析，如解答图(b)所示。

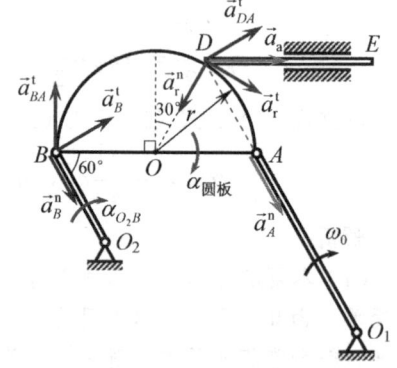

习题 3-28 解答图(b)

$$\vec{a}_B^n + \vec{a}_B^t = \vec{a}_A^n + \vec{a}_A^t + \vec{a}_{BA}^n + \vec{a}_{BA}^t$$

大小	$O_2B \cdot \omega_{O_2B}^2$ $= r\omega_{O_2B}^2$	$O_2B \cdot \alpha_{O_2B}$? $= r\alpha_{O_2B}$	$O_1A \cdot \omega_0^2$ $= 2r\omega_0^2$	0	$AB \cdot \omega_{圆板}^2$ $= 0$	$AB \cdot \alpha_{圆板}$? $= 2r\alpha_{圆板}$
方向	$B \rightarrow O_2$	⊥ O_2B	$A \rightarrow O_1$			⊥ BA

沿 $\overrightarrow{O_2B}$ 方向投影，得到

$$-a_B^n = -a_A^n + a_{BA}^t \sin 60° \quad \Rightarrow \quad -r\omega_{O_2B}^2 = -2r\omega_0^2 + 2r\alpha_{圆板} \cdot \frac{\sqrt{3}}{2} \quad \Rightarrow$$

$$-r(2\omega_0)^2 = -2r\omega_0^2 + 2r\alpha_{圆板} \cdot \frac{\sqrt{3}}{2} \quad \Rightarrow \quad \alpha_{圆板} = -\frac{2\sqrt{3}}{3}\omega_0^2 \text{（负号表示其真实转向与图示相反）}$$

因为
$$\vec{a}_a = \vec{a}_e + \vec{a}_r^n + \vec{a}_r^t + \vec{a}_C, \quad \vec{a}_e = \vec{a}_A^n + \vec{a}_A^t + \vec{a}_{DA}^n + \vec{a}_{DA}^t$$

所以

	$\vec{a}_a$	=	$\vec{a}_A^n$	+	$\vec{a}_A^t$	+	$\vec{a}_{DA}^n$	+	$\vec{a}_{DA}^t$	+	$\vec{a}_r^n$	+	$\vec{a}_r^t$	+	$\vec{a}_C$
大小	a_D?		$2r\omega_0^2$		0		$DA\cdot\omega_{圆板}^2$ $=0$		$DA\cdot\alpha_{圆板}$ $=r\alpha_{圆板}$?		$\dfrac{v_r^2}{r}$		?		$2\omega_{圆板}v_r$ $=0$
方向	→		$A\to O_1$						$\perp DA$		$D\to O$		$\perp OD$		

沿 $\overrightarrow{OD}$ 方向投影，得到

$$a_a \cos 60° = -a_A^n \cos 60° + a_{DA}^t \sin 60° - a_r^n \quad \Rightarrow$$

$$a_D \cdot \frac{1}{2} = -2r\omega_0^2 \cdot \frac{1}{2} + r\alpha_{圆板} \cdot \frac{\sqrt{3}}{2} - \frac{v_r^2}{r} \quad \Rightarrow \quad a_D = -12r\omega_0^2 \text{（负号表示其真实方向与图示相反）}$$

解法二：

（1）动点与动系的选取。

动点：半圆板上的点 O；动系：与杆 DE 固连。

（2）速度分析，如解答图(c)所示。

对于半圆板：半圆板作瞬时平移，$\omega_{圆板}=0$，$v_B = v_A = v_O = 2r\omega_0$，故

$$\omega_{O_2B} = \frac{v_B}{O_2B} = \frac{2r\omega_0}{r} = 2\omega_0 \text{（顺时针）}$$

对于动点：

	$\vec{v}_a$	=	$\vec{v}_e$	+	$\vec{v}_r$
大小	$v_O = 2r\omega_0$		v_D?		?
方向	$\perp O_1 A$		→		$\perp OD$

由几何关系，得到

$$v_D = v_e = \sqrt{3}\cdot v_a = \sqrt{3}\cdot 2r\omega_0 = 2\sqrt{3}r\omega_0 \text{（→）}, \quad v_r = v_a = v_O = 2r\omega_0 \text{（$\perp OD$）}$$

（3）加速度分析，如解答图(d)所示。

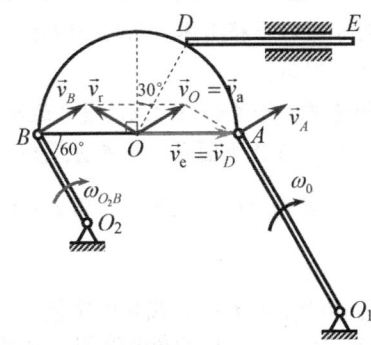

习题 3-28 解答图(c)

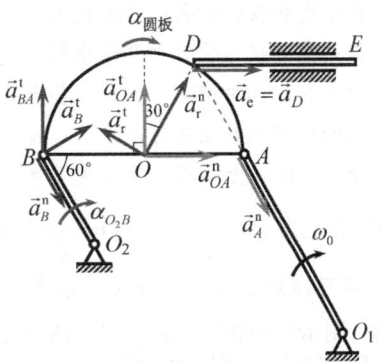

习题 3-28 解答图(d)

对于半圆板：

$$\vec{a}_B^n + \vec{a}_B^t = \vec{a}_A^n + \vec{a}_A^t + \vec{a}_{BA}^n + \vec{a}_{BA}^t$$

大小	$O_2B \cdot \omega_{O_2B}^2$ $= r\omega_{O_2B}^2$	$O_2B \cdot \alpha_{O_2B}$? $= r\alpha_{O_2B}$	$O_1A \cdot \omega_0^2$ $= 2r\omega_0^2$	0	$AB \cdot \omega_{圆板}^2$ $= 0$	$AB \cdot \alpha_{圆板}$? $= 2r\alpha_{圆板}$
方向	$B \to O_2$	$\perp O_2B$	$A \to O_1$			$\perp BA$

沿 $\overrightarrow{O_2B}$ 方向投影得到

$$-a_B^n = -a_A^n + a_{BA}^t \sin 60° \Rightarrow -r\omega_{O_2B}^2 = -2r\omega_0^2 + 2r\alpha_{圆板} \cdot \frac{\sqrt{3}}{2} \Rightarrow$$

$$-r(2\omega_0)^2 = -2r\omega_0^2 + 2r\alpha_{圆板} \cdot \frac{\sqrt{3}}{2} \Rightarrow \alpha_{圆板} = -\frac{2\sqrt{3}}{3}\omega_0^2 \text{（负号表示其真实转向与图示相反）}$$

对于动点：因为

$$\vec{a}_a = \vec{a}_e + \vec{a}_r^n + \vec{a}_r^t + \vec{a}_C, \quad \vec{a}_a = \vec{a}_O = \vec{a}_A^n + \vec{a}_{OA}^n + \vec{a}_{OA}^t$$

所以

$$\vec{a}_A^n + \vec{a}_{OA}^n + \vec{a}_{OA}^t = \vec{a}_e + \vec{a}_r^n + \vec{a}_r^t + \vec{a}_C$$

大小	$O_1A \cdot \omega_0^2$ $= 2r\omega_0^2$	$OA \cdot \omega_{圆板}^2$ $= 0$	$OA \cdot \alpha_{圆板}$ $= r\alpha_{圆板}$	a_D ?	$\dfrac{v_r^2}{r}$	?	$2\omega_{圆板}v_r$ $= 0$
方向	$A \to O_1$		$\perp OA$	$\to$	$O \to D$	$\perp OD$	

沿 $\overrightarrow{OD}$ 方向投影，得到

$$-a_A^n \cos 60° + a_{OA}^t \sin 60° = a_e \cos 60° + a_r^n \Rightarrow$$

$$-2r\omega_0^2 \cdot \frac{1}{2} + r\alpha_{圆板} \cdot \frac{\sqrt{3}}{2} = a_D \cdot \frac{1}{2} + \frac{v_r^2}{r} \Rightarrow -2r\omega_0^2 \cdot \frac{1}{2} + r\left(-\frac{2\sqrt{3}}{3}\omega_0^2\right) \cdot \frac{\sqrt{3}}{2} = a_D \cdot \frac{1}{2} + \frac{(2r\omega_0)^2}{r} \Rightarrow$$

$$a_D = -12r\omega_0^2 \text{（负号表示其真实方向与图示相反）}$$

解析：

（1）本题给出了两种选取不同动点、动系的解法，两种解法所选取的动点、动系中的相对运动的轨迹都为已知的圆周曲线，遵守了"选取动点、动系的两个原则"。不能选取"半圆板上的点 D 为动点，动系与杆 DE 固连"，因为这样选取动点、动系的相对运动轨迹为未知的曲线，在加速度分析中相对法向加速度和相对切向加速度的大小均为未知量，由此造成加速度分析时未知量过多而无法求解。

（2）识别半圆板为瞬时平移是求解问题的关键。注意，对于瞬时平移刚体，在同一瞬时，其上各点的速度的大小和方向相同，但其上各点的加速度的大小和方向不同。

（3）从两种不同解法中可以看出，欲求杆 DE 的速度和加速度，除了利用"点的复合运动"外，还必须借助于半圆板上两点的加速度关系。对于解法二，由于圆心 O 为半圆盘上两点 A、B 连线的中点，所以可以利用 $\vec{a}_O = \dfrac{1}{2}(\vec{a}_A + \vec{a}_B) = \dfrac{1}{2}(\vec{a}_A^n + \vec{a}_B^n + \vec{a}_B^t)$，这样将 A、B 两点的加速度关系沿 $\overrightarrow{BA}$ 方向投影求出 a_B^t，即可得到 $\vec{a}_O$，这时不需要求半圆盘的角加速度。

3-29 图示为由曲柄 OA、齿条 AB 和齿轮 D 所组成的平面机构，$OA = r$，齿轮的半径也为 r，曲柄 OA 以匀角速度 ω_0 绕轴 O 作顺时针转动，试求图示瞬时齿条 AB、齿轮 D 的角速度和角加速度。

解法一："点的复合运动"方法
(1) 动点与动系的选取。
动点：齿轮 D 的中心点 D；动系：与齿条 AB 固连。
(2) 速度分析，如解答图(a)所示。

方法一：两点的速度关系
$\vec{v}_a = \vec{v}_e + \vec{v}_r$，$\vec{v}_e = \vec{v}_{D'} = \vec{v}_A + \vec{v}_{D'A}$，$v_r = r\omega_r = r(\omega_D + \omega_{AB})$（齿轮相对于齿条作纯滚动，又由"刚体的复合运动"知识 $\vec{\omega}_a = \vec{\omega}_e + \vec{\omega}_r$ 得知）。

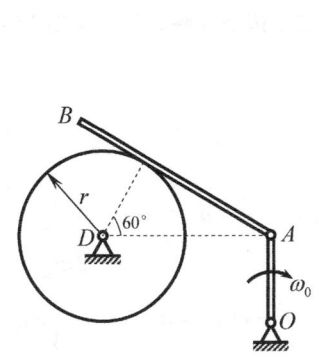

习题 3-29 图

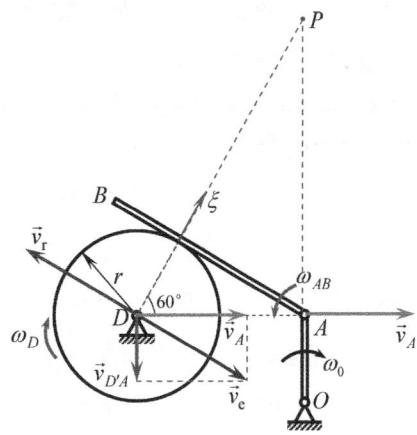

习题 3-29 解答图(a)

由速度合成定理，得到

$$\vec{v}_a = \vec{v}_e + \vec{v}_r = \vec{v}_A + \vec{v}_{D'A} + \vec{v}_r$$

大小	0	$OA \cdot \omega_0$ $= r\omega_0$	$AD' \cdot \omega_{AB}$ $= 2r\omega_{AB}$	$r\omega_r$ $= r(\omega_D + \omega_{AB})$
方向		→	⊥ AD'	// AB

沿 ξ 轴投影，得到

$$0 = v_A \cos 60° - v_{D'A} \sin 60° \Rightarrow 0 = r\omega_0 \cdot \frac{1}{2} - 2r\omega_{AB} \cdot \frac{\sqrt{3}}{2} \Rightarrow \omega_{AB} = \frac{\sqrt{3}}{6}\omega_0 \text{（逆时针）}$$

沿水平向右投影，得到

$$0 = v_A - v_r \cos 30° \Rightarrow v_r = \frac{2}{\sqrt{3}} v_A = \frac{2\sqrt{3}}{3} r\omega_0 \Rightarrow$$

$$r(\omega_D + \omega_{AB}) = \frac{2\sqrt{3}}{3} r\omega_0 \Rightarrow r\left(\omega_D + \frac{\sqrt{3}}{6}\omega_0\right) = \frac{2\sqrt{3}}{3} r\omega_0 \Rightarrow \omega_D = \frac{\sqrt{3}}{2}\omega_0 \text{（顺时针）}$$

方法二：速度瞬心法
因为 $\vec{v}_a = \vec{v}_e + \vec{v}_r = 0$，所以 $\vec{v}_{D'} = \vec{v}_e = -\vec{v}_r$，可见齿条 AB 的延拓部分上的点 D' 的速度与相对速度大小相等、方向相反，由此可知齿条 AB 的速度瞬心为点 P（如解答图(a)所示）。

由速度瞬心法，得到

$$\omega_{AB} = \frac{v_A}{PA} = \frac{r\omega_0}{2\sqrt{3}r} = \frac{\sqrt{3}}{6}\omega_0 \text{（逆时针）},$$

$$v_{D'} = v_e = PD' \cdot \omega_{AB} = 4r \cdot \frac{\sqrt{3}}{6}\omega_0 = \frac{2\sqrt{3}}{3}r\omega_0 \text{（方向如图）},$$

$$v_r = v_e = \frac{2\sqrt{3}}{3}r\omega_0 \text{（方向如图）}$$

又因为 $v_r = r\omega_r = r(\omega_D + \omega_{AB}) \Rightarrow \omega_D = \frac{\sqrt{3}}{2}\omega_0$（顺时针）。

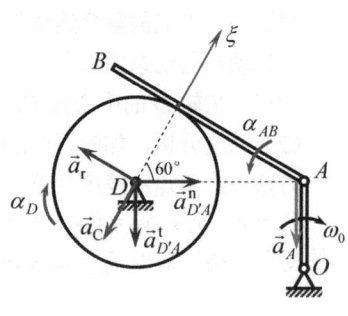

习题 3-29 解答图(b)

(3) 加速度分析，如解答图(b)所示。

因为 $\vec{a}_a = \vec{a}_e + \vec{a}_r + \vec{a}_C$，$\vec{a}_e = \vec{a}_{D'} = \vec{a}_A + \vec{a}_{D'A}^n + \vec{a}_{D'A}^t$，齿轮相对于齿条作纯滚动，又由"刚体的复合运动"知识 $\vec{\alpha}_a = \vec{\alpha}_e + \vec{\alpha}_r$ 得知

$$a_r = r\alpha_r = r(\alpha_D + \alpha_{AB})$$

所以

	$\vec{a}_a$	=	$\vec{a}_A$	+	$\vec{a}_{D'A}^n$	+	$\vec{a}_{D'A}^t$	+	$\vec{a}_r$	+	$\vec{a}_C$
大小	0		$OA \cdot \omega_0^2$ $= r\omega_0^2$		$AD' \cdot \omega_{AB}^2$ $= 2r\omega_{AB}^2$		$AD' \cdot \alpha_{AB}$ $= 2r\alpha_{AB}$		$r\alpha_r$ $= r(\alpha_D+\alpha_{AB})$		$2\omega_{AB}v_r$ $= \frac{2}{3}r\omega_0^2$
方向			↓		$D' \to A$		$\perp D'A$		// AB		$\perp AB$

沿 ξ 轴投影，得到

$$0 = -a_A\cos 30° + a_{D'A}^n \cos 60° - a_{D'A}^t \cos 30° - a_C \Rightarrow$$

$$0 = -r\omega_0^2 \cdot \frac{\sqrt{3}}{2} + 2r\omega_{AB}^2 \cdot \frac{1}{2} - 2r\alpha_{AB} \cdot \frac{\sqrt{3}}{2} - 2\omega_{AB}v_r \Rightarrow$$

$$\alpha_{AB} = -\left(\frac{1}{2} + \frac{7\sqrt{3}}{36}\right)\omega_0^2 \text{（负号表示其真实转向与图示相反）}$$

沿水平向右投影，得到

$$0 = a_{D'A}^n - a_r \cos 30° - a_C \cos 60° \Rightarrow 0 = 2r\omega_{AB}^2 - a_r \cdot \frac{\sqrt{3}}{2} - \frac{2}{3}r\omega_0^2 \cdot \frac{1}{2} \Rightarrow$$

$$0 = 2r\left(\frac{\sqrt{3}}{6}\omega_0\right)^2 - a_r \cdot \frac{\sqrt{3}}{2} - \frac{2}{3}r\omega_0^2 \cdot \frac{1}{2} \Rightarrow a_r = r(\alpha_D + \alpha_{AB}) = -\frac{\sqrt{3}}{9}r\omega_0^2 \Rightarrow$$

$$\alpha_D - \left(\frac{1}{2} + \frac{7\sqrt{3}}{36}\right)\omega_0^2 = -\frac{\sqrt{3}}{9}\omega_0^2 \Rightarrow \alpha_D = \left(\frac{1}{2} + \frac{\sqrt{3}}{12}\right)\omega_0^2 \text{（顺时针）}$$

解法二： "刚体的平面运动"方法

(1) 运动分析：曲柄 OA、齿轮 D 作定轴转动；齿条 AB 作平面运动（齿轮 D 相对于齿条 AB 作纯滚动）。

(2) 速度分析，如解答图(c)所示。

齿轮 D 与齿条 AB 啮合，设齿条 AB 上的啮合点为 M，齿轮 D 上的啮合点为 M'，则 $\vec{v}_M = \vec{v}_{M'}$。

对曲柄 OA： $\qquad v_A = r\omega_0$

对于齿条 AB：速度瞬心为点 P，则

$$\omega_{AB} = \frac{v_A}{PA} = \frac{r\omega_0}{2\sqrt{3}r} = \frac{\sqrt{3}}{6}\omega_0 \text{（逆时针）}, \quad v_M = PM \cdot \omega_{AB} = \frac{\sqrt{3}}{2}r\omega_0 \text{（方向如图）}$$

对于齿轮 D：
$$\omega_D = \frac{v_{M'}}{r} = \frac{\sqrt{3}}{2}\omega_0 \text{（顺时针）}$$

（3）加速度分析，如解答图(d)所示。

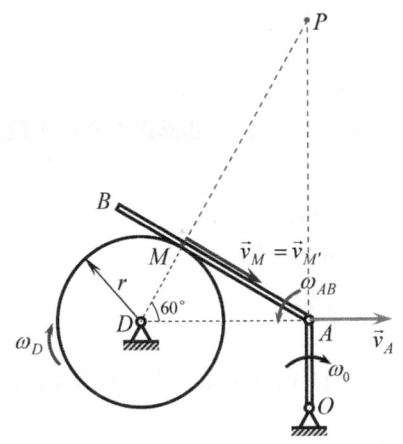
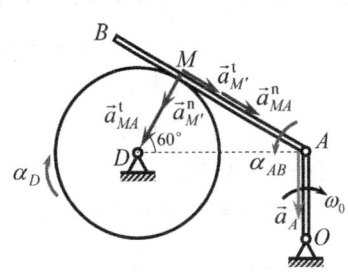

习题 3-29 解答图(c)　　　　习题 3-29 解答图(d)

对于齿轮 D：

$$\vec{a}_{M'} = \vec{a}_{M'}^n + \vec{a}_{M'}^t$$

大小　　？　　$r\omega_D^2$　　$r\alpha_D$？

方向　　？　　$M' \to D$　　$\perp M'D$

对于齿条 AB：

$$\vec{a}_M = \vec{a}_A + \vec{a}_{MA}^n + \vec{a}_{MA}^t$$

大小　　$r\omega_0^2$　　$MA \cdot \omega_{AB}^2$　　$MA \cdot \alpha_{AB}$？

方向　　$\downarrow$　　$M \to A$　　$\perp MA$

根据齿轮和齿条的传动规律，其啮合点的加速度关系有

$$[\vec{a}_{M'}]_{\overline{BA}} = [\vec{a}_M]_{\overline{BA}} \Rightarrow \vec{a}_{M'}^t = [\vec{a}_M]_{\overline{BA}} \Rightarrow a_{M'}^t = a_A\cos 60° + a_{MA}^n \Rightarrow$$

$$r\alpha_D = r\omega_0^2 \cdot \frac{1}{2} + MA \cdot \omega_{AB}^2 \Rightarrow r\alpha_D = r\omega_0^2 \cdot \frac{1}{2} + \sqrt{3}r \cdot \left(\frac{\sqrt{3}}{6}\omega_0\right)^2 \Rightarrow \alpha_D = \left(\frac{1}{2} + \frac{\sqrt{3}}{12}\right)\omega_0^2 \text{（顺时针）}$$

由于 $[\vec{a}_{M'}]_{\overline{MD}} \neq [\vec{a}_M]_{\overline{MD}}$，所以只用刚体的平面运动知识，而不用复合运动知识，则无法求出齿条 AB 的角加速度 α_{AB}。

解析：

（1）本题给出了两种不同的解法，解法一是"点的复合运动"或"刚体的复合运动"解法，解法二是"刚体平面运动"解法。解法一并没有利用齿轮和齿条相啮合的传动规律，而且欲求齿轮 D 的角速度 ω_D 和角加速度 α_D 还必须利用"刚体的复合运动"知识，即 $\omega_r = \omega_D + \omega_{AB}$ 和 $\alpha_r = \alpha_D + \alpha_{AB}$。解法二利用了齿轮和齿条相啮合的传动规律，即啮合点的速度大小相等、方向相同，啮合点的加速度在

其啮合点处的两个刚体的轮廓线的公切线方向上的分量相等。即 $\vec{v}_M = \vec{v}_{M'}$，$[\vec{a}_{M'}]_{BA} = [\vec{a}_M]_{BA}$。但是若不再利用其他方法却无法求得齿条 AB 的角加速度 α_{AB}。由此看来，解法一的方法是恰当的解法。

（2）本题求解中选取了"齿轮上的中心点 D 为动点（静止不动的点），动系为齿条 AB"，使得相对运动轨迹为直线是恰当的。

（3）因为齿条 AB 作一般平面运动，齿条上的啮合点 M 的运动轨迹为未知曲线，所以

$$\vec{a}_M = \vec{a}_M^n + \vec{a}_M^t$$

大小　　　　　$\dfrac{v_M^2}{\rho}$?　　　?

方向　　　　　// MD　　　// $\vec{v}_M$

可见，齿条上的啮合点 M 的加速度矢量有两个未知量。因此以点 A 为基点用两点的加速度关系来表示齿条上的啮合点 M 的加速度是恰当的，因为

$$\vec{a}_M = \vec{a}_A + \vec{a}_{MA}^n + \vec{a}_{MA}^t$$

大小　　　　$r\omega_0^2$　　$MA \cdot \omega_{AB}^2$　　$MA \cdot \alpha_{AB}$?

方向　　　　↓　　　$M \to A$　　　⊥ MA

其中，只有一个未知量。

（4）齿条上的点 M 的加速度为 $\vec{a}_M = \vec{a}_M^n + \vec{a}_M^t$，齿轮上的点 M' 的加速度为 $\vec{a}_{M'} = \vec{a}_{M'}^n + \vec{a}_{M'}^t$，虽然不难判定 $\vec{a}_M^n // \vec{a}_{M'}^n$，$\vec{a}_M^t // \vec{a}_{M'}^t$，但是 $a_M^n = \dfrac{v_M^2}{\rho} = ?$，$a_{M'}^n = r\omega_D^2$，$a_M^t = ?$，$a_{M'}^t = r\alpha_D$，可见 $\vec{a}_M \neq \vec{a}_{M'}$，即齿条与齿轮的啮合点的加速度大小不等、方向也不相同。从物理含义上来理解，尽管这两个啮合点的速度相等，但加速度不等，下一瞬时这两个啮合点必分离。

3-32　在图示平面机构中，已知 $OA = l$，$AB = 2l$，杆 OA 以匀角速度 ω_0 绕轴 O 作逆时针转动。在图示位置，$OA \perp OB$，杆 DE 的 D 端恰好位于杆 AB 的中点，试求该位置杆 DE 沿铅垂滑道运动的速度和加速度。

解法一：

（1）动点与动系的选取。

动点：杆 DE 上的点 D；动系：与杆 AB 固连（杆 AB 在图示位置作瞬时平移，$\omega_{AB} = 0$，$\vec{v}_e = \vec{v}_A$）。

（2）速度分析，如解答图(a)所示。

$$\vec{v}_a = \vec{v}_e + \vec{v}_r$$

大小　　　?　　　$v_A = l\omega_0$　　　?

方向　　　↑　　　⊥ OA　　　// BA

由速度矢量平行四边形的几何关系，得到

$$v_a = v_e \tan 30° = \dfrac{\sqrt{3}}{3} v_e = \dfrac{\sqrt{3}}{3} l\omega_0 \ （↑），\quad v_r = \dfrac{v_e}{\cos 30°} = \dfrac{2}{\sqrt{3}} v_e = \dfrac{2\sqrt{3}}{3} l\omega_0 \ （// BA）$$

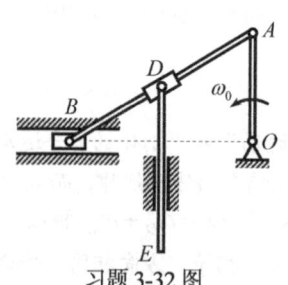

习题 3-32 图

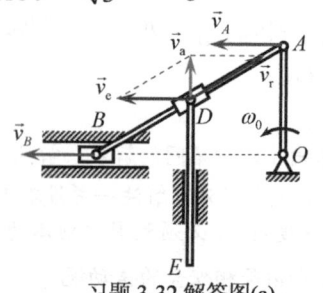

习题 3-32 解答图(a)

（3）加速度分析。

方法一：两点的加速度关系，如解答图(b)所示。

$$\vec{a}_B = \vec{a}_A + \vec{a}_{BA}^n + \vec{a}_{BA}^t$$

大小	?	$l\omega_0^2$	$AB\cdot\omega_{AB}^2=0$	$AB\cdot\alpha_{AB}$? $=2l\alpha_{AB}$
方向	←	$A\to O$		$\perp AB$

沿铅垂向上投影，得到

$$0 = -a_A - a_{BA}^t\cos 30° \Rightarrow 0 = -l\omega_0^2 - 2l\alpha_{AB}\cdot\frac{\sqrt{3}}{2} \Rightarrow$$

$$\alpha_{AB} = -\frac{\sqrt{3}}{3}\omega_0^2 \quad \text{（负号表示其真实转向与图示相反）}$$

$$\vec{a}_a = \vec{a}_e + \vec{a}_r + \vec{a}_C, \quad \vec{a}_e = \vec{a}_A + \vec{a}_{DA}^n + \vec{a}_{DA}^t$$

$$\vec{a}_a = \vec{a}_A + \vec{a}_{DA}^n + \vec{a}_{DA}^t + \vec{a}_r + \vec{a}_C$$

大小	?	$l\omega_0^2$	$AD\cdot\omega_{AB}^2=0$	$AD\cdot\alpha_{AB}=l\alpha_{AB}$	?	$2\omega_{AB}v_r=0$
方向	↑	$A\to O$		$\perp AB$	$//BA$	

沿 ξ 轴投影，得到

$$-a_a\cos 30° = a_A\cos 30° + a_{DA}^t \Rightarrow -a_a\cdot\frac{\sqrt{3}}{2} = l\omega_0^2\cdot\frac{\sqrt{3}}{2} + l\alpha_{AB} \Rightarrow$$

$$-a_a\cdot\frac{\sqrt{3}}{2} = l\omega_0^2\cdot\frac{\sqrt{3}}{2} + l\cdot\left(-\frac{\sqrt{3}}{3}\omega_0^2\right) \Rightarrow a_a = -\frac{1}{3}l\omega_0^2 \quad \text{（负号表示其真实方向与图示相反）}$$

方法二：加速度瞬心法，如解答图(c)所示。

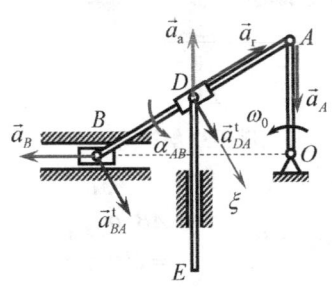
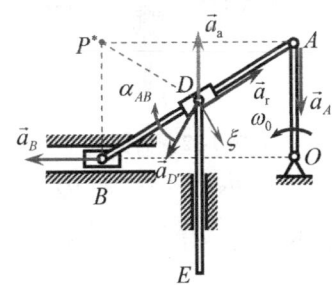

习题 3-32 解答图(b)　　习题 3-32 解答图(c)

假设在杆 AB 上与套筒 D 重合的点为点 D'。P^* 为杆 AB 的加速度瞬心（杆 AB 作瞬时平移）。

$$\alpha_{AB} = \frac{a_A}{P^*A} = \frac{l\omega_0^2}{\sqrt{3}l} = \frac{\sqrt{3}}{3}\omega_0^2 \text{（顺时针）}, \quad a_{D'} = P^*D'\cdot\alpha_{AB} = l\cdot\frac{\sqrt{3}}{3}\omega_0^2 = \frac{\sqrt{3}}{3}l\omega_0^2 \text{（}\perp P^*D'\text{）}$$

$$\vec{a}_a = \vec{a}_e + \vec{a}_r + \vec{a}_C$$

大小	?	$a_{D'}=\frac{\sqrt{3}}{3}l\omega_0^2$	?	$2\omega_{AB}v_r=0$
方向	↑	$\perp P^*D'$	$//BA$	

沿 ξ 轴投影，得到

$$-a_\text{a} \cos 30° = a_\text{e} \sin 30° \quad \Rightarrow \quad -a_\text{a} \cdot \frac{\sqrt{3}}{2} = \frac{\sqrt{3}}{3} l\omega_0^2 \cdot \frac{1}{2} \quad \Rightarrow$$

$$a_\text{a} = -\frac{1}{3} l\omega_0^2 \text{（负号表示其真实方向与图示相反）}$$

解法二：

（1）动点与动系的选取。

动点：杆 AB 上的点 A；动系：与套筒 D 固连。

（2）速度分析，如解答图(d)所示。

杆 AB 在图示位置作瞬时平移，$\omega_{AB} = 0$，$\vec{v}_\text{a} = \vec{v}_\text{e} + \vec{v}_\text{r}$，$\vec{v}_\text{e} = \vec{v}_{A'} = \vec{v}_D + \vec{v}_{A'D}$

	$\vec{v}_\text{a}$	=	$\vec{v}_D$	+	$\vec{v}_{A'D}$	+	$\vec{v}_\text{r}$
大小	$v_A = r\omega_0$		?		$A'D \cdot \omega_D$ $= l\omega_{AB} = 0$		?
方向	←		↑				// AB

由速度矢量平行四边形的几何关系，得到

$$v_D = v_\text{a} \tan 30° = \frac{\sqrt{3}}{3} r\omega_0 \, (\uparrow), \quad v_\text{r} = \frac{v_\text{a}}{\cos 30°} = \frac{2\sqrt{3}}{3} r\omega_0 \text{（方向如图，} // \overrightarrow{AB}\text{）}$$

（3）加速度分析。

方法一：两点的加速度关系，如解答图(e)所示。

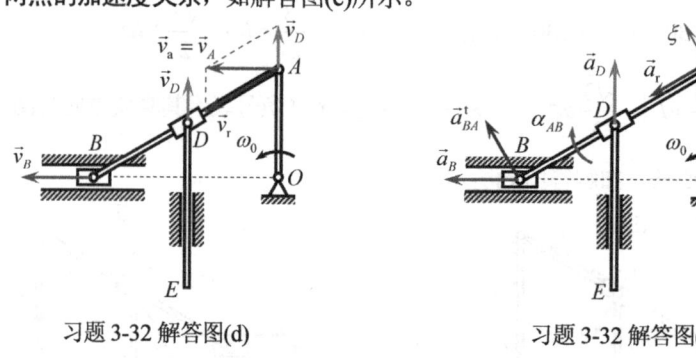

习题 3-32 解答图(d)　　　　　　习题 3-32 解答图(e)

因为

	$\vec{a}_B$	=	$\vec{a}_A^\text{n}$	+	$\vec{a}_{BA}^\text{n}$	+	$\vec{a}_{BA}^\text{t}$
大小	?		$l\omega_0^2$		$AB \cdot \omega_{AB}^2 = 0$		$AB \cdot \alpha_{AB}$ $= 2l\alpha_{AB}$?
方向	←		$A \to O$				⊥ AB

沿铅垂向上投影，得到

$$0 = -a_A + a_{BA}^\text{t} \cos 30° \quad \Rightarrow \quad 0 = -l\omega_0^2 + 2l\alpha_{AB} \cdot \frac{\sqrt{3}}{2} \quad \Rightarrow \quad \alpha_{AB} = \frac{\sqrt{3}}{3} \omega_0^2 \text{（顺时针）}$$

又　　　　　$\vec{a}_\text{a} = \vec{a}_\text{e} + \vec{a}_\text{r} + \vec{a}_\text{C}$，$\vec{a}_\text{e} = \vec{a}_{A'} = \vec{a}_D + \vec{a}_{A'D}^\text{n} + \vec{a}_{A'D}^\text{t}$

	$\vec{a}_\text{a}$	=	$\vec{a}_D$	+	$\vec{a}_{A'D}^\text{n}$	+	$\vec{a}_{A'D}^\text{t}$	+	$\vec{a}_\text{r}$	+	$\vec{a}_\text{C}$
大小	a_A^n $= l\omega_0^2$		?		$AD \cdot \omega_D^2$ $= AD \cdot \omega_{AB}^2$ $= 0$		$AD \cdot \alpha_D$ $= AD \cdot \alpha_{AB}$ $= l\alpha_{AB}$		?		$2\omega_D v_\text{r}$ $= 2\omega_{AB} v_\text{r}$ $= 0$
方向	$A \to O$		↑				⊥ AB		// BA		

沿 ξ 轴投影，得到

$$-a_a\cos 30° = a_D\cos 30° - a_{A'D}^t \Rightarrow$$
$$-l\omega_0^2 \cdot \frac{\sqrt{3}}{2} = a_D \cdot \frac{\sqrt{3}}{2} - l\alpha_{AB}$$
$$\Rightarrow l\omega_0^2 \cdot \frac{\sqrt{3}}{2} = a_D \cdot \frac{\sqrt{3}}{2} + l \cdot \frac{\sqrt{3}}{3}\omega_0^2 \Rightarrow a_D = -\frac{1}{3}l\omega_0^2$$

（负号表示其真实方向与图示相反）

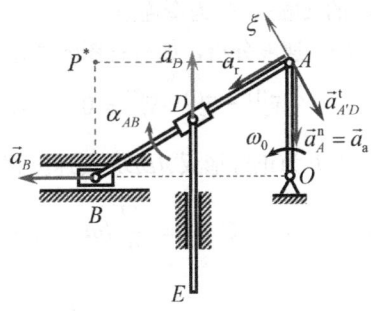

习题 3-32 解答图(f)

方法二：加速度瞬心法，如解答图(f)所示。
杆 AB 的加速度瞬心为 P^*，

$$\alpha_{AB} = \frac{a_A}{P^*A} = \frac{a_A^n}{P^*A} = \frac{l\omega_0^2}{\sqrt{3}l} = \frac{\sqrt{3}}{3}\omega_0^2 \text{（顺时针）}$$

又 $\vec{a}_a = \vec{a}_e + \vec{a}_r + \vec{a}_C$， $\vec{a}_e = \vec{a}_{A'} = \vec{a}_D + \vec{a}_{A'D}^n + \vec{a}_{A'D}^t$

	$\vec{a}_a$	=	$\vec{a}_D$	+	$\vec{a}_{A'D}^n$	+	$\vec{a}_{A'D}^t$	+	$\vec{a}_r$	+	$\vec{a}_C$
大小	a_A^n $=l\omega_0^2$		?		$AD\cdot\omega_D^2$ $=AD\cdot\omega_{AB}^2$ $=0$		$AD\cdot\alpha_D$ $=AD\cdot\alpha_{AB}$ $=l\alpha_{AB}$		?		$2\omega_D v_r$ $=2\omega_{AB}v_r$ $=0$
方向	$A\to O$		↑				$\perp AB$		$//BA$		

沿 ξ 轴投影，得到

$$-a_a\cos 30° = a_D\cos 30° - a_{A'D}^t \Rightarrow -l\omega_0^2 \cdot \frac{\sqrt{3}}{2} = a_D \cdot \frac{\sqrt{3}}{2} - l\alpha_{AB}$$
$$\Rightarrow l\omega_0^2 \cdot \frac{\sqrt{3}}{2} = a_D \cdot \frac{\sqrt{3}}{2} + l \cdot \frac{\sqrt{3}}{3}\omega_0^2 \Rightarrow a_D = -\frac{1}{3}l\omega_0^2 \text{（负号表示其真实方向与图示相反）}$$

解析：
（1）杆 AB 作瞬时平移，$\omega_{AB}=0$，$\alpha_{AB}\neq 0$，$\vec{v}_A=\vec{v}_B=\vec{v}_{D'}$，$\vec{a}_A\neq\vec{a}_B\neq\vec{a}_{D'}$（点 D' 为杆 AB 上与套筒的点 D 重合的点）。要很好地理解刚体瞬时平移与平移的本质区别。

（2）由于套筒 D 套在杆 AB 上，所以套筒 D 与杆 AB 在任意瞬时（位置）都具有相同的角速度和角加速度，即 $\omega_{AB}=\omega_{套筒D}$，$\alpha_{AB}=\alpha_{套筒D}$。只是在图示瞬时（位置），由于杆 AB 为瞬时平移 $\omega_{AB}=0$，所以 $\omega_{套筒D}=0$，但是 $\alpha_{AB}\neq 0$，$\alpha_{套筒D}\neq 0$。

（3）本题的解答中给出了两种不同的选取动点和动系的方法，要深入理解两种解法的异同之处。

（4）在两种不同解法的加速度分析中，用"加速度瞬心法"要比用"两点的加速度关系"简便得多，且不易出错。要熟练掌握"加速度瞬心法"，当然要注意"加速度瞬心法"的使用前提。

3-38 如图所示，边长为 $\sqrt{2}l$ 的正方形板 $ABDE$ 在自身平面内运动，其两边始终与固定槽边点 G 与 H 接触，槽宽 $GH=l$。在图示瞬时，正方形板的角速度、角加速度大小分别为 ω_0、α_0，转向都为逆时针，G、H 恰好位于边 AE、DE 的中点，试求该瞬时顶点 B 的速度和加速度。

解法一：
（1）运动分析：正方形板 $ABDE$ 作平面运动。
动点 1：固定槽尖点 G，动点 2：固定槽尖点 H；动系：与正方形板 $ABDE$ 固连。

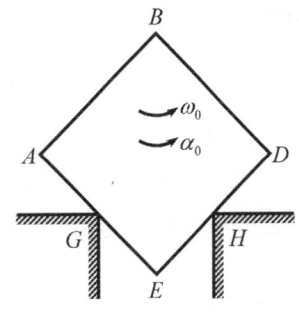

习题 3-38 图

在上述两种动点与动系的选取中，正方形板 $ABDE$ 上与固定槽尖点 G 的接触点 G' 和与固定槽尖点 H 的接触点 H' 为牵连点。

（2）速度分析，如解答图(a)所示。

$$\vec{v}_a^{(1)} = \vec{v}_e^{(1)} + \vec{v}_r^{(1)} = 0, \quad 其中 \vec{v}_e^{(1)} = \vec{v}_{G'}; \quad \vec{v}_a^{(2)} = \vec{v}_e^{(2)} + \vec{v}_r^{(2)} = 0, \quad 其中 \vec{v}_e^{(2)} = \vec{v}_{H'}$$

点 P 为正方形板 $ABDE$ 的速度瞬心，则

$$v_e^{(1)} = v_{G'} = PG \cdot \omega_0 = \frac{\sqrt{2}}{2} l \omega_0 \; (\perp PG, //GE), \quad v_e^{(2)} = v_{H'} = PH \cdot \omega_0 = \frac{\sqrt{2}}{2} l \omega_0 \; (\perp PH, //HD)$$

$$v_r^{(1)} = v_e^{(1)} = \frac{\sqrt{2}}{2} l \omega_0 \; (方向如图), \quad v_r^{(2)} = v_e^{(2)} = \frac{\sqrt{2}}{2} l \omega_0 \; (方向如图)$$

$$v_B = PB \cdot \omega_0 = l \omega_0 \; (\perp PB, \leftarrow)$$

（3）加速度分析，如解答图(b)所示。

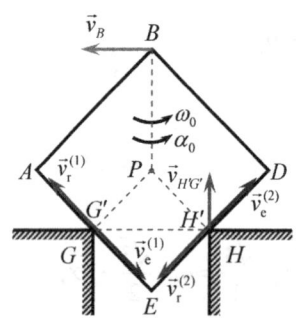
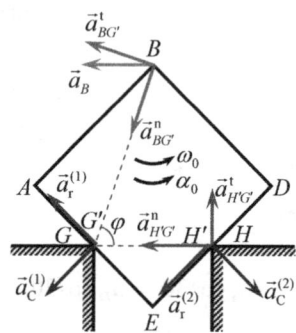

习题 3-38 解答图(a)　　　　　习题 3-38 解答图(b)

因为

$$\vec{a}_G = \vec{a}_a^{(1)} = \vec{a}_e^{(1)} + \vec{a}_r^{(1)} + \vec{a}_C^{(1)} = 0, \quad \vec{a}_H = \vec{a}_a^{(2)} = \vec{a}_e^{(2)} + \vec{a}_r^{(2)} + \vec{a}_C^{(2)} = 0$$

所以

$$\vec{a}_{G'} = \vec{a}_e^{(1)} = -\vec{a}_r^{(1)} - \vec{a}_C^{(1)}, \quad \vec{a}_{H'} = \vec{a}_e^{(2)} = -\vec{a}_r^{(2)} - \vec{a}_C^{(2)}$$

又因为

$$\vec{a}_{H'} = \vec{a}_{G'} + \vec{a}_{H'G'}^n + \vec{a}_{H'G'}^t$$

所以 $\quad -\vec{a}_r^{(2)} - \vec{a}_C^{(2)} = -\vec{a}_r^{(1)} - \vec{a}_C^{(1)} + \vec{a}_{H'G'}^n + \vec{a}_{H'G'}^t \Rightarrow$

	$\vec{a}_r^{(1)}$	$+$	$\vec{a}_C^{(1)}$	$=$	$\vec{a}_r^{(2)}$	$+$	$\vec{a}_C^{(2)}$	$+$	$\vec{a}_{H'G'}^n$	$+$	$\vec{a}_{H'G'}^t$
大小	?		$2\omega_0 v_r^{(1)}$		?		$2\omega_0 v_r^{(2)}$		$GH \cdot \omega_0^2$		$GH \cdot \alpha_0$
方向	$//GA$		$\perp AE$		$//HE$		$\perp DE$		$H' \to G'$		$\perp GH$

沿 $\overline{EA}$ 方向投影，得到

$$a_r^{(1)} = -a_C^{(2)} + a_{H'G'}^n \sin 45° + a_{H'G'}^t \cos 45° \quad \Rightarrow$$

$$a_r^{(1)} = -2\omega_0 v_r^{(1)} + GH \cdot \omega_0^2 \cdot \frac{\sqrt{2}}{2} + GH \cdot \alpha_0 \cdot \frac{\sqrt{2}}{2} = -2\omega_0 \cdot \frac{\sqrt{2}}{2}l\omega_0 + l\omega_0^2 \cdot \frac{\sqrt{2}}{2} + l\alpha_0 \cdot \frac{\sqrt{2}}{2}$$
$$= -\frac{\sqrt{2}}{2}l\omega_0^2 + \frac{\sqrt{2}}{2}l\alpha_0 \text{（方向如图）}$$

而

$$\vec{a}_B = \vec{a}_{G'} + \vec{a}_{BG'}^n + \vec{a}_{BG'}^t = -\vec{a}_r^{(1)} \quad - \quad \vec{a}_C^{(1)} \quad + \quad \vec{a}_{BG'}^n \quad + \quad \vec{a}_{BG'}^t$$

| 大小 | ? | √ | $2\omega_0 v_r^{(1)}$ | $BG \cdot \omega_0^2$ | $BG \cdot \alpha_0$ |
| 方向 | ? | //GA | ⊥AE | B→G' | ⊥BG' |

$$a_{Bx} = -(-a_r^{(1)} \cdot \cos 45°) - (-a_C^{(1)} \sin 45°) - a_{BG'}^n \cos\varphi - a_{BG'}^t \sin\varphi$$

$$= -\left[-\left(-\frac{\sqrt{2}}{2}l\omega_0^2 + \frac{\sqrt{2}}{2}l\alpha_0\right) \cdot \frac{\sqrt{2}}{2}\right] - \left(-2\omega_0 v_r^{(1)} \cdot \frac{\sqrt{2}}{2}\right) - BG \cdot \omega_0^2 \cdot \frac{\frac{l}{2}}{BG} - BG \cdot \alpha_0 \cdot \frac{\frac{3}{2}l}{BG}$$

$$= -\left[-\left(-\frac{\sqrt{2}}{2}l\omega_0^2 + \frac{\sqrt{2}}{2}l\alpha_0\right) \cdot \frac{\sqrt{2}}{2}\right] - \left(-2\omega_0 \cdot \frac{\sqrt{2}}{2}l\omega_0 \cdot \frac{\sqrt{2}}{2}\right) - BG \cdot \omega_0^2 \cdot \frac{\frac{l}{2}}{BG} - BG \cdot \alpha_0 \cdot \frac{\frac{3}{2}l}{BG}$$

$$= -l\alpha_0$$

$$a_{By} = -a_r^{(1)} \sin 45° - (-a_C^{(1)} \cos 45°) - a_{BG'}^n \sin\varphi + a_{BG'}^t \cos\varphi$$

$$= -\left(-\frac{\sqrt{2}}{2}l\omega_0^2 + \frac{\sqrt{2}}{2}l\alpha_0\right) \cdot \frac{\sqrt{2}}{2} - \left(-2\omega_0 v_r^{(1)} \cdot \frac{\sqrt{2}}{2}\right) - BG \cdot \omega_0^2 \cdot \frac{\frac{3}{2}l}{BG} + BG \cdot \alpha_0 \cdot \frac{\frac{1}{2}l}{BG}$$

$$= -\left(-\frac{\sqrt{2}}{2}l\omega_0^2 + \frac{\sqrt{2}}{2}l\alpha_0\right) \cdot \frac{\sqrt{2}}{2} - \left(-2\omega_0 \cdot \frac{\sqrt{2}}{2}l\omega_0 \cdot \frac{\sqrt{2}}{2}\right) - BG \cdot \omega_0^2 \cdot \frac{\frac{3}{2}l}{BG} + BG \cdot \alpha_0 \cdot \frac{\frac{1}{2}l}{BG}$$

$$= 0$$

即

$$a_B = a_{Bx} = -l\alpha_0 \text{（负号表示其真实方向与 } x \text{ 轴的正向相反）}$$

解法二：

（1）运动分析：原系统等效于如解答图(c)所示的系统，套筒 G、套筒 H 的角速度和角加速度与正方形板的角速度和角加速度相同，即套筒 G、套筒 H 的角速度和角加速度分别为 ω_0 和 α_0。

动点：正方形板上的点 E；动系：分别与套筒 G 和套筒 H 固连。

（2）速度分析，如解答图(d)所示。

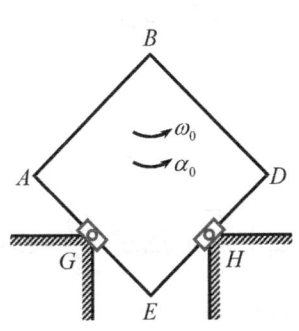

习题 3-38 解答图(c)

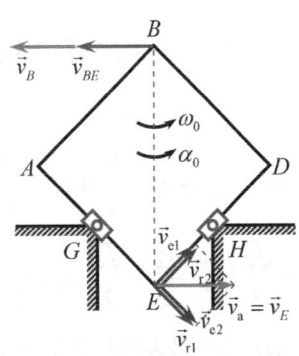

习题 3-38 解答图(d)

$$\begin{array}{ccccccc}
\vec{v}_a & = & \vec{v}_{e1} & + & \vec{v}_{r1} & = & \vec{v}_{e2} & + & \vec{v}_{r2} \\
\text{大小} & & \dfrac{\sqrt{2}}{2}l\omega_0 & & ? & & \dfrac{\sqrt{2}}{2}l\omega_0 & & ? \\
\text{方向} & & \perp EG & & //EG & & \perp EH & & //EH
\end{array}$$

沿 GE 方向投影，得到

$$v_{r1} = v_{e2} = \dfrac{\sqrt{2}}{2}l\omega_0 \text{（方向如图）}$$

沿 EH 方向投影，得到

$$v_{r2} = v_{e2} = \dfrac{\sqrt{2}}{2}l\omega_0 \text{（方向如图）}$$

则

$$v_E = v_a = \sqrt{2}v_{e1} = \sqrt{2}v_{r1} = \sqrt{2}v_{e2} = \sqrt{2}v_{r2} = l\omega_0 \ (\rightarrow)$$

点 B 和点 E 的两点速度关系为

$$\begin{array}{ccccc}
\vec{v}_B & = & \vec{v}_E & + & \vec{v}_{BE} \\
\text{大小} \quad ? & & l\omega_0 & & 2l\omega_0 \\
\text{方向} \quad ? & & \rightarrow & & \leftarrow
\end{array}$$

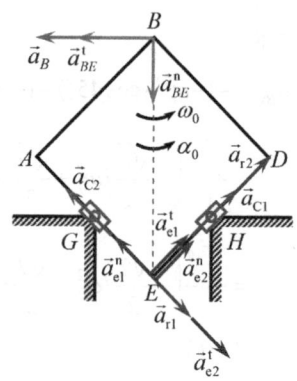

习题 3-38 解答图(e)

则

$$v_B = l\omega_0 \ (\leftarrow)$$

(3) 加速度分析，如解答图(e)所示。

$$\vec{a}_E = \vec{a}_a = \vec{a}^n_{e1} + \vec{a}^t_{e1} + \vec{a}_{r1} + \vec{a}_{C1} = \vec{a}^n_{e2} + \vec{a}^t_{e2} + \vec{a}_{r2} + \vec{a}_{C2}$$

$$\begin{array}{cccccccc}
& GE\cdot\omega_0^2 & GE\cdot\alpha_0 & & 2\omega_0 v_{r1} & EH\cdot\omega_0^2 & EH\cdot\alpha_0 & & 2\omega_0 v_{r2} \\
\text{大小} & =\dfrac{\sqrt{2}}{2}l\omega_0^2 & =\dfrac{\sqrt{2}}{2}l\alpha_0 & ? & =\sqrt{2}l\omega_0^2 & =\dfrac{\sqrt{2}}{2}l\omega_0^2 & =\dfrac{\sqrt{2}}{2}l\alpha_0 & ? & =\sqrt{2}l\omega_0^2 \\
\text{方向} & //EG & \perp EG & //GE & //EH & //EH & \perp EH & //EH & //EG
\end{array}$$

将上式沿 $\overrightarrow{EA}$（垂直于 $\vec{a}_{r2}$）方向投影，得到

$$a^n_{e1} - a_{r1} = -a^t_{e2} + a_{C2} \Rightarrow \dfrac{\sqrt{2}}{2}l\omega_0^2 - a_{r1} = -\dfrac{\sqrt{2}}{2}l\alpha_0 + \sqrt{2}l\omega_0^2 \Rightarrow a_{r1} = \dfrac{\sqrt{2}}{2}l\alpha_0 - \dfrac{\sqrt{2}}{2}l\omega_0^2 \text{（方向如图）}$$

又因为

$$\vec{a}_B = \vec{a}_E + \vec{a}^n_{BE} + \vec{a}^t_{BE} = \vec{a}^n_{e1} + \vec{a}^t_{e1} + \vec{a}_{r1} + \vec{a}_{C1} + \vec{a}^n_{BE} + \vec{a}^t_{BE}$$

则

$$a_{Bx} = -a^n_{e1}\cdot\dfrac{\sqrt{2}}{2} + a^t_{e1}\cdot\dfrac{\sqrt{2}}{2} + a_{r1}\cdot\dfrac{\sqrt{2}}{2} + a_{C1}\cdot\dfrac{\sqrt{2}}{2} - a^t_{BE}$$

$$= -\dfrac{\sqrt{2}}{2}l\omega_0^2\cdot\dfrac{\sqrt{2}}{2} + \dfrac{\sqrt{2}}{2}l\alpha_0\cdot\dfrac{\sqrt{2}}{2} + \left(\dfrac{\sqrt{2}}{2}l\alpha_0 - \dfrac{\sqrt{2}}{2}l\omega_0^2\right)\cdot\dfrac{\sqrt{2}}{2} + \sqrt{2}l\omega_0^2\cdot\dfrac{\sqrt{2}}{2} - 2l\alpha_0$$

$$= -l\alpha_0 \text{（负号表示其真实方向与 } x \text{ 轴的正向相反）}$$

$$a_{By} = a_{e1}^n \cdot \frac{\sqrt{2}}{2} + a_{e1}^t \cdot \frac{\sqrt{2}}{2} - a_{r1} \cdot \frac{\sqrt{2}}{2} + a_{C1} \cdot \frac{\sqrt{2}}{2} - a_{BE}^n$$

$$= \frac{\sqrt{2}}{2} l\omega_0^2 \cdot \frac{\sqrt{2}}{2} + \frac{\sqrt{2}}{2} l\alpha_0 \cdot \frac{\sqrt{2}}{2} - \left(\frac{\sqrt{2}}{2} l\alpha_0 - \frac{\sqrt{2}}{2} l\omega_0^2\right) \cdot \frac{\sqrt{2}}{2} + \sqrt{2} l\omega_0^2 \cdot \frac{\sqrt{2}}{2} - 2l\omega_0^2 = 0$$

解法三：

（1）运动分析：原系统等效于如解答图(c)所示的系统，套筒 G、套筒 H 的角速度和角加速度与正方形板的角速度和角加速度相同，即套筒 G、套筒 H 的角速度和角加速度分别为 ω_0 和 α_0。

动点：正方形板上的点 B；动系：分别与套筒 G 和套筒 H 固连。

（2）速度分析，如解答图(f)所示。

$$\vec{v}_a = \vec{v}_{e1} + \vec{v}_{r1} = \vec{v}_{e2} + \vec{v}_{r2}$$

大小　　　　$= \dfrac{BG \cdot \omega_0}{\dfrac{\sqrt{10}}{2} l\omega_0}$　？　$= \dfrac{BH \cdot \omega_0}{\dfrac{\sqrt{10}}{2} l\omega_0}$　？

方向　　　　$\perp BG$　　$//BD$　　$\perp BH$　　$//AB$

习题3-38 解答图(f)

将上式沿 $\overrightarrow{BD}$（垂直于 $\vec{v}_{r2}$）方向投影，得到

$$-v_{e1}\cos\varphi + v_{r1} = -v_{e2}\sin\varphi$$

$$\Rightarrow -BG \cdot \omega_0 \cdot \frac{AB}{BG} + v_{r1} = -BH \cdot \omega_0 \cdot \frac{DH}{BH} \Rightarrow$$

$$-\sqrt{2}l\omega_0 + v_{r1} = -\frac{\sqrt{2}}{2}l\omega_0 \Rightarrow v_{r1} = \frac{\sqrt{2}}{2}l\omega_0 \text{（方向如图）}$$

将上式沿 $\overrightarrow{AB}$（垂直于 $\vec{v}_{r1}$）方向投影，得到

$$-v_{e1}\sin\varphi = -v_{e2}\cos\varphi + v_{r2}，\text{又}\cos\varphi = \frac{AB}{BG} = \frac{\sqrt{2}}{\frac{\sqrt{10}}{2}} = \frac{2\sqrt{5}}{5}，\sin\varphi = \frac{AG}{BG} = \frac{\frac{\sqrt{2}}{2}}{\frac{\sqrt{10}}{2}} = \frac{\sqrt{5}}{5}$$

所以

$$-\frac{\sqrt{10}}{2}l\omega_0 \cdot \frac{\sqrt{5}}{5} = -\frac{\sqrt{10}}{2}l\omega_0 \cdot \frac{2\sqrt{5}}{5} + v_{r2} \Rightarrow v_{r2} = \frac{\sqrt{2}}{2}l\omega_0 \text{（方向如图）}$$

又因为 $\vec{v}_B = \vec{v}_a = \vec{v}_{e1} + \vec{v}_{r1}$，则

$$v_{Bx} = v_{ax} = -v_{e1}\cos(45°-\varphi) + v_{r1}\cos 45° = -\frac{\sqrt{10}}{2}l\omega_0\cos(45°-\varphi) + \frac{\sqrt{2}}{2}l\omega_0\cos 45°$$

$$= -\frac{\sqrt{10}}{2}l\omega_0(\cos 45°\cos\varphi + \sin 45°\sin\varphi) + \frac{\sqrt{2}}{2}l\omega_0 \cdot \frac{\sqrt{2}}{2}$$

$$= -l\omega_0 \text{（负号表示其真实方向与 x 轴的正向相反）}$$

$$v_{By} = v_{ay} = v_{e1}\sin(45°-\varphi) - v_{r1}\sin 45° = \frac{\sqrt{10}}{2}l\omega_0\sin(45°-\varphi) - \frac{\sqrt{2}}{2}l\omega_0\sin 45°$$

$$= \frac{\sqrt{10}}{2}l\omega_0(\sin 45°\cos\varphi - \cos 45°\sin\varphi) - \frac{\sqrt{2}}{2}l\omega_0 \cdot \frac{\sqrt{2}}{2} = 0$$

（3）加速度分析，如解答图(g)所示。

$$\vec{a}_B = \vec{a}_a = \vec{a}_{e1}^n + \vec{a}_{e1}^t + \vec{a}_{r1} + \vec{a}_{C1} = \vec{a}_{e2}^n + \vec{a}_{e2}^t + \vec{a}_{r2} + \vec{a}_{C2}$$

其中

$$a_{e1}^n = BG \cdot \omega_0^2 = \frac{\sqrt{10}}{2}l\omega_0^2 \ (B \to G)$$

$$a_{e1}^t = BG \cdot \alpha_0 = \frac{\sqrt{10}}{2}l\alpha_0 \ (\perp BG), \quad a_{r1} = ? \ (//BD)$$

$$a_{C1} = 2\omega_0 v_{r1} = \sqrt{2}l\omega_0^2 \ (//AB), \quad a_{e2}^n = BH \cdot \omega_0^2 = \frac{\sqrt{10}}{2}l\omega_0^2 \ (B \to H)$$

$$a_{e2}^t = BH \cdot \alpha_0 = \frac{\sqrt{10}}{2}l\alpha_0 \ (\perp BH), \quad a_{r2} = ? \ (//AB)$$

$$a_{C2} = 2\omega_0 v_{r2} = \sqrt{2}l\omega_0^2 \ (//DB)$$

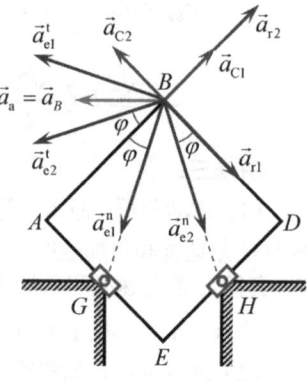

习题 3-38 解答图(g)

将上式沿 $\overrightarrow{BD}$（垂直于 $\vec{a}_{r2}$）方向投影，得到

$$a_{e1}^n \sin\varphi - a_{e1}^t \cos\varphi + a_{r1} = a_{e2}^n \cos\varphi - a_{e2}^t \sin\varphi - a_{C2} \Rightarrow$$

$$\frac{\sqrt{10}}{2}l\omega_0^2 \cdot \frac{\sqrt{5}}{5} - \frac{\sqrt{10}}{2}l\alpha_0 \cdot \frac{2\sqrt{5}}{5} + a_{r1} = \frac{\sqrt{10}}{2}l\omega_0^2 \cdot \frac{2\sqrt{5}}{5} - \frac{\sqrt{10}}{2}l\alpha_0 \cdot \frac{\sqrt{5}}{5} - \sqrt{2}l\omega_0^2 \Rightarrow$$

$$a_{r1} = \frac{\sqrt{2}}{2}l(\alpha_0 - \omega_0^2) \ （方向如图，// \overrightarrow{BD}）$$

再将 $\vec{a}_B = \vec{a}_a = \vec{a}_{e1}^n + \vec{a}_{e1}^t + \vec{a}_{r1} + \vec{a}_{C1}$ 沿水平向右投影，得到

$$a_{Bx} = -a_{e1}^n \cos(45° + \varphi) - a_{e1}^t \cos(90° - \varphi - 45°) + a_{r1} \cos 45° + a_{C1} \cos 45°$$

$$= -\frac{\sqrt{10}}{2}l\omega_0^2 \cos(45° + \varphi) - \frac{\sqrt{10}}{2}l\alpha_0 \cos(45° - \varphi) + \frac{\sqrt{2}}{2}l(\alpha_0 - \omega_0^2) \cdot \frac{\sqrt{2}}{2} + \sqrt{2}l\omega_0^2 \cdot \frac{\sqrt{2}}{2}$$

$$= -\frac{\sqrt{10}}{2}l\omega_0^2(\cos 45° \cos\varphi - \sin 45° \sin\varphi) - \frac{\sqrt{10}}{2}l\alpha_0(\cos 45° \cos\varphi + \sin 45° \sin\varphi) +$$

$$\frac{\sqrt{2}}{2}l(\alpha_0 - \omega_0^2) \cdot \frac{\sqrt{2}}{2} + \sqrt{2}l\omega_0^2 \cdot \frac{\sqrt{2}}{2}$$

$$= -\frac{\sqrt{10}}{2}l\omega_0^2 \left(\frac{\sqrt{10}}{5} - \frac{\sqrt{10}}{10}\right) - \frac{\sqrt{10}}{2}l\alpha_0 \left(\frac{\sqrt{10}}{5} + \frac{\sqrt{10}}{10}\right) + \frac{\sqrt{2}}{2}l(\alpha_0 - \omega_0^2) \cdot \frac{\sqrt{2}}{2} + \sqrt{2}l\omega_0^2 \cdot \frac{\sqrt{2}}{2}$$

$$= -l\alpha_0 \ （负号表示其真实方向与 x 轴的正向相反）$$

再将 $\vec{a}_B = \vec{a}_a = \vec{a}_{e1}^n + \vec{a}_{e1}^t + \vec{a}_{r1} + \vec{a}_{C1}$ 沿铅垂向上投影，得到

$$a_{By} = -a_{e1}^n \cos(45° - \varphi) + a_{e1}^t \sin(90° - \varphi - 45°) - a_{r1} \sin 45° + a_{C1} \sin 45°$$

$$= -\frac{\sqrt{10}}{2}l\omega_0^2(\cos 45° \cos\varphi + \sin 45° \sin\varphi) + \frac{\sqrt{10}}{2}l\alpha_0(\sin 45° \cos\varphi - \sin 45° \sin\varphi) -$$

$$\frac{\sqrt{2}}{2}l(\alpha_0 - \omega_0^2) \cdot \frac{\sqrt{2}}{2} + \sqrt{2}l\omega_0^2 \cdot \frac{\sqrt{2}}{2}$$

$$= 0$$

解析：

（1）本题乍看起来是一个"刚体平面运动"问题，而不是一个"点的复合运动"问题，但是用"刚体平面运动"方法求解，对于速度分析容易进行，而对题中位置直接进行加速度分析就有困难了。由于已知条件只给了正方形板 ABDE 的角速度 ω_0 和角加速度 α_0，却不知道正方形板上任何一点的加速度（大小或方向），这样给加速度分析带来一定困难。

（2）本题使用"点的复合运动"的三种求解方法都是选取了两套"动点、动系"来求解的。其中解法一的思路较为清晰，因为正方形板 ABDE 作平面运动只在点 G、H 两处有约束，且产生了相对运动，因此选两固定槽的尖点为动点、正方形板为动系是符合逻辑的。这两套"动点、动系"的牵连点都是在正方形板上两个点 G′ 和 H′，这两个点的加速度可以利用"两点的加速度关系"建立联系。解法二和解法三是带有一定技巧性的解法，不容易想到，但属于同一类解法。解法二的几何关系容易寻找，但求出点 E 的加速度后还需利用"两点的加速度关系 $\vec{a}_B = \vec{a}_E + \vec{a}_{BE}^n + \vec{a}_{BE}^t$"来求点 B 的加速度。解法三虽然几何关系比较复杂，但是却不用先求出点 E 的加速度后再利用"两点的加速度关系 $\vec{a}_B = \vec{a}_E + \vec{a}_{BE}^n + \vec{a}_{BE}^t$"来求点 B 的加速度，而是用加速度合成公式直接求出 $\vec{a}_B$。

（3）请读者思考，若将正方形板放在一般位置，能否只使用一个动点和一个动系（例如，选取固定槽尖点 G 为动点，正方形板为动系），先利用定义法求出相对速度和相对加速度，再联合使用两点速度关系和两点加速度关系求解出题中位置的 $\vec{v}_B$ 和 $\vec{a}_B$ 呢？若能，请读者自己给出求解过程。

（4）注意到点 E 的轨迹是以 G、H 连线的中点 O 为中心的圆弧曲线，所以可以利用弧坐标的定义法先求出点 E 的速度、法向加速度和切向加速度，再使用两点速度关系和两点加速度关系求出题中位置的 $\vec{v}_B$ 和 $\vec{a}_B$，请读者自己完成求解过程。

3-39 如图所示，直角弯杆 DME 可在两套筒中滑动，与套筒 A 垂直焊接的套筒臂 OA 以匀角速度 ω 绕轴 O 作逆时针转动，另一套筒可绕轴 B 转动，O、B 两点连线为铅垂直线，$OA = OB = l$，试求图示位置，直角弯杆 DME 上点 M 的速度和加速度。

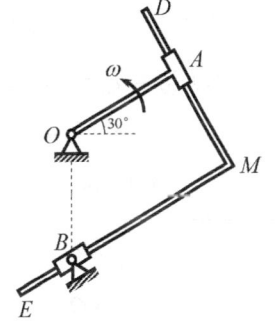

习题 3-39 图

解法一：

（1）动点与动系的选取。

动点：直角弯杆 DME 上的点 M；动系 1：与套筒杆 OA 固连，动系 2：与套筒 B 固连。

（2）速度分析：如解答图(a)所示。

$$\vec{v}_M = \vec{v}_{a1} = \vec{v}_{e1} + \vec{v}_{r1}, \quad \vec{v}_M = \vec{v}_{a2} = \vec{v}_{e2} + \vec{v}_{r2}$$

所以

	$\vec{v}_{e1}$	+	$\vec{v}_{r1}$	=	$\vec{v}_{e2}$	+	$\vec{v}_{r2}$
大小	$OM \cdot \omega$		?		$BM \cdot \omega$		?
方向	$\perp OM$		$//MD$		$\perp BM$		$//BM$

几何关系为

$$OM = \frac{\sqrt{7}}{2}l, \quad BM = \frac{3}{2}l, \quad AM = \frac{\sqrt{3}}{2}l \quad \cos\varphi = \frac{AM}{OM} = \sqrt{\frac{3}{7}}, \quad \sin\varphi = \frac{OA}{OM} = \frac{2}{\sqrt{7}}$$

沿 $\overrightarrow{MA}$ 方向投影，得到

$$v_{e1}\sin\varphi + v_{r1} = v_{e2} \Rightarrow v_{r1} = v_{e2} - v_{e1}\sin\varphi = BM \cdot \omega - OM \cdot \omega \cdot \frac{OA}{OM} = \frac{3}{2}l\omega - l\omega = \frac{1}{2}l\omega \text{（方向如图）}$$

沿 $\overrightarrow{BM}$ 方向投影，得到

$$v_{e1}\cos\varphi = v_{r2} \quad \Rightarrow \quad v_{r2} = v_{e1}\cos\varphi = OM\cdot\omega\cdot\frac{AM}{OM} = AM\cdot\omega = \frac{\sqrt{3}}{2}l\omega \text{（方向如图）}$$

则

$$\vec{v}_M = \vec{v}_{a2} = \vec{v}_{e2} + \vec{v}_{r2} \quad (\vec{v}_{e2} \perp \vec{v}_{r2})$$

$$v_M = \sqrt{(v_{e2})^2 + (v_{r2})^2} = \sqrt{(BM\cdot\omega)^2 + (AM\cdot\omega)^2} = \sqrt{\left(\frac{3}{2}l\omega\right)^2 + \left(\frac{\sqrt{3}}{2}l\omega\right)^2} = \sqrt{3}l\omega$$

（其方向与 MD 夹角为 $30°$，与 EM 夹角为 $60°$，即↑）

（3）加速度分析，如解答图(b)所示。

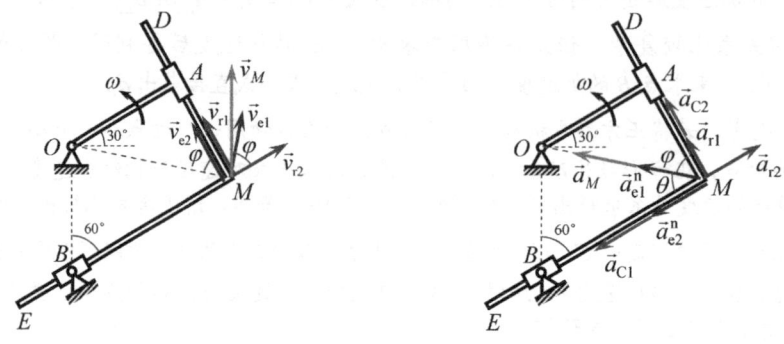

习题 3-39 解答图(a)　　　　　　习题 3-39 解答图(b)

因为 $\vec{a}_M = \vec{a}_{a1} = \vec{a}_{e1}^n + \vec{a}_{e1}^t + \vec{a}_{r1} + \vec{a}_{C1}$，$\vec{a}_M = \vec{a}_{a2} = \vec{a}_{e2}^n + \vec{a}_{e2}^t + \vec{a}_{r2} + \vec{a}_{C2}$，所以

	$\vec{a}_{e1}^n$	$+$	$\vec{a}_{e1}^t$	$+$	$\vec{a}_{r1}$	$+$	$\vec{a}_{C1}$	$=$	$\vec{a}_{e2}^n$	$+$	$\vec{a}_{e2}^t$	$+$	$\vec{a}_{r2}$	$+$	$\vec{a}_{C2}$
大小	$OM\cdot\omega^2 = \frac{\sqrt{7}}{2}l\omega^2$		0		?		$2\omega v_{r1}$		$BM\cdot\omega^2 = \frac{3}{2}l\omega^2$		0		?		$2\omega v_{r2}$
方向	$M\to O$		$//MD$		$\perp MD$		$M\to B$		$//BM$				$//MD$		

沿 $\overrightarrow{BM}$ 方向投影，得到

$$-a_{e1}^n\sin\varphi - a_{C1} = -a_{e2}^n + a_{r2} \quad \Rightarrow$$

$$a_{r2} = a_{e2}^n - a_{e1}^n\sin\phi - a_{C1} = \frac{3}{2}l\omega^2 - \frac{\sqrt{7}}{2}l\omega^2\cdot\frac{2}{\sqrt{7}} - 2\omega v_{r1}$$

$$= \frac{3}{2}l\omega^2 - \frac{\sqrt{7}}{2}l\omega^2\cdot\frac{2}{\sqrt{7}} - 2\omega\cdot\frac{1}{2}l\omega = -\frac{1}{2}l\omega^2 \text{（负号表示其真实方向与图示相反）}$$

则

$$\vec{a}_M = \vec{a}_{a2} = \vec{a}_{e2}^n + \vec{a}_{r2} + \vec{a}_{C2}$$

其中

$$a_{e2}^n = BM\cdot\omega^2 = \frac{3}{2}l\omega^2 \text{（}//MB\text{）} \quad a_{r2} = \frac{1}{2}l\omega^2 \text{（}//MB\text{）}$$

$$a_{C2} = 2\omega v_{r2} = \sqrt{3}l\omega^2 \text{（}\perp MB\text{）}$$

故
$$a_M = \sqrt{(a_{e2}^n - a_{r2})^2 + (a_{C2})^2} = \sqrt{\left(\frac{3}{2}l\omega^2 + \frac{1}{2}l\omega^2\right) + (\sqrt{3}l\omega^2)} = \sqrt{7}l\omega^2$$

确定 $\vec{a}_M$ 的方向：$\tan\theta = \dfrac{a_{C2}}{a_{e2}^n - a_{r2}} = \dfrac{\sqrt{3}}{2}$。

因为 $\tan\varphi = \dfrac{2}{\sqrt{3}}$，则 $\theta + \varphi = 90°$，由此可见，点 M 的加速度 $\vec{a}_M$ 的方向为由 M 指向 O，如解答图(b)所示。

解法二：

（1）将机构置于一般位置，假设杆 OA 与水平线夹角为 θ，则直角弯杆 DME 的 ME 段（或套筒 B）与铅垂线的夹角为 $90° - \theta$。如解答图(c)所示。

动点：直角弯杆 DME 上的点 M；动系：与套筒 B 固连。

（2）求直角弯杆 DME 上的点 M 相对于套筒 B 的相对速度 $\vec{v}_r$ 和相对加速度 $\vec{a}_r$。

由几何关系，得到
$$BM = BG + GM = OB\cos(90° - \theta) + OA = l\sin\theta + l$$
$$v_r = \frac{\mathrm{d}(BM)}{\mathrm{d}t} = (BM)' = l\cos\theta \cdot \dot\theta = l\omega_{OA}\cos\theta \quad （方向 // \overrightarrow{BM}）$$
$$a_r = \frac{\mathrm{d}v_r}{\mathrm{d}t} = (l\omega_{OA}\cos\theta)' = l\alpha_{OA}\cos\theta - l\omega_{OA}\sin\theta \cdot \dot\theta$$
$$= l\alpha_{OA}\cos\theta - l\omega_{OA}^2\sin\theta = -l\omega_{OA}^2\sin\theta \quad （负号表示其真实方向为 //\overrightarrow{MB}）$$

当 $\theta = 30°$ 时（图示位置或图示瞬时），
$$v_r = l\omega\cos 30° = \frac{\sqrt{3}}{2}l\omega \quad （方向 // \overrightarrow{BM}）$$
$$a_r = -l\omega^2\sin 30° = -\frac{1}{2}l\omega^2 \quad （负号表示其真实方向为 //\overrightarrow{MB}）$$

（3）求直角弯杆 DME 上的点 M 的速度和加速度。

当 $\theta = 30°$ 时（图示位置或图示瞬时），速度分析如解答图(d)所示。

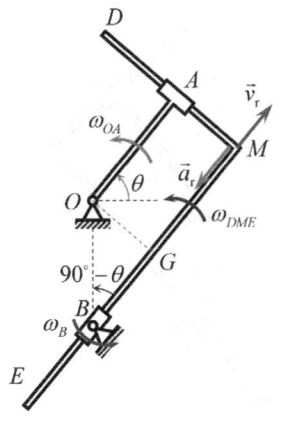
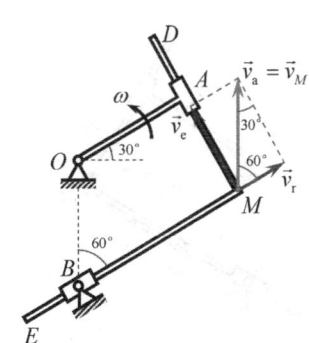

习题 3-39 解答图(c)   习题 3-39 解答图(d)

第 3 章 复合运动 ▶ 93

由点的复合运动速度合成定理，得到

$$\vec{v}_a = \vec{v}_e + \vec{v}_r$$

大小	v_M?	$BM \cdot \omega_B$ $=\dfrac{3}{2}l\omega$	$\dfrac{\sqrt{3}}{2}l\omega$
方向	?	$\perp BM$	$//\overrightarrow{BM}$

由速度矢量的平行四边形几何关系，得到

$$v_M = v_a = \dfrac{v_r}{\sin 30°} = 2v_r = \sqrt{3}l\omega \quad (\uparrow)$$

当 $\theta = 30°$ 时（图示位置或图示瞬时），加速度分析如解答图(e)所示。

由点的复合运动加速度合成定理，得到

$$\vec{a}_a = \vec{a}_e^n + \vec{a}_e^t + \vec{a}_r + \vec{a}_C$$

大小	a_M?	$BM \cdot \omega_B^2$ $=\dfrac{3}{2}l\omega^2$	$BM \cdot \alpha_{OA}$ $=0$	$\dfrac{1}{2}l\omega^2$	$2\omega_B v_r$ $=\sqrt{3}l\omega^2$
方向	?	$M \to B$		$M \to B$	$\perp MB$

则

$$a_{Mx} = -a_e^n \cos 30° - a_r \cos 30° - a_C \sin 30° = -\dfrac{3}{2}l\omega^2 \cdot \dfrac{\sqrt{3}}{2} - \dfrac{1}{2}l\omega^2 \cdot \dfrac{\sqrt{3}}{2} - \sqrt{3}l\omega^2 \cdot \dfrac{1}{2} = -\dfrac{3\sqrt{3}}{2}l\omega^2$$

$$a_{My} = -a_e^n \sin 30° - a_r \sin 30° + a_C \cos 30° = -\dfrac{3}{2}l\omega^2 \cdot \dfrac{1}{2} - \dfrac{1}{2}l\omega^2 \cdot \dfrac{1}{2} + \sqrt{3}l\omega^2 \cdot \dfrac{\sqrt{3}}{2} = \dfrac{1}{2}l\omega^2$$

$$a_M = \sqrt{a_{Mx}^2 + a_{My}^2} = \sqrt{\left(-\dfrac{3\sqrt{3}}{2}l\omega^2\right)^2 + \left(\dfrac{1}{2}l\omega^2\right)^2} = \sqrt{7}l\omega^2$$

确定 $\vec{a}_M$ 的方向：$\tan\beta = \left|\dfrac{a_{My}}{a_{Mx}}\right| = \dfrac{1}{3\sqrt{3}}$，而 $\tan(60°-\varphi) = \dfrac{1}{3\sqrt{3}}$，可见，点 M 的加速度 $\vec{a}_M$ 的方向为由 M 指向 O，如解答图(e)所示。

解法三：

将机构置于一般位置，假设杆 OA 与水平线夹角为 θ，则直角弯杆 DME 的 ME 段（或套筒 B）与铅垂线的夹角为 $90°-\theta$。建立直角坐标系 Bxy，如解答图(f)所示。

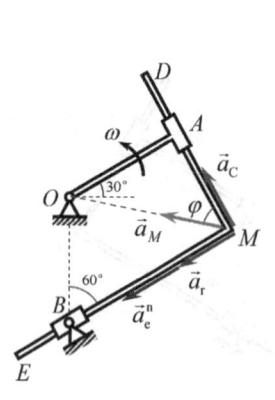

习题 3-39 解答图(e)

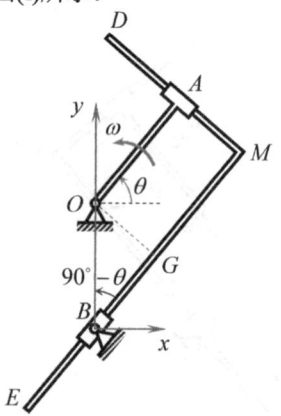

习题 3-39 解答图(f)

$$x_M = BM\sin(90°-\theta) = (BG+GM)\sin(90°-\theta) = [OB\cos(90°-\theta)+OA]\sin(90°-\theta)$$
$$= (l\sin\theta+l)\cos\theta = l\cos\theta(\sin\theta+1)$$
$$y_M = BM\cos(90°-\theta) = (BG+GM)\cos(90°-\theta) = [OB\cos(90°-\theta)+OA]\cos(90°-\theta)$$
$$= (l\sin\theta+l)\sin\theta = l\sin\theta(\sin\theta+1)$$

则
$$v_{Mx} = \dot{x}_M = -l\sin\theta\cdot\dot\theta(\sin\theta+1)+l\cos^2\theta\cdot\dot\theta = l\dot\theta(\cos2\theta-\sin\theta)$$
$$v_{My} = \dot{y}_M = l\cos\theta\cdot\dot\theta(\sin\theta+1)+l\sin\theta(\cos\theta\cdot\dot\theta) = l\dot\theta(\cos\theta+\sin2\theta)$$
$$a_{Mx} = \dot{v}_{Mx} = \ddot{x}_M = l(-\sin2\theta\cdot2\dot\theta-\cos\theta\cdot\dot\theta)\dot\theta+l(\cos2\theta-\sin\theta)\ddot\theta$$
$$= -l\dot\theta^2(\cos\theta+2\sin2\theta)+l\ddot\theta(\cos2\theta-\sin\theta)$$
$$a_{My} = \dot{v}_{My} = \ddot{y}_M = l(\cos2\theta\cdot2\dot\theta-\sin\theta\cdot\dot\theta)\dot\theta+l(\sin2\theta+\cos\theta)\ddot\theta$$
$$= l\dot\theta^2(2\cos2\theta-\sin\theta)+l\ddot\theta(\sin2\theta+\cos\theta)$$

当 $\theta=30°$ 时（如图(g)所示的位置或瞬时），$\dot\theta=\omega$，$\ddot\theta=\alpha_{OA}=0$，则
$$v_{Mx} = l\omega(\cos2\times30°-\sin30°)=0, \quad v_{My}=l\omega(\cos30°+\sin2\times30°)=\sqrt{3}l\omega$$

故
$$v_M = \sqrt{3}l\omega \quad (\uparrow)$$
$$a_{Mx} = -l\omega^2(\cos30°+2\sin2\times30°) = -\frac{3\sqrt{3}}{2}l\omega^2$$
$$a_{My} = l\omega^2(2\cos2\times30°-\sin30°) = \frac{1}{2}l\omega^2$$

故
$$a_M = \sqrt{a_{Mx}^2+a_{My}^2} = \sqrt{7}l\omega^2$$

确定 $\vec{a}_M$ 的方向：$\tan\beta = \left|\dfrac{a_{My}}{a_{Mx}}\right| = \dfrac{1}{3\sqrt{3}}$，而 $\tan(60°-\varphi) = \dfrac{1}{3\sqrt{3}}$，可见，点 M 的加速度 $\vec{a}_M$ 的方向为由 M 指向 O，如解答图(g)所示。

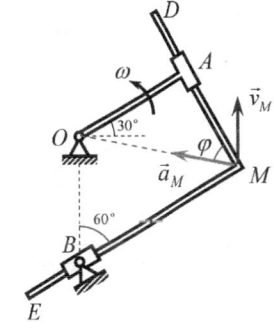

习题 3-39 解答图(g)

解析：
（1）由于直角弯杆 DME 同时受到作定轴转动的杆 OA（套筒 A）和作定轴转动的套筒 B 两个刚体的约束，使得直角弯杆 DME 作一般平面运动，所以在任意瞬时（任意位置）都有 $\omega_{DME}=\omega_{OA\text{或套筒}A}=\omega_{\text{套筒}B}$ 和 $\alpha_{DME}=\alpha_{OA\text{或套筒}A}=\alpha_{\text{套筒}B}$，在求解过程中注意利用这种关系，可以不区分这三个刚体的角速度和角加速度。

（2）由题目的已知条件可知两个作定轴转动的套筒 A 和套筒 B 都套在直角弯杆 DME 上，使得直角弯杆 DME 以匀角速度 $\omega_{DME}=\omega$（$\alpha_{DME}=0$）逆时针作一般平面运动，无法得知直角弯杆 DME 上某一点的速度和加速度的大小及方向，又因为直角弯杆 DME 相对于套筒 A 和套筒 B 在接触处都作直线平移，因此选取直角弯杆 DME 上的点 M 为动点、两个动系分别与套筒 A 和套筒 B 固连，就顺理成章成为解题方法了。

（3）解法二和解法三都巧妙地使用了定义法，这对很多难题，经常利用定义法使问题迎刃而解。

3-40 如图所示，齿轮 I、II 和曲柄 OA 空套在转轴 O 上，曲柄 OA 带动双连轮（由齿轮 III 和 IV 相固连而成）的转轴 A，各齿轮的半径分别为 r_1、r_2、r_3、r_4。已知齿轮 I、II 的角速度大小分别为 $\omega_1 = 4\omega$，$\omega_2 = 3\omega$，转向都为逆时针，试求曲柄 OA 以及双连轮的角速度。

解法一：刚体平面运动的两点速度关系法

假设：齿轮 I 上的点 B 与齿轮 IV 上的点 B' 相互啮合；齿轮 II 上的点 C 与齿轮 III 上的点 C' 相啮合，则有 $\vec{v}_B = \vec{v}_{B'}$，$\vec{v}_C = \vec{v}_{C'}$，如解答图(a)所示。设齿轮 III（齿轮 IV）的绝对角速度为 ω_A（逆时针）。

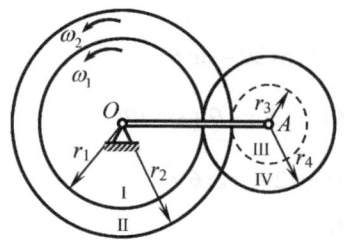

习题 3-40 图

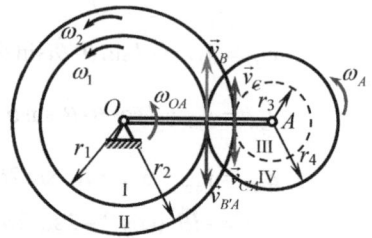

习题 3-40 解答图(a)

又由两点的速度关系有 $\vec{v}_{B'} = \vec{v}_A + \vec{v}_{B'A}$，$\vec{v}_{C'} = \vec{v}_A + \vec{v}_{C'A}$，则

$$\vec{v}_B = \vec{v}_{B'} = \vec{v}_A + \vec{v}_{B'A}$$

大小　　　$r_1\omega_1$　　　　　$OA\cdot\omega_{OA}?$　　　$r_4\omega_A?$

方向　　　↑　　　　　　　　↑　　　　　　　　↓

沿铅垂向上投影，得到

$$v_B = v_A - v_{B'A} \Rightarrow r_1\omega_1 = OA\cdot\omega_{OA} - r_4\omega_A \tag{1}$$

$$\vec{v}_C = \vec{v}_{C'} = \vec{v}_A + \vec{v}_{C'A}$$

大小　　　$r_2\omega_2$　　　　　$OA\cdot\omega_{OA}?$　　　$r_3\omega_A?$

方向　　　↑　　　　　　　　↑　　　　　　　　↓

沿铅垂向上投影，得到

$$v_C = v_A - v_{C'A} \Rightarrow r_2\omega_2 = OA\cdot\omega_{OA} - r_3\omega_A \tag{2}$$

其中，$OA = r_1 + r_4 = r_2 + r_3$，联立式（1）和式（2）求解，得到

$$\omega_{OA} = \frac{3r_2 r_4 - 4r_1 r_3}{(r_2 + r_3)(r_4 - r_3)}\omega \text{（逆时针）}, \quad \omega_A = \frac{3r_2 - 4r_1}{r_4 - r_3}\omega \text{（逆时针）}$$

解法二：刚体平面运动的速度瞬心法

假设：齿轮 I 上的点 B 与齿轮 IV 上的点 B' 相互啮合；齿轮 II 上的点 C 与齿轮 III 上的点 C' 相啮合，则有 $\vec{v}_B = \vec{v}_{B'}$，$\vec{v}_C = \vec{v}_{C'}$，如解答图(b)所示。

设齿轮 III（齿轮 IV）的绝对角速度为 ω_A（逆时针），注意：$OA = r_1 + r_4 = r_2 + r_3$。

齿轮 I：$v_B = r_1\omega_1 = 4r_1\omega$（↑），齿轮 II：$v_C = r_2\omega_2 = 3r_2\omega$（↑）。

齿轮 III（齿轮 IV）：速度瞬心为点 P，$v_{B'} = PB'\cdot\omega_A = 4r_1\omega$，$v_{C'} = PC'\cdot\omega_A = 3r_2\omega$，则

$$\frac{PB'}{PC'} = \frac{4r_1}{3r_2}, \text{ 且 } PC' - PB' = r_4 - r_3 = r_2 - r_1$$

$$PB' = \frac{4r_1(r_4 - r_3)}{3r_2 - 4r_1} \text{ 或 } PB' = \frac{4r_1(r_2 - r_1)}{3r_2 - 4r_1}, \quad PC' = \frac{3r_2(r_4 - r_3)}{3r_2 - 4r_1} \text{ 或 } PC' = \frac{3r_2(r_2 - r_1)}{3r_2 - 4r_1}$$

$$PA = PB' + r_4 = \frac{3r_2r_4 - 4r_1r_3}{3r_2 - 4r_1}, \text{ 所以}$$

$$\omega_A = \frac{v_{B'}}{PB'} = \frac{4r_1\omega}{\frac{4r_1(r_4-r_3)}{3r_2-4r_1}} = \frac{3r_2-4r_1}{r_4-r_3}\omega \text{ （逆时针）}$$

$$v_A = PA \cdot \omega_A = \frac{3r_2r_4 - 4r_1r_3}{3r_2 - 4r_1} \cdot \frac{3r_2-4r_1}{r_2-r_1}\omega = \frac{3r_2r_4 - 4r_1r_3}{r_2-r_1}\omega \text{ （↑）}$$

杆 OA： $$\omega_{OA} = \frac{v_A}{OA} = \frac{\frac{3r_2r_4-4r_1r_3}{r_2-r_1}\omega}{r_2+r_3} = \frac{3r_2r_4-4r_1r_3}{(r_2-r_1)(r_2+r_3)}\omega \text{ （逆时针）}$$

解法三：点的复合运动的方法

动点：杆 OA 上的点 A；动系 1：与齿轮 I 固连；动系 2：与齿轮 II 固连。

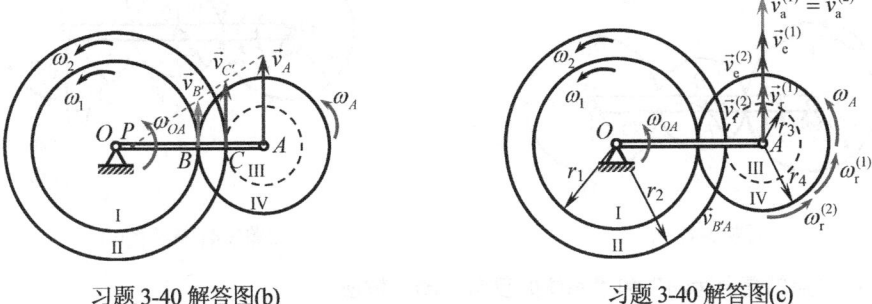

习题 3-40 解答图(b)　　　　　习题 3-40 解答图(c)

假设：齿轮 III（齿轮 IV）的绝对角速度为 ω_A，齿轮 III（齿轮 IV）相对于齿轮 I 的角速度为 $\omega_r^{(1)}$，齿轮 III（齿轮 IV）相对于齿轮 II 的角速度为 $\omega_r^{(2)}$，如解答图(c)所示。

	$\vec{v}_a^{(1)}$	=	$\vec{v}_e^{(1)}$	+	$\vec{v}_r^{(1)}$
大小	$OA \cdot \omega_{OA}$?		$OA \cdot \omega_{OA}$		$r_4\omega_r^{(1)} = r_4(\omega_A-\omega_1)$?
方向	↑		↑		↑
	$\vec{v}_a^{(2)}$	=	$\vec{v}_e^{(2)}$	+	$\vec{v}_r^{(2)}$
大小	$OA \cdot \omega_{OA}$?		$OA \cdot \omega_2$		$r_3\omega_r^{(2)} = r_3(\omega_A-\omega_2)$?
方向	↑		↑		↑

将上述两个矢量表达式分别沿铅垂向上投影，得到

$$OA \cdot \omega_{OA} = OA \cdot \omega_1 + r_4(\omega_A - \omega_1), \quad OA \cdot \omega_{OA} = OA \cdot \omega_2 + r_3(\omega_A - \omega_2)$$

联立上两式求解，得到

$$\omega_{OA} = \frac{3r_2r_4 - 4r_1r_3}{(r_2+r_3)(r_4-r_3)}\omega \text{ （逆时针）}, \quad \omega_A = \frac{r_2\omega_2 - r_1\omega_1}{r_4-r_3} = \frac{3r_2-4r_1}{r_4-r_3}\omega \text{ （逆时针）}$$

解析：

（1）齿轮 I、齿轮 II 和曲柄 OA 空套在转轴 O 上，意味着齿轮 I、齿轮 II 和曲柄 OA 这三个刚体之间没有约束，互不干涉，可各自独立地绕轴 O 作定轴转动，这三个刚体之间的角速度或角加速度并没有直接的关联。另外，齿轮 III 和齿轮 IV 固连成同一个刚体，齿轮 III 和齿轮 IV 应有相同的角速度和角加速度。齿轮 III（齿轮 IV）作平面一般运动，可分解为随杆 OA 上的点的平移和绕点 A 的转动这两种运动。而齿轮 III（齿轮 IV）相对于杆 OA 作定轴转动，杆 OA 又绕轴 O 作定轴转动。

（2）本题可以用两类不同解法（解法一和解法二属于同一类解法）来求解，解法一和解法二是"刚

第 3 章 复合运动 ▶ 97

体平面运动"的"两点速度关系法"和"速度瞬心法",解法三是"点的复合运动"解法。解法一和解法二,思路简单清晰,但须用到齿轮啮合点的速度相等的性质,即 $\vec{v}_B = \vec{v}_{B'}$,$\vec{v}_C = \vec{v}_{C'}$;解法三,稍显麻烦一些,必须利用"刚体复合运动"知识,即齿轮与齿轮之间的纯滚动的相对角速度满足 $\omega_r^{(1)} = \omega_A - \omega_1$,$\omega_r^{(2)} = \omega_A - \omega_2$。

(3)在解法三的"点的复合运动"的矢量表达式:$\vec{v}_a^{(1)} = \vec{v}_e^{(1)} + \vec{v}_r^{(1)}$ 或 $\vec{v}_a^{(2)} = \vec{v}_e^{(2)} + \vec{v}_r^{(2)}$ 中,各矢量都相互平行,只能求解一个未知量,但是每个矢量式中却有两个未知量,所以需将两个矢量式联立求解。

3-41 如图所示,在周转轮系传动装置中,半径为 $r_1 = 3r$ 的主动齿轮 I 以角速度 ω_0 和角加速度 α_0 作逆时针转动,而长度为 $l = 10r$ 的曲柄 OA 以同样的角速度和角加速度绕其轴 O 作顺时针转动,齿轮 II 的半径为 $r_2 = 2r$,点 M 位于半径为 $r_3 = 3r$ 的从动齿轮上,且在垂直于曲柄的直径的末端,试求点 M 的速度和加速度。

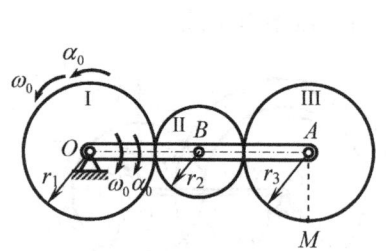
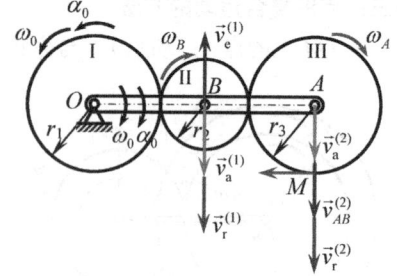

习题 3-41 图 　　　　　　　习题 3-41 解答图(a)

解法一:"点的复合运动"和"刚体的复合运动"解法

动点 1:杆 OA 上的点 B;动系 1:与齿轮 I 固连;

动点 2:杆 OA 上的点 A;动系 2:与齿轮 II 固连。

(1)速度分析,如解答图(a)所示。

$$\vec{v}_a^{(1)} = \vec{v}_e^{(1)} + \vec{v}_r^{(1)}$$

大小　　　v_B　　　　　　$OB \cdot \omega_1$　　　　$r_2 \omega_r^{(1)}$
　　　　$= OB \cdot \omega_0$　　$= OB \cdot \omega_0$　　$= r_2(\omega_0 + \omega_B)$?

方向　　　↓　　　　　　↑　　　　　　↓

沿铅垂向上投影,得到

$-v_a^{(1)} = v_e^{(1)} - v_r^{(1)}$ ⇒ $-OB \cdot \omega_0 = OB \cdot \omega_0 - r_2(\omega_0 + \omega_B)$ ⇒

$2 \cdot OB \cdot \omega_0 = r_2(\omega_0 + \omega_B)$ ⇒ $2(r_1 + r_2)\omega_0 = r_2(\omega_0 + \omega_B)$ ⇒

$2(3r + 2r)\omega_0 = 2r(\omega_0 + \omega_B)$ ⇒ $\omega_B = 4\omega_0$(顺时针)

因为　　　$\vec{v}_a^{(2)} = \vec{v}_e^{(2)} + \vec{v}_r^{(2)}$,　$\vec{v}_e^{(2)} = \vec{v}_B + \vec{v}_{AB}^{(2)}$

所以

$$\vec{v}_a^{(2)} = \vec{v}_B + \vec{v}_{AB}^{(2)} + \vec{v}_r^{(2)}$$

大小　　　v_A　　　　v_B　　　　　　　$r_3 \omega_r^{(2)}$
　　　　$= OA \cdot \omega_0$　$= OB \cdot \omega_0$　　$AB \cdot \omega_B$　$= r_3(\omega_A - \omega_B)$?

方向　　　↓　　　　　↓　　　　　↓　　　　　↓

沿铅垂向上投影,得到

$-v_a^{(2)} = -v_B - v_{AB}^{(2)} - v_r^{(2)}$ ⇒ $-OA \cdot \omega_0 = -OB \cdot \omega_0 - AB \cdot \omega_B - r_3(\omega_A - \omega_B)$ ⇒

$10r \cdot \omega_0 = 5r \cdot \omega_0 + 5r \cdot 4\omega_0 + 3r \cdot (\omega_A - 4\omega_0)$ ⇒ $\omega_A = -\omega_0$(负号表示其真实转向与图示相反)

又因为
$$\vec{v}_M = \vec{v}_A + \vec{v}_{MA}$$

	大小	?	$OA \cdot \omega_0$	$MA \cdot \omega_A = 3r\omega_A$
	方向	?	↓	⊥ MA

$$v_{Mx} = -v_{MA} = -3r\omega_A = -3r \cdot (-\omega_0) = 3r\omega_0$$

$$v_{My} = -v_A = -OA \cdot \omega_0 = -10r\omega_0$$

$$\vec{v}_M = v_{Mx}\vec{i} + v_{My}\vec{j} = 3r\omega_0\vec{i} - 10r\omega_0\vec{j}$$

(2) 加速度分析，如解答图(b)所示。

$$\vec{a}_{an}^{(1)} + \vec{a}_{at}^{(1)} = \vec{a}_{en}^{(1)} + \vec{a}_{et}^{(1)} + \vec{a}_{rn}^{(1)} + \vec{a}_{rt}^{(1)} + \vec{a}_{en}^{(1)} + \vec{a}_{C}^{(1)}$$

其中 $a_{an}^{(1)} = a_B^n = OB \cdot \omega_0^2 = 5r\omega_0^2$ （←）

习题 3-41 解答图(b)

$$a_{at}^{(1)} = a_B^t = OB \cdot \alpha_0 = 5r\alpha_0 \ (\downarrow)$$

$$a_{en}^{(1)} = OB \cdot \omega_0^2 = 5r\omega_0^2 \ (\leftarrow), \quad a_{et}^{(1)} = OB \cdot \alpha_0 = 5r\alpha_0 \ (\uparrow)$$

$$a_{rn}^{(1)} = \frac{(v_r^{(1)})^2}{OB} = \frac{[r_2(\omega_0 + \omega_B)]^2}{5r} = \frac{[2r(\omega_0 + 4\omega_0)]^2}{5r} = \frac{(10r\omega_0)^2}{5r} = 20r\omega_0^2 \ (\leftarrow)$$

$$a_{rt}^{(1)} = r_2\alpha_r^{(1)} = r_2(\alpha_0 + \alpha_B) = 2r(\alpha_0 + \alpha_B) = ? \ (\downarrow)$$

$$a_C^{(1)} = 2\omega_0 v_r^{(1)} = 2\omega_0 \cdot r_2(\omega_0 + \omega_B) = 2\omega_0 \cdot 2r(\omega_0 + 4\omega_0) = 20r\omega_0^2 \ (\rightarrow)$$

沿铅垂向上投影，得到

$$-a_{at}^{(1)} = a_{et}^{(1)} - a_{rt}^{(1)} \quad \Rightarrow \quad -5r\alpha_0 = 5r\alpha_0 - 2r(\alpha_0 + \alpha_B) \quad \Rightarrow \quad \alpha_B = 4\alpha_0 \text{（顺时针）}$$

因为

$$\vec{a}_a^{(2)} = \vec{a}_e^{(2)} + \vec{a}_r^{(2)} + \vec{a}_C^{(2)}, \quad \vec{a}_a^{(2)} = \vec{a}_A^n + \vec{a}_A^t = \vec{a}_{an} + \vec{a}_{at}, \quad \vec{a}_e^{(2)} = \vec{a}_B^n + \vec{a}_B^t + \vec{a}_{AB}^n + \vec{a}_{AB}^t$$

所以

$$\vec{a}_A^n + \vec{a}_A^t = \vec{a}_B^n + \vec{a}_B^t + \vec{a}_{AB}^n + \vec{a}_{AB}^t + \vec{a}_{rn}^{(2)} + \vec{a}_{rt}^{(2)} + \vec{a}_C^{(2)}$$

其中

$$\vec{a}_A^n = OA \cdot \omega_0^2 = 10r\omega_0^2 (\leftarrow), \quad \vec{a}_A^t = OA \cdot \alpha_0 = 10r\alpha_0 \ (\downarrow)$$

$$\vec{a}_B^n = OB \cdot \omega_0^2 = 5r\omega_0^2 \ (\leftarrow), \quad \vec{a}_B^t = OB \cdot \alpha_0 = 5r\alpha_0 \ (\downarrow)$$

$$a_{AB}^n = AB \cdot \omega_B^2 = 5r\omega_B^2 = 5r \cdot (4\omega_0)^2 = 80r\omega_0^2 \ (\leftarrow), \quad a_{AB}^t = AB \cdot \alpha_B = 5r\alpha_B = 5r \cdot 4\alpha_0 = 20r\alpha_0 \ (\downarrow)$$

$$a_{rn}^{(2)} = \frac{(v_r^{(2)})^2}{AB} = \frac{[r_3(\omega_A - \omega_B)]^2}{5r} = \frac{[3r(-\omega_0 - 4\omega_0)]^2}{5r} = 45r\omega_0^2 \ (\leftarrow)$$

$$a_{rt}^{(2)} = r_3\alpha_r^{(2)} = r_3(\alpha_A - \alpha_B) = 3r(\alpha_A - 4\alpha_0) \ (\downarrow), \quad a_C^{(2)} = 2\omega_B v_r^{(2)} = 2\omega_B \cdot r_3(\omega_A - \omega_B) = -120r\omega_0^2 \ (\leftarrow)$$

沿铅垂向上投影，得到

$$-a_A^t = -a_B^t - a_{AB}^t - a_{rt}^{(2)} \quad \Rightarrow$$

$$-10r\alpha_0 = -5r\alpha_0 - 20r\alpha_0 - 3r(\alpha_A - 4\alpha_0) \quad \Rightarrow \quad \alpha_A = -\alpha_0 \text{（负号表示其真实转向与图示相反）}$$

又因为

	$\vec{a}_M$	$=$	$\vec{a}_A^n$	$+$	$\vec{a}_A^t$	$+$	$\vec{a}_{MA}^n$	$+$	$\vec{a}_{MA}^t$
大小	?		$OA \cdot \omega_0^2$		$OA \cdot \alpha_0$		$r_3 \omega_A^2$		$r_3 \alpha_A$
方向	?		←		↓		↑		←

$$a_{Mx} = -a_A^n - a_{MA}^t = -OA \cdot \omega_0^2 - r_3 \alpha_A = -10r \cdot \omega_0^2 - 3r \cdot (-\alpha_0) = -10r\omega_0^2 + 3r\alpha_0$$

$$a_{My} = -a_A^t + a_{MA}^n = -OA \cdot \alpha_0 + r_3 \omega_A^2 = -10r \cdot \alpha_0 + 3r \cdot (-\omega_0)^2 = 3r\omega_0^2 - 10r\alpha_0$$

$$\vec{a}_M = a_{Mx}\vec{i} + a_{My}\vec{j} = (-10r\omega_0^2 + 3r\alpha_0)\vec{i} + (3r\omega_0^2 - 10r\alpha_0)\vec{j}$$

解法二："刚体的平面运动"方法

（1）速度分析，如解答图(c)所示。

假设：在齿轮Ⅰ上与齿轮Ⅱ的啮合点为 C，在齿轮Ⅱ上与齿轮Ⅰ的啮合点为 C'；在齿轮Ⅱ上与齿轮Ⅲ的啮合点为 D'，在齿轮Ⅲ上与齿轮Ⅱ的啮合点为 D。

由齿轮的啮合关系可知，$\vec{v}_C = \vec{v}_{C'}$，$\vec{v}_D = \vec{v}_{D'}$，$\vec{a}_C^t = \vec{a}_{C'}^t$，$\vec{a}_D^t = \vec{a}_{D'}^t$。

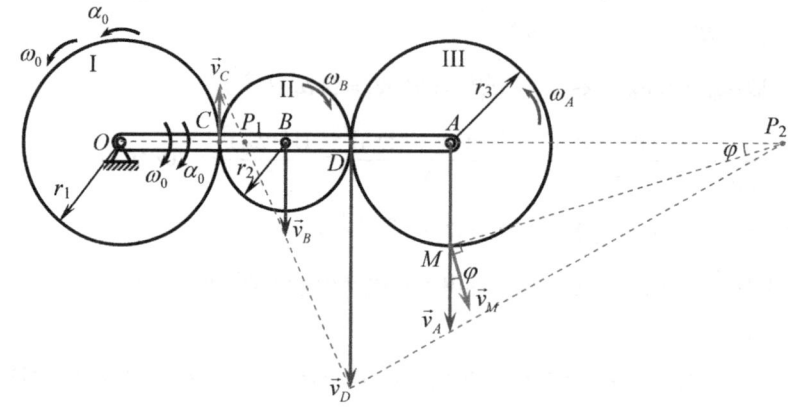

习题 3-41 解答图(c)

齿轮Ⅰ：$v_C = OC \cdot \omega_0 = r_1 \omega_0 = 3r\omega_0$（↑）

杆 OBA：$v_B = OB \cdot \omega_0 = 5r\omega_0$（↓），$v_A = OA \cdot \omega_0 = 10r\omega_0$（↓）

齿轮Ⅱ：点 P_1 为杆 OBA 的速度瞬心

因为
$$v_B = P_1B \cdot \omega_B = 5r\omega_0，v_C = P_1C \cdot \omega_B = 3r\omega_0，且 P_1B + P_1C = r_2 = 2r$$

所以
$$P_1C = \frac{3}{4}r，P_1B = \frac{5}{4}r，则 \omega_B = \frac{v_B}{P_1B} = \frac{5r\omega_0}{\frac{5}{4}r} = 4\omega_0（顺时针），$$

$$v_D = P_1D \cdot \omega_B = (P_1B + BD) \cdot \omega_B = \left(\frac{5}{4}r + 2r\right) \cdot 4\omega_0 = 13r\omega_0（↓）$$

齿轮Ⅲ：点 P_2 为齿轮Ⅲ的速度瞬心

因为
$$v_D = P_2D \cdot \omega_A = 13r\omega_0，v_A = P_2A \cdot \omega_A = 10r\omega_0，且 P_2D - P_2A = r_3 = 3r$$

所以
$$P_2A = 10r，P_2D = 13r，则 \omega_A = \frac{v_D}{P_2D} = \frac{13r\omega_0}{13r} = \omega_0（逆时针），$$

$$v_M = P_2M \cdot \omega_A = \sqrt{P_2A^2 + MA^2} \cdot \omega_A = \sqrt{109}r\omega_0 \quad (\text{方向如图}, \perp P_2M)$$

其矢量形式为

$$\vec{v}_M = v_M(\vec{i}\sin\varphi - \vec{j}\cos\varphi) = \sqrt{109}r\omega_0\left(\frac{3r}{\sqrt{109}r}\vec{i} - \frac{10r}{\sqrt{109}r}\vec{j}\right) = 3r\omega_0\vec{i} - 10r\omega_0\vec{j}$$

（2）加速度分析，如解答图(d)所示。

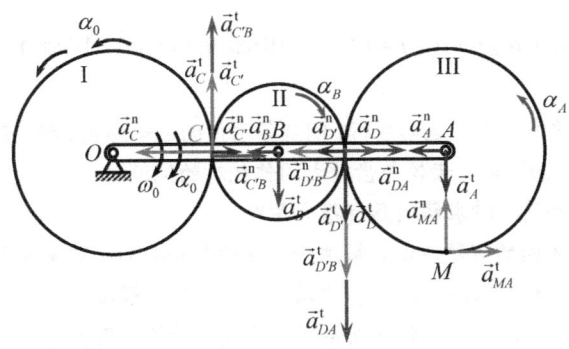

习题 3-41 解答图(d)

齿轮 I：
$$a_C^n = r_1\omega_0^2 = 3r\omega_0^2 \ (\leftarrow), \quad a_C^t = r_1\alpha_0 = 3r\alpha_0 \ (\uparrow)$$

齿轮 II：

	$\vec{a}_{C'}^n$	$+$	$\vec{a}_{C'}^t$	$=$	$\vec{a}_B^n$	$+$	$\vec{a}_B^t$	$+$	$\vec{a}_{C'B}^n$	$+$	$\vec{a}_{C'B}^t$
大小	?		$a_C^t = 3r\alpha_0$		$5r\omega_0^2$		$5r\alpha_0$		$2r\omega_B^2$		$2r\alpha_B$?
方向	水平		↑		←		↓		→		↑

沿铅垂向上投影，得到

$$a_{C'}^t = -a_B^t + a_{C'B}^t \Rightarrow 3r\alpha_0 = -5r\alpha_0 + 2r\alpha_B \Rightarrow \alpha_B = 4\alpha_0 \ (\text{顺时针})$$

齿轮 II：

	$\vec{a}_{D'}^n$	$+$	$\vec{a}_{D'}^t$	$=$	$\vec{a}_B^n$	$+$	$\vec{a}_B^t$	$+$	$\vec{a}_{D'B}^n$	$+$	$\vec{a}_{D'B}^t$
大小	?		?		$5r\omega_0^2$		$5r\alpha_0$		$2r\omega_B^2$		$2r\alpha_B$
方向	水平		↓		←		↓		←		↓

沿铅垂向上投影，得到

$$-a_{D'}^t = -a_B^t - a_{D'B}^t \Rightarrow a_{D'}^t = 5r\alpha_0 + 2r\alpha_B = 13r\alpha_0 \ (\downarrow)$$

齿轮 III：

	$\vec{a}_D^n$	$+$	$\vec{a}_D^t$	$=$	$\vec{a}_A^n$	$+$	$\vec{a}_A^t$	$+$	$\vec{a}_{DA}^n$	$+$	$\vec{a}_{DA}^t$
大小	?		$a_{D'}^t = 13r\alpha_0$		$10r\omega_0^2$		$10r\alpha_0$		$3r\omega_A^2$		$3r\alpha_A$?
方向	水平		↓		←		↓		→		↓

沿铅垂向上投影，得到

$$-a_D^t = -a_A^t - a_{DA}^t \Rightarrow -13r\alpha_0 = -10r\alpha_0 - 3r\alpha_A \Rightarrow \alpha_A = \alpha_0 \ (\text{逆时针})$$

$$\begin{array}{cccccc}
\vec{a}_M & = & \vec{a}_A^n & + & \vec{a}_A^t & + & \vec{a}_{MA}^n & + & \vec{a}_{MA}^t \\
\text{大小} \quad ? & & 10r\omega_0^2 & & 10r\alpha_0 & & 3r\omega_A^2 & & 3r\alpha_A \\
\text{方向} \quad ? & & \leftarrow & & \downarrow & & \uparrow & & \rightarrow
\end{array}$$

$$a_{Mx} = -a_A^n + a_{MA}^t = -10r\omega_0^2 + 3r\alpha_A = 3r\alpha_A - 10r\omega_0^2$$

$$a_{My} = -a_A^t + a_{MA}^n = -10r\alpha_0 + 3r\omega_A^2 = 3r\omega_0^2 - 10r\alpha_0$$

则

$$\vec{a}_M = a_{Mx}\vec{i} + a_{My}\vec{j} = (3r\alpha_0 - 10r\omega_0^2)\vec{i} + (3r\omega_0^2 - 10r\alpha_0)\vec{j}$$

解析：

（1）在求解本题之前首先要进行运动分析，明确各刚体的运动形式。杆 OBA 和齿轮 I 作定轴转动，齿轮 II 和齿轮 III 作一般平面运动。齿轮与齿轮之间作相对的纯滚动，三个齿轮与杆 OBA 作相对的定轴转动。分析清楚这些运动情况对求解问题有很大帮助。

（2）本题给出了两种不同的解题方法。解法一"点的复合运动和刚体复合运动"方法，由于该系统具有两个自由度，所以求解时必须选取两套"动点、动系"，解法一不必利用齿轮啮合点的速度与加速度的关系便可以求解；解法二"刚体平面运动"方法，必须利用齿轮啮合点的速度与加速度的关系，而且要结合齿轮 II 上和齿轮 III 上的"两点速度关系（或速度瞬心法）"与"两点的加速度关系"。两种解法相比较解法二比解法一显得简便、思路清晰。

（3）齿轮啮合传动时，其啮合点的速度大小相等、方向相同，在本题中有 $\vec{v}_C = \vec{v}_{C'}$，$\vec{v}_D = \vec{v}_{D'}$；啮合点的加速度大小不等、方向也不同，只是啮合点的加速度沿两个啮合齿轮轮廓线的公切线方向的投影相等，在本题中有 $\vec{a}_C^t = \vec{a}_{C'}^t$，$\vec{a}_D^t = \vec{a}_{D'}^t$。

3-45 在图示平面机构中，已知 $OD = l$，$OA = \sqrt{3}l$，$AB = 2l$，杆 AB 相对于杆 OA 的角速度 ω_r 为常数，转向为逆时针，试求图示位置杆 AB 上点 B 的速度和加速度。

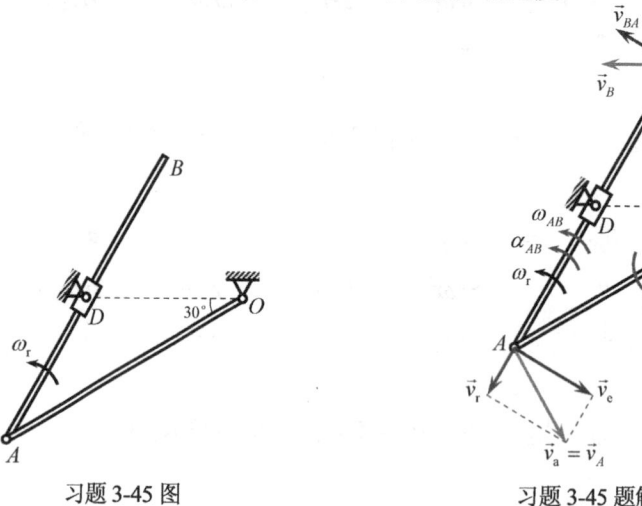

习题 3-45 图　　　　习题 3-45 题解答图(a)

解：

（1）杆 AB 与杆 OA 的转动关系，如解答图(a)所示，动刚体：杆 AB；动系：与杆 OA 固连。因为

$$\begin{array}{cccc}
& \vec{\omega}_a & = & \vec{\omega}_e & + & \vec{\omega}_r \\
\text{大小} & \omega_{AB} & & \omega_{OA} & & \omega_r \\
\text{方向} & \text{逆} & & \text{逆} & & \text{逆}
\end{array}$$

所以
$$\omega_{AB} = \omega_{OA} + \omega_r \tag{1}$$

又因为

	$\vec{\alpha}_a$	$=$	$\vec{\alpha}_e$	$+$	$\vec{\alpha}_r$
大小	α_{AB}		α_{OA}		$\alpha_r = 0$
方向	逆		逆		

所以
$$\alpha_{AB} = \alpha_{OA} \tag{2}$$

另外,再选取动点与动系——动点:杆 OA 上的点 A;动系:与套筒 D 固连。

(2) 速度分析,如解答图(a)所示。

	$\vec{v}_a$	$=$	$\vec{v}_e$	$+$	$\vec{v}_r$
大小	$OA \cdot \omega_{OA}$ $= \sqrt{3}l\omega_{OA}$		$AD \cdot \omega_{套筒}$ $= l\omega_{AB}$		?
方向	$\perp OA$		$\perp AD$		$//DA$

由几何关系,得到
$$v_a \cos 30° = v_e \Rightarrow \sqrt{3}l\omega_{OA} \frac{\sqrt{3}}{2} = l\omega_{AB} \Rightarrow \omega_{AB} = \frac{3}{2}\omega_{OA}$$

由式(1),得到
$$\omega_{OA} = 2\omega_r \text{(逆时针)},\text{于是} \omega_{AB} = 3\omega_r \text{(逆时针)}$$

$$v_a \sin 30° = v_r \Rightarrow v_r = \frac{1}{2}v_a = \frac{\sqrt{3}}{2}l\omega_{OA} = \frac{\sqrt{3}}{2}l \cdot 2\omega_r = \sqrt{3}l\omega_r \quad (//DA)$$

杆 AB:

	$\vec{v}_B$	$=$	$\vec{v}_A$	$+$	$\vec{v}_{BA}$
大小	?		$OA \cdot \omega_{OA}$ $= \sqrt{3}l\omega_{OA}$		$AB \cdot \omega_{AB}$ $= 2l\omega_{AB}$
方向	?		$\perp OA$		$\perp AB$

$$v_{Bx} = v_A \sin 30° - v_{BA} \cos 30°$$
$$= \sqrt{3}l\omega_{OA} \cdot \frac{1}{2} - 2l\omega_{AB} \cdot \frac{\sqrt{3}}{2} = -2\sqrt{3}l\omega_r$$

$$v_{By} = -v_A \cos 30° + v_{BA} \sin 30°$$
$$= -\sqrt{3}l\omega_{OA} \cdot \frac{\sqrt{3}}{2} + 2l\omega_{AB} \cdot \frac{1}{2} = 0$$

则
$$v_B = |v_{Bx}| = |-2\sqrt{3}l\omega_r| = 2\sqrt{3}l\omega_r \quad (\leftarrow)$$

(3) 加速度分析,如解答图(b)所示。

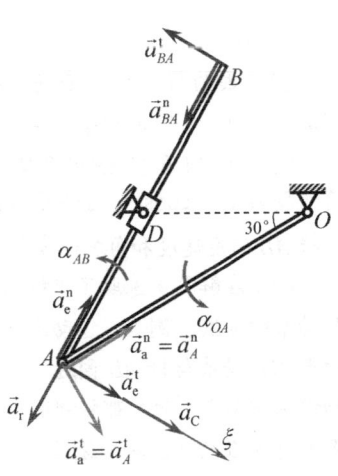

习题 3-45 题解答图(b)

	$\vec{a}_a^n$	$+$	$\vec{a}_a^t$	$=$	$\vec{a}_e^n$	$+$	$\vec{a}_e^t$	$+$	$\vec{a}_r$	$+$	$\vec{a}_C$
大小	$OA \cdot \omega_{OA}^2$ $= \sqrt{3}l\omega_{OA}^2$		$OA \cdot \alpha_{OA}$ $= \sqrt{3}l\alpha_{OA}$?		$AD \cdot \omega_{套筒}^2$ $= l\omega_{AB}^2$		$AD \cdot \alpha_{套筒}$ $= l\alpha_{AB}$?		?		$2\omega_{套筒}v_r$ $= 2\omega_{AB}v_r$
方向	$A \to O$		$\perp OA$		$A \to D$		$\perp AD$		$//DA$		$\perp AD$

沿 ξ 轴投影，得到

$$a_a^n \sin 30° + a_a^t \cos 30° = a_e^t + a_C \quad \Rightarrow \quad \sqrt{3}l\omega_{OA}^2 \cdot \frac{1}{2} + \sqrt{3}l\alpha_{OA} \cdot \frac{\sqrt{3}}{2} = l\alpha_{AB} + 2\omega_{AB}v_r \quad \Rightarrow$$

$$\sqrt{3}l \cdot (2\omega_r)^2 \cdot \frac{1}{2} + \sqrt{3}l\alpha_{OA} \cdot \frac{\sqrt{3}}{2} = l\alpha_{AB} + 2 \cdot (3\omega_r) \cdot (\sqrt{3}l\omega_r) \quad \Rightarrow \quad \frac{3}{2}\alpha_{OA} = \alpha_{AB} + 4\sqrt{3}\omega_r^2$$

由式（2），得到

$$\alpha_{OA} = \alpha_{AB} = 8\sqrt{3}\omega_r^2 \quad (\text{逆时针})$$

又因为

	$\vec{a}_B$	=	$\vec{a}_A^n$	+	$\vec{a}_A^t$	+	$\vec{a}_{BA}^n$	+	$\vec{a}_{BA}^t$
大小	?		$OA \cdot \omega_{OA}^2$ $= \sqrt{3}l\omega_{OA}^2$		$OA \cdot \alpha_{OA}$ $= \sqrt{3}l\alpha_{OA}$		$AB \cdot \omega_{AB}^2$ $= 2l\omega_{AB}^2$		$AB \cdot \alpha_{AB}$ $= 2l\alpha_{AB}$
方向	?		$A \to O$		$\perp OA$		$B \to A$		$\perp AB$

$$a_{Bx} = a_A^n \cos 30° + a_A^t \sin 30° - a_{BA}^n \sin 30° - a_{BA}^t \cos 30°$$
$$= \sqrt{3}l\omega_{OA}^2 \cdot \frac{\sqrt{3}}{2} + \sqrt{3}l\alpha_{OA} \cdot \frac{1}{2} - 2l\omega_{AB}^2 \cdot \frac{1}{2} - 2l\alpha_{AB} \cdot \frac{\sqrt{3}}{2} = -15l\omega_r^2$$

$$a_{By} = a_A^n \sin 30° - a_A^t \cos 30° - a_{BA}^n \cos 30° + a_{BA}^t \sin 30°$$
$$= \sqrt{3}l\omega_{OA}^2 \cdot \frac{1}{2} - \sqrt{3}l\alpha_{OA} \cdot \frac{\sqrt{3}}{2} - 2l\omega_{AB}^2 \cdot \frac{\sqrt{3}}{2} + 2l\alpha_{AB} \cdot \frac{1}{2} = -11\sqrt{3}l\omega_r^2$$

则

$$\vec{a}_B = a_{Bx}\vec{i} + a_{By}\vec{j} = -15l\omega_r^2\,\vec{i} - 11\sqrt{3}l\omega_r^2\,\vec{j}$$

解析：

（1）因为杆 AB 和套筒 D 平行，所以它们的角速度及角加速度的大小相等、转向相同，即 $\omega_{AB} = \omega_{套筒D}$，$\alpha_{AB} = \alpha_{套筒D}$。

（2）杆 OA 和杆 AB 的角速度及角加速度的关系。题目中的已知条件给出了杆 AB 相对于杆 OA 的角速度为 $\omega_r = \text{const}$，这样可以利用"刚体的复合运动"知识 $\vec{\omega}_a = \vec{\omega}_e + \vec{\omega}_r$ 和 $\vec{\alpha}_a = \vec{\alpha}_e + \vec{\alpha}_r$ 来求得杆 OA 与杆 AB 的角速度和角加速度之间的关系。

（3）在解答中选取了"杆 OA 上的点 A 为动点，动系与套筒 D 固连"，当然还有其他的选取动点和动系的方法，例如，"动点为杆 AB 上的点 B，动系与套筒 D 固连"，还可以选取"动点为套筒上的点 D，动系与杆 AB 固连"，请读者自己针对选取的这两种动点、动系给出解答。必须注意，无论如何选取动点、动系都要利用"刚体平面运动的两点速度关系"和"刚体平面运动的两点加速度关系"来求得点 B 的速度和加速度。

第二篇 静 力 学

静力学是研究物体在力系作用下平衡规律的科学。物体在惯性参考系中处于静止或匀速直线平移状态，称为平衡。在静力学中讲述的物体的受力分析和力系简化的方法及力系的两个特征量，不仅是力系平衡的必要基础，也是研究动力学问题的重要基础。

静力学研究作用在刚体上的力系简化与平衡问题，但并不是说对其他力学模型不适用，对于弹性体、流体等变形体，可以通过刚化公理，将静力学中由刚体得出的结论加以推广应用。因此，静力学的适用范围十分广泛，并成为许多后续课的必要基础。静力学的工程应用价值明显，如在工程结构和机器的构件设计中，首先必须进行静力学计算，然后以此为基础，再进行强度、刚度和稳定性的计算，构件的强度、刚度和稳定性计算将在材料力学课程中讲述。

本篇中的物理量是力、力矩、力偶矩、力系的主矢和主矩等矢量，关于力系的简化与平衡的研究都是基于矢量的几何加法。因此，本篇的静力学内容又称为矢量静力学，它有别于第 11 章所讲述的解决静力学问题的虚位移原理法，那里的研究对象是一般的质点系，处理的是广义位移、广义力、力的虚功等标量，并使用数学分析的方法，故虚位移原理常称为分析静力学。

第 4 章 静力学基本概念

4.1 内容提要

4.1.1 力的概念、力与力矩的计算方法

1. 力的概念和力的计算

力是物体之间相互的机械作用。物体在力作用下的运动效应，不仅有移动效应，而且还有转动效应，力的移动效应取决于力的大小和方向，力的转动效应通过力对点的矩来体现。作用于刚体上的力是滑移矢量，也称为滑动矢量，其三要素为力的大小、方向和作用线。

力的大小和方向称为力矢，力矢通常在直角坐标系中进行表示，有以下三种表示方法：

（1）当已知力的方向与三个坐标轴的夹角分别为 α、β、γ 时，则有 $F_x = F\cos\alpha$，$F_y = F\cos\beta$，$F_z = F\cos\gamma$，如图 4-1(a)所示。这种表示方法常称为力在直角坐标系上一次投影法。

（2）当已知力矢的球坐标 (F, φ, θ) 时，则有 $F_x = F\sin\theta\cos\varphi$，$F_y = F\sin\theta\sin\varphi$，$F_z = F\cos\theta$，如图 4-1(b)所示。这种表示方法常称为力在直角坐标系上二次投影法。

（3）当已知力的作用线上两点 A、B 的坐标时，则 $\vec{F} = F\dfrac{\overrightarrow{AB}}{|\overrightarrow{AB}|} = F_x\vec{i} + F_y\vec{j} + F_z\vec{k}$，其中，
$|\overrightarrow{AB}| = \sqrt{(x_B - x_A)^2 + (y_B - y_A)^2 + (z_B - z_A)^2}$，$F_x = \dfrac{F(x_B - x_A)}{|\overrightarrow{AB}|}$，$F_y = \dfrac{F(y_B - y_A)}{|\overrightarrow{AB}|}$，$F_z = \dfrac{F(z_B - z_A)}{|\overrightarrow{AB}|}$，
如图 4-1(c)所示。这种表示方法常称为力的解析法。

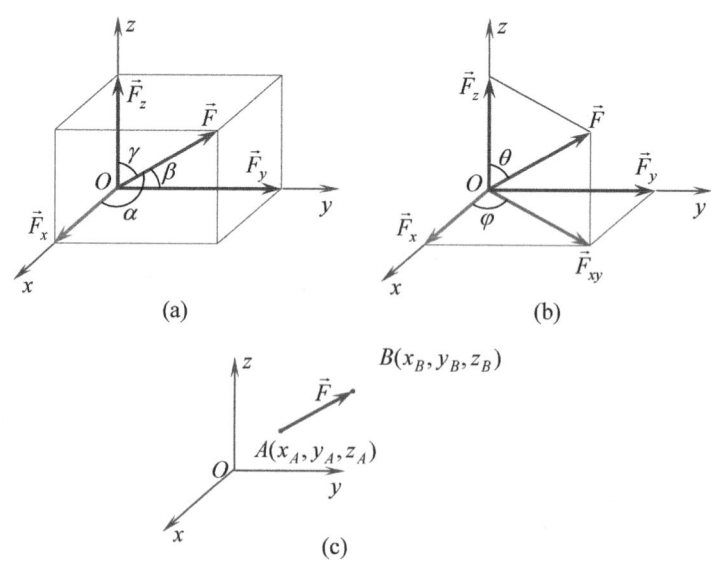

图 4-1 力矢的表示

另外，力在坐标轴上的投影和力沿坐标轴方向的分力是两个不同的力学概念，必须予以严格区别：

（1）力在坐标轴上的投影是代数量，而分力是矢量。只有在直角坐标系中，力在坐标轴上的投影的绝对值才与力沿该坐标系的三个坐标轴方向进行分解时在对应坐标轴方向上分力的大小相等。但对于斜交坐标系，力在坐标轴上的投影的绝对值并不等于力在该坐标轴上分力的大小，如图 4-2(a)所示。

（2）力在某一坐标轴上的投影是唯一的，但力沿此坐标轴方向的分力却依赖于分解该力的其他坐标轴，例如，如图 4-2(b)所示的与坐标轴 x 垂直的力 $\vec{F}$ 在 x 轴上的投影必为零，但是该力在 x 轴上的分力 $\vec{F}_1$ 不仅可以不为零，而且其值还依赖于分解该力的 y 轴的方位。

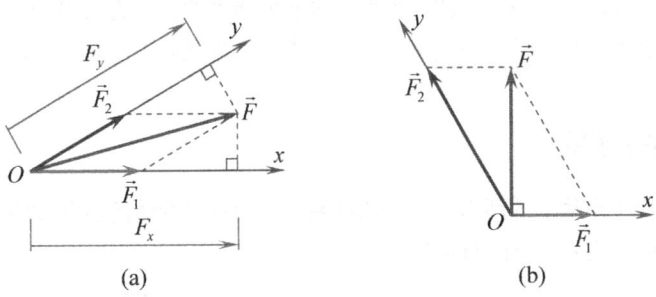

图 4-2　斜交坐标系中力的投影与分力的区别

力在任意轴 l（其正向的单位矢量为 $\vec{l}^0$）上的投影 F_l 可用以下两种方法来计算：

（1）几何法：$F_l = |F|\cos\theta$，其中 θ 为 $\vec{F}$ 方向与 $\vec{l}^0$ 方向的夹角。

（2）解析法：$F_l = F_x l_x^0 + F_y l_y^0 + F_z l_z^0$。

2. 力对点的矩和对轴的矩的计算

由于同一个力对不同点的矩是不同的，所以力对点的矩是一个定位矢量。若在矩心 O 处建立直角坐标系 $Oxyz$，则力 $\vec{F}$ 对点 O 的矩可表示为

$$\vec{M}_O(\vec{F}) = \vec{r} \times \vec{F} = \begin{vmatrix} \vec{i} & \vec{j} & \vec{k} \\ x & y & z \\ F_x & F_y & F_z \end{vmatrix} = (yF_z - zF_y)\vec{i} + (zF_x - xF_z)\vec{j} + (xF_y - yF_x)\vec{k}$$

式中，$\vec{r} = x\vec{i} + y\vec{j} + z\vec{k}$ 为矩心 O 至力 $\vec{F}$ 作用点的矢径。

在平面力系的特殊情况下，各力的作用线在同一平面内，这些力对该平面内某点的矩都垂直于此平面，这时可将力对点的矩（简称力矩）看成代数量。通常规定：从该平面上方俯视，力矩为逆时针转向时取正号，顺时针转向时取负号，力矩的大小等于力的大小乘以力臂。此时，力矩也可通过直接写其大小，并画其转向直观表示。

力对任意一点的力矩矢量在过此点的任一轴上的投影等于此力对该轴的矩。所以，力对轴的矩为一代数量；当力的作用线与某轴相交或平行时，则此力对该轴的矩为零；力 $\vec{F}$ 对坐标原点 O 的矩 $\vec{M}_O(\vec{F})$ 与对三个直角坐标轴 Ox、Oy、Oz 的矩 $M_x(\vec{F})$、$M_y(\vec{F})$、$M_z(\vec{F})$ 的关系为

$$\vec{M}_O(\vec{F}) = M_x(\vec{F})\vec{i} + M_y(\vec{F})\vec{j} + M_z(\vec{F})\vec{k}$$

3. 合力矩定理

某个力对任意一点的矩等于其各分力对该点的矩的矢量和；一个力对任意一根轴的矩等于其各分力对该轴的矩的代数和，称它们为合力矩定理。当某空间力对某点的矩或对某轴的矩不易方便求得，但其各分力对该点或该轴的矩却易直观写出时，利用合力矩定理来进行计算对应的力矩是很方便的。

4.1.2 力偶和力偶矩

作用于同一物体上的等值、反向、不共线的两个平行力称为力偶。力偶无合力，力偶对物体的运动效应只有转动效应，而没有移动效应，所以，力偶不能与一个力平衡，只能用另一个力偶来平衡，力偶是最简单力系之一。力偶中的两个力对空间任一点的矩的矢量和都相同，称之为力偶矩。力偶对物体的转动效应是用力偶矩来度量的，所以力偶一般直接用力偶矩表示。力偶矩是一个自由矢量，作用于刚体上的力偶有两个要素，即力偶矩的大小和方向，当作用于同一刚体上的两个力偶矩相同时，则这两个力偶对刚体的转动效应是相同的。力偶矩等于力偶中的一个力对另一个力的作用点的力矩，其大小为其中力的大小乘以力偶臂（力偶中两个平行力作用线之间的垂直距离，称为力偶臂），方向由右手螺旋法则决定。

4.1.3 力系的特征量

力系是指同时作用于刚体上的所有力所组成的系统，力对刚体的运动效应完全取决于力系的主矢和对某点的主矩，称它们为力系的特征量。

力系中各力矢的矢量和称为力系的主矢，用 $\vec{F}_R$ 表示，即 $\vec{F}_R = \sum_{i=1}^{n} \vec{F}_i$。由于它只有大小和方向，没有作用点，即它是一个自由矢量，所以主矢不是一个力。

力系中各力对某确定点 O 的矩的矢量和称为力系对该点的主矩，用 $\vec{M}_O$ 表示，即 $\vec{M}_O = \sum_{i=1}^{n} \vec{M}_O(\vec{F}_i)$，它是一个定位矢量。同一个力系对两个不同确定点 O、A 的主矩的关系为

$$\vec{M}_O = \vec{M}_A + \vec{OA} \times \vec{F}_R$$

若两个力系对物体的作用效应相同，则称这两个力系等效。作用于同一刚体上的两个力系，若它们的主矢和对同一点的主矩相同，则它们必为等效力系。

4.1.4 力系平衡的基本公理

二力平衡公理：刚体在两个力的作用下保持平衡的充要条件是这两个力等值、反向、共线。它对于变形体只是必要条件，而非充分条件。在两个力作用下平衡的刚体（或刚杆）称为二力构件（或二力杆）。二力平衡公理是最简单的力系平衡条件。

加减平衡力系公理：在作用于刚体上的力系中，加上或减去一对平衡力都不会改变原力系对刚体的运动效应，包括刚体保持平衡状态。加减平衡力系公理是研究力系等效变换的主要依据。

刚化公理：当变形体在某力系的作用下处于平衡状态时，若在该位置将变形体刚化成刚体，则其平衡状态保持不变。通过刚化公理，可以将刚体的平衡条件应用于变形体的平衡问题或物系的平衡问题。

4.1.5 力和力偶矩的平行四边形法则

作用于物体上同一点的两个力，可以合成为一个合力，合力的作用点仍在该点，合力的大小和方向由以这两个力为邻边构成的平行四边形的对角线确定，称为力的平行四边形法则。

力的平行四边形法则给出了力系简化的一个基本方法，是力的合成法则，也是将一个力分解成两个力的分解法则。应用力的平行四边形法则，并结合二力平衡公理可以得到三力平衡定理，即刚体受共面且不平行的三个力作用下而处于平衡状态，则此三个力的作用线必交于同一点。

在力偶的合成和分解中，合力偶矩矢量和两个分力偶矩矢量的关系也遵从平行四边形法则。

4.1.6 约束与约束力

限制非自由体某些位移的周围物体称为约束。约束对被约束物体的运动限制是通过接触处的作用力或作用力偶来实现的，将它们统称为约束力，约束力的方向总是与约束所能阻碍物体运动的方向相反。那些主动地使物体运动或使物体具有运动趋势的作用力称为主动力，如重力、水压力、风力等，有时工程上将主动力称为载荷。通常，主动力是预先给定的已知力，它与物体的运动和所受的约束无关，因此也称为给定力。而约束力却是被动力，它依赖于主动力、物体的运动及接触处的约束特点，不能预先知道。

常见约束的约束力特性如下：

（1）自重可不计的绳索、胶带或链条等柔性体提供的柔索约束只能提供拉力，即其约束力的作用线必沿着柔性体的中心线，并背离被约束物体，即具有拉力的指向。

（2）刚性的光滑接触面处的约束力必沿接触面的公法线，指向被约束的物体。光滑活动铰支座相当于光滑面约束。

（3）光滑圆柱铰链的约束力在垂直于销钉轴线的平面内，并通过销钉的中心，由于其方向不能预先确定，一般用两个正交分力表示，它们的指向事先可任意假定。光滑固定铰支座相当于光滑圆柱铰链约束。

（4）光滑球铰链的约束力通过球铰链的中心，但方向不能预先确定，一般用三个正交分力表示，它们的指向事先可任意假定。

（5）链杆本质上是一根短的二力直杆，其约束力沿链杆的中心线，拉或压两个指向都可以。

（6）固定端约束限制被约束物在约束处相对于约束物的任何相对移动和转动，即两物体相当于焊接成一体，其约束力由一个约束力和一个约束力偶组成，约束力和约束力偶矩都可以用正交分量表示。

4.1.7 受力分析与受力图

工程上大量的研究对象都受有约束，在进行受力分析时，应先将研究对象（某一物体、相连或相接触的某些物体、整体）从周围物体的联系中分离出来，即取分离体，单独画出它的简图，并在分离体的简图上画出研究对象所受到的全部主动力（包括主动力偶）及与周围物体接触处的全部约束力（包括约束力偶），称之为研究对象的受力图。正确画出研究对象的受力图是力学的基本功之一，也是力学计算的基础。

正确进行受力分析并画对受力图应注意以下几点：

（1）一定要画分离体，取几次研究对象就要画几次分离体。

（2）不要遗漏掉作用于研究对象上的所有主动力，并标明各主动力的力符。

（3）根据研究对象与周围物体各个接触处所受约束的各自特点，正确画出全部约束力，并标明各约束力的符号，切不可按主动力的方向去主观臆测约束力的方向，从而避免将约束力的方向画错，同时要特别注意不要少画或多画约束力。

（4）会判断二力构件、三力构件及力偶系作用的构件和平行力系作用的构件，并根据二力平衡条件、三力平衡条件及力偶系的平衡条件和平行力系的平衡条件确定相关约束力的方向。

（5）当分析两物体之间的相互作用力时，应遵循作用力与反作用力的关系。当研究对象为相连或相接触的物系时，仅画外部的周围物体对研究对象的外约束力；研究对象中各物体间的约束力是成对的内力，不需要画出。

（6）若多个分离体在某处存在相同的约束，则对应的约束力在各分离体的受力图中的方向及力符必须一致。

（7）将光滑圆柱铰链的销钉（或光滑球铰链）附带于某个或某几个与之相连的物体上，便于表示各分离体之间的作用力与反作用力，若铰链上受主动力的作用时，则认为主动力只作用于销钉（或球铰）的中心上。

（8）当某物体上的销钉与另一物体上的光滑滑槽接触时，这类约束属于光滑面约束，其约束力方向与滑槽垂直，是已知的，由于只有大小事先未知，所以不能用两个大小都未知的正交分力表示这类约束力。

（9）一定要注意固定铰支座和固定端约束的约束力区别，固定铰支座只能提供一个约束力，而固定端约束可提供一个约束力和一个约束力偶。

（10）切忌在一个结构中画多个受力图，因为这样画的话，就分不清研究对象及其受力情况。

4.2 思考题及解答

4-2 如图所示，力 $\vec{F}$ 作用于长方体（边长分别为 $3a$、$4a$、$5a$）上，如何计算该力在 OC 轴的投影和对 OC 轴的矩？

解答：

（1）求力在 OC 轴的投影。

OC 轴的单位矢量为

$$\vec{l}_{OC}^0 = \frac{\overrightarrow{OC}}{|\overrightarrow{OC}|} = \frac{3a\vec{i}+4a\vec{j}+5a\vec{k}}{\sqrt{(3a)^2+(4a)^2+(5a)^2}} = \frac{3\vec{i}+4\vec{j}+5\vec{k}}{5\sqrt{2}}$$

$$= \frac{\sqrt{2}(3\vec{i}+4\vec{j}+5\vec{k})}{10}$$

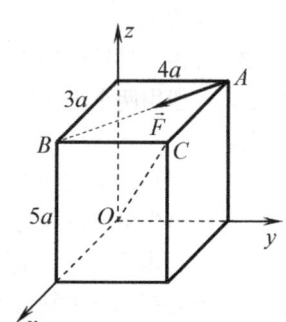

思考题 4-2 图

力 $\vec{F}$ 的矢量式为

$$\vec{F} = F \cdot \vec{l}_{AB}^0 = F \cdot \frac{[(x_B-x_A)\vec{i}+(y_B-y_A)\vec{j}+(z_B-z_A)\vec{k}]}{\sqrt{(x_B-x_A)^2+(y_B-y_A)^2+(z_B-z_A)^2}}$$

$$= F \cdot \frac{[(3a-0)\vec{i}+(0-4a)\vec{j}+(5a-5a)\vec{k}]}{\sqrt{(3a-0)^2+(0-4a)^2+(5a-5a)^2}} = F\left(\frac{3}{5}\vec{i}-\frac{4}{5}\vec{j}\right)$$

则力 $\vec{F}$ 在 OC 轴的投影为

$$F_{OC} = \vec{F} \cdot \vec{l}_{OC}^0 = F\left(\frac{3}{5}\vec{i}-\frac{4}{5}\vec{j}\right) \cdot \frac{3\vec{i}+4\vec{j}+5\vec{k}}{5\sqrt{2}} = -\frac{7\sqrt{2}}{50}F$$

（2）求力对 OC 轴的矩。

力 $\vec{F}$ 对点 C 的矩为

$$\vec{M}_C(\vec{F}) = \overrightarrow{CA} \times \vec{F} = -3a\vec{i} \times F\left(\frac{3}{5}\vec{i}-\frac{4}{5}\vec{j}\right) = \frac{12}{5}Fa\vec{k}$$

则力 $\vec{F}$ 对 OC 轴的矩为

$$M_{OC}(\vec{F}) = \vec{M}_C(\vec{F}) \cdot \vec{l}_{OC}^0 = \frac{12}{5}Fa\vec{k} \cdot \frac{3\vec{i}+4\vec{j}+5\vec{k}}{5\sqrt{2}} = \frac{6\sqrt{2}}{5}Fa$$

下面是另一种求"力对 OC 轴的矩"的方法。

力 $\vec{F}$ 对点 O 的矩为

$$\vec{M}_O(\vec{F}) = \overrightarrow{OA} \times \vec{F} = (4a\vec{j}+5a\vec{k}) \times F\left(\frac{3}{5}\vec{i}-\frac{4}{5}\vec{j}\right) = Fa\left(4\vec{i}+3\vec{j}-\frac{12}{5}\vec{k}\right)$$

则力 $\vec{F}$ 对 OC 轴的矩为

$$M_{OC}(\vec{F}) = \vec{M}_O(\vec{F}) \cdot \vec{l}_{OC}^0 = Fa\left(4\vec{i} + 3\vec{j} - \frac{12}{5}\vec{k}\right) \cdot \frac{3\vec{i} + 4\vec{j} + 5\vec{k}}{5\sqrt{2}} = \frac{6\sqrt{2}}{5}Fa$$

4-6 如图所示，直杆 *OA* 与直角弯杆 *BC* 相互铰接，不计自重和摩擦，$F_1 = F_2 = F$，试问图(a)和图(b)所示主动力系使固定铰支座 *O*、*B* 处所产生的约束力是否相同？为什么？

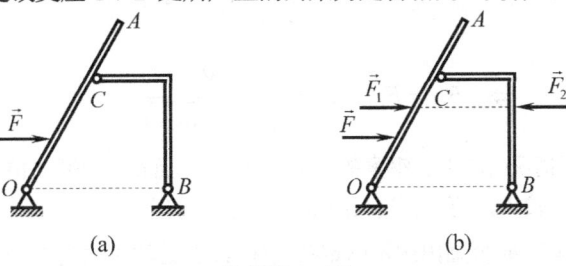

思考题 4-6 图

解答：图(a)和图(b)两种情况所示的主动力系使固定铰支座 *O*、*B* 处所产生的约束力是不同的。因为在图(a)中直角弯杆 *BC* 为二力杆，而在图(b)中直角弯杆 *BC* 为三力平衡杆件，且汇交点无法事先判定，铰链 *O*、*B* 处约束力只能用正交分量表示。

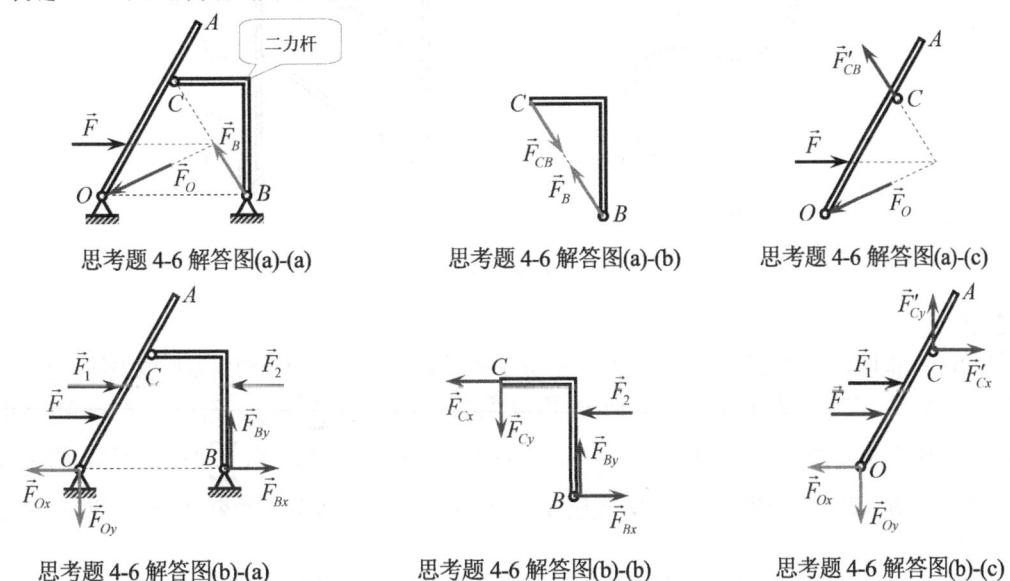

思考题 4-6 解答图(a)-(a)　　　思考题 4-6 解答图(a)-(b)　　　思考题 4-6 解答图(a)-(c)

思考题 4-6 解答图(b)-(a)　　　思考题 4-6 解答图(b)-(b)　　　思考题 4-6 解答图(b)-(c)

4-9 试问分力总比合力小吗？如图所示，工人试图用吊车起吊一个构件，在构件的两边系上一钢索，钢索很粗，其能承受的拉力数倍于构件的重量，试问图(a)和图(b)所示方案（$\alpha_1 \leq 120°$，$\alpha_2 > 120°$），哪个更安全？为什么？

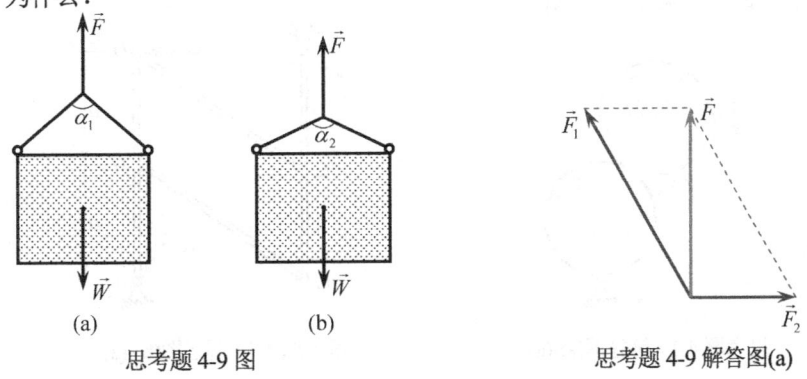

思考题 4-9 图　　　　　　　　思考题 4-9 解答图(a)

第 4 章　静力学基本概念　▶　111

解答：分力不一定比合力小（合力也不一定比分力大）。例如，如解答图(a)所示的分力 $\vec{F}_1$ 就比合力 $\vec{F}$ 大，而分力 $\vec{F}_2$ 却比合力 $\vec{F}$ 小。

图示(a)和(b)两种情况哪一个更安全？

受力分析如解答图(b)所示，因为 $F = W$，$F_{T1} = F_{T2} = F_T$，由几何关系得到

$$2F_T \cos\frac{\alpha}{2} = W \quad \Rightarrow \quad F_{T1} = F_{T2} = F_T = \frac{W}{\sqrt{2(1+\cos\alpha)}}$$

显然，当 $\alpha \leqslant 120°$（情况(a)）时，钢索的拉力 F_T 较小；当 $\alpha > 120°$（情况(b)）时，钢索的拉力 F_T 较大，可见情况(a)比情况(b)更加安全。

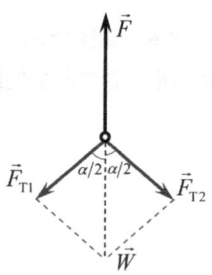

思考题 4-9 解答图(b)

4-17 不计自重和摩擦，能否画出图示固定铰支座 A、B 处约束力的方向（图(a)中 $M_1 = M_2 = M$）？试说明理由。

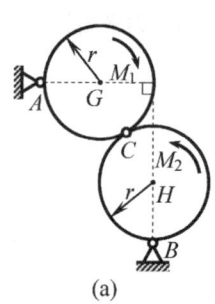

(a)

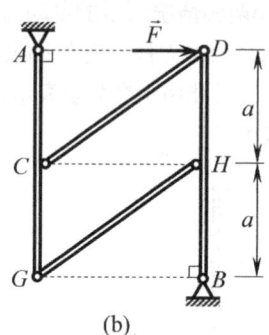

(b)

思考题 4-17 图

解答：

情况(a)：整体为研究对象，支座 A 和支座 B 处受到约束力，这两个约束力形成力偶与主动力偶 M_1 和 M_2 相平衡，由已知条件知，主动力偶 M_1 和 M_2 等值、反向，故 $\sum M_B = F_A \cdot d_A - M_1 + M_2 = 0 \Rightarrow d_A = 0$，说明支座 A 处的约束力 $\vec{F}_A$ 经过点 B。再取圆盘 G 为研究对象，由 $\sum M_C = 0$ 知，约束力 $\vec{F}_A$ 由点 A 指向点 B。最后，由整体平衡知，支座 A 处的约束力和支座 B 处的约束力等值、反向，如解答图(a)-(a)所示。

情况(b)：杆 CD 与杆 GH 为二力杆，以杆 ACG 为研究对象，受到支座 A 处约束力、二力杆 CD 的约束力和二力杆 GH 的约束力三个力作用而平衡，可见，支座 A 处约束力的方向与杆 CD 或杆 GH 平行。再以整体为研究对象，受到支座 A 的约束力、支座 B 处约束力和主动力的三个力作用而平衡，这三个力汇交于一点，如解答图(b)-(a)所示。

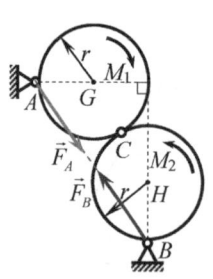

思考题 4-17 解答图(a)-(a)

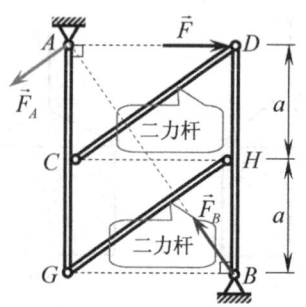

思考题 4-17 解答图(b)-(a)

4-18 不计自重和摩擦，图中各物体的受力图是否正确，若有错误应如何改正？

解答：

正确的受力图如解答图(a)所示。

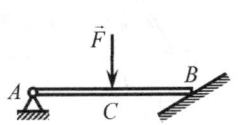

思考题 4-18 图(a)

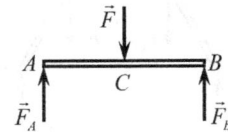

思考题 4-18 图(a)错误受力图

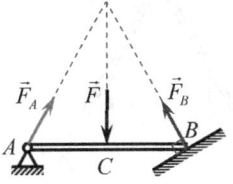

思考题 4-18 解答图(a)

正确的受力图如解答图(b)所示。

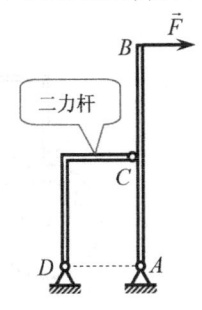

思考题 4-18 图(b)

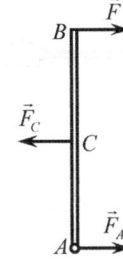

思考题 4-18 图(b)错误受力图

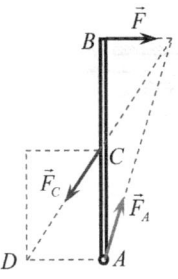

思考题 4-18 解答图(b)

正确的受力图如解答图(c)所示（杆 CD 上作用有主动力偶，不是二力杆，铰链 A、C、D 处约束力方向都不能事先判定）。

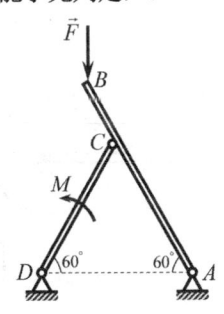

思考题 4-18 图(c)

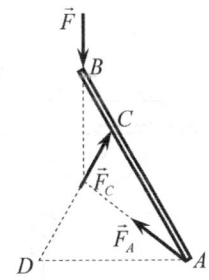

思考题 4-18 图(c)错误受力图

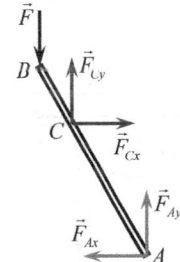

思考题 4-18 解答图(c)

正确的受力图如解答图(d)所示（由刚体 BC 的平衡为三力平衡，其 B 处和 C 处约束力及主动力 $\vec{F}_2$ 的作用线汇交于点 B，但点 B 约束力方向无法事先确定，用两个正交分量表示；刚体 AC 也为三力平衡，其 A 处和 C 处约束力及主动力 $\vec{F}_1$ 的作用线汇交点为点 D）。

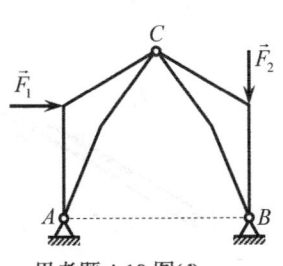

思考题 4-18 图(d)

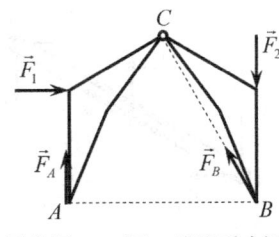

思考题 4-18 图(d)错误受力图

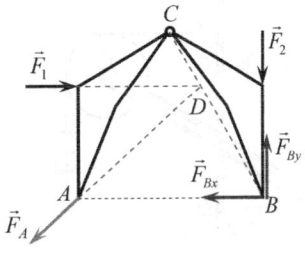

思考题 4-18 解答图(d)

正确的受力图如解答图(e)所示。

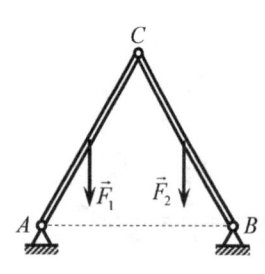

思考题 4-18 图(e)

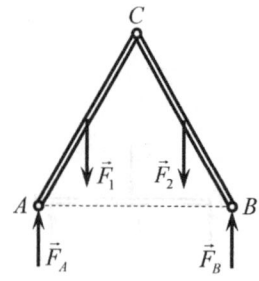

思考题 4-18(e)错误受力图

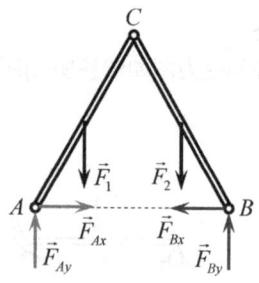

思考题 4-18 解答图(e)

正确的受力图如解答图(f)所示。

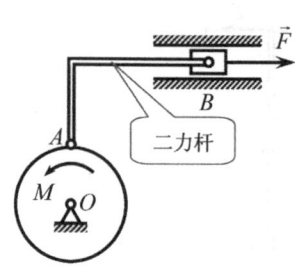

思考题 4-18(f)

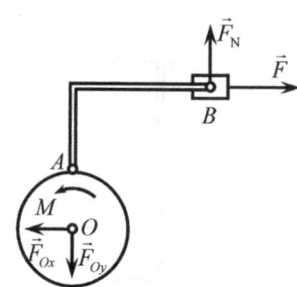

思考题 4-18(f)错误受力图

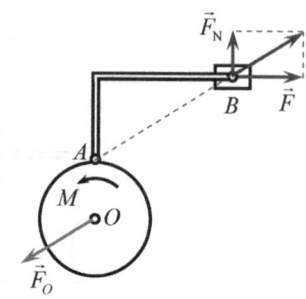

思考题 4-18 解答图(f)

正确的受力图如解答图(g)所示（杆 AB 在 D 处还受到绳的张力作用，杆 AB 不是三力平衡，而是四力平衡，但整体为平行力系的平衡）。

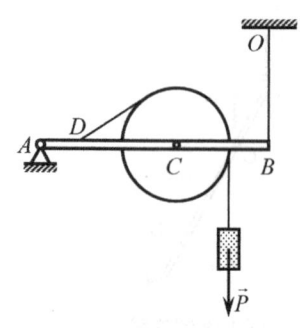

思考题 4-18(g)

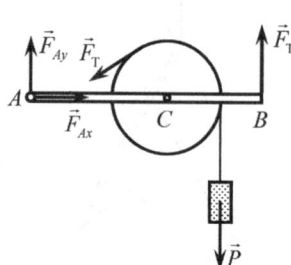

思考题 4-18(g)错误受力图

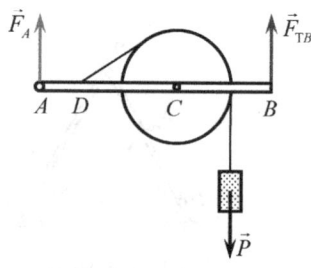

思考题 4-18 解答图(g)

正确的受力图如解答图(h)所示（由圆盘的三力平衡知铰链 B 处作用力的方向；C 处为光滑面约束，约束力方向与滑道垂直；杆 AB 也为三力平衡汇交）。

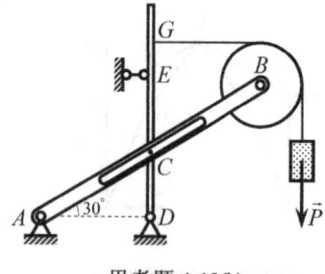

思考题 4-18(h)

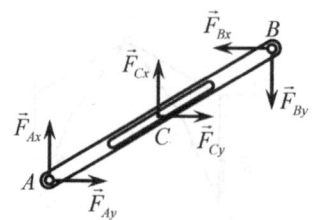

思考题 4-18(h)错误受力图

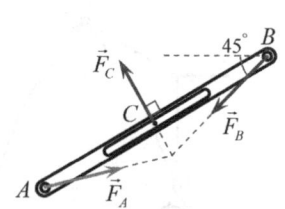

思考题 4-18 解答图(h)

4.3 习题及解答

4-4 如图所示，轴 OA 与半径为 r 的圆盘盘面垂直，$Oxyz$ 与 $O'x'y'z'$ 都为直角坐标系，$O'y'z'$ 与 Oyz 共面，在圆盘盘面内沿盘缘上点 B 作用有切向力 $\vec{F}$，试求该力在 x、y、z 轴上的投影和对 x、y、z 轴的矩。

解：
（1）直角坐标系 $Oxyz$ 和 $O'x'y'z'$ 的空间几何关系，如解答图所示。

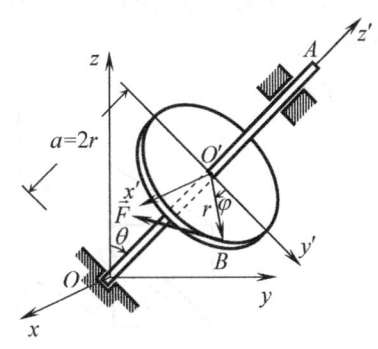

习题 4-4 图　　　　　　习题 4-4 解答图

直角坐标系 $Oxyz$ 和 $O'x'y'z'$ 中，由于 Oyz 与 $O'y'z'$ 共面，所以 $x//x'$，则

$$\vec{i}' = \vec{i} \tag{1}$$

$$\vec{j}' = \cos\theta\, \vec{j} - \sin\theta\, \vec{k} \tag{2}$$

$$\vec{k}' = \sin\theta\, \vec{j} + \cos\theta\, \vec{k} \tag{3}$$

（2）力 $\vec{F}$ 在坐标轴上的投影。

力 $\vec{F}$ 在 $O'x'y'z'$ 坐标轴系上的矢量为

$$\vec{F} = F\cos\varphi\, \vec{i}' - F\sin\varphi\, \vec{j}' \tag{4}$$

将式（1）、式（2）、式（3）代入上式，得到

$$\vec{F} = F\cos\varphi\, \vec{i} - F\sin\varphi(\cos\theta\, \vec{j} - \sin\theta\, \vec{k}) = F\cos\varphi\, \vec{i} - F\sin\varphi\cos\theta\, \vec{j} + F\sin\varphi\sin\theta\, \vec{k}$$

则

$$F_x = F\cos\varphi,\quad F_y = -F\sin\varphi\cos\theta,\quad F_z = F\sin\varphi\sin\theta$$

（3）力 $\vec{F}$ 对坐标轴的矩。

力 $\vec{F}$ 对点 O' 的力矩为

$$\vec{M}_{O'}(\vec{F}) = \overrightarrow{O'B} \times \vec{F} = (r\sin\varphi\, \vec{i}' + r\cos\varphi\, \vec{j}') \times (F\cos\varphi\, \vec{i}' - F\sin\varphi\, \vec{j}') = -Fr\, \vec{k}'$$
$$= -Fr(\sin\theta\, \vec{j} + \cos\theta\, \vec{k})$$

力 $\vec{F}$ 对点 O 的力矩可由"两点的力矩关系"得到

$$\vec{M}_O(\vec{F}) = \vec{M}_{O'}(\vec{F}) + \overrightarrow{OO'} \times \vec{F} = -Fr(\sin\theta\, \vec{j} + \cos\theta\, \vec{k}) + 2r(\sin\theta\, \vec{j} + \cos\theta\, \vec{k}) \times$$
$$(F\cos\varphi\, \vec{i} - F\sin\varphi\cos\theta\, \vec{j} + F\sin\varphi\sin\theta\, \vec{k})$$
$$= 2Fr\sin\varphi\, \vec{i} + Fr(2\cos\varphi\cos\theta - \sin\theta)\vec{j} - Fr(\cos\theta + 2\cos\varphi\sin\theta)\vec{k}$$

则

$$M_x(\vec{F}) = 2Fr\sin\varphi, \quad M_y(\vec{F}) = Fr(2\cos\varphi\cos\theta - \sin\theta), \quad M_z(\vec{F}) = -Fr(\cos\theta + 2\cos\varphi\sin\theta)$$

解析：

（1）力矢量 $\vec{F}$ 在 $O'x'y'z'$ 坐标系中的位置容易识别，而在 $Oxyz$ 坐标系中的位置不易识别，因此首先要确定力矢量 $\vec{F}$ 在 $O'x'y'z'$ 坐标系中的位置，再利用两个坐标系的变换关系来确定力矢量 $\vec{F}$ 在 $Oxyz$ 坐标系中的位置。

（2）欲求力 $\vec{F}$ 对 x、y、z 坐标轴的矩，首先求力 $\vec{F}$ 对点 O' 的矩 $\vec{M}_{O'}(\vec{F})$，再利用两点的力矩关系 $\vec{M}_O(\vec{F}) = \vec{M}_{O'}(\vec{F}) + \overrightarrow{OO'} \times \vec{F}$ 来求得力 $\vec{F}$ 对点 O 的力矩，然后利用点的矩与过该点三个正交坐标轴的轴矩的关系可方便求得力 $\vec{F}$ 对 x、y、z 轴的矩。

4-11 在图示长方体上作用有三个力偶 $(\vec{F}_1, \vec{F}_2)$、$(\vec{F}_3, \vec{F}_4)$、$(\vec{F}_5, \vec{F}_6)$，已知 $F_1 = F_2 = F$，$F_3 = F_4 = \sqrt{2}F$，$F_5 = F_6 = 3F$，试求该力偶系的合力偶矩。

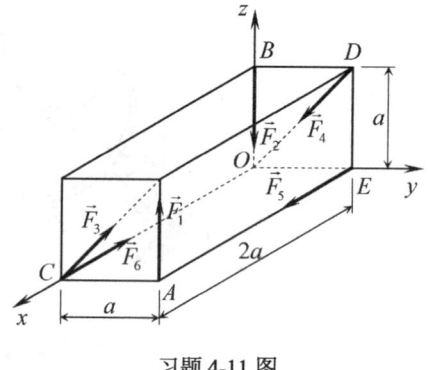

习题 4-11 图

解：

$$\vec{M}(\vec{F}_1, \vec{F}_2) = \vec{M}_O(\vec{F}_1) + \vec{M}_O(\vec{F}_2) = \vec{M}_O(\vec{F}_1) = \overrightarrow{OA} \times \vec{F}_1$$
$$= (2a\vec{i} + a\vec{j}) \times F_1\vec{k} = (2a\vec{i} + a\vec{j}) \times F\vec{k}$$
$$= Fa\vec{i} - 2Fa\vec{j}$$

$$\vec{M}(\vec{F}_3, \vec{F}_4) = \vec{M}_O(\vec{F}_3) + \vec{M}_O(\vec{F}_4) = \vec{M}_O(\vec{F}_3) = \overrightarrow{OC} \times \vec{F}_3$$
$$= 2a\vec{i} \times \sqrt{2}F(\frac{\sqrt{2}}{2}\vec{j} + \frac{\sqrt{2}}{2}\vec{k}) = -2Fa\vec{j} + 2Fa\vec{k}$$

$$\vec{M}(\vec{F}_5, \vec{F}_6) = \vec{M}_O(\vec{F}_5) + \vec{M}_O(\vec{F}_6) = \vec{M}_O(\vec{F}_5) = \overrightarrow{OE} \times \vec{F}_5 = a\vec{j} \times 3F\vec{i} = -3Fa\vec{k}$$

则

$$\vec{M} = \vec{M}(\vec{F}_1, \vec{F}_2) + \vec{M}(\vec{F}_3, \vec{F}_4) + \vec{M}(\vec{F}_5, \vec{F}_6)$$
$$= (Fa\vec{i} - 2Fa\vec{j}) + (-2Fa\vec{j} + 2Fa\vec{k}) + (-3Fa\vec{k}) = Fa(\vec{i} - 4\vec{j} - \vec{k})$$

解析：

（1）掌握、熟记力偶的定义及力偶的性质是求解本问题的关键。两个大小相等、方向相反、作用线不重合的力组成的力系称为力偶。作用于一般物体上力偶的力偶矩矢量 $\vec{M}(\vec{F}_1, \vec{F}_2)$ 有大小、方向和作用面三个要素，其大小可表示为 $M = F_1 d = F_2 d$（其中 d 为两个平行力矢之间的距离），或 $|\vec{M}| = |\vec{M}_O(\vec{F}_1) + \vec{M}_O(\vec{F}_2)|$，其方向为用右手的四个手指握以两个力的转向、大拇手指的指向（垂直于两个平行力所处的平面）就是力偶矩矢量的方向（右手螺旋法则），其作用面为两个平行力所在的平面。作用于刚体上的力偶，其作用面可以平行搬移，所以其力偶矩只有大小、方向两个要素。

（2）本题中给出了三个力偶 $(\vec{F}_1, \vec{F}_2)$、$(\vec{F}_3, \vec{F}_4)$ 和 $(\vec{F}_5, \vec{F}_6)$，而其中每一个力偶的一个力的作用线都通过坐标原点 O，即力偶 $(\vec{F}_1, \vec{F}_2)$ 中的 $\vec{F}_2$，力偶 $(\vec{F}_3, \vec{F}_4)$ 中的 $\vec{F}_4$ 和力偶 $(\vec{F}_5, \vec{F}_6)$ 中的 $\vec{F}_6$ 都经过点 O，那么利用力偶的性质，将力偶中的另一个力对点 O 取矩，这个力矩就是该力偶的力偶矩。

4-12 如图所示，力偶 $\vec{M}_1$ 和 $\vec{M}_2$ 分别作用于平面 ABC 和 ACD 内，$OBCD$ 为矩形，已知 $M_1 = M_2 = M$，试求该力偶系的合力偶矩。

解：

设平面 ABC 的外法线单位矢量为 $\vec{n}^0_{ABC}$（如解答图(a)所示），平面 ACD 的外法线单位矢量为 $\vec{n}^0_{ACD}$（如解答图(b)所示），所以

$$\vec{n}^0_{ABC} = \cos\alpha\,\vec{i} + \sin\alpha\,\vec{k}, \qquad \vec{n}^0_{ACD} = \cos\beta\,\vec{j} + \sin\beta\,\vec{k}$$

其中，$\cos\alpha = \dfrac{2}{\sqrt{5}}$，$\sin\alpha = \dfrac{1}{\sqrt{5}}$，$\cos\beta = \dfrac{2}{\sqrt{13}}$，$\sin\beta = \dfrac{3}{\sqrt{13}}$。

$$\vec{M}_1 = M_1 \vec{n}^0_{ABC} = M(\cos\alpha\,\vec{i} + \sin\alpha\,\vec{k})$$
$$= M\left(\frac{2}{\sqrt{5}}\vec{i} + \frac{1}{\sqrt{5}}\vec{k}\right) = \frac{M}{\sqrt{5}}(2\vec{i} + \vec{k})$$

$$\vec{M}_2 = M_2 \vec{n}^0_{ACD} = M(\cos\beta\,\vec{j} + \sin\beta\,\vec{k}) = M\left(\frac{2}{\sqrt{13}}\vec{j} + \frac{3}{\sqrt{13}}\vec{k}\right) = \frac{M}{\sqrt{13}}(2\vec{j} + 3\vec{k})$$

则

$$\vec{M} = \vec{M}_1 + \vec{M}_2 = \frac{M}{\sqrt{5}}(2\vec{i} + \vec{k}) + \frac{M}{\sqrt{13}}(2\vec{j} + 3\vec{k}) = M\left[\frac{2}{\sqrt{5}}\vec{i} + \frac{2}{\sqrt{13}}\vec{j} + \left(\frac{1}{\sqrt{5}} + \frac{3}{\sqrt{13}}\right)\vec{k}\right]$$

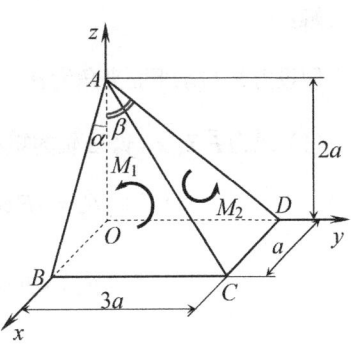

习题 4-12 图

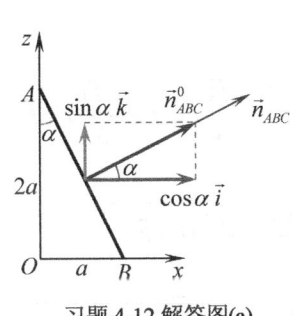

习题 4-12 解答图(a)

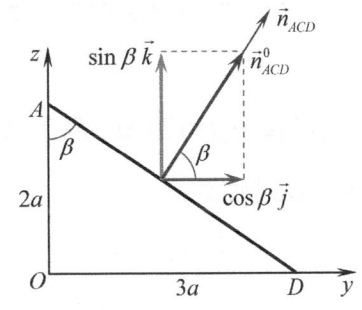

习题 4-12 解答图(b)

解析：

对于力偶 $\vec{M}_1$ 其作用面为 ABC 面，则由图示知 ABC 面的外法线 $\vec{n}_{ABC}$ 即为力偶 $\vec{M}_1$ 的力偶矩的矢量方向，若 $\vec{n}^0_{ABC}$ 为 ABC 面外法线的单位矢量，于是 $\vec{M}_1 = M_1 \vec{n}^0_{ABC}$，那么问题的关键就是确定 ABC 面的外法线的单位矢量 $\vec{n}^0_{ABC}$ 了。对于力偶 $\vec{M}_2$ 也进行了同样的处理。

4-14 在图示梯形直棱柱体的顶点 D 上作用一沿 DE 方向的力 $\vec{F}$，已知 $OA = a$，$OB = 3a$，$OC = a$，$CE = 2a$，试求：（1）力 $\vec{F}$ 对 x、y、z 轴的矩和力 $\vec{F}$ 对点 O 的矩；（2）力 $\vec{F}$ 对由点 O 指向点 G 的 OG 轴的矩；（3）力 $\vec{F}$ 对由点 H 指向点 C 的 HC 轴的矩。

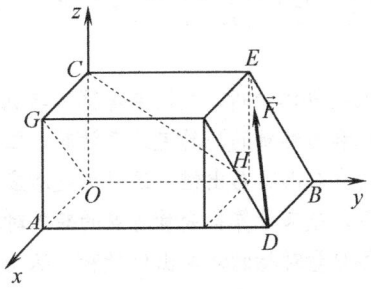

习题 4-14 图

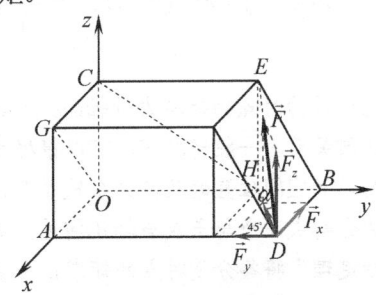

习题 4-14 解答图

解：

假设力 $\vec{F}$ 与水平面夹角为 α，如解答图所示，则 $\cos\alpha = \dfrac{\sqrt{2}}{\sqrt{3}}$，$\sin\alpha = \dfrac{1}{\sqrt{3}}$。

（1）求力 $\vec{F}$ 对 x、y、z 轴的矩和力 $\vec{F}$ 对点 O 的矩。

$$\vec{F}_x = -F\cos\alpha \cdot \sin 45° \vec{i} = -F \cdot \dfrac{\sqrt{2}}{\sqrt{3}} \cdot \dfrac{\sqrt{2}}{2} \vec{i} = -\dfrac{\sqrt{3}}{3} F \vec{i}$$

$$\vec{F}_y = -F\cos\alpha \cdot \cos 45° \vec{j} = -F \cdot \dfrac{\sqrt{2}}{\sqrt{3}} \cdot \dfrac{\sqrt{2}}{2} \vec{j} = -\dfrac{\sqrt{3}}{3} F \vec{j}$$

$$\vec{F}_z = F\sin\alpha \vec{k} = F \cdot \dfrac{1}{\sqrt{3}} \vec{k} = \dfrac{\sqrt{3}}{3} F \vec{k}$$

$$M_x(\vec{F}) = M_x(\vec{F}_x) + M_x(\vec{F}_y) + M_x(\vec{F}_z) = 0 + 0 + F_z \cdot 3a = \dfrac{\sqrt{3}}{3} F \cdot 3a = \sqrt{3} Fa$$

$$M_y(\vec{F}) = M_y(\vec{F}_x) + M_y(\vec{F}_y) + M_y(\vec{F}_z) = 0 + 0 + (-F_z \cdot a) = -\dfrac{\sqrt{3}}{3} F \cdot a = -\dfrac{\sqrt{3}}{3} Fa$$

$$M_z(\vec{F}) = M_z(\vec{F}_x) + M_z(\vec{F}_y) + M_z(\vec{F}_z) = F_x \cdot 3a - F_y \cdot a + 0$$

$$= \dfrac{\sqrt{3}}{3} F \cdot 3a - \dfrac{\sqrt{3}}{3} F \cdot a = \dfrac{2\sqrt{3}}{3} Fa$$

则

$$\vec{M}_O(\vec{F}) = M_x(\vec{F}) \vec{i} + M_y(\vec{F}) \vec{j} + M_z(\vec{F}) \vec{k} = \sqrt{3} Fa \vec{i} - \dfrac{\sqrt{3}}{3} Fa \vec{j} + \dfrac{2\sqrt{3}}{3} Fa \vec{k}$$

（2）求力 $\vec{F}$ 对 $\overrightarrow{OG}$ 轴的矩。

$$\overrightarrow{OG} = a\vec{i} + a\vec{k}, \quad \overrightarrow{OG}^0 = \dfrac{\overrightarrow{OG}}{|\overrightarrow{OG}|} = \dfrac{a\vec{i} + a\vec{k}}{\sqrt{2}a} = \dfrac{\sqrt{2}}{2}(\vec{i} + \vec{k})$$

$$M_{\overrightarrow{OG}}(\vec{F}) = \vec{M}_O(\vec{F}) \cdot \overrightarrow{OG}^0 = \left(\sqrt{3} Fa \vec{i} - \dfrac{\sqrt{3}}{3} Fa \vec{j} + \dfrac{2\sqrt{3}}{3} Fa \vec{k}\right) \cdot \dfrac{\sqrt{2}}{2}(\vec{i} + \vec{k}) = \dfrac{5\sqrt{6}}{6} Fa$$

（3）求力 $\vec{F}$ 对 $\overrightarrow{HC}$ 轴的矩。

$$\vec{M}_H(\vec{F}) = \vec{M}_H(\vec{F}_x) + \vec{M}_H(\vec{F}_y) + \vec{M}_H(\vec{F}_z) = \vec{M}_H(\vec{F}_z) = \overrightarrow{HD} \times \vec{F}_z = a(\vec{i} + \vec{j}) \times \dfrac{\sqrt{3}}{3} F \vec{k} = \dfrac{\sqrt{3}}{3} Fa(\vec{i} - \vec{j})$$

$$\overrightarrow{HC} = -2a\vec{j} + a\vec{k}, \quad \overrightarrow{HC}^0 = \dfrac{\overrightarrow{HC}}{|\overrightarrow{HC}|} = \dfrac{-2a\vec{j} + a\vec{k}}{\sqrt{5}a} = -\dfrac{2}{\sqrt{5}} \vec{j} + \dfrac{1}{\sqrt{5}} \vec{k}$$

$$M_{\overrightarrow{HC}}(\vec{F}) = \vec{M}_H(\vec{F}) \cdot \overrightarrow{HC}^0 = \dfrac{\sqrt{3}}{3} Fa(\vec{i} - \vec{j}) \cdot \left(-\dfrac{2}{\sqrt{5}} \vec{j} + \dfrac{1}{\sqrt{5}} \vec{k}\right) = \dfrac{2\sqrt{15}}{15} Fa$$

解析：

（1）如何计算力对点的矩与力对轴的矩？这要具体问题具体分析，关键要考察力与点、力与轴的空间位置的几何关系。一般情况下，可以根据力对点的矩和力对轴的矩的定义来计算，但是有时由于力与点、力与轴的空间位置的几何关系较复杂，造成求解麻烦而容易出错，这时可灵活应用"合力矩定理"，将力分解成几个与点或与轴几何关系简单的分量，先来计算各分量对点的矩或对轴的矩，再应用"合力矩定理"将各分量对点的矩求出矢量和或将各分量对轴的矩求出代数和，从而得到合力对点的矩或合力对轴的矩，这种做法简便且不易出错。

（2）在本题的解答中采用这样的做法，将力 $\vec{F}$ 沿 x、y、z 轴分解成三个分量 $\vec{F}_x$、$\vec{F}_y$、$\vec{F}_z$，先计算三个分量 $\vec{F}_x$、$\vec{F}_y$、$\vec{F}_z$ 对 x、y、z 轴的矩，由于三个分量 $\vec{F}_x$、$\vec{F}_y$、$\vec{F}_z$ 与三个坐标轴 x、y、z 轴所形成的几何关系简单，容易计算三个分量 $\vec{F}_x$、$\vec{F}_y$、$\vec{F}_z$ 对 x、y、z 轴的矩，再利用"合力矩定理"计算合力 $\vec{F}$ 对 x、y、z 轴的矩，然后再根据"力对点的矩与力对过该点三个正交坐标轴的矩的关系 $\vec{M}_O(\vec{F}) = M_x(\vec{F})\vec{i} + M_y(\vec{F})\vec{j} + M_z(\vec{F})\vec{k}$"求得力 $\vec{F}$ 对点 O 的矩 $\vec{M}_O(\vec{F})$。

（3）因为已经求出了力 $\vec{F}$ 对点 O 的矩 $\vec{M}_O(\vec{F})$，欲求力 $\vec{F}$ 对 $\overrightarrow{OG}$ 轴的矩就容易了。可以根据"力对点的矩与力对轴的矩的关系 $M_{\overrightarrow{OG}}(\vec{F}) = \vec{M}_O(\vec{F}) \cdot \overrightarrow{OG}^0$"来求解，其中 $\overrightarrow{OG}^0$ 是矢量 $\overrightarrow{OG}$ 的单位基矢量。

（4）欲求力 $\vec{F}$ 对 $\overrightarrow{HC}$ 轴的矩，可以先求出力 $\vec{F}$ 对 $\overrightarrow{HC}$ 轴上任一点的力矩，选取力 $\vec{F}$ 对点 H 的矩 $\vec{M}_H(\vec{F})$ 进行计算，再将之与 $\overrightarrow{HC}$ 的单位基矢量 $\overrightarrow{HC}^0$ 进行点积（即将 $\vec{M}_H(\vec{F})$ 沿矢量轴 $\overrightarrow{HC}$ 进行投影），从而得到力 $\vec{F}$ 对 HC 轴的矩。

4-15 设各刚体自重不计，各接触处光滑，并处于同一铅垂平面内，试画出下列各刚体的受力图。

解：

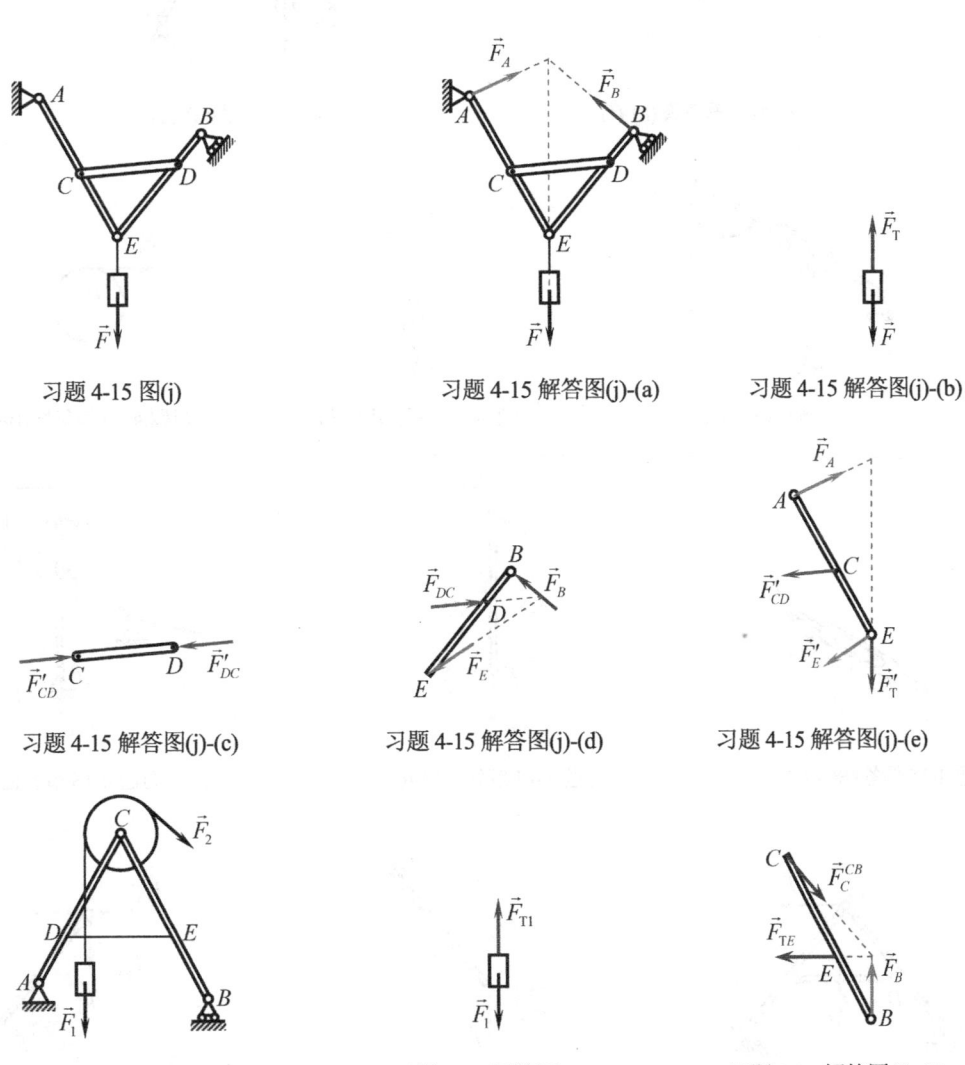

习题 4-15 图(j)　　习题 4-15 解答图(j)-(a)　　习题 4-15 解答图(j)-(b)

习题 4-15 解答图(j)-(c)　　习题 4-15 解答图(j)-(d)　　习题 4-15 解答图(j)-(e)

习题 4-15 图(k)　　习题 4-15 解答图(k)-(a)　　习题 4-15 解答图(k)-(b)

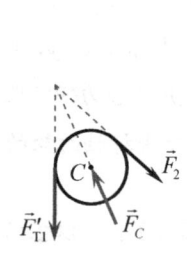
习题 4-15 解答图(k)-(c)

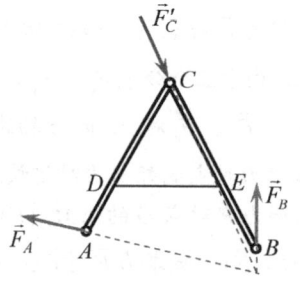
习题 4-15 解答图(k)-(d)

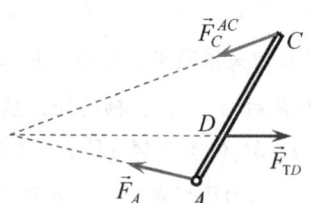
习题 4-15 解答图(k)-(e)

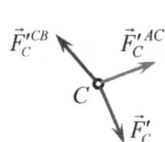
习题 4-15 解答图(k)-(f)

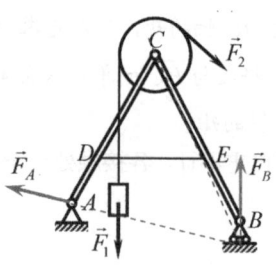
习题 4-15 解答图(k)-(g)

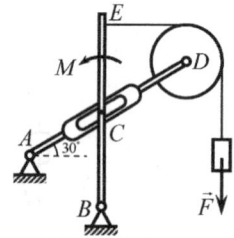
习题 4-15 图(l)

习题 4-15 解答图(l)-(a)

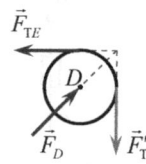
习题 4-15 解答图(l)-(b)

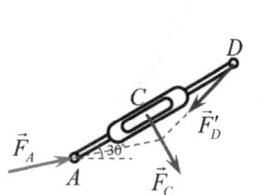
习题 4-15 解答图(l)-(c)

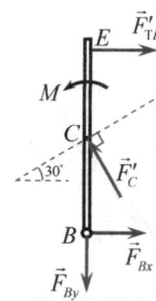
习题 4-15 解答图(l)-(d)

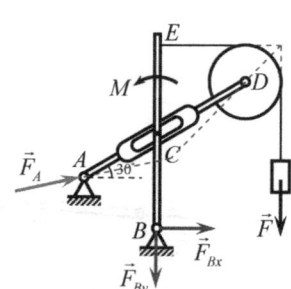
习题 4-15 解答图(l)-(e)

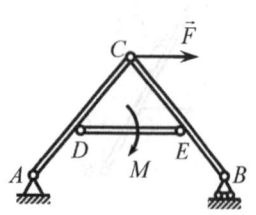
习题 4-15 图(n)

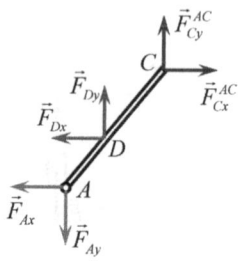
习题 4-15 解答图(n)-(a)

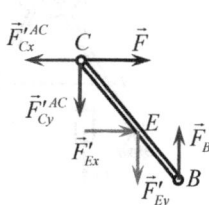
习题 4-15 解答图(n)-(b)

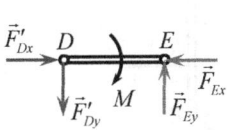

习题 4-15 解答图(n)-(c)

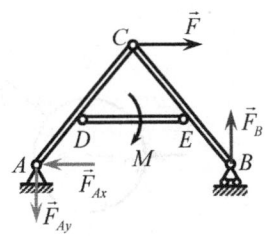

习题 4-15 解答图(n)-(d)

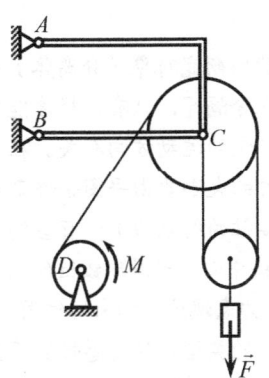

习题 4-15 图(p)

习题 4-15 解答图(p)-(a)

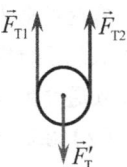

习题 4-15 解答图(p)-(b)

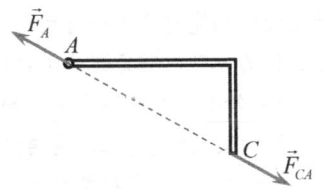

习题 4-15 解答图(p)-(c)

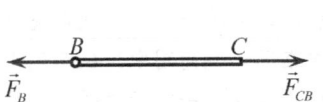

习题 4-15 解答图(p)-(d)

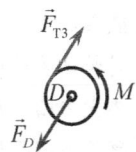

习题 4-15 解答图(p)-(e)

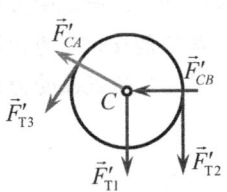

习题 4-15 解答图(p)-(f)

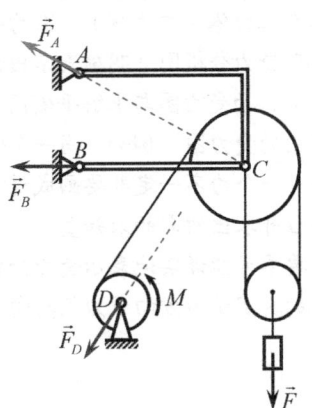

习题 4-15 解答图(p)-(g)

第 4 章 静力学基本概念 ▶ 121

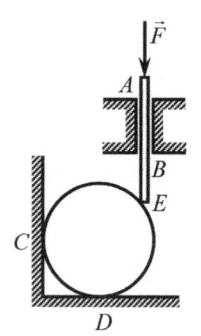 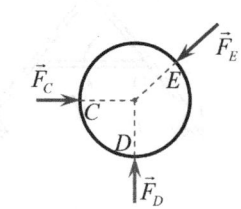 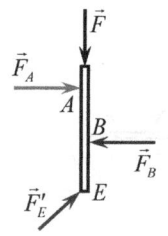 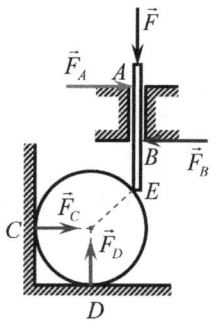

习题 4-15 图(q)　　　　习题 4-15 解答图(q)-(a)　　　习题 4-15 解答图(q)-(b)　　　习题 4-15 解答图(q)-(c)

解析：

（1）画出正确的受力分析图，是解决静力学问题的先决条件。选取明确的研究对象（分离体）是正确进行受力分析的关键一步，一定要将研究对象（分离体）与非研究对象分隔开，只有这样才能揭示物体之间的作用关系。约束对研究对象的作用与约束的类型和约束所能限制的运动方向有关。在应用解除约束原理时必须明确：约束力的方向与约束的类型特点有关，约束力的大小要由平衡条件来确定，有些约束力能预先知道其作用方向（例如柔索约束的约束力，光滑面接触的约束力）；有些约束力则仅能预知其作用线通过某点（例如，光滑圆柱铰链的约束力必须通过铰链中心，光滑球铰链的约束力必须通过其球心，但是其方向均不能预先获知），此时通常用一组正交的分力表现这类约束的作用力。

（2）在进行受力分析时对于初学者经常或容易犯的错误：①不考虑约束的类型，只凭感性的甚至是错误的平衡观念画约束力，用约束力去平衡主动力（例如凭主观愿望画某处的约束力"顶住"来自某方向的主动力），为避免此类错误在画受力图时应严格遵循"依据约束类型画约束力"的原则。②漏画力或多画力。一般是由于对约束类型不熟悉或不细心造成的，一定要注意研究对象在每个接触处与研究对象以外的哪几个其他物体相接触，每个其他接触物体在接触点处对研究对象都会有约束力，并按照各约束的类型画出相应约束力。因此分析约束性质并确认每个力的施力体可以避免犯此类错误。③在对物体系统进行受力分析时，未将研究对象从系统中独立地分离出来另外画一幅简图表示，而是将整体受力图与局部受力图画在同一幅简图中，从而无法区分施力体与受力体。为避免犯此类错误，应注意作用力与反作用力不能出现在同一幅受力图中，另外在画受力分析图时只画研究对象所受的外力不画内力。取几个研究对象就一定要单独画出几个受力图。

（3）画受力分析图时，最好不用文字说明，只用受力图来表示分离体（各杆件、部分杆件和整体）的受力情况。常见的有二力体（二力杆）、三力平衡汇交杆件、力偶平衡杆件和平行力系平衡杆件等几种特殊杆件，需要用受力分析图来明确表示出该杆件的受力情况。

（4）应该说受力分析的受力图与求解平衡问题中的受力图是有区别的。求解平衡问题的受力图是为了求解的需要而画出的受力图，例如，当一个物体受三个不平行力的作用而处于平衡状态，其中已知两个力的方向，另外一个力不一定非要画成过汇交点，而可以用两个正交分力表示，其目的是为了简捷快速写出平衡方程并求出所需的未知量，只要满足求解需要即可。而在受力分析中的受力图为了训练受力图的画法，要尽可能详实地表示受力分析的结果，应尽可能反映受力构件的真实受力情况，如果能判断出分离体的真实受力方向或力偶转向，那就一定要按真实情况画受力分析图。

第5章 力系的简化

5.1 内容提要

5.1.1 力系的简化定义

用一个简单力系等效地替代一个复杂力系称为力系的简化或力系的合成。所谓力系的等效是指，如果作用于同一刚体的两组不同力系能使该刚体的运动状态产生完全相同的变化（包括保持平衡）和产生相同的约束力。

5.1.2 力的平移定理

作用在刚体上的一个力，若将其平行移动到该刚体上的任意一点，即将其作用线在刚体上作平行移动，则必须相应地增加一个附加力偶才能与原来的力等效，附加的力偶的力偶矩等于原力对平移点的矩，称为力的平移定理。

力的平移定理表明，一个力可以等效于作用于同一刚体上的一个力和一个力偶。其逆定理也成立，即可以将作用于同一刚体上的一个力和力偶矩与该力垂直的一个力偶等效于作用在该刚体上的一个力。

5.1.3 力系向一点简化

应用力的平移定理，将作用于同一刚体上的任意力系向该刚体上一点简化的方法是力系简化的普遍方法。任意力系向所作用的刚体上任意点 O（称为简化中心）简化后，一般可得到一个力和一个力偶，这个力的作用线过简化中心，其大小、方向与该力系的主矢 $\vec{F}_R$ 相同；这个力偶的力偶矩则与该力系对简化中心的主矩 $\vec{M}_O$ 相同。力系的主矢 $\vec{F}_R$ 和主矩在主矢方向上的投影 $\vec{F}_R \cdot \vec{M}_O (= \vec{F}_R \cdot \vec{M}_A)$ 均不以简化中心的不同而改变，分别称为力系的第一不变量和第二不变量。

作用于同一刚体上的任意力系，其简化的最简结果如表 5-1 所示，完全取决于力系的主矢和对简化中心的主矩。

表 5-1 说明，力系简化的最一般结果为力螺旋，力螺旋是由一个力和力偶矩矢量与这个力平行的一个力偶所组成的力系，力螺旋可由其中的力矢量 $\vec{F}'$、力偶矩矢量 $\vec{M}'$ 和中心轴（即力螺旋中那个力的作用线）位置完全确定，显然 $\vec{M}' // \vec{F}'$，当 $\vec{M}'$ 与 $\vec{F}'$ 的方向相同时，通常称为右手力螺旋；当 $\vec{M}'$ 与 $\vec{F}'$ 的方向相反时，则称为左手力螺旋。具体判断时，当力螺旋参数 $p > 0$ 时为右手力螺旋，当 $p < 0$ 时为左手力螺旋。若在简化中心 O 处建立一直角坐标系 $Oxyz$，则当力系的简化结果为中心轴过点 B（$\overrightarrow{OB} = \dfrac{\vec{F}_R \times \vec{M}_O}{F_R^2}$）的一个力螺旋，其中心轴方程为

$$\frac{F_{Rx}}{x-x_B} = \frac{F_{Ry}}{y-y_B} = \frac{F_{Rz}}{z-z_B}$$

在特殊情况下，力螺旋可以退化为一个力，或一个力偶，或平衡。当力系的简化结果为作用线过点 B 的一个合力，则上式变为合力的作用线方程。

表 5-1 力系简化的最简结果

力系向任一点 O 简化的情况		简化的最简形式		说明	
$\vec{M}_O \cdot \vec{F}_R = 0$	$\vec{F}_R = 0$	$\vec{M}_O = 0$	平衡（零力系）	物体平衡的必要条件	
		$\vec{M}_O \neq 0$	合力偶	合力偶矩与简化中心的选择无关，其值为 $\vec{M}_O$	
	$\vec{F}_R \neq 0$	$\vec{M}_O = 0$	合力	合力的大小、方向与 $\vec{F}_R$ 相同	作用线过简化中心 O
		$\vec{M}_O \neq 0$，$\vec{M}_O \perp \vec{F}_R$			作用线过点 B，且 $\overrightarrow{OB} = \dfrac{\vec{F}_R \times \vec{M}_O}{F_R^2}$
$\vec{M}_O \cdot \vec{F}_R \neq 0$	$\vec{M}_O // \vec{F}_R$	力螺旋		力螺旋中力 $\vec{F}'$ 的大小、方向与 $\vec{F}_R$ 相同；力螺旋中力偶的力偶矩 $\vec{M}' = p\vec{F}_R$，且力螺旋参数 $p = \dfrac{\vec{F}_R \cdot \vec{M}_O}{F_R^2}$	中心轴过简化中心 O
	$\vec{M}_O$ 不平行于 $\vec{F}_R$				中心轴过点 B，且 $\overrightarrow{OB} = \dfrac{\vec{F}_R \times \vec{M}_O}{F_R^2}$

空间任意力系简化的最简形式有四种可能：平衡、合力偶、合力、力螺旋。力系能够简化为力螺旋的充要条件是 $\vec{M}_O \cdot \vec{F}_R \neq 0$，即力系的主矢和对简化中心的主矩均不等于零，且相互不垂直。显然，平行力系（$\vec{M}_O \perp \vec{F}_R$），平面力系（设 O 为其作用面内任意一点，则 $\vec{M}_O \perp \vec{F}_R$），汇交力系（不妨设汇交点为 O，则 $\vec{M}_O = 0$），力偶系（$\vec{F}_R = 0$）均不能简化为力螺旋。对于平行力系或平面力系，其简化的最简形式只有三种可能：平衡、合力偶、合力；对于汇交力系，其简化的最简形式只有两种可能：平衡、合力；对于力偶系，其简化的最简形式也只有两种可能：平衡、合力偶。

任意力系简化的具体步骤为：（1）确定简化中心，建立以该点为原点的直角坐标系；（2）计算各力在三个直角坐标轴上的投影，求出力系的主矢量；（3）计算各力对简化中心的力矩，求出力系对简化中心的主矩；（4）由表 5-1 写出力系简化的最简结果。

5.1.4 平行力系的中心与刚体的重心

1. 平行力系中心

若平行力系的主矢不为零，则该平行力系必存在合力，只要该平行力系中各力的大小及作用点的位置确定，无论该平行力系中各力的方向如何，其合力作用线必定通过唯一的一个确定点，该点称为平行力系中心。取力的作用线的某一方向为正向，其单位矢量为 $\vec{e}$，则平行力系中各力可表示为 $\vec{F}_i = F_i \vec{e}$（$i = 1, 2, \cdots, n$），若 $\vec{F}_i$（$i = 1, 2, \cdots, n$）的作用点相对于空间某一确定点 O 的矢径为 $\vec{r}_i$（$i = 1, 2, \cdots, n$），则平行力系中心相对于点 O 的矢径公式为

$$\vec{r}_C = \frac{\sum_{i=1}^{n} F_i \vec{r}_i}{\sum_{i=1}^{n} F_i}$$

若在点 O 建立直角坐标系 $Oxyz$，$\vec{F}_i$ 的作用点坐标为 (x_i, y_i, z_i)，则平行力系中心的坐标公式为

$$x_C = \frac{\sum_{i=1}^{n} F_i x_i}{\sum_{i=1}^{n} F_i}, \quad y_C = \frac{\sum_{i=1}^{n} F_i y_i}{\sum_{i=1}^{n} F_i}, \quad z_C = \frac{\sum_{i=1}^{n} F_i z_i}{\sum_{i=1}^{n} F_i}$$

2. 刚体的重心

刚体所受到的重力系是一个同向的平行力系，它们必存在合力，刚体重力系的中心称为刚体的重心。刚体的重心在刚体内或其延拓部分占有确定位置，该位置与刚体在空间的放置情况无关。当刚体的质量分布不均匀时，其重心和形心（几何中心）不重合，只有均质刚体的重心才与其形心重合。求刚体的重心的常用方法有：

（1）当均质刚体具有质量对称面、对称轴或对称中心时，其重心必在对称面、对称轴或对称中心上。

（2）当刚体的形状易于用坐标的函数关系式表达时，其重心可用积分法求得。

（3）当刚体是由几个简单形状的均质刚体组合而成时，该组合体的重心可用分割法或负面积法（负体积法）求得。

（4）当刚体的形状比较复杂，不能或不便采用以上各方法求其重心位置时，则一般用实验法测定其重心所在位置。

5.1.5 分布载荷的简化

水压力、风力、重力均属于分布载荷，当载荷分布在构件的轴线上、构件的表面上和构件内部的各点上时分别称为线、面和体分布载荷，它们的大小分别用载荷集度 q N/m、q N/m^2 和 q N/m^3 表示。对于作用于刚体上的分布载荷，总是先求其等效的合力，再按集中载荷处理。几种常见的线分布载荷的合力大小及其作用线位置列于表 5-2 中。

表 5-2 几种常见的线分布载荷

分布载荷的形式	合力的大小	合力作用线的位置	说明
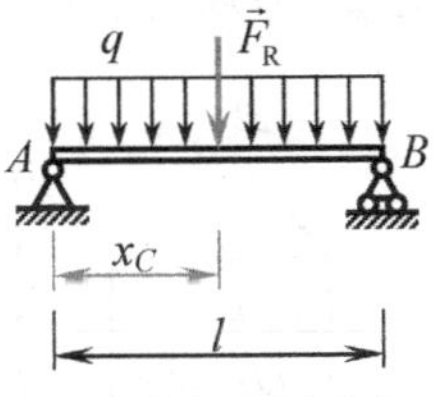 矩形（均匀）分布载荷	$F_R = ql$	$x_C = \dfrac{l}{2}$	合力的大小等于分布载荷所围成的面积，合力作用线通过由分布载荷所围成的面积的形心
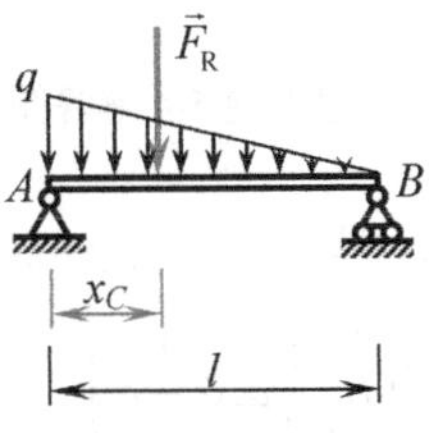 三角形分布载荷	$F_R = \dfrac{1}{2}ql$	$x_C = \dfrac{l}{3}$	合力的大小等于分布载荷所围成的面积，合力作用线通过由分布载荷所围成的面积的形心
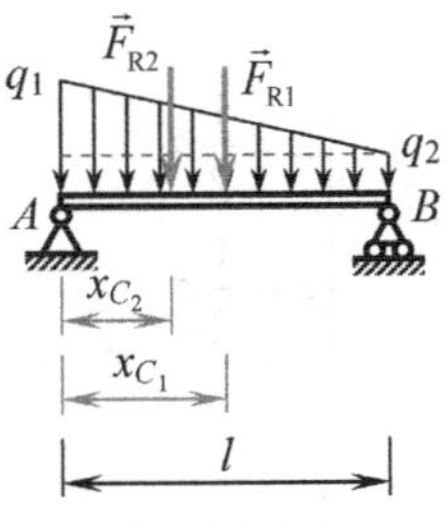 梯形分布载荷	$F_{R1} = q_2 l$ $F_{R2} = \dfrac{1}{2}(q_1 - q_2)l$	$x_{C_1} = \dfrac{l}{2}$ $x_{C_2} = \dfrac{l}{3}$	通常，将梯形分布载荷分割成一个矩形分布载荷和一个三角形分布载荷，分别计算它们的合力 $\vec{F}_{R1}$ 和 $\vec{F}_{R2}$ 的大小和作用线的位置

5.2 思考题及解答

5-4 图示作用于正方体上各空间力系均由两个大小相等的力组成，试问图(a)~图(j)所示力系简化的最终结果是什么？你发现什么规律？

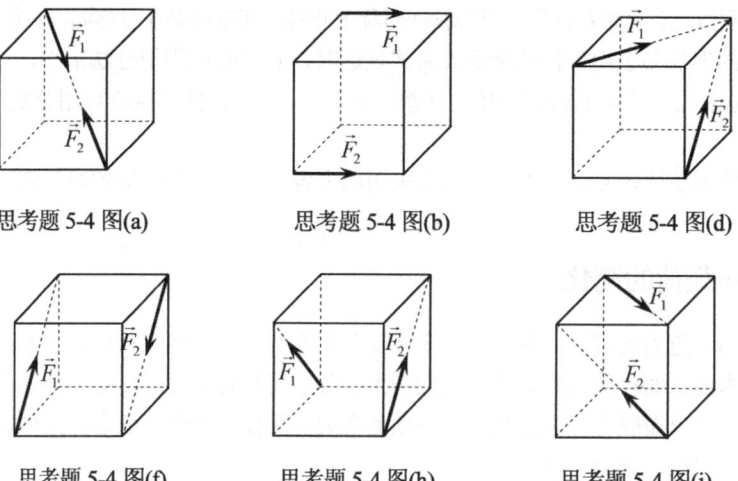

思考题 5-4 图(a)　　　　思考题 5-4 图(b)　　　　思考题 5-4 图(d)

思考题 5-4 图(f)　　　　思考题 5-4 图(h)　　　　思考题 5-4 图(j)

解答：

设 $F_1 = F_2 = F$，正立方体的边长为 a。

(a) 力系的主矢为 $\vec{F}_R = 0$，力系对任意点的主矩为 $\vec{M} = 0$，可见，该力系为平衡力系（零力系）。

(b) 建立如解答图(b)所示直角坐标系 $Oxyz$。

力系的主矢为
$$\vec{F}_R = \vec{F}_1 + \vec{F}_2 = 2F\vec{j}$$

力系对点 O 的主矩为
$$\vec{M}_O = -F_1 a\vec{i} + F_2 a\vec{k} = Fa(-\vec{i} + \vec{k})$$

力系的第二不变量为
$$\vec{F}_R \cdot \vec{M}_O = 2F\vec{j} \cdot [Fa(-\vec{i} + \vec{k})] = 0$$

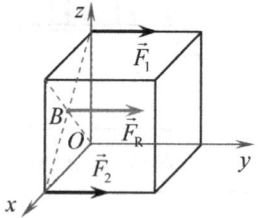

思考题 5-4 解答图(b)

可见，该力系简化的最简形式为合力。

下面求该力系的合力作用线方程：假设该力系的合力作用线经过点 B，则

$$\overrightarrow{OB} = \frac{\vec{F}_R \times \vec{M}_O}{F_R^2} = \frac{(2F\vec{j}) \times [Fa(-\vec{i} + \vec{k})]}{(2F)^2} = \frac{1}{2}a(\vec{i} + \vec{k})，\text{点 }B\text{ 的坐标为 }B\left(\frac{1}{2}a, 0, \frac{1}{2}a\right)，$$

合力作用线方程为

$$\frac{F_{Rx}}{x - x_B} = \frac{F_{Ry}}{y - y_B} = \frac{F_{Rz}}{z - z_B} \quad \Rightarrow \quad \frac{0}{x - \frac{1}{2}a} = \frac{2F}{y - 0} = \frac{0}{z - \frac{1}{2}a} \quad \Rightarrow \quad \begin{cases} x = \frac{1}{2}a \\ z = \frac{1}{2}a \end{cases}$$

(d) 建立如解答图(d)所示直角坐标系 $Oxyz$。

力系的主矢为

$$\vec{F}_R = \vec{F}_1 + \vec{F}_2 = \left(-\frac{\sqrt{2}}{2}F\vec{i} + \frac{\sqrt{2}}{2}F\vec{j}\right) + \left(-\frac{\sqrt{2}}{2}F\vec{i} + \frac{\sqrt{2}}{2}F\vec{k}\right)$$

$$= \frac{\sqrt{2}}{2}F(-2\vec{i} + \vec{j} + \vec{k})$$

力系对点 O 的主矩为 $\vec{M}_O = 0$，可见，该力系简化的最简形式为合力。

合力作用线方程为

$$\frac{F_{Rx}}{x} = \frac{F_{Ry}}{y} = \frac{F_{Rz}}{z} \Rightarrow \frac{-2F}{x} = \frac{F}{y} = \frac{F}{z} \Rightarrow \begin{cases} y = z \\ x = -2y \end{cases}$$

(f) 因为 $F_1 = F_2$，且 $\vec{F}_1 // \vec{F}_2$，反向，所以力系的主矢为

$$\vec{F}_R = \vec{F}_1 + \vec{F}_2 = 0$$

建立如解答图(f)所示直角坐标系 $Axyz$，力系对任意点的主矩为

$$\vec{M} = \overrightarrow{AC} \times \vec{F}_2 = a(\vec{i} + \vec{j} + \vec{k}) \times \frac{\sqrt{2}}{2}F(-\vec{j} - \vec{k}) = \frac{\sqrt{2}}{2}Fa(\vec{j} - \vec{k})$$

可见，该力系简化的最简形式为合力偶，该合力偶作用于对角面 $ABCD$ 上，其合力偶矢量为 $\vec{M} = \frac{\sqrt{2}}{2}Fa(\vec{j} - \vec{k})$，如解答图(f)所示。

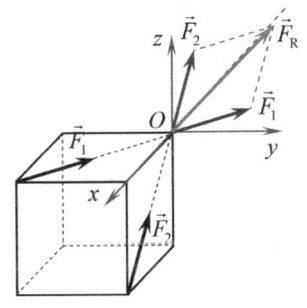
思考题 5-4 解答图(d)

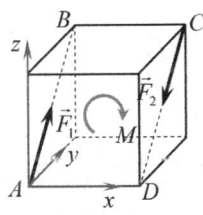
思考题 5-4 解答图(f)

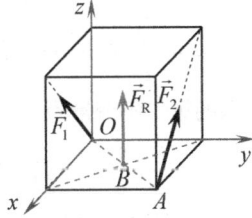
思考题 5-4 解答图(h)

(h) 建立如解答图(h)所示直角坐标 $Oxyz$。

力系的主矢为

$$\vec{F}_R = \vec{F}_1 + \vec{F}_2 = \frac{\sqrt{2}}{2}F(\vec{i} + \vec{k}) + \frac{\sqrt{2}}{2}F(-\vec{i} + \vec{k}) = \sqrt{2}F\vec{k}$$

力系对点 O 的主矩为

$$\vec{M}_O = \overrightarrow{OA} \times \vec{F}_2 = a(\vec{i} + \vec{j}) \times \frac{\sqrt{2}}{2}F(-\vec{i} + \vec{k}) = \frac{\sqrt{2}}{2}Fa(\vec{i} - \vec{j} + \vec{k})$$

力系的第二不变量为

$$\vec{F}_R \cdot \vec{M}_O = \sqrt{2}F\vec{k} \cdot \frac{\sqrt{2}}{2}Fa(\vec{i} - \vec{j} + \vec{k}) = F^2 a > 0$$

可见，该力系简化的最简形式为右手力螺旋，力螺旋参数（第三不变量）为

$$p = \frac{\vec{F}_R \cdot \vec{M}_O}{F_R^2} = \frac{F^2 a}{(\sqrt{2}F)^2} = \frac{1}{2}a$$

下面求该力系的力螺旋的中心轴方程：

假设该力螺旋中力的作用线经过点 B，则

$$\overrightarrow{OB} = \frac{\vec{F}_R \times \vec{M}_O}{F_R^2} = \frac{\sqrt{2}F\vec{k} \times \frac{\sqrt{2}}{2}Fa(\vec{i}-\vec{j}+\vec{k})}{(\sqrt{2}F)^2} = \frac{1}{2}a(\vec{i}+\vec{j})$$

点 B 的坐标为 $B\left(\frac{1}{2}a, \frac{1}{2}a, 0\right)$。

该力螺旋的中心轴方程为

$$\frac{F_{Rx}}{x-x_B} = \frac{F_{Ry}}{y-y_B} = \frac{F_{Rz}}{z-z_B} \quad \Rightarrow \quad \frac{0}{x-\frac{1}{2}a} = \frac{0}{y-\frac{1}{2}a} = \frac{\sqrt{2}F}{z} \quad \Rightarrow \quad \begin{cases} x = \frac{1}{2}a \\ y = \frac{1}{2}a \end{cases}$$

(j) 建立如解答图(j)所示直角坐标 $Oxyz$。

力系的主矢为

$$\vec{F}_R = \vec{F}_1 + \vec{F}_2 = \frac{\sqrt{2}}{2}F(-\vec{i}-\vec{j}) + \frac{\sqrt{2}}{2}F(\vec{j}+\vec{k})$$

$$= \frac{\sqrt{2}}{2}F(-\vec{i}+\vec{k})$$

力系对点 O 的主矩为

$$\vec{M}_O = \overrightarrow{OA} \times \vec{F}_1$$

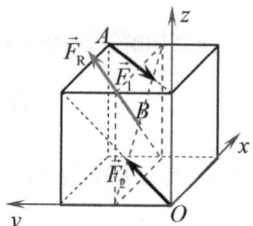

思考题 5-4 解答图(j)

$$= a(\vec{i}+\vec{j}+\vec{k}) \times \frac{\sqrt{2}}{2}F(-\vec{i}-\vec{j}) = -\frac{\sqrt{2}}{2}Fa(\vec{i}+\vec{j}+\vec{k}) \times (\vec{i}+\vec{j})$$

$$= -\frac{\sqrt{2}}{2}Fa\vec{k} \times (\vec{i}+\vec{j}) = \frac{\sqrt{2}}{2}Fa(\vec{i}-\vec{j})$$

力系的第二不变量为

$$\vec{F}_R \cdot \vec{M}_O = \frac{\sqrt{2}}{2}F(-\vec{i}+\vec{k}) \cdot \frac{\sqrt{2}}{2}Fa(\vec{i}-\vec{j}) = -\frac{1}{2}F^2a < 0$$

可见，该力系简化的最简形式为左手力螺旋，力螺旋参数（第三不变量）为

$$p = \frac{\vec{F}_R \cdot \vec{M}_O}{F_R^2} = \frac{-\frac{1}{2}F^2a}{\left(\frac{\sqrt{2}}{2}F\right)^2 + \left(\frac{\sqrt{2}}{2}F\right)^2} = -\frac{1}{2}a$$

下面求该力系的力螺旋的中心轴方程：

假设该力螺旋中力的作用线经过点 B，则

$$\overrightarrow{OB} = \frac{\vec{F}_R \times \vec{M}_O}{F_R^2} = \frac{\frac{\sqrt{2}}{2}F(-\vec{i}+\vec{k}) \times \frac{\sqrt{2}}{2}Fa(\vec{i}-\vec{j})}{F^2} = \frac{1}{2}a(\vec{i}+\vec{j}+\vec{k}),$$

点 B 的坐标为 $B(\frac{1}{2}a, \frac{1}{2}a, \frac{1}{2}a)$。

该力螺旋的中心轴方程为

$$\frac{F_{Rx}}{x-x_B} = \frac{F_{Ry}}{y-y_B} = \frac{F_{Rz}}{z-z_B} \quad \Rightarrow \quad \frac{-\frac{\sqrt{2}}{2}F}{x-\frac{1}{2}a} = \frac{0}{y-\frac{1}{2}a} = \frac{\frac{\sqrt{2}}{2}F}{z-\frac{1}{2}a} \quad \Rightarrow \quad \begin{cases} y = \frac{1}{2}a \\ x+z = a \end{cases}$$

由以上计算结果，可以发现这样的规律：平衡力系（零力系）可以等效于大小相同、方向相反、作用线共线的两个力；合力可以等效于大小相同、方向相同、作用线平行的两个力或合力可以等效于大小相同、方向不同、作用线相交的两个力；合力偶可以等效于大小相等、方向相反、作用线平行但不重合的两个力；力螺旋可以等效于大小相等、作用线异面的两个力。

5-9 图示圆板上受到四个力的作用，作用点分别为 A、B、C、D，且乘积 $F_1 \cdot AB = F_2 \cdot BC = F_3 \cdot CD = F_4 \cdot DA$，$ABCD$ 不是正方形，试问该力系的合力作用线位置在何处？

解答：

如解答图所示，力系对点 O 的矩为

$$\vec{M}_O = \vec{M}_O(\vec{F}_1) + \vec{M}_O(\vec{F}_2) + \vec{M}_O(\vec{F}_3) + \vec{M}_O(\vec{F}_4) = \vec{M}_O(\vec{F}_2) + \vec{M}_O(\vec{F}_4)$$

其中
$$M_O(\vec{F}_2) = F_2 \cdot OB \sin(\pi - \varphi) = F_2 \cdot OB \sin \varphi \quad (\text{逆时针})$$

$$M_O(\vec{F}_4) = F_4 \cdot OD \sin \varphi \quad (\text{顺时针})$$

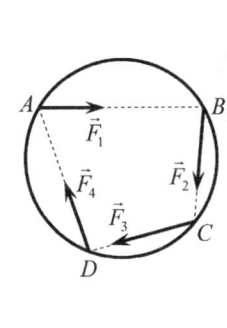

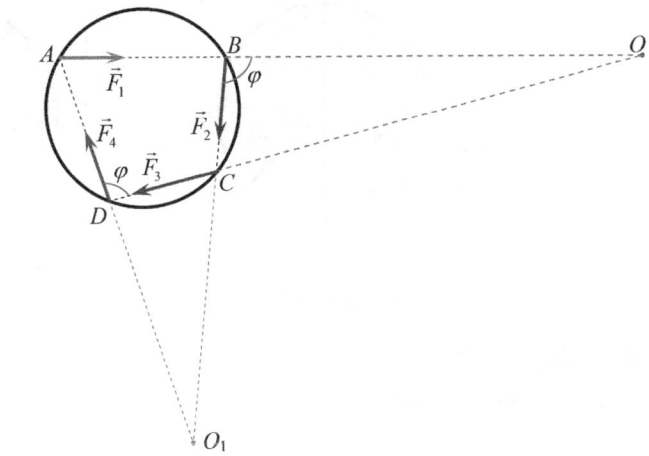

思考题 5-9 图 　　　　　　　　　　　思考题 5-9 解答图

因为

$$F_2 \cdot BC = F_4 \cdot AD \stackrel{令}{=} k \quad \Rightarrow \quad F_2 = \frac{k}{BC}, \quad F_4 = \frac{k}{AD}$$

所以

$$M_O(\vec{F}_2) = F_2 \cdot OB \sin \varphi = \frac{k}{BC} \cdot OB \sin \varphi = \frac{OB}{BC} k \sin \varphi$$

$$M_O(\vec{F}_4) = \frac{k}{AD} \cdot OD \sin \varphi = \frac{OD}{AD} k \sin \varphi$$

又因为 $\triangle OBC$ 与 $\triangle ODA$ 相似，所以有

$$\frac{OB}{OD} = \frac{BC}{AD} \quad \Rightarrow \quad \frac{OB}{BC} = \frac{OD}{AD}$$

可见，$\vec{M}_O(\vec{F}_2) = \vec{M}_O(\vec{F}_4)$，则

$$\vec{M}_O = \vec{M}_O(\vec{F}_2) + \vec{M}_O(\vec{F}_4) = 0$$

由此可见，力系的合力必过点 O。

同理，可得到 $\vec{M}_{O_1} = \vec{M}_{O_1}(\vec{F}_1) + \vec{M}_{O_1}(\vec{F}_3) = 0$，即力系的合力必过点 O_1。

综合上述，力系的合力的作用线为点 O 和点 O_1 的连线。

5-11 图示阴影平板是由半径为 r 的等厚均质圆盘去掉一个三角形而得到，为使重心仍在圆心处，可在圆盘上再去掉一个小圆，试问小圆的圆心在何处？小圆的半径应为多少？

解答：

由对称性知道，为使重心仍在圆心处，圆盘上再去掉一个小圆，小圆的圆心一定在 x 轴上，令小圆的圆心距原点的距离为 x，小圆的半径为 ρ，如解答图所示。

$$y_C = 0$$

$$x_C = \frac{\pi r^2 \times 0 - \frac{1}{2} \cdot \frac{3r}{4} \cdot \frac{3r}{2} \times \left(-\frac{r}{4}\right) - \pi \rho^2 \times x}{\pi r^2 - \frac{1}{2} \cdot \frac{3r}{4} \cdot \frac{3r}{2} - \pi \rho^2} = 0 \Rightarrow -\frac{1}{2} \cdot \frac{3r}{4} \cdot \frac{3r}{2} \times \left(-\frac{r}{4}\right) - \pi \rho^2 \times x = 0 \Rightarrow x = \frac{9r^3}{64\pi\rho^2}$$

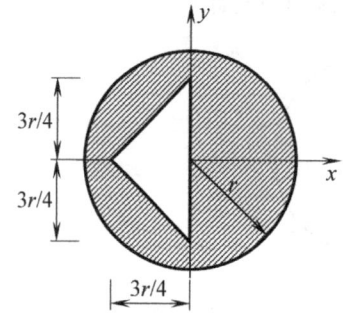

思考题 5-11 图　　　　思考题 5-11 解答图

讨论：两种极端情况。

（1）小圆左侧与 y 轴相切：

当 $x = \rho$ 时，　　　　$x = \frac{9r^3}{64\pi\rho^2} \Rightarrow x = \rho = \frac{r}{4}\sqrt[3]{\frac{9}{\pi}}$

（2）小圆右侧与大圆右侧相切：满足 $x + \rho \leq r \Rightarrow \frac{9r^3}{64\pi\rho^2} + \rho \leq r$

5-12 图示两杆 AB、BC 在 B 处光滑铰接，置于光滑水平地面上，在 A、C 两端各作用一个力 $\vec{F}_1$、$\vec{F}_2$，试问：（1）能否在杆 AB、BC 上各加一力使之平衡？（2）能否在杆 AB、BC 上各加一力偶使之平衡？（3）能否在杆 AB 上加一力，在杆 BC 上加一力偶使之平衡？

解答：

（1）在杆 AB、BC 上各加一力使之平衡，这是可能的，如解答图(a)所示。

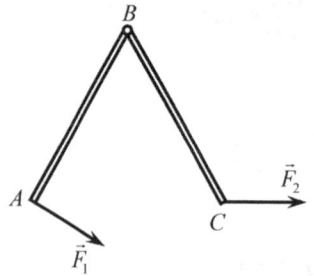　　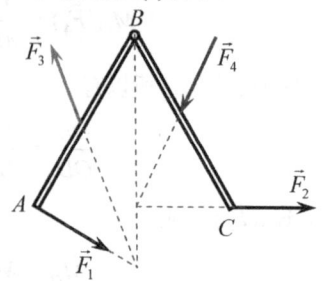

思考题 5-12 图　　　　　思考题 5-12 解答图(a)

杆 AB 和杆 BC 都为三力平衡杆件，对于杆 AB，铰链 B 处的约束力 $\vec{F}_B$ 的作用线经过力 $\vec{F}_1$ 和 $\vec{F}_3$ 的交点；对于杆 BC，铰链 B 处的约束力 $\vec{F}'_B$ 的作用线经过力 $\vec{F}_2$ 和 $\vec{F}_4$ 的交点。

（2）在杆 AB、BC 上各加一力偶使之平衡，这是不可能的，如解答图(b)所示。

就整体而言，主动力 $\vec{F}_1$ 和 $\vec{F}_2$、主动力偶 M_1 和 M_2 相平衡，这样主动力 $\vec{F}_1$ 和 $\vec{F}_2$ 必形成力偶才能维持这样的平衡，但是主动力 $\vec{F}_1$ 和 $\vec{F}_2$ 并不平行不可能形成力偶。

（3）在杆 AB 上加一力，在杆 BC 上加一力偶使之平衡，这是可能的，如解答图(c)所示。

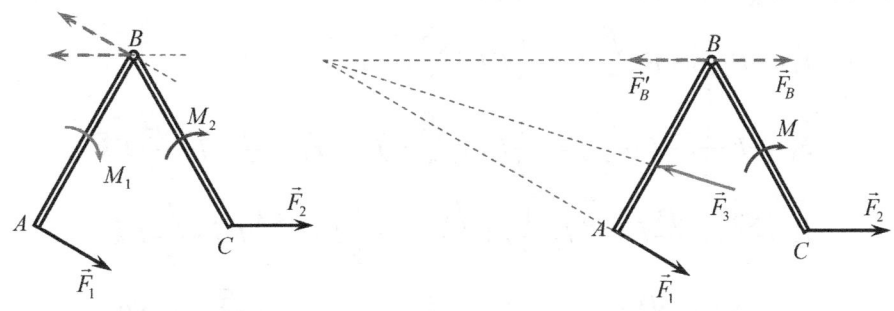

思考题 5-12 解答图(b)   思考题 5-12 解答图(c)

杆 AB 为三力平衡杆件，主动力 $\vec{F}_1$、铰链 B 处的约束力 $\vec{F}_B$ 和主动力 $\vec{F}_3$ 汇交于一点并平衡；杆 BC 为力偶平衡，铰链 B 处的约束力 $\vec{F}'_B$ 和主动力 $\vec{F}_2$ 形成力偶，与主动力偶 M 相平衡。

5-15 若不计自重和摩擦，试问图(a)所示结构的受力图为图(b)是否正确？若有错误，应如何改正？

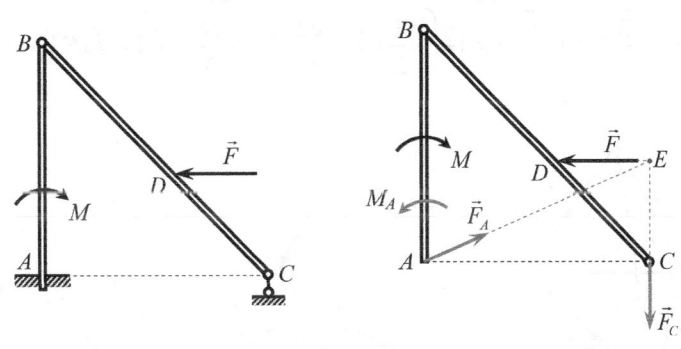

思考题 5-15 图(a)   思考题 5-15 图(b)

解答：错误，杆 BC、杆 AB 和整体的正确受力图分别见解答图(a)、(b)和(c)。

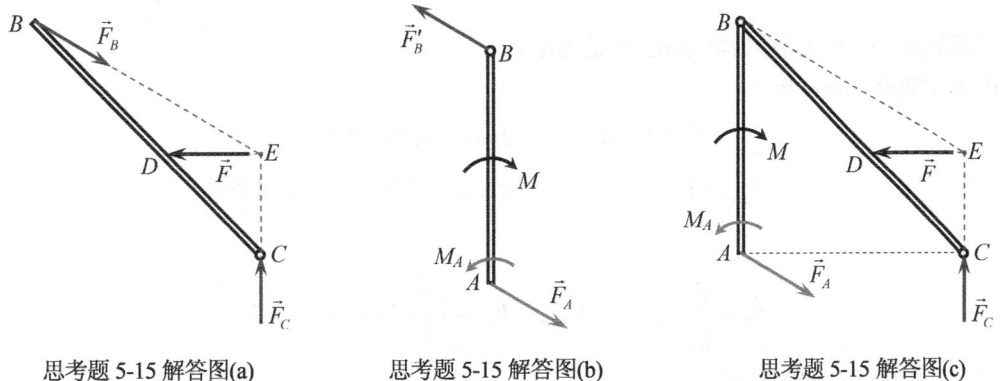

思考题 5-15 解答图(a)   思考题 5-15 解答图(b)   思考题 5-15 解答图(c)

5.3 习题及解答

5-7 在图示边长为 a 的正四面体的六条棱边上作用图示方向的六个力，它们的大小都为 F，$Oxyz$ 为直角坐标系，$\triangle OAB$ 在 Oxy 平面内，试求该力系简化的最简结果。

解：

(1) 力系的主矢 $\vec{F}_R$：如解答图(a)，(b)所示。

$$\vec{F}_1 = -F \cdot \frac{1}{2}\vec{i} + F \cdot \frac{\sqrt{3}}{2}\vec{j} = -\frac{1}{2}F\vec{i} + \frac{\sqrt{3}}{2}F\vec{j}, \quad \vec{F}_2 = F\vec{i}$$

$$\vec{F}_3 = -F \cdot \frac{1}{2}\vec{i} - F \cdot \frac{\sqrt{3}}{2}\vec{j} = -\frac{1}{2}F\vec{i} - \frac{\sqrt{3}}{2}F\vec{j}, \quad \vec{F}_4 = \frac{\sqrt{3}}{3}F\vec{j} + \frac{\sqrt{6}}{3}F\vec{k}$$

$$\vec{F}_5 = \frac{\sqrt{3}}{3}F_5 \cdot \frac{\sqrt{3}}{2}\vec{i} - \frac{\sqrt{3}}{3}F_5 \cdot \frac{1}{2}\vec{j} + \frac{\sqrt{6}}{3}F_5\vec{k} = \frac{1}{2}F\vec{i} - \frac{\sqrt{3}}{6}F\vec{j} + \frac{\sqrt{6}}{3}F\vec{k}$$

$$\vec{F}_6 = -\frac{\sqrt{3}}{3}F_6 \cdot \frac{\sqrt{3}}{2}\vec{i} - \frac{\sqrt{3}}{3}F_6 \cdot \frac{1}{2}\vec{j} + \frac{\sqrt{6}}{3}F_6\vec{k} = -\frac{1}{2}F\vec{i} - \frac{\sqrt{3}}{6}F\vec{j} + \frac{\sqrt{6}}{3}F\vec{k}$$

则

$$\vec{F}_R = \sum_{i=1}^{6}\vec{F}_i = \left(-\frac{1}{2}F\vec{i} + \frac{\sqrt{3}}{2}F\vec{j}\right) + (F\vec{i}) + \left(-\frac{1}{2}F\vec{i} - \frac{\sqrt{3}}{2}F\vec{j}\right) + \left(\frac{\sqrt{3}}{3}F\vec{j} + \frac{\sqrt{6}}{3}F\vec{k}\right) +$$

$$\left(\frac{1}{2}F\vec{i} - \frac{\sqrt{3}}{6}F\vec{j} + \frac{\sqrt{6}}{3}F\vec{k}\right) + \left(-\frac{1}{2}F\vec{i} - \frac{\sqrt{3}}{6}F\vec{j} + \frac{\sqrt{6}}{3}F\vec{k}\right) = \sqrt{6}F\vec{k}$$

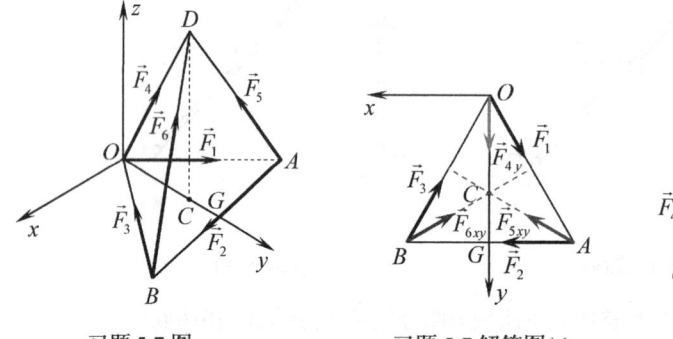

习题 5-7 图　　习题 5-7 解答图(a)　　习题 5-7 解答图(b)

下面是另一种更为简单的求力系主矢的方法。

由解答图(a)，(b)可知

$$\vec{F}_1 + \vec{F}_2 + \vec{F}_3 = 0 \quad \text{（封闭三角形 }OAB\text{）}$$

$$\vec{F}_{4xy} + \vec{F}_{5xy} + \vec{F}_{6xy} = 0 \quad \text{（三个力汇交，且对称均布形成平衡）}$$

所以

$$\vec{F}_R = \sum_{i=1}^{6}\vec{F}_i = \vec{F}_{4z} + \vec{F}_{5z} + \vec{F}_{6z} = \frac{\sqrt{6}}{3}F\vec{k} \times 3 = \sqrt{6}F\vec{k}$$

(2) 力系对点 O 的主矩 $\vec{M}_O$。

$$\vec{M}_O(\vec{F}_1) = 0 \text{（} \vec{F}_1 \text{过点} O\text{）}, \quad \vec{M}_O(\vec{F}_2) = -F \cdot \frac{\sqrt{3}}{2} a\vec{k} = -\frac{\sqrt{3}}{2} Fa\vec{k}$$

$$\vec{M}_O(\vec{F}_3) = 0 \text{（} \vec{F}_3 \text{过点} O\text{）}, \quad \vec{M}_O(\vec{F}_4) = 0 \text{（} \vec{F}_4 \text{过点} O\text{）}$$

$$\vec{M}_O(\vec{F}_5 + \vec{F}_6) = \vec{M}_O(\vec{F}_{5z} + \vec{F}_{6z}) + \vec{M}_O(\vec{F}_{5xy} + \vec{F}_{6xy})$$

（由解答图(a)可知，$\vec{M}_O(\vec{F}_{5xy} + \vec{F}_{6xy}) = 0$，因为 $\vec{F}_{5xy}$ 和 $\vec{F}_{6xy}$ 关于 Oy 轴对称）

$$\vec{M}_O(\vec{F}_{5z} + \vec{F}_{6z}) = M_x(\vec{F}_{5z} + \vec{F}_{6z})\vec{i} + M_y(\vec{F}_{5z} + \vec{F}_{6z})\vec{j}$$

（由解答图(a)可知，$M_y(\vec{F}_{5z} + \vec{F}_{6z}) = 0$，因为 $\vec{F}_{5z}$ 和 $\vec{F}_{6z}$ 关于 y 轴对称）

$$M_x(\vec{F}_{5z} + \vec{F}_{6z})\vec{i} + M_y(\vec{F}_{5z} + \vec{F}_{6z})\vec{j} = 2 \times \left(\frac{\sqrt{6}}{3}F \cdot \frac{\sqrt{3}}{2}a\right)\vec{i} = \sqrt{2}Fa\vec{i}$$

则

$$\vec{M}_O = \sum_{i=1}^{6} \vec{M}_O(\vec{F}_i) = -\frac{\sqrt{3}}{2}Fa\vec{k} + \sqrt{2}Fa\vec{i} = \sqrt{2}Fa\vec{i} - \frac{\sqrt{3}}{2}Fa\vec{k}$$

（3）力系简化的最简结果。

$$\vec{F}_R \cdot \vec{M}_O = \sqrt{6}F\vec{k} \cdot \left(\sqrt{2}Fa\vec{i} - \frac{\sqrt{3}}{2}Fa\vec{k}\right)$$
$$= -\frac{3\sqrt{2}}{2}F^2a < 0$$

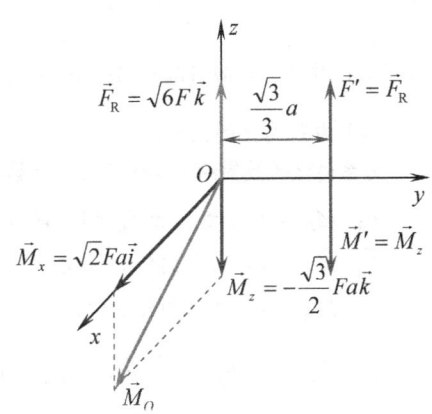

习题 5-7 解答图(c)

则力系简化的最简形式为"左手力螺旋"，其最简结果如解答图(c)所示。中心轴方程为

$$\begin{cases} x = 0 \\ y = \dfrac{\sqrt{3}}{3}a \end{cases}$$

力矢为 $\vec{F}' = \vec{F}_R = \sqrt{6}F\vec{k}$，力偶矩为 $\vec{M}' = -\dfrac{\sqrt{3}}{2}Fa\vec{k}$。

解析：

（1）识别各力矢在直角坐标系中的空间几何位置及它们之间的位置关系十分重要。

（2）不深入考察各力矢的空间位置，只是将力矢用矢量表示出来，再将各力矢相加也可求得力系的主矢 $\vec{F}_R$，但这种做法太机械、程序化，计算很容易出错。必须进一步考察各力矢的空间位置，可得到 Oxy 平面内各力分量的关系，如解答图(a)所示，因为 $\vec{F}_1$、$\vec{F}_2$、$\vec{F}_3$ 构成 $\triangle OAB$ 的三个边且封闭，所以 $\vec{F}_1 + \vec{F}_2 + \vec{F}_3 = 0$，又因为 $\vec{F}_{4xy}$、$\vec{F}_{5xy}$、$\vec{F}_{6xy}$ 构成三个汇交力，且关于点 C 对称均匀分布，所以有 $\vec{F}_{4xy} + \vec{F}_{5xy} + \vec{F}_{6xy} = 0$，由此可知

$$\vec{F}_R = \vec{F}_1 + \vec{F}_2 + \vec{F}_3 + \vec{F}_{4xy} + \vec{F}_{5xy} + \vec{F}_{6xy} + \vec{F}_{4z} + \vec{F}_{5z} + \vec{F}_{6z} = \vec{F}_{4z} + \vec{F}_{5z} + \vec{F}_{6z} = \frac{\sqrt{6}}{3}F\vec{k} \times 3 = \sqrt{6}F\vec{k}$$

这样计算力系的主矢快捷简便，不易出错。

（3）求力系对点 O 的主矩 $\vec{M}_O$。

由于 $\vec{F}_1$、$\vec{F}_3$、$\vec{F}_4$ 的作用线过 O，所以 $\vec{M}_O(\vec{F}_1) = 0$，$\vec{M}_O(\vec{F}_3) = 0$，$\vec{M}_O(\vec{F}_4) = 0$，则力系对点 O 的主矩 $\vec{M}_O$ 可写成 $\vec{M}_O = \vec{M}_O(\vec{F}_2) + \vec{M}_O(\vec{F}_5) + \vec{M}_O(\vec{F}_6)$，其中力 $\vec{F}_2$ 对点 O 的矩容易写出，为

$\vec{M}_O(\vec{F}_2) = -F \cdot \dfrac{\sqrt{3}}{2} a\vec{k} = -\dfrac{\sqrt{3}}{2} Fa\vec{k}$,这是因为 $\vec{F}_2$ 的作用线在平面 OAB 内(Oxy 平面内),力 $\vec{F}_2$ 对点 O 的力矩 $\vec{M}_O(\vec{F}_2)$ 必垂直于该平面,即 $\vec{M}_O(\vec{F}_2)$ 沿 z 轴方向与 z 轴正向相反,力 $\vec{F}_2$ 对点 O 的力矩 $\vec{M}_O(\vec{F}_2)$ 的大小为力 $\vec{F}_2$ 的大小与点 O 至 $\vec{F}_2$ 的作用线的距离 $\dfrac{\sqrt{3}}{2}a$ 的乘积。

而 $\vec{M}_O(\vec{F}_5) + \vec{M}_O(\vec{F}_6) = \vec{M}_O(\vec{F}_5 + \vec{F}_6) = \vec{M}_O(\vec{F}_{5z} + \vec{F}_{6z}) + \vec{M}_O(\vec{F}_{5xy} + \vec{F}_{6xy})$,由于 $\vec{F}_{5xy}$ 和 $\vec{F}_{6xy}$ 都位于 Oxy 平面内,且大小相等,由关于 Oy 轴对称分布,则 $\vec{M}_O(\vec{F}_{5xy} + \vec{F}_{6xy}) = 0$,因此, $\vec{M}_O(\vec{F}_5) + \vec{M}_O(\vec{F}_6) = \vec{M}_O(\vec{F}_{5z} + \vec{F}_{6z}) = M_x(\vec{F}_{5z} + \vec{F}_{6z})\vec{i} + M_y(\vec{F}_{5z} + \vec{F}_{6z})\vec{j} + M_z(\vec{F}_{5z} + \vec{F}_{6z})\vec{k}$,由于 $\vec{F}_{5z}$ 和 $\vec{F}_{6z}$ 均平行于 z 轴,则 $M_z(\vec{F}_{5z} + \vec{F}_{6z}) = 0$;又由于 $\vec{F}_{5z}$ 和 $\vec{F}_{6z}$ 分别作用于点 A 和点 B,且大小相等,垂直于 AB 连线,关于 y 轴对称分布,则 $M_y(\vec{F}_{5z} + \vec{F}_{6z}) = 0$,于是 $\vec{M}_O(\vec{F}_5) + \vec{M}_O(\vec{F}_6) = M_x(\vec{F}_{5z} + \vec{F}_{6z})\vec{i}$,由于 $F_{5z} = F_{6z} = \dfrac{\sqrt{6}}{3}F$,且 $\vec{F}_{5z}$ 和 $\vec{F}_{6z}$ 与 x 轴垂直,其到 x 轴的垂直距离为 $OG = \dfrac{\sqrt{3}}{2}a$,则 $M_x(\vec{F}_{5z}) = M_x(\vec{F}_{6z}) = \dfrac{\sqrt{6}}{3}F \cdot \dfrac{\sqrt{3}}{2}a = \dfrac{\sqrt{2}}{2}Fa$,可见 $\vec{M}_O(\vec{F}_5) + \vec{M}_O(\vec{F}_6) = M_x(\vec{F}_{5z} + \vec{F}_{6z})\vec{i} = 2 \cdot \dfrac{\sqrt{2}}{2}Fa\vec{i} = \sqrt{2}Fa\vec{i}$,故 $\vec{M}_O = \vec{M}_O(\vec{F}_2) + M_x(\vec{F}_{5z} + \vec{F}_{6z})\vec{i} = \sqrt{2}Fa\vec{i} - \dfrac{\sqrt{3}}{2}Fa\vec{k}$。

(4)力系简化的最简结果。

力系简化的最简结果要依据力系的第二不变量 $\vec{F}_R \cdot \vec{M}_O$ 的值大于零、等于零或小于零来判断,即

$\vec{F}_R \cdot \vec{M}_O = 0$ $\Rightarrow$ 当 $\vec{F}_R \neq 0, \vec{M}_O \neq 0$ 时,有 $\vec{F}_R \perp \vec{M}_O$,力系简化的最简结果为合力;

$\vec{F}_R \cdot \vec{M}_O > 0$,力系简化的最简结果为右手力螺旋;

$\vec{F}_R \cdot \vec{M}_O < 0$,力系简化的最简结果为左手力螺旋。

在本题中,$\vec{F}_R = \sqrt{6}F\vec{k}$,$\vec{M}_O = \sqrt{2}Fa\vec{i} - \dfrac{\sqrt{3}}{2}Fa\vec{k}$,将 $\vec{M}_O$ 可写成两个分量 $\vec{M}_x = \sqrt{2}Fa\vec{i}$ 和 $\vec{M}_z = -\dfrac{\sqrt{3}}{2}Fa\vec{k}$,易知 $\vec{F}_R \perp \vec{M}_x$($\vec{F}_R \cdot \vec{M}_x = 0$),进一步简化为一个合力 $\vec{F}' = \vec{F}_R$,其作用线过点 $(0, \dfrac{\sqrt{3}}{3}a, 0)$;又 $\vec{F}_R \cdot \vec{M}_z < 0$,$\vec{F}'$ 与 $\vec{M}_z$ 构成左手力螺旋,其中心轴方程为 $\begin{cases} x = 0 \\ y = \dfrac{\sqrt{3}}{3}a \end{cases}$。最终力系将简化为一个左手力螺旋,其主矢为 $\vec{F}_R = \sqrt{6}F\vec{k}$,其中心轴方程为 $\begin{cases} x = 0 \\ y = \dfrac{\sqrt{3}}{3}a \end{cases}$。

5-8 如图所示,沿长方体不相交且不平行的棱边上作用三个大小都等于 F 的力,试求边长 a、b、c 满足什么关系式时,该力系能简化为一个合力,并写出该合力的作用线方程。

解:

(1)力系的主矢 $\vec{F}_R$。

$$\vec{F}_R = F(\vec{i} + \vec{j} + \vec{k})$$

(2)力系对点 O 的主矩 $\vec{M}_O$。

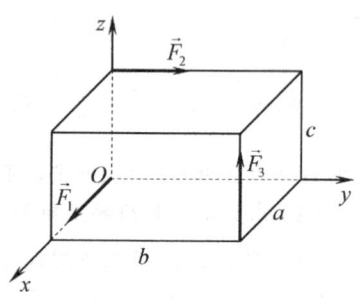

习题 5-8 图

$$\vec{M}_O(\vec{F}_1) = 0 , \quad \vec{M}_O(\vec{F}_2) = -F_2 \cdot c\vec{i} = -Fc\vec{i}$$

$$\vec{M}_O(\vec{F}_3) = F_3 \cdot b\vec{i} - F_3 \cdot a\vec{j} = F(b\vec{i} - a\vec{j})$$

所以

$$\vec{M}_O = \sum_{i=1}^{3} \vec{M}_O(\vec{F}_i) = F[(b-c)\vec{i} - a\vec{j}]$$

（3）力系的第二不变量。

$$\vec{F}_R \cdot \vec{M}_O = F(\vec{i} + \vec{j} + \vec{k}) \cdot F[(b-c)\vec{i} - a\vec{j}] = F^2(b-c-a)$$

欲使力系能简化为一合力，则

$$\vec{F}_R \cdot \vec{M}_O = 0 \quad \Rightarrow \quad b-c-a=0 \quad \Rightarrow \quad a=b-c$$

（4）合力的作用线方程。

假设合力的作用线过点 A，则

$$\overrightarrow{OA} = \frac{\vec{F}_R \times \vec{M}_O}{F_R^2} = \frac{F(\vec{i}+\vec{j}+\vec{k}) \times Fa(\vec{i}-\vec{j})}{(\sqrt{3}F)^2} = \frac{a}{3}(\vec{i}+\vec{j}-2\vec{k})$$

点 A 的坐标为 $A\left(\frac{1}{3}a, \frac{1}{3}a, -\frac{2}{3}a\right)$。

合力的作用线方程为

$$\frac{F_{Rx}}{x-x_A} = \frac{F_{Ry}}{y-y_A} = \frac{F_{Rz}}{z-z_A} \quad \Rightarrow \quad \frac{F}{x-\frac{1}{3}a} = \frac{F}{y-\frac{1}{3}a} = \frac{F}{z+\frac{2}{3}a} \quad \Rightarrow \quad \begin{cases} x=y \\ x=z+a \end{cases}$$

如解答图(a)或(b)所示。

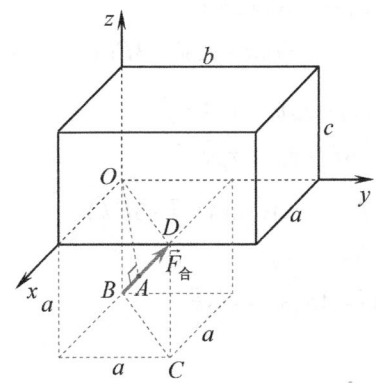

习题 5-8 解答图(a)

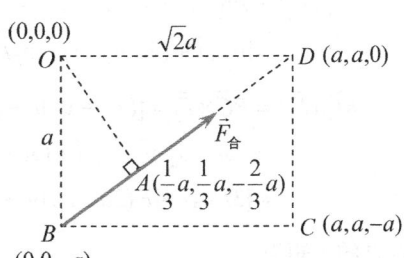

习题 5-8 解答图(b)

解析：

（1）力系可简化为一个合力的条件为，力系的第二不变量 $\vec{F}_R \cdot \vec{M}_O$ 为零，而不要误认为只是 $\vec{F}_R \neq 0$ 和 $\vec{M}_O = 0$，这是错误的概念。

（2）根据力系简化理论可确定合力作用线方程，如下：

第 5 章 力系的简化 ➤ 135

点 A 为合力作用线上的点，由 $\overrightarrow{OA} = \dfrac{\vec{F}_R \times \vec{M}_O}{F_R^2}$ 可确定点 A 的坐标 (x_A, y_A, z_A)，再由 $\dfrac{F_{Rx}}{x-x_A} = \dfrac{F_{Ry}}{y-y_A} = \dfrac{F_{Rz}}{z-z_A}$ 可确定合力作用线方程。

5-9 在图示边长为 $3a$、$3a$、$4a$ 的长方体上作用图示方向的三个力 $\vec{F}_1$、$\vec{F}_2$ 和 $\vec{F}_3$，已知 $F_1 = 3F$，$F_2 = 4F$，$F_3 = 5F$，试求该力系简化时所得的最小力偶矩的大小及对应简化中心所在位置。

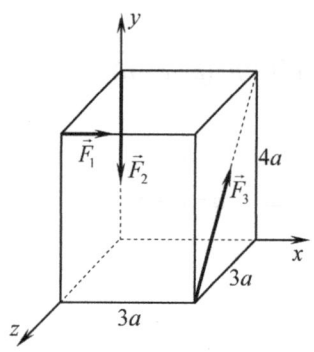
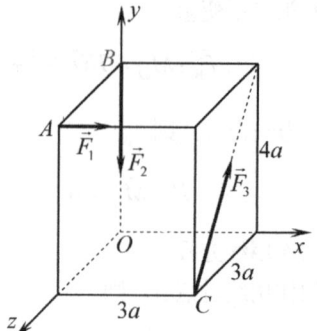

习题 5-9 图　　　　　　　　习题 5-9 解答图

解法一： "力对点的矩的定义" 法

$$\vec{F}_1 = F_1\vec{i} = 3F\vec{i}，\quad \vec{F}_2 = -F_2\vec{j} = -4F\vec{j}，\quad \vec{F}_3 = 4F\vec{j} - 3F\vec{k}$$

假设力系对点 P 的主矩具有最小力偶矩，且点 P 的坐标为 (x_P, y_P, z_P)。

由解答图示知：$\vec{F}_1$ 的作用点 $A(x_A, y_A, z_A) = A(0, 4a, 3a)$；$\vec{F}_2$ 的作用点 $B(x_B, y_B, z_B) = B(0, 4a, 0)$；$\vec{F}_3$ 的作用点 $C(x_C, y_C, z_C) = C(3a, 0, 3a)$。

由力对点的矩的定义，有

$$\vec{M}_P(\vec{F}_1) = \overrightarrow{PA} \times \vec{F}_1 = [(x_A - x_P)\vec{i} + (y_A - y_P)\vec{j} + (z_A - z_P)\vec{k}] \times 3F\vec{i}$$
$$= [-x_P\vec{i} + (4a - y_P)\vec{j} + (3a - z_P)\vec{k}] \times 3F\vec{i} = -3F(4a - y_P)\vec{k} + 3F(3a - z_P)\vec{j}$$

$$\vec{M}_P(\vec{F}_2) = \overrightarrow{PB} \times \vec{F}_2 = [(x_B - x_P)\vec{i} + (y_B - y_P)\vec{j} + (z_B - z_P)\vec{k}] \times (-4F\vec{j})$$
$$= [-x_P\vec{i} + (4a - y_P)\vec{j} - z_P\vec{k}] \times (-4F\vec{j}) = 4F(-z_P\vec{i} + x_P\vec{k})$$

$$\vec{M}_P(\vec{F}_3) = \overrightarrow{PC} \times \vec{F}_3 = [(x_C - x_P)\vec{i} + (y_C - y_P)\vec{j} + (z_C - z_P)\vec{k}] \times (4F\vec{j} - 3F\vec{k})$$
$$= [(3a - x_P)\vec{i} - y_P\vec{j} + (3a - z_P)\vec{k}] \times (4F\vec{j} - 3F\vec{k})$$
$$= [3Fy_P - 4F(3a - z_P)]\vec{i} + 3F(3a - x_P)\vec{j} + 4F(3a - x_P)\vec{k}$$

则力系对点 P 的主矩为

$$\vec{M}_P = \sum_{i=1}^{3} \vec{M}(\vec{F}_i) = -3F(4a - y_P)\vec{k} + 3F(3a - z_P)\vec{j} + 4F(-z_P\vec{i} + x_P\vec{k}) +$$
$$[3Fy_P - 4F(3a - z_P)]\vec{i} + 3F(3a - x_P)\vec{j} + 4F(3a - x_P)\vec{k}$$
$$= 3F[(y_P - 4a)\vec{i} + (6a - x_P - z_P)\vec{j} + y_P\vec{k}]$$

所以

$$\left|\vec{M}_P\right|^2 = (3F)^2[(y_P-4a)^2+(6a-x_P-z_P)^2+y_P^2]$$
$$= (3F)^2\{2[(y_P-2a)^2+4a^2]+(6a-x_P-z_P)^2\}$$

因为 x_P、y_P、z_P 为独立变量，欲使 $\left|\vec{M}_P\right|$ 有最小值，则有 $y_P=2a$，$x_P+z_P=6a$，此时

$$\left|\vec{M}_P\right|_{\min} = 3F\cdot\sqrt{8a} = 6\sqrt{2}Fa$$

结论：力系简化时的最小力偶矩的大小为 $\left|\vec{M}\right|_{\min} = 6\sqrt{2}Fa$，简化中心点在直线 $\begin{cases} x+z=6a \\ y=2a \end{cases}$ 上。

解法二："两点的力矩关系"法

$$\vec{F}_1 = F_1\vec{i} = 3F\vec{i}, \quad \vec{F}_2 = -F_2\vec{j} = -4F\vec{j}, \quad \vec{F}_3 = 4F\vec{j}-3F\vec{k}$$

力系对坐标原点 O 的主矩为

$$\vec{M}_O = (9Fa\vec{j}-12Fa\vec{k})+(-12Fa\vec{i}+12Fa\vec{k}+9Fa\vec{j}) = -12Fa\vec{i}+18Fa\vec{j}$$

力系对任一点 $P(x, y, z)$ 的主矩为

$$\vec{M}_P = \vec{M}_O + \overrightarrow{PO}\times\vec{F}_R = (-12Fa\vec{i}+18Fa\vec{j})+(-x\vec{i}-y\vec{j}-z\vec{k})\times(3F\vec{i}-3F\vec{k})$$
$$= 3F[(y-4a)\vec{i}+(6a-x-z)\vec{j}+y\vec{k}]$$

所以

$$\left|\vec{M}_P\right|^2 = (3F)^2[(y-4a)^2+(6a-x-z)^2+y^2]$$
$$= (3F)^2\{2[(y-2a)^2+4a^2]+(6a-x-z)^2\}$$

因为 x、y、z 为独立变量，欲使 $\left|\vec{M}_P\right|$ 有最小值，则有 $y=2a$，$x+z=6a$，此时 $\left|\vec{M}_P\right|_{\min}=3F\cdot\sqrt{8a}=6\sqrt{2}Fa$，简化中心点在直线 $\begin{cases} x+z=6a \\ y=2a \end{cases}$ 上。

解法三："力螺旋性质"法

$$\vec{F}_1 = F_1\vec{i} = 3F\vec{i}, \quad \vec{F}_2 = -F_2\vec{j} = -4F\vec{j}, \quad \vec{F}_3 = 4F\vec{j}-3F\vec{k}$$

力系的主矢为

$$\vec{F}_R = 3F\vec{i}-3F\vec{k}$$

力系对坐标原点 O 的主矩为

$$\vec{M}_O = (9Fa\vec{j}-12Fa\vec{k})+(-12Fa\vec{i}+12Fa\vec{k}+9Fa\vec{j}) = -12Fa\vec{i}+18Fa\vec{j}$$

力系的第二不变量为

$$\vec{F}_R\cdot\vec{M}_O = (3F\vec{i}-3F\vec{k})\cdot(-12Fa\vec{i}+18Fa\vec{j}) = -36F^2a$$

可见，该力系的最简形式为左手力螺旋。该左手力螺旋的简化中心为点 B，则

$$\overrightarrow{OB} = \frac{\vec{F}_R\times\vec{M}_O}{F_R^2} = \frac{(3F\vec{i}-3F\vec{k})\times(-12Fa\vec{i}+18Fa\vec{j})}{(3F)^2+(-3F)^2} = 3a\vec{i}+2a\vec{j}+3a\vec{k} \quad\Rightarrow$$

点 B 的坐标为 $(x_B, y_B, z_B) = (3a, 2a, 3a)$。该左手力螺旋的中心轴方程为

$$\frac{F_{Rx}}{x-x_B} = \frac{F_{Ry}}{y-y_B} = \frac{F_{Rz}}{z-z_B} \quad\Rightarrow\quad \frac{3F}{x-3a} = \frac{0}{y-2a} = \frac{-3F}{z-3a} \quad\Rightarrow\quad \begin{cases} x+z=6a \\ y=2a \end{cases}$$

力系的第三不变量（力螺旋参数）为

$$p = \frac{\vec{F}_R \cdot \vec{M}_O}{F_R^2} = \frac{-36F^2 a}{(3F)^2 + (-3F)^2} = -2a$$

该力系简化时的最小力偶矩为

$$\vec{M}_{\min} = p\vec{F}_R = -2a(3F\vec{i} - 3F\vec{k}) = -6Fa(\vec{i} - \vec{k})$$

其大小为

$$\left|\vec{M}_{\min}\right| = \left|-6Fa(\vec{i} - \vec{k})\right| = 6\sqrt{2}Fa$$

结论：力系简化时的最小力偶矩的大小为 $\left|\vec{M}\right|_{\min} = 6\sqrt{2}Fa$，简化中心点在直线 $\begin{cases} x+z=6a \\ y=2a \end{cases}$ 上。

解析：

（1）力系向不同的简化中心简化，所得到的主矩的大小和方向也不同，在这些主矩中，必存在向某一简化中心简化的主矩的大小具有最小值。

（2）不难证明，当力系向某一点简化的最简形式为力螺旋（左手或右手力螺旋）时，当矩心位于力螺旋中心轴上时，其主矩是原力系向任一点简化所得主矩中最小的。解法三就是利用了这一性质来求解的。

（3）本题给出三种解法。解法一是基本解法，首先假设力系对点 $P(x_P, y_P, z_P)$ 的主矩为原力系向任一点简化所得主矩中的最小值，然后用点 P 的坐标来表示力系的主矩矢量 $\vec{M}_P$，由于 $\left|\vec{M}_P\right|$ 具有最小值，便可得到简化中心的位置，即点 P 的坐标所满足的条件；解法二与解法一类似，所不同的是，首先求出力系对坐标原点 O 的主矩矢量 $\vec{M}_O$，然后利用"两点的力矩关系"求出力系对点 P 的主矩 $\vec{M}_P$；解法三是利用了"力系简化为力螺旋的性质"而求解的，即力系为力螺旋时，其对力螺旋中心轴上的点的力矩最小，其值即为力螺旋中力偶的力偶矩，即 $M_{\min} = |p|F_R$。

（4）注意本题中所要确定的简化中心位置，并不是一个点的具体位置，而是简化中心点所在的直线方程。

5-10 在图示长方体上作用有三个力 $\vec{F}_1$、$\vec{F}_2$ 和 $\vec{F}_3$，已知 $F_2 = F_3 = F$，若力系等效于通过点 O 的：（1）右手力螺旋；（2）左手力螺旋。试求对应的 F_1 的代数值、x 的值和该力螺旋中力偶矩的大小。

解：

（1）力系的主矢 $\vec{F}_R$。

$$\vec{F}_R = F_1\vec{k} + F_2\vec{i} + F_3\vec{j} = F\vec{i} + F\vec{j} + F_1\vec{k}$$

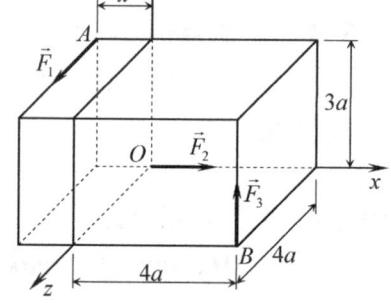

习题 5-10 图

（2）力系向点 O 简化的主矩 $\vec{M}_O$。

$$\vec{M}_O(\vec{F}_1) = F_1 \cdot 3a\vec{i} + F_1 \cdot x\vec{j} = 3F_1 a\vec{i} + F_1 x\vec{j}, \quad \vec{M}_O(\vec{F}_2) = 0$$

$$\vec{M}_O(\vec{F}_3) = -F_3 \cdot 4a\vec{i} + F_3 \cdot 4a\vec{k} = -4Fa\vec{i} + 4Fa\vec{k}$$

所以

$$\vec{M}_O = \sum_{i=1}^{3} \vec{M}_O(\vec{F}_i) = (3F_1 a\vec{i} + F_1 x\vec{j}) + (-4Fa\vec{i} + 4Fa\vec{k})$$

$$= (3F_1 - 4F)a\vec{i} + F_1 x\vec{j} + 4Fa\vec{k}$$

（3）过点 O 的力螺旋的条件。

$$\frac{3F_1a-4Fa}{F} = \frac{F_1 x}{F} = \frac{4Fa}{F_1} \overset{令}{=} k \quad \Rightarrow \quad (3F_1+2F)(F_1-2F)=0 \quad \Rightarrow$$

当 $F_1 = 2F$，$x = a$ 时，$k > 0$，为右手力螺旋，其中力偶矩的大小为 $M' = 2\sqrt{6}Fa$；

当 $F_1 = -\dfrac{2}{3}F$，$x = 9a$ 时，$k < 0$，为左手力螺旋，其中力偶矩的大小为 $M' = 2\sqrt{22}Fa$。

解析：

力系向某点 A 简化，一般情况可得到一个主矢 $\vec{F}_R = F_{Rx}\vec{i} + F_{Ry}\vec{j} + F_{Rz}\vec{k}$ 和一个主矩 $\vec{M}_A = M_{Ax}\vec{i} + M_{Ay}\vec{j} + M_{Az}\vec{k}$，若使力系等效于过点 A 的力螺旋，则有 $\vec{F}_R // \vec{M}_A$，即 $\dfrac{F_{Rx}}{M_{Ax}} = \dfrac{F_{Ry}}{M_{Ay}} = \dfrac{F_{Rz}}{M_{Az}} = k$（$k > 0$ 为右手力螺旋；$k < 0$ 为左手力螺旋），这就是力系向点 A 简化可得到过点 A 的力螺旋的条件。

5-15 试求图示两种横截面形心位置。

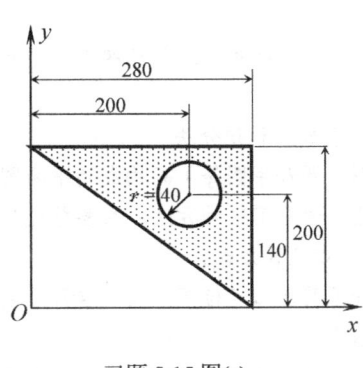

习题 5-15 图(a)

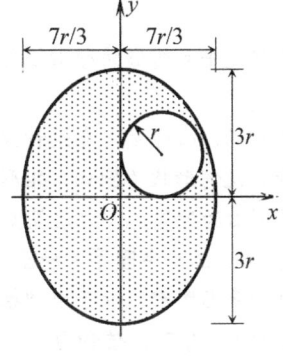

习题 5-15 图(b)

解：

对于图(a)，如解答图(a)所示。

三角形面积为

$$A_1 = \frac{1}{2}bh = \frac{1}{2} \times 280 \times 200 = 28000$$

圆形面积为

$$A_2 = \pi r^2 = \pi \times 40^2 = 1600\pi$$

则

$$x_C = \frac{x_1 A_1 - x_2 A_2}{A_1 - A_2} = \frac{\left(\dfrac{2}{3} \times 280\right) \times 28000 - 200 \times 1600\pi}{28000 - 1600\pi}$$

$$= 183.74936 \text{ mm}$$

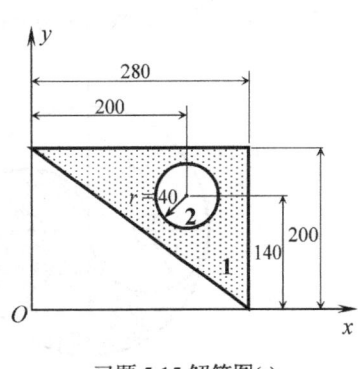

习题 5-15 解答图(a)

$$y_C = \frac{y_1 A_1 - y_2 A_2}{A_1 - A_2} = \frac{\left(\dfrac{2}{3} \times 200\right) \times 28000 - 140 \times 1600\pi}{28000 - 1600\pi} = 131.8747 \text{ mm}$$

对于图(b)，如解答图(b)所示。

椭圆的面积为

$$A_1 = 4\int_0^a dx \int_0^{\sqrt{b^2\left(1-\frac{x^2}{a^2}\right)}} dy = \frac{4b}{a}\int_0^a \sqrt{a^2-x^2}\,dx \quad (\text{令 } x = a\sin\varphi)$$

$$= \frac{4b}{a}\int_0^{\frac{\pi}{2}} a^2\cos^2\varphi\,d\varphi = 4ab\int_0^{\frac{\pi}{2}}\cos^2\varphi\,d\varphi$$

$$= ab\int_0^{\pi}(\cos\theta+1)\,d\theta = ab\pi = \pi\cdot 3r\cdot\frac{7r}{3} = 7\pi r^2$$

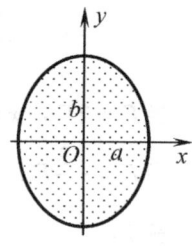

习题 5-15 解答图(b)

圆形的面积为

$$A_2 = \pi r^2$$

则

$$x_C = \frac{x_1 A_1 - x_2 A_2}{A_1 - A_2} = \frac{0\times 7\pi r^2 - r\cdot\pi r^2}{7\pi r^2 - \pi r^2} = -\frac{1}{6}r$$

$$y_C = \frac{y_1 A_1 - y_2 A_2}{A_1 - A_2} = \frac{0\times 7\pi r^2 - r\cdot\pi r^2}{7\pi r^2 - \pi r^2} = -\frac{1}{6}r$$

解析：

（1）为了便于描述平面图形的形心位置，首先须建立坐标系，只是本题中的平面图形已画出了直角坐标系。

（2）求平面图形的形心位置，有两种方法：面积叠加法和积分法。

对于由几个简单几何形状（例如，矩形、三角形、圆和半圆等）而构成的平面图形，适于用"面积叠加法"计算其形心的位置，该方法简便不易出错，但应用这种方法，需要熟记几种简单几何图形（例如，矩形、三角形、圆和半圆等）的面积公式和形心位置公式。

对于边界复杂的平面图形，适于用"积分法"计算其形心的位置，应用这种方法，关键是如何取微元面及确定积分的上、下限，使积分运算越简单越好。

（3）本题的图(b)中，若不记得椭圆的面积公式及其形心公式，就得用积分的方法来计算其面积和形心位置。

5-16 试求图示太极图中阴影部分的形心位置。

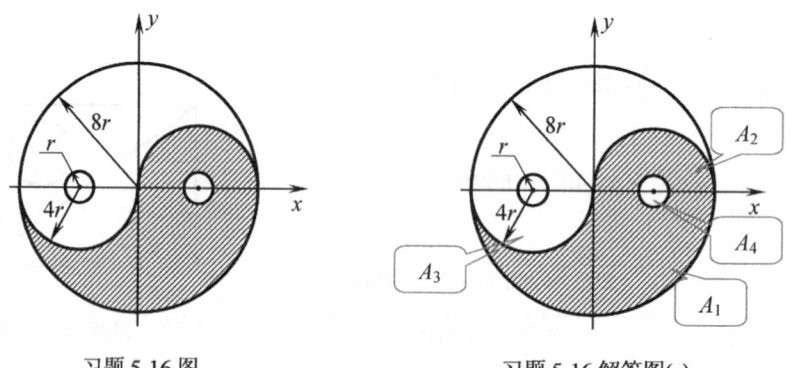

习题 5-16 图　　　　　习题 5-16 解答图(a)

解：

如解答图(a)所示，图中各面积为

$$A_1 = \frac{1}{2}\pi(8r)^2 = 32\pi r^2, \qquad A_2 = \frac{1}{2}\pi(4r)^2 = 8\pi r^2$$

$$A_3 = \frac{1}{2}\pi(4r)^2 = 8\pi r^2 \text{（负面积）}, \qquad A_4 = \pi r^2 \text{（负面积）}$$

则

$$x_C = \frac{0 \times A_1 + 4r \times A_2 - 4r \times (-A_3) + 4r \times (-A_4)}{A_1 + A_2 - A_3 - A_4}$$

$$= \frac{0 \times 32\pi r^2 + 4r \times 8\pi r^2 - 4r \times (-8\pi r^2) + 4r \times (-\pi r^2)}{32\pi r^2 + 8\pi r^2 - 8\pi r^2 - \pi r^2} = \frac{60}{31}r$$

$$y_C = \frac{-\frac{4 \times 8r}{3\pi} \times A_1 + \frac{4 \times 4r}{3\pi} \times A_2 - \frac{4 \times 4r}{3\pi} \times (-A_3) + 0 \times (-A_4)}{A_1 + A_2 - A_3 - A_4}$$

$$= \frac{-\frac{4 \times 8r}{3\pi} \times 32\pi r^2 + \frac{4 \times 4r}{3\pi} \times 8\pi r^2 - \frac{4 \times 4r}{3\pi} \times (-8\pi r^2) + 0 \times (-\pi r^2)}{32\pi r^2 + 8\pi r^2 - 8\pi r^2 - \pi r^2} = -\frac{256}{31\pi}r$$

解析：

（1）太极图中阴影部分是由半径为 $8r$ 的半圆，左边去掉半径为 $4r$ 的半圆、右上方叠加半径为 $4r$ 的半圆，再右边去掉半径为 r 的圆而构成，所以用"面积叠加法"。

（2）求解本题需熟记半圆的形心位置公式 $y_C = \frac{4R}{3\pi}$（R 为半圆的半径），如解答图(b)所示。

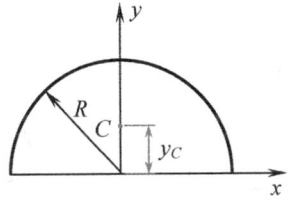

习题 5-16 解答图(b)

5-18 图示一均质体由圆锥体和半球体组成，要使该物体的重心在半球体和圆锥体的交界面的中心 C 处，试求圆锥体的高度。

解：

建立如解答图(a)所示直角坐标系，圆锥体的体积为 $V_1 = \frac{1}{3}\pi r^2 h$，半球体的体积为 $V_2 = \frac{2}{3}\pi r^3$。

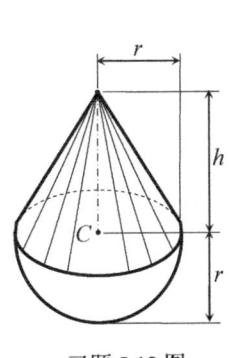

习题 5-18 图

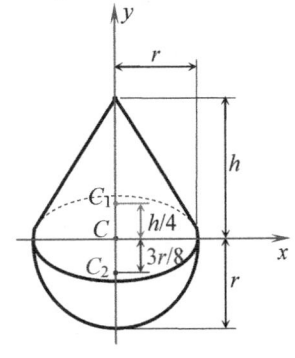

习题 5-18 解答图(a)

由对称性知 $x_C = 0$，而

$$y_C = \frac{\frac{1}{4}hV_1 + \left(-\frac{3}{8}r\right)V_2}{V_1 + V_2} = 0 \quad \Rightarrow \quad \frac{1}{4}hV_1 + \left(-\frac{3}{8}r\right)V_2 = 0 \quad \Rightarrow$$

$$\frac{1}{4}h \cdot \frac{1}{3}\pi r^2 h + \left(-\frac{3}{8}r\right) \cdot \frac{2}{3}\pi r^3 = 0 \quad \Rightarrow \quad h = \sqrt{3}r$$

解析：

（1）为了描述均质物体的重心（质心和形心）位置，需首先建立坐标系。

在本题中将直角坐标系的原点置于均质物体的重心（质心）最适宜，即建立直角坐标系 $Cxyz$，如解答图(a)所示，则均质物体重心（质心）的坐标为 $x_C = 0$，$y_C = 0$，$z_C = 0$。由于均质物体的几何形状关于 y 轴对称，其重心（质心）一定在对称轴 y 上，所以 $x_C = 0$，$z_C = 0$，但是只有当 h 满足特定值时，才能使 $y_C = 0$，本题就是利用这一条件确定出 h 的值。

（2）求解本题需熟记均质圆锥体和半球的体积公式及其重心（质心、形心）的位置，否则就得用积分方法来求解本题，这样做会麻烦一些。

均质圆锥体的体积为 $V = \frac{1}{3}\pi r^2 h$，其重心（质心、形心）公式为 $x_C = 0$，$y_C = 0$，$z_C = \frac{1}{4}h$，如解答图(b)所示；均质半球的体积为 $V = \frac{2}{3}\pi r^3$，其重心（质心、形心）公式为 $x_C = 0$，$y_C = 0$，$z_C = \frac{3}{8}r$，如图(c)所示。

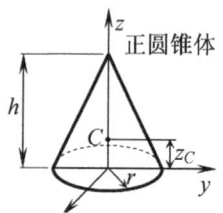

习题 5-18 解答图(b)

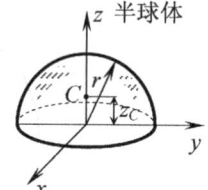

习题 5-18 解答图(c)

第6章 力系的平衡

6.1 内容提要

6.1.1 平衡力系、平衡条件和平衡方程

若作用于同一刚体上的力系与零力系等效,则称该力系为平衡力系。力系平衡的充要条件是力系的主矢 $\vec{F}_R$ 和力系对任意一点 O 的主矩 $\vec{M}_O$ 都为零,称其为力系的平衡条件。表示力系平衡条件的数学方程式称为力系的平衡方程。若在点 O 建立直角坐标系 $Oxyz$,则各种力系平衡方程的基本形式如表 6-1 所示。

表 6-1 各种力系平衡方程的基本形式

力系		空间特殊力系	平面力系(各力作用线在 Oxy 平面内)
序号	平衡方程		
1	$\sum F_x = 0$	第1、2、3式为空间汇交力系的平衡方程; 第4、5、6式为空间力偶系的平衡方程; 第3、4、5式为空间平行力系(各力作用线平行于 z 轴)的平衡方程	第1、2、6式为平面任意力系的平衡方程; 第1、2式为平面汇交力系的平衡方程; 第6式为平面力偶系的平衡方程; 第2、6式为平面平行力系(各力作用线平行于 y 轴)的平衡方程
2	$\sum F_y = 0$		
3	$\sum F_z = 0$		
4	$\sum M_x = 0$		
5	$\sum M_y = 0$		
6	$\sum M_z = 0$		

力系的平衡方程也常写为非基本形式,所谓平衡方程的非基本形式即将基本形式中的投影方程部分或全部由力矩方程代替,但这些非基本形式的平衡方程都必须加上限制条件后,所列写的平衡方程才是独立的,其形式和对应的限制条件如表 6-2 所示。

表 6-2 常用的力系平衡方程的非基本形式

力系种类	平衡方程	限制条件
平面一般力系	二矩式:$\sum M_A = 0$,$\sum M_B = 0$,$\sum F_l = 0$	力的投影轴 l 不垂直于两矩心 A、B 的连线
	三矩式:$\sum M_A = 0$,$\sum M_B = 0$,$\sum M_C = 0$	三矩心 A、B、C 不共线
平面平行力系	二矩式:$\sum M_A = 0$,$\sum M_B = 0$	矩心 A、B 的连线不与各力作用线平行
空间一般力系	可以有四矩式、五矩式和六矩式,但是在应用这些平衡方程时,对于投影轴和矩轴的选取,由于空间关系比较复杂,具体的限制条件很难给出一般性的结论。若从实用的观点出发,必须满足的限制条件有:(1)相交于同一点的矩轴在同一平面上最多只能取两根,在空间中最多只能取三根;(2)相互平行的矩轴在同一平面上最多只能取两根,在空间中最多只能取三根;(3)不相交于同一点的相交矩轴在同一平面上最多只能取三根

需要特别指出的是,为使解题方便,在列写平衡方程时,投影轴不必相互垂直,矩轴也不必与投影轴重合,即要灵活选取投影轴的取向以及矩心或矩轴的位置,以便每列写一个平衡方程就能求出一个新的未知量,这样写出的平衡方程保证是相互独立的。具体的解题技巧是,在列写力矩方程时,将

矩心选在一个未知力的作用线上或两个及以上未知力的交点上；矩轴与更多未知力的作用线相交或平行；在列写投影方程时，选择投影轴与一个或几个未知力垂直。按照以上技巧列写的平衡方程中不会出现这些未知力。

6.1.2 物体的平衡和物系的平衡

物体的平衡是指物体相对于惯性参考系处于静止或匀速直线平移的状态（其上的点静止或作匀速直线运动）。物体在平衡力系作用下并不一定处于平衡状态，例如当均质圆盘绕过质心且与盘面垂直的轴作匀角速转动时，它所受到的力系是平衡力系，但由于其上的点的轨迹都是圆周运动，所以按照定义，该圆盘并不平衡。如果物体平衡，则作用于其上的力系必为平衡力系。以上描述表明，力系的平衡仅是物体平衡的必要条件，而非充分条件。在静力学中都是已知物体平衡，然后利用作用于其上的力系为平衡力系求解相关未知量。

物系的平衡是指物系中各物体都处于平衡状态。如果将整个物系的外部约束都解除，则物系在主动力系和外部约束力作用下处于平衡状态，根据刚化公理，此时可将物系刚化成一个刚体，则作用于其上的力系是一个平衡力系，而物系中各物体或部分物体的组合都可以看成是整个物系刚化后，这个刚体的一部分。显然，当物系中各物体的平衡条件都得到满足时，则物系整体的平衡条件也必得到满足，即物系整体的平衡方程与其中各个物体的平衡方程是线性相关的。

6.1.3 静定和超静定（静不定）

当平衡物系中独立未知量（全部内、外约束力，若为机构，还有主动力或平衡位置）的总数 k 等于物系中各物体的独立平衡方程的总数 m，则称物系是静定的；当 $k > m$ 时，则称物系是超静定（静不定）的。在理论力学的静力学部分，只研究静定物系（包括不动的结构和处于条件平衡状态的机构）的平衡问题。

6.1.4 物系平衡问题的求解

原则上讲，物系平衡问题的求解，可以将组成物系的每个物体单独分离出来，对每个单一物体列写独立平衡方程，再将所有平衡方程联立求解；只要物系是静定的，则由所列平衡方程能求出物系中全部未知量。这种求解方法，计算量很大，只适用于计算机求解。在理论力学课程的学习阶段，在求解物系平衡问题中，一般只需要求解某几个指定的未知量，并要求通过手工运算快速完成。因此，如何巧妙地选择合适的研究对象，并列写对问题快速求解有用的平衡方程成为求解物系平衡问题的关键。研究对象可以是整体、某些相连接（或相接触）的物体所组成的局部系统、某个物体。所谓合适的研究对象是指研究对象上既有未知量，又有已知力，且其受力尽可能简单。在对研究对象列写平衡方程时，做到对求解无用的方程不列，与解题无关的未知量不求，尽量做到每列写一个平衡方程就能求解出一个想要的未知量，尽可能使列写的平衡方程简捷，计算过程简便。当待求的未知量实在无法由合适的研究对象直接解出时，可另选研究对象，先求出与待求未知量相关的其他未知量后，再回到所选的研究对象上解出题目所要求的未知量。

在物系平衡问题的解题过程中还需要特别注意以下几点：

（1）解题中所选取的每个研究对象，都必须各自画出其分离体的完整受力图，即选取几次研究对象，就要画几个受力图。

（2）充分利用简单力系的平衡条件，如二力平衡公理、三力平衡定理、力偶系平衡条件、平行力系平衡条件等来确定某些约束力的方位，这对简化求解过程会有很大帮助。

（3）当未知约束力的作用线位置已知时，但指向无法事先确定时，可以先假设其指向；当未知约束力偶的转向无法事先确定时，可以先假设其转向。然后，根据平衡方程所解结果的正负号判断其实际指向或转向，即若所得结果为正，则实际指向或转向与所设一致；若所得结果为负，则实际指向或转向与所设相反。

（4）当未知约束力的作用线不能事先确定时，可先假设未知约束力在直角坐标轴上的投影方向，投影的代数值未知，由平衡方程求得约束力在直角坐标轴上各投影的代数值后，即可求得相应的约束力。

（5）在对研究对象所列写的平衡方程中，应包括参与平衡的所有主动力和约束力，任何一个力都不能遗漏，在计算力的投影及力矩时，除了要正确计算它们的大小外，还要特别注意其正、负号。若力系中有力偶，应注意力偶在任何投影轴上的投影值都为零，但对任何一点的矩，都等于其力偶矩，即其大小相等、方向相同。

（6）在画受力图时，两个分离体之间的相互作用力一定要符合牛顿第三定律（作用与反作用定律），对各分离体列写平衡方程中的正、负号时，一定要按照受力图中已假定方向来写出。当求得某假定指向的约束力的值为负时，若用它代入另一平衡方程求解其他未知量时，应连同其负号一起代入。

总之，在求解物系的平衡问题中，需要有较强的分析判断能力，也需要有一定的技巧和经验，由于研究对象和平衡方程的选择存在多样性，因此，物系平衡问题常有多种解法。

另外，还必须指出，由于理论力学不考虑物体的变形，在自由度为零的结构上无论施加何种主动力，结构都能平衡，只是约束力依赖于主动力而已。但对于自由度大于零的机构，要想保持平衡则要满足一定的条件，即当平衡位置给定时，则作用于其上的主动力要满足一定的关系；或当作用于机构上的主动力给定时，机构只能在特定的位置才能平衡，所以，机构的平衡为条件平衡。当机构平衡时，主动力应满足的关系或机构平衡位置的独立几何参数的取值，以及此时机构中相关约束力，同静定结构中求解相关约束力一样，都用上文所述的物系平衡问题的求解方法求得。

6.1.5 平面桁架

桁架是由一些二力直杆彼此在两端用光滑铰链连接而成的几何形状不变的结构。桁架中连接各杆件的光滑铰链称为节点。

1. 平面桁架的分类

若桁架的各杆件的轴线都在同一平面内，且作用于节点的载荷也在此平面内，则称之为平面桁架。一般地说，桁架是由三根直杆和三个铰链连接成一个基本三角形，然后每增加两根直杆，就增加一个连接铰链，由此延伸而组成一个同一平面内几何形状不变的结构体，最后用一个光滑固定铰支座和一个光滑活动铰支座（或一根链杆）支承，这种桁架称为平面简单桁架，如图 6-1 所示（图(a)、(b)都可以从三角形 ABC 出发，按以上所述规则构成）。对于平面简单桁架，桁架的节点数 n 与杆件数 m 满足的关系为 $2n = m + 3$。

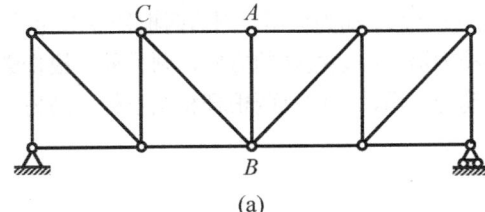
(a)

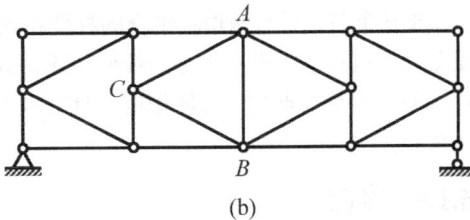
(b)

图 6-1　平面简单桁架实例

将符合平面简单桁架杆件连接规则的结构体，分别通过三根既不交于同一点也不平行的直杆相互连接起来，最后用一个光滑固定铰支座和一个光滑活动铰支座（或一根链杆）支承，这种平面桁架称为平面组合桁架，如图 6-2 所示（图(a)中三角形 *OAB* 和 *CDE* 通过三根杆 *OE*、*AC* 和 *BD* 连接而成；图(b)中三角形 *OAE* 和 *BCD* 通过三根杆 *OD*、*AB*、*CE* 连接而成）。理论力学中的简单桁架和组合桁架都是静定桁架。

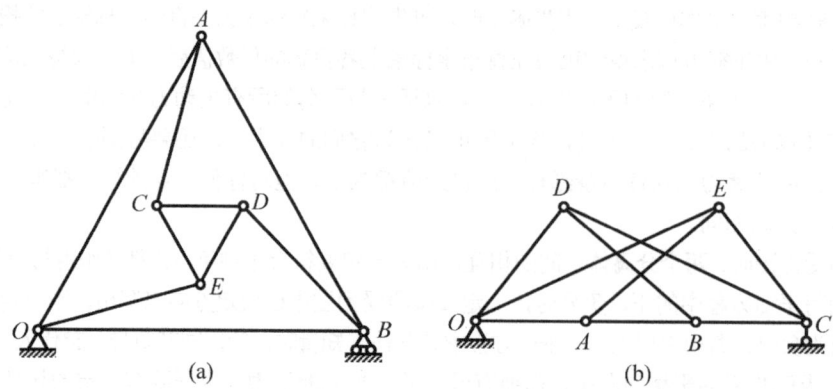

图 6-2 平面组合桁架实例

2. 平面桁架的计算

平面桁架各杆件内力的计算属于平面力系平衡的研究范畴，一般有节点法、截面法及两种方法的联合应用。在应用这三种方法之前，一般先取整体桁架为研究对象，求出所需要的支座约束力，并假定每根杆的受力均为拉力，如果所得结果为负值，即表示该杆受压。

（1）节点法。平面桁架平衡，其每个节点也必定平衡。逐个研究节点的平衡，则每个节点均受到平面汇交力系的作用，由于每个平面汇交力系只有两个独立的平衡方程，因此，必须正确选择节点的顺序，以便每个节点的平衡方程中最多含有两个未知量，这样可以避免求解联立方程，从而简化计算。节点法适用于求解全部杆件内力的情况。

（2）截面法。假想用一个直的或曲的甚至是封闭的截面将桁架截成两部分（每个部分含两个及以上节点），取其中一部分为研究对象，则被截开杆件的内力成为该研究对象的外力，应用平面一般力系的平衡方程求出被截开杆件的某根或某些杆件的内力。由于平面一般力系只有三个独立的平衡方程，因此，被截开杆件的数目一般不超过三根，除非被截开杆件的内力多于两个汇交于同一点。截面法通常用于须求出桁架中某一根或某些指定杆件内力的情形。必须指出，在某些特定外力的作用下，若桁架中某一根或某些根杆件会不受力，则称之为零杆，由于零杆不会影响其他杆件的内力，因此，有时先找出零杆，可方便找到通过指定杆件和零杆的截面，这样会使计算大为简化。但桁架中的零杆不能不要，它是保证桁架的稳定性的构造所必须有的，也就是说，如果将桁架中的零杆去掉，当桁架的受力状况发生变化，则桁架可能会变成机构而进入运动，从而丧失承载能力。零杆的判定可用以下方法：①如果某个节点只与两根不平行的杆件相连，且节点上无主动力作用，则这两根杆件都为零杆；②如果某个节点只与两根不平行的杆件相连，其上主动力沿其中某根杆的方向，则另外一根杆必为零杆；③如果某个节点与三根杆相连，且节点上无主动力作用，其中有两根杆相互平行，则另一根杆必为零杆。

6.1.6 摩擦

当两个相互接触物体的接触面是粗糙的、产生了相对运动或具有相对运动趋势时，彼此在接触处会产生一种阻碍相对运动或相对运动趋势的作用，这种现象称为摩擦，这种阻碍的作用力称为摩擦阻力，其方向恒与物体间相对运动或相对运动趋势的方向相反。

1. 滑动摩擦

阻碍彼此间沿接触面公切线方向的滑动或滑动趋势的作用称为滑动摩擦,相应的摩擦阻力称为滑动摩擦力,简称摩擦力。一般将两接触物体间存在相对滑动趋势、但还未滑动时的摩擦力称为静滑动摩擦力,简称静摩擦力;当两接触物体间已产生相对滑动时的摩擦力称为动滑动摩擦力,简称动摩擦力。其具体大小如表 6-3 所示,其中 f_s 为静摩擦因数,其值与接触物体的材料、接触表面的状况(如粗糙度、温度、湿度)有关,而与接触面积的大小无关,可由实验测定或在工程手册中查得;f 为动摩擦因数,其值也由实验测定,在一般情况下,f 比 f_s 略小,工程上常认为 $f \approx f_s$。

表 6-3 静摩擦力和动摩擦力的大小及对比

类型	静摩擦			动摩擦
态势	无滑动趋势	有滑动趋势	将动未动(临界状态)	滑动
图例				
主动力 $\vec{F}$ 的大小	$F=0$	F 较小	F 达到临界值	$F > F_f^{(d)}$
摩擦力	$F_f = 0$	$F_f = F$	$F_{f,max} = f_s F_N$	$F_f^{(d)} = f F_N$
	由平衡方程求得		由摩擦库仑定律求得	
不同点	静摩擦力有范围 $0 \leq F_f \leq F_{f,max}$			当 F_N 不变时,动摩擦力为一定值

当静摩擦力达到最大值 $F_{f,max}$ 时,全约束力 $\vec{F}_R = \vec{F}_N + \vec{F}_{f,max}$ 也达到最大值,此时全约束力 $\vec{F}_R$ 与正约束力 $\vec{F}_N$ 的夹角称为摩擦角 φ_m,且有 $\tan\varphi_m = f_s$;当摩擦各向同性时,以接触面公法线为轴,顶角为 $2\varphi_m$ 的正圆锥称为摩擦锥,如图 6-3 所示。当作用于物体的主动力的合力的作用线处于摩擦锥以内,此时无论该合力多大,物体都能平衡,这种现象称为自锁。

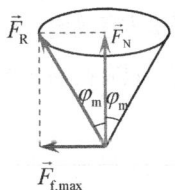

图 6-3 摩擦角和摩擦锥

2. 滚动摩擦

阻碍两物体在接触处的相对滚动或相对滚动趋势的作用称为滚动摩擦,相应的摩擦阻力实际上是一种力偶,称为滚动摩阻力偶,简称滚动摩阻。接触面之间产生的这种阻碍滚动趋势的阻力偶称为静滚动摩阻,记为 M_f,当物体达到一种将滚而未滚动的临界平衡状态时,其值达到最大,称为最大静滚动摩阻,记为 $M_{f,max}$,且满足下列条件:$0 \leq M_f \leq M_{f,max}$,最大静滚动摩阻的转向与滚动趋势相反,其大小与接触物体间的法向约束力(正约束力)成正比,即 $M_{f,max} = \delta F_N$,称为滚动摩擦库仑定律,其中 δ 称为滚动摩阻系数,它具有长度量纲,一般与材料的硬度、环境的温度有关,而与接触面的粗糙度无关,其值由实验测定。滚动摩擦产生的实质是接触面的变形,因此,当两物体为刚性接触时,则不存在滚动摩阻。

3. 具有摩擦的平衡问题

考虑摩擦的平衡问题是静力学中较复杂的问题,关键是要根据摩擦的性质,正确分析和计算摩擦力的大小和方向。由于静摩擦力的方向和物体相对滑动的趋势相反,因此,先要判断相对滑动趋势的方向。一般这样来判断相对滑动趋势的方向,先假定没有摩擦,然后分析在主动力作用下物体上接触点相对接触面的滑动方向,该方向就是物体相对滑动趋势的方向。对于复杂问题,静摩擦力的大小和方向不易判定,只好用平衡方程来确定。

一般来说，具有摩擦的平衡问题有以下三种类型：

（1）判断物体是否平衡的问题。其一般解题思路为：假定物体平衡，在画其受力图时，必须画出全部主动力和所有约束力，其中静摩擦力 $\vec{F}_f$ 的指向或静滚动摩阻 M_f 的转向可事先假定，然后通过平衡方程求出 F_f 和 M_f 的代数值和对应接触处的法向约束力 F_N 的大小。若求得的 F_f 或 M_f 的值为正，则说明其指向或转向与假设一致，为负则与假定相反，可正可负则说明两个指向或转向均可能发生，再计算 $F_{f,max} = f_s F_N$ 或 $M_{f,max} = \delta F_N$，最后当关于摩擦力的物理条件 $|F_f| \leq F_{f,max}$ 或 $|M_f| \leq M_{f,max}$ 满足时，物体平衡，否则不平衡。

（2）临界平衡条件的问题。其一般解题思路为：假定物体处于临界平衡（即将动未动）状态，在画其受力图时，需根据物体的运动趋势预先确定静摩擦力 $\vec{F}_{f,max}$ 的方向或滚动摩阻 $M_{f,max}$ 的转向，再根据物体的平衡方程，并联立摩擦库仑定律 $F_{f,max} = f_s F_N$ 或 $M_{f,max} = \delta F_N$ 即可求得临界的平衡条件。

（3）确定平衡范围的问题。由于静摩擦力或静滚动摩阻的大小可以在一定范围内取值，所以存在一个平衡范围的问题，即当物体的平衡位置确定和静摩擦因数或滚动摩阻系数给定时，则作用于其上某主动力的大小或作用线位置可在某范围内取值；当作用于物体上的主动力确定和静摩擦因数或滚动摩阻系数给定时，物体的平衡位置（即某几何长度或角度）可在某范围内取值；当物体的平衡位置和作用于其上的主动力都已知时，静摩擦因数或滚动摩阻系数可在某范围内取值。这类问题的解题思路是，首先正确画受力图，然后列写独立的平衡方程，并结合关于摩擦力的物理条件 $|F_f| \leq F_{f,max} = f_s F_N$ 或 $|M_f| \leq M_{f,max} = \delta F_N$ 最终确定平衡范围。

在具体求解具有摩擦的平衡问题时，还要特别注意下列几点：

（1）在画受力图时，只要在某接触处出现静摩擦力 F_f 或静滚动摩阻 M_f 时，必须在该处画出相应的法向约束力 F_N，"F_f 和 F_N"或"M_f 和 F_N"是成对出现的，且是彼此独立的未知量，应由力系的平衡方程确定，但其大小必须满足物理条件 $|F_f| \leq F_{f,max} = f_s F_N$ 或 $|M_f| \leq M_{f,max} = \delta F_N$，否则系统不平衡。只有在临界平衡状态，才有 $|F_{f,max}| = f_s F_N$ 或 $|M_{f,max}| = \delta F_N$，这时"F_f 和 F_N"或"M_f 和 F_N"才不独立。

（2）当同一物体在两处及以上受到摩擦力作用时，必须要特别注意各接触处滑动或滚动趋势的相容性。当一个物系有两个及两个以上物体受到摩擦作用，且很难直观判断何处先达到临界状态时，应逐一讨论可能发生的各种临界情况，并经过比较后再得出答案。

（3）在简单的受力情况（物体受二力或三力平衡）下，会利用几何条件求解具有摩擦的平衡问题。

（4）在物体的重心相对于摩擦力的作用面较高时，存在着物体可能翻倒的情况，这时物体的平衡状态也将破坏。平衡状态的破坏到底是先滑动还是先翻倒，则与主动力的大小及作用位置有关，需分析、比较后才能得知。

6.2 思考题及解答

6-1 试问在下述情况下，空间平衡力系最多能有几个独立的平衡方程？为什么？

（1）各力的作用线均与某直线垂直；

（2）各力的作用线均与某直线相交；

（3）各力的作用线均与某直线垂直且相交；

（4）各力的作用线均与某一固定平面平行；

（5）各力的作用线分别位于两个平行的平面内；

（6）各力的作用线分别汇交于两个固定点；

（7）各力的作用线分别通过不共线的三个点；
（8）各力的作用线均平行于某一固定平面，且分别汇交于两个固定点；
（9）各力的作用线均与某一直线相交，且分别汇交于此直线外的两个固定点；
（10）由一组力螺旋构成，且各力螺旋的中心轴共面；
（11）由一个平面任意力系与一个平行于此平面任意力系所在平面的空间平行力系组成；
（12）由一个平面任意力系与一个力偶矩均平行于此平面任意力系所在平面的空间力偶系组成。

解答：
空间的一般平衡力系共有六个独立的平衡方程

$$\sum F_x = 0，\sum F_y = 0，\sum F_z = 0，\sum M_x = 0，\sum M_y = 0，\sum M_z = 0$$

（1）各力的作用线均与某直线垂直——最多有五个独立平衡方程。

假设各力的作用线均与 z 轴垂直，则 $\sum F_z = 0$ 自动满足，独立的平衡方程最多有五个。

（2）各力的作用线均与某直线相交——最多有五个独立平衡方程。

假设各力的作用线均与 z 轴相交，则 $\sum M_z = 0$ 自动满足，独立的平衡方程最多有五个。

（3）各力的作用线均与某直线垂直且相交——最多有四个独立平衡方程。

假设各力的作用线均与 z 轴相交且垂直，则 $\sum F_z = 0$，$\sum M_z = 0$ 自动满足，独立的平衡方程最多有四个。

（4）各力的作用线均与某一固定平面平行（与"各力的作用线均与某直线垂直"相等价）——最多有五个独立平衡方程。

假设各力的作用线均与 xy 平面平行（与"各力的作用线均与 z 轴垂直"相等价），则 $\sum F_z = 0$ 自动满足，独立的平衡方程最多有五个。

（5）各力的作用线分别位于两个平行的平面内——最多有五个独立的平衡方程。

该力系是由两个平行的平面力系所构成的。

假设两个平行的平面 I 和 II 均平行于 xy 平面，z 轴垂直于两个平行平面 I 和 II，分别相交于点 O_1 和 O_2，如解答图(a)所示。

将平面 I 内平面力系向点 O_1 简化，得到主矢和主矩分别为 $\vec{F}_R^I$（位于平面 I 内，垂直于 z 轴）和 $\vec{M}_{O_1}^I$（垂直于平面 I，平行于 z 轴）；将平面 II 内平面力系向点 O_2 简化，得到主矢和主矩分别为 $\vec{F}_R^{II}$（位于平面 II 内，垂直于 z 轴）和 $\vec{M}_{O_2}^{II}$（垂直于平面 II，平行于 z 轴）。可见该力系向点 O 简化，所得的主矢为 $\vec{F}_R = \vec{F}_R^I + \vec{F}_R^{II}$，该矢量与 z 轴垂直，

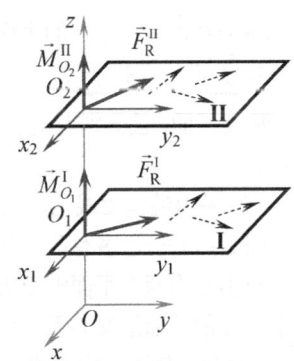

思考题 6-1 解答图(a)

$\vec{F}_{Rz} = 0$，所以 $\sum F_z = 0$ 自动满足，而 $\sum F_x = 0$ 和 $\sum F_y = 0$ 是需要满足的平衡方程；所得的主矩为 $\vec{M}_O = \vec{M}_O^I + \vec{M}_O^{II}$，根据"两点的主矩关系"得到 $\vec{M}_O^I = \vec{M}_{O_1}^I + \overrightarrow{OO_1} \times \vec{F}_R^I$，$\vec{M}_O^{II} = \vec{M}_{O_2}^{II} + \overrightarrow{OO_2} \times \vec{F}_R^{II}$，所以 $\vec{M}_O = \vec{M}_O^I + \vec{M}_O^{II} = \vec{M}_{O_1}^I + \overrightarrow{OO_1} \times \vec{F}_R^I + \vec{M}_{O_2}^{II} + \overrightarrow{OO_2} \times \vec{F}_R^{II}$，而该矢量在 x、y、z 方向上均有分量，则 $\sum M_x = 0$、$\sum M_y = 0$ 和 $\sum M_z = 0$ 都是需要满足的平衡方程。由此可见各力的作用线分别位于两个平行的平面内——最多有五个独立的平衡方程。

（6）各力的作用线分别汇交于两个固定点——最多有五个独立的平衡方程。

该力系由两个汇交于两个固定点的汇交力系所构成。

假设两个固定点的连线为 z 轴，则该力系的各力作用线均与 z 轴相交，可见 $\sum M_z = 0$ 自动满足，独立的平衡方程最多有五个。

（若各力的作用线分别汇交于在同一直线上的 n 个固定点，最多又有几个独立的平衡方程？还是五个吗？）

（7）各力的作用线分别通过不共线的三个点——最多有六个独立的平衡方程。

该力系由三个汇交于不共线的三个点的汇交力系所构成。

假设力系中各力作用线分别通过不共线的三个点为 O、A、B（三个点 O、A、B 共面），建立直角坐标系 $Oxyz$，使得为 O、A、B 三个点在 xy 平面内，O、A 两点连线为 x 轴，如解答图(b)所示。

$\sum M_x = 0$：$F_{Rz}^B \cdot y_B = 0 \Rightarrow F_{Rz}^B = 0$

$\sum M_y = 0$：$-F_{Rz}^A \cdot x_A - F_{Rz}^B \cdot x_B = 0 \Rightarrow F_{Rz}^A = 0$

$\sum M_z = 0$：$F_{Ry}^A \cdot x_A + F_{Ry}^B \cdot x_B - F_{Rx}^B \cdot y_B = 0$

$\sum F_x = 0$：$F_{Rx}^A + F_{Rx}^B + F_{Rx}^O = 0$

$\sum F_y = 0$：$F_{Ry}^A + F_{Ry}^B + F_{Ry}^O = 0$

$\sum F_z = 0$：$F_{Rz}^A + F_{Rz}^B + F_{Rz}^O = 0 \Rightarrow F_{Rz}^O = 0$

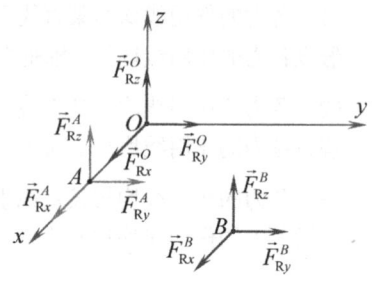

思考题 6-1 解答图(b)

上述六个方程均需要满足，可见各力的作用线分别通过不共线的三个点——最多有六个独立的平衡方程。

（8）各力的作用线均平行于某一固定平面，且分别汇交于两个固定点——最多有四个独立的平衡方程。

该力系为两个平行的平面汇交力系所构成，如解答图(c)所示。由此可知 $\sum F_z = 0$ 和 $\sum M_{AB} = 0$ 自动满足，则各力的作用线均平行于某一固定平面，且分别汇交于两个固定点——最多有四个独立的平衡方程。

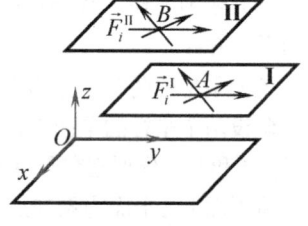

思考题 6-1 解答图(c)

（9）各力的作用线均与某一直线相交，且分别汇交于此直线外的两个固定点——最多有四个独立的平衡方程。

该力系为两个平面汇交力系（汇交于点 A 的平面汇交力系和汇交于点 B 的平面汇交力系）所构成，且两个平面汇交力系所确定的两平面相交于 z 轴，如解答图(d)所示（x 轴和 y 轴不一定垂直）。由此可知 $\sum M_z = 0$ 和 $\sum M_{AB} = 0$ 自动满足，则各力的作用线与某一直线相交，且分别汇交于此直线外的两个固定点——最多有四个独立的平衡方程。

（10）由一组力螺旋构成，且各力螺旋的中心轴共面——最多有五个独立的平衡方程。

假设各力螺旋的中心轴都在 xy 平面内，则各力螺旋的主矢和主矩可分别表示为 $\vec{F}_{Ri} = F_{Rxi}\vec{i} + F_{Ryi}\vec{j}$ 和 $\vec{M}_i = M_{xi}\vec{i} + M_{yi}\vec{j}$，而同处于 xy 平面内的各力螺旋的主矢 $\vec{F}_{Ri}$ 又构成了一个平面任意力系，可见 $\sum F_z = 0$ 自动满足，而 $\sum M_z = 0$ 不能自动满足，故由一组力螺旋构成，且各力螺旋的中心轴共面——最多有五个独立的平衡方程。

（11）由一个平面任意力系与一个平行于此平面任意力系所在平面的空间平行力系组成——最多有四个独立的平衡方程。

建立图示的直角坐标系 $Oxyz$，使平面任意力系位于 xy 平面内，空间平行力系中的每一个力矢均平行于 y 轴，垂直于 z 轴和 x 轴，如解答图(e)所示。

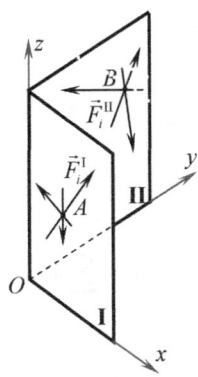

思考题 6-1 解答图(d)

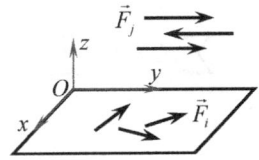

思考题 6-1 解答图(e)

对于 xy 平面内的平面任意力系，有

$$\sum F_x \neq 0, \quad \sum F_y \neq 0, \quad \sum F_z = 0, \quad \sum M_x = 0, \quad \sum M_y = 0, \quad \sum M_z \neq 0$$

对于平行于 y 轴的空间平行力系，有

$$\sum F_x = 0, \quad \sum F_y \neq 0, \quad \sum F_z = 0, \quad \sum M_x \neq 0, \quad \sum M_y = 0, \quad \sum M_z \neq 0$$

综合上述，$\sum F_z = 0$ 和 $\sum M_y = 0$ 自动满足，可见由一个平面任意力系与一个平行于此平面任意力系所在平面的空间平行力系组成——最多有四个独立的平衡方程。

（12）由一个平面任意力系与一个力偶矩均平行于此平面任意力系所在平面的空间力偶系组成——最多有五个独立的平衡方程。

建立图示直角坐标系 $Oxyz$，使平面任意力系位于 xy 平面内，空间力偶系中的每一个力偶的力偶矩均平行于 xy 平面，如解答图(f)所示。

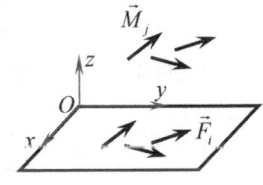

思考题 6-1 解答图(f)

对于 xy 平面内的平面任意力系，有

$$\sum F_x \neq 0, \quad \sum F_y \neq 0, \quad \sum F_z = 0, \quad \sum M_x = 0, \quad \sum M_y = 0, \quad \sum M_z \neq 0$$

对于力偶矩平行于 xy 平面的空间力偶系，有

$$\sum F_x = 0, \quad \sum F_y = 0, \quad \sum F_z = 0, \quad \sum M_x \neq 0, \quad \sum M_y \neq 0, \quad \sum M_z = 0$$

综合上述，$\sum F_z = 0$ 自动满足，可见由一个平面任意力系与一个力偶矩均平行于此平面任意力系所在平面的空间力偶系组成——最多有五个独立的平衡方程。

6-2 如图所示，$ABCDA'B'C'O$ 为边长等于 a、b、c 的长方体，试问下列方程组中，_____是空间力系平衡的充分必要条件？

（1）$\sum F_x = 0, \quad \sum F_z = 0, \quad \sum M_x = 0, \quad \sum M_y = 0, \quad \sum M_z = 0, \quad \sum M_{AA'} = 0$；

（2）$\sum F_y = 0, \quad \sum M_x = 0, \quad \sum M_y = 0, \quad \sum M_z = 0, \quad \sum M_{BB'} = 0, \quad \sum M_{CC'} = 0$；

（3）$\sum M_x = 0, \quad \sum M_y = 0, \quad \sum M_z = 0, \quad \sum M_{AA'} = 0, \quad \sum M_{BB'} = 0, \quad \sum M_{CC'} = 0$。

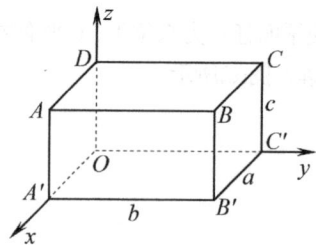

思考题 6-2 图

解答：

(1) $\sum F_x = 0$，$\sum F_z = 0$，$\sum M_x = 0$，$\sum M_y = 0$，$\sum M_z = 0$，$\sum M_{AA'} = 0$ 是空间力系平衡的充分必要条件。

原因如下：

设空间力系向点 O 简化所得到的一个力和一个力偶的力偶矩分别为

$$\vec{F}_O = \vec{F}_R = F_{Rx}\vec{i} + F_{Ry}\vec{j} + F_{Rz}\vec{k} = \left(\sum F_x\right)\vec{i} + \left(\sum F_y\right)\vec{j} + \left(\sum F_z\right)\vec{k}$$

$$\vec{M}_O = M_x\vec{i} + M_y\vec{j} + M_z\vec{k} = \left(\sum M_x\right)\vec{i} + \left(\sum M_y\right)\vec{j} + \left(\sum M_z\right)\vec{k}$$

由于满足方程 $\sum M_x = 0$，$\sum M_y = 0$，$\sum M_z = 0$，故

$$\vec{M}_O = 0$$

又满足方程 $\sum F_x = 0$，$\sum F_z = 0$，根据

$$\sum M_{AA'} = F_{Ry}b = 0 \quad \Rightarrow \quad F_{Ry} = 0 \quad \Rightarrow \quad \sum F_y = 0$$

由此可见，题目中的六个方程能保证空间力系一定是平衡力系，所以它们是空间力系平衡的充分必要条件。

(2) $\sum F_y = 0$，$\sum M_x = 0$，$\sum M_y = 0$，$\sum M_z = 0$，$\sum M_{BB'} = 0$，$\sum M_{CC'} = 0$ 是空间力系平衡的必要而非充分条件。

原因如下：

设空间力系向点 O 简化所得到的一个力和一个力偶的力偶矩分别为

$$\vec{F}_O = \vec{F}_R = F_{Rx}\vec{i} + F_{Ry}\vec{j} + F_{Rz}\vec{k} = \left(\sum F_x\right)\vec{i} + \left(\sum F_y\right)\vec{j} + \left(\sum F_z\right)\vec{k}$$

$$\vec{M}_O = M_x\vec{i} + M_y\vec{j} + M_z\vec{k} = \left(\sum M_x\right)\vec{i} + \left(\sum M_y\right)\vec{j} + \left(\sum M_z\right)\vec{k}$$

由于满足方程 $\sum M_x = 0$，$\sum M_y = 0$，$\sum M_z = 0$，故

$$\vec{M}_O = 0$$

又根据

$$\sum M_{CC'} = -F_{Rx}b = 0 \quad \Rightarrow \quad F_{Rx} = 0$$

再根据

$$\sum M_{BB'} = -F_{Rx}b + F_{Ry}a = 0 \quad \Rightarrow \quad F_{Ry} = 0$$

至此，空间力系的简化结果可能是一个合力 $\vec{F}_O = \vec{F}_R = F_{Rz}\vec{k}$ 或平衡力系，这两个结果均满足 $\sum F_y = F_{Ry} = 0$，即题目中第一个方程给不出任何新的信息，也就是说它与后五个方程是线性相关的。

因此，这六个方程不能保证空间力系一定是平衡力系，所以它们不是空间力系平衡的充分条件，但显然是必要条件。

应该指出，①空间力系与其向点 O 简化所得力系是等效力系，它们对任何一根轴的矩和在任何一根轴上的投影均相等；②若将题中第一个方程改写为 $\sum F_z = 0$，或 $\sum M_l = 0$（其中 l 轴为既不与 z 轴平行，也不与 z 轴相交的任一轴），则这六个方程就成为空间力系平衡的充分必要条件。

(3) $\sum M_x = 0$，$\sum M_y = 0$，$\sum M_z = 0$，$\sum M_{AA'} = 0$，$\sum M_{BB'} = 0$，$\sum M_{CC'} = 0$ 是空间力系平衡的必要而非充分条件。

原因如下：

设空间力系向点 O 简化所得到的一个力和一个力偶的力偶矩分别为

$$\vec{F}_O = \vec{F}_R = F_{Rx}\vec{i} + F_{Ry}\vec{j} + F_{Rz}\vec{k} = \left(\sum F_x\right)\vec{i} + \left(\sum F_y\right)\vec{j} + \left(\sum F_z\right)\vec{k}$$

$$\vec{M}_O = M_x\vec{i} + M_y\vec{j} + M_z\vec{k} = \left(\sum M_x\right)\vec{i} + \left(\sum M_y\right)\vec{j} + \left(\sum M_z\right)\vec{k}$$

由于满足方程 $\sum M_x = 0$，$\sum M_y = 0$，$\sum M_z = 0$，故

$$\vec{M}_O = 0$$

又根据

$$\sum M_{AA'} = F_{Ry}b = 0 \quad \Rightarrow \quad F_{Ry} = 0 \quad \Rightarrow \quad \sum F_y = 0$$

$$\sum M_{CC'} = -F_{Rx}b = 0 \quad \Rightarrow \quad F_{Rx} = 0 \quad \Rightarrow \quad \sum F_x = 0$$

$$\sum M_{BB'} = -F_{Rx}b + F_{Ry}a = 0 \quad \Rightarrow \quad F_{Ry} = 0 \quad \Rightarrow \quad \sum F_y = 0$$

显然，$\sum M_{BB'} = 0$ 与 $\sum M_{AA'} = 0$、$\sum M_{CC'} = 0$ 是线性相关的。

因此，题目中给出的六个方程不能保证空间力系一定是平衡力系，所以它们不是空间力系平衡的充分条件，但显然是必要条件。

6-7 若不计自重和摩擦，试问图示平面系统中杆 OA、AB、CD 分别在什么力系作用下处于平衡状态？

解答：

各杆件及整体受力图如下：

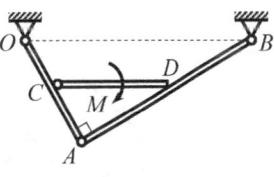

思考题6-7图

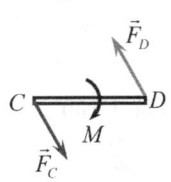

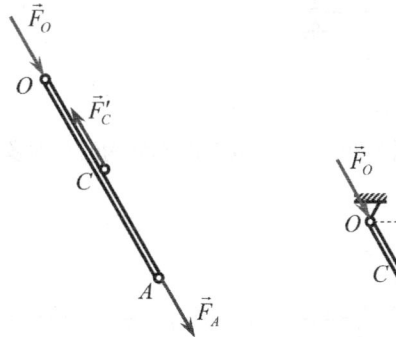

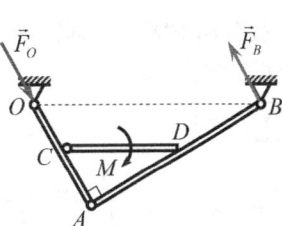

$\vec{F}_C \parallel \vec{F}_D$，

$\vec{F}_C$、$\vec{F}_D$ 垂直于杆 AB，

$\vec{F}_C$、$\vec{F}_D$ 平行于杆 OA。

可见，杆 OA 在三个共线力（三个力的作用线均与 OA 重合）作用下处于平衡状态；杆 AB 在三个平行力作用下处于平衡状态；杆 CD 在力偶系作用下处于平衡状态。

6-8 若不计自重和摩擦，试问图示平面系统中杆 AB 和 CD 分别在什么力系作用下处于平衡状态？

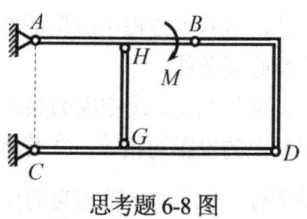

思考题 6-8 图

解答：

杆 BD 和杆 GH 为二力杆。

对于杆 CD 为三力平衡（三力汇交、共面）杆件，受力分析如解答图(a)所示。

对于整体而言，整个结构为力偶平衡系统，$\vec{F}_A$ 与 $\vec{F}_C$ 的大小相等方向反向，整体受力分析如解答图(b)所示。

对于杆 AB 为三力与力偶平衡杆件，即为平面力系作用下平衡杆件，受力分析如解答图(c)所示。

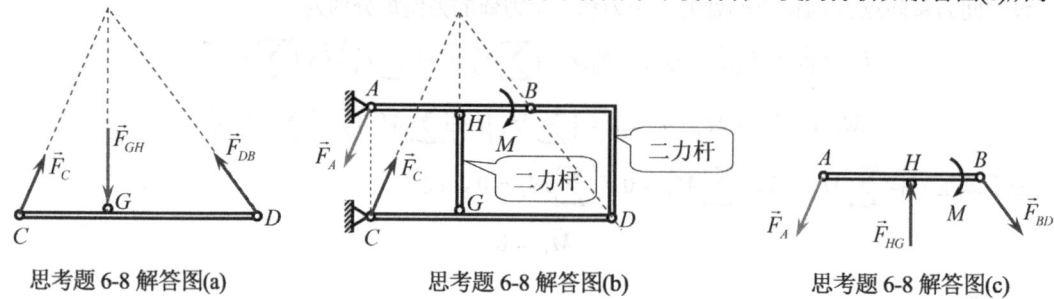

思考题 6-8 解答图(a)　　思考题 6-8 解答图(b)　　思考题 6-8 解答图(c)

6-11 在图示平面桁架中，杆 OE 与 BC、杆 BD 与 AE 都相交但不相连，如何快速地求出杆 AB 的内力？

解答：

整体：如解答图(a)所示。

$$\sum M_O = 0: \quad F_A \cdot 2a - F \cdot a = 0 \quad \Rightarrow \quad F_A = \frac{1}{2}F \ (\uparrow)$$

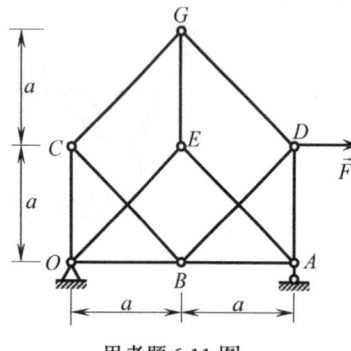

思考题 6-11 图

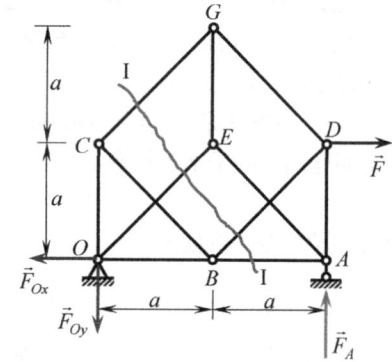

思考题 6-11 解答图(a)

用截面 I-I 截断，如解答图(a)所示。取右侧部分为研究对象，受力分析如解答图(b)。

$$\sum F_\xi = 0$$

$$F_{AB} \cdot \frac{\sqrt{2}}{2} + F_A \cdot \frac{\sqrt{2}}{2} - F \cdot \frac{\sqrt{2}}{2} = 0 \quad \Rightarrow \quad F_{AB} = \frac{1}{2}F \ (\text{拉杆})$$

6-12 在如图所示桁架中，OABCDE 为正八角形的一半，杆 OC、OD 分别与杆 AE、BE 相交但不相连，$F_1 = F_2 = F$，如何快速地求出杆 BC 的内力？

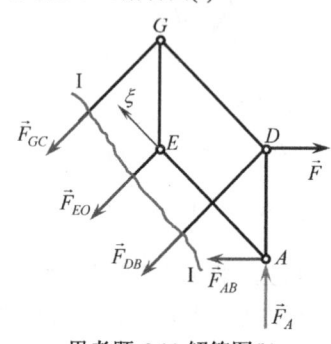

思考题 6-11 解答图(b)

解答：

取 ABE 三角框架为研究对象，受力分析如解答图所示。

$$\sum F_x = 0: \quad F_{BC} + F_1 = 0 \quad \Rightarrow \quad F_{BC} = -F_1 = -F \text{（压杆）}$$

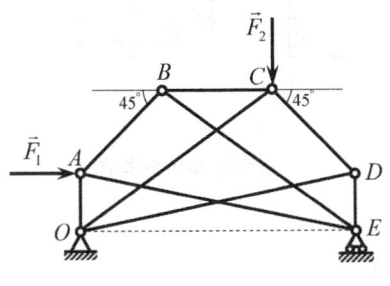

思考题 6-12 图

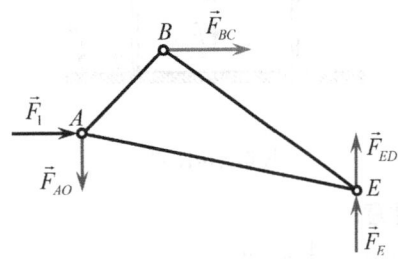

思考题 6-12 解答图

6-15 图示鼓轮放在墙角里，自重不计，A 处粗糙，B 处光滑，系统处于平衡状态，试问以下改变能否破坏系统的平衡？

（1）增大 R，其余不变；（2）增大 r，其余不变；（3）增大 P，其余不变。

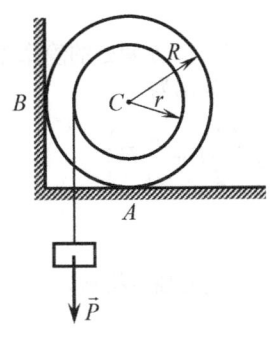

思考题 6-15 图

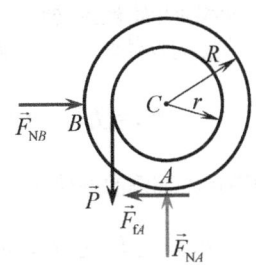

思考题 6-15 解答图

解答：

以鼓轮为研究对象，受力分析如解答图所示。因鼓轮平衡，$\vec{F}_{NA}$ 和 $\vec{P}$ 组成一个力偶，$\vec{F}_{NB}$ 和 $\vec{F}_{fA}$ 组成一个力偶，且这两个力偶相平衡。

当（1）增大 R，其余不变时，相当于增大后一个力偶的力偶臂，又力偶矩不变，这样 F_{fA} 值减小，而 F_{NA} 值又不变，所以系统平衡不会破坏；（2）增大 r，其余不变，会增大力偶矩，F_{fA} 值将变大，而 F_{NA} 值不变，所以系统平衡可能会破坏；（3）增大 P，其余不变，F_{NA}、F_{fA} 的值都增大，但 F_{fA} 与 F_{NA} 的比值不变，所以系统平衡状态不会破坏。

6-16 已知 π 形物体重量为 P，尺寸如图所示，现以水平力拉此物体，当刚开始拉动时，A、B 两处的摩擦力是否都达到最大值？如果 A、B 两处静摩擦因数均为 f_s，则此时两处的摩擦力是否相等？若拉力 F 较小而未能拉动物体时，能否分别求出 A、B 两处静摩擦力的大小？

解答：

以 π 形物体为研究对象，受力分析如解答图所示。

$$\sum M_A = 0: \quad F_{NB} \cdot 2l - P \cdot l - F \cdot h = 0 \quad \Rightarrow \quad F_{NB} = \frac{1}{2}P + \frac{h}{2l}F \text{ (↑)}$$

$$\sum M_B = 0: \quad F_{NA} \cdot 2l + F \cdot h - P \cdot l = 0 \quad \Rightarrow \quad F_{NA} = \frac{1}{2}P - \frac{h}{2l}F \text{ (↑)}$$

$$\sum F_x = 0: \quad F_{fA} + F_{fB} - F = 0$$

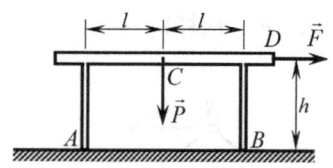

思考题 6-16 图

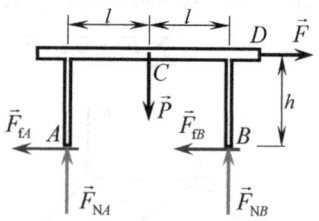

思考题 6-16 解答图

注意：

当 $F_{NA} = \dfrac{1}{2}P - \dfrac{h}{2l}F > 0 \Rightarrow F < \dfrac{l}{h}P$ 时，则 F_{NA}（↑）。

当 $F_{NA} = \dfrac{1}{2}P - \dfrac{h}{2l}F = 0 \Rightarrow F = \dfrac{l}{h}P$ 时，则有翻倒的可能，此时摩擦力可能未达到最大值。

物理条件：$F_{fA} \leq f_s F_{NA} = f_s \left(\dfrac{1}{2}P - \dfrac{h}{2l}F\right)$，$F_{fB} \leq f_s F_{NB} = f_s \left(\dfrac{1}{2}P + \dfrac{h}{2l}F\right)$。

综合上述有以下结论：

（1）当物体刚开始被拉动时，A、B 两处的摩擦力都达到最大值。若 A、B 两处的静摩擦因数均为 f_s，当刚开始拉动物体时，A、B 两处的摩擦力不相等，即 $F_{fA} \neq F_{fB}$。分别为

$$F_{fA} = f_s F_{NA} = f_s \left(\dfrac{1}{2}P - \dfrac{h}{2l}F\right), \quad F_{fB} = f_s F_{NB} = f_s \left(\dfrac{1}{2}P + \dfrac{h}{2l}F\right)$$

且此时必须满足不翻倒的条件为

$$F_{NA} = \dfrac{1}{2}P - \dfrac{h}{2l}F \geq 0 \Rightarrow F \leq \dfrac{l}{h}P \quad \text{（该式等号表示翻倒的临界状态）}$$

若不满足不翻倒的条件，即 $F > \dfrac{l}{h}P$，此时物体没有被拉动，A、B 两处的摩擦力未达到最大值，但是物体已经开始绕点 B 翻转。

（2）若拉力 F 较小而未能拉动物体时，无法求得 A、B 两处的摩擦力，该问题属于一次静不定问题。

6-17 图示质量为 m，半径为 r 的均质圆轮上绕有质量不计的软绳，已知其在台阶棱边 A 处静摩擦因数为 $f_s = 0.75$，试问在水平拉力 $\vec{F}$ 的作用下能无滑动登上台阶的台阶最高高度是多少？并写出此时水平拉力的临界值。

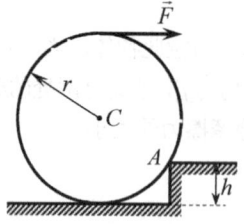

思考题 6-17 图

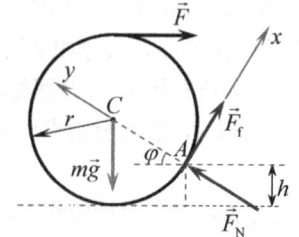

思考题 6-17 解答图

解答：

以圆轮为研究对象，受力分析如解答图所示。

$$\sum M_A = 0: \quad mg \cdot \sqrt{r^2-(r-h)^2} - F \cdot (2r-h) = 0 \quad \Rightarrow \quad F = \frac{\sqrt{r^2-(r-h)^2}}{2r-h} mg \quad (\rightarrow)$$

$$\sum F_y = 0: \quad F_N - mg\sin\varphi - F\cos\varphi = 0 \quad \Rightarrow$$

$$F_N = mg\sin\varphi + F\cos\varphi = mg \cdot \frac{r-h}{r} + \frac{\sqrt{r^2-(r-h)^2}}{2r-h} mg \cdot \frac{\sqrt{r^2-(r-h)^2}}{r} = mg$$

$$\sum M_C = 0: \quad F_f \cdot r - F \cdot r = 0 \quad \Rightarrow \quad F_f = F = \frac{\sqrt{r^2-(r-h)^2}}{2r-h} mg \quad (\text{方向如解答图所示})$$

物理条件：$F_f \leqslant f_s F_N = 0.75 F_N \quad \Rightarrow \quad \frac{\sqrt{r^2-(r-h)^2}}{2r-h} mg \leqslant \frac{3}{4} mg \quad \Rightarrow$

$$(h-2r)(25h-18r) \geqslant 0 \quad \Rightarrow \quad h \leqslant \frac{18}{25} r$$

结论：

台阶的最高高度为 $h_{\max} = \frac{18}{25} r$，此时水平拉力的临界值为

$$F = \frac{\sqrt{r^2-(r-h_{\max})^2}}{2r-h_{\max}} mg = \frac{\sqrt{r^2-\left(r-\frac{18}{25}r\right)^2}}{2r-\frac{18}{25}r} mg = \frac{3}{4} mg$$

6-18 图示系统处于同一铅垂面内，质量为 m，半径为 r 的均质齿轮放在与之啮合的齿条 I 和 II 之间，齿条 II 固定不动，齿条 I 的自重为 P，与齿条 I 固连的杆 GH（自重不计）与水平滑道光滑接触，图示瞬时齿条 I 的重心位于轮心 C 的正上方，已知齿轮与两齿条之间的滚动摩阻系数都为 δ，在拉力 $\vec{F}$ 即将拉动齿条 I 时，试判断齿轮 C 在切点 A、B 两处所受到的滚动摩阻力偶的转向和摩擦力的方向。

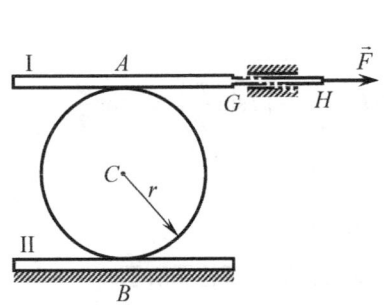

思考题 6-18 图

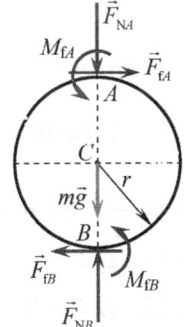

思考题 6-18 解答图

解答：

以齿轮 C 为研究对象，受力分析如解答图所示。

$$F_{fA} = F \; (\rightarrow), \quad F_{NA} = P \; (\downarrow)$$
$$F_{fB} = F \; (\leftarrow), \quad F_{NB} = P + mg \; (\uparrow)$$

M_{fA}、M_{fB} 的转向应分别与齿轮相对于齿条 I、II 滚动趋势方向（均为顺时针转向）相反，即 M_{fA}、M_{fB} 为逆时针转向。

$$M_{fA} = \delta F_{NA} = P\delta, \quad M_{fB} = \delta F_{NB} = (P+mg)\delta$$

且 $M_{fA} + M_{fB} = 2rF$, $F = \dfrac{\delta}{r}\left(P + \dfrac{1}{2}mg\right)$。

即将拉动齿条 I 时，齿轮 C 在 A、B 处滚动摩阻都已达到最大值，而齿轮 C 在 A、B 处的摩擦力仍为静摩擦力，一般没有达到其最大值。

6.3 习题及解答

6-2 图示重为 P、长为 l 的均质直杆 AB 用两根与杆等长的相互平行的绳索 DA 和 EB（质量不计）挂在水平天花板上。现在杆上作用一主动力偶，其力偶矩 $\vec{M}$ 的方向垂直向上，试求杆平衡时转过的角度及绳索的拉力大小。

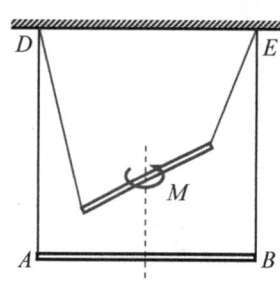

习题 6-2 图

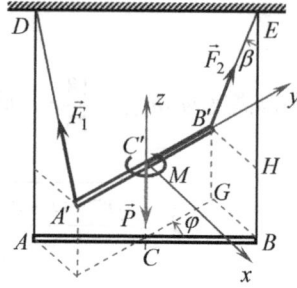

习题 6-2 解答图

解：

（1）几何关系：如解答图所示。

在等腰三角形 $\triangle CBG$ 中

$$CB = CG = \dfrac{1}{2}l, \quad BG = 2 \cdot \dfrac{1}{2}l \cdot \sin\dfrac{\varphi}{2} = l\sin\dfrac{\varphi}{2}$$

在直角三角形 $\triangle EHB'$ 中

$$B'H = BG = l\sin\dfrac{\varphi}{2}, \quad B'E = l, \quad EH = \sqrt{l^2 - \left(l\sin\dfrac{\varphi}{2}\right)^2} = l\cos\dfrac{\varphi}{2}$$

则 $\sin\beta = \dfrac{B'H}{B'E} = \sin\dfrac{\varphi}{2}$, $\cos\beta = \cos\dfrac{\varphi}{2}$。

（2）在平衡位置建立直角坐标系 $C'xyz$，如解答图所示。

（3）受力分析：以平衡时的杆 $A'B'$ 为研究对象，受力分析如解答图所示。

（4）列写平衡方程，并求解：

$$\sum F_x = 0: \quad -F_1\sin\beta\cos\dfrac{\varphi}{2} + F_2\sin\beta\cos\dfrac{\varphi}{2} = 0 \quad \Rightarrow \quad F_1 = F_2$$

$$\sum F_y = 0: \quad F_1\cos\beta + F_2\cos\beta - P = 0 \quad \Rightarrow \quad F_1 = F_2 = \dfrac{P}{2\cos\beta} = \dfrac{P}{2\cos\dfrac{\varphi}{2}}$$

$$\sum M_z = 0: \quad M - \left(F_1\sin\beta\cos\dfrac{\varphi}{2}\right)\cdot\dfrac{l}{2} - \left(F_2\sin\beta\cos\dfrac{\varphi}{2}\right)\cdot\dfrac{l}{2} = 0 \quad \Rightarrow \quad M = \dfrac{Pl}{2}\sin\dfrac{\varphi}{2} \quad \Rightarrow$$

$$\varphi = 2\arcsin\frac{2M}{Pl}$$

解析：

（1）此题中杆在重力、力偶和两根绳索张力的作用下，处于水平位置的平衡状态，且两根绳索与杆垂直，即绳索张力垂直于杆的轴线。在新的平衡位置，杆由初始平衡位置转过了某一角度 φ 与两根绳索由铅垂位置转过的角度 β 存在着确定的几何关系，这是由系统的几何特性所决定的，这在解题中起到了关键的作用。

（2）杆在新的水平平衡位置所受到的力系是空间力系。一般空间力系有六个独立的平衡方程。按题中建立的直角坐标系 $C'xyz$，可给出六个独立的平衡方程为 $\sum F_x = 0$，$\sum F_y = 0$，$\sum F_z = 0$，$\sum M_x = 0$，$\sum M_y = 0$，$\sum M_z = 0$。但是，杆所受到的力系并非一般的空间力系，而是较为特殊的空间力系。由于杆所受到的重力和绳索的张力均与杆垂直，所以 $\sum F_y = 0$ 自动满足，又因为杆所受到的重力和绳索张力均与 y 轴相交共面，且力偶 M 对 y 轴的矩为零，所以 $\sum M_y = 0$ 也自动满足了，而且杆所受到的重力、绳索张力和力偶 M 在空间分布的特殊性使得 $\sum M_x = 0$ 也自动满足了。可见，六个独立的平衡方程可利用的只有三个，本题就是利用这三个独立的平衡方程求得了两根绳索的张力和杆所转过的角度。

6-4 图示边长为 b，重为 P 的等边三角形均质薄板 ABD 用三根铅垂杆1、2、3和三根与水平面成 $30°$ 角的斜杆4、5、6支撑在水平位置，在板的平面内作用着一主动力偶，其力偶矩 $\vec{M}$ 的方向垂直向下，若不计各杆的自重和铰接处摩擦，试求各杆对板的作用力。

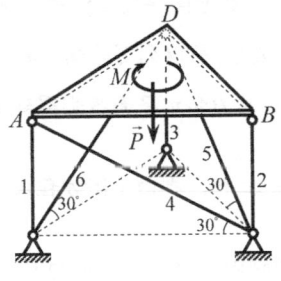

习题6-4 图

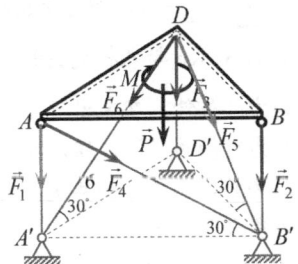

习题6-4 解答图(a)

解：

三角形板 ABD 的受力分析如解答图(a)所示，假设六根杆均为拉杆。

$\sum M_{AD} = 0$： $P \cdot \dfrac{\sqrt{3}}{6}b + F_2 \cdot \dfrac{\sqrt{3}}{2}b = 0 \quad \Rightarrow \quad F_2 = -\dfrac{1}{3}P$（压杆）

$\sum M_{A'B'} = 0$： $-P \cdot \dfrac{\sqrt{3}}{6}b - F_3 \cdot \dfrac{\sqrt{3}}{2}b = 0 \quad \Rightarrow \quad F_3 = -\dfrac{1}{3}P$（压杆）

$\sum M_{DD'} = 0$： $M - \dfrac{\sqrt{3}}{2}F_4 \cdot \dfrac{\sqrt{3}}{2}b = 0 \quad \Rightarrow \quad F_4 = \dfrac{4M}{3b}$（拉杆）

$\sum M_{BD} = 0$： $-P \cdot \dfrac{\sqrt{3}}{6}b - F_1 \cdot \dfrac{\sqrt{3}}{2}b - F_4 \cdot \dfrac{1}{2} \cdot \dfrac{\sqrt{3}}{2}b = 0 \quad \Rightarrow$

$F_1 = -\dfrac{1}{3}P - \dfrac{1}{2}F_4 = -\dfrac{1}{3}\left(P + \dfrac{2M}{b}\right)$（压杆）

将六根杆及板的重力向三角板 ABD 所在平面投影,如解答图(b)所示。

$$\sum F_y = 0: \quad -\frac{\sqrt{3}}{2}F_6\cos 30° - \frac{\sqrt{3}}{2}F_5\cos 30° = 0$$

$$\sum F_x = 0: \quad -\frac{\sqrt{3}}{2}F_6\sin 30° + \frac{\sqrt{3}}{2}F_5\sin 30° + \frac{\sqrt{3}}{2}F_4 = 0$$

联立解得

$$F_5 = -\frac{4M}{3b} \text{(压杆)}, \quad F_6 = \frac{4M}{3b} \text{(拉杆)}$$

解析:

习题 6-4 解答图(b)

(1)三角板 ABD,除受到重力 $\vec{P}$ 和力偶 $\vec{M}$ 的主动载荷作用外,还受到六根杆的约束力作用,可见三角板 ABD 受到的是空间力系作用,且处于平衡状态,共有六个独立的平衡方程,有六个杆的未知约束力,属于静定问题。

(2)若建立一个直角坐标系,用空间平衡力系的六个基本形式的独立平衡方程 $\sum F_x = 0$,$\sum F_y = 0$,$\sum F_z = 0$,$\sum M_x = 0$,$\sum M_y = 0$,$\sum M_z = 0$ 来求解,需要解联立方程,有时会比较麻烦。

(3)巧妙地选择矩轴,使更多的未知力与矩轴共面,就能使这些未知力不出现在平衡方程中。如果选择的矩轴只与一个未知力形成异面关系最好,这样就能保证所列写的平衡方程是独立的平衡方程之一。例如本题中,杆 1、3、4、5、6 都与轴 AD 相交,只有杆 2 与轴 AD 形成垂直的异面关系,所以列写平衡方程 $\sum M_{AD} = 0$,即可求出杆 2 的力;对于轴 $A'B'$,也可同样处理;对于轴 DD',杆 1、2 与之平行共面,杆 3、5、6 与之相交共面,只有杆 4 与之形成异面关系,所以列写平衡方程 $\sum M_{DD'} = 0$,即可求出杆 4 的力。另外,在求出杆 4 的力之后,将杆 4、5、6 的力向水平面投影得到平面力系,可在水平面内列写力对轴的投影方程,便可求出杆 5、6 的力。

(4)对于二力杆,预先不知其受拉还是受压时,可假设其是拉杆,再由平衡方程求解其值,为正者即是拉杆,为负者即是压杆。

6-5 如图所示,长为 $2l$ 的均质筷子放在半径为 r 的半球形碗内,已知筷子重为 P。若不计摩擦,试求筷子一端在碗内,另一端在碗外,且筷子处于平衡状态时,筷子与水平面夹角 φ 及碗在两接触点对筷子的约束力。

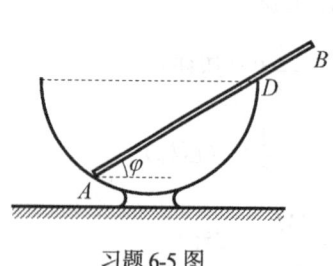

习题 6-5 图　　习题 6-5 解答图(a)

解法一:三力平衡汇交法

筷子的受力分析如解答图(a)所示。

平衡时三个力必共面汇交,则 φ 角可由汇交几何条件确定。

在 $\triangle O'DE$ 中,$O'D = DE\sin\varphi = (2r\sin\varphi)\cdot\sin\varphi$。

在 $\triangle DO'C$ 中，$O'D = CD\cos\varphi = (AD - AC)\cos\varphi = (AD - l)\cos\varphi = (2r\cos\varphi - l)\cos\varphi$。

所以

$$(2r\sin\varphi)\cdot\sin\varphi = (2r\cos\varphi - l)\cos\varphi \quad \Rightarrow$$

$$\cos\varphi = \frac{l \pm \sqrt{l^2 + 32r^2}}{8r} \quad \text{（舍去负根，因为 } 0 < \varphi < \frac{\pi}{2}\text{）}$$

$$\cos\varphi = \frac{l + \sqrt{l^2 + 32r^2}}{8r} \quad \Rightarrow \quad \varphi = \arccos\left(\frac{l + \sqrt{l^2 + 32r^2}}{8r}\right)$$

沿杆 AB 方向投影，得到

$$F_A\cos\varphi - P\sin\varphi = 0 \quad \Rightarrow \quad F_A = P\tan\varphi$$

$$\sum M_A = 0: \quad F_D \cdot 2r\cos\varphi - P\cos\varphi \cdot l = 0 \quad \Rightarrow \quad F_D = \frac{Pl}{2r}$$

解法二：平面力系平衡法

筷子的受力分析如解答图(b)所示。

建立如解答图(b)所示直角坐标系 Oxy。

$$\sum F_x = 0: \quad F_A\cos 2\varphi - F_D\sin\varphi = 0 \quad (1)$$

$$\sum F_y = 0: \quad F_A\sin 2\varphi + F_D\cos\varphi - P = 0 \quad (2)$$

$$\sum M_A = 0: \quad F_D \cdot 2r\cos\varphi - P \cdot l\cos\varphi = 0 \quad (3)$$

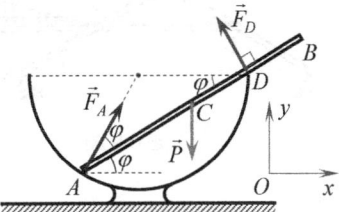

习题 6-5 解答图(b)

利用式（1）和式（2），得到

$$F_D = \frac{\cos(2\varphi)P}{\cos\varphi}, \quad F_A = P\tan\varphi$$

代入式（3），得到

$$2r\cos 2\varphi - l\cos\varphi = 0 \quad \Rightarrow \quad 4r\cos^2\varphi - l\cos\varphi - 2r = 0 \quad \Rightarrow$$

$$\cos\varphi = \frac{l \pm \sqrt{l^2 + 32r^2}}{8r} \quad \text{（舍去负根，因为 } 0 < \varphi < \frac{\pi}{2}\text{）}$$

$$\cos\varphi = \frac{l + \sqrt{l^2 + 32r^2}}{8r} \quad \Rightarrow \quad \varphi = \arccos\left(\frac{l + \sqrt{l^2 + 32r^2}}{8r}\right)$$

则

$$F_D = \frac{\cos(2\varphi)P}{\cos\varphi} = \frac{Pl}{2r}, \quad F_A = P\tan\varphi$$

解析：

（1）这是一个求平衡位置和约束力的问题。

（2）平面平衡力系有三个独立的平衡方程，只能求解三个未知量的问题，本题中有三个未知量，碗在 A、D 处对筷子的两个约束力和平衡位置（筷子与水平线的夹角）。解法一是在进行受力分析后利用三力平衡必汇交的几何关系进行求解平衡位置的；解法二是通过平面一般力系列写平衡方程来求解的。不难验证，解法二中的平衡方程 $\sum M_A = 0$ 实际上就是解法一中三力平衡汇交的几何方程，显然解法二要比解法一更容易。

（3）需要强调一点，长度过长或太短的筷子都不可能在与水平面夹角为 φ 的位置保持平衡状态。筷子不能太长，即要求重力作用线不能位于点 D 的右侧，否则不可能平衡，用数学方程来写就是，

$AD \geq AC$，$2r\cos\varphi \geq l$，$2r \geq l$；筷子不能太短，否则筷子的 B 端不会在碗外，$F_D \perp AB$ 就不成立，用数学方程来写就是，$AD < AB$，$2r\cos\varphi < 2l$，可求得 $l > \frac{\sqrt{6}}{3}r$；合起来必须有条件 $\frac{\sqrt{6}}{3}r < l \leq 2r$，才能在图示位置平衡。这是一个数学运算结果必须回到力学问题中加以讨论的典型例子。

6-9 在图示平面结构中，杆 OA、AB 的长度都为 $l_1 = 2l$，杆 DE 的长度为 $l_2 = 2\sqrt{3}l$，杆 AB 与 DE 在它们的中点以光滑销钉相连，杆 DE 的 D 端与杆 OA 光滑接触。系统所受载荷如解答图所示，且 $F = \frac{3}{4}ql$，$M = 2ql^2$，不计各构件自重和铰链 O、A、B 处摩擦，试求固定铰支座 O、B 对系统的约束力。

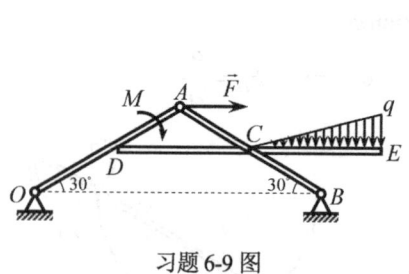
习题 6-9 图

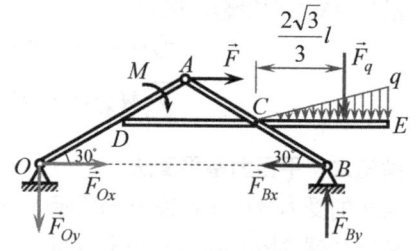
习题 6-9 解答图(a)

解：

三角形分布载荷的合力为 $F_q = \frac{1}{2} \cdot q \cdot CE = \frac{1}{2} \cdot q \cdot \sqrt{3}l = \frac{\sqrt{3}}{2}ql$，其合力作用位置距点 C 的距离为 $\frac{2}{3}CE = \frac{2\sqrt{3}}{3}l$，如解答图(a)所示。

（1）整体：受力分析如解答图(a)所示。

$$\sum M_B = 0: \quad F_{Oy} \cdot OB - M - F \cdot \frac{OA}{2} - F_q \cdot \left(\frac{2}{3} - \frac{1}{4}\right)CE = 0 \quad \Rightarrow$$

$$F_{Oy} \cdot 2\sqrt{3}l - 2ql^2 - \frac{3}{4}ql \cdot \frac{2l}{2} - \frac{\sqrt{3}}{2}ql \cdot \frac{\sqrt{3}}{6}l = 0 \quad \Rightarrow \quad F_{Oy} = \frac{\sqrt{3}}{2}ql \;(\downarrow)$$

$$\sum F_y = 0: \quad F_{By} - F_{Oy} - F_q = 0 \quad \Rightarrow \quad F_{By} = F_{Oy} + F_q = \sqrt{3}ql \;(\uparrow)$$

（2）杆 DCE：受力分析如解答图(b)所示。

$$\sum M_C = 0: \quad F_D \cdot \frac{3}{2}l - F_q \cdot \frac{2\sqrt{3}}{3}l = 0 \quad \Rightarrow \quad F_D = \frac{4\sqrt{3}}{9}F_q = \frac{2}{3}ql \;(方向如图)$$

（3）杆 OA：受力分析如解答图(c)所示。

$$\sum M_A = 0: \quad F_{Ox} \cdot \frac{OA}{2} + F_{Oy} \cdot OA\cos 30° - M - F'_D \cdot \frac{OA}{2} = 0 \quad \Rightarrow$$

$$F_{Ox} \cdot l + \frac{\sqrt{3}}{2}ql \cdot 2l\cos 30° - 2ql^2 - \frac{2}{3}ql \cdot l = 0 \quad \Rightarrow \quad F_{Ox} = \frac{7}{6}ql \;(\rightarrow)$$

（4）整体：受力分析如解答图(a)所示。

$$\sum F_x = 0: \quad F_{Ox} + F - F_{Bx} = 0 \quad \Rightarrow$$

$$\frac{7}{6}ql + \frac{3}{4}ql - F_{Bx} = 0 \quad \Rightarrow \quad F_{Bx} = \frac{7}{6}ql + \frac{3}{4}ql = \frac{23}{12}ql \;(\leftarrow)$$

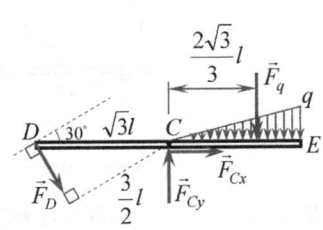

习题 6-9 解答图(b)

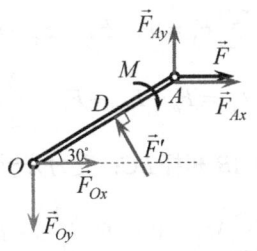

习题 6-9 解答图(c)

解析：

（1）题目中的平面结构由三个杆件 OA、AB、DE 所构成。每个杆件作为研究对象进行受力分析，都有三个独立的平衡方程，共有九个独立平衡方程。而该平面结构中，固定铰支座 O、B 处各有两个未知量，圆柱铰链 A 处为单铰，有两个未知量，在销钉 C 处有两个未知量，杆 OA 与杆 DE 在 D 处为光滑面约束，有一个未知量，共有九个未知量。可见，结构中的未知量数目等于独立平衡方程数目，该结构为静定结构。

（2）识别杆 OA 与杆 DE 在 D 处的约束力特点是求解问题的关键，杆 OA 与杆 DE 在 D 处的约束为光滑面约束，其约束力只有一个未知量，即其大小未知，方向与杆 OA 垂直。以杆 DE 为研究对象进行受力分析求得 D 处的约束力 F_D 是本题求解的关键。

6-11 图示平面结构由直杆 AB、BC 和 CD 在接触处相互铰接而成，已知图中 a、q、$F=\sqrt{3}qa$、$M=2qa^2$，若不计各构件自重和各接触处摩擦，试求支座 A、C、D 对系统的约束力。

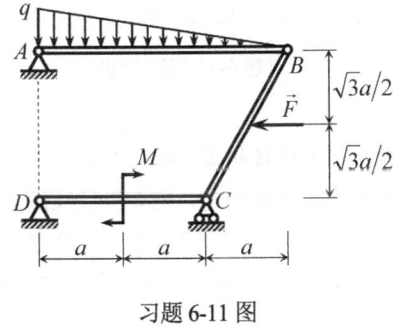

习题 6-11 图   习题 6-11 解答图(a)

解：

三角形分布载荷的合力为 $F_q = \dfrac{1}{2} \cdot q \cdot 3a = \dfrac{3}{2}qa$，其合力作用点距离点 B 的距离为 $2a$（合力作用点距离点 A 的距离为 a）。

（1）杆 AB：受力分析如解答图(a)所示。

$$\sum M_B = 0: \quad F_{Ay} \cdot 3a - F_q \cdot 2a = 0 \quad \Rightarrow \quad F_{Ay} = \dfrac{2}{3}F_q = \dfrac{2}{3} \cdot \dfrac{3}{2}qa = qa \quad (\uparrow)$$

（2）杆 CD：受力分析如解答图(b)所示。

$$\sum M_C = 0: \quad F_{Dy} \cdot 2a - M = 0 \quad \Rightarrow \quad F_{Dy} = \dfrac{M}{2a} = \dfrac{2qa^2}{2a} = qa \quad (\downarrow)$$

（3）整体：受力分析如解答图(c)所示。

$$\sum F_y = 0: \quad F_{Ay} - F_q - F_{Dy} + F_C = 0 \quad \Rightarrow$$

$$F_C = F_q + F_{Dy} - F_{Ay} = \frac{3}{2}qa + qa - qa = \frac{3}{2}qa \quad (\uparrow)$$

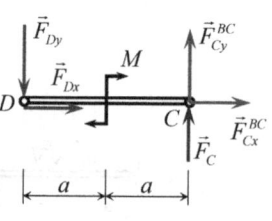

习题 6-11 解答图(b)

（4）杆 AB 和杆 BC：受力分析如解答图(d)所示。

$$\sum M_C = 0: \quad F \cdot \frac{\sqrt{3}}{2}a + F_q \cdot a - F_{Ay} \cdot 2a - F_{Ax} \cdot \sqrt{3}a = 0 \quad \Rightarrow$$

$$F_{Ax} = \frac{1}{\sqrt{3}}\left(\frac{\sqrt{3}}{2}F + F_q - 2F_{Ay}\right) = \frac{1}{\sqrt{3}}\left(\frac{\sqrt{3}}{2}\cdot\sqrt{3}qa + \frac{3}{2}qa - 2\cdot qa\right) = \frac{\sqrt{3}}{3}qa \quad (\rightarrow)$$

（5）整体：受力分析如解答图(c)所示。

$$\sum F_x = 0: \quad F_{Ax} - F + F_{Dx} = 0 \quad \Rightarrow \quad F_{Dx} = F - F_{Ax} = \sqrt{3}qa - \frac{\sqrt{3}}{3}qa = \frac{2\sqrt{3}}{3}qa \quad (\rightarrow)$$

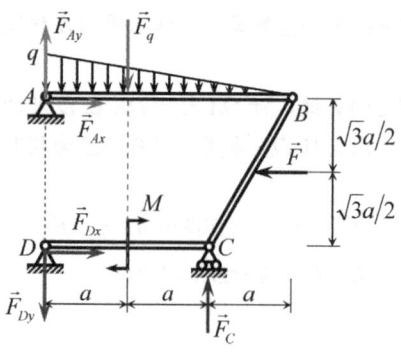

习题 6-11 解答图(c)

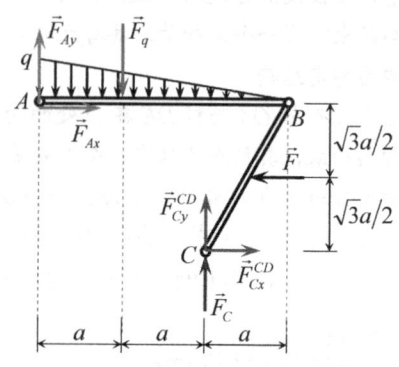

习题 6-11 解答图(d)

解析：

（1）题目的平面结构由杆 AB、BC、CD 三根杆件在接触处相互铰接构成。每根杆件各有三个独立的平衡方程，共有九个独立平衡方程，固定铰支座 A 和 D 处各有两个未知量，光滑圆柱铰链 B 处为单铰有两个未知量，活动铰支座 C 处有一个未知量，又因铰链 C 还连接两根杆件 BC 和 CD 杆，而形成复铰，所以还有两个未知量，共有九个未知量。可见，该结构的未知量个数等于独立平衡方程数目，为静定结构。

（2）铰链 C 处连接大地、杆 BC 和杆 CD 三个刚体为复铰，以铰链 C 为研究对象进行受力分析如解答图(e)所示，大地对铰链 C 的作用力 $\vec{F}_C$ 的大小未知、方向铅垂，杆 BC 对铰链 C 的作用力大小、方向未知，用两个正交分量表示为 $\vec{F}'^{BC}_{Cx}$ 和 $\vec{F}'^{BC}_{Cy}$，杆 CD 对铰链 C 的作用力大小、方向未知，用两个正交分量表示为 $\vec{F}^{CD}_{Cx}$ 和 $\vec{F}^{CD}_{Cy}$。

在对杆 CD 为研究对象进行受力分析时，因为要列写对 C 处的力矩方程，所以在杆 CD 的 C 处带与不带销钉 C，并不影响对 C 处列写的力矩方程，但是带销钉 C 与否对杆 CD 的受力图却有所区别。若杆 CD 的 C 处带销钉 C 受力图如解答图(b)所示，其揭示了大地对销钉 C 的作用力 $\vec{F}_C$ 和杆 BC 对销钉 C 的作用力 $\vec{F}^{BC}_{Cx}$、$\vec{F}^{BC}_{Cy}$。若杆 CD 的 C 处不带销钉 C 受力图如解答图(f)所示，其揭示了杆 CD 受到销钉 C 的作用力 $\vec{F}'^{CD}_{Cx}$、$\vec{F}'^{CD}_{Cy}$，该力与杆 CD 对铰链 C 的作用力 $\vec{F}^{CD}_{Cx}$、$\vec{F}^{CD}_{Cy}$ 是"作用与反作用力"。对于解答中"以杆 AB 和杆 BC"为研究对象的受力分析（如解答图(d)所示）的 C 处是否带销钉 C 也是同样的道理。

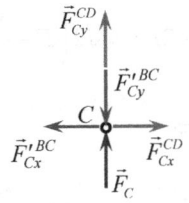
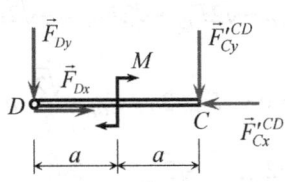

习题 6-11 解答图(e)　　　　　　习题 6-11 解答图(f)

（3）本题要求支座 A、C、D 对系统的约束力，其受力分析如解答图(c)所示，共有五个未知量 F_{Ax}、F_{Ay}、F_C、F_{Dx}、F_{Dy}，解答中只取了四次研究对象分别列写了五个方程，而且每列写一个方程就求得一个未知量，保证了所列写的方程是独立的平衡方程，其效率很高。本题还有其他解法可能都没有解答所给出的方法简便。

6-14 图示不计自重和摩擦的构架由 OA、BH、CG、OC、GH 这五根杆组成。各杆在 C、D、E、G、H、O 处彼此铰接，已知 F、M 和 a，试求销钉 C、D、E、G 对杆 CG 的约束力。

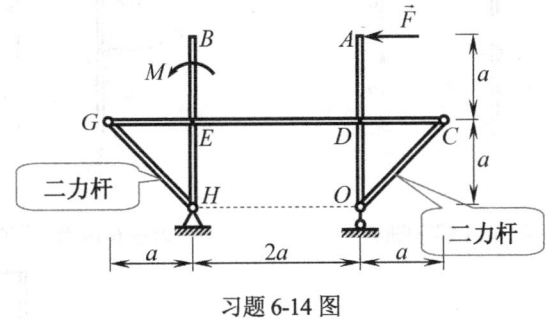

习题 6-14 图

分析：容易判断杆 GH 和杆 OC 为二力杆。

解：
（1）杆 OA（O 处带销钉）：受力分析如解答图(a)所示。

$$\sum M_D = 0 : \quad F_{OC} \cdot \frac{\sqrt{2}}{2} a + F \cdot a = 0 \quad \Rightarrow \quad F_{OC} = -\sqrt{2}F \quad （压杆）$$

$$\sum F_x = 0 : \quad F_{OC} \cdot \frac{\sqrt{2}}{2} - F - F'_{Dx} = 0 \quad \Rightarrow \quad F'_{Dx} = F_{OC} \cdot \frac{\sqrt{2}}{2} - F = -2F$$

或

$$\sum M_O = 0 : \quad F'_{Dx} \cdot a + F \cdot 2a = 0 \quad \Rightarrow \quad F'_{Dx} = -2F$$

所以

$$F_{Dx} = F'_{Dx} = -2F \quad （负号表示其真实方向与图示方向相反）$$

（2）杆 BH（各处都不带销钉）：受力分析如解答图(b)所示。

$$\sum M_H = 0 : \quad F'_{Ex} \cdot a + M = 0 \quad \Rightarrow \quad F'_{Ex} = -\frac{M}{a}$$

所以

$$F_{Ex} = F'_{Ex} = -\frac{M}{a} \quad （负号表示其真实方向与图示方向相反）$$

（3）杆 $GEDC$（各处都不带销钉）：受力分析如解答图(c)所示。

$$\sum F_x = 0 : \quad F_{GH} \cdot \frac{\sqrt{2}}{2} + F_{Ex} + F_{Dx} - F_{CO} \cdot \frac{\sqrt{2}}{2} = 0 \quad \Rightarrow$$

$$F_{GH} = F_{CO} - \sqrt{2}F_{Ex} - \sqrt{2}F_{Dx} = -\sqrt{2}F - \sqrt{2}\cdot\left(-\frac{M}{a}\right) - \sqrt{2}\cdot(-2F) = \sqrt{2}\left(F + \frac{M}{a}\right) \quad (\text{拉杆})$$

$$\sum M_E = 0: \quad F_{Dy}\cdot 2a + F_{GH}\cdot\frac{\sqrt{2}}{2}\cdot a - F_{CO}\cdot\frac{\sqrt{2}}{2}\cdot 3a = 0 \quad \Rightarrow$$

$$F_{Dy} = \frac{3\sqrt{2}}{4}F_{CO} - \frac{\sqrt{2}}{4}F_{GH} = \frac{3\sqrt{2}}{4}\cdot(-\sqrt{2}F) - \frac{\sqrt{2}}{4}\cdot\sqrt{2}\left(F + \frac{M}{a}\right) = -\frac{1}{2}\left(4F + \frac{M}{a}\right)$$

（负号表示其真实方向与图示方向相反）

$$\sum F_y = 0: \quad F_{Ey} + F_{Dy} - F_{GH}\cdot\frac{\sqrt{2}}{2} - F_{CO}\cdot\frac{\sqrt{2}}{2} = 0 \quad \Rightarrow$$

$$F_{Ey} = \frac{\sqrt{2}}{2}(F_{GH} + F_{CO}) - F_{Dy} = \frac{\sqrt{2}}{2}\left[\sqrt{2}\left(F + \frac{M}{a}\right) - \sqrt{2}F\right] - \left[-\frac{1}{2}\left(4F + \frac{M}{a}\right)\right] = 2F + \frac{3}{2}\frac{M}{a} \quad (\uparrow)$$

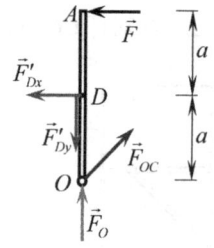

习题 6-14 解答图(a)

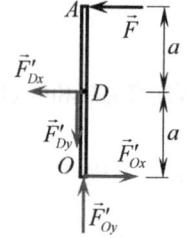

习题 6-14 解答图(b)

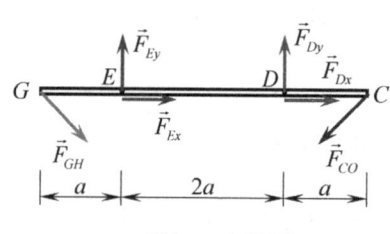

习题 6-14 解答图(c)

习题 6-14 解答图(d)

解析：

（1）判断杆 GH 和杆 OC 为二力杆，才能使问题得以快速简便求解。

（2）题目要求销钉 C、D、E、G 对杆 CG 的约束力，所以在分析杆 CG 的受力时，均不带销钉 C、D、E、G。其实，在杆 CG 的 C、D、E、G 处均为单铰连接，是否带销钉并不影响问题的求解，只是有施力体的区别。

（3）本题所给出的解答具有一定的技巧性。其求解的思路如下：

根据题目所要求的约束力，①自然会想到以杆 CG（C、D、E、G 处均不带销钉）为研究对象进行受力分析，如解答图(c)所示，共有六个未知量（F_{CO}、F_{Dx}、F_{Dy}、F_{Ex}、F_{Ey}、F_{GH}），但是对于杆 CG 却只有三个独立平衡方程，必须在这六个未知量中先以其他杆件或部分构件为研究对象求出三个未知量，才得以求解；②以杆 BH 为研究对象进行受力分析，如解答图(b)所示，H 处可带或不带销钉，因为列写的是对点 H 的力矩方程，可求出 F'_{Ex}（该力为杆 CG 对销钉 E 的作用力的水平分量，其与销钉 E 对杆 CG 的作用力的水平分量 F_{Ex} 是"作用力和反作用力"）；③以杆 OA 为研究对象进行受力分析，为了揭示二力杆 OC 的力 F_{OC} 在 O 处必须带销钉，如解答图(a)所示，列写对点 D 的力矩方程可求出二力杆 OC 对销钉 O 的作用力 F_{OC}（注意：该力与销钉 C 对杆 CG 的作用力 F_{CO} 并不是"作用力和反作用力"，但两者的大小相等，方向相反），再对杆 OA 列写水平方向的力投影方程可求出 F'_{Dx}（该力为杆 CG 对销钉 D 的作用力的水平分量，其与销钉 D 对杆 CG 的作用力的水平分量 F_{Dx} 是"作用力和反作用力"）；④以杆 CG（C、D、E、G 处均不带销钉）为研究对象进行受力分析求得六个未知量（F_{CO}、F_{Dx}、F_{Dy}、F_{Ex}、F_{Ey}、F_{GH}）中的另外三个未知量（F_{Dy}、F_{Ey}、F_{GH}）。

6-17 在图示平面结构中，三根杆 OB、AC、DE 在 B、C、D 处用铰链连接，已知：水平力 $\vec{F}$，几何尺寸 a 和 b，$AC = DE = l$，点 B 和点 C 分别为杆 AC 和杆 DE 的中点，$DE \perp AC$，杆 DE 与铅垂线的夹角为 α，不计自重和摩擦，试求销钉 D 沿杆 DE 的轴向和横向的约束力。

解：

（1）整体：受力分析如解答图(a)所示。

$$\sum M_O = 0: \quad F_A \cdot a - F \cdot b = 0 \quad \Rightarrow \quad F_A = \frac{b}{a}F \quad (\uparrow)$$

（2）杆 CBA（带销钉）：受力分析如解答图(b)所示。

$$\sum M_B = 0: \quad F_{C\xi} \cdot \frac{l}{2} - F_A \cdot \frac{l}{2}\cos\alpha = 0 \quad \Rightarrow$$

$$F_{C\xi} = F_A \cos\alpha = \frac{b}{a}F\cos\alpha \quad （方向如图）$$

（3）杆 DCE：受力分析如解答图(c)所示。

$$\sum F_\xi = 0: \quad F_{D\xi} - F'_{C\xi} + F\sin\alpha = 0 \quad \Rightarrow$$

$$F_{D\xi} = F'_{C\xi} - F\sin\alpha = \frac{b}{a}F\cos\alpha - F\sin\alpha \quad （方向如图）$$

$$\sum M_C = 0: \quad F_{D\eta} \cdot \frac{l}{2} - F\cos\alpha \cdot \frac{l}{2} = 0 \quad \Rightarrow$$

$$F_{D\eta} = F\cos\alpha \quad （方向如图）$$

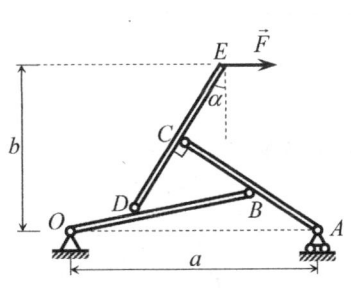

习题 6-17 图

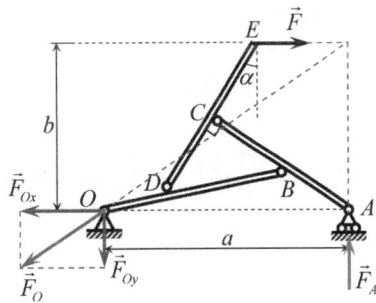

习题 6-17 解答图(a)

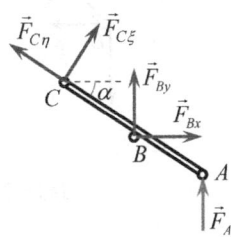

习题 6-17 解答图(b)

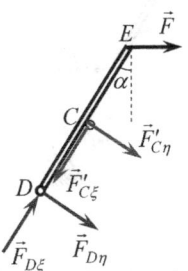

习题 6-17 解答图(c)

解析：

（1）以整体结构为研究对象进行受力分析，如解答图(a)所示，受到主动力 $\vec{F}$、固定铰支座 O 处和活动铰支座 A 处的约束力，共有三个力而处于平衡静止状态，所以就整体而言是"三力平衡——共面汇交"。又因为主动力 $\vec{F}$ 为已知，活动铰支座 A 处的约束力方向可判定为铅垂，根据"三力平衡共面汇交"可判定固定铰支座 O 处的约束力方向，但是在求解中并未利用这一点，即将整体看成一般平面力系了。

（2）未知的光滑圆柱铰链约束的约束力可沿两个任意给定的方向分解，这要根据求解问题的需要，不一定非得沿水平轴 x 和铅垂轴 y 分解或列写力的投影方程。例如，在杆 ABC 受力分析中，C 处约束力就是沿杆的轴向和垂直杆的轴向分解的，而在 B 处约束力的分解就是沿水平轴 x 和铅垂轴 y 的，这些都是为了求解问题的方便，也正是因为题目要求销钉 D 沿杆 DE 的轴向和横向的约束力，所以才将杆 ABC 的 C 处约束力沿杆的轴向和垂直杆的轴向分解了。

6-21 平面结构的几何尺寸和所受载荷如图所示，已知 $M=2Fa$，若不计自重和摩擦，试求杆 AB 在 A、B、C 处所受的约束力。

解：

（1）杆 BE：受力分析如解答图(a)所示（三力平衡杆件）。

$$\sum F_x = 0: \quad F'_{Bx} - F = 0 \quad \Rightarrow \quad F'_{Bx} = F \ (\rightarrow) \quad \Rightarrow \quad F_{Bx} = F'_{Bx} = F \ (\leftarrow)$$

$$\sum M_E = 0: \quad F'_{By} \cdot \frac{2}{\sqrt{3}}a + F \cdot a - F'_{Bx} \cdot 2a = 0 \quad \Rightarrow \quad F'_{By} = \frac{\sqrt{3}}{2}F \ (\downarrow)$$

所以

$$F_{By} = F'_{By} = \frac{\sqrt{3}}{2}F \ (\uparrow)$$

（2）杆 AB、杆 CD 和杆 BE 组成的系统，受力分析如解答图(b)所示。

$$\sum M_D = 0:$$

$$-F_{Ax} \cdot a + F_E \cdot \left(2 + \frac{2}{\sqrt{3}}\right)a - M = 0 \quad \Rightarrow$$

$$-F_{Ax} \cdot a + \frac{\sqrt{3}}{2}F \cdot \left(2 + \frac{2}{\sqrt{3}}\right)a - 2Fa = 0 \quad \Rightarrow \quad F_{Ax} = (\sqrt{3}-1)F \ (\rightarrow)$$

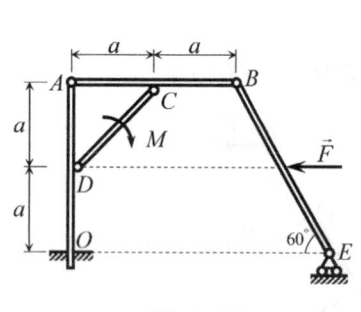

习题 6-21 图

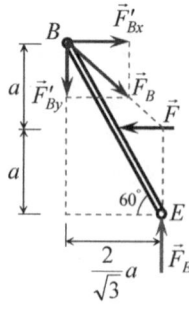

习题 6-21 解答图(a)

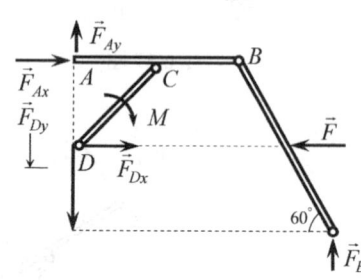

习题 6-21 解答图(b)

（3）杆 AB：受力分析如解答图(c)所示。

$\sum F_x = 0$：$F_{Ax} - F_{Bx} + F_{Cx} = 0$ $\Rightarrow$

$(\sqrt{3}-1)F - F + F_{Cx} = 0$ $\Rightarrow$ $F_{Cx} = (2-\sqrt{3})F$（→）

$\sum M_C = 0$：$F_{By} \cdot a - F_{Ay} \cdot a = 0$ $\Rightarrow$ $F_{Ay} = F_{By} = \dfrac{\sqrt{3}}{2}F$（↑）

$\sum F_y = 0$：$F_{Ay} + F_{By} - F_{Cy} = 0$ $\Rightarrow$ $F_{Cy} = F_{Ay} + F_{By} = \sqrt{3}F$（↓）

习题6-21 解答图(c)

解析：

（1）题目要求杆 AB 在 A、B、C 处所受到的约束力，自然会想到以杆 AB 为研究对象进行受力分析（如解答图(c)所示）。但是，在杆 AB 的 A、B、C 处各有两个未知量，共有六个未知量，而对于杆 AB 却只有三个独立的平衡方程。如何将六个未知量中的三个未知量先通过其他研究对象求出来，成为求解的关键问题。

（2）杆 BE 除受到主动力 $\vec{F}$ 的作用外，在 B、E 处分别受到一个约束力，所以杆 BE 为"三力平衡"杆件，可根据"三力平衡共面汇交"判断出 B 处的约束力方向，但是在求解中不必判断 B 处约束力的方向，而用两个正交分量 $\vec{F}_{Bx}$ 和 $\vec{F}_{By}$ 来表示更加方便。

（3）选取"杆 AB、杆 CD 和杆 EB"部分结构为研究对象进行受力分析，是求解的一个技巧，也是使求解快捷简便的重要步骤。

6-23 在图示平面结构中，$\triangle OAB$ 为边长等于 $2a$ 的等边三角形，点 D、E、C 分别为三边的中点，若不计自重和摩擦，试求销钉 C 分别对杆 CD、杆 CE 的作用力。

解：

杆 CD 和杆 CE 为二力杆。

（1）整体：受力分析如解答图(a)所示（力偶平衡体）。

$\sum M_O = 0$：$F_B \cdot 2a - M = 0$ $\Rightarrow$ $F_B = \dfrac{M}{2a}$（↑）

$\sum F_y = 0$：$F_B - F_O = 0$ $\Rightarrow$ $F_O = F_B = \dfrac{M}{2a}$（↓）

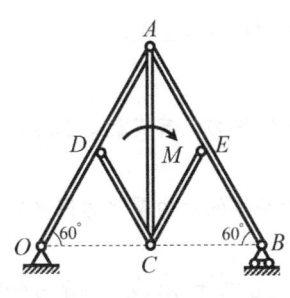

习题6-23 图

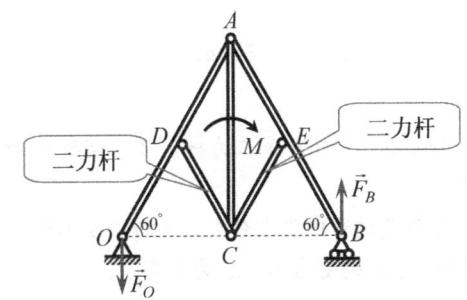

习题6-23 解答图(a)

（2）杆 OA（A 处不带销钉）：受力分析如解答图(b)所示（三力平衡杆件）。

$\sum F_y = 0$：$-F_O - F'_{DC}\sin 60° = 0$ $\Rightarrow$

$\dfrac{\sqrt{3}}{2}F'_{DC} = -F_O$ $\Rightarrow$ $F'_{DC} = -\dfrac{2}{\sqrt{3}} \cdot \dfrac{M}{2a} = -\dfrac{\sqrt{3}M}{3a}$（压杆）

（3）杆 AB（A 处不带销钉）：受力分析如解答图(c)所示（三力平衡杆件）。

$$\sum F_y = 0: \quad F_B - F'_{EC}\sin 60° = 0 \quad \Rightarrow \quad F'_{EC}\sin 60° = F_B \quad \Rightarrow$$

$$F'_{EC} = \frac{2}{\sqrt{3}}F_B = \frac{2}{\sqrt{3}} \cdot \frac{M}{2a} = \frac{\sqrt{3}M}{3a} \quad （拉杆）$$

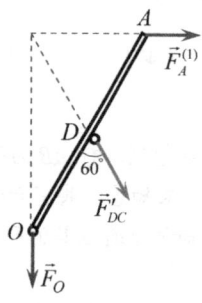
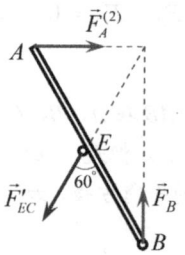

习题 6-23 解答图(b)　　　　　习题 6-23 解答图(c)

（4）二力杆 CD：受力分析如解答图(d)所示。

$$F_{CD} = F'_{DC} = -\frac{\sqrt{3}M}{3a} \quad （压杆）$$

（5）二力杆 CE：受力分析如解答图(e)所示。

$$F_{CE} = F'_{EC} = \frac{\sqrt{3}M}{3a} \quad （拉杆）$$

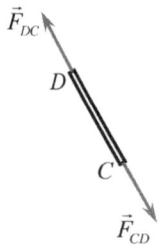
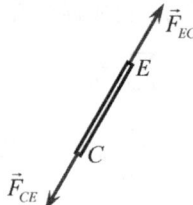

习题 6-23 解答图(d)　　　　　习题 6-23 解答图(e)

解析：

（1）杆 CD 和杆 CE 是二力杆，欲求销钉 C 对杆 CD 和杆 CE 的作用力，其实就是求这两个二力杆的内力。

（2）在解题过程中要充分利用各杆件受力的特殊性，例如，对于整体的受力是"力偶平衡"，对于杆 OA 和杆 AB 的受力为"三力平衡"。

（3）在结构中的铰链 A 和 C 为复铰，都连接了三个杆件。尤其是选取杆 OA 或杆 AB 为研究对象进行受力分析时，A 处是否带销钉将影响杆件是否成为"三力平衡"杆件，带销钉 A 时，这两根杆都不是三力平衡杆，若它们分别对 A 点写矩的平衡方程并不会影响求解的结果，但是带销钉 A 或不带销钉 A 所画出的受力图是不同的。

6-24 在图示平面结构中，ABCD 为边长等于 2a 的正方形，点 G、H 分别为边 BC、AB 的中点，$F_1 = F_2 = F$，$M_1 = M_2 = M$，若不计自重和摩擦，试求销钉 D 分别对杆 AD、CD 的作用力。

解法一：

（1）由杆 AB、BC、CD、AD 组成的系统：受力分析如解答图(a)所示。

$$\sum M_C = 0: \quad F_{Ax} \cdot 2\sqrt{2}a + F_1 \cdot \frac{\sqrt{2}}{2}a - M_2 - F_2 \cdot \frac{\sqrt{2}}{2}a = 0 \quad \Rightarrow$$

$$F_{Ax} \cdot 2\sqrt{2}a + F \cdot \frac{\sqrt{2}}{2}a - M - F \cdot \frac{\sqrt{2}}{2}a = 0 \quad \Rightarrow \quad F_{Ax} = \frac{M}{2\sqrt{2}a} = \frac{\sqrt{2}M}{4a} \quad (\rightarrow)$$

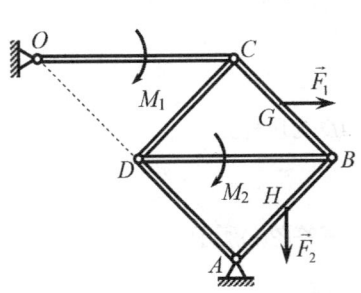

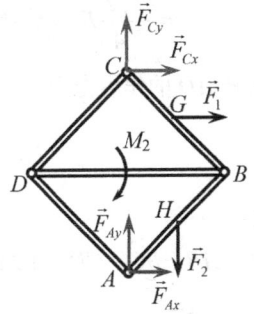

习题 6-24 图   习题 6-24 解答图(a)

（2）整体：受力分析如解答图(b)所示。

$$\sum M_O = 0: \quad F_{Ax} \cdot 2\sqrt{2}a + F_{Ay} \cdot 2\sqrt{2}a - M_1 - M_2 + F_1 \cdot \frac{\sqrt{2}}{2}a - F_2 \cdot \left(2\sqrt{2}a + \frac{\sqrt{2}}{2}a\right) = 0 \quad \Rightarrow$$

$$\frac{\sqrt{2}M}{4a} \cdot 2\sqrt{2}a + F_{Ay} \cdot 2\sqrt{2}a - M - M + F \cdot \frac{\sqrt{2}}{2}a - F \cdot \left(2\sqrt{2}a + \frac{\sqrt{2}}{2}a\right) = 0 \quad \Rightarrow \quad F_{Ay} = \frac{\sqrt{2}M}{4a} + F \quad (\uparrow)$$

（3）由杆 AB、BD、AD 组成的系统：受力分析如解答图(c)所示（A、B、D 处均带销钉）。

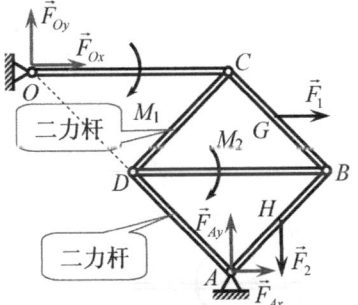

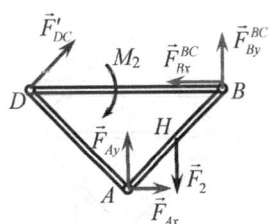

习题 6-24 解答图(b)   习题 6-24 解答图(c)

$$\sum M_B = 0: \quad F'_{DC} \cdot 2a + M_2 - F_2 \cdot \frac{\sqrt{2}}{2}a - F_{Ax} \cdot \frac{2a}{\sqrt{2}} + F_{Ay} \cdot \frac{2a}{\sqrt{2}} = 0 \quad \Rightarrow$$

$$F'_{DC} \cdot 2a + M - F \cdot \frac{\sqrt{2}}{2}a - \frac{\sqrt{2}M}{4a} \cdot \frac{2a}{\sqrt{2}} + \left(\frac{\sqrt{2}M}{4a} + F\right) \cdot \frac{2a}{\sqrt{2}} = 0 \quad \Rightarrow$$

$$F'_{DC} = -\left(\frac{M}{2a} + \frac{\sqrt{2}}{4}F\right) \quad (\text{负号表示杆 } CD \text{ 对销钉 } D \text{ 的作用力为"推力"})$$

即销钉 D 对杆 CD 的作用力为

$$F_{DC} = -\left(\frac{M}{2a} + \frac{\sqrt{2}}{4}F\right) \quad (\text{负号表示杆 } CD \text{ 为压杆})$$

（4）杆 BD（B 处不带销钉）：受力分析如解答图(d)所示。

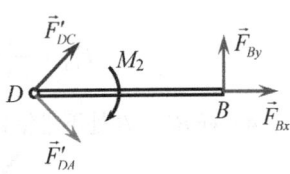

习题 6-24 解答图(d)

$$\sum M_B = 0: \quad F'_{DA} \cdot 2a - F'_{DC} \cdot 2a - M_2 = 0 \quad \Rightarrow$$

$$F'_{DA} = F'_{DC} + \frac{M_2}{2a} = -\left(\frac{M}{2a} + \frac{\sqrt{2}}{4}F\right) + \frac{M}{2a}$$

$$= -\frac{\sqrt{2}}{4}F \quad \text{（负号表示杆 AD 对销钉 D 的作用力为"推力"）}$$

即销钉 D 对杆 AD 的作用力为

$$F_{DA} = -\frac{\sqrt{2}}{4}F \quad \text{（负号表示杆 AD 为压杆）}$$

解法二：

（1）由杆 AB、BC、CD、AD 组成的系统：受力分析如解答图(e)所示。

$$\sum M_A = 0: \quad F_{Cx} \cdot 2\sqrt{2}a - F_1 \cdot \frac{3a}{\sqrt{2}} - M_2 - F_2 \cdot \frac{\sqrt{2}}{2}a = 0 \quad \Rightarrow$$

$$F_{Cx} \cdot 2\sqrt{2}a - F \cdot \frac{3\sqrt{2}}{2}a - M - F \cdot \frac{\sqrt{2}}{2}a = 0 \quad \Rightarrow \quad F_{Cx} = \frac{\sqrt{2}M}{4a} + F \quad (\leftarrow)$$

（2）杆 OC（C 处不带销钉）：受力分析如解答图(f)所示。

$$\sum M_O = 0: \quad -F'_{Cy} \cdot 2\sqrt{2}a - M_1 = 0 \quad \Rightarrow$$

$$F'_{Cy} = -\frac{\sqrt{2}M}{4a} \quad \text{（负号表示其真实方向与图示相反）}$$

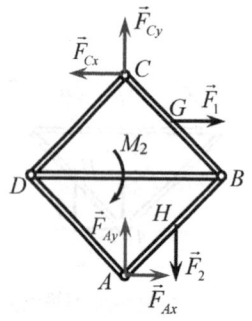

习题 6-24 解答图(e)

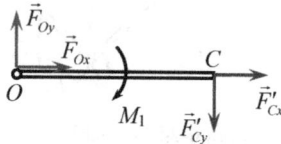

习题 6-24 解答图(f)

（3）杆 BC（C 处带销钉）：受力分析如解答图(g)所示。

$$\sum M_B = 0: \quad F_{CD} \cdot 2a + F_{Cx} \cdot \frac{2a}{\sqrt{2}} - F_{Cy} \cdot \frac{2a}{\sqrt{2}} - F_1 \cdot \frac{a}{\sqrt{2}} = 0 \quad \Rightarrow$$

$$F_{CD} \cdot 2a + \left(\frac{\sqrt{2}M}{4a} + F\right) \cdot \frac{2a}{\sqrt{2}} - \left(-\frac{\sqrt{2}M}{4a}\right) \cdot \frac{2a}{\sqrt{2}} - F \cdot \frac{a}{\sqrt{2}} = 0 \quad \Rightarrow$$

$$F_{CD} = -\left(\frac{M}{2a} + \frac{\sqrt{2}}{4}F\right) \quad \text{（负号表示杆 CD 对销钉 D 的作用力为"推力"）}$$

（4）杆 BD（B 处不带销钉）：受力分析如解答图(h)所示。

$$\sum M_B = 0: \quad F_{DA} \cdot 2a - F_{DC} \cdot 2a - M_2 = 0 \quad \Rightarrow$$

$F_{DA} = F_{DC} + \dfrac{M_2}{2a} = -\left(\dfrac{M}{2a} + \dfrac{\sqrt{2}}{4}F\right) + \dfrac{M}{2a} = -\dfrac{\sqrt{2}}{4}F$ （负号表示杆 AD 对销钉 D 的作用力为"推力"）

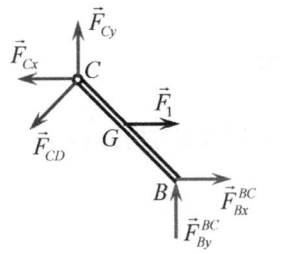

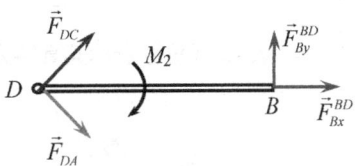

习题 6-24 解答图(g)   习题 6-24 解答图(h)

解析：
（1）销钉 D 对杆 AD（或杆 CD）的作用力，是指杆 AD（或杆 CD）在 D 处不带销钉 D 的约束力。
（2）识别杆 AD 和杆 CD 为二力杆是求解问题的关键。欲求销钉 D 对杆 AD 和杆 CD 的作用力，其实就是求两个二力杆的内力。
（3）结构中的铰链 A、B、C、D 均连接三个刚体，它们为复铰。对有复铰的杆件进行受力分析时，要考虑在该处是否带销钉，带销钉与不带销钉的受力图是不相同的。

6-28 图示平面结构由直杆 AC、BC、BD 和 CE 组成，固连于杆 CE 上的销钉 O 放置于杆 BD 的直槽内，C 为铰链，已知图中 a、q、$F = 3qa$、$M = \dfrac{9}{2}qa^2$，若不计各构件自重和各接触处摩擦，试求支座 A、B 和 D 对系统的约束力。

解：
（1）杆 COE：受力分析如解答图(a)所示。

$$\sum M_C = 0: \quad F_O \cos 60° \cdot 6a - F \cdot 9a = 0 \quad \Rightarrow$$

$$F_O \cdot \dfrac{1}{2} \cdot 6a - F \cdot 9a = 0 \quad \Rightarrow \quad F_O = 3F = 9qa \quad \text{（方向如图所示）}$$

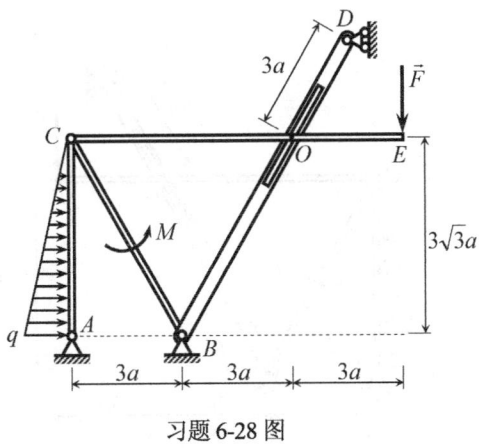

习题 6-28 图   习题 6-28 解答图(a)

（2）杆 BOD：受力分析如解答图(b)所示。

$$\sum M_B = 0: \quad F_D \cdot \left(3\sqrt{3}a + \dfrac{3\sqrt{3}}{2}a\right) - F_O' \cdot 6a = 0 \quad \Rightarrow$$

$$F_D = \frac{4}{3\sqrt{3}}F'_O = \frac{4}{3\sqrt{3}} \cdot 9qa = 4\sqrt{3}qa \quad (\leftarrow)$$

(3) 杆 CA：受力分析如解答图(c)所示。

$$\sum M_C = 0: \quad F_{Ax} \cdot 3\sqrt{3}a + \left(\frac{1}{2} \cdot q \cdot 3\sqrt{3}a\right) \cdot 2\sqrt{3}a = 0 \quad \Rightarrow$$

$F_{Ax} = -\sqrt{3}qa$ （负号表示其真实方向与图示方向相反，即真实方向为 ←）

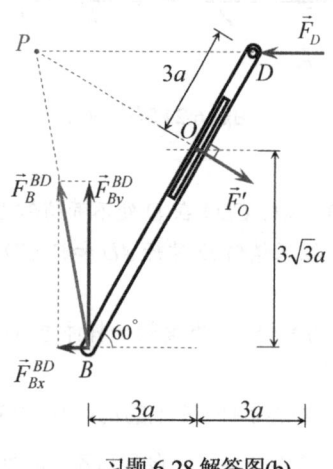

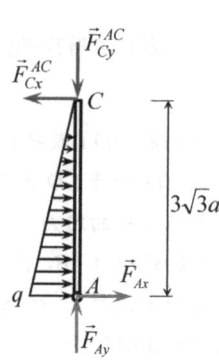

习题 6-28 解答图(b)　　　　　习题 6-28 解答图(c)

(4) 整体：受力分析如解答图(d)所示。

$$\sum M_B = 0: \quad F_{Ay} \cdot 3a - M + \left(\frac{1}{2} \cdot q \cdot 3\sqrt{3}a\right) \cdot \sqrt{3}a - F_D \cdot \frac{9\sqrt{3}}{2}a + F \cdot 6a = 0 \quad \Rightarrow$$

$$F_{Ay} = 12qa \quad (\uparrow)$$

$$\sum F_x = 0: \quad F_{Ax} + F_{Bx} + \left(\frac{1}{2} \cdot q \cdot 3\sqrt{3}a\right) - F_D = 0 \quad \Rightarrow$$

$$-\sqrt{3}qa + F_{Bx} + \left(\frac{1}{2} \cdot q \cdot 3\sqrt{3}a\right) - 4\sqrt{3}qa = 0 \quad \Rightarrow$$

$$F_{Bx} = \frac{7\sqrt{3}}{2}qa \quad (\rightarrow)$$

$$\sum F_y = 0: \quad F_{Ay} + F_{By} - F = 0 \quad \Rightarrow$$

$$F_{By} = F - F_{Ay} = 3qa - 12qa = -9qa$$

（负号表示其真实方向为↓）

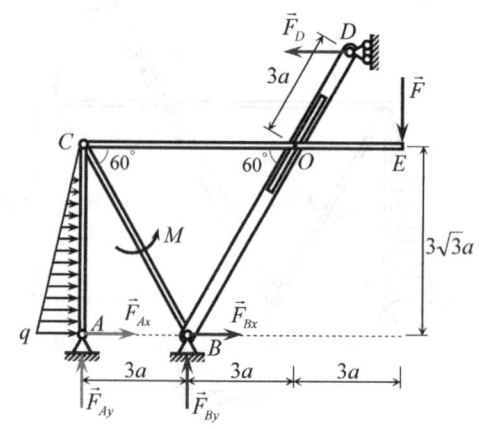

习题 6-28 解答图(d)

解析：

（1）本题所给出的解答，共计列写了六个平衡方程，而且每列写一个平衡方程就求得了一个未知量，确保所列写的平衡方程为独立的平衡方程，最终求得了五个未知量，求解效率很高。

（2）此平面结构中有两个铰链为各连接着三个刚体的复铰 B 和 C，对于复铰在求解中要考虑是否带销钉。对于铰链 C 的复铰，在分别以杆 AC、杆 CE 和杆 BC 为研究对象进行受力分析时，带不带销钉 C 均可以，不影响或改变对点 C 列写的力矩方程，但是带与不带销钉 C 所揭示的杆件在 C 处的受力却不同，其受力图有所区别，不要将受力图画错。

（3）在杆 CE 上的销钉 O 与杆 BD 上的直槽在 O 处的约束为光滑面约束，其约束力的方向垂直于杆 BD 的直槽。

（4）对杆 BD 进行受力分析可知，在 B、O、D 处各受一个约束力，共受到三个约束力为"三力平衡"杆件，但是求解中并未用到"三力平衡共面汇交"的条件，即将它看成一般平面力系了。

6-29 图示两种情况是用九根直杆光滑铰接成边长为 a 的正六边形，已知六条边各杆均质，重量均为 W，中间三根杆的重量可忽略不计，系统处于同一铅垂平面内，试分别求中间三根杆受到两端销钉的作用力。

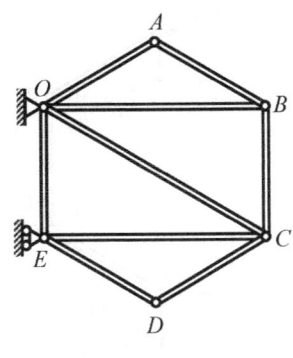

习题 6-29 图(a)

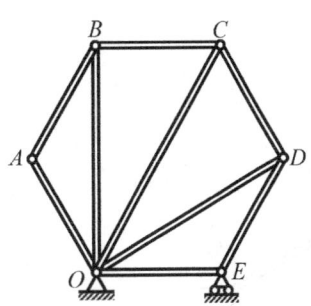

习题 6-29 图(b)

解：

对于图(a)，杆 OB、杆 OC 和杆 CE 为二力杆。

（1）杆 OA：受力分析如解答图(a)-(a)所示。

$$\sum M_O = 0: \quad F_{Ax} \cdot \frac{a}{2} + F_{Ay} \cdot \frac{\sqrt{3}}{2} a - W \cdot \frac{\sqrt{3}}{4} a = 0 \tag{a-1}$$

（2）杆 AB（不带销钉）：受力分析如解答图(a)-(b)所示。

$$\sum M_B = 0: \quad -F'_{Ax} \cdot \frac{a}{2} + F'_{Ay} \cdot \frac{\sqrt{3}}{2} a + W \cdot \frac{\sqrt{3}}{4} a = 0 \tag{a-2}$$

联立式（a-1）和式（a-2）求解，得到

$$F_{Ax} = F'_{Ax} = \frac{\sqrt{3}}{2} W, \quad F_{Ay} = F'_{Ay} = 0$$

（3）杆 DE（E 处不带销钉）：受力分析如解答图(a)-(c)所示。

$$\sum M_E = 0: \quad F_{Dx} \cdot \frac{a}{2} + F_{Dy} \cdot \frac{\sqrt{3}}{2} a - W \cdot \frac{\sqrt{3}}{4} a = 0 \tag{a-3}$$

（4）杆 CD（不带销钉）：受力分析如解答图(a)-(d)所示。

$$\sum M_C = 0: \quad -F'_{Dx} \cdot \frac{a}{2} + F'_{Dy} \cdot \frac{\sqrt{3}}{2} a + W \cdot \frac{\sqrt{3}}{4} a = 0 \tag{a-4}$$

联立式（a-3）和式（a-4）求解，得到

$$F_{Dx} = F'_{Dx} = \frac{\sqrt{3}}{2}W, \qquad F_{Dy} = F'_{Dy} = 0$$

(5) 由杆 AB、BC 和 CD 组成的系统（A、D 处不带销钉）：受力分析如解答图(a)-(e)所示。

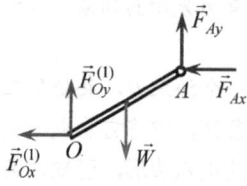

习题 6-29 解答图(a)-(a)

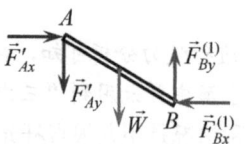

习题 6-29 解答图(a)-(b)

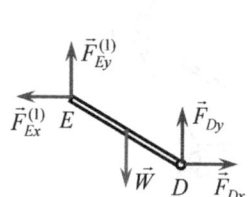

习题 6-29 解答图(a)-(c)

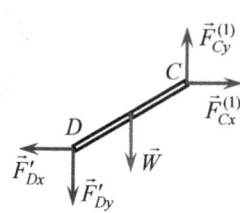

习题 6-29 解答图(a)-(d)

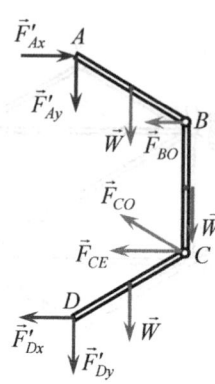

习题 6-29 解答图(a)-(e)

$$\sum M_C = 0: \ -F'_{Ax} \cdot \frac{3}{2}a + W \cdot \frac{\sqrt{3}}{4}a + F_{BO} \cdot a + W \cdot \frac{\sqrt{3}}{4}a - F'_{Dx} \cdot \frac{a}{2} = 0 \Rightarrow$$

$$F_{BO} = \frac{\sqrt{3}}{2}W \ （拉杆）$$

$$\sum F_y = 0: \ -W - W + F_{CO}\sin 30° - W = 0 \Rightarrow$$

$$F_{CO} = 6W \ （拉杆）$$

$$\sum F_x = 0: \ F'_{Ax} - F_{BO} - F_{CO}\cos 30° - F_{CE} - F'_{Dx} = 0 \Rightarrow$$

$$F_{CE} = -3\sqrt{3}W - \frac{\sqrt{3}}{2}W = -\frac{7\sqrt{3}}{2}W \ （压杆）$$

对于图(b)。

解法一：

杆 OB、杆 OC 和杆 OD 为二力杆。

(1) 整体：受力分析如解答图(b)-(a)所示。

$$\sum M_O = 0: \ F_E \cdot a + 2W \cdot \frac{a}{4} - 2W \cdot \frac{a}{2} - 2W \cdot \left(a + \frac{a}{4}\right) = 0 \Rightarrow F_E = 3W \ （↑）$$

(2) 杆 OA（O 处不带销钉，A 处带销钉）：受力分析如解答图(b)-(b)所示。

$$\sum M_O = 0: \ W \cdot \frac{a}{4} - F_{Ax}^{AB} \cdot \frac{\sqrt{3}}{2}a - F_{Ay}^{AB} \cdot \frac{a}{2} = 0 \qquad \text{(b-1)}$$

（3）杆 AB（A、B 处都不带销钉）：受力分析如解答图(b)-(c)所示。

$$\sum M_B = 0: \quad W \cdot \frac{a}{4} - F_{Ax}^{AB} \cdot \frac{\sqrt{3}}{2}a + F_{Ay}^{AB} \cdot \frac{a}{2} = 0 \qquad \text{(b-2)}$$

联立式（b-1）和式（b-2），求得

$$F_{Ax}^{AB} = \frac{\sqrt{3}}{6}W \quad (\leftarrow)（方向如图），\qquad F_{Ay}^{AB} = 0 \quad \left(\sum F_y = 0: F_{By}^{AB} = W (\uparrow)\right)$$

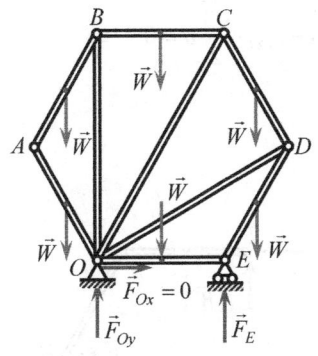 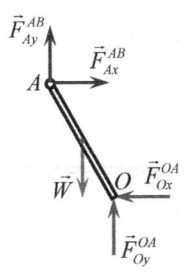 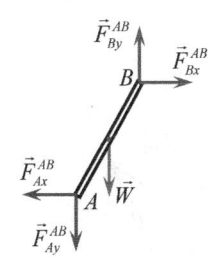

习题 6-29 解答图(b)-(a)　　　　　习题 6-29 解答图(b)-(b)　　　　　习题 6-29 解答图(b)-(c)

（4）杆 CD（C、D 处不带销钉）：受力分析如解答图(b)-(d)所示。

$$\sum M_C = 0: \quad F_{Dx}^{CD} \cdot \frac{\sqrt{3}}{4}a + F_{Dy}^{CD} \cdot \frac{1}{2}a - W \cdot \frac{a}{4} = 0 \qquad \text{(b-3)}$$

（5）由杆件 OE、OD、DE（O、D、E 处带销钉）组成的系统：受力分析如图(b)-(e)所示。

$$\sum M_O = 0: \quad -W \cdot \frac{1}{2}a - W \cdot \left(a + \frac{1}{4}a\right) + F_E \cdot a + F_{Dx}^{CD} \cdot \frac{\sqrt{3}}{2}a - F_{Dy}^{CD} \cdot \frac{3}{2}a = 0 \qquad \text{(b-4)}$$

联立式（b-3）和式（b-4），求得

$$F_{Dx}^{CD} = -\frac{\sqrt{3}}{12}W \quad （负号表示其真实方向与图示相反），\qquad F_{Dy}^{CD} = \frac{3}{4}W \quad （方向如图）$$

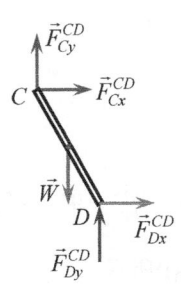 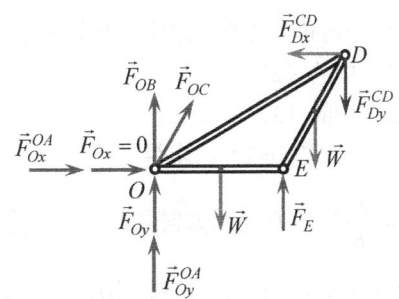

习题 6-29 解答图(b)-(d)　　　　　　　　　习题 6-29 解答图(b)-(e)

（6）杆 DE（D 处带销钉，E 处不带销钉）：受力分析如解答图(b)-(f)所示。

$$\sum M_E = 0: \quad -W \cdot \frac{1}{4}a + F_{DO} \cdot \frac{1}{2}a + F_{Dx}^{CD} \cdot \frac{\sqrt{3}}{2}a - F_{Dy}^{CD} \cdot \frac{1}{2}a = 0 \quad \Rightarrow$$

$$F_{DO} = \frac{3}{2}W \quad （拉杆）$$

（7）由杆件 AB、BC（A、C 处不带销钉）组成的系统：受力分析如解答图(b)-(g)所示。

$$\sum M_C = 0: \ W \cdot \frac{1}{2}a + W \cdot \left(a + \frac{1}{4}a\right) + F_{BO} \cdot a + F_{Ay}^{AB} \cdot \frac{3}{2}a - F_{Ax}^{AB} \cdot \frac{\sqrt{3}}{2}a = 0 \quad \Rightarrow$$

$$F_{BO} = -\frac{3}{2}W \quad （压杆）$$

（8）由杆件 BC、CD（B、D 处不带销钉）组成的系统：受力分析如解答图(b)-(h)所示。

$$\sum M_B = 0: \ F_{Dx}^{CD} \cdot \frac{\sqrt{3}}{2}a + F_{Dy}^{CD} \cdot \frac{3}{2}a - W \cdot \frac{1}{2}a - W \cdot \left(a + \frac{1}{4}a\right) - F_{CO} \cdot \frac{\sqrt{3}}{2}a = 0 \quad \Rightarrow$$

$$F_{CO} = -\frac{\sqrt{3}}{2}W \quad （压杆）$$

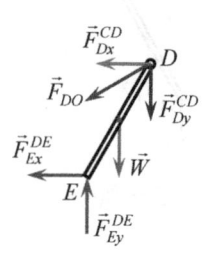 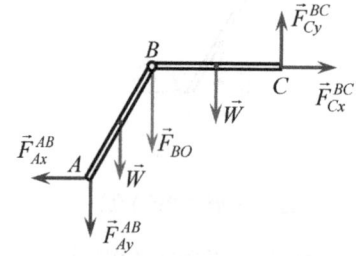 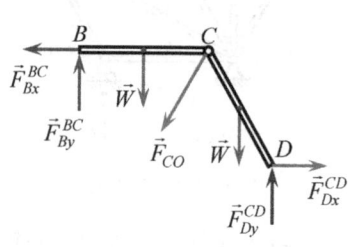

习题 6-29 解答图(b)-(f)　　　习题 6-29 解答图(b)-(g)　　　习题 6-29 解答图(b)-(h)

解法二：

杆 OB、杆 OC 和杆 OD 为二力杆。

（1）整体：受力分析如解答图(b)-(a)所示。

$$\sum F_x = 0: \ F_{Ox} = 0$$

$$\sum M_O = 0: \ F_E \cdot a + 2W \cdot \frac{a}{4} - 2W \cdot \frac{a}{2} - 2W \cdot \left(a + \frac{a}{4}\right) = 0 \quad \Rightarrow \quad F_E = 3W \ （↑）$$

$$\sum F_y = 0: \ F_{Oy} + F_E - 6W = 0 \quad \Rightarrow \quad F_{Oy} + 3W - 6W = 0 \quad \Rightarrow \quad F_{Oy} = 3W \ （↑）$$

（可利用整体结构和载荷的对称性，求支座约束力，这样的方法更简便）

（2）同解法一中的（2）。

（3）同解法一中的（3）。

联立式（b-1）和式（b-2），求得

$$F_{Ax}^{AB} = \frac{\sqrt{3}}{6}W \quad （←）（方向如图），\quad F_{Ay}^{AB} = 0 \quad \left(\sum F_y = 0: \ F_{By}^{AB} = W \quad （↑）\right)$$

（4）杆 OE（O 处不带销钉，E 处带销钉）：受力分析如解答图(b)-(i)所示。

$$\sum M_O = 0: \ F_{Ey}^{DE} \cdot a + F_E \cdot a - W \cdot \frac{a}{2} = 0 \quad \Rightarrow \quad F_{Ey}^{DE} \cdot a + 3W \cdot a - W \cdot \frac{a}{2} = 0 \quad \Rightarrow$$

$$F_{Ey}^{DE} = -\frac{5}{2}W \quad （负号表示其真实方向与图示相反，即↓）$$

（5）杆 DE（D、E 处都不带销钉）：受力分析如解答图(b)-(j)所示。

$$\sum M_D = 0: \quad -F_{Ex}^{DE} \cdot \frac{\sqrt{3}}{2}a + W \cdot \frac{a}{4} + F_{Ey}^{DE} \cdot \frac{a}{2} = 0 \quad \Rightarrow$$

$$-F_{Ex}^{DE} \cdot \frac{\sqrt{3}}{2}a + W \cdot \frac{a}{4} - \frac{5}{2}W \cdot \frac{a}{2} = 0 \quad \Rightarrow \quad F_{Ex}^{DE} = -\frac{2\sqrt{3}}{3}W \quad （负号表示其真实方向为 →）$$

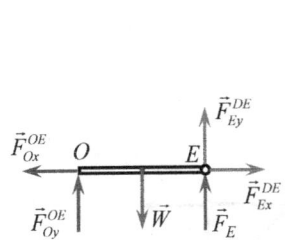

习题 6-29 解答图(b)-(i)

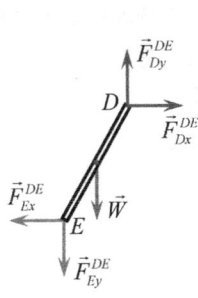
习题 6-29 解答图(b)-(j)

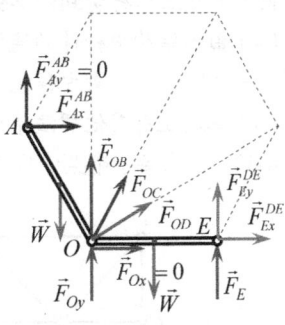
习题 6-29 解答图(b)-(k)

（6）由杆件 OA、OE（O、A、E 处都带销钉）组成的系统：受力分析如解答图(b)-(k)所示。

$$\sum F_x = 0: \quad F_{Ax}^{AB} + F_{Ox} + F_{OC}\cos 60° + F_{OD}\cos 30° + F_{Ex}^{DE} = 0 \quad \Rightarrow$$

$$\frac{\sqrt{3}}{6}W + 0 + F_{OC} \cdot \frac{1}{2} + F_{OD} \cdot \frac{\sqrt{3}}{2} - \frac{2\sqrt{3}}{3}W = 0 \quad \Rightarrow$$

$$F_{OC} + \sqrt{3}F_{OD} = \sqrt{3}W \tag{b-5}$$

$$\sum F_y = 0: \quad F_{Ay}^{AB} - 2W + F_{Oy} + F_{OB} + F_{OC}\sin 60° + F_{OD}\sin 30° + F_{Ey}^{DE} + F_E = 0 \quad \Rightarrow$$

$$0 - 2W + 3W + F_{OB} + \frac{\sqrt{3}}{2}F_{OC} + \frac{1}{2}F_{OD} - \frac{5}{2}W + 3W = 0 \quad \Rightarrow$$

$$2F_{OB} + \sqrt{3}F_{OC} + F_{OD} = -3W \tag{b-6}$$

（注意：用解答图(b)-(k)再列写其他形式的方程均为不独立方程）

（7）杆 BC（C 处不带销钉，B 处带销钉）：受力分析如解答图(b)-(l)所示。

$$\sum M_C = 0: \quad F_{BO} \cdot a + F_{By}^{AB} \cdot a + W \cdot \frac{a}{2} = 0 \quad \Rightarrow \quad F_{BO} \cdot a + W \cdot a + W \cdot \frac{a}{2} = 0 \quad \Rightarrow$$

$$F_{BO} = -\frac{3}{2}W \quad （压杆） \tag{b-7}$$

联立式（b-5）、式（b-6）、式（b-7）求解，得到

$$F_{OC} = -\frac{\sqrt{3}}{2}W \quad （压杆），\quad F_{OD} = \frac{3}{2}W \quad （拉杆）$$

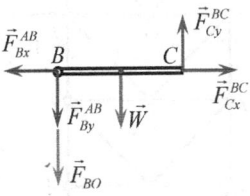
习题 6-29 解答图(b)-(l)

解析：

（1）在两个结构(a)和(b)中正六边形的六条边杆是计重量的，这些杆件不是二力杆，而中间三根杆是不计重量的二力杆。题目所要求解的就是结构中间三根二力杆的内力。

（2）在结构(a)中，只有 A、D 两处的铰链为单铰，其余的 O、B、C、E 处的四个铰链均为复铰；在结构(b)中，只有 A 处的铰链为单铰，其余的 O、B、C、D、E 处的五个铰链均为复铰。而单铰链的

受力状态要比复铰链的受力状态简单，所以自然考虑到从单铰处入手进行求解，即首先求出单铰处的约束力，然后再求其他的未知量。

（3）对于结构(a)，只要求得了单铰 A、D 处的约束力，就可以将结构按左右截断中间三根二力杆分成两个部分，取右（或左）部分为研究对象进行受力分析求得中间三根二力杆的内力，这三根二力杆的内力并非三根杆受到两端销钉的作用力的反作用力，而是通过铰链的传递力。

（4）由于结构中杆件的连接形式及其受力情况决定了此题求解过程中必须求解联立方程组，而做不到"每列写一个平衡方程就求解出一个未知量"。

（5）本题还有其他解法请读者自行考虑。

6-32 试求图示桁架中杆 1 和杆 2 的内力。

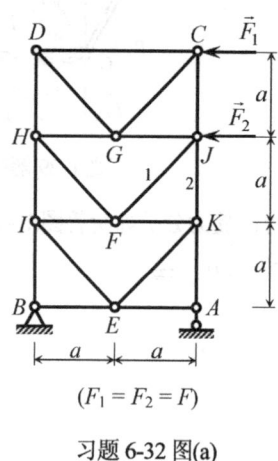

习题 6-32 图(a)

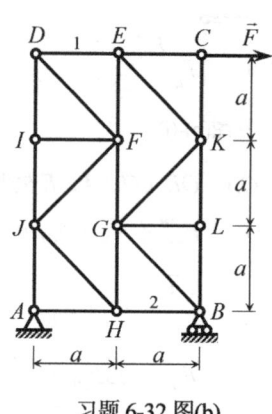

习题 6-32 图(b)

解：(a) 截面法

（1）假想用截面 I-I 截开原结构，如解答图(a)-(a)所示，取上半部分为研究对象，受力分析如解答图(a)-(b)所示。

$$\sum M_I = 0: \quad F_{2N} \cdot 2a - F_1 \cdot 2a - F_2 \cdot a = 0 \quad \Rightarrow \quad F_{2N} = \frac{3}{2}F \text{（拉杆）}$$

（2）假想用截面 II-II 截开原结构，如解答图(a)-(a)所示，取上半部分为研究对象，受力分析如解答图(a)-(c)所示。

$$\sum M_H = 0: \quad F_{1N} \cdot \sqrt{2}a + F_{2N} \cdot 2a - F_1 \cdot a = 0 \quad \Rightarrow \quad F_{1N} = -\sqrt{2}F \text{（压杆）}$$

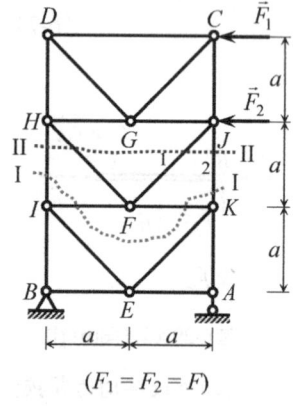

习题 6-32 解答图(a)-(a)

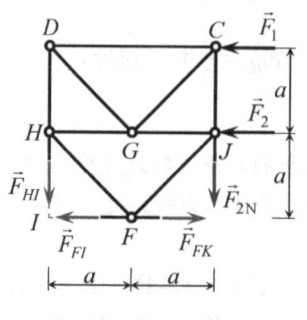

习题 6-32 解答图(a)-(b)

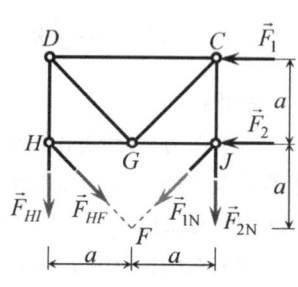

习题 6-32 解答图(a)-(c)

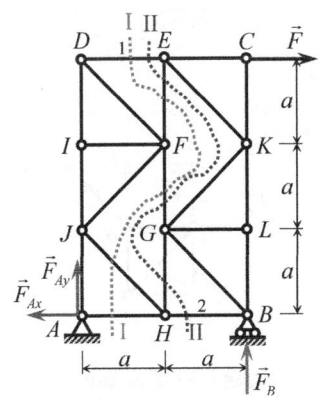 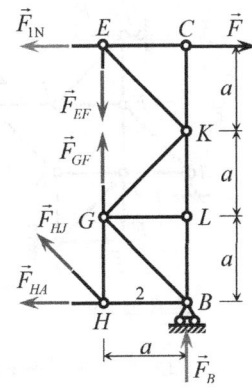 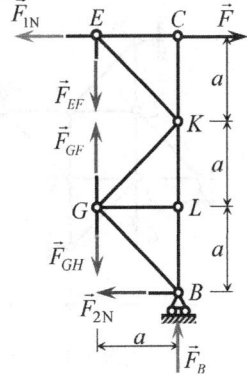

习题 6-32 解答图(b)-(a)　　　　习题 6-32 解答图(b)-(b)　　　　习题 6-32 解答图(b)-(c)

(b) 截面法

(1) 整体：受力分析如解答图(b)-(a)所示。

$$\sum M_A = 0: \ F_B \cdot 2a - F \cdot 3a = 0 \ \Rightarrow \ F_B = \frac{3}{2}F \ (\uparrow)$$

(2) 假想用截面 I-I 将结构截开，如解答图(b)-(a)所示，取右半部分为研究对象，受力分析如解答图(b)-(b)所示。

$$\sum M_H = 0: \ F_{1N} \cdot 3a + F_B \cdot a - F \cdot 3a = 0 \ \Rightarrow \ F_{1N} = \frac{1}{2}F \ (拉杆)$$

(3) 假想用截面 II-II 将结构截开，如解答图(b)-(a)所示，取右半部分为研究对象，受力分析如解答图(b)-(c)所示。

$$\sum M_E = 0: \ F_{2N} \cdot 3a - F_B \cdot a = 0 \ \Rightarrow \ F_{2N} = \frac{1}{2}F \ (拉杆)$$

其实假想用截面 II-II 截开后，取右半部分为研究对象，如解答图(b)-(c)所示，利用 $\sum M_H = 0$ 的方程，求得 F_{1N}；再利用 $\sum M_E = 0$ 的方程，求得 F_{2N}。这样做用一个 II-II 截面即可。

解析：

本题为求平面桁架部分杆件的内力，适合用截面法。用截面法求解问题，所选截面具有技巧性，灵活性较强，不容易选取到合适的截面，但也有规律可循。用截面截开平面桁架将其分成两部分，取其中一部分为研究对象，其受到平面力系的作用，只有三个独立的平衡方程，因此一般情况用截面法截断的杆件不能超过三根。但是我们所要选取的截面能使更多的所截杆件内力汇交于同一点，这时所截断的杆件可以超过三根，最好是只有一根所要求杆件的内力不通过该汇交点，这样对该点列写力矩方程就可以求得所要求杆件的内力了。在本题的两道题的解答中所截的两个截面都具有这样的特点，这也正是截面法的技巧性和灵活性所在。

6-33 试求图示桁架中杆 1 的内力。

解： 对于图(d)。

(1) 整体：受力分析如解答图(d)-(a)所示。

$$\sum M_N = 0: \ F_C \cdot 3a - F \cdot a - F_B \cdot 3a = 0 \ \Rightarrow \ 3(F_C - F_B) = F \quad \text{(d-1)}$$

(2) 假想用截面 I-I 将结构截开，如解答图(d)-(a)所示，取下半部分为研究对象，受力分析如解答图(d)-(b)所示。

$$\sum M_J = 0: \ F_1 \cdot a - F_B \cdot a + F_{KC} \cdot \frac{\sqrt{2}}{2} \cdot a = 0 \quad \text{(d-2)}$$

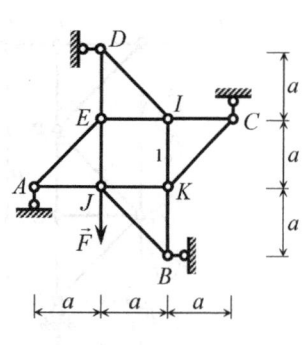
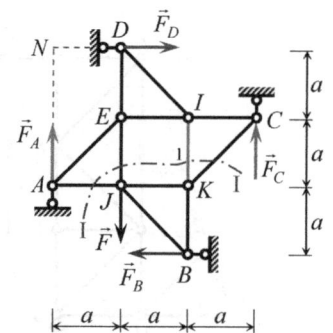
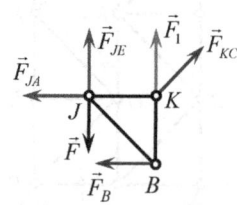

习题 6-33 图(d)　　　习题 6-33 解答图(d)-(a)　　　习题 6-33 解答图(d)-(b)

（3）以节点 C 为研究对象，受力分析如解答图(d)-(c)所示。

$$\sum F_y = 0: \quad F_C - F_{CK} \cdot \frac{\sqrt{2}}{2} = 0 \quad \text{（d-3）}$$

其中，$F_{KC} = F_{CK}$。

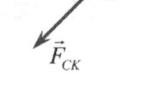

习题 6-33 解答图(d)-(c)

（4）将式（d-3）代入式（d-2），得到

$$F_1 \cdot a - F_B \cdot a + F_C \cdot a = 0 \quad \Rightarrow \quad F_1 = F_B - F_C$$

将上式与式（d-1）联立求解，得到

$$F_1 = -\frac{1}{3} F \quad \text{（压杆）}$$

解析：

（1）在联立求解时，虽然有三个未知量，但可将 $(F_C - F_B)$ 视为一个未知量，并不需要分别求出 F_C 和 F_B 的值，这样求解更加简便。

（2）本题解法有多种，但最为简单的解法就是题解中所给出的节点法与截面法、整体相结合所列写的三个独立平衡方程，并联立求解。请读者自己考虑其他的解法。

6-35 如图所示，自重不计的杆 AC 和 BC 在 C 端光滑铰接，杆 AC 的 A 端光滑铰接在重量为 P 的滑块 A 上，杆 BC 的 B 端光滑铰接于重量为 $P_1 = 4P$ 的滑块 B 的几何中心，滑块 A、B 与支承面间的静摩擦因数都为 $f_s = \frac{\sqrt{3}}{4}$，欲使系统在

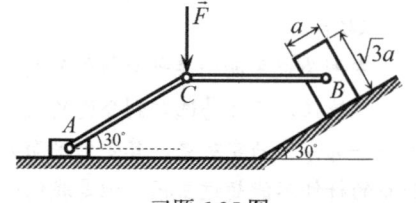

习题 6-35 图

图示位置保持平衡状态，试求作用于铰链 C 上的铅垂向下的主动力 $\vec{F}$ 的值。

解： 这是一个摩擦与翻倒平衡的问题

（1）节点 C：受力分析如解答图(a)所示。

$$\sum F_y = 0: \quad F_{CA} \sin 30° - F = 0 \quad \Rightarrow \quad F_{CA} = 2F \quad \text{（压杆）}$$

$$\sum F_x = 0: \quad F_{CB} - F_{CA} \cos 30° = 0 \quad \Rightarrow \quad F_{CB} = \frac{\sqrt{3}}{2} F_{CA} = \sqrt{3} F \quad \text{（压杆）}$$

（2）物块 A：受力分析如解答图(b)所示。

$$\sum F_x = 0: \quad F_{fA} - F_{AC} \cos 30° = 0 \quad \Rightarrow \quad F_{fA} = \frac{\sqrt{3}}{2} F_{AC} = \sqrt{3} F \quad (\rightarrow)$$

$$\sum F_y = 0: \quad F_{NA} - F_{AC}\sin 30° - P_A = 0 \quad \Rightarrow \quad F_{NA} = P_A + \frac{1}{2}F_{AC} = P + F \quad (\uparrow)$$

物理条件: $F_{fA} \leq f_s F_{NA} = \frac{\sqrt{3}}{4}(P+F) \quad \Rightarrow \quad \sqrt{3}F \leq \frac{\sqrt{3}}{4}(P+F) \quad \Rightarrow \quad F \leq \frac{1}{3}P$ (1)

(3) 物块 B: 受力分析如解答图(c)所示。

$$\sum F_x = 0: \quad F_{fB} + F_{BC}\cos 30° - P_B \sin 30° = 0 \quad \Rightarrow$$

$$F_{fB} = -\frac{\sqrt{3}}{2}F_{BC} + \frac{1}{2}P_B = -\frac{\sqrt{3}}{2}\cdot(\sqrt{3}F) + \frac{1}{2}\cdot 4P = 2P - \frac{3}{2}F \quad \text{(方向如图)}$$

$$\sum F_y = 0: \quad F_{NB} - F_{BC}\sin 30° - P_B \cos 30° = 0 \quad \Rightarrow$$

$$F_{NB} = \frac{\sqrt{3}}{2}P_B + \frac{1}{2}F_{BC} = \frac{\sqrt{3}}{2}\cdot 4P + \frac{1}{2}\cdot(\sqrt{3}F) = 2\sqrt{3}P + \frac{\sqrt{3}}{2}F \quad \text{(垂直于斜面向上)}$$

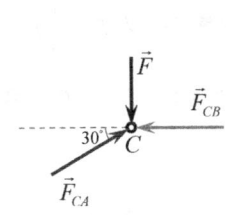

习题 6-35 解答图(a)

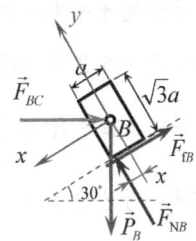

习题 6-35 解答图(b)

习题 6-35 解答图(c)

物理条件: $|F_{fB}| \leq f_s F_{NB} = \frac{\sqrt{3}}{4}\left(2\sqrt{3}P + \frac{\sqrt{3}}{2}F\right) = \frac{3}{2}P + \frac{3}{8}F \quad \Rightarrow$

$$\left|2P - \frac{3}{2}F\right| \leq \frac{3}{2}P + \frac{3}{8}F \quad \Rightarrow \quad \frac{4}{15}P \leq F \leq \frac{28}{9}P \quad (2)$$

物块 B 不翻倒的平衡条件:

$$\sum M_B = 0: \quad F_{NB}\cdot x - F_{fB}\cdot\frac{\sqrt{3}}{2}a = 0 \quad \Rightarrow \quad \left(2\sqrt{3}P + \frac{\sqrt{3}}{2}F\right)\cdot x = \left(2P - \frac{3}{2}F\right)\cdot\frac{\sqrt{3}}{2}a \quad \Rightarrow$$

$$x = \frac{4P - 3F}{8P + 2F}a$$

则物块 B 不发生翻倒的条件为

$$-\frac{a}{2} \leq x \leq \frac{a}{2} \quad \Rightarrow \quad -\frac{a}{2} \leq \frac{4P-3F}{8P+2F}a \leq \frac{a}{2} \quad \Rightarrow$$

$$-1 \leq \frac{4P-3F}{4P+F} \leq 1 \quad \Rightarrow \quad 0 \leq F \leq 4P \quad (3)$$

(4) 结论:

综合上述所得结论式(1)、式(2)和式(3)得到 $\frac{4}{15}P \leq F \leq \frac{1}{3}P$, 系统保持平衡状态(此处系统的平衡有三层含义: 物块 A 不滑动; 物块 B 不滑动; 物块 B 不翻倒)。

解析:

(1) 本题是关于带摩擦而又要考虑翻倒的平衡问题。一般来说, 如果在带摩擦的平衡问题中已知条件给出了受摩擦约束物体的尺寸,那么就要考虑该物体在满足静摩擦库仑定律的情况下是否存在翻倒而失去平衡的情况,其翻倒的原因是该物体受到的法向支承力 $\vec{F}_N$ 的作用位置超出了该物体的宽度尺寸范围(即 $-\dfrac{a}{2} \leqslant x \leqslant \dfrac{a}{2}$),从而使该物体翻倒而失去平衡状态。

(2)系统中的杆 AC 和杆 BC 为不计自重只有两端受销钉约束力的杆件,所以杆 AC 和杆 BC 为二力杆。节点 C(销钉 C)所受到的主动力 $\vec{F}$ 发生变化时由两个二力杆 AC 和 BC 分别传递给物块 A 和物块 B,使得两个物块的受力发生改变,通过对节点 C(销钉 C)的受力分析可得到它们之间的关系。

(3)在求解问题时要特别注意物块 A 和物块 B 所受到摩擦力的方向的判断。对物块 A 的受力分析可知,物块 A 只有一种向左的滑动趋势,其受到的摩擦力 $\vec{F}_{NA}$ 的方向只能向右,所以对物块 A 的物理条件为 $F_{fA} \leqslant f_s F_{NA}$(不带绝对值的不等式);对物块 B 的受力分析可知,物块 B 有两种滑动趋势(可能沿斜面向上滑动的趋势也可能沿斜面向下的滑动趋势),其受到的摩擦力 $\vec{F}_{NB}$ 的方向也有两种可能(可能沿斜面向下也可能沿斜面向上),所以对物块 B 的物理条件为 $|F_{fB}| \leqslant f_s F_{NB}$(带绝对值的不等式)。

(4)系统处于平衡状态是指系统中的所有物体都处于平衡状态。系统维持平衡状态要综合考虑物块 A、物块 B 不发生滑动及物块 B 不翻倒的条件。物块 A 保持不滑动的平衡条件为 $F \leqslant \dfrac{1}{3}P$;物块 B 保持不滑动的平衡条件为 $\dfrac{4}{15}P \leqslant F \leqslant \dfrac{28}{9}P$;物块 B 保持不翻倒的平衡条件为 $0 \leqslant F \leqslant 4P$,只有当上述条件都满足时才能保证系统平衡,所以有 $\dfrac{4}{15}P \leqslant F \leqslant \dfrac{1}{3}P$。

(5)在物块 A 和物块 B 的受力分析解答图(b)和(c)中,法向约束力(支承力)$\vec{F}_{NA}$ 和 $\vec{F}_{NB}$ 的作用线与约束力面垂直但不通过物块的几何中心,这一点不可忽视,否则列写对物块几何中心点的力矩方程不可能是平衡方程。

6-36 在图示平面系统中,均质圆盘 D 的重量为 P,半径为 r;均质细直杆 AB 的重量为 W=2P;两者在点 A 处光滑铰接,且 $DA=\dfrac{1}{2}r$,圆盘和杆与水平地面之间的静摩擦因数均为 f_s,试求 f_s 至少为多少时,系统才能在图示位置保持平衡。

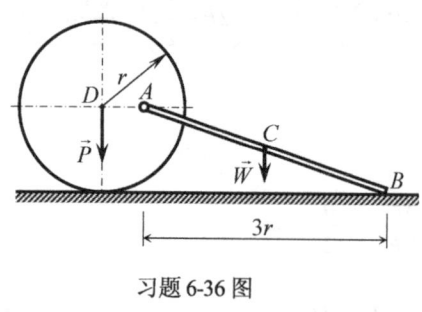

习题 6-36 图

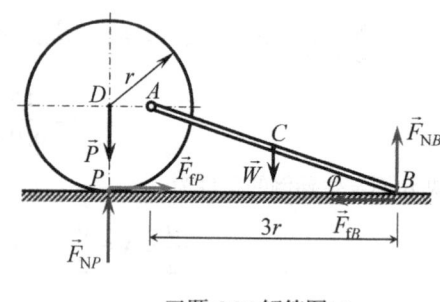

习题 6-36 解答图(a)

解法一:

(1)整体:受力分析如解答图(a)所示。

$$\sum M_P = 0: \quad F_{NB} \cdot \dfrac{7}{2}r - W \cdot 2r = 0 \quad \Rightarrow \quad F_{NB} = \dfrac{4}{7}W = \dfrac{8}{7}P \ (\uparrow)$$

$$\sum F_y = 0: \quad F_{NP} + F_{NB} - P - W = 0 \quad \Rightarrow \quad F_{NP} = P + W - F_{NB} = P + 2P - \dfrac{8}{7}P = \dfrac{13}{7}P \ (\uparrow)$$

(2)杆 AB:受力分析如解答图(b)所示。

$$\sum M_A = 0: \quad F_{fB} \cdot r + W \cdot \frac{3}{2}r - F_{NB} \cdot 3r = 0 \quad \Rightarrow \quad F_{fB} = \frac{3}{7}P \ (\leftarrow)$$

（3）圆盘 D：受力分析如解答图(c)所示。

$$\sum M_A = 0: \quad F_{fP} \cdot r - F_{NP} \cdot \frac{1}{2}r + P \cdot \frac{1}{2}r = 0 \quad \Rightarrow \quad F_{fP} = \frac{1}{2}F_{NP} - \frac{1}{2}P = \frac{3}{7}P \ (\rightarrow)$$

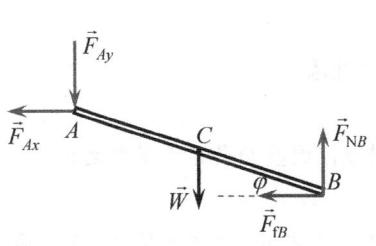
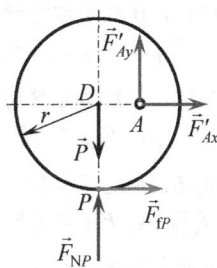

习题 6-36 解答图(b)　　　　习题 6-36 解答图(c)

（4）物理条件：

由上述分析结果可知，B、P 处的摩擦力相等，而 $F_{NB} = \frac{8}{7}P < F_{NP} = \frac{13}{7}P$，可见 B 处先滑动。

欲维持系统平衡则有

$$F_{fB} \leq f_s F_{NB} \quad \Rightarrow \quad \frac{3}{7}P \leq f_s \cdot \frac{8}{7}P \quad \Rightarrow \quad f_s \geq \frac{3}{8}$$

解法二：

（1）整体：受力分析如解答图(a)所示。

$$\sum M_P = 0: \quad F_{NB} \cdot \frac{7}{2}r - W \cdot 2r = 0 \quad \Rightarrow \quad F_{NB} = \frac{4}{7}W = \frac{8}{7}P \ (\uparrow)$$

（2）杆 AB：受力分析如解答图(b)所示。

$$\sum M_A = 0: \quad F_{fB} \cdot r + W \cdot \frac{3}{2}r - F_{NB} \cdot 3r = 0 \quad \Rightarrow \quad F_{fB} = \frac{3}{7}P \ (\leftarrow)$$

（3）整体：受力分析如解答图(a)所示。

$$\sum F_x = 0: \quad F_{fP} - F_{fB} = 0 \quad \Rightarrow \quad F_{fP} = F_{fB} = \frac{3}{7}P$$

（4）圆盘 D：受力分析如解答图(c)所示。

$$\sum M_A = 0: \quad F_{fP} \cdot r - F_{NP} \cdot \frac{1}{2}r + P \cdot \frac{1}{2}r = 0 \quad \Rightarrow \quad F_{NP} = \frac{13}{7}P \ (\uparrow)$$

（5）物理条件：

系统保持平衡的物理条件为

$$F_{fP} \leq f_s F_{NP} \quad \Rightarrow \quad \frac{3}{7}P \leq f_s \cdot \frac{13}{7}P \quad \Rightarrow \quad f_s \geq \frac{3}{13}$$

$$F_{fB} \leq f_s F_{NB} \quad \Rightarrow \quad \frac{3}{7}P \leq f_s \cdot \frac{8}{7}P \quad \Rightarrow \quad f_s \geq \frac{3}{8}$$

上述两式同时满足得到：当 $f_s \geq \frac{3}{8}$ 时，系统保持平衡状态。

解析：

（1）系统存在两处摩擦（圆盘与地面接触处 P、杆 AB 与地面接触处 B），只有当两处摩擦的物理条件都满足时，系统才能保持平衡，当其中有一处摩擦不满足其物理条件时，系统将失去平衡。

（2）讨论两处摩擦的相容性：

① $F_{fP} \geq f_s F_{NP}$，$F_{fB} \geq f_s F_{NB}$ 表示：

系统平衡破坏，B 处向右滑动，圆盘 D 与地面的接触点向左滑动；

② $F_{fP} \leq f_s F_{NP}$，$F_{fB} \geq f_s F_{NB}$ 表示：

系统平衡破坏，B 处向右滑动，圆盘 D 在地面上作纯滚动；

③ $F_{fP} \geq f_s F_{NP}$，$F_{fB} \leq f_s F_{NB}$ 表示：

系统平衡破坏，B 处不滑动，杆 AB 作绕点 B 的转动，圆盘 D 作连滚带滑运动；

④ $F_{fP} \leq f_s F_{NP}$，$F_{fB} \leq f_s F_{NB}$ 表示：系统平衡。

（3）解答中给出了两种解法，这两种解法在求解未知力方面并无本质区别，其主要区别在于：解法一在求得两处摩擦力和法向约束力（支承力）之后，可判断出 B 处的摩擦力先于 P 处达到其最大值而不满足物理条件，使系统失去平衡，换言之，只要能保证 B 处满足其物理条件，P 处一定能满足其物理条件；解法二在求得两处摩擦力和法向约束力（支承力）之后，不判断哪一处的摩擦先达到其最大值而不满足物理条件，而是都要满足各自的物理条件，再综合两者确定取值范围。

6-37 图示系统处于同一铅垂平面内，均质三角板 OAB 的重量为 P_1，均质圆轮 C 的重量为 P_2，已知 $OA = AD = DB = a$，圆轮的外半径为 R，内半径为 r，且 $R = 2r$，系统在 D、E 处静摩擦因数均为 f_s，若水平拉力 $\vec{F}_1$、$\vec{F}_2$ 分别单独作用于圆轮，试求系统能在该位置保持平衡，它们的最大值。

解：

第一种情况：$\vec{F}_1$ 作用于上方，如解答图(a)所示。

（1）圆轮 C：受力分析如解答图(b)所示。

$$\sum M_D = 0: \quad F_{fE} \cdot 4r - F_1 \cdot r = 0 \quad \Rightarrow \quad F_{fE} = \frac{1}{4} F_1 \ (\leftarrow)$$

$$\sum F_x = 0: \quad F'_{fD} + F_{fE} - F_1 = 0 \quad \Rightarrow \quad F'_{fD} = \frac{3}{4} F_1 \ (\leftarrow)$$

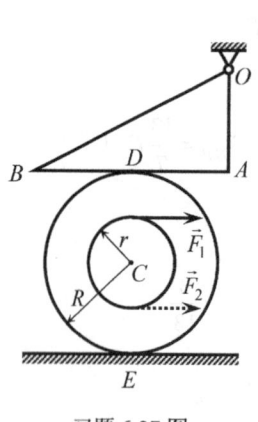

习题 6-37 图

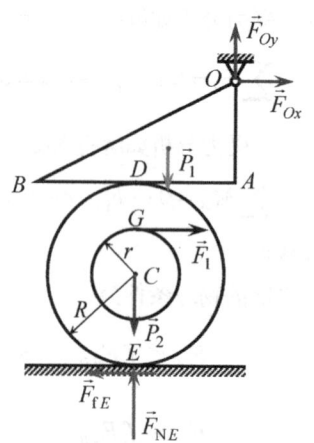

习题 6-37 解答图(a)

（2）三角板 OAB：受力分析如解答图(c)所示。

$$\sum M_O = 0: \quad F_{ND} \cdot a - P_1 \cdot \frac{2}{3}a - F_{fD} \cdot a = 0 \quad \Rightarrow \quad F_{ND} = \frac{2}{3}P_1 + F_{fD} = \frac{2}{3}P_1 + \frac{3}{4}F_1 \quad (\uparrow)$$

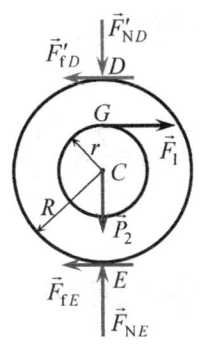

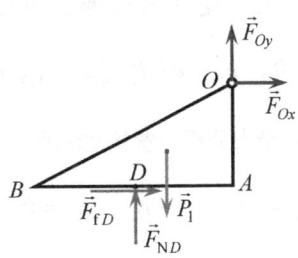

习题 6-37 解答图(b)   习题 6-37 解答图(c)

(3) 圆轮 C：受力分析如解答图(b)所示。

$$\sum F_y = 0: \quad F'_{ND} + P_2 - F_{NE} = 0 \quad \Rightarrow \quad F_{NE} = F'_{ND} + P_2 = \frac{2}{3}P_1 + \frac{3}{4}F_1 + P_2 \quad (\uparrow)$$

(4) 物理条件：

因为 $F_{NE} > F_{ND}$，所以 $F_{fE,\max} = f_s F_{NE} > F_{fD,\max} = f_s F_{ND}$，而 $F_{fE} = \frac{1}{4}F_1 < F_{fD} = \frac{3}{4}F_1$，可见 D 处先于 E 处产生相对滑动。故物理条件为

$$F_{fD} \leq f_s F_{ND} \quad \Rightarrow \quad \frac{3}{4}F_1 \leq f_s\left(\frac{3}{4}F_1 + \frac{2}{3}P_1\right) \quad \Rightarrow \quad 9(1-f_s)F_1 \leq 8f_s P_1$$

当 $(1-f_s) \geq 0$（$f_s \leq 1$）时，$F_1 \leq \dfrac{8f_s}{9(1-f_s)}P_1$；

当 $(1-f_s) \leq 0$（$f_s \geq 1$）时，$F_1 \geq \dfrac{8f_s}{9(1-f_s)}P_1$（无条件自动满足，对 F_1 无限制）。

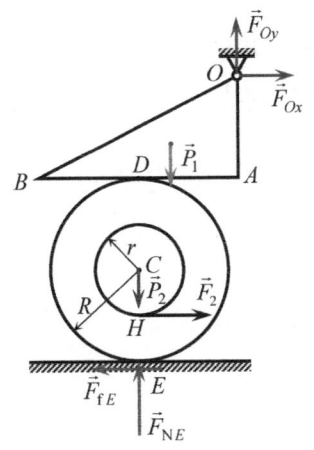 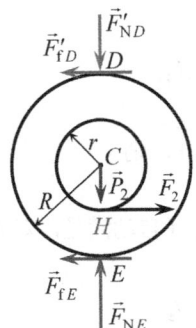 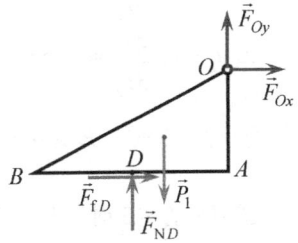

习题 6-37 解答图(d)   习题 6-37 解答图(e)   习题 6-37 解答图(f)

第二种情况：$\vec{F}_2$ 作用于下方，如解答图(d)所示。

(1) 圆轮 C：受力分析如解答图(e)所示。

$$\sum M_D = 0: \quad F_{fE} \cdot 4r - F_2 \cdot 3r = 0 \quad \Rightarrow \quad F_{fE} = \frac{3}{4}F_2 \quad (\leftarrow)$$

$$\sum F_x = 0: \quad F'_{fD} + F_{fE} - F_2 = 0 \quad \Rightarrow \quad F'_{fD} = \frac{1}{4}F_2 \quad (\leftarrow)$$

(2) 三角板 OAB：受力分析如解答图(f)所示。

$$\sum M_O = 0: \quad F_{ND} \cdot a - P_1 \cdot \frac{2}{3}a - F_{fD} \cdot a = 0 \quad \Rightarrow \quad F_{ND} = \frac{2}{3}P_1 + F_{fD} = \frac{2}{3}P_1 + \frac{1}{4}F_2 \quad (\uparrow)$$

(3) 圆轮 C：受力分析如解答图(e)所示。

$$\sum F_y = 0: \quad F'_{ND} + P_2 - F_{NE} = 0 \quad \Rightarrow \quad F_{NE} = F'_{ND} + P_2 = \frac{2}{3}P_1 + \frac{1}{4}F_2 + P_2 \quad (\uparrow)$$

(4) 物理条件：

$$\begin{cases} F_{fE} \leqslant f_s F_{NE} \\ F_{fD} \leqslant f_s F_{ND} \end{cases} \Rightarrow \begin{cases} \dfrac{3}{4}F_2 \leqslant f_s\left(\dfrac{2}{3}P_1 + \dfrac{1}{4}F_2 + P_2\right) \\ \dfrac{1}{4}F_2 \leqslant f_s\left(\dfrac{2}{3}P_1 + \dfrac{1}{4}F_2\right) \end{cases} \Rightarrow$$

$$\begin{cases} F_2 \leqslant \dfrac{4(2P_1 + 3P_2)}{3(3-f_s)}f_s \quad (f_s \leqslant 3) \quad \text{或} \quad F_2 \geqslant \dfrac{4(2P_1 + 3P_2)}{3(3-f_s)}f_s \quad (f_s \geqslant 3) \\ \qquad\qquad\qquad\qquad\qquad\qquad\qquad\qquad\qquad\qquad (\text{无条件自动满足，对}F_2\text{无限制}) \\ F_2 \leqslant \dfrac{8P_1}{3(1-f_s)}f_s \quad (f_s \leqslant 1) \quad \text{或} \quad F_2 \geqslant \dfrac{8P_1}{3(1-f_s)}f_s \quad (f_s \geqslant 1) \\ \qquad\qquad\qquad\qquad\qquad\qquad\qquad\qquad\qquad\qquad (\text{无条件自动满足，对}F_2\text{无限制}) \end{cases}$$

令 $F_2^{(1)} = \dfrac{4(2P_1 + 3P_2)}{3(3-f_s)}f_s$，$F_2^{(2)} = \dfrac{8P_1}{3(1-f_s)}f_s$，则

比较 $F_2^{(1)} = \dfrac{4(2P_1 + 3P_2)}{3(3-f_s)}f_s$ 和 $F_2^{(2)} = \dfrac{8P_1}{3(1-f_s)}f_s$ 的大小：

$$F_2^{(1)} - F_2^{(2)} = \dfrac{4(2P_1 + 3P_2)}{3(3-f_s)}f_s - \dfrac{8P_1}{3(1-f_s)}f_s = 4f_s \cdot \dfrac{3P_2 - 4P_1 - 3P_2 f_s}{3(3-f_s)(1-f_s)}$$

讨论：

当 $f_s \leqslant 1 - \dfrac{4P_1}{3P_2}$ 时，$3P_2 - 4P_1 - 3P_2 f_s \geqslant 0$；

当 $f_s \geqslant 1 - \dfrac{4P_1}{3P_2}$ 时，$3P_2 - 4P_1 - 3P_2 f_s \leqslant 0$，则

① $f_s \geqslant 3$ 时，$F_2 \geqslant 0 \geqslant \dfrac{4(2P_1 + 3P_2)}{3(3-f_s)}f_s$（自动满足，对 F_2 没有限制条件）；

② $1 \leqslant f_s \leqslant 3$ 时，$F_2 \leqslant F_2^{(2)} = \dfrac{8P_1}{3(1-f_s)}f_s$；

③ $1 - \dfrac{4P_1}{3P_2} \leqslant f_s \leqslant 1$ 时，$F_2 \leqslant F_2^{(1)} = \dfrac{4(2P_1 + 3P_2)}{3(3-f_s)}f_s$；

④ $f_s \leqslant 1 - \dfrac{4P_1}{3P_2}$ 时，$F_2 \leqslant F_2^{(2)} = \dfrac{8P_1}{3(1-f_s)}f_s$。

综合上述四种情况，得到

$$F_2 \leqslant \min\left[\frac{4(2P_1+3P_2)}{3(3-f_s)}f_s, \frac{8P_1}{3(1-f_s)}f_s\right]$$

结论：

第一种情况：$\vec{F}_1$ 作用于上方，$F_1 \leqslant \frac{8f_s}{9(1-f_s)}P_1$（$f_s \leqslant 1$）

（对于 $f_s \geqslant 1$ 时，对 F_1 没有限制）；

第二种情况：$\vec{F}_2$ 作用于下方，$F_2 \leqslant \min\left[\frac{4(2P_1+3P_2)}{3(3-f_s)}f_s, \frac{8P_1}{3(1-f_s)}f_s\right]$。

解析：

（1）圆轮 C 在 D 和 E 处存在两处摩擦约束，为保持系统平衡两处摩擦约束必须满足各自的物理条件，只要有一处摩擦约束的物理条件不满足，系统将失去平衡。

（2）讨论两处摩擦约束的相容性：

① 当 D 处和 E 处都满足其各自的物理条件，即 $F_{fD} \leqslant f_s F_{ND}$，$F_{fE} \leqslant f_s F_{NE}$ 时，在 D 处三角板相对于圆轮无滑动，在 E 处圆轮相对于地面也无相对滑动，系统处于平衡状态。

② 当 D 处满足其物理条件，而 E 处不满足其物理条件，即 $F_{fD} \leqslant f_s F_{ND}$，$F_{fE} \geqslant f_s F_{NE}$ 时，在 D 处三角板相对于圆轮无滑动，作纯滚动；在 E 处圆轮相对于地面有相对滑动，作连滚带滑运动。

③ 当 D 处不满足其物理条件，而在 E 处满足其物理条件，即 $F_{fD} \geqslant f_s F_{ND}$，$F_{fE} \leqslant f_s F_{NE}$ 时，在 D 处三角板相对于圆轮有滑动，作连滚带滑运动；在 E 处圆轮相对于地面无相对滑动，作纯滚动。

④ 当 D 处和 E 处都不满足各自的物理条件，即 $F_{fD} \geqslant f_s F_{ND}$，$F_{fE} \geqslant f_s F_{NE}$ 时，在 D 处三角板相对于圆轮有滑动，作连滚带滑运动；在 E 处圆轮相对于地面有相对滑动，作连滚带滑运动。

上述分析的两处摩擦约束的相容性只是四种可能性，至于到底是哪一种情况出现还要依据求解结果。

（3）对 $\vec{F}_1$ 作用于上方的第一种情况，在求得两处摩擦约束的摩擦力和法向约束力（支承力）后，可判断出 D 处的摩擦力先于 E 处达到最大值而不满足其物理条件，因此只考虑 D 处的物理条件即可，不必再考虑 E 处的物理条件，只要 D 处的物理条件得到满足，E 处的物理条件一定满足，从而使求解更加简便。

（4）对 $\vec{F}_2$ 作用于下方的第二种情况，在求得两处摩擦约束的摩擦力和法向约束力（支承力）后，无法判断出哪一处的摩擦力先达到最大值而不满足其物理条件，也只好使两处的物理条件均满足来求解问题，比较繁琐。

（5）该题目的求解有些烦琐，并不在于物理过程的分析上，因为题目的已知条件没有给出摩擦因数 f_s 的具体值，引入物理条件后在求解不等式时不得不对摩擦因数 f_s 的取值范围进行讨论，其烦琐在于求解物理条件不等式的数学描述上，尤其是"对 $\vec{F}_2$ 作用于下方的第二种情况"更是如此。如果题目的已知条件中给定了摩擦因数 f_s 的值，求解就简便多了。

6-39 如图所示，重量为 P，半径为 r 的均质圆盘 C 放置在倾角为 θ 的斜面上，吊有重物 B 的质量不计的柔绳跨过定滑轮 A 系于圆盘的盘心 C 上，已知圆盘与斜面间的滚动摩阻系数为 δ，试求：（1）圆盘与斜面之间的静摩擦因数为多少才能保证圆盘运动时滚动而不滑动？（2）维持圆盘在斜面上静止时重物 B 的最大和最小重量分别为多少？

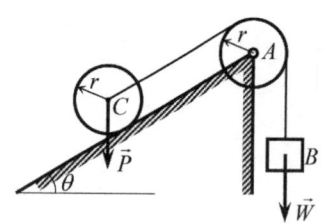
习题 6-39 图

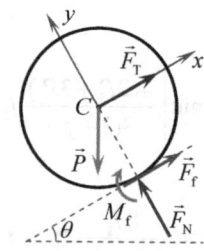
习题 6-39 解答图(a)

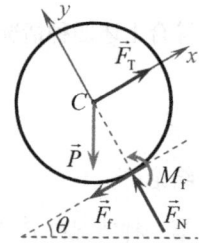
习题 6-39 解答图(b)

解法一：

第①种情况：圆盘 C 的向下的滑动趋势，受力分析如解答图(a)所示。

$\sum F_x = 0$： $F_f + F_T - P\sin\theta = 0 \Rightarrow F_f + W - P\sin\theta = 0 \Rightarrow F_f = P\sin\theta - W$

$\sum F_y = 0$： $F_N - P\cos\theta = 0 \Rightarrow F_N = P\cos\theta$

$\sum M_C = 0$： $M_f - F_f \cdot r = 0 \Rightarrow M_f = F_f r$

(1) 物理条件（圆盘 C 滚动而不滑动）：

$$M_f = F_N \cdot \delta \Rightarrow (P\sin\theta - W)r = P\cos\theta \cdot \delta \Rightarrow W = P\sin\theta - \frac{\delta}{r}P\cos\theta$$

$$F_f \leq f_s F_N \Rightarrow P\sin\theta - W \leq f_s \cdot P\cos\theta \Rightarrow$$

$$f_s \geq \frac{P\sin\theta - W}{P\cos\theta} = \frac{P\sin\theta - \left(P\sin\theta - \frac{\delta}{r}P\cos\theta\right)}{P\cos\theta} = \frac{\delta}{r}$$

即保证圆盘 C 滚动而不滑动时，$f_s \geq \dfrac{\delta}{r}$。

(2) 物理条件（圆盘 C 静止不动）：

$$M_f \leq F_N \cdot \delta \Rightarrow (P\sin\theta - W)r \leq P\cos\theta \cdot \delta \Rightarrow W \geq P\left(\sin\theta - \frac{\delta}{r}\cos\theta\right)$$

$$F_f \leq f_s F_N \Rightarrow P\sin\theta - W \leq f_s \cdot P\cos\theta \Rightarrow W \geq P(\sin\theta - f_s\cos\theta)$$

则 $W_{\min} = \max\left[P\left(\sin\theta - \dfrac{\delta}{r}\cos\theta\right),\ P(\sin\theta - f_s\cos\theta)\right]$。

综合考虑物理条件（1）和物理条件（2），有如下结论：

保证圆盘 C 滚动而不滑动时，$f_s \geq \dfrac{\delta}{r}$。

维持圆盘 C 静止不动时：

当 $f_s \geq \dfrac{\delta}{r}$ 时，$W \geq P\left(\sin\theta - \dfrac{\delta}{r}\cos\theta\right)$；

当 $f_s < \dfrac{\delta}{r}$ 时，$W \geq P(\sin\theta - f_s\cos\theta)$。

第②种情况：圆盘 C 的向上的滑动趋势，受力分析如解答图(b)所示。

$\sum F_x = 0$： $-F_f + F_T - P\sin\theta = 0 \Rightarrow -F_f + W - P\sin\theta = 0 \Rightarrow F_f = W - P\sin\theta$

$\sum F_y = 0$： $F_N - P\cos\theta = 0 \Rightarrow F_N = P\cos\theta$

$$\sum M_C = 0: \quad M_\mathrm{f} - F_\mathrm{f} \cdot r = 0 \quad \Rightarrow \quad M_\mathrm{f} = F_\mathrm{f} r$$

（1）物理条件（圆盘 C 滚动而不滑动）：

$$M_\mathrm{f} = F_\mathrm{N} \cdot \delta \quad \Rightarrow \quad (W - P\sin\theta)r = P\cos\theta \cdot \delta \quad \Rightarrow \quad W = P\sin\theta + \frac{\delta}{r}P\cos\theta$$

$$F_\mathrm{f} \leqslant f_\mathrm{s} F_\mathrm{N} \quad \Rightarrow \quad W - P\sin\theta \leqslant f_\mathrm{s} \cdot P\cos\theta \quad \Rightarrow$$

$$f_\mathrm{s} \geqslant \frac{W - P\sin\theta}{P\cos\theta} = \frac{\left(P\sin\theta + \dfrac{\delta}{r}P\cos\theta\right) - P\sin\theta}{P\cos\theta} = \frac{\delta}{r}$$

即保证圆盘 C 滚动而不滑动时，$f_\mathrm{s} \geqslant \dfrac{\delta}{r}$。

（2）物理条件（圆盘 C 静止不动）：

$$M_\mathrm{f} \leqslant F_\mathrm{N} \cdot \delta \quad \Rightarrow \quad (W - P\sin\theta)r \leqslant P\cos\theta \cdot \delta \quad \Rightarrow \quad W \leqslant P\left(\sin\theta + \frac{\delta}{r}\cos\theta\right)$$

$$F_\mathrm{f} \leqslant f_\mathrm{s} F_\mathrm{N} \quad \Rightarrow \quad W - P\sin\theta \leqslant f_\mathrm{s} \cdot P\cos\theta \quad \Rightarrow \quad W \leqslant P(\sin\theta + f_\mathrm{s}\cos\theta)$$

则 $W_{\max} = \min\left[P\left(\sin\theta + \dfrac{\delta}{r}\cos\theta\right),\ P(\sin\theta + f_\mathrm{s}\cos\theta)\right]$。

综合考虑物理条件（1）和物理条件（2），有如下结论：

保证圆盘 C 滚动而不滑动时，$f_\mathrm{s} \geqslant \dfrac{\delta}{r}$；

维持圆盘 C 静止不动时：

当 $f_\mathrm{s} \geqslant \dfrac{\delta}{r}$ 时，$W \leqslant P\left(\sin\theta + \dfrac{\delta}{r}\cos\theta\right)$；

当 $f_\mathrm{s} < \dfrac{\delta}{r}$ 时，$W \leqslant P(\sin\theta + f_\mathrm{s}\cos\theta)$。

综合情况①和情况②，得到如下结果：

保证圆盘 C 滚动而不滑动时，$f_\mathrm{s} \geqslant \dfrac{\delta}{r}$；

维持圆盘 C 静止不动时：

当 $f_\mathrm{s} \geqslant \dfrac{\delta}{r}$ 时，$P\left(\sin\theta - \dfrac{\delta}{r}\cos\theta\right) \leqslant W \leqslant P\left(\sin\theta + \dfrac{\delta}{r}\cos\theta\right)$；

当 $f_\mathrm{s} < \dfrac{\delta}{r}$ 时，$P(\sin\theta - f_\mathrm{s}\cos\theta) \leqslant W \leqslant P(\sin\theta + f_\mathrm{s}\cos\theta)$。

解法二：

圆盘 C 的受力分析如解答图(a)所示。

$$\sum F_x = 0: \quad F_\mathrm{f} + F_\mathrm{T} - P\sin\theta = 0 \quad \Rightarrow \quad F_\mathrm{f} = P\sin\theta - W$$

$$\sum F_y = 0: \quad F_\mathrm{N} - P\cos\theta = 0 \quad \Rightarrow \quad F_\mathrm{N} = P\cos\theta$$

$$\sum M_C = 0: \quad M_\mathrm{f} - F_\mathrm{f} \cdot r = 0 \quad \Rightarrow \quad M_\mathrm{f} = F_\mathrm{f} r$$

（1）物理条件（圆盘 C 滚动而不滑动）：

$$M_\mathrm{f} = F_\mathrm{N} \cdot \delta \quad \Rightarrow \quad (P\sin\theta - W)r = P\cos\theta \cdot \delta \quad \Rightarrow \quad W = P\sin\theta - \frac{\delta}{r}P\cos\theta$$

$$|F_f| \leq f_s F_N \Rightarrow |P\sin\theta - W| \leq f_s \cdot P\cos\theta \Rightarrow \left|\frac{\delta}{r}P\cos\theta\right| \leq f_s \cdot P\cos\theta \Rightarrow f_s \geq \frac{\delta}{r}$$

即保证圆盘 C 滚动而不滑动时，$f_s \geq \dfrac{\delta}{r}$。

（2）物理条件（圆盘 C 静止不动）：

$$|M_f| \leq F_N \cdot \delta \Rightarrow |(P\sin\theta - W)r| \leq P\cos\theta \cdot \delta \Rightarrow$$

$$P\left(\sin\theta - \frac{\delta}{r}\cos\theta\right) \leq W \leq P\left(\sin\theta + \frac{\delta}{r}\cos\theta\right)$$

$$|F_f| \leq f_s F_N \Rightarrow |P\sin\theta - W| \leq f_s \cdot P\cos\theta \Rightarrow$$

$$P(\sin\theta - f_s\cos\theta) \leq W \leq P(\sin\theta + f_s\cos\theta)$$

则

$$W_{\min} = \max\left[P\left(\sin\theta - \frac{\delta}{r}\cos\theta\right),\ P(\sin\theta - f_s\cos\theta)\right]$$

$$W_{\max} = \min\left[P\left(\sin\theta + \frac{\delta}{r}\cos\theta\right),\ P(\sin\theta + f_s\cos\theta)\right]$$

综合考虑物理条件（1）和物理条件（2），有如下结论：

保证圆盘 C 滚动而不滑动时，$f_s \geq \dfrac{\delta}{r}$；

维持圆盘 C 静止不动时，$W_{\min} = \max\left[P\left(\sin\theta - \dfrac{\delta}{r}\cos\theta\right),\ P(\sin\theta - f_s\cos\theta)\right]$

$$W_{\max} = \min\left[P\left(\sin\theta + \frac{\delta}{r}\cos\theta\right),\ P(\sin\theta + f_s\cos\theta)\right]$$

即当 $f_s \geq \dfrac{\delta}{r}$ 时，$P\left(\sin\theta - \dfrac{\delta}{r}\cos\theta\right) \leq W \leq P\left(\sin\theta + \dfrac{\delta}{r}\cos\theta\right)$；当 $f_s < \dfrac{\delta}{r}$ 时，$P(\sin\theta - f_s\cos\theta) \leq W \leq P(\sin\theta + f_s\cos\theta)$

解析：

（1）本题目是一道"滑动摩擦"与"滚动摩阻"相结合的综合问题。

（2）圆盘 C 有两种可能的运动趋势：

① 圆盘 C 与斜面的接触点有向下的滑动趋势，摩擦力 F_f 沿斜面向上，根据平衡条件可知，此时滚动摩阻力偶 M_f 为顺时针转向，受力分析如解答图(a)所示。

② 圆盘 C 与斜面的接触点有向上的滑动趋势，摩擦力 F_f 沿斜面向下，根据平衡条件可知，此时滚动摩阻力偶 M_f 为逆时针转向，受力分析如解答图(b)所示。

由上述分析可知，圆盘 C 与斜面的接触点的运动趋势决定了摩擦力的方向和滚动摩阻力偶的转向，这一点为圆盘的受力分析提供了依据。

（3）解答中给出了两种解法，解法一将圆盘 C 的两种可能运动趋势分别进行讨论；解法二将圆盘 C 的两种可能运动趋势不加以区分，而是通过带绝对值的物理条件来进行讨论。解法一物理概念形象些，而解法二不仅可少画一幅受力图，而且还能减少计算步骤。

（4）当重物 B 的重量逐步增大时，当 $f_s \geq \dfrac{\delta}{r}$ 时，系统平衡状态破坏瞬时，圆盘沿斜面作纯滚动；当 $f_s < \dfrac{\delta}{r}$ 时，系统平衡状态破坏瞬时，圆盘沿斜面作平移。

第三篇 动 力 学

动力学是研究物体的机械运动与作用力之间关系的科学，是理论力学的核心内容。动力学通过综合运用静力学中所讲述的受力分析和运动学中所建立的非独立运动量与独立运动量之间存在的关系，研究质点和质点系的运动规律或受力情况。理论力学课程主要将它们应用于刚体或者刚体系统的动力学问题的分析和计算中。

牛顿是动力学研究的奠基者，他在 1687 年发表的名著《自然哲学的数学原理》中总结出了质点运动的三大定律：惯性定律、力与加速度之间的关系定律，作用与反作用定律，统称牛顿运动定律。其中第二定律建立了质点运动的加速度与质点受力之间的定量关系，由此经过数学演绎，推导出动力学的三大定理：动能定理、动量定理、动量矩定理，它们都是动力学问题中用来研究系统独立运动量与受力之间关系的有效工具。牛顿的工作连同后来欧拉关于定点运动刚体的动力学研究工作一起构成了经典力学中的牛顿-欧拉动力学体系，由于其研究问题所用的物理量是速度（角速度）、加速度（角加速度）、力、力矩、力系的主矢、力系的主矩、系统的动量、系统的动量矩等矢量，故又称为矢量动力学。18 世纪，机械工业已有了很大的发展，日益复杂的机械系统客观上要求有新的力学分析和计算方法，1788 年拉格朗日发表了名著《分析力学》，他以达朗贝尔原理和虚位移原理作为力学的演绎基础，建立了受约束系统的动力学普遍方程，并进而导出了拉格朗日方程，从而产生了与牛顿-欧拉动力学体系并驾齐驱的新的动力学体系，称为拉格朗日动力学，由于其引进的广义坐标、广义力、能量、功、拉格朗日函数等都是标量，采用纯粹的分析方法建立了动力学的基本理论，因此也称为分析动力学。矢量动力学的直观性强，是一些重要的力学基本概念建立的必要基础，因此矢量动力学一直是理论力学课程的主要内容。但是必须指出，随着电子计算技术的飞速发展，目前对于复杂工程对象的动力学计算已经越来越多地使用分析动力学的方法，因此分析动力学在理论力学课程中必须占有重要位置。所以，通过理论力学课程的学习必须使学生有可能应用矢量动力学和分析动力学两种方法来综合处理工程实际中的动力学问题。

第 7 章 动力学基础

7.1 内 容 提 要

7.1.1 惯性参考系中的质点动力学

1. 牛顿第二定律和惯性参考系

牛顿第二定律所说的是,质点的质量与加速度的乘积等于作用在质点上的力系的合力,即 $m\vec{a} = \sum \vec{F}_i$,它是研究质点动力学问题的基础,故称其为质点动力学基本方程。

将牛顿第二定律成立的参考系称为惯性参考系。由于物体的运动是绝对的,宇宙中严格的惯性参考系并不存在,一般在天文计算中,选择以太阳中心为原点,三个坐标轴分别指向三颗恒星中心的日心参考系作为惯性参考系;而在仅考虑地球自转影响时,选择以地心为原点,三个坐标轴分别指向三颗恒星中心的地心参考系作为惯性参考系;但在绝大多数工程问题中,选择与地球固连的坐标系(称为地球参考系或地面参考系)作为惯性参考系就有足够的精度。

2. 质点运动微分方程

通常将惯性参考系视为静参考系,作用在质点上的力可以是其相对于惯性参考系的矢径 $\vec{r}$、速度 $\dot{\vec{r}}$ 及时间 t 的函数,牛顿第二定律可表示为运动微分方程的形式,即 $m\ddot{\vec{r}} = \sum \vec{F}_i(\vec{r}, \dot{\vec{r}}, t)$,因此,又称其为质点的运动微分方程。具体计算时,常将其在固定直角坐标系 $Oxyz$ 或自然轴系或极坐标系的各轴上投影得到投影形式的运动微分方程:

$$\begin{cases} m\ddot{x} = \sum F_{ix} \\ m\ddot{y} = \sum F_{iy} \\ m\ddot{z} = \sum F_{iz} \end{cases} \quad \text{或} \quad \begin{cases} m\dot{v} = \sum F_{it} \\ m\dfrac{v^2}{\rho} = \sum F_{in} \\ 0 = \sum F_{ib} \end{cases} \quad \text{或} \quad \begin{cases} m(\ddot{\rho} - \rho\dot{\varphi}^2) = \sum F_{i\rho} \\ m(\rho\ddot{\varphi} + 2\dot{\rho}\dot{\varphi}) = \sum F_{i\varphi} \end{cases}$$

当质点作一般的曲线运动时,宜采用直角坐标投影形式或极坐标形式(当质点作平面曲线运动时)的运动微分方程求解,而当质点沿已知曲率半径的曲线运动时,则宜采用自然坐标形式的运动微分方程进行求解。在建立质点运动微分方程时,应将质点置于一般位置进行运动分析和受力分析,若用直角坐标或极坐标时最好将质点置于第一象限研究,同时,必须注意力和加速度在坐标轴上投影的正、负号。在对有摩擦力或阻力作用的动力学问题,应注意方程的适用范围,常需要进行分段分析和讨论。

3. 质点动力学的两类基本问题

(1)第一类问题:已知质点的运动,求作用于其上的力。

(2)第二类问题:已知作用于质点上的力,求其运动。

求解第一类问题,一般只需进行微分运算;而求解第二类问题,一般要进行积分运算,并由运动的初始条件确定积分常数。当力为坐标、速度的函数时,将加速度改写为相应的形式,

如 $a_x = \dfrac{\mathrm{d}v_x}{\mathrm{d}t} = \dfrac{\mathrm{d}v_x}{\mathrm{d}x}\dfrac{\mathrm{d}x}{\mathrm{d}t} = v_x \dfrac{\mathrm{d}v_x}{\mathrm{d}x}$，$a_t = \dfrac{\mathrm{d}v}{\mathrm{d}t} = \dfrac{\mathrm{d}v}{\mathrm{d}s}\dfrac{\mathrm{d}s}{\mathrm{d}t} = v\dfrac{\mathrm{d}v}{\mathrm{d}s}$，$\ddot{\rho} = \dfrac{\mathrm{d}\dot{\rho}}{\mathrm{d}t} = \dfrac{\mathrm{d}\dot{\rho}}{\mathrm{d}\rho}\dfrac{\mathrm{d}\rho}{\mathrm{d}t} = \dot{\rho}\dfrac{\mathrm{d}\dot{\rho}}{\mathrm{d}\rho}$，以便分离变量进行积分。

对于多数非自由质点，一般同时存在以上动力学的两类问题，此时一般首先解除约束以相应的约束力代替，根据已知的主动力及运动的初始条件求解质点的运动规律；然后根据运动规律求解未知的约束力。

7.1.2 非惯性参考系中的质点动力学

牛顿第二定律仅在惯性参考系中成立，为研究质点相对于非惯性参考系的运动，可将牛顿第二定律和点的加速度合成定理结合起来，得到质点相对运动的动力学基本方程

$$m\vec{a}_r = \left(\sum \vec{F}_i\right) + \vec{F}_{Ie} + \vec{F}_{IC}$$

式中，$\vec{F}_{Ie} = -m\vec{a}_e$ 称为牵连惯性力，$\vec{F}_{IC} = -m\vec{a}_C$ 称为科氏惯性力。这两个惯性力具有"虚假"和"真实"的两重性，其虚假性表现在它们不是物体与物体之间的相互机械作用，没有施力者，也没有反作用，它们的大小和方向取决于所选取的非惯性参考系相对于惯性参考系的运动（科氏惯性力还与质点相对于非惯性参考系的相对速度有关）；其真实性表现在身处非惯性参考系的观察者可以真实地感受到它们的存在，或者通过仪器测量出来。以上基本方程表明，只要在作用于质点上的真实主动力和约束力外，加上牵连惯性力和科氏惯性力，则质点相对运动的动力学方程仍具有牛顿第二定理的形式，方程的求解方法与惯性参考系中的质点动力学方程相同。在具体解题时，常遇到以下三类特殊情况：

（1）相对于平移坐标系的运动。因为牵连角速度为零，所以 $\vec{F}_{IC} = 0$，于是有

$$m\vec{a}_r = \left(\sum \vec{F}_i\right) + \vec{F}_{Ie}$$

（2）相对于非惯性坐标系作匀速直线运动。因为 $\vec{a}_r = 0$，但是 $\vec{v}_r \neq 0$，从而 $\vec{F}_{IC} \neq 0$，于是有 $\left(\sum \vec{F}_i\right) + \vec{F}_{Ie} + \vec{F}_{IC} = 0$，即作用于质点上主动力、约束力、牵连惯性力、科氏惯性力组成一平衡的共点力系。

（3）相对于非惯性参考系静止。因为 $\vec{v}_r = 0$，$\vec{a}_r = 0$，$\vec{F}_{IC} = 0$ 所以只有 $\left(\sum \vec{F}_i\right) + \vec{F}_{Ie} = 0$，即作用于质点上主动力、约束力、牵连惯性力组成一平衡的共点力系。

7.1.3 质点系质量分布的特征量

1. 质心（质量中心）

质点系第 i 个质点的质量为 m_i，相对于确定点 O 的矢径为 $\vec{r}_i$，质点系的质量为 $m = \sum\limits_{i=1}^{n} m_i$，则质点系的质心相对于同一点 O 的矢径为

$$\vec{r}_C = \dfrac{\sum\limits_{i=1}^{n} m_i \vec{r}_i}{m}$$

若在 O 点建立直角坐标系 $Oxyz$，则质心 C 的直角坐标为

$$x_C = \dfrac{\sum\limits_{i=1}^{n} m_i x_i}{m}, \quad y_C = \dfrac{\sum\limits_{i=1}^{n} m_i y_i}{m}, \quad z_C = \dfrac{\sum\limits_{i=1}^{n} m_i z_i}{m}$$

必须指出，任何一个质点的位置改变都可能使质点系的质心位置发生改变，一个刚体的质心必定在刚体上或其延拓部分上某个确定点，而一个可以发生相对运动的刚体系统的质心位置一般不是刚体系统上的某个确定点。

2. 刚体对轴的转动惯量及其平行轴定理

质量为 m 的刚体对任一轴 z 的转动惯量（惯性矩）为

$$J_z = \int_m \rho^2 \, \mathrm{d}m = m\rho_z^2$$

式中，ρ 为质量微元 $\mathrm{d}m$ 到 z 轴的距离，ρ_z 为刚体对 z 轴的回转半径（惯性半径）。显然，刚体对某轴的转动惯量是一个恒大于或等于零的数，它与刚体的运动状态无关。当刚体由两部分及以上相互固连时，则整个刚体对某轴的转动惯量符合叠加原理。

转动惯量的平行轴定理：刚体对于任一轴 z 的转动惯量等于刚体对于通过质心并与该轴平行的轴 z_C 的转动惯量加上刚体的质量与此两轴之间距离平方的乘积，即

$$J_z = J_{z_C} + md^2$$

由此可知，在刚体对一系列平行轴的转动惯量之中，通过质心的轴的转动惯量最小。

3. 刚体对点的惯量矩阵及惯性主轴的概念

在质量为 m 的刚体上固连一直角坐标系 $Oxyz$，则该刚体对点 O 的惯量矩阵为

$$[J_O] = \begin{bmatrix} J_x & -J_{xy} & -J_{xz} \\ -J_{xy} & J_y & -J_{yz} \\ -J_{xz} & -J_{yz} & J_z \end{bmatrix}$$

式中，$J_x = \int_m (y^2+z^2)\mathrm{d}m$，$J_y = \int_m (x^2+z^2)\mathrm{d}m$ 和 $J_z = \int_m (x^2+y^2)\mathrm{d}m$ 分别为刚体对轴 x、轴 y 和轴 z 的转动惯量（惯性矩）；$J_{xy} = \int_m xy\,\mathrm{d}m$，$J_{yz} = \int_m yz\,\mathrm{d}m$ 和 $J_{xz} = \int_m xz\,\mathrm{d}m$ 分别为刚体对轴 x、y，轴 y、z 和轴 x、z 的惯性积，(x,y,z) 为质量微元 $\mathrm{d}m$ 在直角坐标系 $Oxyz$ 中的坐标。

若刚体对点 O 的三个惯性积中有两个为零，则与这两个为零惯性积都相关的坐标轴称为刚体在点 O 处的一根惯性主轴。因此，若 $J_{xy} = J_{yz} = J_{xz} = 0$，则轴 x、轴 y、轴 z 为刚体在点 O 处的三根惯性主轴，此时坐标系 $Oxyz$ 称为刚体的主轴坐标系，刚体对惯性主轴的转动惯量称为主转动惯量。使得惯量矩阵为对角矩阵的质心坐标系 $Cxyz$ 称为中心主轴坐标系，此时 Cx、Cy 和 Cz 称为中心惯性主轴，对中心惯性主轴的转动惯量称为中心主转动惯量。当刚体的质量分布具有对称性时，有以下两个关于惯性主轴的定理：

定理 1：如果刚体有质量对称轴，则该轴是刚体对轴上任一点的一根惯性主轴，同时该轴也是刚体的一根中心惯性主轴。

定理 2：如果刚体具有质量对称面，则垂直于该对称面的任一轴必为刚体对它们交点的一根惯性主轴。

7.2　思考题及解答

7-1　如图所示，质量为 m 的小球 A 放置于倾角为 $30°$ 的楔块 B 上，已知楔块的质量为 $4m$，沿水平面向右作加速运动，其加速度的大小为 $a_B = \dfrac{\sqrt{3}}{4}g$，若所有接触面光滑，试问：（1）小球相对于楔

块运动的加速度大小等于$\frac{1}{2}g$吗？（2）要实现楔块B沿水平向右加速度的大小为$a_B=\frac{\sqrt{3}}{4}g$的这种运动，需作用在楔块B上的水平推力$\vec{F}$的大小等于多少？

解答：
（1）求小球相对于楔块的加速度。

动点：小球A；动系：与楔块B固连。

对小球A的受力分析及加速度分析如解答图(a)所示。

$$\vec{a}_a = \vec{a}_A = \vec{a}_e + \vec{a}_r = \vec{a}_B + \vec{a}_r$$

由动力学微分方程，得到

$$m\vec{a}_A = m\vec{g} + \vec{F}_{NA} \quad \Rightarrow \quad m(\vec{a}_B + \vec{a}_r) = m\vec{g} + \vec{F}_{NA}$$

将上式沿斜面向下投影，得到

$$m(a_B \cos 30° + a_r) = mg \sin 30° \quad \Rightarrow \quad m\left(\frac{\sqrt{3}}{4}g \cdot \frac{\sqrt{3}}{2} + a_r\right) = mg \cdot \frac{1}{2} \quad \Rightarrow$$

$$a_r = \frac{1}{8}g \quad \text{（沿斜面向下）}$$

可见，小球相对于楔块的加速度$a_r \neq \frac{1}{2}g$。

将上式沿垂直于斜面向上投影，得到

$$ma_B \sin 30° = -mg \cos 30° + F_{NA} \quad \Rightarrow$$

$$m \cdot \frac{\sqrt{3}}{4}g \cdot \frac{1}{2} = -mg \cdot \frac{\sqrt{3}}{2} + F_{NA} \quad \Rightarrow \quad F_{NA} = \frac{5\sqrt{3}}{8}mg \quad \text{（方向如图）}$$

（2）求水平推力的大小。

以楔块B为研究对象，受力分析和加速度分析如解答图(b)所示。

由动力学微分方程，得到

$$\vec{F} + 4m\vec{g} + \vec{F}_{NB} + \vec{F}'_{NA} = 4m\vec{a}_B$$

将上式沿水平向右投影，得到

$$F - F'_{NA} \sin 30° = 4ma_B \quad \Rightarrow \quad F = \frac{1}{2}F'_{NA} + 4ma_B = \frac{1}{2} \cdot \frac{5\sqrt{3}}{8}mg + 4m \cdot \frac{\sqrt{3}}{4}g = \frac{21\sqrt{3}}{16}mg \quad (\rightarrow)$$

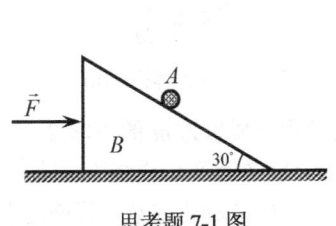

思考题 7-1 图

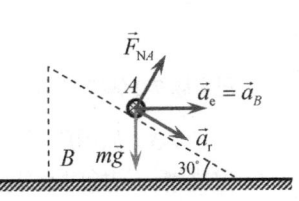

思考题 7-1 解答图(a)

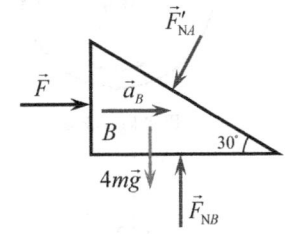

思考题 7-1 解答图(b)

7-2 如图所示，质量为$4m$、半径$R=2r$的均质圆盘绕其中心水平轴O以匀角速度$\omega=\sqrt{\frac{g}{2r}}$作逆时针转动，小球$A$的质量为$m$，被限制在固连于圆盘的两挡板内，长度为$R$的柔绳的一端系于小球，另一端固定在圆盘的 B 点，$OB = r$，且柔绳与挡板平行，若不计挡板和柔绳的质量及各接触处摩擦，试问图示位置柔绳能张紧吗？图示位置作用于圆盘上的主动力偶矩 M 应为多大？

解答：

（1）求柔绳的张力：

动点：小球 A；动系：与圆盘固连。

假设柔绳处于张紧状态，则小球相对于圆盘的相对速度 $\vec{v}_r = 0$ 和相对加速度 $\vec{a}_r = 0$，可见科氏加速度 $\vec{a}_C = 2\vec{\omega}_e \times \vec{v}_r = 0$。

以小球 A 为研究对象，受力分析及加速度分析如解答图(a)所示。

$$\vec{a}_a = \vec{a}_e + \vec{a}_r + \vec{a}_C = \vec{a}_e, \qquad a_e = OA \cdot \omega^2 = \sqrt{3}r \cdot \frac{g}{2r} = \frac{\sqrt{3}}{2}g \ (\leftarrow)$$

由动力学微分方程，得到

$$m\vec{a}_a = m\vec{a}_e = m\vec{g} + \vec{F}_N + \vec{F}_T$$

将上式沿平行于挡板向上方向上投影，得到 $ma_e \cos 30° = -mg\sin 30° + F_T$ $\Rightarrow$

$$F_T = \frac{\sqrt{3}}{2}ma_e + \frac{1}{2}mg = \frac{5}{4}mg > 0 \ （拉力）$$

柔绳处于张紧状态。

将上式沿垂直于挡板向上方向上投影，得到

$$-ma_e \sin 30° = -mg\cos 30° + F_N \Rightarrow$$

$$F_N = \frac{\sqrt{3}}{2}mg - \frac{1}{2}ma_e = \frac{\sqrt{3}}{2}mg - \frac{1}{2}m \cdot \frac{\sqrt{3}}{2}g = \frac{\sqrt{3}}{4}mg \ （沿垂直于挡板向上，如图所示）$$

（2）求主动力偶 M。

以圆盘为研究对象，受力分析如解答图(b)所示。

由对定轴动量矩（角动量）定理，可知

$$\sum M_O = 0: \quad M - F_T \cos 30° \cdot OB - F_N \cos 30° \cdot OA = 0 \Rightarrow$$

$$M = \frac{\sqrt{3}}{2}F_T \cdot OB + \frac{\sqrt{3}}{2}F_N \cdot OA = \frac{\sqrt{3}}{2} \cdot \frac{5}{4}mg \cdot r + \frac{\sqrt{3}}{2} \cdot \frac{\sqrt{3}}{4}mg \cdot \sqrt{3}r = \sqrt{3}mgr \ （逆时针）$$

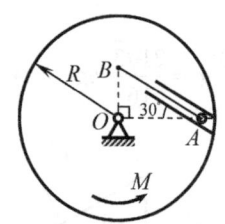

思考题 7-2 图

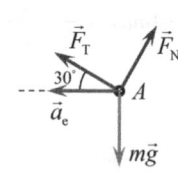

思考题 7-2 解答图(a)

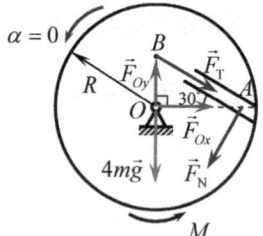

思考题 7-2 解答图(b)

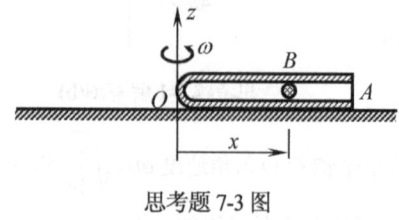

思考题 7-3 图

7-3 如图所示，管 OA 内放置一质量为 m 的小球 B，管壁光滑，初始时小球静止，当管 OA 在水平面内绕铅垂轴 Oz 转动时，小球为什么向管口运动？如果 ω 为常数，管壁的水平侧压力 $\vec{F}_N$ 的大小等于多少？需在管 OA 上施加的主动力偶矩 M 又等于多少？若用张紧不可伸长的柔绳 OB 拉住小球，$\vec{F}_N$ 和 M 的值又如何？

198 ◀ 理论力学学习指导与题解

解答：

（1）当管 OA 在水平面内绕铅垂轴 Oz 转动时，小球具有加速度而产生离心惯性力，使得小球向管口运动。

（2）求管壁的水平侧压力 $\vec{F}_N$ 的大小。

以小球为研究对象，在水平面内受力分析及加速度分析如解答图(a)所示。

由动力学微分方程，得到
$$F_N = ma_C = m \cdot 2\omega v_r = 2m\omega \dot{x}$$

（3）求在管 OA 上施加的主动力偶矩 M 的大小。

研究管 OA（受力图省略），由定轴 Oz 的动量矩（角动量）定理知
$$M = F_N \cdot x = 2m\omega x \dot{x} \quad (逆时针)$$

（4）用张紧不可伸长的柔绳 OB 拉住小球。

由于用张紧不可伸长的柔绳 OB 拉住小球，小球相对于管道 OA 静止，其相对速度 $\vec{v}_r = 0$、相对加速度 $\vec{a}_r = 0$，则
$$\vec{a}_C = 2\vec{\omega} \times \vec{v}_r = 0$$

以小球为研究对象，在水平面内受力分析及加速度分析如解答图(b)所示。

由动力学微分方程，得到
$$F_N = 0$$

在管 OA 上施加的主动力偶矩 M 的大小为
$$M = F_N \cdot x = 0$$

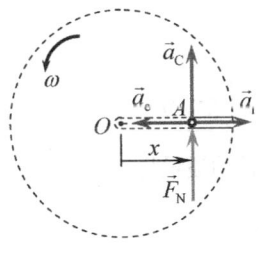

思考题 7-3 解答图(a)

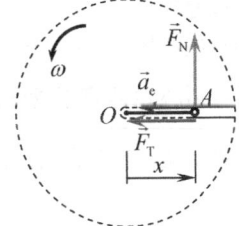

思考题 7-3 解答图(b)

7-5 汽车以加速度 a 向前作加速直线平移，乘客后背紧压在坐椅靠背上，汽车中的观察者和地面上的观察者如何正确解释这一现象？

解答：

汽车以加速度 a 前进，乘客后背紧压在坐椅靠背上。汽车中的观察者处于非惯性参考系中，$m\vec{a}_r = \vec{F} + \vec{F}_{Ie} + \vec{F}_{IC} = \vec{F} - m\vec{a}_e - m\vec{a}_C$，其中 $\vec{a}_r = 0$，$\vec{a}_e = \vec{a}$，$\vec{a}_C = 0$，可得 $\vec{F} - m\vec{a} = 0$，所以汽车中的观察者认为，是向后的牵连惯性力使乘客压向靠背。上式又可写为 $\vec{F} = m\vec{a}$，所以地面上的观察者认为，靠背对乘客向前施力，使乘客获得与汽车相同的加速度 $\vec{a}$。

7-6 歼击机急速爬升时，飞行员会出现"黑晕"（眼睛暂时性失明）现象，而俯冲时又会出现"红视"（看到物体变红）现象，如何解释？

解答：

飞行员位于急速行驶的歼击机中，可见飞行员处于非惯性参考系中。当歼击机急速爬升时，由于受到"超重"的惯性力作用，血液会向下肢集中，飞行员因为脑部缺血出现眼睛暂时性失明的现象，

即为"黑晕";当歼击机急速俯冲时,由于受到"失重"的惯性力作用,血液过多流入头部,飞行员又会因为大脑充血出现看到物体变红的现象,即为"红视"。

7-11 如图所示,质量为 m、半径为 r 的均质半圆盘,试问对过圆心垂直于盘面的轴 O 的转动惯量 J_O 等于多少?若 A 轴平行于 O 轴,能否利用 $J_A = J_O + mr^2$ 来计算 J_A?为什么?应如何正确计算。半圆盘对 OA 轴的转动惯量 J_{OA} 有没有简便的计算方法?半圆盘对 OB 轴的转动惯量 J_{OB} 等于 J_{OA} 吗?为什么?

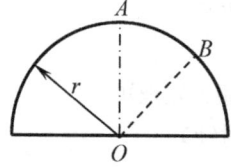

思考题 7-11 图

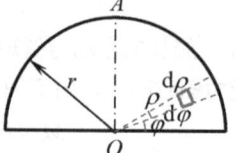

思考题 7-11 解答图(a)

解答:

(1) 求半圆盘对过圆心垂直于盘面的轴 O 的转动惯量 J_O:

方法一:积分法

以 O 为原点,建立极坐标系,取如解答图(a)所示微元面积。

$$dA = \rho \, d\varphi \cdot d\rho, \quad dm = \frac{m}{A} dA = \frac{m}{\frac{1}{2}\pi r^2} \rho \, d\varphi \, d\rho = \frac{2m}{\pi r^2} \rho \, d\varphi \, d\rho$$

$$J_O = \int_m \rho^2 \, dm = \int_0^r \int_0^\pi \rho^2 \frac{2m}{\pi r^2} \rho \, d\varphi \, d\rho = \frac{2\pi m}{\pi r^2} \int_0^r \rho^3 \, d\rho = \frac{1}{2} mr^2$$

方法二:叠加原理

假设一个圆盘的质量为 $2m$、半径为 r,其圆心为 O。

整个圆盘对过质心 O 垂直于盘面的轴 z_O 的转动惯量为 $J_{z_O} = \frac{1}{2}(2m)r^2$。

依据叠加原理知道,半圆盘对过圆心垂直于盘面的轴 O 的转动惯量为

$$J_O = \frac{1}{2} J_{z_O} = \frac{1}{2} \cdot \frac{1}{2}(2m)r^2 = \frac{1}{2} mr^2$$

(2) 若 A 轴平行于 O 轴,不能利用 $J_A = J_O + mr^2$ 来计算 J_A,因为 O 轴不是半圆盘质心轴。正确计算如下:

因为 $J_O = J_{z_C} + m \cdot (OC)^2 \Rightarrow J_{z_C} = J_O - m \cdot (OC)^2 = \frac{1}{2}mr^2 - m \cdot (OC)^2$,则

$$J_A = J_{z_C} + m \cdot (AC)^2 = \frac{1}{2}mr^2 - m \cdot (OC)^2 + m(r-OC)^2 = \frac{3}{2}mr^2 - 2mr \cdot OC$$

$$= \frac{3}{2}mr^2 - 2mr \cdot \frac{4r}{3\pi} = \left(\frac{3}{2} - \frac{8}{3\pi}\right)mr^2$$

(3) 计算半圆盘对 OA 轴的转动惯量 J_{OA} 的简便方法。

方法一:叠加原理

假设一个圆盘的质量为 $2m$、半径为 r,其圆心为 O。

圆盘对过质心 O 平行于盘面的轴 y 的转动惯量为 $J_y = \frac{1}{4}(2m)r^2 = \frac{1}{2}mr^2$。

依据叠加原理知道，半圆盘对过圆心平行于盘面的轴 OA 的转动惯量为

$$J_{OA} = \frac{1}{2}J_y = \frac{1}{2} \cdot \frac{1}{2}mr^2 = \frac{1}{4}mr^2$$

方法二：积分法

以点 O 为坐标原点，建立极坐标系，取如解答图(b)所示微元面积。

$$dA = \rho d\varphi \cdot d\rho$$

$$dm = \frac{m}{A}dA = \frac{m}{\frac{1}{2}\pi r^2}\rho d\varphi d\rho = \frac{2m}{\pi r^2}\rho d\varphi d\rho$$

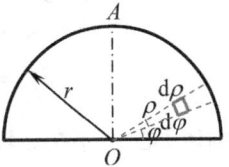

思考题 7-11 解答图(b)

$$J_{OA} = \int_m (\rho\cos\varphi)^2 dm = \int_0^r \int_0^\pi (\rho\cos\varphi)^2 \frac{2m}{\pi r^2}\rho d\varphi d\rho$$

$$= \frac{2m}{\pi r^2}\int_0^r \rho^3 d\rho \int_0^\pi \cos^2\varphi d\varphi = \frac{2m}{\pi r^2}\cdot\frac{1}{4}r^4\cdot\int_0^\pi \cos^2\varphi d\varphi = \frac{2m}{\pi r^2}\cdot\frac{1}{4}r^4\cdot\frac{\pi}{2} = \frac{1}{4}mr^2$$

(4) 半圆盘对 OB 轴的转动惯量 J_{OB} 等于半圆盘对 OA 轴的转动惯量 J_{OA}，即 $J_{OB} = J_{OA}$。

第一种解释：

如解答图(c)所示，因为

$$J_{OA}^{\text{半圆}OCEABD} = J_{OB}^{\text{半圆}OEABDF}, \quad J_{OB}^{\text{扇形}OCE} = J_{OB}^{\text{扇形}ODF}$$

又

$$J_{OB}^{\text{半圆}OCEABD} = J_{OB}^{\text{扇形}OCE} + J_{OB}^{\text{扇形}OEABD}$$

$$= J_{OB}^{\text{扇形}ODF} + J_{OB}^{\text{扇形}OEABD}$$

$$= J_{OB}^{\text{半圆}OEABDF} = J_{OA}^{\text{半圆}OCEABD}$$

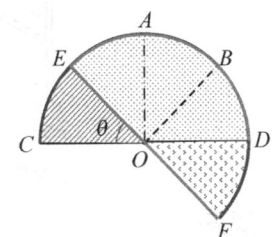

思考题 7-11 解答图(c)

即 $J_{OB} = J_{OA}$。

第二种解释：

$$J_{OB} = J_{OB}^{\text{半圆}OCEABD} \xrightarrow{\text{叠加原理}} \frac{1}{2}J_{OB}^{\text{整个圆}} = \frac{1}{2}J_{OA}^{\text{整个圆}} \xrightarrow{\text{叠加原理}} J_{OA}^{\text{半圆}OCEABD} = J_{OA}$$

7-12 如图所示，已知 Oz 轴是刚体上过点 O 的一根惯性主轴，试问 Oz 轴是否一定为刚体上过另一点 A（也在 Oz 轴上）的一根惯性主轴？并举例说明。

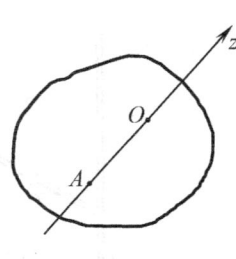

思考题 7-12 图

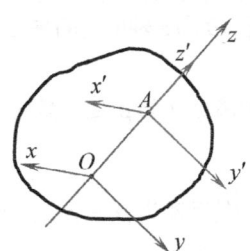

思考题 7-12 解答图

解答：

Oz 轴是刚体上过点 O 的一根惯性主轴，不一定是过另一点 A（也在 Oz 轴上）的一根惯性主轴。

建立如图所示直角坐标系 $Oxyz$ 和 $Ax'y'z'$，使 Oz 轴和 Az' 轴重合，设点 A 在 $Oxyz$ 中的坐标为 $(0,0,a)$，则刚体上质量微元 dm 在这两个直角坐标系中的坐标满足 $x' = x$，$y' = y$，$z' = z - a$，因为 Oz 轴是刚

体上过点 O 的一根惯性主轴，所以 $J_{xz} = \int_m xz\,\mathrm{d}m = 0$，$J_{yz} = \int_m yz\,\mathrm{d}m = 0$，而

$$J_{x'z'} = \int_m x'z'\,\mathrm{d}m = \int_m x(z-a)\,\mathrm{d}m = -a\int_m x\,\mathrm{d}m = -a(mx_C)$$

$$J_{y'z'} = \int_m y'z'\,\mathrm{d}m = \int_m x(y-a)\,\mathrm{d}m = -a\int_m y\,\mathrm{d}m = -a(my_C)$$

当刚体质心 C 不在 z 轴上时，显然 x_C、y_C 至少有一个不为零，这样 $J_{x'z'}$ 和 $J_{y'z'}$ 不可能都为零，此时 Oz 轴（即 Az' 轴）不是过点 A 的一根惯性主轴。略去"举例说明"，请读者自行给出。

7-13 如图所示，均质细杆 AB 的质量为 m，长度为 l，与转轴 z 焊接，试问杆 AB 对转轴 z 的转动惯量等于多少？转轴 z 是杆 AB 过点 A 的一根惯性主轴吗？为什么？

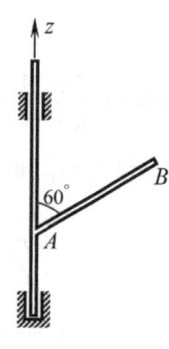

思考题 7-13 图

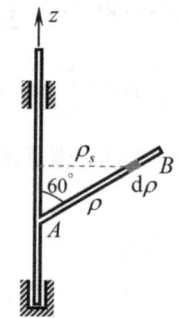

思考题 7-13 解答图(a)

解答：

（1）求杆 AB 对转轴 z 的转动惯量 J_z。

在杆 AB 上距离点 A 为 ρ 处取微元段 $\mathrm{d}\rho$，如解答图(a)所示。

微元段到 z 轴的距离为 $\rho_s = \rho\sin 60° = \dfrac{\sqrt{3}}{2}\rho$，微元段的质量为 $\mathrm{d}m = \dfrac{m}{l}\mathrm{d}\rho$，则

$$J_z = \int_m \rho_s^2\,\mathrm{d}m = \int_0^l \left(\dfrac{\sqrt{3}}{2}\rho\right)^2 \cdot \left(\dfrac{m}{l}\mathrm{d}\rho\right) = \dfrac{3m}{4l}\int_0^l \rho^2\,\mathrm{d}\rho = \dfrac{1}{4}ml^2$$

（2）转轴 z 不是杆 AB 的惯性主轴。原因如下：

建立如解答图(b)所示直角坐标系 $Oxyz$，点 A 的坐标为 $(0, 0, a)$，x 轴与杆 AB 和 z 轴所在的平面的夹角为 φ（a、φ 为确定的常数）。

在杆 AB 上距离点 A 为 ρ 处取微元段 $\mathrm{d}\rho$，如解答图(b)所示。

微元段到 z 轴的距离为 $\rho_s = \rho\sin 60° = \dfrac{\sqrt{3}}{2}\rho$。

微元段的质量为 $\mathrm{d}m = \dfrac{m}{l}\mathrm{d}\rho$。

$$x = \rho_s\cos\varphi = \dfrac{\sqrt{3}}{2}\rho\cos\varphi$$

$$y = \rho_s\sin\varphi = \dfrac{\sqrt{3}}{2}\rho\sin\varphi$$

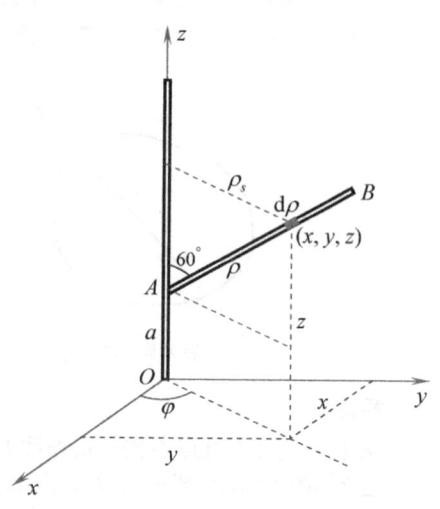

思考题 7-13 解答图(b)

$$z = a + \rho\cos 60° = \frac{1}{2}\rho + a$$

则

$$\begin{aligned}
J_{xz} &= \int_m xz\,\mathrm{d}m \\
&= \int_0^l \left(\frac{\sqrt{3}}{2}\rho\cos\varphi\right)\cdot\left(\frac{1}{2}\rho+a\right)\cdot\left(\frac{m}{l}\mathrm{d}\rho\right) \\
&= \frac{\sqrt{3}m}{2l}\cos\varphi\int_0^l \rho\left(\frac{1}{2}\rho+a\right)\mathrm{d}\rho \\
&= \frac{\sqrt{3}m}{2l}\cos\varphi\cdot\left(\frac{1}{2}\frac{l^3}{3}+\frac{1}{2}al^2\right) = \frac{\sqrt{3}}{4}ml\left(\frac{1}{3}l+a\right)\cos\varphi
\end{aligned}$$

$$\begin{aligned}
J_{yz} &= \int_m yz\,\mathrm{d}m = \int_0^l \left(\frac{\sqrt{3}}{2}\rho\sin\varphi\right)\cdot\left(\frac{1}{2}\rho+a\right)\cdot\left(\frac{m}{l}\mathrm{d}\rho\right) = \frac{\sqrt{3}m}{2l}\sin\varphi\int_0^l \rho\left(\frac{1}{2}\rho+a\right)\mathrm{d}\rho \\
&= \frac{\sqrt{3}m}{2l}\sin\varphi\cdot\left(\frac{1}{2}\frac{l^3}{3}+\frac{1}{2}al^2\right) = \frac{\sqrt{3}}{4}ml\left(\frac{1}{3}l+a\right)\sin\varphi
\end{aligned}$$

由此可见，在一般情况下，$J_{xz}=\frac{\sqrt{3}}{4}ml\left(\frac{1}{3}l+a\right)\cos\varphi$ 和 $J_{yz}=\frac{\sqrt{3}}{4}ml\left(\frac{1}{3}l+a\right)\sin\varphi$ 都不为零，故转轴 z 不是杆 AB 的惯性主轴。

但是在特殊情况下，当 $a=-\frac{1}{3}l$ 时，$J_{xz}=0$，$J_{yz}=0$，此时转轴 z 才是杆 AB 对点 O 的惯性主轴。

7.3 习题及解答

7-1 图示平面系统，绞盘 A 的半径为 r，以匀角速度 ω 作逆时针定轴转动，通过光滑滑轮 B、C（大小可忽略不计）提升质量为 m 的重物 G，B、D 处于同一水平线上，且相距为 $2b$，绳索张紧、不可伸长且不计质量，绳与绞盘之间无相对滑动。试求两斜段绳索 BC、CD 的张力与图示 y 之间的关系。

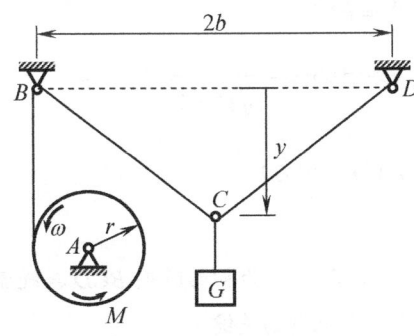

习题 7-1 图

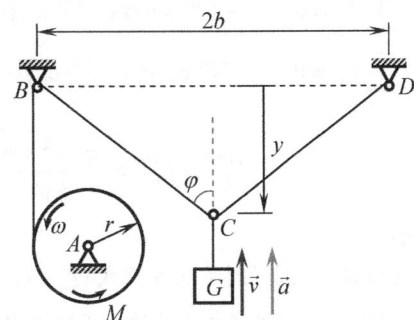

习题 7-1 解答图(a)

解：

（1）运动分析，如解答图(a)所示。

由几何关系，得到

$$BC^2 = y^2 + b^2, \qquad BC = \frac{L_0 - vt}{2}$$

其中，L_0 为初始时刻 BCD 段绳索的长度；$v = r\omega$（绞盘 A 上边缘点的速度或绳索上的点的速度大小）。
则运动方程为

$$\frac{1}{4}(L_0 - vt)^2 = y^2 + b^2 \quad \Rightarrow \quad (L_0 - r\omega t)^2 = 4(y^2 + b^2)$$

两边求导，得到

$$\dot{y} = -\frac{r\omega(L_0 - r\omega t)}{4y} = -\frac{r\omega\sqrt{y^2 + b^2}}{2y} \quad \Rightarrow \quad v = -\dot{y} = \frac{r\omega\sqrt{y^2 + b^2}}{2y}$$

再求导，得到

$$\ddot{y} = \frac{1}{y}\left(\frac{1}{4}r^2\omega^2 - \dot{y}^2\right) = -\frac{r^2\omega^2 b^2}{4y^3} \quad \Rightarrow \quad a = -\ddot{y} = \frac{r^2\omega^2 b^2}{4y^3}$$

（2）受力分析及运动微分方程。

以重物 G 为研究对象，受力分析如解答图(b)所示。

$$\sum F_y = ma_y: \quad -F_T^{CG} + mg = m\ddot{y} \quad \Rightarrow$$

$$F_T^{CG} = mg - m\ddot{y} = m\left(g + \frac{r^2\omega^2 b^2}{4y^3}\right) = mg\left(1 + \frac{r^2\omega^2 b^2}{4gy^3}\right) \quad \text{（拉力）}$$

习题 7-1 解答图(b)　　　　习题 7-1 解答图(c)

再以滑轮 C 为研究对象，受力分析如解答图(c)所示。
因不计滑轮 C 的质量，所以有

$$\sum F_x = 0: \quad -F_T^{BC}\sin\varphi + F_T^{CD}\sin\varphi = 0 \quad \Rightarrow \quad F_T^{BC} = F_T^{CD}$$

$$\sum F_y = 0: \quad F_T^{BC}\cos\varphi + F_T^{CD}\cos\varphi - (\vec{F}_T^{CG})' = 0 \quad \text{（其中} \cos\varphi = \frac{y}{\sqrt{y^2 + b^2}}\text{）} \quad \Rightarrow$$

$$F_T^{BC} = F_T^{CD} = \frac{m\sqrt{y^2 + b^2}}{8y^4}(r^2\omega^2 b^2 + 4gy^3) \quad \text{（拉力）}$$

解析：

（1）由几何关系得到运动方程式 $(L_0 - r\omega t)^2 = 4(y^2 + b^2)$，其中 L_0 为初始时刻 BCD 段绳索的长度，这是写运动方程时容易忽略的，正确写出运动方程式是求解问题的关键。

（2）因为 $\vec{y} = y\vec{j}$，$\vec{v} = \dot{\vec{y}} = \dot{y}\vec{j}$，$\vec{v} \cdot \vec{j} = \dot{y}\vec{j} \cdot \vec{j} = \dot{y}$，$-v = \dot{y}$，故 $v = -\dot{y}$。

（3）由求解结果知道，绳索的张力是 y 的函数，当 $y = 0$ 时，绳索张力为无穷大，这是不符合实际情况的，因为 y 较小时，绳索张力就已很大，当绳索张力达到一定值，绳子就会被拉断。

7-2 图示系统处于同一铅垂平面内，质量为 m 的套筒 A，在不计质量且不可伸长的柔绳的牵引下可沿光滑杆 OD 滑动。绳子的另一端缠绕在半径为 r 的鼓轮上，且绳与鼓轮之间无相对滑动。若鼓轮以匀角速度 ω 绕轴 O 作逆时针转动，试求绳子拉力与图示 x 之间关系。

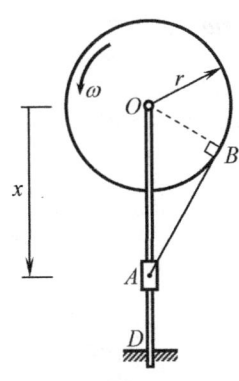
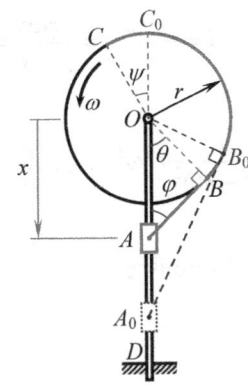
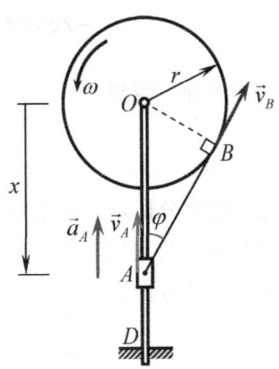

习题 7-2 图 习题 7-2 解答图(a) 习题 7-2 解答图(b)

解：
（1）运动分析。

方法一：几何关系法，如解答图(a)所示。

假设：初始瞬时（时刻 t_0，圆盘上的点 C_0 位于最高处）绳子的长度为 L_0（由直线段 A_0B_0 和弧段 B_0C_0 组成）；在某一瞬时（时刻 t）圆盘转过某一转角为 ψ，此时套筒 A 上移，圆盘上的点 C_0 转至 C 位置。则

$$r\psi + r(\pi - \theta) + AB = L_0$$

将上式两边对时间求导，得到

$$r\dot\psi - r\dot\theta + \frac{\mathrm{d}(AB)}{\mathrm{d}t} = 0 \text{（其中 } \dot\psi = \omega\text{）} \quad \Rightarrow \quad \frac{\mathrm{d}(AB)}{\mathrm{d}t} = r\dot\theta - r\omega \tag{1}$$

由几何关系，得到

$$AB^2 = x^2 - r^2 \quad \Rightarrow \quad \frac{\mathrm{d}(AB)}{\mathrm{d}t} = \frac{x}{\sqrt{x^2 - r^2}}\dot x$$

$$\cos\theta = \frac{r}{x} \quad \Rightarrow \quad \dot\theta = \frac{r}{x\sqrt{x^2 - r^2}}\dot x$$

将上述两式代入式（1），得到

$$\frac{\mathrm{d}(AB)}{\mathrm{d}t} = r\dot\theta - r\omega \quad \Rightarrow$$

$$\frac{x}{\sqrt{x^2 - r^2}}\dot x = r \cdot \frac{r}{x\sqrt{x^2 - r^2}}\dot x - r\omega \quad \Rightarrow \quad v_A = -\dot x = \frac{x}{\sqrt{x^2 - r^2}}r\omega \text{（方向铅垂向上）}$$

两边再次求导，得到

$$a_A = -\ddot x = \frac{x}{(x^2 - r^2)^2}r^4\omega^2 \text{（方向铅垂向上）}$$

方法二：速度投影法，如解答图(b)所示。

因为绳索不可伸长，所以根据速度投影定理，得到

$$[\vec v_A]_{AB} = [\vec v_B]_{AB} \quad \Rightarrow \quad v_A\cos\varphi = v_B$$

又因为 $v_A = -\dot x$，$v_B = r\omega$，所以

$$-\dot{x}\cos\varphi = r\omega \quad \Rightarrow \quad \dot{x} = -\frac{r\omega}{\cos\varphi} = -\frac{r\omega x}{AB} = -\frac{x}{\sqrt{x^2-r^2}}r\omega$$

两边求导,得到

$$a_A = -\ddot{x} = \frac{x}{(x^2-r^2)^2}r^4\omega^2 \quad (方向铅垂向上)$$

(2)受力分析及运动微分方程。

以套筒 A 为研究对象,受力分析如解答图(c)所示。

运动微分方程为

$$\sum F_x = ma_x$$

$$\Rightarrow \quad mg - F_T\cos\varphi = -ma_A \quad \Rightarrow$$

$$mg - F_T \cdot \frac{\sqrt{x^2-r^2}}{x} = m\left[-\frac{x}{(x^2-r^2)^2}r^4\omega^2\right] \quad \Rightarrow$$

$$F_T = m\left[g + \frac{r^4\omega^2 x}{(x^2-r^2)^2}\right]\frac{x}{\sqrt{x^2-r^2}} \quad (拉力)$$

习题7-2 解答图(c)

解析:

(1)若认为 $AB = L_0 - vt$(其中 L_0 为初始时刻 AB 段绳索的长度;绳索 AB 段点 B 的速度为 $v = r\omega$)是错误的,因为在不同瞬时,直线段绳子与圆盘的切点并不是圆盘边缘上的固定点。

(2)认为 $\omega = \dot{\theta}$ 也是错误的,因为 OB 连线(B 为直线段绳与圆盘的切点)并不是圆盘的固连直线。

7-3 如图所示,一小球 A 从半径为 r 的光滑固定半圆柱体 D 的顶点无初速地沿柱体下滑。试列出小球的运动微分方程,并求小球脱离圆柱体时的角度 θ。

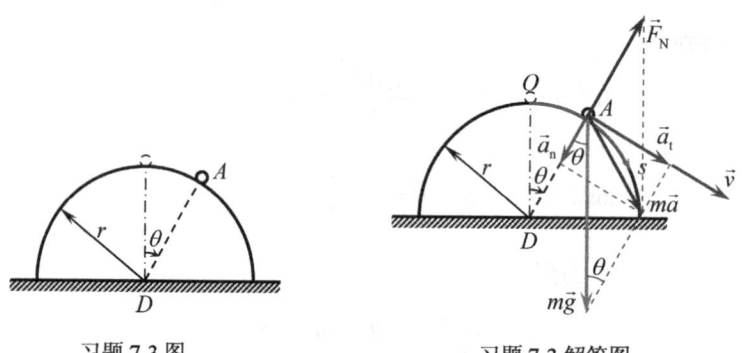

习题7-3 图   习题7-3 解答图

解:

(1)运动分析。

以小球初始位置为原点建立弧坐标 s,如解答图所示,小球的运动方程为 $s = r\theta(t)$,小球的速度为 $v = \dot{s} = r\dot{\theta}$(方向如解答图所示),小球的法向和切向加速度分别为

$$a_n = \frac{v^2}{r} = r\dot{\theta}^2 \quad (方向如图), \quad a_t = \dot{v} = \ddot{s} = r\ddot{\theta} \quad (方向如图)$$

(2)受力分析及运动学微分方程。

以小球为研究对象,受力分析如解答图所示。

运动学微分方程为

$$m\vec{g} + \vec{F}_N = m\vec{a} = m(\vec{a}_n + \vec{a}_t)$$

将上式沿切线方向投影，得到

$$mg\sin\theta = ma_t = mr\ddot{\theta} \Rightarrow$$

$$\ddot{\theta} = \frac{g}{r}\sin\theta \text{（运动学微分方程）} \tag{1}$$

将上式沿法线方向投影，得到

$$mg\cos\theta - F_N = ma_n = mr\dot{\theta}^2 \Rightarrow$$

$$F_N = mg\cos\theta - mr\dot{\theta}^2 \text{（运动学微分方程）}$$

因为 $\ddot{\theta} = \dfrac{d\dot{\theta}}{dt} = \dfrac{d\dot{\theta}}{d\theta}\dfrac{d\theta}{dt} = \dot{\theta}\dfrac{d\dot{\theta}}{d\theta} \Rightarrow \ddot{\theta}d\theta = \dot{\theta}d\dot{\theta}$，利用式（1）得到

$$\dot{\theta}d\dot{\theta} = \frac{g}{r}\sin\theta\,d\theta$$

由初始条件：当 $t=0$ 时，$\theta=0$，$\dot{\theta}=0$，所以

$$\int_0^{\dot{\theta}}\dot{\theta}d\dot{\theta} = \int_0^{\theta}\frac{g}{r}\sin\theta\,d\theta \Rightarrow \frac{1}{2}\dot{\theta}^2 = -\frac{g}{r}\cos\theta\Big|_0^{\theta} \Rightarrow \dot{\theta}^2 = \frac{2g}{r}(1-\cos\theta) \tag{2}$$

另外，当 $F_N=0$ 时小球开始脱离圆柱体，即

$$F_N = mg\cos\theta - mr\dot{\theta}^2 = 0 \Rightarrow g\cos\theta = r\dot{\theta}^2$$

将式（2）代入上式，得到

$$g\cos\theta = r\cdot\frac{2g}{r}(1-\cos\theta) \Rightarrow \cos\theta = \frac{2}{3} \Rightarrow \theta = \arccos\frac{2}{3} = 48.19°$$

解析：

（1）已知小球的运动轨迹为圆周曲线，所以采用弧坐标法。由于小球的轨迹为圆周，所以小球有法向加速度 $\vec{a}_n$ 和切向加速度 $\vec{a}_t$。

（2）在解题中利用了微分换算 $\ddot{\theta} = \dfrac{d\dot{\theta}}{dt} = \dfrac{d\dot{\theta}}{d\theta}\dfrac{d\theta}{dt} = \dot{\theta}\dfrac{d\dot{\theta}}{d\theta}$，得到 $\ddot{\theta}d\theta = \dot{\theta}d\dot{\theta}$。这是在求解类似问题中经常用到的微分换算。

（3）$F_N = 0$ 是小球脱离圆柱体的临界状态，$F_N < 0$ 在物理上是不能实现的，从 $F_N = 0$ 开始需要重新建立小球的运动微分方程，即相当于小球在空中的斜抛运动。

7-4 如图所示，一根质量不计的不可伸长的绳子，其两端分别固定在顶板和底板上，两固定点 O_1、O_2 位于同一铅垂线上，相距为 h。一质量为 m 的小球 A 系于绳上某点处，当小球两边的绳均被拉直时，两绳与铅垂线夹角分别为 θ_1 和 θ_2。若小球以一定速度 v 在水平面内作匀速圆周运动，试求：（1）两绳均被拉直的最小速度 v_{min}；（2）若 $v = \sqrt{2}v_{min}$，两绳的张力。

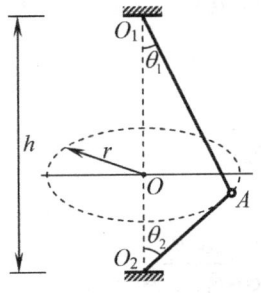

习题 7-4 图

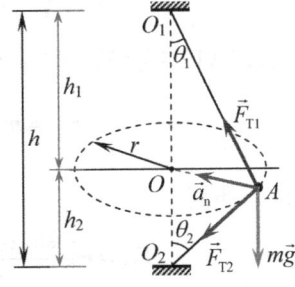

习题 7-4 解答图

解：

（1）几何关系及运动分析，如解答图所示。

因为

$$h_1 = \frac{r}{\tan\theta_1}, \quad h_2 = \frac{r}{\tan\theta_2}, \quad h_1 + h_2 = h$$

所以

$$r = \frac{h}{\dfrac{1}{\tan\theta_1} + \dfrac{1}{\tan\theta_2}} = \frac{h\tan\theta_1\tan\theta_2}{\tan\theta_1 + \tan\theta_2} \tag{1}$$

$$a_n = \frac{v^2}{r} = \frac{v^2(\tan\theta_1 + \tan\theta_2)}{h\tan\theta_1\tan\theta_2}$$

（2）受力分析及运动微分方程，如解答图所示。

由质点的运动微分方程，得到

$$m\vec{g} + \vec{F}_{T1} + \vec{F}_{T2} = m\vec{a} = m\vec{a}_n$$

将上式沿铅垂向下方向投影，得到

$$mg - F_{T1}\cos\theta_1 + F_{T2}\cos\theta_2 = 0 \quad \Rightarrow$$

$$F_{T1} = \frac{mg + F_{T2}\cos\theta_2}{\cos\theta_1} > 0 \tag{2}$$

（对于上式而言，对任意的速度 v，O_1A 段绳索的张力 $F_{T1} = \dfrac{mg + F_{T2}\cos\theta_2}{\cos\theta_1} > 0$，即 O_1A 段绳索一定被拉直。）

将上式沿轨迹径向 $\overrightarrow{AO}$ 方向投影，得到

$$F_{T1}\sin\theta_1 + F_{T2}\sin\theta_2 = ma_n = m\frac{v^2}{r} \tag{3}$$

将式（2）代入式（3），得到

$$v^2 = gr\tan\theta_1 + \frac{r}{m}F_{T2}(\tan\theta_1\cos\theta_2 + \sin\theta_2) \tag{4}$$

可见，O_2A 段绳索被拉直，即 $F_{T2} > 0$，则 $v_{\min} = \sqrt{gr\tan\theta_1}$。

将式（1）代入上式，得到

$$v_{\min} = \sqrt{gh\frac{\sin^2\theta_1\sin\theta_2}{\cos\theta_1\sin(\theta_1 + \theta_2)}}$$

当 $v = \sqrt{2}v_{\min}$ 时，将式（1）代入式（4），得到

$$F_{T2} = mg\frac{\sin\theta_1}{\sin(\theta_1 + \theta_2)}$$

将上式代入式（2），得到

$$F_{T1} = mg\frac{\sin(\theta_1 + \theta_2) + \sin\theta_1\cos\theta_2}{\sin(\theta_1 + \theta_2)\cos\theta_1}$$

解析：

（1）因为小球在水平面内作匀速圆周运动，所以小球只有沿径向的法向加速度 $a_n = \dfrac{v^2}{r}$，其方向由点 A 指向圆周中心点 O。

（2）当小球静止不动时，小球在重力作用下，O_1A 段绳索被拉直，而 O_2A 段绳索处于松弛状态，此时 $\theta_1 = 0$，$\theta_2 = 0$，$F_{T1} = mg$，$F_{T2} = 0$。由此可见，无论小球在水平面内作匀速圆周运动的速度 v 为何值，都能够使 O_1A 段绳索被拉直。若小球在水平面内作匀速圆周运动的速度 v 的大小增加，O_2A 段绳索由松弛逐渐被拉紧，也就是说，随着小球速度的增加两段绳索的张力也随之增加；当速度 v 增加到某一值时，两段绳索均拉直，即 $F_{T1} > mg$，$F_{T2} > 0$。

7-5 如图所示，光滑桌面上有一质量为 m_A 的小球 A，用不可伸长的不计质量的细绳与另一质量为 m_B 的小球 B 相连，绳子穿过桌面上的光滑小孔 O，绳子的 OB 部分沿铅垂线自由悬挂。初始时，$OA = a$，小球 A 有速度 $v_0 = \sqrt{8ga}$，方向垂直于 OA，试求：（1）开始时小球 B 将上升，m_A 与 m_B 之间的关系；（2）欲使小球 A 运动中离 O 的最大距离为 $2a$，$\dfrac{m_B}{m_A}$ 的比值应为多少？

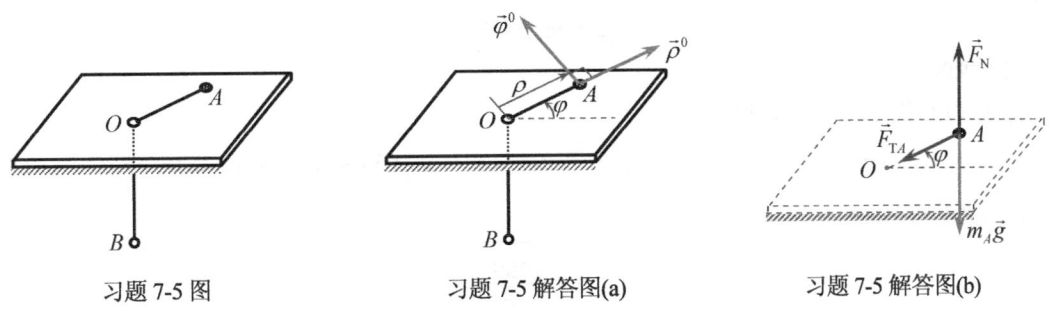

习题 7-5 图　　　　习题 7-5 解答图(a)　　　　习题 7-5 解答图(b)

解：

（1）运动分析。

采用极坐标 (ρ, φ)，$\vec{\rho}^0$、$\vec{\varphi}^0$ 分别是径向和横向的单位矢量，如解答图(a)所示。

设想有一管子在水平面内绕铅垂轴 O 作定轴转动，其角位移为 φ，小球 A 相对于管子作直线运动，其坐标为 ρ。

根据点的复合运动知识，以小球 A 为动点，想象的作定轴转动的管子为动系，则 $\vec{v}_r = \dot{\rho}\vec{\rho}^0$，$\vec{v}_e = \rho\dot{\varphi}\vec{\varphi}^0$，故

$$\vec{a}_r = \ddot{\rho}\vec{\rho}^0, \quad \vec{a}_e^n = \rho\dot{\varphi}^2(-\vec{\rho}^0), \quad \vec{a}_e^t = \rho\ddot{\varphi}\vec{\varphi}^0,$$

$$\vec{a}_C = 2\vec{\omega}_e \times \vec{v}_r = 2\dot{\varphi}v_r\vec{\varphi}^0 = 2\dot{\rho}\dot{\varphi}\vec{\varphi}^0$$

所以

$$\vec{a}_A = \vec{a}_e + \vec{a}_r + \vec{a}_C = \vec{a}_e^n + \vec{a}_e^t + \vec{a}_r + \vec{a}_C = \rho\dot{\varphi}^2(-\vec{\rho}^0) + \rho\ddot{\varphi}\vec{\varphi}^0 + \ddot{\rho}\vec{\rho}^0 + 2\dot{\rho}\dot{\varphi}\vec{\varphi}^0$$

$$= (\ddot{\rho} - \rho\dot{\varphi}^2)\vec{\rho}^0 + (\rho\ddot{\varphi} + 2\dot{\rho}\dot{\varphi})\vec{\varphi}^0$$

（2）小球 A 的受力分析及动力学微分方程。

以小球 A 为研究对象，受力分析如解答图(b)所示。由牛顿第二定律得到小球 A 的动力学微分方程为

$$m_A(\ddot{\rho} - \rho\dot{\varphi}^2) = -F_{TA} \tag{1}$$

$$m_A(\rho\ddot{\varphi} + 2\dot{\rho}\dot{\varphi}) = 0 \tag{2}$$

式（2）可改写为
$$m_A \frac{1}{\rho} \frac{d(\rho^2\dot\varphi)}{dt} = 0 \quad \Rightarrow \quad \rho^2\dot\varphi = \text{const}$$

当 $t=0$ 时，$\rho = OA = a$，$v_0 = \rho\dot\varphi = 2\sqrt{2ga}$，所以
$$\rho^2\dot\varphi = 2a\sqrt{2ga} \tag{3}$$

（3）小球 B 的受力分析及动力学微分方程。
以小球 B 为研究对象，受力分析如解答图(c)所示。
由牛顿第二定律得到小球 B 的动力学微分方程为
$$m_B \ddot z = m_B g - F_{TB}$$

显然，$F_{TA} = F_{TB}$（绳子不计质量，且始终保持张紧状态）。

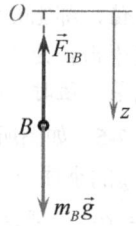

习题 7-5 解答图(c)

若绳子的长度为 l，则
$$l = z + \rho \quad \Rightarrow \quad \ddot z = -\ddot\rho$$

于是
$$-m_B \ddot\rho = m_B g - F_{TA} \tag{4}$$

（4）求解。
将式（1）代入式（4），得到
$$-m_B \ddot\rho = m_B g + m_A(\ddot\rho - \rho\dot\varphi^2) \quad \Rightarrow \quad (m_A + m_B)\ddot\rho - m_A \rho \dot\varphi^2 + m_B g = 0 \tag{5}$$

由式（3），得到
$$\dot\varphi = \frac{\sqrt{8ga^3}}{\rho^2}$$

将上式代入式（5），得到
$$(m_A + m_B)\ddot\rho - \frac{8 m_A g a^3}{\rho^3} + m_B g = 0 \tag{6}$$

又因为 $\ddot\rho = \dfrac{d\dot\rho}{dt} = \dfrac{d\dot\rho}{d\rho}\dfrac{d\rho}{dt} = \dot\rho \dfrac{d\dot\rho}{d\rho}$，代入式（6），得到
$$(m_A + m_B)\dot\rho \frac{d\dot\rho}{d\rho} - \frac{8 m_A g a^3}{\rho^3} + m_B g = 0 \quad \Rightarrow \quad (m_A + m_B)\dot\rho\, d\dot\rho = \left(\frac{8 m_A g a^3}{\rho^3} - m_B g\right) d\rho$$

对上式两端积分，得到
$$\int_0^{\dot\rho} (m_A + m_B)\dot\rho\, d\dot\rho = \int_a^\rho \left(\frac{8 m_A g a^3}{\rho^3} - m_B g\right) d\rho \quad \Rightarrow$$

$$\left.\frac{1}{2}(m_A + m_B)\dot\rho^2\right|_0^{\dot\rho} = \left[8 m_A g a^3 \left(-\frac{1}{2\rho^2}\right) - m_B g \rho\right]_a^\rho \quad \Rightarrow$$

$$\frac{1}{2}(m_A + m_B)\dot\rho^2 = -\frac{4 m_A g a^3}{\rho^2} - m_B g \rho + (4 m_A + m_B)g a \tag{7}$$

对于小球 A，在 $\rho = \rho_{\min}$ 或 $\rho = \rho_{\max}$ 时，$\dot\rho = 0$，则此时式（7）改写为
$$-\frac{4 m_A g a^3}{\rho^2} - m_B g \rho + (4 m_A + m_B)g a = 0 \quad \Rightarrow \quad (\rho - a)\left[(m_A + m_B)\rho^2 - m_A(\rho + 2a)^2\right] = 0 \quad \Rightarrow$$

$$\rho_1 = a, \quad \rho_2 = \frac{2a}{\sqrt{1+\dfrac{m_B}{m_A}}-1}, \quad \rho_3 = -\frac{2a}{\sqrt{1+\dfrac{m_B}{m_A}}+1} \quad (\text{不合理,舍去})$$

讨论:
(1) 开始时,小球 B 将上升,即当 $\rho = \rho_{\min} = a$ 时,$\dot{\rho} = 0$,$\ddot{\rho} > 0$。

由式(6)可解出 m_A 和 m_B 之间的关系为

$$(m_A + m_B)\ddot{\rho} = \frac{8m_A g a^3}{\rho^3} - m_B g > 0 \quad \Rightarrow \quad \frac{8m_A g a^3}{a^3} > m_B g \quad \Rightarrow \quad m_B < 8m_A$$

(2) 使小球 A 在运动中离 O 的最大距离为 $2a$,即当 $\rho = \rho_{\max} = 2a$ 时,则有

$$\rho_{\max} = \frac{2a}{\sqrt{1+\dfrac{m_B}{m_A}}-1} = 2a \quad \Rightarrow \quad \sqrt{1+\dfrac{m_B}{m_A}} - 1 = 1 \quad \Rightarrow \quad \frac{m_B}{m_A} = 3$$

解析:
(1) 正确分析小球 A 的运动是求解问题的重要环节。小球 A 在水平桌面内作未知曲线运动,假想有一管子在水平桌面内绕铅垂轴 O 作定轴转动,而小球 A 在该管内作直线运动,将小球 A 视为动点,将该管子视为动系,这样将小球 A 的真实运动看成复合运动,使其运动清晰可辨。

(2) 若将绳子方向的运动微分方程写成 $F_{TA} = -m_A a_r = -m_A \ddot{\rho}$ 或 $F_{TA} = m_A a_e^n = m_A \rho \dot{\varphi}^2$,则是错误的,因为小球 A 在受到绳子拉力 $\vec{F}_{TA}$ 的方向上(即 $\vec{\rho}^0$ 的方向上)的加速度存在着相对加速度 $\vec{a}_r$ 与法向牵连加速度 $\vec{a}_e^n$ 的两项加速度的叠加。

(3) 对小球 B 进行运动和受力分析是比较简单的,其只提供了一个由牛顿第二定律得到的动力学微分方程为 $m_B \ddot{z} = m_B g - F_{TB}$。

(4) 在系统运动过程中,不计质量的细绳(OA 段和 OB 段)始终处于拉紧状态,这不仅建立了小球 A 和小球 B 之间的受力关系,即 $F_{TA} = F_{TB}$,而且还建立了小球 A 和小球 B 之间的运动关系,即 $z + \rho = l$(其中 l 为细绳的长度,z 为 OB 段的绳长,ρ 为 OA 段的绳长),对该式求两次导数得到 $\ddot{z} = -\ddot{\rho}$。可见,不计质量细绳处于拉紧状态为求解两个小球的微分方程提供了两个联系的"桥梁"。

(5) 对于小球 A,在 $\rho = \rho_{\min} = a$ 时,$\dot{\rho} = 0$,$\ddot{\rho} > 0$,表示小球 A 的相对速度为零,其相对加速度不为零,且指向 $\vec{\rho}^0$ 的正向,意味着小球 B 将要上升;在 $\rho = \rho_{\max} = 2a$ 时,$\dot{\rho} = 0$,$\ddot{\rho} < 0$,表示小球 A 的相对速度为零,其相对加速度不为零,且指向 $\vec{\rho}^0$ 的负向,意味着小球 B 将要下降。

7-9 如图所示,质量为 m 的小环 A 沿半径为 r 的光滑圆环运动,圆环在自身平面(为水平面)内以匀角速度 ω 绕通过点 O 的铅垂轴转动。在初始瞬时,小环 A 在 A_0 处($\varphi = 90°$),且处于相对静止状态,试求小环 A 对圆环径向压力的最大值。

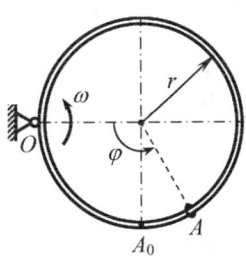

习题 7-9 图

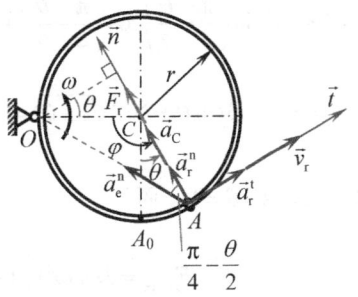

习题 7-9 解答图

解：

（1）运动学分析。

将小环 A 至于一般位置，假设一般位置的半径与初始位置半径的夹角为 θ，如解答图所示，可知

$$\varphi = \frac{\pi}{2} + \theta$$

动点：小环 A；动系：与大圆环固连。

相对速度为

$$v_r = r\dot{\theta}$$

绝对加速度

$$\vec{a}_a = \vec{a}_e^n + \vec{a}_e^t + \vec{a}_r^n + \vec{a}_r^t + \vec{a}_C$$

式中，$a_e^n = OA \cdot \omega^2 = 2r\cos\left(\dfrac{\pi - \varphi}{2}\right) \cdot \omega^2 = 2r\omega^2 \sin\dfrac{\varphi}{2} = 2r\omega^2 \sin\left(\dfrac{\pi}{4} + \dfrac{\theta}{2}\right)$ （$A \to O$）

$a_e^t = 0$，$a_r^n = r\dot{\theta}^2$ （$A \to C$），$a_r^t = \dot{v}_r = r\ddot{\theta}$ （$\perp AC$）

$a_C = 2\omega v_r = 2r\omega\dot{\theta}$ （$A \to C$）

（2）受力分析，以小环 A 为研究对象，受力分析如解答图所示。

重力 $m\vec{g}$ 沿铅垂方向向下；水平面对圆环的约束力 $\vec{F}_N$ 沿铅垂向上方向；径向约束力 $\vec{F}_r$ 在大圆环自身平面（水平面）内由 A 指向 C 的径向力。

根据牛顿第二定律得到小环 A 的动力学微分方程为

$$m\vec{g} + \vec{F}_N + \vec{F}_r = m\vec{a}_a = m(\vec{a}_e^n + \vec{a}_e^t + \vec{a}_r^n + \vec{a}_r^t + \vec{a}_C) \qquad (1)$$

将式（1）沿水平面内大圆环的切线方向投影，得到

$$0 = -a_e^n \sin\left(\dfrac{\pi}{4} - \dfrac{\theta}{2}\right) + a_r^t \;\Rightarrow\; -2r\omega^2\sin\left(\dfrac{\pi}{4} + \dfrac{\theta}{2}\right)\sin\left(\dfrac{\pi}{4} - \dfrac{\theta}{2}\right) + r\ddot{\theta} = 0 \;\Rightarrow\; \ddot{\theta} = \omega^2\sin\left(\dfrac{\pi}{2} + \theta\right) = \omega^2\cos\theta$$

因为 $\ddot{\theta} = \dfrac{d\dot{\theta}}{dt} = \dfrac{d\dot{\theta}}{d\theta}\dfrac{d\theta}{dt} = \dot{\theta}\dfrac{d\dot{\theta}}{d\theta}$，所以

$$\dot{\theta}\dfrac{d\dot{\theta}}{d\theta} = \omega^2\cos\theta \;\Rightarrow\; \dot{\theta}\,d\dot{\theta} = \omega^2\cos\theta\,d\theta \;\Rightarrow\; \int_0^{\dot{\theta}} \dot{\theta}\,d\dot{\theta} = \int_0^{\theta} \omega^2\cos\theta\,d\theta \;\Rightarrow\;$$

$$\dfrac{1}{2}\dot{\theta}^2 = \omega^2\sin\theta \;\Rightarrow\; \dot{\theta}^2 = 2\omega^2\sin\theta \;\Rightarrow\; \dot{\theta} = \sqrt{2\omega^2\sin\theta}$$

将式（1）沿水平面内大圆环的法线方向投影，得到

$$F_r = ma_e^n\cos\left(\dfrac{\pi}{4} - \dfrac{\theta}{2}\right) + ma_r^n + ma_C = m \cdot 2r\omega^2\sin\left(\dfrac{\pi}{4} + \dfrac{\theta}{2}\right)\cos\left(\dfrac{\pi}{4} - \dfrac{\theta}{2}\right) + mr\dot{\theta}^2 + 2mr\omega\dot{\theta}$$

$$= 2mr\omega^2\sin\left(\dfrac{\pi}{4} + \dfrac{\theta}{2}\right)\cos\left(\dfrac{\pi}{4} - \dfrac{\theta}{2}\right) + mr \cdot 2\omega^2\sin\theta + 2mr\omega \cdot \sqrt{2\omega^2\sin\theta}$$

$$= mr\omega^2(1 + 3\sin\theta + 2\sqrt{2}\sqrt{\sin\theta}) = 3mr\omega^2\left[\left(\sqrt{\sin\theta} + \dfrac{\sqrt{2}}{3}\right)^2 + \dfrac{1}{9}\right]$$

当 $\theta = 90°$ 时，$\sin\theta = 1$，而

$$F_{r\max} = 3mr\omega^2\left[\left(1 + \dfrac{\sqrt{2}}{3}\right)^2 + \dfrac{1}{9}\right] = (4 + 2\sqrt{2})mr\omega^2$$

解析：

（1）作定轴转动的大圆环为非惯性参考系，以小环 A（可视为质点）为动点，动系与大圆环固连，则小环 A 具有科氏加速度为 $\vec{a}_C = 2\vec{\omega} \times \vec{v}_r$。

（2）根据牛顿第二定律得到小环 A 的动力学微分方程为

$$m\vec{g} + \vec{F}_N + \vec{F}_r = m\vec{a}_a = m(\vec{a}_e^n + \vec{a}_e^t + \vec{a}_r^n + \vec{a}_r^t + \vec{a}_C)$$

将该矢量表达式沿铅垂轴投影，得到 $mg - F_N = 0$，该式为平衡方程。

（3）"小环 A 对大圆环的径向压力（题目欲求的未知量，作用于大圆环上）"与"大圆环对小环 A 的径向压力（解答中求解的，作用于小环 A 上）"是作用力与反作用力，两者的大小相等、方向相反、作用于不同的研究对象上。

（4）对大圆环，若已知其铅垂轴的转动惯量 J_O，设作用于大圆环上的主动力偶矩为 $M(\theta)$（逆时针），则由大圆环对铅垂轴 O 的动量矩（角动量）定理得到

$$M(\theta) - F'_r(r\cos\theta) = J_O\dot{\omega} = 0, \quad M(\theta) = 3mr^2\omega^2\cos\theta\left[\left(\sqrt{\sin\theta} + \frac{\sqrt{2}}{3}\right)^2 + \frac{1}{9}\right]$$

7-10 如图所示，质量为 m 的小环 D，套在光滑杆 OA 上，杆 OA 固连在铅垂轴 OB 上，二者夹角为 $60°$。若杆 OA 绕轴 OB 以匀角速度 ω 转动，运动初瞬时，小环 D 位于 O 处，且相对于杆 OA 的速度为零，试求当 $OD = x$ 时小环对杆 OA 的压力。

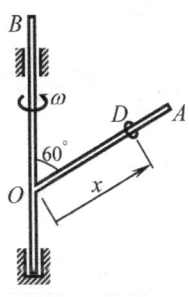

习题 7-10 图

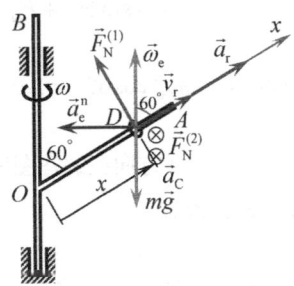

习题 7-10 解答图

解：

（1）运动学分析，如解答图所示。

动点：小环 D；动系：与杆 OA 固连。

相对速度为

$$v_r = \dot{x} = ?$$

绝对加速度为

$$\vec{a}_a = \vec{a}_e^n + \vec{a}_e^t + \vec{a}_r + \vec{a}_C$$

式中，$a_e^n = x\sin 60° \cdot \omega^2 = \dfrac{\sqrt{3}}{2}x\omega^2$（方向：图示铅垂平面内 ←），$a_e^t = 0$

$a_r = \dfrac{dv_r}{dt} = ?$（方向：图示铅垂平面内，// OA）

$\vec{a}_C = 2\vec{\omega}_e \times \vec{v}_r = 2\vec{\omega} \times \vec{v}_r$，$a_C = 2\omega v_r \sin 60° = \sqrt{3}\omega v_r = ?$（方向垂直于图示铅垂平面，指向纸内 ⊗）

（2）受力分析，以小环 D 为研究对象，受力分析如解答图所示。

$m\vec{g}$：在解答图所示铅垂平面内，铅垂向下；

$\vec{F}_N^{(1)}$：杆 OA 对小环 D 的作用力，在解答图所示铅垂平面内垂直于杆 OA；

$\vec{F}_N^{(2)}$：杆 OA 对小环 D 的作用力，垂直于解答图所示平面指向纸内 $\otimes$。

根据牛顿第二定律得到小环 D 的动力学微分方程为

$$m\vec{g} + \vec{F}_N^{(1)} + \vec{F}_N^{(2)} = m\vec{a}_a = m(\vec{a}_e^n + \vec{a}_e^t + \vec{a}_r + \vec{a}_C)$$

将上式沿 $\overrightarrow{OA}$ 方向，即 x 轴投影得到

$$-mg\cos 60° = m(-a_e^n \sin 60° + a_r) \quad \Rightarrow \quad -mg \cdot \frac{1}{2} = m\left(-\frac{\sqrt{3}}{2} x\omega^2 \cdot \frac{\sqrt{3}}{2} + \frac{dv_r}{dt}\right) \quad \Rightarrow \quad \frac{dv_r}{dt} = \frac{3}{4} x\omega^2 - \frac{1}{2}g$$

因为 $\dfrac{dv_r}{dt} = \dfrac{dv_r}{dx}\dfrac{dx}{dt} = \dot{x}\dfrac{dv_r}{dx} = v_r \dfrac{dv_r}{dx}$，所以

$$v_r \frac{dv_r}{dx} = \frac{3}{4}x\omega^2 - \frac{1}{2}g \quad \Rightarrow \quad v_r dv_r = \left(\frac{3}{4}x\omega^2 - \frac{1}{2}g\right)dx$$

初始条件：当 $t = 0$ 时，$x = 0$，$\dot{x} = v_r = 0$，则

$$\int_0^{v_r} v_r dv_r = \int_0^x \left(\frac{3}{4}x\omega^2 - \frac{1}{2}g\right)dx \quad \Rightarrow \quad \frac{1}{2}v_r^2 = \frac{3}{4} \cdot \frac{1}{2}x^2\omega^2 - \frac{1}{2}gx \quad \Rightarrow \quad v_r = \sqrt{\frac{3}{4}x^2\omega^2 - gx}$$

将上式沿 $\vec{F}_N^{(1)}$ 方向投影，得到

$$-mg\sin 60° + F_N^{(1)} = ma_e^n \cos 60° \quad \Rightarrow$$

$$F_N^{(1)} = mg\sin 60° + ma_e^n \cos 60° = mg \cdot \frac{\sqrt{3}}{2} + m \cdot \frac{\sqrt{3}}{2} x\omega^2 \cdot \frac{1}{2} = \frac{\sqrt{3}}{2}mg + \frac{\sqrt{3}}{4}mx\omega^2$$

（方向在解答图所示平面内 $\perp OA$）

将上式沿 $\vec{F}_N^{(2)}$ 方向投影，得到

$$F_N^{(2)} = ma_C = \sqrt{3}m\omega v_r = \sqrt{3}m\omega \sqrt{\frac{3}{4}x^2\omega^2 - gx} = m\omega\sqrt{\frac{9}{4}x^2\omega^2 - 3gx}$$

（方向，垂直于解答图所示平面，指向纸内 $\otimes$）

解析：

（1）绕其自身的非中心惯性主轴作定轴转动的杆 OA 为非惯性参考系。动点小环 D 相对于动系杆 OA 作直线运动，由复合运动知识可知，小环 D 不仅有牵连加速度、相对加速度，而且还有科氏加速度为 $\vec{a}_C = 2\vec{\omega}_e \times \vec{v}_r = 2\vec{\omega} \times \vec{v}_r$，而其中 $v_r = \dot{x}$ 是利用初始条件通过积分运算而求得的未知量。

（2）对小环 D 的受力分析可知，小环 D 受到三个力的作用，重力 $m\vec{g}$、杆 OA 的约束力（支承力）$\vec{F}_N^{(1)}$（该力位于铅垂面内，与杆 OA 垂直，该力与题目欲求的"小环 D 对杆 OA 的压力"是作用力与反作用力的关系）和杆 OA 的约束力（推动力）$\vec{F}_N^{(2)}$（该力位于水平面内，与杆 OA 垂直）。

（3）要实现杆 OA 的匀角速转动，必须作用有沿转轴正向的主动力偶，其值为 $M = F_N'^{(2)} \cdot (x\sin 60°) = \dfrac{\sqrt{3}}{2} m\omega x \sqrt{\dfrac{9}{4}x^2\omega^2 - 3gx}$。

7-11 如图所示，半径为 r 的水平圆盘以匀角速度 ω 绕其中心轴 O（为铅垂轴）作定轴转动。在圆盘上沿某直径有一滑槽，一质量为 m 的质点 A 在光滑槽内运动。若质点在开始时离转轴 O 的距离为 a，且无相对初速，试求质点的相对运动方程和槽对质点的水平约束力。

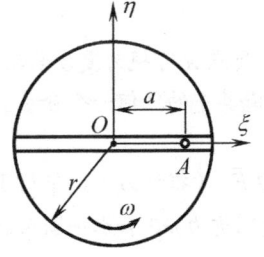
习题 7-11 图

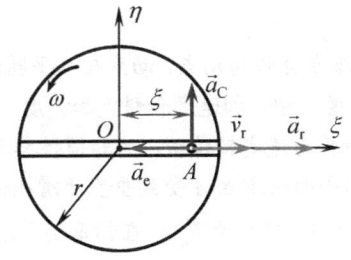
习题 7-11 解答图(a)

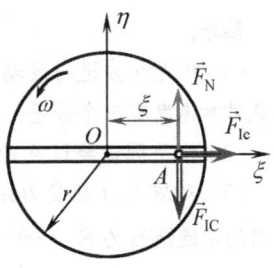
习题 7-11 解答图(b)

解：

（1）运动分析，如解答图(a)所示。

动点：质点 A；动系：与圆盘 O 固连。

假设质点 A 距点 O 的距离为 ξ，则
$$v_r = \dot{\xi}, \quad \vec{a}_a = \vec{a}_e + \vec{a}_r + \vec{a}_C$$

式中，$a_e = \xi\omega^2 (\leftarrow)$，$a_r = \ddot{\xi} (\rightarrow)$，$a_C = 2\omega_e v_r = 2\omega\dot{\xi} (\uparrow)$

（2）受力分析。

以质点 A 为研究对象，受力分析如解答图(b)所示。
$$F_{Ie} = ma_e = m\xi\omega^2, \quad F_{IC} = ma_C = 2m\omega\dot{\xi}$$

根据质点相对运动的动力学基本方程有
$$m\vec{a}_r = \vec{F}_N + \vec{F}_{Ie} + \vec{F}_{IC}$$

将上式分别沿 ξ、η 投影，得到

$$ma_r = F_{Ie} \quad \Rightarrow \quad m\ddot{\xi} = m\xi\omega^2 \quad \Rightarrow \quad \ddot{\xi} - \omega^2\xi = 0 \tag{1}$$

$$0 = F_N - F_{IC} \quad \Rightarrow \quad F_N = 2m\omega\dot{\xi} \tag{2}$$

式（1）为常微分方程（二阶常系数齐次线性方程），求解该方程可以得到质点的相对运动方程。下面求解的常微分方程式（1）。

$\ddot{\xi} = \dfrac{d\dot{\xi}}{dt} = \dfrac{d\dot{\xi}}{d\xi}\dfrac{d\xi}{dt} = \dot{\xi}\dfrac{d\dot{\xi}}{d\xi}$，将该式代入微分方程式（1），得到 $\dot{\xi}\dfrac{d\dot{\xi}}{d\xi} = \omega^2\xi$ $\Rightarrow$ $\dot{\xi}d\dot{\xi} = \omega^2\xi d\xi$。

利用初始条件：当 $t = 0$ 时，$\xi = a$，$\dot{\xi} = 0$，对上式积分，得到

$$\int_0^{\dot{\xi}} \dot{\xi}d\dot{\xi} = \int_a^{\xi} \omega^2\xi d\xi \quad \Rightarrow \quad \frac{1}{2}\dot{\xi}^2\Big|_0^{\dot{\xi}} = \frac{1}{2}\omega^2\xi^2\Big|_a^{\xi} \quad \Rightarrow \quad \dot{\xi}^2 = \omega^2(\xi^2 - a^2) \quad \Rightarrow$$

$$\dot{\xi} = \omega\sqrt{\xi^2 - a^2} \quad \Rightarrow \quad \frac{d\xi}{\sqrt{\xi^2 - a^2}} = \omega dt \quad \overset{积分}{\Rightarrow} \quad \int_a^{\xi}\frac{d\xi}{\sqrt{\xi^2 - a^2}} = \int_0^t \omega dt \quad \Rightarrow$$

$$\ln\frac{\xi + \sqrt{\xi^2 - a^2}}{a} = \omega t \quad \Rightarrow \quad \xi + \sqrt{\xi^2 - a^2} = ae^{\omega t} \Rightarrow$$

$$\xi = \frac{a}{2}(e^{\omega t} + e^{-\omega t}) = a\operatorname{ch}\omega t \quad \text{（质点的相对运动方程）}$$

由式（2）可以得到滑槽对质点的水平约束力为

$$F_N = 2m\omega\dot{\xi} = 2m\omega \cdot \omega\sqrt{\xi^2 - a^2} = 2m\omega^2 a\operatorname{sh}\omega t$$

当 $t = 0$ 时，$F_N = 2m\omega^2\sqrt{\xi^2 - a^2}\Big|_{\xi = a} = 2m\omega^2 a\operatorname{sh}\omega t\Big|_{t=0} = 0$。

解析：

（1）对质点 A 进行运动分析，将质点 A 作为动点，动系与水平圆盘固连，质点 A 可视为复合运动，其绝对加速度有三个分量：牵连加速度、相对加速度和科氏加速度。不要遗漏其中的任何一个分量。

（2）水平圆盘绕过点 O 的铅垂轴作匀速定轴转动，为非惯性参考系。

（3）对质点 A 的受力分析，在水平面内质点 A 受到垂直于滑槽的约束力 $\vec{F}_N$（推动力）、平行于滑槽的牵连惯性力 $\vec{F}_{Ie}$ 和垂直于滑槽的科氏惯性力 $\vec{F}_{IC}$；在铅垂面内质点 A 受到重力 $m\vec{g}$ 和水平圆盘的铅垂支承力，这两个是平衡力，对质点 A 的运动无影响。

7-17 图示均质等厚三角板 OAB，已知底边长为 a，高为 h，面密度为 ρ，$\angle AOB = \beta$，试求其对 x、y 轴的转动惯量和惯性积。

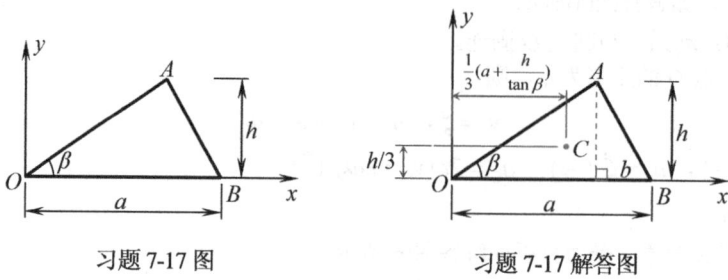

习题 7-17 图   习题 7-17 解答图

解： 如解答图所示，三角板 OAB 的质量为 $m = \dfrac{1}{2}ah\rho$，$b = a - \dfrac{h}{\tan\beta}$。

点 C 为三角板 OAB 的质心，其位置坐标为 $C\left(\dfrac{1}{3}\left(a + \dfrac{h}{\tan\beta}\right), \dfrac{h}{3}\right)$。

查附录 B——简单均质几何体的质心、转动惯量和惯性矩。

（1）三角板 OAB 对 x 轴的转动惯量。

$$J_x = J_{x_C} + m\left(\dfrac{h}{3}\right)^2 = \dfrac{1}{18}mh^2 + m\left(\dfrac{h}{3}\right)^2 = \dfrac{1}{6}mh^2 = \dfrac{1}{6}\cdot\dfrac{1}{2}ah\rho\cdot h^2 = \dfrac{1}{12}ah^3\rho$$

（2）三角板 OAB 对 y 轴的转动惯量。

$$J_y = J_{y_C} + m\left[\dfrac{1}{3}\left(a + \dfrac{h}{\tan\beta}\right)\right]^2 = \dfrac{1}{18}m(a^2 + b^2 - ab) + m\left[\dfrac{1}{3}\left(a + \dfrac{h}{\tan\beta}\right)\right]^2$$

$$= \dfrac{1}{18}m\left[a^2 + \left(a - \dfrac{h}{\tan\beta}\right)^2 - a\left(a - \dfrac{h}{\tan\beta}\right)\right] + m\left[\dfrac{1}{3}\left(a + \dfrac{h}{\tan\beta}\right)\right]^2$$

$$= \dfrac{1}{6}m(3a^2 + b^2 - 3ab) = \dfrac{1}{6}m\left(a^2 + \dfrac{ah}{\tan\beta} + \dfrac{h^2}{\tan^2\beta}\right) = \dfrac{1}{12}ah\rho\left(a^2 + \dfrac{ah}{\tan\beta} + \dfrac{h^2}{\tan^2\beta}\right)$$

（3）三角板 OAB 对 x、y 轴的惯性积。

$$J_{xy} = J_{x_C y_C} + m\left(\dfrac{h}{3}\right)\left[\dfrac{1}{3}\left(a + \dfrac{h}{\tan\beta}\right)\right] = \dfrac{1}{36}mh(a - 2b) + m\left(\dfrac{h}{3}\right)\cdot\dfrac{1}{3}\left(a + \dfrac{h}{\tan\beta}\right)$$

$$= \dfrac{1}{36}mh\left[a - 2\cdot\left(a - \dfrac{h}{\tan\beta}\right)\right] + m\left(\dfrac{h}{3}\right)\cdot\dfrac{1}{3}\left(a + \dfrac{h}{\tan\beta}\right) = \dfrac{1}{12}mh\left(a + \dfrac{2h}{\tan\beta}\right)$$

$$= \dfrac{1}{12}mh(3a - 2b) = \dfrac{1}{12}\cdot\dfrac{1}{2}ah\rho\cdot h\left(a + \dfrac{2h}{\tan\beta}\right) = \dfrac{1}{24}ah^2\rho\left(a + \dfrac{2h}{\tan\beta}\right)$$

解析:

(1) 欲求三角板对 x、y 轴的转动惯量和惯性矩,首先要确定三角板的质心位置,然后求得三角板对平行于 x、y 轴的质心轴 x_C、y_C 的转动惯量和惯性矩,然后再利用"平行移轴公式"求得三角板对 x、y 轴的转动惯量和惯性矩。

(2) 在求质心轴 x_C、y_C 的转动惯量和惯性矩时,若能从附录 B(简单均质几何体的质心、转动惯量和惯性积)中查得或用"叠加法"求得,尽量不用积分法求得,这样计算简单快捷。

本题可从附录 B 中查得,$J_{x_C} = \dfrac{1}{18}mh^2$,$J_{y_C} = \dfrac{1}{18}m(a^2+b^2-ab)$,$J_{x_C y_C} = \dfrac{1}{36}mh(a-2b)$。

(3) 惯性积的平行移轴公式为

$$J_{xy} = J_{x_C y_C} + mab, \quad J_{yz} = J_{y_C z_C} + mbc, \quad J_{xz} = J_{x_C z_C} + mac$$

式中,$x = x_C + a$,$y = y_C + b$,$z = z_C + c$(注意,a、b、c 为代数值)。

(4) 惯性积也符合"叠加原理"。

第8章 动能定理

8.1 内容提要

8.1.1 动能

动能是物体机械运动的一种度量，它不仅表示机械运动的强弱，而且可用以研究机械运动与其他形式的运动之间的转化。动能为一个大于或等于零的标量，其具体的计算如表 8-1 所示。

表 8-1 动能的计算式

研究对象	动能的计算表达式		说明
质点	$T = \dfrac{1}{2}mv^2$		m 为质点的质量，v 为质点绝对速度的大小
质点系	定义式：$T = \sum\limits_{i=1}^{n} \dfrac{1}{2} m_i v_i^2$		质点系内各质点动能的总和
	柯尼希定理：$T = \dfrac{1}{2} m v_C^2 + \sum\limits_{i=1}^{n} \dfrac{1}{2} m_i v_{ri}^2$		质点系随质心的平移动能和相对于质心平移系运动的相对动能之和
平移刚体	$T = \dfrac{1}{2} m v_C^2$		m 为刚体的质量，v_C 为刚体质心的绝对速度大小
绕定轴 z 转动刚体	$T = \dfrac{1}{2} J_z \omega^2$		J_z 为刚体对定轴 z 的转动惯量，ω 为刚体的绝对角速度大小
平面运动刚体	一般式：$T = \dfrac{1}{2} m v_C^2 + \dfrac{1}{2} J_C \omega^2$		刚体以质心速度作平移时的动能与相对于质心平移系作定轴转动时的动能之和
	瞬时转动式：$T = \dfrac{1}{2} J_P \omega^2$		J_P 为刚体对速度瞬时转轴的转动惯量，ω 为刚体的绝对角速度大小

特别提醒：若 A 为一般平面运动刚体上除了质心 C 和速度瞬心 P 以外的任意一点，用 $T = \dfrac{1}{2} m v_A^2 + \dfrac{1}{2} J_A \omega^2$ 计算该刚体的动能，则是错误的。

8.1.2 力的功

力 $\vec{F}$ 在一无限小位移 $d\vec{r}$ 中所做的功 $d'W = \vec{F} \cdot d\vec{r}$ 称为力的元功，力 $\vec{F}$ 在一路程 L 上从点 M_1 运动到点 M_2 所做功的累积效果 $W_{12} = \int_{M_1}^{M_2} \vec{F} \cdot d\vec{r}$ 称为力的有限功。力的功是一个代数量，应注意它的正负号。几种常见力的功的计算如表 8-2 所示。

必须注意，一般质点系的内力系做功之和不一定等于零（如连接两个质点的弹簧的一对弹性力的功一般不为零），但同一刚体上的内力系做功之和恒为零。当质点系的所有外约束力和内约束力所作元功之和恒为零时，系统所受约束称为理想约束。常见的理想约束有：光滑支承面，光滑铰链，始终张紧且不可伸长的绳索，刚性连接，刚体沿固定面作纯滚动或两刚体间作相对纯滚动等。一对动滑动摩擦力所做的功之和总为负，其值可以将它们看成主动力去计算。在不同参考系中计算同一对内力所做的功之和，其结果是相同的。

表 8-2 常见力的功的计算式

力的类型	功的计算表达式	说明
重力 $m\vec{g}$	$W_{12} = mg \cdot (z_C^{(1)} - z_C^{(2)})$	$z_C^{(1)}$ 和 $z_C^{(2)}$ 分别为物体重心 C 在铅垂方向（向上为正）的初始和末了坐标
作用于刚体运动平面内常力偶 M	$W_{12} = M(\varphi_2 - \varphi_1)$	规定力偶矩 M 与平面运动刚体方位角 φ 的正转向相同，φ_1 和 φ_2 分别为刚体初始和末了的方位角
刚度系数为 k 的弹簧的一对弹性力	$W_{12} = \dfrac{1}{2}k(\lambda_1^2 - \lambda_2^2)$	λ_1 和 λ_2 分别为弹簧的初始和末了的变形量
作用于平移刚体上外力系	$W_{12} = \displaystyle\int_{C_1}^{C_2} \vec{F}_R \cdot d\vec{r}_C$	$\vec{F}_R$ 为作用于刚体上外力系主矢，$\vec{r}_C$ 为其质心相对于固定点矢径
作用于绕定轴 z 转动刚体上外力系	$W_{12} = \displaystyle\int_{\varphi_1}^{\varphi_2} M_z d\varphi$	M_z 为作用于刚体上外力系对 z 轴的矩，φ 为转角，规定它们的正转向相同
作用于平面运动刚体上外力系	$W_{12} = \displaystyle\int_{C_1}^{C_2} \vec{F}_R \cdot d\vec{r}_C + \int_{\varphi_1}^{\varphi_2} M_C d\varphi$	$\vec{F}_R$、M_C 分别为作用于平面运动刚体上外力系主矢和对质心的主矩，φ 为刚体的方位角，规定 M_C 与 φ 的正转向相同

8.1.3 势力场和势能

当物体在某空间中总能受到一个大小和方向完全由所在位置确定的力的作用，此空间称为力场。当物体在某力场中运动，作用于其上的力所做的功只与物体受力点的初始和末了位置有关，而与该点所经历的路径无关，则此力场称为势力场或保守力场，对应的力称为有势力或保守力。质点或质点系在势力场中某一位置的势能等于其从该位置运动到所选势能为零位置时有势力所做的功。重力和弹簧力是常见的有势力，其势能的计算如表 8-3 所示。

表 8-3 重力势能和弹性势能的计算式

势力场类型	零势能位置	势能的计算表达式	说明
重力场	重心 C 的铅垂坐标为 $z_C^{(0)}$	$V = mg(z_C - z_C^{(0)})$	mg 为重力，z_C 为所在位置重心的铅垂坐标（z 轴向上为正）
弹性力场	弹簧变形量为 δ_0	$V = \dfrac{1}{2}k(\delta^2 - \delta_0^2)$	k 为弹簧的刚度系数，δ 为所在位置弹簧的变形量

有势力元功与势能函数全微分的关系为 $d'W = -dV$。

有势力的有限功与势能差的关系为 $W_{12} = V_1 - V_2$。

有势力与势能函数的关系为 $\vec{F} = -\left(\dfrac{\partial V}{\partial x}\vec{i} + \dfrac{\partial V}{\partial y}\vec{j} + \dfrac{\partial V}{\partial z}\vec{k}\right) = -\mathrm{grad}V$。

由于零势能位置是任选的，所以势能的取值具有相对性，可能是正值，也可能是负值。势能的计算服从叠加原理，几种势能同时存在时的总势能等于它们单独存在时其势能的代数和。可以规定系统的某一位置为系统总势能为零的位置，也可以指定不同势能为各自的零势能位置。

8.1.4 动能定理及机械能守恒定律

1. 动能定理

动能定理建立了质点、质点系的动能改变与作用于其上的力的功之间的关系，有微分和积分两种形式，如表 8-4 所示。

表 8-4　动能定理的计算式

研究对象	动能定理的计算表达式	说明	
质点	微分形式：$d(\frac{1}{2}mv^2) = d'W$	质点动能的微分在某瞬时的取值等于作用于其上的合力在该瞬时的元功	
	积分形式：$\frac{1}{2}mv_2^2 - \frac{1}{2}mv_1^2 = W_{12}$	质点的动能在某一段路程中的改变量等于作用于其上的合力在该路程中所作的有限功	
质点系	微分形式：$dT = \sum d'W_i^{(e)} + \sum d'W_i^{(i)}$ 或 $dT = \sum d'W_i^{(A)} + \sum d'W_i^{(N)}$	质点系动能的微分在某瞬时的取值等于作用于其上的各力在该瞬时所作元功的代数和	作用于质点系上的力可分为外力系和内力系，分别用上标(e)和(i)表示；作用于质点系上的力也可分为主动力系和约束力系，分别用上标(A)和(N)表示
	积分形式：$T_2 - T_1 = W_{12}^{(e)} + W_{12}^{(i)}$ 或 $T_2 - T_1 = W_{12}^{(A)} + W_{12}^{(N)}$	质点系的动能在有限路程中的改变量等于作用于其上的各力在各自路程中所作的有限功的代数和	

由表 8-4 可知，当作用于质点系上内力系的功为零时，在运用动能定理解题时只需考虑外力系的功；当质点系所受约束为理想约束时，在运用动能定理解题时只需考虑主动力的功。

必须指出，当列写的动能定理的积分形式适用于任意时刻（任意位置）时，则可将其两端都对时间 t 求一阶导数，所得的方程实质上就是很多教科书所给的功率方程。

应用动能定理解题的一般步骤为：

（1）根据题意，恰当选取研究对象。由于在理想约束情况下约束力不做功，若不求约束力，往往选取整个系统为研究对象。

（2）对研究对象进行受力分析和运动分析。对于理想约束系统，可以只画做功的主动力，而不画约束力；然后将计算系统动能所需的各运动学量也画到图上，并将这些运动学量都用独立的运动学量表示出来。

（3）写出在始、末两瞬时或任意瞬时研究对象的总动能和作用于研究对象上各力在运动中所做有限功的代数和或在任意瞬时各力所做元功的代数和。

（4）根据动能定理建立方程。若要求解的是某一给定位置的某速度或某角速度，则选用积分形式的动能定理；若要求解的是某一运动过程或给定位置的某加速度或某角加速度，则往往选用微分形式的动能定理。

（5）解方程，求解所需结果。

在应用动能定理具体解题时，还要注意以下几点：

（1）在分析系统的受力时，不仅要分析对系统做功不为零的全部外力，而且要分析对系统做功不为零的所有内力（例如，存在于系统内不同物体间的弹性作用力和动摩擦力等），同时必须注意功的正、负号。

（2）在动能定理的积分形式中，动能的变化量只与系统在某个运动过程中起始和末了两个位置的运动状态（质点或刚体质心的速度，刚体的角速度）有关，而与系统在其他未知的运动状态无关。但力的功则是指力在某个运动过程中作用效应的总和，因此，在具体计算某个力的功时，一般应考虑这个力在系统的该运动过程中的具体作用情况，即先写出该力在系统一般位置时所做的元功，然后通过积分再算出此力在全过程中所做的功。但重力、弹性力等有势力的功却是例外，即有势力的功与系统的运动过程无关，只与系统在该运动过程中的起始和末了的位置有关。

（3）由动能定理的积分形式求出系统在某运动过程的末了位置某点的速度或某刚体的角速度后，只有在末了位置的动能表达式及力的功的表达式是适用于运动过程其他位置的通式时，才能利用它们对时间 t 求导得到该点的加速度或该刚体的角加速度。

（4）在使用动能定理的微分形式时，一定要将系统放在一般位置，写出系统动能的通式后，才能对动能求微分。由于系统内往往不止一个刚体，因此，在写系统的动能的一般表达式时，往往要求熟练地利用运动学知识建立各刚体运动学物理量（刚体的角速度或刚体质心的速度）之间的关系，并将系统的动能表示成独立速度或角速度的一般函数。显然，在许多情况下，这一函数表达式是非常复杂的，求其微分不仅可能相当麻烦，而且很容易出错。这时，可以采用以下方法来简化计算工作量，并保证求解的正确性：先将系统内各刚体的动能按各自运动形式由对应的动能计算公式直接写出，然后求算术和得到系统动能的一般表达式，此时不要去建立各刚体运动学物理量之间的关系的通式，而是将所得的系统动能的计算公式直接求微分，得到其微分的简易表达式后，再将给定瞬时的动能定理的微分形式的两边同除以 $\mathrm{d}t$，得到适用于系统给定位置的 $\dfrac{\mathrm{d}T}{\mathrm{d}t} = \dfrac{\mathrm{d}'W}{\mathrm{d}t}$ 的表达式，然后由运动学知识建立给定位置各刚体的角速度和角加速度或刚体质心的速度和加速度与该瞬时系统的独立速度或角速度和独立加速度或角加速度的关系式，并将它们代入以上所得的 $\dfrac{\mathrm{d}T}{\mathrm{d}t} = \dfrac{\mathrm{d}'W}{\mathrm{d}t}$，即可方便求解。

（5）由于动能定理的表达式中不出现理想约束力，因此，当已知主动力求系统运动的同时，若还要求理想约束力，则必须先使用动能定理求出系统的运动后，再利用其他动力学定理或原理求解理想约束力。

（6）由于动能定理只提供了一个代数方程，因此，利用它求单自由度系统的运动是完全可以的，但如果系统的自由度大于 1，则必须将动能定理与其他动力学定理或原理结合才能求解。

2. 机械能守恒定律

将系统在某一位置的动能和势能的代数和称为其机械能。若系统在运动过程中只有有势力做功，则其机械能保持不变，称为机械能守恒定律，即

$$T + V = \mathrm{const}（常量）$$

在应用机械能守恒定律时，并不要求作用于系统上的所有力都为有势力，只要求其中的非有势力均不做功。在给定研究对象的初始条件（初始位置和初始速度）的情况下，利用机械能守恒定律容易得到研究对象中某速度或某角速度与其运动位置的关系。

8.2 思考题及解答

8-5 如图所示，均质齿轮 C 的质量为 m，半径为 r，相对于直角齿条 OAB 以角速度 $\omega_\mathrm{r} = \omega_0$ 滚动；齿条绕轴 O 以角速度 ω_0 作定轴转动，试问图(a)、(b)两种情况，齿轮在图示位置的动能是否一样？具体为多少？

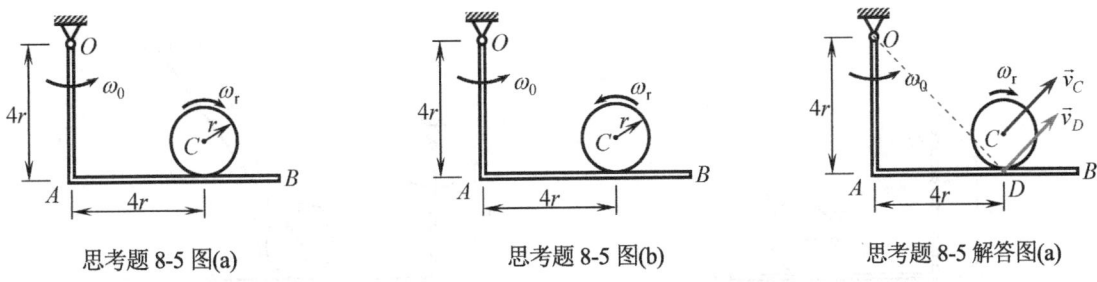

思考题 8-5 图(a)　　　　　思考题 8-5 图(b)　　　　　思考题 8-5 解答图(a)

解答：

(a) 根据刚体复合运动知识，选取动刚体为齿轮 C；动系与直角齿条 OAB 固连，如解答图(a)所示。

$$\begin{array}{cccc}
& \vec{\omega}_a & = \vec{\omega}_e & + \vec{\omega}_r \\
\text{大小} & ? & \omega_0 & \omega_0 \\
\text{方向} & ? & \text{逆} & \text{顺}
\end{array}$$

$$\omega_a = \omega_0 - \omega_0 = 0$$

即齿轮 C 为平移，其上各点速度相等。

设齿轮与齿条的啮合点为 D，则

$$v_C = v_D = OD \cdot \omega_0 = 4\sqrt{2}r\omega_0 \quad \text{（方向如图）}$$

在该位置齿轮 C 的动能为

$$T = \frac{1}{2}mv_C^2 = 16mr^2\omega_0^2$$

(b) 根据刚体复合运动知识，选取动刚体为齿轮 C；动系与直角齿条 OAB 固连，如解答图(b)-(a)所示。

$$\begin{array}{cccc}
& \vec{\omega}_a & = \vec{\omega}_e & + \vec{\omega}_r \\
\text{大小} & ? & \omega_0 & \omega_0 \\
\text{方向} & ? & \text{逆} & \text{逆}
\end{array}$$

$$\omega_a = \omega_0 + \omega_0 = 2\omega_0 \quad \text{（逆时针）}$$

设齿轮与齿条的啮合点为 D，根据齿轮与齿条的啮合点速度相等和 $\vec{v}_C = \vec{v}_D + \vec{v}_{CD}$ 可知，$v_{Cx} = 4r\omega_0 - r(2\omega_0) = 2r\omega_0\ (\rightarrow)$，$v_{Cy} = 4r\omega_0\ (\uparrow)$，所以

$$v_C^2 = v_{Cx}^2 + v_{Cy}^2 = 20r^2\omega_0^2$$

在该位置齿轮 C 的动能为

$$T = \frac{1}{2}mv_C^2 + \frac{1}{2}J_C\omega_a^2 = \frac{1}{2}m(20r^2\omega_0^2) + \frac{1}{2}\cdot\frac{1}{2}mr^2\cdot(2\omega_0)^2 = 11mr^2\omega_0^2$$

或者，根据点的复合运动知识，选取动点为齿轮的中心点 C；动系与直角齿条 OAB 固连。速度矢量图如解答图(b)-(b)所示。

$$\begin{array}{cccc}
& \vec{v}_a & = \vec{v}_e & + \vec{v}_r \\
\text{大小} & ? & OC\cdot\omega_0 = 5r\omega_0 & r\omega_r = r\omega_0 \\
\text{方向} & ? & \perp OC & \leftarrow
\end{array}$$

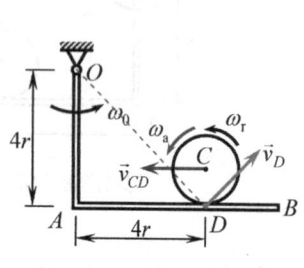

思考题 8-5 解答图(b)-(a)

思考题 8-5 解答图(b)-(b)

$v_{ax} = v_e \sin\varphi - v_r = 3r\omega_0 - r\omega_0 = 2r\omega_0$，$v_{ay} = v_e \cos\varphi = 4r\omega_0$，所以

$$v_a^2 = v_{ax}^2 + v_{ay}^2 = 20r^2\omega_0^2$$

在该位置齿轮 C 的动能为

$$T = \frac{1}{2}mv_a^2 + \frac{1}{2}J_C\omega_a^2 = \frac{1}{2}m(20r^2\omega_0^2) + \frac{1}{2} \cdot \frac{1}{2}mr^2 \cdot (2\omega_0)^2 = 11mr^2\omega_0^2$$

结论：解答图(a)、(b)两种情况，齿轮在图示位置的动能不一样。

8-6 如图所示，均质杆 AB 的质量为 m，长度为 l，质量也为 m 的滑块 A 沿滑道滑动的速度为 $\vec{v}_A$，杆 AB 的角速度为 ω，试问图(a)、(b)两种情形，使用 $T = \frac{1}{2}mv_A^2 + \frac{1}{2}J_A^{AB}\omega^2$ 计算杆 AB 在该位置的动能是否正确？

解答：

使用 $T = \frac{1}{2}mv_A^2 + \frac{1}{2}J_A^{AB}\omega^2 = \frac{1}{2}mv_A^2 + \frac{1}{2} \cdot \frac{1}{3}ml^2 \cdot \omega^2 = \frac{1}{2}mv_A^2 + \frac{1}{6}ml^2\omega^2$ 计算杆 AB 在该位置的动能，对图(a)不正确，而对图(b)正确。

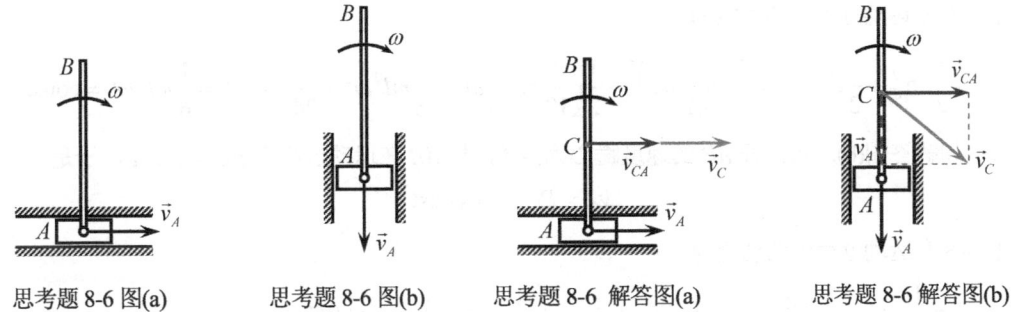

思考题 8-6 图(a)　　思考题 8-6 图(b)　　思考题 8-6 解答图(a)　　思考题 8-6 解答图(b)

因为对于情况(a)，如解答图(a)所示。

$$\vec{v}_C = \vec{v}_A + \vec{v}_{CA} = \vec{v}_A + \frac{1}{2}l\omega \quad (\rightarrow)$$

杆 AB 在图示位置的动能为

$$T = \frac{1}{2}mv_C^2 + \frac{1}{2}J_C^{AB}\omega^2 = \frac{1}{2}m\left(v_A + \frac{1}{2}l\omega\right)^2 + \frac{1}{2}\left(\frac{1}{12}ml^2\right)\omega^2$$

$$= \frac{1}{2}mv_A^2 + \frac{1}{2}mv_Al\omega + \frac{1}{6}ml^2\omega^2 \neq \frac{1}{2}mv_A^2 + \frac{1}{2}J_A^{AB}\omega^2$$

对于情况(b)，如解答图(b)所示。

$$\vec{v}_C = \vec{v}_A + \vec{v}_{CA}$$

$$v_C^2 = v_A^2 + v_{CA}^2 = v_A^2 + \frac{1}{4}l^2\omega^2 \quad (方向如图)$$

杆 AB 在图示位置的动能为

$$T = \frac{1}{2}mv_C^2 + \frac{1}{2}J_C^{AB}\omega^2 = \frac{1}{2}m\left(v_A^2 + \frac{1}{4}l^2\omega^2\right) + \frac{1}{2}\left(\frac{1}{12}ml^2\right)\omega^2 = \frac{1}{2}mv_A^2 + \frac{1}{6}ml^2\omega^2 = \frac{1}{2}mv_A^2 + \frac{1}{2}J_A^{AB}\omega^2$$

8-7 如图所示，均质杆 AB 的质量为 m，长度为 l，其角速度 ω 为常值，试问图(a)、(b)两种情况，杆 AB 在运动过程中动能发生变化吗？

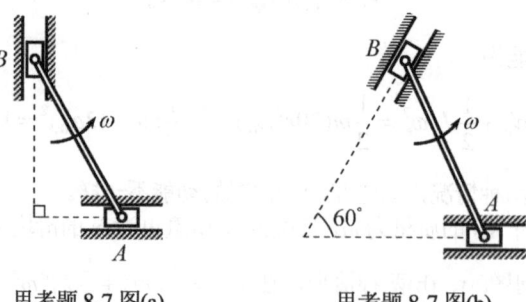

思考题 8-7 图(a)　　　　思考题 8-7 图(b)

解答：

(a) 如解答图(a)所示，杆 AB 的速度瞬心为点 P，杆 AB 在运动过程中 $PC = \frac{1}{2}l = \text{const}$，于是

$$v_C = PC \cdot \omega = \frac{1}{2}l\omega = \text{const}$$

杆 AB 在运动过程中的动能为

$$T = \frac{1}{2}mv_C^2 + \frac{1}{2}J_C^{AB}\omega^2 = \frac{1}{2}m\left(\frac{1}{2}l\omega\right)^2 + \frac{1}{2}\left(\frac{1}{12}ml^2\right)\omega^2 = \frac{1}{8}ml^2\omega^2 + \frac{1}{24}ml^2\omega^2 = \frac{1}{6}ml^2\omega^2 = \text{const}$$

(b) 如解答图(b)所示，杆 AB 的速度瞬心为点 P，杆 AB 在运动过程中 $PC \ne \text{const}$，于是

$$v_C = PC \cdot \omega \ne \text{const}$$

杆 AB 在运动过程中的动能为

$$T = \frac{1}{2}mv_C^2 + \frac{1}{2}J_C^{AB}\omega^2 = \frac{1}{2}m(PC \cdot \omega)^2 + \frac{1}{2}\left(\frac{1}{12}ml^2\right)\omega^2 = \frac{1}{2}m(PC \cdot \omega)^2 + \frac{1}{24}ml^2\omega^2 \ne \text{const}$$

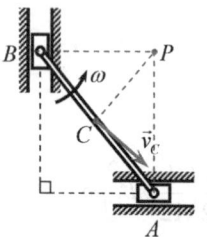　　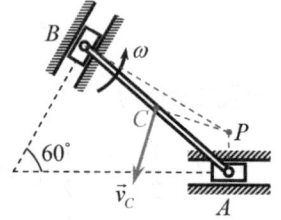

思考题 8-7 解答图(a)　　　　思考题 8-7 解答图(b)

8-8 图(a)中半径为 r 的圆盘在常力 $\vec{F}$ 的作用下沿水平地面作纯滚动，则当盘心移动距离为 s 时，力 $\vec{F}$ 所做的功等于 $F \cdot s$ 吗？为什么？图(b)中半径为 r 的圆盘由不计质量且不可伸长的细绳缠绕，圆盘在光滑斜面上又滚又滑（直线段绳子与斜面平行），已知绳的张力始终为 $\vec{F}$，则当盘 C 沿斜面下滑距离为 s 时，绳子张力对圆盘所做的功等于 $-F \cdot s$ 吗？为什么？

解答：

(a) 力 $\vec{F}$ 所做的功为 $W_F = 2Fs$，而 $W_F \ne Fs$。

因为圆盘作纯滚动时，盘心向右移动距离为 s，圆盘上边缘点（力的作用点）向右移动了 $2s$，所以力 $\vec{F}$ 所做的功为 $W_F = 2Fs$。

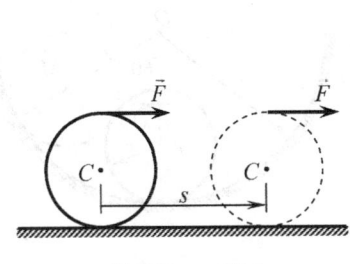

思考题 8-8 图(a)

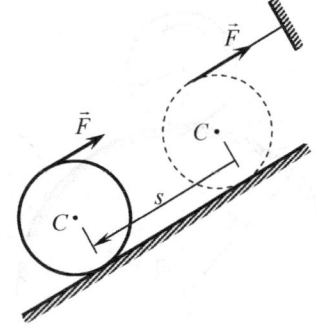

思考题 8-8 图(b)

另一种解释：

将力 $\vec{F}$ 向圆盘的中心简化，其等效结果如解答图(a)所示，附加力偶 $M = Fr$（顺时针）。

假设圆盘作纯滚动其中心 C 向右移动了 s 距离时，圆盘顺时针转过了 φ 角，则 $\varphi = \dfrac{s}{r}$，力 $\vec{F}$ 所做的功为

$$W_F = W_{F'} + W_M = F's + M\varphi = Fs + Fr \cdot \dfrac{s}{r} = 2Fs$$

(b) 力 $\vec{F}$ 所做的功不等于 $-F \cdot s$。原因如下：

将力 $\vec{F}$ 向圆盘的中心简化，其等效结果如解答图(b)所示，附加力偶 $M = Fr$（顺时针）。

圆盘在光滑斜面上又滚又滑，但相对于绳子作纯滚动，当沿斜面下滑距离为 s 时，圆盘顺时针转过了 φ 角，$\varphi = \dfrac{s}{r}$，则力 $\vec{F}$ 所做的功为

$$W_F = W_{F'} + W_M = -F's + M\varphi = -Fs + M\varphi = 0 \neq -Fs$$

另一种解释：

圆盘相对于绳子作纯滚动，即绳子的张力永远作用于圆盘的速度瞬心上，其每一瞬时元功都为零，其有限功也必为零。

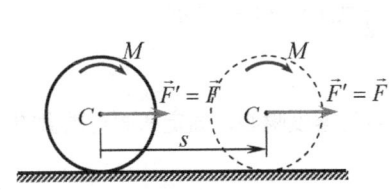

思考题 8-8 解答图(a)

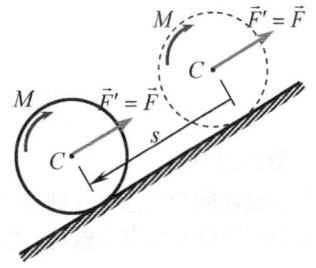

思考题 8-8 解答图(b)

8-9 如图所示铅垂平面内系统，半径为 r 的圆盘在常力偶矩 M 的作用下沿半径为 $R = 3r$ 凸面（图(a)）和半径为 $R = 3r$ 的凹面（图(b)）作纯滚动，由实线位置运动至虚线位置，则两种情况下，主动力偶的功，重力的功和所受摩擦力的功有何差别？

解答：

(a)

（1）主动力偶的功。

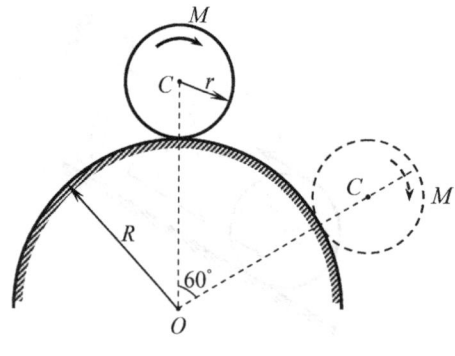
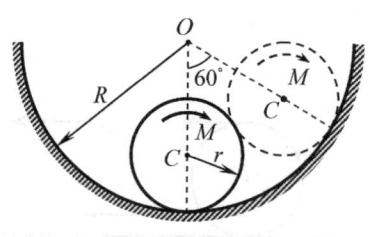

思考题 8-9 图(a)　　　　　　　　思考题 8-9 图(b)

假设圆盘在固定凸面上作纯滚动顺时针转过 φ 角时，O、C 连线按顺时针转过 ψ 角，则 $v_C = r\dot{\varphi} = (R+r)\dot{\psi}$　$\Rightarrow$　$r\varphi = (R+r)\psi$。

当 $\psi = \dfrac{\pi}{3}$ 时，$\varphi = \dfrac{R+r}{r} \cdot \dfrac{\pi}{3} = \dfrac{4\pi}{3}$，主动力偶的功为 $W_M = M\varphi = \dfrac{4}{3}\pi M$。

（2）重力的功。
$$W_{mg} = mg \cdot [(R+r) - (R+r)\cos 60°] = \dfrac{1}{2}mg(R+r) = 2mgr$$

（3）摩擦力的功。
由于圆盘在固定凸面上作纯滚动，圆盘上与凸面接触的点为速度瞬心，固定凸面对圆盘的摩擦力为静摩擦力，所以摩擦力不做功，即 $W_{F_s} = 0$。

(b)
（1）主动力偶的功。
假设圆盘在固定凹面上作纯滚动顺时针转过 φ 角时，O、C 连线按逆时针转过 ψ 角，则 $v_C = r\dot{\varphi} = (R-r)\dot{\psi}$　$\Rightarrow$　$r\varphi = (R-r)\psi$。

当 $\psi = \dfrac{\pi}{3}$ 时，$\varphi = \dfrac{R-r}{r} \cdot \dfrac{\pi}{3} = \dfrac{2\pi}{3}$，主动力偶的功为 $W_M = M\varphi = \dfrac{2}{3}\pi M$。

（2）重力的功。
$$W_{mg} = -mg \cdot [(R-r) - (R-r)\cos 60°] = -\dfrac{1}{2}mg(R-r) = -mgr$$

（3）摩擦力的功。
由于圆盘在固定凹面上作纯滚动，圆盘上与凹面接触的点为速度瞬心，固定凹面对圆盘的摩擦力为静摩擦力，所以摩擦力不做功，即 $W_{F_s} = 0$。

8.3　习题及解答

8-4　如图所示，质量为 m_1 的直角三角块 A 沿光滑水平地面滑动，在三角块的光滑斜面（倾角为 β）上放置一质量为 m_3、半径为 r 的均质圆柱 C，其上绕有不可伸长的绳索，绳索通过质量可不计的滑轮 D 悬挂一质量为 m_2 的物块 B。试以图示 q_1、q_2、q_3 为广义坐标写出系统的动能（设绳索与圆柱间无相对滑动）。

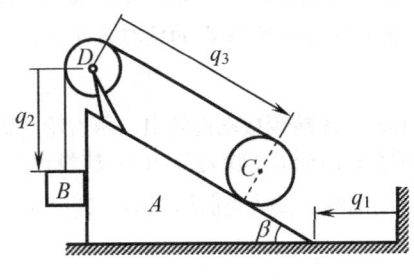

习题 8-4 图

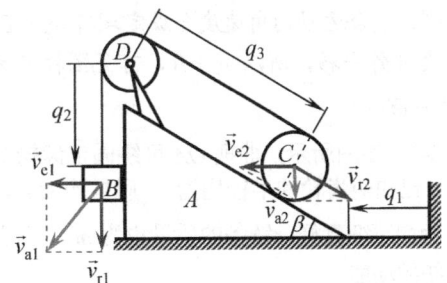

习题 8-4 解答图(a)

解：

三角块 A 沿水平地面作平移，广义坐标 q_1 可描述三角块的平移位置，其动能可表示为 $T_A = \frac{1}{2}m_1 v_A^2 = \frac{1}{2}m_1 \dot{q}_1^2$。

物块 B 相对于三角块 A 作铅垂直线平移，可用广义坐标 q_2 描述其相对位置，而三角块 A 又沿水平地面作平移，利用复合运动知识可知 $\vec{v}_{a1} = \vec{v}_{e1} + \vec{v}_{r1}$，其中 $v_{a1} = v_B$，$v_{e1} = \dot{q}_1$，$v_{r1} = \dot{q}_2$，如解答图(a)所示，则物块 B 相对于地面作平移的绝对速度为 v_B，其动能为 $T_B = \frac{1}{2}m_2 v_B^2 = \frac{1}{2}m_2 (\dot{q}_1^2 + \dot{q}_2^2)$。

动点：圆柱的中心点 C；动系：与三角块 A 固连，根据点的复合运动知识有 $\vec{v}_{a2} = \vec{v}_{e2} + \vec{v}_{r2}$，其中 $v_{a2} = v_C$，$v_{e2} = \dot{q}_1$，$v_{r2} = \dot{q}_3$，如解答图(a)所示，则

$$v_{a2}^2 = v_C^2 = \dot{q}_1^2 + \dot{q}_3^2 - 2\dot{q}_1\dot{q}_3 \cos\beta$$

表明用广义坐标 q_1 和 q_3 就能确定圆柱 C 上点 C 的位置，与广义坐标 q_2 无关。

下面来分析圆柱 C 的角速度。如解答图(b)所示。

$$v_{Cr} = \dot{q}_3, \quad v_{Gr} = \dot{q}_2$$

可见，点 E 为圆盘 C 相对于三角块 A 的速度瞬心。

$$\omega_C = \frac{v_{Cr}}{EC} = \frac{v_{Gr}}{EG} = \frac{v_{Cr} + v_{Gr}}{EC + EG} = \frac{\dot{q}_2 + \dot{q}_3}{r} \quad (\text{逆时针})$$

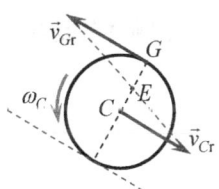

习题 8-4 解答图(b)

故圆柱 C 的动能为

$$T_C = \frac{1}{2}m_3 v_C^2 + \frac{1}{2}J_C \omega_C^2$$

$$= \frac{1}{2}m_3(\dot{q}_1^2 + \dot{q}_3^2 - 2\dot{q}_1\dot{q}_3\cos\beta) + \frac{1}{2}\left(\frac{1}{2}m_3 r^2\right)\left(\frac{\dot{q}_2 + \dot{q}_3}{r}\right)^2$$

$$= \frac{1}{2}m_3(\dot{q}_1^2 + \dot{q}_3^2 - 2\dot{q}_1\dot{q}_3\cos\beta) + \frac{1}{4}m_3(\dot{q}_2 + \dot{q}_3)^2$$

则系统的动能为

$$T = T_A + T_B + T_C = \frac{1}{2}m_1\dot{q}_1^2 + \frac{1}{2}m_2(\dot{q}_1^2 + \dot{q}_2^2) + \frac{1}{2}m_3(\dot{q}_1^2 + \dot{q}_3^2 - 2\dot{q}_1\dot{q}_3\cos\beta) + \frac{1}{4}m_3(\dot{q}_2 + \dot{q}_3)^2$$

解析：

（1）计算刚体的动能公式与刚体的运动形式有关，其中所涉及的速度或角速度都是绝对速度或绝对角速度。

（2）分析圆柱 C 的运动至关重要。圆柱 C 相对于三角块 A 做带滑动的滚动，其相对于三角块 A 运动的速度瞬心可由圆柱 C 上的点 G 和点 C 相对于三角块 A 的速度来确定，即圆柱 C 上的点 E 为其相对运动的速度瞬心（如解答图(b)所示），从而得到圆柱 C 相对于三角块 A 的角速度为 $\omega_C^r = \dfrac{\dot{q}_2 + \dot{q}_3}{r}$。

根据刚体复合运动的角速度合成定理有 $\vec{\omega}_a = \vec{\omega}_e + \vec{\omega}_r$，以圆柱 C 为动刚体，以三角块 A 为动系，由于三角块 A 作平移，所以 $\vec{\omega}_e = 0$，可见圆柱 C 相对于三角块 A 的角速度与圆柱 C 的绝对角速度相等，即 $\vec{\omega}_C^a = \vec{\omega}_C^r$。

8-5 如图所示，曲柄 OA 可绕固定齿轮 I 的轴 O 作定轴转动，A 端铰接动齿轮 II，两齿轮用链条相连。已知两齿轮的半径均为 r，质量均为 m，且可视为均质圆盘；曲柄 OA 长为 $l = \pi r$，质量也为 m，可视为均质细直杆；链条的质量也为 m，可视为不可伸长的均质细绳。试求当曲柄以匀角速度 ω 转动时系统的动能。

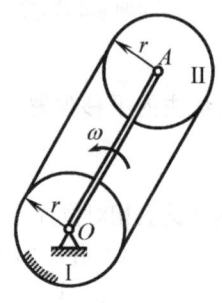
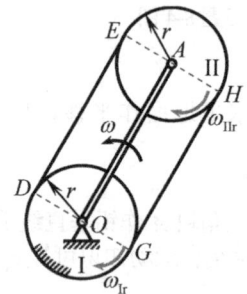

习题 8-5 图　　　　习题 8-5 解答图

解：

（1）运动分析，如解答图所示。

(a) 确定齿轮 II 的运动。

选取动系与曲柄 OA 固连，则齿轮 I 和齿轮 II 相对于曲柄 OA 都作定轴转动。

因为 $r_I = r_{II} = r$，所以 $\omega_{Ir} = \omega_{IIr} = \omega$（顺时针），又因为 $\omega_{Ia} = 0$（齿轮 I 固定不动）。

根据刚体的复合运动知识有
$$\vec{\omega}_{Ia} = \vec{\omega}_{Ir} + \vec{\omega}_{Ie}，而 \omega_{Ie} = \omega_{OA} = \omega （逆时针）$$

则

$$\begin{array}{cccc} & \vec{\omega}_{IIa} = & \vec{\omega}_{IIr} + & \vec{\omega}_{IIe} \\ 大小 & ? & \omega & \omega_{OA} = \omega \\ 转向 & ? & 顺 & 逆 \end{array}$$

所以
$$\omega_{IIa} = \omega_{IIe} - \omega_{IIr} = \omega - \omega = 0 \quad （齿轮 II 作平移）$$

(b) 确定链条的运动。

将链条分成四段：直线段 DE、圆弧段 DG、圆弧段 EH 和直线段 GH，如解答图所示。直线段 DE 以角速度 ω 绕 D 轴作瞬时转动；圆弧段 DG 瞬时静止不动；圆弧段 EH 以速度 $\vec{v}_A$ 作瞬时平移；直线段 GH 以角速度 ω 绕 G 轴作瞬时转动。

（2）计算动能。
$$T = T_I + T_{II} + T_{OA} + T_{链条}$$

式中，$T_I = 0$

$$T_{II} = \frac{1}{2} m_{II} v_A^2 = \frac{1}{2} m \cdot (l\omega)^2 = \frac{1}{2} m l^2 \omega^2 = \frac{1}{2} \pi^2 m r^2 \omega^2$$

$$T_{OA} = \frac{1}{2} J_O^{OA} \omega^2 = \frac{1}{2} \cdot \frac{1}{3} m_{OA} l^2 \cdot \omega^2 = \frac{1}{6} m l^2 \omega^2 = \frac{1}{6} \pi^2 m r^2 \omega^2$$

$$T_{\text{链条}} = T_{\text{弧}DG} + T_{DE} + T_{\text{弧}EH} + T_{GH}$$

式中，$T_{\text{弧}DG} = 0$

$$T_{DE} = T_{GH} = \frac{1}{2}J_D^{DE}\omega^2 = \frac{1}{2}\left(\frac{1}{3}m_{DE}l^2\right)\omega^2 = \frac{1}{2}\left(\frac{1}{3}\cdot\frac{m}{4}l^2\right)\omega^2 = \frac{1}{24}ml^2\omega^2 = \frac{1}{24}\pi^2mr^2\omega^2$$

$$T_{\text{弧}EH} = \frac{1}{2}m_{\text{弧}EH}v_A^2 = \frac{1}{2}\left(\frac{1}{4}m\right)(l\omega)^2 = \frac{1}{8}ml^2\omega^2 = \frac{1}{8}\pi^2mr^2\omega^2$$

故系统的动能为

$$T = T_{\text{I}} + T_{\text{II}} + T_{OA} + T_{\text{链条}} = 0 + \frac{1}{2}\pi^2mr^2\omega^2 + \frac{1}{6}\pi^2mr^2\omega^2 + 2\times\frac{1}{24}\pi^2mr^2\omega^2 + \frac{1}{8}\pi^2mr^2\omega^2 = \frac{7}{8}\pi^2mr^2\omega^2$$

解析：

（1）因为系统中的圆盘（齿轮）II 的运动状态未知，需用刚体的复合运动知识求其运动。以圆盘（齿轮）II 为动刚体，动系与作定轴转动的曲柄 OA 固连，动刚体圆盘（齿轮）II 相对于动系曲柄 OA 作定轴转动，即圆盘（齿轮）II 的运动是两个定轴转动的合成。

（2）正确分析齿轮 II 和链条的运动形式是计算系统动能的前提，而将链条分成四段来分析其运动又是分析链条运动形式的基础。

（3）链条的质心恒与曲柄 OA 的质心 C 重合，若在点 C 建立与曲柄 OA 固连的坐标 $Cx'y'$，使 Cx' 轴向沿 $\overline{OA}$ 方向，则链条上各点相对于 $Cx'y'$ 的速度 v_{ir} 都为 $r\omega$，但有的读者在此采用柯尼希（König）定理计算链条动能为

$$T_{\text{链条}} = \frac{1}{2}mv_C^2 + \sum\frac{1}{2}m_iv_{ir}^2 = \frac{1}{2}m\left(\frac{1}{2}l\omega\right)^2 + \frac{1}{2}m(r\omega)^2$$
$$= \frac{1}{8}m(l^2 + 4r^2)\omega^2$$

其结果显然与该题解答不一致。错误的根源是现在的 $Cx'y'$ 不是平移坐标系，而柯尼希（König）定理要求 $Cx'y'$ 必须是平移坐标系。

8-7 在图示平面机构中，OA、AB 为相同的均质细直杆，质量都为 m，长度都为 $l = 4r$；均质圆盘的质量为 $4m$，半径为 r，沿水平轨道作纯滚动；弹簧的刚度系数为 $k = \dfrac{mg}{6r}$，原长 $l_0 = 2r$；在铰链 A 上作用有铅垂向下常力，其大小为 $F = 3mg$，在圆轮上作用有顺时针转向的主动力偶，其矩 $M = \dfrac{mgr}{2}$；G、H 分别为杆 OA、AB 的中点。试求 θ 从 $60°$ 运动到 $0°$ 时，作用在系统上的力系的有限功。

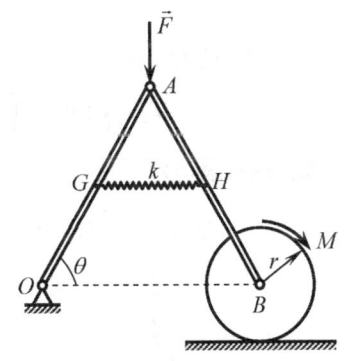

习题 8-7 图

解：

（1）系统的受力分析：如解答图(a)所示。

圆盘 B 的重力 $4m\vec{g}$、圆盘受到地面的支承力 $\vec{F}_N$ 和摩擦力 $\vec{F}_f$、固定铰支座 O 的约束力 $\vec{F}_{Ox}$ 和 $\vec{F}_{Oy}$ 均不做功。做功的力有：主动力 $\vec{F}$、杆 OA 的重力 $m\vec{g}$、杆 AB 的重力 $m\vec{g}$、弹簧力 $\vec{F}_k$ 和 $\vec{F}_k'$ 和主动力偶 $\vec{M}$。

（2）运动分析。

将系统置于一般位置，假设杆 OA 有一微小转角 $d\theta$，如解答图(b)所示，$dr_A = ld\theta = 4rd\theta$。

因为 $[d\vec{r}_A]_{AB} = [d\vec{r}_B]_{AB}$，所以

$$dr_A\cos(90°-2\theta) = dr_B\cos\theta \quad \Rightarrow \quad dr_B = 2dr_A\sin\theta = 8r\sin\theta\,d\theta$$

又因为 $\mathrm{d}r_B = r\mathrm{d}\varphi$，所以

$$\mathrm{d}\varphi = \frac{\mathrm{d}r_B}{r} = 8\sin\theta\,\mathrm{d}\theta$$

（3）计算功。

当 $\theta = 60°\sim 0°$ 时，杆 OA 或杆 AB 的重力所做的功为

$$W_1 = mgh = mg \cdot \frac{1}{2}l\sin 60° = \sqrt{3}mgr$$

弹簧力 $\vec{F}_k$ 和 $\vec{F}'_k$ 所做的功为

$$W_2 = \frac{1}{2}k(\lambda_1^2 - \lambda_2^2)$$

式中，$\lambda_1 = l\cos 60° - l_0 = 4r \cdot \frac{1}{2} - 2r = 0$，$\lambda_2 = l - l_0 = 4r - 2r = 2r$，所以

$$W_2 = \frac{1}{2}k(\lambda_1^2 - \lambda_2^2) = -\frac{1}{2}k\lambda_2^2 = -\frac{1}{2} \cdot \frac{mg}{6r} \cdot (2r)^2 = -\frac{1}{3}mgr$$

主动力 $\vec{F}$ 所作的元功为

$$\mathrm{d}'W_3 = M_O(\vec{F}) \cdot \mathrm{d}\theta = Fl\cos\theta \cdot \mathrm{d}\theta$$

主动力 $\vec{F}$ 所作的有限功为

$$W_3 = \int \mathrm{d}'W_3 = \int_0^{60°} Fl\cos\theta \cdot \mathrm{d}\theta = Fl\sin\theta\Big|_0^{60°}$$
$$= \frac{\sqrt{3}}{2}Fl = \frac{\sqrt{3}}{2} \cdot 3mg \cdot 4r = 6\sqrt{3}mgr$$

主动力偶 $\vec{M}$ 所做的元功为

$$\mathrm{d}'W_4 = M\mathrm{d}\varphi = 8M\sin\theta\mathrm{d}\theta$$

主动力偶 $\vec{M}$ 所做的有限功为

$$W_4 = \int \mathrm{d}'W_4 = \int_0^{60°} 8M\sin\theta \cdot \mathrm{d}\theta = 8M\cos\theta\Big|_0^{60°} = 4M = 4 \cdot \frac{mgr}{2} = 2mgr$$

故系统的有限功为

$$W = 2W_1 + W_2 + W_3 + W_4 = 2\times\sqrt{3}mgr - \frac{1}{3}mgr + 6\sqrt{3}mgr + 2mgr = \frac{5+24\sqrt{3}}{3}mgr$$

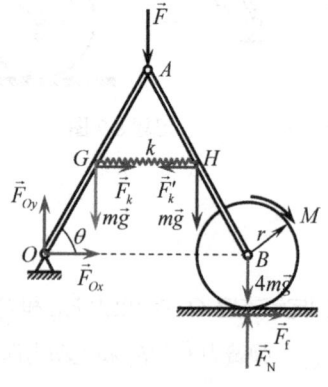

习题 8-7 解答图(a)

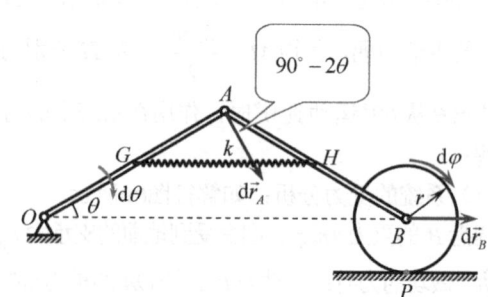

习题 8-7 解答图(b)

解析：

在本题中，主动力 $\vec{F}$ 和主动力偶 $\vec{M}$ 均为常矢量，其大小、方向或转向均不变，因此它们的有限功也可类似于保守力（有势力）一样不对元功进行积分而是将"主动载荷与相应运动过程的位移或转

角位移的乘积"来计算,即主动力 $\vec{F}$ 的有限功可直接写作 $W_3 = F \cdot \dfrac{\sqrt{3}}{2}l$;而主动力偶 $\vec{M}$ 的有限功可写作 $W_4 = M\varphi$,其中圆盘 B 转过的角度 φ 可以按下述方法确定:当 $\theta = 60° \sim 0°$ 时圆盘 B 的中心点 B 移动了 $s = 8r - 4r = 4r$,圆盘 B 转过的角度为 $\varphi = \dfrac{s}{r} = 4$。

8-13 图示系统处于同一铅垂平面内,均质杆 AB 的质量为 m,长度为 $2l$;杆 OB 的长度为 l,杆 OB 和滑块 C 的质量不计,各接触处摩擦也不计。开始时 $\theta = 180°$,杆 AB 静止,今在杆 AB 的 A 端作用一大小不变且始终垂直于杆 AB 的力 $\vec{F}$,试求点 C(点 C 为 AB 的中点)到达点 O 时($\theta = 0°$),杆 OB 的角速度。

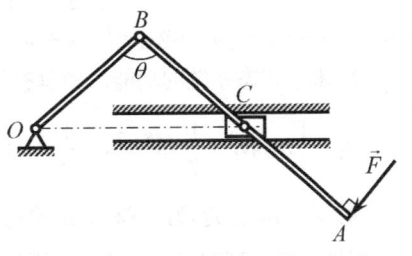

习题 8-13 图

解:

(1) 力 $\vec{F}$ 的等效。

因为力 $\vec{F}$ 的方向随时间变化,且其作用点的轨迹不直观,不便直接写出力 $\vec{F}$ 的功,可将力 $\vec{F}$ 向点 C 等效为一个力 $\vec{F}_1$ 和一个力偶矩为 $M = Fl$ 的力偶,且 $F_1 = F$,如解答图(a)所示。

(2) 计算力 $\vec{F}$ 的功。

当 $\theta = 180° \sim 0°$ 时,$\varphi = 0° \sim 90°$。

建立如解答图(a)所示的直角坐标系 Oxy,

$$x_C = 2l\cos\varphi, \qquad \mathrm{d}x_C = -2l\sin\varphi\,\mathrm{d}\varphi$$

在这一运动过程中,力 $\vec{F}$ 的功为

$$W_{01}^{\vec{F}} = W_{01}^{\vec{F}_1} + W_{01}^{M} = \int_{(0)}^{(1)} F_{1x}\mathrm{d}x_C + \int_{(0)}^{(1)} M\mathrm{d}\varphi = \int_0^{\frac{\pi}{2}}(-F_1\sin\varphi)(-2l\sin\varphi)\mathrm{d}\varphi + \int_0^{\frac{\pi}{2}} Fl\,\mathrm{d}\varphi$$

$$= \int_0^{\frac{\pi}{2}}(-F\sin\varphi)(-2l\sin\varphi)\mathrm{d}\varphi + \int_0^{\frac{\pi}{2}} Fl\,\mathrm{d}\varphi = \int_0^{\frac{\pi}{2}} 2Fl\sin^2\varphi\,\mathrm{d}\varphi + \dfrac{\pi Fl}{2}$$

$$= Fl\int_0^{\frac{\pi}{2}}(1-\cos 2\varphi)\mathrm{d}\varphi + \dfrac{\pi Fl}{2} = \dfrac{\pi Fl}{2} + \dfrac{\pi Fl}{2} = \pi Fl$$

(3) 计算运动初始和末了状态的动能。

① 由已知条件知初始时系统的动能为 $T_0 = 0$。

② 运动分析。

任意瞬时,如解答图(b)所示,$v_B = OB \cdot \omega_{OB} = l\omega_{OB}$,$v_B = PB \cdot \omega_{AB} = l\omega_{AB}$,所以

$$\omega_{OB} = \omega_{AB} \quad \text{(任意瞬时)}$$

当 $\theta = 0°$ 时,如解答图(c)所示。

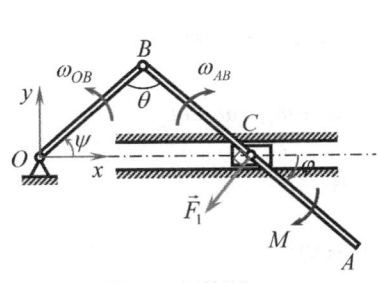

习题 8-13 解答图(a)

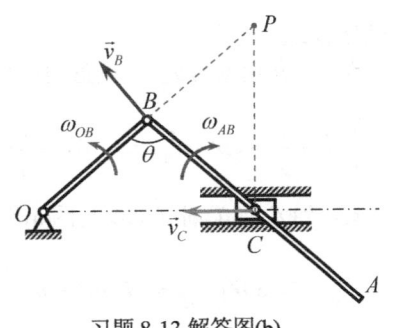

习题 8-13 解答图(b)

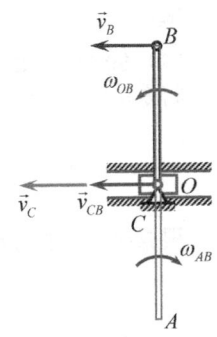

习题 8-13 解答图(c)

$$\vec{v}_C = \vec{v}_B + \vec{v}_{CB}$$

大小	?	$OB\cdot\omega_{OB}$ $=l\omega_{OB}$	$BC\cdot\omega_{AB}$ $=l\omega_{AB}$
方向	?	←	←

所以，$v_C = v_B + v_{CB} = l\omega_{OB} + l\omega_{AB} = 2l\omega_{AB}$　（←）。

③ 末了状态系统的动能，如解答图(c)所示。

$$T_1 = \frac{1}{2}m_{AB}v_C^2 + \frac{1}{2}J_C^{AB}\omega_{AB}^2 = \frac{1}{2}\cdot m\cdot(2l\omega_{AB})^2 + \frac{1}{2}\cdot\left[\frac{1}{12}\cdot m\cdot(2l)^2\right]\cdot\omega_{AB}^2 = \frac{13}{6}ml^2\omega_{AB}^2 = \frac{13}{6}ml^2\omega_{OB}^2$$

（4）利用动能定理，求杆 OB 的角速度 ω_{OB}。

根据动能定理的积分形式（有限形式）有

$$T_1 - T_0 = W_{01}^{\vec{F}} \Rightarrow \frac{13}{6}ml^2\omega_{OB}^2 = \pi Fl \Rightarrow \omega_{OB} = \sqrt{\frac{6\pi F}{13ml}}\text{（逆时针）}, \quad \omega_{AB} = \sqrt{\frac{6\pi F}{13ml}}\text{（顺时针）}$$

解析：

（1）因为力 $\vec{F}$ 的作用点 A 的轨迹不直观，而杆 AB 的中点 C 的轨迹为水平直线，因此将力 $\vec{F}$ 向点 C 进行了等效，从而方便地计算出力 $\vec{F}$ 的功。

（2）力 $\vec{F}$ 的功，还可以直接利用定义计算，即

$$W_{01}^{\vec{F}} = \int_{(0)}^{(1)} F_x dx_A + \int_{(0)}^{(1)} F_y dy_A = \int_{(0)}^{(1)}(-F\sin\varphi)d(3l\cos\varphi) + \int_{(0)}^{(1)}(-F\cos\varphi)d(-l\sin\varphi)$$

$$= 3Fl\int_0^{\frac{\pi}{2}}\sin^2\varphi d\varphi + Fl\int_0^{\frac{\pi}{2}}\cos^2\varphi d\varphi = \frac{3}{4}\pi Fl + \frac{1}{4}\pi Fl = \pi Fl$$

（3）当 $\theta = 0°$ 时，显然，杆 AB 上点 B 和点 C 的速度方向都水平向左，有的读者据此认为杆 AB 为瞬时平移，这是错误的，因为在任意位置 ΔOBC 都为等腰三角形，即杆 OB 的方位角 ψ 与杆 AB 的方位角 φ 的大小相等、转向相反，故杆 AB 的角速度与杆 OB 的角速度大小相等，转向相反。同一平面运动刚体上两点的速度方向平行，且这两点连线与其速度不垂直时，刚体才为瞬时平移，显然题中 $\overrightarrow{BC} \perp \vec{v}_B$，不满足后一条件。

8-17 图示铅垂平面内机构，常力偶矩 M 作用于质量为 m_1、长度为 l 的均质细直杆 AB 上。杆 AB 的 B 端铰接一质量可不计的滑块。滑块可在质量为 m_2，重心在转轴 O 上的圆盘的直槽内滑动，已知圆盘对轴 O 的回转半径为 ρ。当直槽处于铅垂位置，$r = \dfrac{l}{4}$，$\beta = 30°$ 的图示瞬间，杆 AB 的角速度为 ω_0，若不计各接触处摩擦，试求此时杆 AB 的角加速度 α_0。

解：

（1）系统动能定理的微分形式。

将系统置于一般位置，设杆的角速度为 $\omega_{杆}$，圆盘的角速度为 $\omega_{盘}$，则系统的动能为

$$T = \frac{1}{2}\left(\frac{1}{3}m_1 l^2\right)\omega_{杆}^2 + \frac{1}{2}(m_2\rho^2)\omega_{盘}^2 \Rightarrow dT = \frac{1}{3}m_1 l^2\omega_{杆}d\omega_{杆} + m_2\rho^2\omega_{盘}d\omega_{盘}$$

根据动能定理的微分形式，当 $\beta = 30°$ 时（如解答图(a)所示），有

$$dT|_{\beta=30°} = d'W|_{\beta=30°} = M\cdot d\beta + m_1 g\left(\frac{l}{2}d\beta\right)\cos 30°$$

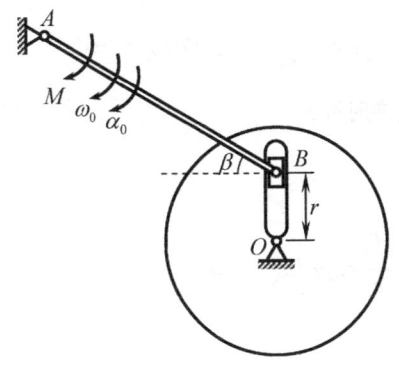

习题 8-17 图

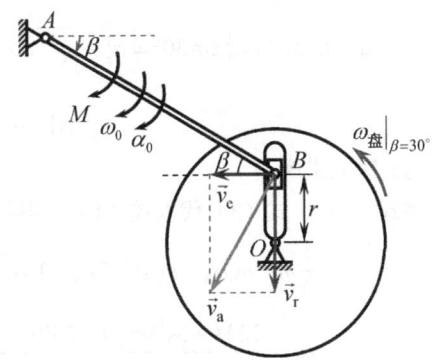

习题 8-17 解答图(a)

两边同除以 dt，得到

$$\left.\frac{dT}{dt}\right|_{\beta=30°} = \left.\frac{d'W}{dt}\right|_{\beta=30°}$$

式中,

$$\left.\frac{dT}{dt}\right|_{\beta=30°} = \frac{1}{3}m_1 l^2 \left.\omega_{杆}\right|_{\beta=30°} \left.\frac{d\omega_{杆}}{dt}\right|_{\beta=30°} + m_2 \rho^2 \left.\omega_{盘}\right|_{\beta=30°} \left.\frac{d\omega_{盘}}{dt}\right|_{\beta=30°}$$

$$\left.\frac{d'W}{dt}\right|_{\beta=30°} = M\left.\frac{d\beta}{dt}\right|_{\beta=30°} + m_1 g\left(\frac{l}{2}\left.\frac{d\beta}{dt}\right|_{\beta=30°}\right)\cos 30°$$

$$\frac{d\omega_{杆}}{dt} = \alpha_{杆}, \quad \frac{d\omega_{盘}}{dt} = \alpha_{盘}, \quad \left.\omega_{杆}\right|_{\beta=30°} = \omega_0, \quad \left.\alpha_{杆}\right|_{\beta=30°} = \alpha_0, \quad \left.\frac{d\beta}{dt}\right|_{\beta=30°} = \omega_0$$

则

$$\frac{1}{3}m_1 l^2 \omega_0 \alpha_0 + m_2 \rho^2 (\left.\omega_{盘}\right|_{\beta=30°})(\left.\alpha_{盘}\right|_{\beta=30°}) = \left(M + \frac{\sqrt{3}}{4}m_1 gl\right)\omega_0 \tag{1}$$

（2）运动学分析。

选杆 AB 上的点 B 为动点，动系与圆盘固连，如解答图(a)所示，则

$$\vec{v}_a = \vec{v}_e + \vec{v}_r$$

式中, $v_a = l\omega_0$, $v_e = r(\left.\omega_{盘}\right|_{\beta=30°}) = \frac{l}{4}(\left.\omega_{盘}\right|_{\beta=30°})$

由速度矢量图的几何关系，得到

$$v_e = v_a \sin 30° \quad \Rightarrow \quad \left.\omega_{盘}\right|_{\beta=30°} = 2\omega_0 \text{（逆时针）} \tag{2}$$

如解答图(b)所示，则

$$\vec{a}_a^n + \vec{a}_a^t = \vec{a}_e^n + \vec{a}_e^t + \vec{a}_r + \vec{a}_C$$

式中, $a_a^n = l\omega_0^2$, $a_a^t = l\alpha_0$

$a_e^n = r(\left.\omega_{盘}\right|_{\beta=30°})^2 = l\omega_0^2$

$a_e^t = r(\left.\alpha_{盘}\right|_{\beta=30°}) = \frac{1}{4}l(\left.\alpha_{盘}\right|_{\beta=30°}) = ?$

$a_r = ?$, $a_C = 2(\left.\omega_{盘}\right|_{\beta=30°})v_r = 2\sqrt{3}l\omega_0^2$

将上述矢量式沿水平向左投影，得到

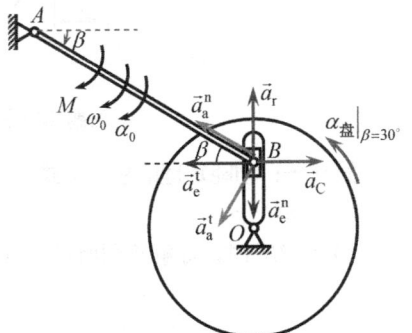

习题 8-17 解答图(b)

$$a_a^n \cos 30° + a_a^t \sin 30° = a_e^t - a_C \Rightarrow l\omega_0^2 \cdot \frac{\sqrt{3}}{2} + l\alpha_0 \cdot \frac{1}{2} = \frac{1}{4}l(\alpha_{盘}|_{\beta=30°}) - 2\sqrt{3}l\omega_0^2 \Rightarrow$$

$$\alpha_{盘}|_{\beta=30°} = 10\sqrt{3}\omega_0^2 + 2\alpha_0 \quad (逆时针) \tag{3}$$

（3）联立求解。

将式（2）、式（3）代入式（1），得到

$$\frac{1}{3}m_1l^2\omega_0\alpha_0 + m_2\rho^2 \cdot 2\omega_0 \cdot (10\sqrt{3}\omega_0^2 + 2\alpha_0) = \left(M + \frac{\sqrt{3}}{4}m_1gl\right)\omega_0 \Rightarrow$$

$$\alpha_0 = \frac{12M + 3\sqrt{3}m_1gl - 240m_2\rho^2\sqrt{3}\omega_0^2}{4m_1l^2 + 48m_2\rho^2} \quad (正值为顺时针)$$

解析：

（1）如果将图示位置系统的动能

$$T = \frac{1}{2}J_A^{杆}\omega_{杆}^2 + \frac{1}{2}J_O^{盘}\omega_{盘}^2 = \frac{1}{2}J_A^{杆}\omega_0^2 + \frac{1}{2}J_O^{盘}(2\omega_0)^2$$

作为系统动能的通式求微分，则是错误的，因为只有在图示位置才有 $\omega_{盘} = 2\omega_0$，以上动能计算式是瞬时表达式，它是不能求微分的。

（2）题中巧妙地先将 $\omega_{杆}$ 和 $\omega_{盘}$ 看成独立变量写出系统动能的通式，并求微分后，再在图示位置利用速度合成公式和加速度合成公式建立两个刚体角速度和角加速度之间关系是求解本题的关键。

（3）由于圆盘上开有直槽，所以该均质圆盘对轴 O 的转动惯量不可写成 $J_O = \frac{1}{2}m_2R^2$，而是利用题目给出的已知条件"圆盘对轴 O 的回转半径 ρ"来求得，即 $J_O = m_2\rho^2$。

8-21 图示系统处于同一铅垂平面内，已知均质细直杆 AB 的质量为 m，长度为 $l = \frac{8\sqrt{3}}{3}r$，弹簧的刚度系数为 $k = 3mg/r$，原长为 $\frac{\sqrt{3}}{3}r$，当 $\theta = 60°$ 系统无初速释放，试求系统运动至 $\theta = 30°$ 的瞬时杆 AB 的角速度（不计滑块 A 的质量和各接触处摩擦）。

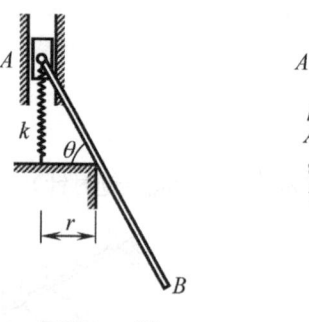
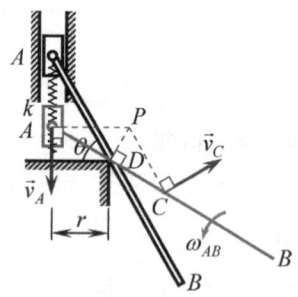

习题 8-21 图　　　　习题 8-21 解答图

解法一：动能定理的积分形式

（1）运动分析。

当 $\theta = 30°$ 时，如解答图所示，点 P 为杆 AB 的速度瞬心为

$$v_C = PC \cdot \omega_{AB} = \frac{4}{3}r\omega_{AB}$$

234 ◂ 理论力学学习指导与题解

（2）系统的动能。

当 $\theta = 60°$ 时，初始瞬时系统的动能为
$$T_0 = 0$$

当 $\theta = 30°$ 时，末了瞬时系统的动能为
$$T_1 = \frac{1}{2}m_{AB}v_C^2 + \frac{1}{2}J_C^{AB}\omega_{AB}^2 = \frac{1}{2}m\cdot\left(\frac{4}{3}r\omega_{AB}\right)^2 + \frac{1}{2}\cdot\frac{1}{12}m\left(\frac{8\sqrt{3}}{3}r\right)^2\cdot\omega_{AB}^2 = \frac{16}{9}mr^2\omega_{AB}^2$$

（3）外力对系统所做的功。

杆 AB 的重力所做的功为
$$W_{mg} = mg\left[\frac{r}{\sqrt{3}} - \left(\frac{\sqrt{3}\left(\frac{8\sqrt{3}}{3}r\right)}{4} - \sqrt{3}r\right)\right] = \frac{4\sqrt{3}-6}{3}mgr$$

弹簧力所做的功为
$$W_k = \frac{1}{2}k(\lambda_1^2 - \lambda_2^2) = \frac{1}{2}\cdot\frac{3mg}{r}\cdot\left[\left(\sqrt{3}r - \frac{\sqrt{3}}{3}r\right)^2 - \left(\frac{r}{\sqrt{3}} - \frac{\sqrt{3}}{3}r\right)^2\right] = 2mgr$$

则外力对系统所做的功为
$$W_{12} = W_{mg} + W_k = \frac{4\sqrt{3}-6}{3}mgr + 2mgr = \frac{4\sqrt{3}}{3}mgr$$

（4）利用动能定理的积分形式，求杆 AB 的角速度 ω_{AB}。

根据动能定理的积分形式有
$$T_1 - T_0 = W_{12} \Rightarrow \frac{16}{9}mr^2\omega_{AB}^2 = \frac{4\sqrt{3}}{3}mgr \Rightarrow \omega_{AB} = \sqrt{\frac{3\sqrt{3}}{4}\frac{g}{r}} = \frac{1}{2}\sqrt{3\sqrt{3}\frac{g}{r}} \quad (\text{逆时针})$$

解法二：机械能守恒定律

初始瞬时（$\theta = 60°$）系统的动能为
$$T_0 = 0$$

假设水平地面为杆 AB 的零势能位置、弹簧未变形为弹簧的零势能位置，则初始瞬时（$\theta = 60°$）系统的势能为
$$V_0 = -mg\cdot\left(\frac{\sqrt{3}}{4}l - \sqrt{3}r\right) + \frac{1}{2}k\left(\sqrt{3}r - \frac{\sqrt{3}}{3}r\right)^2$$
$$= -mg\cdot\left(\frac{\sqrt{3}}{4}\cdot\frac{8\sqrt{3}}{3}r - \sqrt{3}r\right) + \frac{1}{2}\cdot\frac{3mg}{r}\left(\sqrt{3}r - \frac{\sqrt{3}}{3}r\right)^2 = \sqrt{3}mgr$$

末了瞬时（$\theta = 30°$）系统的动能为（其计算同解法一）
$$T_1 = \frac{1}{2}m_{AB}v_C^2 + \frac{1}{2}J_C^{AB}\omega_{AB}^2 = \frac{1}{2}m\cdot\left(\frac{4}{3}r\omega_{AB}\right)^2 + \frac{1}{2}\cdot\frac{1}{12}m\left(\frac{8\sqrt{3}}{3}r\right)^2\cdot\omega_{AB}^2 = \frac{16}{9}mr^2\omega_{AB}^2$$

末了瞬时（$\theta = 30°$）系统的势能为
$$V_1 = -mg\cdot\left(\frac{1}{4}l - \frac{\sqrt{3}}{3}r\right) + \frac{1}{2}k\left(\frac{\sqrt{3}}{3}r - \frac{\sqrt{3}}{3}r\right)^2 = -mg\cdot\left(\frac{1}{4}\cdot\frac{8\sqrt{3}}{3}r - \frac{\sqrt{3}}{3}r\right) = -\frac{\sqrt{3}}{3}mgr$$

由于系统在运动过程中只有杆的重力和弹簧力（它们均为有势力或保守力）做功，可根据机械能守恒定律有

$$T_0 + V_0 = T_1 + V_1 \quad \Rightarrow \quad \sqrt{3}mgr = \frac{16}{9}mr^2\omega_{AB}^2 - \frac{\sqrt{3}}{3}mgr \quad \Rightarrow$$

$$\frac{16}{9}mr^2\omega_{AB}^2 = \frac{4\sqrt{3}}{3}mgr \quad \Rightarrow \quad \omega_{AB} = \sqrt{\frac{3\sqrt{3}}{4}\frac{g}{r}} = \frac{1}{2}\sqrt{3\sqrt{3}\frac{g}{r}} \quad （逆时针）$$

解析：

（1）在系统运动过程中，只有有势力（保守力）做功（即有势力场或保守系统）的情况下才能应用机械能守恒定律。若将系统的有势力（保守力）看成系统的外力，当然也可以利用动能定理的积分形式来求解，其实机械能守恒定律与动能定理的积分形式的本质是一样的。

（2）在应用机械能守恒定律时，需要计算系统运动过程中初始瞬时和末了瞬时系统的机械能，即动能与势能之和，为此必须明确系统的零势能位置，即明确指出系统的重力势能与弹性势能为零的位置，确保系统势能计算的正确性。

第9章 动量定理

9.1 内容提要

9.1.1 动量和动量矩的计算

动量和动量矩也是用来描述物体机械运动强弱的物理量，它们都是矢量。对于质点系来说，动量和对某点的动量矩分别为其动量系的主矢和对某点的主矩。动量和动量矩的具体计算式如表 9-1 所示。

表 9-1 动量和动量矩的计算式

物理量	研究对象	计算表达式	说明
动量	质点	$\vec{p} = m\vec{v}$	质点的质量乘以速度，方向与速度方向相同
	质点系	$\vec{p} = \sum(m_i\vec{v}_i) = m\vec{v}_C$	质点系（包括单个刚体）的质量乘以质心速度，方向与质心速度方向相同
	刚体系	$\vec{p} = \sum(m_i\vec{v}_{C_i})$	各刚体动量的矢量和，m_i 和 $\vec{v}_{C_i}$ 分别为第 i 个刚体的质量和质心的速度
动量矩	质点	$\vec{L}_O = \vec{r} \times m\vec{v}$	质点对某点 O 的动量矩等于它相对于点 O 的矢径 $\vec{r}$ 与其动量 $m\vec{v}$ 的叉积
	质点系	$\vec{L}_O = \sum(\vec{r}_i \times m_i\vec{v}_i)$	质点系对某点 O 的动量矩等于各质点对点 O 的动量矩的矢量和
		$\vec{L}_O = \vec{L}_A + \overrightarrow{OA} \times (m\vec{v}_C)$	质点系对不同两点 O、A 的动量矩关系，$m\vec{v}_C$ 为质点系的动量
		$\vec{L}_A = \vec{L}_A^{(r)} + \overrightarrow{AC} \times (m\vec{v}_A)$	质点系对动点 A 的（绝对）动量矩与相对动量矩关系式，其中 $\vec{L}_A = \sum(\vec{r}_i' \times m_i\vec{v}_i)$，$\vec{L}_A^{(r)} = \sum(\vec{r}_i' \times m_i\vec{v}_{ir})$，$\vec{r}_i'$ 为第 i 个质点相对于动点 A 的矢径，$\vec{v}_{ir}$ 为第 i 个质点相对于随动点 A 平移参考系的相对速度，质点系质量 m 乘以动点 A 速度 $\vec{v}_A$ 为点系牵连动量，作用于质点系的质心处
	平移刚体	$\vec{L}_O = \overrightarrow{OC} \times (m\vec{v}_C)$	m 为刚体质量，$\vec{v}_C$ 为刚体质心 C 的速度
	绕定轴 O 转动刚体（转轴 O 为刚体的惯性主轴）	$\vec{L}_O = J_O\vec{\omega}$	J_O 为刚体对定轴 O 的转动惯量，$\vec{\omega}$ 为刚体的转动角速度
	沿质量对称面所在平面运动的平面运动刚体	$\vec{L}_C = J_C\vec{\omega}$ $\vec{L}_O = \vec{L}_C + \overrightarrow{OC} \times (m\vec{v}_C)$	J_C 为刚体对垂直于运动平面的质心轴的转动惯量，m、$\vec{v}_C$ 分别为刚体质量、刚体质心 C 的速度

刚体系作为一种特殊的质点系，其对某点的动量矩等于各刚体对该点的动量矩的矢量和。对于平面运动刚体系统，由于其运动平面上某点的动量矩恒垂直于运动平面朝外或朝里，故可以将它们写成代数量（一般规定朝外为正），整个系统对该点的动量矩就变成了求它们的代数和。动量矩计算中涉及的 $\vec{\omega}$ 为相对于惯性参考系的绝对角速度，$\vec{v}_A$ 或 $\vec{v}_C$ 为动点 A 或质心 C 相对于惯性参考系的绝对速度。除平移刚体外，若将刚体的动量画在其质心 C 上，求刚体对某点 O 的动量矩，若用该动量对点 O 写动量矩，则是错误的，应由表 9-1 所给出的公式才能正确计算。

9.1.2 质点系的动量定理及动量守恒定律、质点系质心运动定理及质心运动守恒定律

质点系的动量定理建立了质点系的动量对于时间的变化率与作用于其上外力系的主矢之间的关系。对于质量不变的质点系，可得到动量定理的另一种表示——质心运动定理，即质点系的质量与质心加速度的乘积等于作用于其上的外力系的主矢。当外力系的主矢满足一定条件可得到动量守恒定律，当外力系的主矢及运动的初速度满足一定条件时可得到质心运动守恒定律。它们的具体内容和表达式如表 9-2 所示。

表 9-2 动量定理及其守恒定律的内容和表达式、质心运动定理及其守恒定律的内容和表达式

定理或定律名称	内容	表达式	
动量定理	质点系的动量对时间的一阶导数等于作用于其上外力系的主矢	$\dfrac{d\vec{p}}{dt} = \vec{F}_R^{(e)}$	
动量守恒定律	当作用于质点系上的外力系的主矢恒为零时，则质点系的动量为常矢量	当 $\vec{F}_R^{(e)} = \sum \vec{F}_i^{(e)} \equiv 0$ 时，$\vec{p} =$ 常矢量	
	当作用于质点系上的外力系主矢在某固定方向（不妨设为 x 轴方向）上的投影恒为零时，则质点系的动量在该方向上投影的代数和为常数	当 $F_{Rx}^{(e)} = \sum F_{ix}^{(e)} \equiv 0$ 时	一般质点系：$\sum p_{ix} =$ 常数
			刚体系：$\sum(m_i v_{C_i x}) =$ 常数，其中 m_i 和 $v_{C_i x}$ 分别为第 i 个刚体的质量和质心速度在 x 轴上的投影
质心运动定理	质量不变的质点系的总质量与其质心加速度的乘积等于作用于其上外力系的主矢	一般质点系（包括单个刚体）：$m\vec{a}_C = \vec{F}_R^{(e)}$	
		刚体系：$\sum(m_i \vec{a}_{C_i}) = \vec{F}_R^{(e)}$，其中 m_i 和 $\vec{a}_{C_i}$ 分别为第 i 个刚体的质量和质心加速度	
质心运动守恒定律	对于刚体系统，若作用于其上的外力系的主矢恒为零，且初始系统质心速度为零，则系统质心的矢径保持不变	当 $\vec{F}_R^{(e)} \equiv 0$ 和 $\vec{v}_C^{(0)} = 0$ 时，则 $\vec{r}_C =$ 常矢 $\Rightarrow \sum(m_i \cdot \Delta\vec{r}_{C_i}) = 0$，其中 m_i 和 $\Delta\vec{r}_{C_i}$ 分别为第 i 个刚体的质量和质心位移	
	对于刚体系统，若作用于其上的外力系主矢在某固定方向（不妨设为 x 轴方向）上的投影恒为零，且初始系统质心速度在该方向上投影为零，则系统质心的 x 坐标保持不变	当 $F_{Rx} = \sum F_{ix} \equiv 0$ 和 $v_{Cx}^{(0)} = 0$ 时，则 $x_C =$ 常数 $\Rightarrow \sum(m_i \cdot \Delta x_{C_i}) = 0$，其中 m_i 和 Δx_{C_i} 分别为第 i 个刚体的质量和质心的 x 坐标的变化量	

表 9-2 表明，质点系动量的变化与内力无关，只与外力系的主矢有关。但必须指出，作用于质点系的内力虽然不能改变整个系统的动量，但却能引起质点系内各部分动量的相互改变。质点系的质心运动与质点系的内力无关，而只与外力系的主矢有关，同样地，内力虽然不能改变质点系质心的运动，但却能改变质点系各质点的运动。质心运动定理只是质点系动量定理的另一种表示形式（对质量不变的质点系适用），但在具体应用时，质心运动定理要比动量定理更简便，因为动量定理要涉及系统动量的通式对时间的导数，而质心运动定理只需要对系统进行加速度分析，尤其对于那些只需对系统进行瞬时动力学分析的问题，质心运动定理的优势更加明显。由于动量定理或质心运动定理是矢量式，在使用其进行具体计算时，常用其投影式。利用刚体系的动量守恒定律可方便地建立各刚体质心速度或某平面运动刚体的角速度之间的关系。利用刚体系的质心运动守恒定律可方便地确定各刚体质心位置的改变。

9.1.3 质点系的动量矩定理及动量矩守恒定律

质点系的动量矩定理建立了质点系的动量矩对于时间的变化率与作用于其上的外力系的主矩之间的关系。质点系对不同点的动量矩定理及动量矩守恒定律的具体内容和表达式如表 9-3 所示。

表 9-3 动量矩定理及其守恒定律的内容和表达式

定理或定律名称	内容	表达式
对定点 O 的动量矩定理	质点系对固定点 O 的动量矩对时间的一阶导数等于作用于其上的外力系对该定点的主矩	$\dfrac{d\vec{L}_O}{dt} = \vec{M}_O^{(e)}$
对质心 C 的动量矩定理	质点系相对于质心的动量矩对时间的一阶导数等于作用于其上的外力系对质心的主矩	$\dfrac{d\vec{L}_C}{dt} = \vec{M}_C^{(e)}$
对任意动点 A 的动量矩定理	质点系相对于随动点 A 平移参考系的相对动量矩对时间的一阶导数等于作用于其上的外力系对该点的主矩和作用于质心的牵连惯性力 $\vec{F}_{Ie} = -m\vec{a}_A$ 对该点力矩的矢量和	$\dfrac{d\vec{L}_A^{(r)}}{dt} = \vec{M}_A^{(e)} + \overrightarrow{AC}\times(-m\vec{a}_A)$
对固定点 O（或固定轴 Oz）的动量矩守恒定律	若质点系所受外力系对固定点 O（或固定轴 Oz）的力矩恒为零，则质点系对该固定点（或固定轴）的动量矩保持不变	若 $\vec{M}_O^{(e)}=0$，则 $\vec{L}_O=$ 常矢量；若 $M_{Oz}^{(e)}=0$，则 $L_{Oz}=$ 常数
对质心 C（或质心轴 Cz'）的动量矩守恒定律	若质点系所受外力系对质心 C（或质心轴 Cz'）的力矩恒为零，则质点系对质心（或质心轴）的动量矩保持不变	若 $\vec{M}_C^{(e)}=0$，则 $\vec{L}_C=$ 常矢量；若 $M_{Cz'}^{(e)}=0$，则 $L_{Cz'}=$ 常数

当某一个刚体沿其质量对称面所在平面作平面运动时，若点 A 为其质量对称面上的确定点，则 $\vec{L}_A^{(r)} = J_A\vec{\omega}$，其中 J_A 为该刚体对过点 A 且垂直于运动平面的轴的转动惯量，显然 $J_A=$ 常数，则由表 9-3 得

$$J_A\vec{\alpha} = \vec{M}_A^{(e)} + \overrightarrow{AC}\times(-m\vec{a}_A)$$

式中，$\vec{\alpha}$ 为该刚体的角加速度。在以下几种特殊情况下，上式等号右端第二项可变为零。

（1）若点 A 不动（$\vec{a}_A=0$），不妨将 A 改写为 O，即该刚体绕其惯性主轴 O 作定轴转动，则有

$$J_O\vec{\alpha} = \vec{M}_O^{(e)}$$

（2）若点 A 取为该刚体的质心 C，则 $\overrightarrow{CC}=0$，于是有

$$J_C\vec{\alpha} = \vec{M}_C^{(e)}$$

当刚体作平移时，因 $\vec{\omega}=0$，$\vec{\alpha}=0$，则由上式知 $\vec{M}_C^{(e)}=0$；而当刚体作瞬时平移时，因 $\vec{\omega}=0$，$\vec{\alpha}\neq 0$，则由上式知 $\vec{M}_C^{(e)}\neq 0$，这从动力学方面反映了刚体瞬时平移与平移的差别。

（3）若点 A 在某一瞬时取为刚体的速度瞬心，且在运动过程中刚体的速度瞬心到质心的距离保持不变时，由主教材 245 页的论述知道，此时 $\vec{a}_P // \overrightarrow{PC}$，于是有

$$J_P\vec{\alpha} = \vec{M}_P^{(e)}$$

式中，J_P 为该刚体对速度瞬时转轴的转动惯量。但对于运动过程中，$PC \neq$ 常数的一般平面运动刚体，由于 $\overrightarrow{PC}\neq 0$，$\vec{a}_P\neq 0$，且 $\vec{a}_P \not\!/\!/ \overrightarrow{PC}$，所以 $\overrightarrow{PC}\times(-m\vec{a}_P)\neq 0$，此时 $J_P\vec{\alpha}\neq \vec{M}_P^{(e)}$，而必须用下式计算

$$J_P\vec{\alpha} = \vec{M}_P^{(e)} + \overrightarrow{PC}\times(-m\vec{a}_P)$$

但由于 $\vec{a}_P$ 的大小和方向一般未知，所以，上式并不实际使用，但对物理概念的理解是有帮助的。因为当该刚体作定轴 O 转动时有 $J_O\vec{\alpha}=\vec{M}_O^{(e)}$，而当该刚体作瞬时定轴转动时，一般 $J_P\vec{\alpha}\neq \vec{M}_P^{(e)}$，这从动力学方面反映了刚体瞬时定轴转动（绕速度瞬时转轴的转动）与定轴转动的差别。

（4）若点 A 在某瞬时取为刚体的加速度瞬心 P^*，则 $\vec{a}_{P^*}=0$，于是有

$$J_{P^*}\vec{\alpha} = \vec{M}_{P^*}^{(e)}$$

在运动学部分已指出，当刚体上某点作匀速直线运动时，或刚体的角速度 $\omega=0$ 但角加速度 $\alpha\neq 0$ 时（即瞬时平移或无初速释放时），或刚体的角速度 $\omega\neq 0$ 但 $\alpha=0$ 时，刚体的加速度瞬心很容易确定，此时利用上式常能简化求解过程。

应用质点系的动量矩定理及其守恒定律时应注意以下几点：

（1）由于对一般动点的动量矩定理的数学表达式不具有对定点或对质心的动量矩定理那种简单形式，读者很容易将其表达式中计算项 $\overrightarrow{AC}\times(-m\vec{a}_A)$ 遗漏掉，从而造成解题错误，所以解题时不提倡对一般动点使用动量矩定理。

（2）均质圆盘沿固定面作平面纯滚动，均质细直杆的两端分别沿同一平面内两条相互垂直的直线运动时，它们的速度瞬心与其质心的距离分别恒为半径和恒为杆长的一半，此时可使用 $J_P\vec{\alpha}=\vec{M}_P^{(e)}$，但当它们上面焊有质点或其他刚体，造成系统质心 C 位置变化，此时一般 $PC\neq$ 常数，若还使用 $J_P\vec{\alpha}=\vec{M}_P^{(e)}$ 求解则是错误的。只要无法判定 $PC=$ 常数，使用 $J_P\vec{\alpha}=\vec{M}_P^{(e)}$ 都会造成求解错误。

（3）当刚体上不存在某点作匀速直线运动，且刚体的角速度和角加速度都不为零，此时刚体的加速度瞬心无法事先找到（因为刚体的角加速度常未知）或不方便找到（当刚体的角速度和角加速度都已知时），所以也就不使用 $J_P\vec{\alpha}=\vec{M}_P^{(e)}$ 了。

（4）由于动量矩定理要对动量矩求导，因此所写的动量矩必须是系统在一般位置时的通式。对于刚体系统，在一般位置时对定点的动量矩的通式通常不易写出，所以一般不对刚体系统使用对定点的动量矩定理。若将刚体系统在某一给定位置才成立的对定点的动量矩当成通式进行求导必定造成解题错误。

（5）由于动量矩定理与外力系的主矩有关，所以，当选取某个平面运动刚体为研究对象时，一定要对该刚体画出完整的受力图，不仅要画出它所受到的主动力，还要正确画出与之相连或接触的其他物体对它的全部约束力，而且必须使动量矩的正转向与外力矩的正转向一致，以防由于正负号的混乱导致解题错误。

（6）对某些问题，若某个刚体或整个系统满足动量矩守恒条件，则对判断该刚体是否作平移或对该系统的求解会带来很大的简便（因为问题的求解变成在速度层次上进行，肯定比加速度层次上求解简单得多）。

9.1.4 平面运动刚体的动力学方程（运动微分方程）

刚体的平面运动可分解为随质心的平移和对质心平移参考系的定轴转动两部分，随质心的平移由质心运动定理来描述，对质心平移参考系的定轴转动由对质心的动量矩定理来描述，于是，对具有质量对称面，且质量对称面沿自身所在平面运动的刚体，其运动微分方程可写为

$$\begin{cases} ma_{Cx}=m\ddot{x}_C=F_{Rx}^{(e)} \\ ma_{Cy}=m\ddot{y}_C=F_{Ry}^{(e)} \\ J_C\alpha=J_C\ddot{\varphi}=M_C^{(e)} \end{cases}$$

式中，m 为刚体的质量；J_C 为刚体对过质心并与运动平面垂直的轴 Cz' 的转动惯量；x_C、y_C 为刚体质心在运动平面内建立的惯性直角坐标系 Oxy 中的坐标；φ 为刚体的方位角；$F_{Rx}^{(e)}$、$F_{Ry}^{(e)}$ 为作用于刚体上外力系主矢沿 x、y 轴的投影；$M_C^{(e)}$ 为作用于刚体上外力系对质心的主矩。因此，在求解平面运动刚体的动力学问题时，动量定理和动量矩定理经常联合使用。对于平面运动刚体系统，若采用动量原理（动量定理和动量矩定理）来解题，一般需要分别分析每个刚体的运动和受力，按上式分别列写每个刚体的动力学方程，并补充表示各刚体运动学特征量之间的关系式（这种关系式的正确建立常常成为解题的重要步骤），使问题所含未知量的数目等于动力学方程式和补充的独立的运动学关系方程式的总数，经联立求解即可得到所要求的结果。但由于要将系统拆开成一个个单个刚体，动力学方程中出现了许多表示刚体间相互约束的未知约束力，若这些未知的约束力并不需要求解，为消除它们必须增加许多计算量，因此，用动量原理求解平面运动刚体系统的动力学问题，对大多数情况并不方便。

这时，对于系统的瞬时动力学分析可采用达朗贝尔原理或动力学普遍方程，对于系统的动力学微分方程的建立可采用第二类拉格朗日方程，往往都很简便。

9.1.5 碰撞

物体在运动过程中，由于受冲击作用或遇到障碍，在极短时间内，物体的运动状态发生突变，这种现象称为碰撞。解决碰撞问题的基本理论是动量定理和动量矩定理，以及建立在实验基础上的基本假设。因此，碰撞问题实际上就是动量原理的特殊应用问题。

1. 碰撞的基本特征

（1）碰撞过程的持续时间极短，碰撞前后物体质心速度或物体角速度发生有限的改变。

（2）碰撞时物体间产生巨大的碰撞力，碰撞力是以其冲量 $\vec{I} = \int_0^t \vec{F} \, dt$，即碰撞力在极短时间间隔内的积累效应来度量的。

（3）在碰撞过程中，碰撞系统一般有机械能的损失。

2. 碰撞的基本假设

（1）由于碰撞力远大于非碰撞力（又称常规力或平常力，如重力、弹性力等），所以，在碰撞过程中非碰撞力的冲量可忽略不计。

（2）在碰撞过程中，由于物体的位移极其微小，可将其忽略不计，即碰撞开始和结束的两瞬时物体的位置没有改变。

3. 碰撞的分类

（1）按几何条件或运动条件分类

对心碰撞和偏心碰撞：碰撞两物体接触点的公法线通过两物体质心的碰撞，称为对心碰撞；否则，称为偏心碰撞。

正碰撞和斜碰撞：碰撞两物体接触点的相对速度沿接触点公法线的碰撞，称为正碰撞；否则，称为斜碰撞。

（2）按恢复因数 e 的大小分类

恢复因数反映在碰撞过程中物体变形的恢复程度，其大小等于碰撞前后两物体在接触点沿公法线方向相对分离的速度与相对接近的速度之比，即

$$e = \frac{u_{2n} - u_{1n}}{v_{1n} - v_{2n}}$$

式中，v_{1n} 和 u_{1n} 分别表示主动发生碰撞物体的碰撞接触点在碰撞开始瞬时和碰撞结束瞬时的速度在接触处公法线方向上的投影；v_{2n} 和 u_{2n} 分别表示被动发生碰撞物体的碰撞接触点在碰撞开始瞬时和碰撞结束瞬时的速度在接触处公法线方向上的投影。

恢复因数主要取决于两碰撞物体材料的性质，需由实验测定，且 $0 \leq e \leq 1$。当 $0 < e < 1$ 时，称为弹塑性碰撞；当 $e = 1$ 时，称为完全弹性碰撞；当 $e = 0$ 时，称为塑性碰撞或非弹性碰撞。

4. 碰撞阶段的动力学定理

碰撞问题也是用动量定理和动量矩定理进行研究的。所不同的是，由于碰撞过程时间极短且碰撞力的变化规律很复杂，一般只研究物体在碰撞前后运动状态的变化，因此，在研究碰撞问题时，使用的是动量和动量矩定理的积分形式。

（1）动量定理（或冲量定理）

质点系在碰撞过程中的动量变化，等于作用于质点系上的外碰撞冲量系的主矢（所有外碰撞冲量的矢量和），即

$$m\vec{u}_C - m\vec{v}_C = \sum \vec{I}_i^{(e)}$$

式中，$\vec{v}_C$ 和 $\vec{u}_C$ 分别是质量为 m 的质点系在碰撞开始瞬时和结束瞬时质心的速度。

（2）动量矩定理（或冲量矩定理）

质点系在碰撞过程中对某确定点 A 的动量矩的改变量等于作用于质点系上的外碰撞冲量系对该点的主矩（所有外碰撞冲量对该点之矩的矢量和），即

$$\vec{L}_A^{(2)} - \vec{L}_A^{(1)} = \sum \vec{M}_A(\vec{I}_i^{(e)}) = \sum (\vec{\rho}_i \times \vec{I}_i^{(e)})$$

式中，$\vec{L}_A^{(1)}$ 和 $\vec{L}_A^{(2)}$ 分别为质点系在碰撞开始瞬时和结束瞬时对确定点 A 的动量矩，$\vec{\rho}_i$ 为碰撞冲量 $\vec{I}_i^{(e)}$ 的作用点相对于点 A 的矢径。需特别指出的是，点 A 可以是惯性参考系中的固定不动点，也可以是质点系的质心 C，由于在碰撞过程中，按基本假设，各质点的位置都是不变的，碰撞冲量作用点矢径 $\vec{\rho}_i$ 在碰撞过程中是个恒量，因此点 A 可取为质点系上任何一个动点，即碰撞阶段对定点、对质心、对一般动点的动量矩定理（冲量矩定理）的形式是一样的，而质点系在非碰撞运动时对一般动点的动量矩定理形式与对定点（或质心）的动量矩定理的形式是不相同的。

5. 撞击中心

当物体具有质量对称面，定轴与该对称面垂直交于点 O，欲使物体在外碰撞冲量作用下绕该定轴转动时，转轴不受到碰撞冲量的作用，则外碰撞冲量 $\vec{I}$ 必须作用在刚体的质量对称面内，且垂直于物体的质心 C 与点 O 的连线，设 $\vec{I}$ 的作用线与 O、C 两点的连线相交于点 O'，称之为撞击中心，且有

$$OO' = \frac{J_O}{m \cdot OC}$$

式中，m 和 J_O 分别为物体的质量和对定轴 O 的转动惯量。

6. 碰撞问题求解的步骤和注意事项

（1）应选择合适的研究对象，并对其进行受力分析和运动分析。对于碰撞过程要分清碰撞力和常规力，忽略常规力的冲量。对于带摩擦的碰撞问题，若碰撞处公切面内碰撞点存在相对滑动趋势或相对滑动，且摩擦力由碰撞力引起，则摩擦力的冲量不能忽略，且认为摩擦库仑定律同样成立，即 $I_f \leq I_{f,\max} = f_s I_N$，$I_f^{(d)} = f I_N$，其中 f_s 和 f 分别为静摩擦因数和动摩擦因数，同时也要分清内碰撞冲量与外碰撞冲量，内碰撞冲量不影响系统（所选研究对象）的动量和动量矩，在研究对象上画出所有外碰撞冲量。确定碰撞前、后物体作何种运动（平移、定轴转动、平面运动等），并分别画出研究对象在碰撞开始瞬时和结束瞬时其质心的速度或接触点的速度或物体的角速度，当相关的速度指向或角速度转向不能事先判定时，可假定其指向或转向，由求解结果的正负号再确定其真实指向或转向；对于突加约束所引起的碰撞，不仅使物体的运动速度发生变化，有时也使物体的运动形式发生变化（如平面运动变成定轴转动等）。

（2）对碰撞过程建立冲量定理或冲量矩定理的数学方程式。要分析是否存在系统的动量守恒或动量矩守恒。在写冲量方程时要选择坐标轴，并注意动量投影和冲量投影的正、负号。在写冲量矩方程时应注意矩心的选择，尽管在碰撞问题中可以选任一点 A 为矩心，但动量矩必须按相对于惯性参考系的绝对运动计算，即由 $\vec{L}_A = \vec{L}_C + \overrightarrow{AC} \times (m\vec{v}_C)$ 或 $\vec{L}_A = \vec{L}_A^{(r)} + \overrightarrow{AC} \times (m\vec{v}_A)$ 来计算，同时要注意动量矩的正转向应与冲量矩的正转向规定一致。

（3）由恢复因数公式和运动学关系建立补充方程。熟练应用碰撞恢复因数公式建立相撞物体的接触点速度在碰撞结束瞬时和碰撞开始瞬时在碰撞处公法线方向上投影的关系式。物体不作平移时，碰撞接触点的速度与物体质心速度并不相同，这时要利用运动学中速度分析方法正确建立这些点的速度与物体角速度的关系式。

（4）联立求解动力学方程和补充方程得到所要求的物理量。如果要计算碰撞过程中系统动能的损失，撞击中心的位置，应根据相应公式正确求得。必须指出，对于带摩擦的斜碰撞问题，即使 $e=1$，由于动摩擦力会做负功，所以系统的机械能也会有损失。

必须注意，碰撞发生前和碰撞发生后的运动阶段，应按照动力学的常规方法，分析有关物体的受力情况和运动情况。有时碰撞结束瞬时，物体碰撞点相对于碰撞面的速度在公法线方向上的投影为零，但其相对于碰撞面的加速度在公法线方向上的投影不一定为零，当由常规动力学算得碰撞结束时碰撞面对物体的法向约束力 $F_N < 0$ 时，说明碰撞结束后物体会离开碰撞面，在一些习题或考题中有时会出现这种情况，初学者应特别小心，不要犯错。另外，由于碰撞问题实际上属于速度层次的分析计算，只要按照上述步骤认真解题其实是比较容易的，并不会像读者想象的那么难，所以，在碰撞问题解题时读者不用害怕。

9.2 思考题及解答

9-5 如图所示，质量为 m、边长为 l 的均质正三角形薄板，使 OA 边铅垂静止于光滑水平地面上，若三角形薄板于图示位置无初速释放，试问 AB 边的中点 D 的轨迹是什么？三角形薄板上哪些点的轨迹与点 D 相似？设在运动过程中顶点 O 不离开水平地面。

解答：
（1）三角形薄板的运动分析。

三角形薄板在光滑水平地面上无初速释放，且顶点 O 不离开水平地面，作一般平面运动。在其运动过程中，由于三角形薄板在水平方向上不受外力，即 $\vec{F}_{Rx} = 0$，根据"水平方向的质心运动守恒定律"知，三角形薄板质心 C 作铅垂向下的直线运动，显然顶点 O 作水平直线运动，如解答图(a)所示。

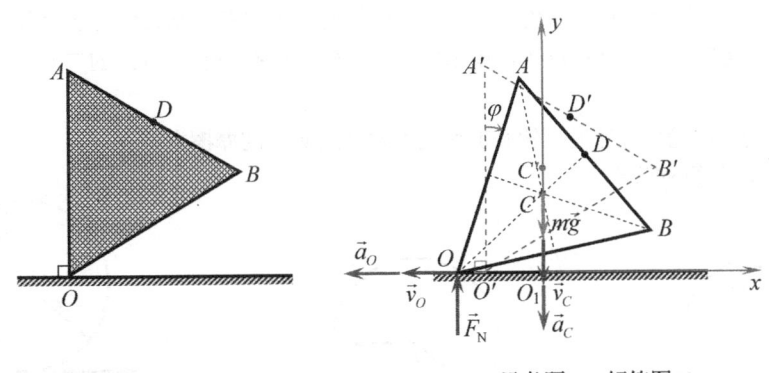

思考题 9-5 图　　思考题 9-5 解答图(a)

（2）求三角形薄板上 AB 边中点 D 的轨迹方程。

建立固定直角坐标系 O_1xy，如解答图(a)所示。

当三角形薄板顺时针转过 φ ($0 \leqslant \varphi \leqslant 30°$) 角时，质心点 C 的坐标为

$$x_C = 0, \quad y_C = OC \cdot \sin(60° - \varphi) = \frac{\sqrt{3}}{3} l \sin(60° - \varphi)$$

三角薄板顶点 O 的坐标为

$$x_O = -OC \cdot \cos(60° - \varphi) = -\frac{\sqrt{3}}{3} l \cos(60° - \varphi), \quad y_O = 0$$

则点 D 的坐标为

$$x_D = CD \cdot \cos(60° - \varphi) = \frac{\sqrt{3}}{6} l \cos(60° - \varphi), \quad y_D = OD \cdot \sin(60° - \varphi) = \frac{\sqrt{3}}{2} l \sin(60° - \varphi)$$

式中，$0 \leq \varphi \leq 30°$。

故点 D 的运动轨迹方程为

$$\left(\frac{x_D}{\frac{\sqrt{3}}{6}l}\right)^2 + \left(\frac{y_D}{\frac{\sqrt{3}}{2}l}\right)^2 = 1 \quad \Rightarrow \quad 36x_D^2 + 4y_D^2 = 3l^2 \text{（椭圆）}$$

（3）确定三角形薄板上与点 D 轨迹相似的点。

假设点 M 为三角形薄板上的某一确定点，当三角形薄板顺时针转过 φ 角时，点 M 的坐标为

$$x_M = CM \cdot \cos(\alpha - \varphi), \quad y_M = OM \cdot \sin(\beta - \varphi)$$

式中，CM 为点 M 到质心点 C 的线段长度，OM 为点 M 到点 O 的线段长度，它们均为常量；α 为初始时 CM 与 x 轴的夹角，β 为初始时 OM 与 x 轴的夹角，如解答图(b)所示。

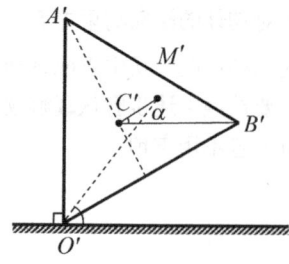

思考题 9-5 解答图(b)

由此可见，当 $\alpha = \beta$ 时，即点 M 在三角形薄板 O、C、D 连线上（除点 O、C 之外），其轨迹与点 D 的轨迹相似，均为椭圆。除此之外，三角形薄板上的其他点的轨迹不是椭圆，而是可确定的平面曲线。

9-7 如图所示，质量为 m、半径为 r 的均质圆轮能够在水平地面上作纯滚动，不计滚动摩阻力偶，试问在以下两种情况下，圆轮的角加速度、轮心加速度和地面对圆轮的摩擦力有什么不一样？(a) 在圆轮上作用有一顺时针转向的主动力偶，力偶矩为 M；(b) 在轮心作用一水平向右的主动力 $\vec{F}$，且 $F = M/r$；当你骑自行车在直线轨道上加速前进时，你能分析自行车前后轮的运动及所受到的地面摩擦力的方向吗？再问：若只在圆轮所在平面内作用一大小已知的水平力 $\vec{F}$，则它作用于什么位置能使地面作用于圆轮的摩擦力为零？在什么情况下，地面作用于圆轮的摩擦力能与力 $\vec{F}$ 的方向相同？

解答：

（1）两种情况的圆轮角加速度、轮心加速度和地面对圆轮的摩擦力。

情况(a)：如解答图(a)所示。

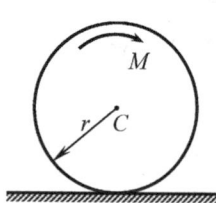

思考题 9-7 图(a)

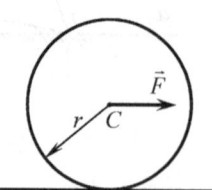

思考题 9-7 图(b)

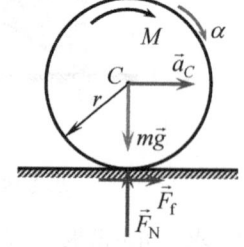

思考题 9-7 解答图(a)

由于圆盘作纯滚动，根据运动学知

$$a_C = r\alpha$$

根据质心运动定理有

$$F_\mathrm{f} = ma_C = mr\alpha$$

根据对质心的动量矩定理有

$$M - F_\mathrm{f} \cdot r = J_C\alpha \Rightarrow M - mr\alpha \cdot r = \frac{1}{2}mr^2\alpha \Rightarrow \alpha = \frac{2}{3}\frac{M}{mr^2} \quad (\text{顺时针})$$

则

$$a_C = r\alpha = \frac{2}{3}\frac{M}{mr}\ (\rightarrow),\quad F_\mathrm{f} = mr\alpha = \frac{2}{3}\frac{M}{r}\ (\rightarrow)$$

情况(b)：如解答图(b)所示。

由于圆盘作纯滚动，根据运动学知

$$a_C = r\alpha$$

根据质心运动定理有

$$F - F_\mathrm{f} = ma_C = mr\alpha \quad \Rightarrow \quad F_\mathrm{f} = F - mr\alpha$$

根据对质心的动量矩定理有

$$F_\mathrm{f} \cdot r = J_C\alpha \quad \Rightarrow \quad (F - mr\alpha) \cdot r = \frac{1}{2}mr^2 \cdot \alpha \quad \Rightarrow \quad \alpha = \frac{2F}{3mr} = \frac{2M}{3mr^2} \quad (\text{顺时针})$$

则

$$a_C = r\alpha = \frac{2M}{3mr}\ (\rightarrow),\quad F_\mathrm{f} = F - mr\alpha = \frac{M}{r} - mr \cdot \frac{2M}{3mr^2} = \frac{M}{3r}\ (\leftarrow)$$

结论：两种情况的圆轮角加速度、轮心加速度相同，均为 $\alpha = \frac{2M}{3mr^2}$（顺时针），$a_C = r\alpha = \frac{2M}{3mr}\ (\rightarrow)$，但是两种情况的地面对圆轮的摩擦力不同，情况(a)为 $F_\mathrm{f} = \frac{2M}{3r}\ (\rightarrow)$，情况(b)为 $F_\mathrm{f} = \frac{M}{3r}\ (\leftarrow)$。

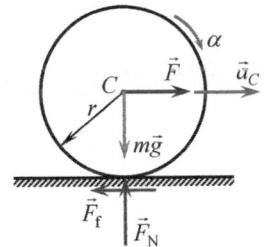
思考题9-7 解答图(b)

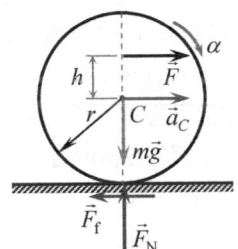
思考题9-7 解答图(c)

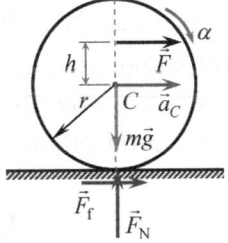
思考题9-7 解答图(d)

（2）当自行车在直线轨道上加速前进时，对自行车后轮的运动及所受到的地面摩擦力的方向的分析类似于上述的情况(a)，只是车架在后轮的轮心处有约束力；对自行车前轮的运动及所受到的地面摩擦力的方向的分析类似于上述的情况(b)，只是车架在前轮轮心处对前轮的推力不一定刚好水平向左。但此时后轮摩擦力肯定向前，前轮摩擦力肯定向后。

（3）假设：水平力 $\vec{F}$ 作用于圆轮质心上方距质心 C 为 h 的位置，如解答图(c)所示。

根据质心运动定理有

$$F - F_\mathrm{f} = ma_C = mr\alpha$$

根据对质心的动量矩定理有

$$F \cdot h + F_\mathrm{f} \cdot r = J_C\alpha \quad \Rightarrow \quad F \cdot h + F_\mathrm{f} \cdot r = \frac{1}{2}mr^2\alpha$$

当摩擦力 $F_\mathrm{f} = 0$ 时，有

$$mr\alpha \cdot h = \frac{1}{2}mr^2\alpha \quad \Rightarrow \quad h = \frac{1}{2}r$$

（4）假设：水平力 $\vec{F}$ 作用于圆轮质心上方距质心 C 为 h 的位置，能使摩擦力与 $\vec{F}$ 的方向相同，如解答图(d)所示。

根据质心运动定理有

$$F + F_f = ma_C = mr\alpha \quad \Rightarrow \quad F_f = mr\alpha - F > 0 \quad \Rightarrow \quad \alpha > \frac{F}{mr}$$

根据对质心的动量矩定理有

$$F \cdot h - F_f \cdot r = J_C \alpha \quad \Rightarrow \quad F \cdot h - F_f \cdot r = \frac{1}{2}mr^2\alpha \quad \Rightarrow$$

$$F \cdot h - (mr\alpha - F) \cdot r = \frac{1}{2}mr^2\alpha \quad \Rightarrow \quad h = \frac{3}{2}\frac{mr^2\alpha}{F} - r > \frac{3}{2}\frac{mr^2 \cdot \frac{F}{mr}}{F} - r > \frac{1}{2}r$$

9-8 如图所示，半径为 r、质量为 m 的均质圆轮沿直线轨道滚动，除重力外不受其他主动力的作用。若轮心初速度为 v_0，圆轮初角速度为 ω_0，试讨论下列三种情况下，圆轮所受的摩擦力及其运动规律（只作定性分析即可）。（1）$v_0 = r\omega_0$；（2）$v_0 > r\omega_0$；（3）$v_0 < r\omega_0$（设圆轮与轨道之间的静摩擦因数为 f_s，动摩擦因数为 f，不计滚动摩阻力偶）。

解答：
（1）$v_0 = r\omega_0$ 的情况：运动学分析，如解答图(a)所示。

$$\vec{v}_P = \vec{v}_C + \vec{v}_{PC}$$
大小　　0　　　v_0　　　$r\omega_0$
方向　　　　　　→　　　←

所以，当 $v_0 = r\omega_0$ 时，点 P 为圆轮的速度瞬心，圆轮作纯滚动。

因为圆轮质心作匀速水平直线运动，其加速度为零，故圆轮所受轨道的摩擦力为零。

可见，当 $v_0 = r\omega_0$ 时，圆轮所受的摩擦力为零，圆轮作匀角速纯滚动。

（2）$v_0 > r\omega_0$ 的情况：运动学分析，如解答图(b)所示。

$$\vec{v}_P = \vec{v}_C + \vec{v}_{PC}$$
大小　$v_0 - r\omega_0$　　v_0　　　$r\omega_0$
方向　　→　　　　→　　　←

所以，当 $v_0 > r\omega_0$ 时，圆轮上点 P 的速度方向向右，圆轮在水平直线轨道上作连滚带滑运动。

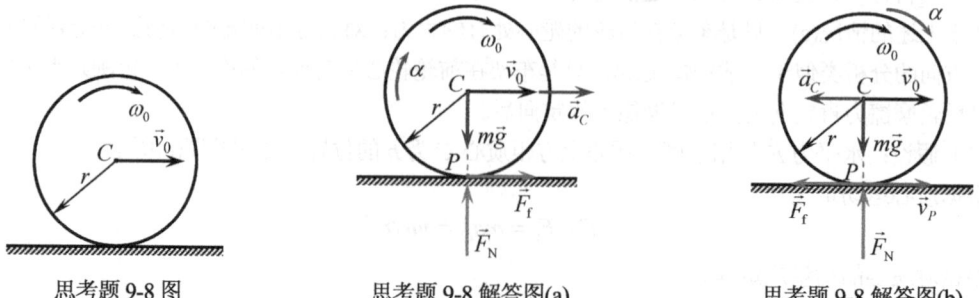

思考题 9-8 图　　　思考题 9-8 解答图(a)　　　思考题 9-8 解答图(b)

受力分析：圆轮所受的摩擦力 $\vec{F}_f$ 为动摩擦力，其大小为 $F_f = mgf$，方向向左，如解答图(b)所示，根据质心运动定理得到

$$F_f = ma_C \quad \Rightarrow \quad a_C = gf \ (\leftarrow)$$

根据对质心的动量矩定理, 得到

$$F_f \cdot r = J_C \alpha \quad \Rightarrow \quad mgf \cdot r = \frac{1}{2}mr^2\alpha \quad \Rightarrow \quad \alpha = \frac{2gf}{r} \text{（顺时针）}$$

可见, 当 $v_0 > r\omega_0$ 时, 圆轮所受的摩擦力为动摩擦力, 其大小为 $F_f = mgf$, 方向向左; 圆轮在水平直线轨道上作连滚带滑运动, 其质心 C 的加速度为 $a_C = gf$, 方向向左, 其角加速度为 $\alpha = \frac{2gf}{r}$, 转向为顺时针。因此, $v_C = v_0 - gft$, $\omega = \omega_0 + \frac{2gf}{r}t$, 当 $v_C = \omega r$, 即 $v_0 - gft = \omega_0 r + 2gft$, 这说明当 $t = \frac{v_0 - \omega_0 r}{3gf}$ 时圆轮开始作纯滚动, 此后圆轮的运动和受力与情形（1）相同。

（3）$v_0 < r\omega_0$ 的情况：运动学分析, 如解答图(c)所示。

$$\begin{array}{cccc} & \vec{v}_P & = & \vec{v}_C & + & \vec{v}_{PC} \\ 大小 & r\omega_0 - v_0 & & v_0 & & r\omega_0 \\ 方向 & \leftarrow & & \rightarrow & & \leftarrow \end{array}$$

所以当 $v_0 < r\omega_0$ 时, 圆轮上点 P 的速度方向向左, 圆轮在水平直线轨道上作连滚带滑运动。

受力分析: 圆轮所受的摩擦力 $\vec{F}_f$ 为动摩擦力, 其大小为 $F_f = mgf$, 方向向右, 如解答图(c)所示, 根据质心运动定理, 得到

$$F_f = ma_C \quad \Rightarrow \quad a_C = gf \ (\rightarrow)$$

根据对质心的动量矩定理, 得到

$$F_f \cdot r = J_C \alpha \quad \Rightarrow \quad mgf \cdot r = \frac{1}{2}mr^2\alpha \quad \Rightarrow \quad \alpha = \frac{2gf}{r} \text{（逆时针）}$$

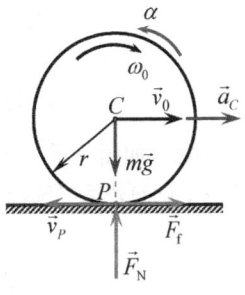

思考题9-8解答图(c)

可见, 当 $v_0 < r\omega_0$ 时, 圆轮所受的摩擦力为动摩擦力, 其大小为 $F_f = mgf$, 方向向右; 圆轮在水平直线轨道上作连滚带滑运动, 其质心 C 的加速度为 $a_C = gf$, 方向向右, 其角加速度为 $\alpha = \frac{2gf}{r}$, 转向为逆时针。因此 $v_C = v_0 + gft$, $\omega = \omega_0 - \frac{2gf}{r}t$, 当 $v_C = \omega r$, 即 $v_0 + gft = \omega_0 r - 2gft$, 这说明当 $t = \frac{\omega_0 r - v_0}{3gf}$ 时圆轮开始作纯滚动, 此后圆轮的运动和受力与情形（1）相同。

9-10 如图所示, 质量为 m_1、半径为 r 的均质圆盘在圆心处与一质量为 m_2、长度为 l 的均质细直杆相铰接, 若系统于图示位置无初速释放, 且不计摩擦, 试问在以后的运动过程中图(a)和图(b)中的圆盘分别作何种运动？

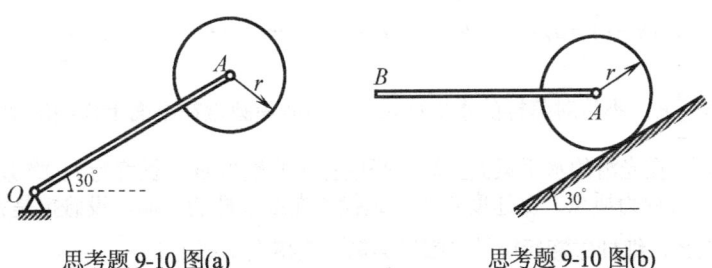

思考题9-10图(a)   思考题9-10图(b)

解答：

(a) 圆盘 A 的受力分析及加速度分析，如解答图(a)所示。

根据对质心的动量矩定理有

$$J_A \alpha_A = 0 \quad \Rightarrow \quad \alpha_A = 0 \quad \Rightarrow \quad \omega_A = 常数$$

又因为圆盘 A 初始静止，所以 $\omega_A = 0$，圆盘 A 在以后过程中作圆弧平移（因为点 A 轨迹为圆弧）。

(b) 圆盘 A 的受力分析及加速度分析，如解答图(b)所示。

根据对质心的动量矩定理有

$$J_A \alpha_A = 0 \quad \Rightarrow \quad \alpha_A = 0 \quad \Rightarrow \quad \omega_A = 常数$$

又因为圆盘 A 初始静止，所以 $\omega_A = 0$，圆盘 A 在以后过程中作直线平移（因为点 A 轨迹为平行于斜面的直线）。

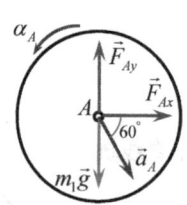 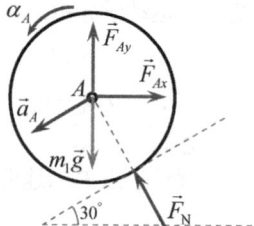

思考题 9-10 解答图(a)　　思考题 9-10 解答图(b)

9-11 如图所示，一质量为 m、半径为 r 的均质圆盘放置于水平桌面上，今在圆盘上作用一水平冲量 $\vec{I}$，试问若适当选择 $\vec{I}$ 的作用点，能否不论对怎样大小的冲量 $\vec{I}$，均能使圆盘在桌面上作纯滚动？

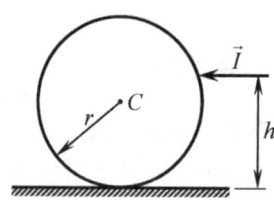 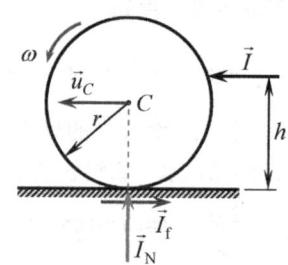

思考题 9-11 图　　思考题 9-11 解答图

解答：

假设圆盘在桌面上作纯滚动，如解答图所示，则 $u_C = r\omega$。

根据冲量定理有 $I_N = 0$，此时 $I_f = 0$，$I = mu_C = mr\omega$。

根据对质心的冲量矩定理有

$$I \cdot (h - r) = J_C \omega \quad \Rightarrow \quad I \cdot (h - r) = \frac{1}{2} mr^2 \cdot \omega \quad \Rightarrow \quad h = \frac{3}{2} r$$

结论：只要 $h = \frac{3}{2} r$，不论对怎样的水平冲量 $\vec{I}$，均能使圆盘在桌面上作纯滚动。

9-12 如图所示，在光滑的水平桌面上静止平放有一质量为 m_1、长度为 l 的均质细直杆 AB，一质量为 m_2 的小球 O（可视为质点）以速度 $\vec{v}_0$ 垂直地撞击在细直杆的一端，设碰撞是完全弹性的，试问 m_1 与 m_2 满足什么关系，细杆碰撞后旋转半圈后会第二次撞在小球上？

解答：

假设小球碰撞前、后的瞬时分析如解答图(a)所示，杆 AB 在碰撞后的瞬时分析如解答图(b)所示。因为碰撞是完全弹性的，所以恢复系数为

$$e = \frac{u_B - u_0}{v_0} = 1 \quad \Rightarrow \quad u_B - u_0 = v_0 \tag{1}$$

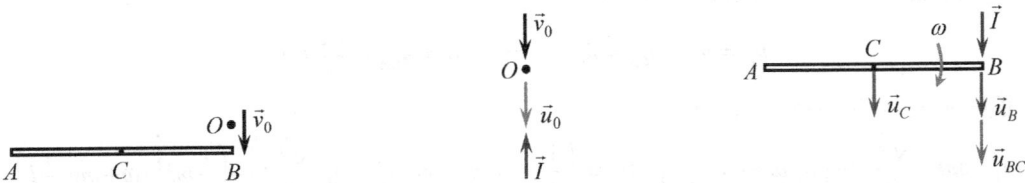

思考题 9-12 图　　　　　思考题 9-12 解答图(a)　　　　　思考题 9-12 解答图(b)

对于小球：根据冲量定理有

$$\vec{I} = m_2 \vec{u}_0 - m_2 \vec{v}_0 \quad \Rightarrow \quad I = -m_2 u_0 - (-m_2 v_0) \quad \Rightarrow \quad I = m_2(v_0 - u_0) \quad (\uparrow) \tag{2}$$

对于杆 AB：

$$\vec{u}_B = \vec{u}_C + \vec{u}_{BC} \quad \Rightarrow \quad u_B = u_C + u_{BC} \quad \Rightarrow \quad u_B = u_C + \frac{1}{2}l\omega \tag{3}$$

根据冲量定理有

$$m_1 u_C = I \tag{4}$$

根据对质心的冲量矩定理有

$$I \cdot \frac{1}{2}l = J_C \omega \quad \Rightarrow \quad I \cdot \frac{1}{2}l = \frac{1}{12} m_1 l^2 \omega \quad \Rightarrow \quad I = \frac{1}{6} m_1 l \omega \tag{5}$$

由式（4）、式（5），得到

$$u_C = \frac{1}{6} l\omega \quad (\downarrow)$$

将上式代入式（3），得到

$$u_B = \frac{2}{3} l\omega \quad (\downarrow)$$

将上式代入式（1），得到

$$u_0 = \frac{2}{3} l\omega - v_0 \quad (\downarrow)$$

进一步可得到

$$\omega = \frac{12 m_2 v_0}{(m_1 + 4m_2)l} \text{（顺时针）}, \quad u_0 = \frac{4m_2 - m_1}{m_1 + 4m_2} v_0$$

杆 AB 转过半圈转过了 $\varphi = \pi$ 弧度，经历的时间为 $t = \dfrac{\varphi}{\omega} = \dfrac{\pi}{\omega}$，在这一过程中小球在水平面内运动了 $h = u_0 t$ 的距离，杆 AB 与小球再次相碰的条件为

$$u_C t = u_0 t \quad \Rightarrow \quad u_C = u_0 \quad \Rightarrow \quad \frac{1}{6} l\omega = \frac{2}{3} l\omega - v_0 \quad \Rightarrow \quad \omega = \frac{2 v_0}{l} \text{（顺时针）}$$

则 $m_1 = 2 m_2$，且 $u_0 = \dfrac{4m_2 - m_1}{m_1 + 4m_2} v_0 > 0 \quad \Rightarrow \quad m_1 < 4 m_2$。即杆 AB 与小球再次相碰的条件为 $m_1 = 2 m_2$。

9-13 如图所示，一质量为 m、边长为 l 的正方形均质薄板在光滑的水平面上运动，其角速度为 ω，质心 C 的速度为 $\vec{v}$，且 $v = l\omega$；今在板的一边与其中心的速度 $\vec{v}$ 相平行的某一瞬时，将板的一角点 A 或 B 突然固定，试问正方形板绕固定点转动的角速度有何区别？能否在板上找到一点，当此点固定时，板将停止运动？

解答：

（1）突然固定角点 A：如解答图(a)所示。

$$\vec{u}_C = \vec{u}_A + \vec{u}_{CA} = \vec{u}_{CA} \quad \Rightarrow \quad u_C = u_{CA} = \frac{\sqrt{2}}{2} l \omega_A$$

根据对点 A 的冲量矩定理，有

$$\left(J_C \omega_A + m u_C \cdot \frac{\sqrt{2}}{2} l \right) - \left(J_C \omega + m v \cdot \frac{1}{2} l \right) = 0 \Rightarrow \left(\frac{1}{6} m l^2 \cdot \omega_A + m \cdot \frac{\sqrt{2}}{2} l \omega_A \cdot \frac{\sqrt{2}}{2} l \right) - \left(\frac{1}{6} m l^2 \cdot \omega + m v \cdot \frac{1}{2} l \right) = 0$$

$$\Rightarrow \omega_A = \frac{1}{4} \omega + \frac{3v}{4l} = \omega \text{（顺时针）}$$

（2）突然固定角点 B：如解答图(b)所示。

$$\vec{u}_C = \vec{u}_B + \vec{u}_{CB} = \vec{u}_{CB} \quad \Rightarrow \quad u_C = u_{CB} = \frac{\sqrt{2}}{2} l \omega_B$$

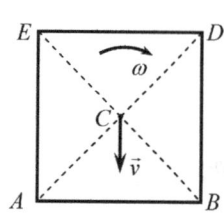

思考题 9-13 图

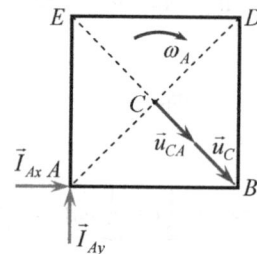

思考题 9-13 解答图(a)

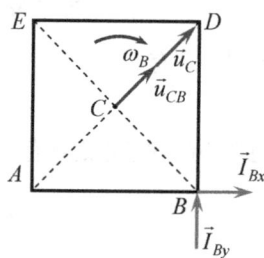

思考题 9-13 解答图(b)

根据对点 B 的冲量矩定理，有

$$\left(J_C \omega_B + m u_C \cdot \frac{\sqrt{2}}{2} l \right) - \left(J_C \omega - m v \cdot \frac{1}{2} l \right) = 0 \quad \Rightarrow$$

$$\left(\frac{1}{6} m l^2 \cdot \omega_B + m \cdot \frac{\sqrt{2}}{2} l \omega_B \cdot \frac{\sqrt{2}}{2} l \right) - \left(\frac{1}{6} m l^2 \cdot \omega - m v \cdot \frac{1}{2} l \right) = 0 \quad \Rightarrow$$

$$\omega_B = \frac{1}{4} \omega - \frac{3v}{4l} = -\frac{1}{2} \omega \text{（负号表示其真实转向与图示相反，即真实转向为逆时针）}$$

（3）假设突然固定正方形板底边上到中心线距离为 x 的点 O 时板将停止运动，如解答图(c)所示，则此时 $\omega_O = 0$，$u_C = u_O = 0$。根据对点 O 的冲量矩定理，有

$$J_C \omega - m v \cdot x = 0 \quad \Rightarrow \quad \frac{1}{6} m l^2 \cdot \omega - m v \cdot x = 0 \quad \Rightarrow \quad x = \frac{l^2 \omega}{6v} = \frac{1}{6} l$$

突然被固定的点不一定是正方形板的底边上的点，只要是位于正方形板的右半部分到中心线距离为 $x = \frac{1}{6} l$ 的直线 OO_1 上的任一点均可使板停止运动。

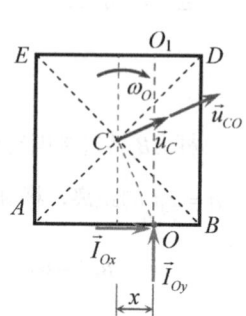

思考题 9-13 解答图(c)

9.3 习题及解答

9-4 图示平面机构，各构件在接触处相互铰接，已知 $O_1G = O_2E = O_1O_2 = GE = l$，$HG = EB = \dfrac{l}{4}$，$OA = l$，边长为 l 的均质等边三角形的质量为 m，对过其质心 C 且垂直于运动平面的轴的回转半径 $\rho = \dfrac{\sqrt{3}}{6}l$，均质杆 BH 和 OA 的质量也都为 m，杆 O_1G 和 O_2E 的质量不计。若杆 O_1G 以匀角速度 ω_0 绕轴 O_1 作逆时针转动。试求图示位置系统的动量和对点 O 的动量矩。

解：

（1）运动分析，如解答图所示。

杆 OA、O_1G、O_2E 作定轴转动；杆 BH 作圆弧曲线平移；三角板 ABD 作平面运动。令点 C_1 和 C_2 分别为杆 OA 和杆 BH 的质心。

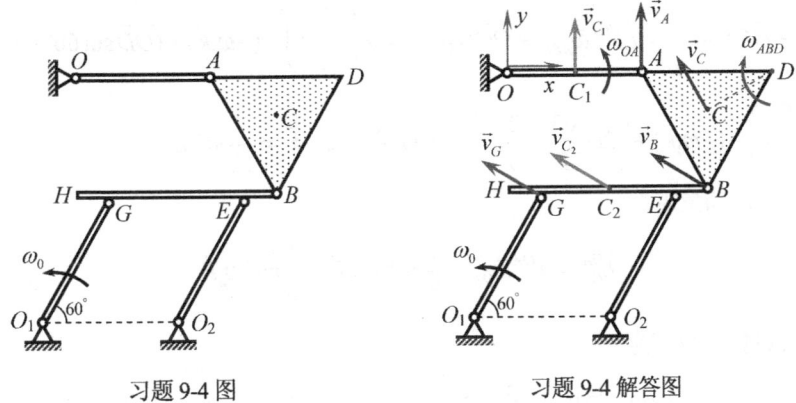

习题 9-4 图   习题 9-4 解答图

杆 O_1G： $v_G = l\omega_0$（$\perp O_1G$）

杆 BH： $v_{C_2} = v_B = v_G = l\omega_0$（$\perp O_1G$）

三角板 ABD： 速度瞬心为点 D，$\omega_{ABD} = \dfrac{v_B}{DB} = \dfrac{l\omega_0}{l} = \omega_0$（顺时针）

$v_C = DC \cdot \omega_{ABD} = \dfrac{2}{3} \cdot \dfrac{\sqrt{3}}{2}l \cdot \omega_0 = \dfrac{\sqrt{3}}{3}l\omega_0$（方向如图，$\perp CD$），$v_A = DA \cdot \omega_{ABD} = l\omega_0$（↑）

杆 OA： $\omega_{OA} = \dfrac{v_A}{OA} = \dfrac{l\omega_0}{l} = \omega_0$（逆时针），$v_{C_1} = \dfrac{1}{2}l\omega_{OA} = \dfrac{1}{2}l\omega_0$（↑）

（2）系统的动量。

杆 BH 的动量为

$$\vec{p}_{BH} = m\vec{v}_{C_2} = m \cdot l\omega_0 \left(-\dfrac{\sqrt{3}}{2}\vec{i} + \dfrac{1}{2}\vec{j}\right) = -\dfrac{1}{2}ml\omega_0(\sqrt{3}\vec{i} - \vec{j})$$

三角板 ABD 的动量为

$$\vec{p}_{ABD} = m\vec{v}_C = m \cdot \dfrac{\sqrt{3}}{3}l\omega_0 \left(-\dfrac{1}{2}\vec{i} + \dfrac{\sqrt{3}}{2}\vec{j}\right) = -\dfrac{\sqrt{3}}{6}ml\omega_0(\vec{i} - \sqrt{3}\vec{j})$$

杆 OA 的动量为

$$\vec{p}_{OA} = m\vec{v}_{C_1} = m \cdot \frac{1}{2}l\omega_0 \vec{j} = \frac{1}{2}ml\omega_0 \vec{j}$$

则系统的动量为

$$\vec{p} = \vec{p}_{BH} + \vec{p}_{ABD} + \vec{p}_{OA} = -\frac{1}{2}ml\omega_0(\sqrt{3}\vec{i} - \vec{j}) - \frac{\sqrt{3}}{6}ml\omega_0(\vec{i} - \sqrt{3}\vec{j}) + \frac{1}{2}ml\omega_0 \vec{j} = \sqrt{3}ml\omega_0\left(-\frac{2}{3}\vec{i} + \frac{\sqrt{3}}{2}\vec{j}\right)$$

（3）系统对点 O 的动量矩。

杆 BH 对点 O 的动量矩为

$$\vec{L}_O^{BH} = \overrightarrow{OC_2} \times m\vec{v}_{C_2} = \frac{BH}{2}\cos 60° \cdot mv_{C_2} \cdot (-\vec{k}) = \frac{\frac{3}{2}l}{2} \cdot \frac{1}{2} \cdot m \cdot l\omega_0 \cdot (-\vec{k}) = -\frac{3}{8}ml^2\omega_0\vec{k}$$

三角板 ABD 对点 O 的动量矩为

$$\vec{L}_O^{ABD} = \vec{L}_C^{ABD} + \overrightarrow{OC} \times m\vec{v}_C = J_C^{ABD}\vec{\omega}_{ABD} + \overrightarrow{OC} \times m\vec{v}_C = m\left(\frac{\sqrt{3}}{6}l\right)^2 \cdot (-\omega_0\vec{k}) + (\overrightarrow{OD}\sin 60° - CD) \cdot mv_C \cdot \vec{k}$$

$$= m\left(\frac{\sqrt{3}}{6}l\right)^2 \cdot (-\omega_0\vec{k}) + \left(2l \cdot \frac{\sqrt{3}}{2} - \frac{2}{3} \cdot \frac{\sqrt{3}}{2}l\right) \cdot m \cdot \frac{\sqrt{3}}{3}l\omega_0 \cdot \vec{k} = \frac{7}{12}ml^2\omega_0\vec{k}$$

杆 OA 对点 O 的动量矩为

$$\vec{L}_O^{OA} = J_O^{OA}\vec{\omega}_{OA} = \frac{1}{3}ml^2 \cdot \omega_0\vec{k} = \frac{1}{3}ml^2\omega_0\vec{k}$$

则系统对点 O 的动量矩为

$$\vec{L}_O = \vec{L}_O^{BH} + \vec{L}_O^{ABD} + \vec{L}_O^{OA} = -\frac{3}{8}ml^2\omega_0\vec{k} + \frac{7}{12}ml^2\omega_0\vec{k} + \frac{1}{3}ml^2\omega_0\vec{k} = \frac{13}{24}ml^2\omega_0\vec{k}$$

解析：

（1）刚体的动量等于刚体的质量和其质心的速度矢量的乘积。刚体系统的动量是刚体动量的矢量和。

（2）根据两点的动量矩关系 $\vec{L}_B = \vec{L}_A + \overrightarrow{BA} \times \vec{p}$，其中 A、B 为任意两点，可以是固定点、质心点、一般动点，而将质心为 C 的刚体对固定点 O 的动量矩可表示为 $\vec{L}_O = \vec{L}_C + \overrightarrow{OC} \times m\vec{v}_C$，应该指出，这一表达式与刚体的运动形式无关，即无论刚体作何种运动，该式均适用。该表达式将平面运动刚体对固定点的动量矩分成了两部分矢量之和：第一部分是绕刚体质心转动的动量矩矢量；第二部分是随刚体质心平移对固定点的动量矩矢量。

（3）杆 BH 对固定点 O 的动量矩为 $\vec{L}_O^{BH} = \vec{L}_{C_2}^{BH} + \overrightarrow{OC_2} \times m\vec{v}_{C_2}$，因为杆 BH 作圆弧曲线平移，所以 $\vec{\omega}_{BH} = 0$，而 $\vec{L}_{C_2}^{BH} = J_{C_2}^{BH}\vec{\omega}_{BH} = 0$，因此有 $\vec{L}_O^{BH} = \overrightarrow{OC_2} \times m\vec{v}_{C_2}$。

（4）有些题目的已知条件经常给出"刚体对过某点且与运动平面垂直轴的回转半径为 ρ"，其实也就相当于告知"刚体绕该轴的转动惯量为 $J = m\rho^2$"，其中 m 为该刚体的质量。

9-8 图示平面系统，三个均质刚体的质量都为 m，细直杆 O_2B 的长度为 $l_1 = 2\sqrt{3}r$，以匀角速度 ω 绕轴 O_2 作顺时针定轴转动，半径为 r 的圆盘相对于杆 O_2B 作纯滚动，细直杆 O_1A 的长度为 $l_2 = 2r$，在圆心 A 处与圆盘铰接，$O_1O_2 = 2r$，试求图示位置系统的动量和对点 O_2 的动量矩。

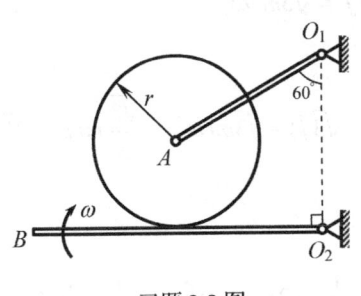

习题 9-8 图

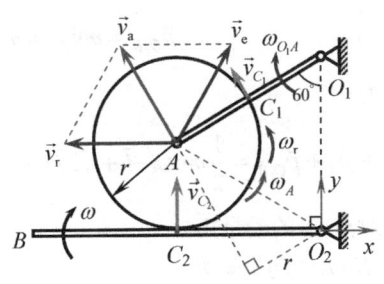

习题 9-8 解答图

解:

(1) 运动分析, 如解答图(a)所示。

令点 C_1 和 C_2 分别为杆 O_1A 和杆 O_2B 的质心。动点：杆 O_1A 上的点 A；动系：与杆 O_2B 固连，则

$$\vec{v}_a = \vec{v}_e + \vec{v}_r$$

大小	$2r\omega_{O_1A}$	$O_2A \cdot \omega_{O_2B} = 2r\omega$	$r\omega_r$?
方向	$\perp O_1A$	$\perp O_2A$	$//O_2B$

由几何关系, 得到

$$v_a = v_e = v_r \Rightarrow 2r\omega_{O_1A} = 2r\omega = r\omega_r \Rightarrow \omega_{O_1A} = \omega（顺时针），\omega_r = 2\omega（逆时针）$$

则

$$v_{C_1} = \frac{1}{2} O_1A \cdot \omega_{O_1A} = r\omega（方向如图，\perp O_1A）$$

$$v_{C_2} = \frac{1}{2} O_2B \cdot \omega_{O_2B} = \sqrt{3}r\omega（方向如图，\perp O_2B）$$

$$v_A = v_a = O_1A \cdot \omega_{O_1A} = 2r\omega（方向如图，\perp O_1A）$$

再利用"刚体的复合运动"知识, 求圆盘 A 的绝对角速度 ω_A。

以圆盘 A 为动刚体；动系与杆 O_2B 固连，则

$$\vec{\omega}_a = \vec{\omega}_e + \vec{\omega}_r$$

大小	ω_A	ω	2ω
方向	逆时针	顺时针	逆时针

所以

$$\omega_a = -\omega_e + \omega_r \Rightarrow \omega_A = -\omega + 2\omega = \omega（逆时针）$$

(2) 系统的动量。

杆 O_1A 的动量为

$$\vec{p}_{O_1A} = m\vec{v}_{C_1} = m \cdot r\omega\left(-\frac{1}{2}\vec{i} + \frac{\sqrt{3}}{2}\vec{j}\right) = \frac{1}{2}mr\omega(-\vec{i} + \sqrt{3}\vec{j})$$

圆盘 A 的动量为

$$\vec{p}_A = m\vec{v}_A = m \cdot 2r\omega\left(-\frac{1}{2}\vec{i} + \frac{\sqrt{3}}{2}\vec{j}\right) = mr\omega(-\vec{i} + \sqrt{3}\vec{j})$$

杆 O_2B 的动量为

$$\vec{p}_{O_2B} = m\vec{v}_{C_2} = m\cdot\sqrt{3}r\omega\vec{j} = \sqrt{3}mr\omega\vec{j}$$

则系统的动量为

$$\vec{p} = \vec{p}_{O_1A} + \vec{p}_A + \vec{p}_{O_2B} = \frac{1}{2}mr\omega(-\vec{i}+\sqrt{3}\vec{j}) + mr\omega(-\vec{i}+\sqrt{3}\vec{j}) + \sqrt{3}mr\omega\vec{j} = \frac{\sqrt{3}}{2}mr\omega(-\sqrt{3}\vec{i}+5\vec{j})$$

（3）系统对点 O_2 的动量矩。

杆 O_1A 对点 O_2 的动量矩为

$$\vec{L}_{O_2}^{O_1A} = \vec{L}_{C_1}^{O_1A} + \overrightarrow{O_2C_1}\times m\vec{v}_{C_1} = J_{C_1}^{O_1A}\vec{\omega}_{O_1A} + 0 = \frac{1}{12}m(2r)^2(-\omega\vec{k}) = -\frac{1}{3}mr^2\omega\vec{k}$$

圆盘 A 对点 O_2 的动量矩为

$$\vec{L}_{O_2}^{A} = \vec{L}_{A}^{A} + \overrightarrow{O_2A}\times m\vec{v}_A = J_A^A\vec{\omega}_A + \overrightarrow{O_2A}\times m\vec{v}_A = \frac{1}{2}mr^2\cdot\omega\vec{k} + r\cdot m\cdot 2r\omega(-\vec{k}) = -\frac{3}{2}mr^2\omega\vec{k}$$

杆 O_2B 对点 O_2 的动量矩为

$$\vec{L}_{O_2}^{O_2B} = J_{O_2}^{O_2B}\vec{\omega}_{O_2B} = \frac{1}{3}m(2\sqrt{3}r)^2\cdot(-\omega\vec{k}) = -4mr^2\omega\vec{k}$$

则系统对点 O_2 的动量矩为

$$\vec{L}_{O_2} = \vec{L}_{O_2}^{O_1A} + \vec{L}_{O_2}^{A} + \vec{L}_{O_2}^{O_2B} = -\frac{1}{3}mr^2\omega\vec{k} - \frac{3}{2}mr^2\omega\vec{k} - 4mr^2\omega\vec{k} = -\frac{35}{6}mr^2\omega\vec{k}$$

解析：

（1）该平面系统为单自由度系统，通过运动学的速度分析，可将系统中未知的刚体角速度或各刚体上点的速度均用已知的杆 O_2B 的角速度 ω 表示出。由于圆盘 A 相对于杆 O_2B 作纯滚动，要想将系统中杆 O_1A、圆盘 A 的角速度 ω_{O_1A}、ω_A 及其质心点的速度 v_{C_1}、v_A 和杆 O_2B 的质心点的速度 v_{C_2} 均用杆 O_2B 的角速度 ω 表示，题解中用到"点的复合运动——速度合成定理"和"刚体复合运动——角速度合成定理"的知识，在本题中，选取"杆 O_1A 上的点 A（也是圆盘 A 的中心点）为动点、动系与杆 O_2B 固连"是恰当的，为了确定圆盘 A 的绝对角速度 ω_A，必须还用到"刚体复合运动——角速度合成定理"的知识，即选取"圆盘 A 为动刚体，动系与杆 O_2B 固连"，则

	$\vec{\omega}_a$	=	$\vec{\omega}_e$	+	$\vec{\omega}_r$
大小	ω_A		$\omega_{O_2B}=\omega$		$\omega_r=2\omega$
方向	逆时针		顺时针		逆时针

所以

$$\omega_a = -\omega_e + \omega_r \Rightarrow \omega_A = -\omega + 2\omega = \omega \text{（逆时针）}$$

（2）系统的动能、动量和动量矩中所涉及的速度或刚体的角速度都是指绝对的速度或绝对的角速度。

（3）由于圆盘 A 相对于杆 O_2B 作纯滚动，故它们在接触点 C_2 处具有相同的速度，再利用圆心 A 的速度方向可方便确定圆盘在图示位置的速度瞬心与点 B 重合，这样也可方便地求出圆盘的角速度和圆心 A 的速度。

9-10 如图所示，质量为 $m_1 = 3m$ 的小车（车轮的质量不计）放置于光滑水平地面上，其顶端 A 通过一光滑圆柱铰链连接一质量为 m、长度为 l 的均质细直杆 AB，一刚度系数为 $k = \dfrac{\sqrt{3}mg}{2l}$、原长为 l 的弹簧，其两端分别与杆 AB 的 B 端和车上的点 O 相连，且 $OA = \sqrt{3}l$，系统于图示水平位置无初速释放，试求杆 AB 转过 $60°$ 时，小车的位移和杆 AB 的角速度。

解：

（1）利用质心运动守恒定律，求小车位移。

如解答图所示，假设杆 AB 由水平位置相对于小车转过了 $\theta = 60°$ 角时，小车向右移动了 s 距离，此时小车的速度为 v。因为系统在运动过程中，水平方向无外力，且初始静止，即 $F_{Rx}^{(e)} \equiv 0$。由质心运动守恒定律，得到

$$\sum m_i \cdot \Delta x_{C_i} = 0 \Rightarrow m_{AB}\left[s - \frac{1}{2}l(1-\cos 60°)\right] + m_1 s = 0 \Rightarrow m\left(s - \frac{1}{4}l\right) + 3ms = 0 \Rightarrow s = \frac{1}{16}l$$

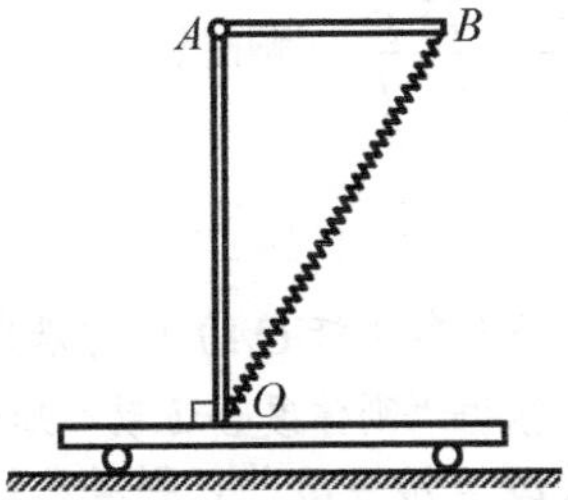

习题 9-10 图 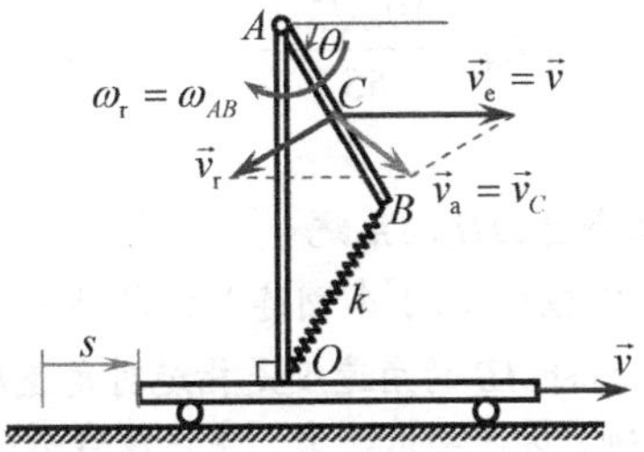　　　　　习题 9-10 解答图

（2）利用动量守恒定律，求小车速度 v 与杆 AB 的角速度 ω_{AB} 的关系。

动点：杆 AB 的质心 C；动系：与小车固连，则

$$\vec{v}_a = \vec{v}_e + \vec{v}_r$$

大小	?	v	$\frac{1}{2}l\omega_r = \frac{1}{2}l\omega_{AB}$
方向	?	→	$\perp AB$

根据动量守恒定律，因为系统在运动过程中，水平方向无外力，且初始静止，即 $F_{Rx}^{(e)} \equiv 0$，则有

$$\sum m_i \cdot v_{C_i x} = 0 \Rightarrow m_{AB} v_{Cx} + m_1 v = 0 \Rightarrow$$

$$m_{AB}(v - v_r \sin 60°) + m_1 v = 0 \Rightarrow m\left(v - \frac{1}{2}l\omega_{AB} \cdot \frac{\sqrt{3}}{2}\right) + 3mv = 0 \Rightarrow v = \frac{\sqrt{3}}{16}l\omega_{AB}$$

（3）利用机械能守恒定律，求杆 AB 的角速度 ω_{AB}。

由于系统运动过程中，只有杆 AB 的重力和弹簧力做功，所以系统的机械能守恒。初始时刻系统的动能为 $T_0 = 0$，末了时刻系统的动能为

$$T_1 = \frac{1}{2}m_{AB}v_C^2 + \frac{1}{2}J_C^{AB}\omega_{AB}^2 + \frac{1}{2}m_1 v^2 = \frac{1}{2}m_{AB}(v_e^2 + v_r^2 - 2v_e v_r \cos 30°) + \frac{1}{2}\cdot\frac{1}{12}m_{AB}l^2 \cdot \omega_{AB}^2 + \frac{1}{2}m_1 v^2$$

$$= \frac{1}{2}m_{AB}\left[v^2 + \left(\frac{1}{2}l\omega_{AB}\right)^2 - 2v \cdot \frac{1}{2}l\omega_{AB} \cdot \frac{\sqrt{3}}{2}\right] + \frac{1}{2}\cdot\frac{1}{12}m_{AB}l^2 \cdot \omega_{AB}^2 + \frac{1}{2}m_1 v^2$$

$$= 2mv^2 + \frac{1}{6}ml^2\omega_{AB}^2 - \frac{\sqrt{3}}{4}mvl\omega_{AB} \quad \text{（将式 } v = \frac{\sqrt{3}}{16}l\omega_{AB} \text{ 代入其中得到）}$$

$$= \frac{55}{384}ml^2\omega_{AB}^2$$

假设杆 AB 的初始水平位置为零势能，弹簧未变形为零弹性势能，则
系统的初始势能为

$$V_0 = \frac{1}{2}k(2l-l)^2 = \frac{1}{2}kl^2 = \frac{1}{2}\cdot\frac{\sqrt{3}mg}{2l}\cdot l^2 = \frac{\sqrt{3}}{4}mgl$$

系统的末了势能为

$$V_1 = -mgh = -mg \cdot \left(\frac{1}{2}l \cdot \frac{\sqrt{3}}{2}\right) = -\frac{\sqrt{3}}{4}mgl$$

根据机械能守恒定律

$$T_0 + V_0 = T_1 + V_1 \Rightarrow \frac{\sqrt{3}}{4}mgl = \frac{55}{384}ml^2\omega_{AB}^2 - \frac{\sqrt{3}}{4}mgl \Rightarrow$$

$$\omega_{AB}^2 = \frac{192\sqrt{3}}{55}\frac{g}{l} \Rightarrow \omega_{AB} = \sqrt{\frac{192\sqrt{3}}{55}\frac{g}{l}} \quad (\text{顺时针})$$

解析:

（1）该系统是两个自由度的系统。

（2）杆 AB 相对杆 OA（与小车固连）作定轴转动，而小车（杆 OA）同时沿光滑水平地面作直线平移。题目中所要求的杆 AB 的角速度是指绝对角速度，根据"刚体复合运动"知识，将杆 AB 视为动刚体，将小车（杆 OA）视为动系，由"角速度合成公式 $\vec{\omega}_a = \vec{\omega}_e + \vec{\omega}_r$"，再考虑到动系小车（杆 OA）作平移，即 $\vec{\omega}_e = 0$，所以 $\vec{\omega}_a = \vec{\omega}_{AB} = \vec{\omega}_r$。

（3）也可用解析法求小车的位移 s 和小车速度 v 与杆 AB 的角速度 ω_{AB} 的关系，具体过程如下：

如解答图所示，假设杆 AB 由水平位置相对于小车转过了 θ 角度时，小车向右移动了 s 距离。因为系统在运动过程中，水平方向无外力，且初始静止，即 $F_{Rx}^{(e)} \equiv 0$。

由质心运动守恒定律，得到

$$\sum m_i \cdot \Delta x_{C_i} = 0 \Rightarrow m_{AB}\left[s - \left(\frac{1}{2}l - \frac{1}{2}l\cos\theta\right)\right] + m_1 s = 0$$

$$\Rightarrow m\left[s - \left(\frac{1}{2}l - \frac{1}{2}l\cos\theta\right)\right] + 3ms = 0 \Rightarrow s = \frac{1}{8}l(1-\cos\theta)$$

又因为 $v = \frac{ds}{dt} = \frac{1}{8}l\sin\theta \cdot \frac{d\theta}{dt} = \frac{1}{8}l\sin\theta \cdot \omega_r = \frac{1}{4}\sin\theta \cdot \left(\frac{1}{2}l\omega_r\right) = \frac{1}{4}\sin\theta \cdot v_{Cr}$，且

$$v_{Cr} = \frac{1}{2}l\omega_r = \frac{1}{2}l\omega_{AB}$$

当 $\theta = 60°$ 时，$s = \frac{1}{8}l(1-\cos 60°) = \frac{1}{16}l$，则

$$v = \frac{1}{4}\sin 60° \cdot \frac{1}{2}l\omega_{AB} = \frac{\sqrt{3}}{16}l\omega_{AB}$$

9-13 在半径为 r、质量为 m 的均质细圆环上如图所示焊接一根质量也为 m、长度为 r 的均质细直杆 AB 后放置于光滑水平桌面上，系统于图示位置无初速释放，试求杆 AB 发生了 $30°$ 转角的瞬时圆环中心 B 的位移和圆环的角速度。

解:

（1）利用质心运动守恒定律，求圆环中心 B 的位移 s：如解答图(a)所示。

假设圆环 B（杆 AB）转过 $30°$ 角度后，圆环中心 B 的水平向右位移为 s。

由于系统的水平方向无外力作用，即 $F_{Rx}^{(e)} \equiv 0$，且初始静止，则根据质心运动守恒定律，有

$$\sum m_i \cdot \Delta x_{C_i} = 0 \Rightarrow m_B s + m_{AB}\left[s - \left(\frac{1}{2}r - \frac{\sqrt{3}}{4}r\right)\right] = 0 \Rightarrow$$

$$ms + m\cdot\left[s-\left(\frac{1}{2}r-\frac{\sqrt{3}}{4}r\right)\right]=0 \quad\Rightarrow\quad s=\frac{2-\sqrt{3}}{8}r \quad(\rightarrow)$$

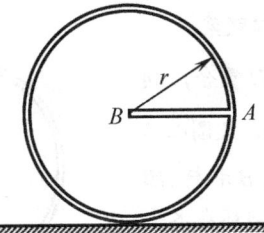

习题 9-13 图

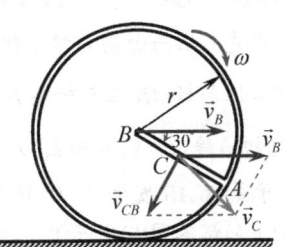

习题 9-13 解答图(a)

（2）利用动量守恒定律，求圆环中心 B 的速度 v_B 与圆环角速度 ω 的关系。

由于水平桌面光滑，圆环 B 在桌面上作连滚带滑的平面运动，则

$$\vec{v}_C \quad = \quad \vec{v}_B \quad + \quad \vec{v}_{CB}$$

大小　　？　　　$v_B \neq r\omega = ?$ 　　$\frac{1}{2}r\omega$

方向　　？　　　$\rightarrow$ 　　　　　　$\perp AB$

由于系统在运动过程中水平方向不受外力作用，即 $F_{Rx}^{(e)} \equiv 0$，且初始静止，则系统动量在水平方向上的投影守恒，有

$$\sum m_i \cdot v_{C_i,x}=0 \;\Rightarrow\; m_B v_{Bx}+m_{AB}v_{Cx}=0 \;\Rightarrow\; m_B v_B+m_{AB}(v_B-v_{CB}\cos 60°)=0 \;\Rightarrow$$

$$mv_B+m(v_B-\frac{1}{2}r\omega\cdot\frac{1}{2})=0 \quad\Rightarrow\quad v_B=\frac{1}{8}r\omega \;(\rightarrow)$$

（3）利用动能定理，求圆环 B 的角速度 ω。

系统初始位置的动能为

$$T_0=0$$

系统末了位置的动能为

$$T_1=\frac{1}{2}m_B v_B^2+\frac{1}{2}J_B^{环}\omega^2+\frac{1}{2}m_{AB}v_C^2+\frac{1}{2}J_C^{杆}\omega^2$$

$$=\frac{1}{2}m_B v_B^2+\frac{1}{2}J_B^{环}\omega^2+\frac{1}{2}m_{AB}(v_B^2+v_{CB}^2-2v_B v_{CB}\cos 60°)+\frac{1}{2}J_C^{杆}\omega^2$$

$$=\frac{1}{2}m\left(\frac{1}{8}r\omega\right)^2+\frac{1}{2}(mr^2)\omega^2+\frac{1}{2}m\left[\left(\frac{1}{8}r\omega\right)^2+\left(\frac{1}{2}r\omega\right)^2-2\left(\frac{1}{8}r\omega\right)\left(\frac{1}{2}r\omega\right)\cdot\frac{1}{2}\right]+\frac{1}{2}\left(\frac{1}{12}mr^2\right)\omega^2$$

$$=\frac{125}{192}mr^2\omega^2$$

系统在运动过程中外力所做的功为

$$W_{01}=mgh=mg\cdot\frac{1}{4}r=\frac{1}{4}mgr$$

由动能定理积分形式，得到

$$T_1-T_0=W_{01} \;\Rightarrow\; \frac{125}{192}mr^2\omega^2=\frac{1}{4}mgr \;\Rightarrow\; \omega=\sqrt{\frac{48}{125}\frac{g}{r}}=\frac{4}{5}\sqrt{\frac{3}{5}\frac{g}{r}} \;(\text{顺时针})$$

解析：

（1）该刚体有两个自由度，其广义坐标可选取为点 B 沿水平的位移 s 和该刚体转过的角位移 φ，且 $v_B = \dot{s} \neq r\omega$，$\omega = \dot{\varphi}$。就运动学而言，$s$ 和 φ 相互独立，两者没有关联；就动力学而言，s 和 φ 都与主动力和初始条件有关，从而由动力学方程又将两者建立起联系。

（2）系统的质心恒与杆 AB 上与杆端 B 相距为 $\dfrac{r}{4}$ 的点 D 重合，利用 $F_{Rx} \equiv 0$，且系统初始静止，则可知点 D 作铅垂直线运动，又圆心 B 作水平直线运动，于是杆 AB 发生了 30° 转角的瞬时，圆盘 B 和杆 AB 的速度瞬心为点 P（如解答图(b)所示），这也清楚地表明圆环在水平桌面上不是作纯滚动，而是连滚带滑的平面运动。

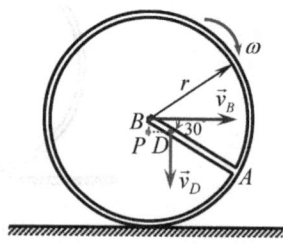

习题 9-13 解答图(b)

9-16 图示均质圆盘的质量为 m、半径为 r，一质量不计且不可伸长的张紧细绳缠绕其上，其一端固定于点 A，圆盘放置于倾角为 60° 的斜面上，此绳与点 A 相连直线部分与斜面平行，圆盘与斜面之间的摩擦因数为 $f = \dfrac{1}{3}$，系统于图示位置无初速释放，试求运动过程中圆心 C 的加速度和圆盘的角加速度。

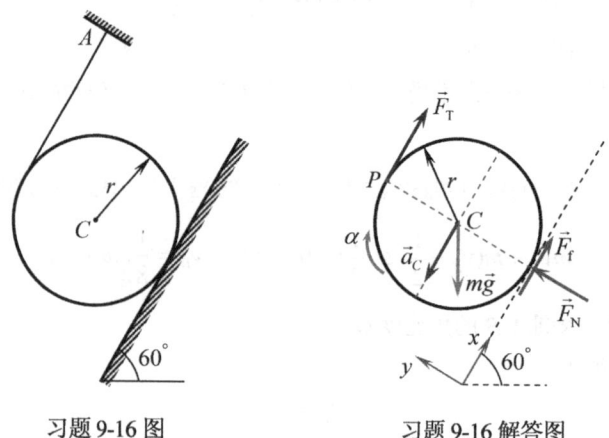

习题 9-16 图　　习题 9-16 解答图

解：

（1）受力分析和运动学分析。

圆盘 C 的受力分析，如解答图所示。因为圆盘相对于绳索作纯滚动（而并非沿斜面作纯滚动），所以有 $a_C = r\alpha$（平行于斜面向下）

$$\sum F_y = 0: \quad F_N - mg\cos 60° = 0 \quad \Rightarrow \quad F_N = \frac{1}{2}mg$$

则动摩擦力为

$$F_f = f F_N = \frac{1}{3} \cdot \frac{1}{2} mg = \frac{1}{6} mg$$

（2）利用动量矩定理，求圆盘质心 C 的加速度 a_C 和圆盘的角加速度 α。

如解答图所示，由于圆盘 C 相对于绳索作纯滚动，且圆盘的速度瞬心点 P 与圆盘质心 C 始终保持距离不变，所以根据圆盘对速度瞬心点 P 的动量矩定理有

$$J_P \alpha = \sum M_P \quad \Rightarrow \quad (J_C + mr^2)\alpha = mg\sin 60° \cdot r - F_f \cdot 2r \quad \Rightarrow$$

$$\left(\frac{1}{2}mr^2 + mr^2\right)\alpha = \frac{\sqrt{3}}{2}mgr - \frac{1}{6}mg \cdot 2r \quad \Rightarrow \quad \alpha = \frac{(3\sqrt{3}-2)g}{9r} \text{（顺时针）}$$

则

$$a_C = r\alpha = \frac{3\sqrt{3}-2}{9}g \text{（平行于斜面向下）}$$

解析：

（1）圆盘 C 在倾斜面上作连滚带滑的平面运动，并非纯滚动，所以圆盘 C 与斜面之间的摩擦力 F_f 为动摩擦力，且 $F_f = fF_N$（其中 f 为动摩擦因数）。而对于静摩擦力 $F_f \leq F_{f\max} = fF_N$（其中 f 为静摩擦因数）是一个未知的、与相对运动趋势方向相反的约束力。

（2）在解题中利用了对速度瞬心 P（圆盘 C 相对于绳索作纯滚动的速度瞬心）的动量矩定理，速度瞬心 P 在该瞬时的速度为零、加速度不为零，其本质是动点，但是在运动过程中圆盘的速度瞬心 P 与圆盘中心 C 保持距离 r 不变，所以对这类的特殊动点用动量矩定理有如对固定点或质心的动量矩定理那样简便的形式，而不是像对一般动点的动量矩定理那样具有复杂的形式。另外，对速度瞬心 P 的动量矩定理所列写的方程 $J_P\alpha = \sum M_P$ 中不含有绳索的未知张力 F_T，使得求解圆盘的角加速度 α 更简捷，这也是求解的技巧之处。如果题目还要求绳索的张力 F_T，也可采用如下的办法：

利用质心运动定理列写方程为

$$\sum F_x = 0: \quad F_T + F_f - mg\sin 60° = -ma_C \quad \Rightarrow \quad \frac{\sqrt{3}}{2}mg - F_T - \frac{1}{6}mg = mr\alpha$$

利用对质心的动量矩定理列写方程为

$$J_C\alpha = \sum M_C: \quad J_C\alpha = F_T \cdot r - F_f \cdot r \quad \Rightarrow \quad \frac{1}{2}mr^2\alpha = F_T \cdot r - \frac{1}{6}mg \cdot r$$

上述两个方程联立求解，得到

$$\alpha = \frac{(3\sqrt{3}-2)g}{9r} \text{（顺时针）} \text{和} F_T = \frac{3\sqrt{3}+1}{3}mg \text{（拉力）}$$

9-19 在图示质量为 m、半径为 r 的均质圆盘上沿径向焊接一根质量也为 m、长度为 r 的均质细直杆，运动时圆盘可沿足够粗糙的水平地面作纯滚动，若系统于图示位置无初速释放，试求释放瞬时圆盘的角加速度和地面对圆盘的约束力。

解：

（1）运动学分析。

系统的质心为点 C，$CB = \dfrac{r}{4}$，如解答图所示。

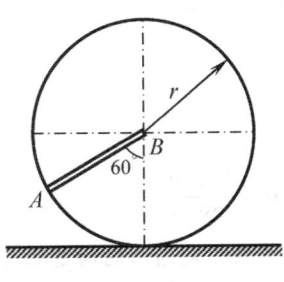

习题 9-19 图

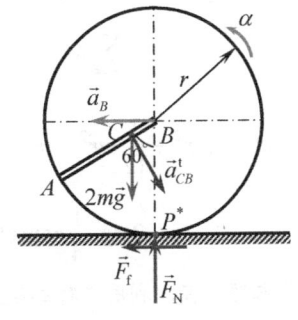

习题 9-19 解答图

$$\vec{a}_C = \vec{a}_B + \vec{a}_{CB}^{\,t} + \vec{a}_{CB}^{\,n}$$

式中，$a_B = r\alpha$，$a_{CB}^{t} = \dfrac{1}{4}r\alpha$，$a_{CB}^{n} = \dfrac{1}{4}r\omega^2 = 0$。

$$a_{Cx} = -a_B + a_{CB}^{t}\cos 60° = -r\alpha + \dfrac{1}{4}r\alpha \cdot \dfrac{1}{2} = -\dfrac{7}{8}r\alpha \quad （负号表示其真实方向向左）$$

$$a_{Cy} = -a_{CB}^{t}\sin 60° = -\dfrac{1}{4}r\alpha \cdot \dfrac{\sqrt{3}}{2} = -\dfrac{\sqrt{3}}{8}r\alpha \quad （负号表示其真实方向向下）$$

（2）受力分析，如解答图所示。

（3）动力学分析。

根据质心运动定理，有

$$\sum F_x = ma_{Cx}: \ -F_f = 2m \cdot \left(-\dfrac{7}{8}r\alpha\right) \quad \Rightarrow \quad F_f = \dfrac{7}{4}mr\alpha$$

$$\sum F_y = ma_{Cy}: \ 2mg - F_N = 2m \cdot \left(-\dfrac{\sqrt{3}}{8}r\alpha\right) \quad \Rightarrow \quad F_N = 2mg - \dfrac{\sqrt{3}}{4}mr\alpha$$

根据对质心的动量矩定理，有

$$\sum M_C = J_C\alpha \quad \Rightarrow \quad F_N \cdot \dfrac{\sqrt{3}}{8}r - F_f \cdot \left(r - \dfrac{1}{8}r\right) = J_C\alpha$$

式中，$J_C = \dfrac{1}{2}mr^2 + m\cdot\left(\dfrac{1}{4}r\right)^2 + \dfrac{1}{12}mr^2 + m\cdot\left(\dfrac{1}{4}r\right)^2 = \dfrac{17}{24}mr^2$，则

$$F_N \cdot \dfrac{\sqrt{3}}{8}r - F_f \cdot \left(r - \dfrac{1}{8}r\right) = \dfrac{17}{24}mr^2\alpha \quad \Rightarrow$$

$$\left(2mg - \dfrac{\sqrt{3}}{4}mr\alpha\right)\cdot\dfrac{\sqrt{3}}{8}r - \left(\dfrac{7}{4}mr\alpha\right)\cdot\left(r - \dfrac{1}{8}r\right) = \dfrac{17}{24}mr^2\alpha \quad \Rightarrow \quad \alpha = \dfrac{3\sqrt{3}}{28}\dfrac{g}{r} \quad （逆时针）$$

$$F_f = \dfrac{7}{4}mr\alpha = \dfrac{3\sqrt{3}}{16}mg\ (\leftarrow)\ ,\quad F_N = 2mg - \dfrac{\sqrt{3}}{4}mr\alpha = \dfrac{215}{112}mg\ (\uparrow)$$

解析：

在解答中，根据质心运动定理列写了两个方程，即 $\sum F_x = ma_{Cx}$ 和 $\sum F_y = ma_{Cy}$，再根据对质心的动量矩定理列写了一个方程，即 $\sum M_C = J_C\alpha$，并将上述三个方程联立求解。

本题还可以用"对加速度瞬心的动量矩定理"求解。首先求解圆盘的角加速度 α，然后再根据质心运动定理列写两个方程，而不需要求解联立方程。瞬时静止（$\omega = 0$，$\alpha \neq 0$）的纯滚动圆盘的加速度瞬心为圆盘与地面的接触点 P^*，则根据"对加速度瞬心的动量矩定理"，有

$$\sum M_{P^*} = J_{P^*}\alpha: \ 2mg \cdot \dfrac{1}{4}r\sin 60° = J_{P^*}\alpha$$

式中，$J_{P^*} = \dfrac{1}{2}mr^2 + m \cdot r^2 + \dfrac{1}{12}mr^2 + m \cdot \left(\dfrac{\sqrt{3}}{2}r\right)^2 = \dfrac{7}{3}mr^2$，则

$$2mg \cdot \dfrac{1}{4}r\sin 60° = \dfrac{7}{3}mr^2\alpha \quad \Rightarrow \quad \alpha = \dfrac{3\sqrt{3}}{28}\dfrac{g}{r}$$

显然，对于本题而言，利用"对加速度瞬心的动量矩定理"比"对质心的动量矩定理"要简单。但是必须指出，加速度瞬心 P^* 在该瞬时的加速度为零，下一瞬时其速度不为零，其本质是动点，可是

对加速度瞬心 P^* 的动量矩定理有如对固定点或质心的动量矩定理那样简便的形式，而不是像对一般动点的动量矩定理那样具有复杂的形式。

9-21 图示重 100 N、长为 1 m 的均质细直杆 AB，一端 A 搁置于水平地面上，另一端 B 通过一根绳索挂在天花板上。已知杆与水平面间的摩擦因数为 0.6，杆于图示位置处于静止状态，若突然将绳索剪断，试求绳索剪断瞬间杆的角加速度和水平地面对它的摩擦力。

解：

（1）判断 A 端是否滑动。

假设绳索突然被剪断的瞬间，A 端不滑动。受力分析，如解答图(a)所示。

由对定点 A 的动量矩定理，有

$$\frac{\mathrm{d}\vec{L}_A}{\mathrm{d}t} = \vec{M}_A \quad \Rightarrow \quad \frac{\mathrm{d}(J_A\omega_{AB})}{\mathrm{d}t} = mg\left(\frac{1}{2}l\cos 30°\right) \quad \Rightarrow \quad J_A\alpha_{AB} = mg\left(\frac{1}{2}l\cos 30°\right)$$

因为 $J_A = J_C + m\left(\dfrac{l}{2}\right)^2 = \dfrac{1}{12}ml^2 + m\left(\dfrac{l}{2}\right)^2 = \dfrac{1}{3}ml^2$，所以

$$J_A\alpha_{AB} = mg\left(\frac{1}{2}l\cos 30°\right) \quad \Rightarrow \quad \alpha_{AB} = \frac{3\sqrt{3}g}{4l}$$

则

$$a_C = AC \cdot \alpha_{AB} = \frac{1}{2}l\alpha_{AB} = \frac{3\sqrt{3}g}{8}$$

由质心运动定理，有

$$\vec{F}_R^{(e)} = \sum m_i \vec{a}_{C_i} \quad \Rightarrow \quad \begin{cases} F_N - mg = -ma_C\cos 30° \\ F_f = ma_C\cos 60° \end{cases} \quad \Rightarrow \quad F_N = \frac{7}{16}mg, \quad F_f = \frac{3\sqrt{3}}{16}mg$$

由摩擦处的物理条件，有 $F_f \leqslant fF_N \quad \Rightarrow \quad f \geqslant \dfrac{F_f}{F_N} = \dfrac{3\sqrt{3}}{7} \approx 0.7423 > 0.6$，故 A 端滑动。

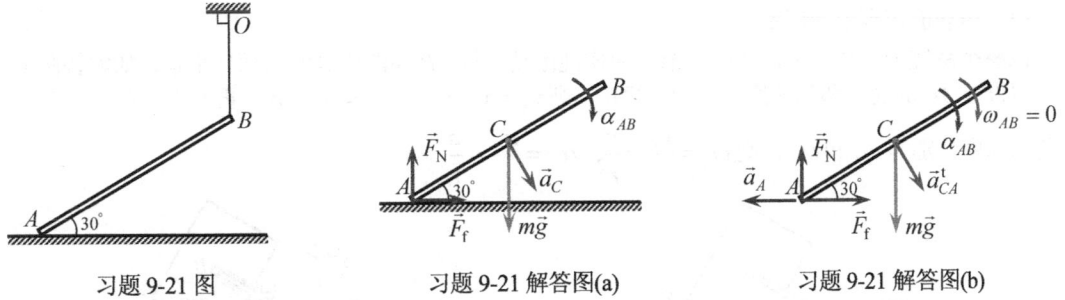

习题 9-21 图　　　　习题 9-21 解答图(a)　　　　习题 9-21 解答图(b)

（2）求杆的角加速度和水平地面对其摩擦力。

假设点 A 的滑动加速度 $\vec{a}_A$，杆 AB 作平面运动，且 $F_f = fF_N$，如解答图(b)所示。

由对质心的动量矩定理，有

$$\frac{\mathrm{d}\vec{L}_C}{\mathrm{d}t} = \vec{M}_C \quad \Rightarrow \quad \frac{\mathrm{d}(J_C\omega_{AB})}{\mathrm{d}t} = F_N\cdot\left(\frac{1}{2}l\cos 30°\right) - F_f\cdot\left(\frac{1}{2}l\sin 30°\right) \quad \Rightarrow \quad J_C\alpha_{AB} = \frac{\sqrt{3}-f}{4}lF_N$$

因为 $J_C = \dfrac{1}{12}ml^2$，所以

$$\alpha_{AB} = \frac{3(\sqrt{3}-f)}{ml}F_N$$

由质心运动定理，有 $\vec{F}_R^{(e)} = m\vec{a}_C$，而

$$\vec{a}_C = \vec{a}_A + \vec{a}_{CA} = \vec{a}_A + \vec{a}_{CA}^t \Rightarrow a_{Cy} = -a_{CA}\cos30° = -\frac{1}{2}l\alpha_{AB}\cos30°$$

则

$$F_N - mg = ma_{Cy} \Rightarrow F_N - mg = m\cdot\left(-\frac{1}{2}l\alpha_{AB}\cos30°\right) \Rightarrow$$

$$F_N - mg = m\cdot\left[-\frac{1}{2}l\cdot\frac{3(\sqrt{3}-f)}{ml}F_N\cos30°\right] \Rightarrow F_N = \frac{4}{13-3\sqrt{3}f}mg$$

故

$$\alpha_{AB} = \frac{12(\sqrt{3}-f)g}{(13-3\sqrt{3}f)l} = 13.47 \text{ rad/s}^2 \text{ （顺时针）}$$

$$F_f = fF_N = \frac{4mgf}{13-3\sqrt{3}f} = 24.29 \text{ N （→）}$$

解析：
当绳索突然剪断时，若摩擦因数足够大，可保证 A 端不滑动，杆 AB 绕轴 A 作定轴转动；若摩擦因数不够大，A 端滑动，杆 AB 作平面运动，这一点需要论证。当摩擦因数不够大，A 端滑动时，对点 A 的动量矩定理写成 $J_A\alpha_{AB} = M_A^{(e)}$ 是错误的，而应该按照"对动点的动量矩定理" $J_A\vec{\alpha}_{AB} = \vec{M}_A^{(e)} + \overrightarrow{AC}\times(-m\vec{a}_A)$ 进行求解。

9-23 图示无重细直杆 AB 的两端通过光滑铰链与一质量为 m、半径为 r 的均质圆盘的中心 A 和一质量为 m 的滑块中心 B 相连，AB 平行于倾角为 β 的固定斜面，圆盘、滑块与斜面间的摩擦因数均为 f，且 $\frac{1}{3}\tan\beta < f < 2\tan\beta < 1$，圆盘在斜面上作纯滚动，试求杆的内力及斜面对圆盘的摩擦力。

解：
（1）用动能定理求加速度。

以整个系统为研究对象，圆盘 A 沿斜面作纯滚动，杆 AB 和滑块 B 沿斜面作平移，如解答图(a)所示。假设杆 AB 的速度和加速度分别为 $\vec{v}$ 和 $\vec{a}$，则 $v_A = v_B = v$，$a_A = a_B = a$，再假设圆盘 A 的角速度和角加速度分别为 ω_A 和 α_A，则 $\omega_A = \frac{v_A}{r} = \frac{v}{r}$，$\alpha_A = \frac{a_A}{r} = \frac{a}{r}$。

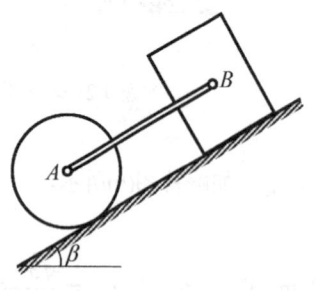

习题 9-23 图

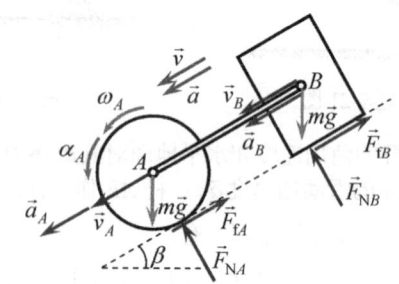

习题 9-23 解答图(a)

圆盘 A 的动能为

$$T_A = \frac{1}{2}mv_A^2 + \frac{1}{2}J_A\omega_A^2 = \frac{1}{2}mv^2 + \frac{1}{2}\left(\frac{1}{2}mr^2\right)\left(\frac{v}{r}\right)^2 = \frac{3}{4}mv^2$$

滑块 B 的动能为

$$T_B = \frac{1}{2}mv_B^2 = \frac{1}{2}mv^2$$

则系统的动能为

$$T = T_A + T_B = \frac{5}{4}mv^2$$

整个系统的受力分析，如解答图(a)所示，由于圆盘 A 沿斜面作纯滚动，斜面作用于圆盘的摩擦力 $\vec{F}_{fA}$ 为静摩擦力，对系统不做功；而滑块 B 沿斜面作平移，斜面作用于滑块的摩擦力 $\vec{F}_{fB}$ 为动摩擦力，对系统做负功，且 $F_{fB} = fF_{NB} = mgf\cos\beta$。

假设滑块 B 沿斜面下滑了 $\mathrm{d}s$，则系统的元功为

$$\mathrm{d}'W = (mg\sin\beta)\cdot\mathrm{d}s + (mg\sin\beta)\cdot\mathrm{d}s - F_{fB}\cdot\mathrm{d}s = 2(mg\sin\beta)\cdot\mathrm{d}s - mgf\cos\beta\cdot\mathrm{d}s$$

根据动能定理的微分形式，有

$$\mathrm{d}T = \mathrm{d}'W \Rightarrow \frac{5}{4}m\cdot(2v)\cdot\mathrm{d}v = 2(mg\sin\beta)\cdot\mathrm{d}s - mgf\cos\beta\cdot\mathrm{d}s \Rightarrow$$

$$\frac{5}{4}m\cdot(2v)\cdot\frac{\mathrm{d}v}{\mathrm{d}t} = 2(mg\sin\beta)\cdot\frac{\mathrm{d}s}{\mathrm{d}t} - mgf\cos\beta\cdot\frac{\mathrm{d}s}{\mathrm{d}t} \Rightarrow$$

$$\frac{5}{4}m\cdot(2v)\cdot a = 2(mg\sin\beta)\cdot v - mgf\cos\beta\cdot v \Rightarrow \frac{5}{2}ma = 2mg\sin\beta - mgf\cos\beta \Rightarrow$$

$$a = \frac{2}{5}(2\sin\beta - f\cos\beta)g$$

（2）用质心运动定理求 F_{AB} 或 F_{BA}、F_{fA}：杆 AB 为二力杆。

以滑块 B 为研究对象，受力分析如解答图(b)所示，根据质心运动定理，有

$$F_{BA} - F_{fB} + mg\sin\beta = ma_B = ma \Rightarrow$$

$$F_{BA} = ma + F_{fB} - mg\sin\beta = ma + mgf\cos\beta - mg\sin\beta$$

$$= \frac{2}{5}mg(2\sin\beta - f\cos\beta) + mgf\cos\beta - mg\sin\beta$$

$$= \frac{1}{5}mg(3f\cos\beta - \sin\beta) > 0 \text{（杆 } AB \text{ 为拉杆）}$$

以圆盘 A 为研究对象，受力分析如解答图(c)所示，根据质心运动定理，有

$$mg\sin\beta - F_{AB} - F_{fA} = ma_A = ma \Rightarrow$$

$$F_{fA} = mg\sin\beta - F_{AB} - ma = mg\sin\beta - \frac{1}{5}mg(3f\cos\beta - \sin\beta) - m\cdot\frac{2}{5}(2\sin\beta - f\cos\beta)g$$

$$= \frac{1}{5}mg(2\sin\beta - f\cos\beta) > 0 \text{（方向沿斜面向上）}$$

另一种求解方法（用对质心的动量矩定理和质心运动定理求解）：

以圆盘 A 为研究对象，受力分析如解答图(c)所示，根据对质心的动量矩定理，有

$$J_A\alpha_A = M_A^e \Rightarrow \frac{1}{2}mr^2\alpha_A = F_{fA}\cdot r \Rightarrow \alpha_A = \frac{2F_{fA}}{mr}$$

则

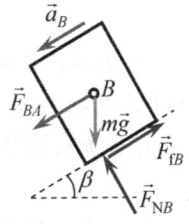

习题 9-23 解答图(b)

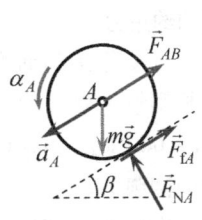

习题 9-23 解答图(c)

$$a_A = r\alpha_A = \frac{2F_{fA}}{m} \quad (1)$$

根据质心运动定理，有

$$mg\sin\beta - F_{AB} - F_{fA} = ma_A = ma \quad (2)$$

以滑块 B 为研究对象，受力分析如解答图(b)所示，根据质心运动定理，有

$$F_{BA} - F_{fB} + mg\sin\beta = ma_B = ma \quad (3)$$

联立式（1）、式（2）、式（3）求解，且 $F_{AB} = F_{BA}$，$F_{fB} = fF_{NB} = mgf\cos\beta$，得到

$$F_{fA} = \frac{1}{5}mg(2\sin\beta - f\cos\beta) > 0 \quad \text{（方向沿斜面向上）}$$

$$F_{AB} = F_{BA} = \frac{1}{5}mg(3f\cos\beta - \sin\beta) > 0 \quad \text{（杆 } AB \text{ 为拉杆）}$$

解析：

（1）因为杆 AB 的重量不计，且杆 AB 只有两端受力，所以杆 AB 为二力杆，即 $F_{AB} = F_{BA}$；若考虑杆 AB 的质量（或重量），杆 AB 不是二力杆，则有 $F_{AB} - F_{BA} = m_{AB}a$。

（2）滑块 B 与斜面的摩擦力为动摩擦力（对系统做负功），即 $F_{fB} = fF_{NB}$，但 $\vec{F}_{NB}$ 的作用线不过滑块 B 的质心，而是沿运动方向前移一定的距离（如解答图(b)所示）；而圆盘 A 与斜面的摩擦力为静摩擦力（对系统不做功），即 $F_{fA} \leq fF_{NA}$。这两者的区别要特别注意。

（3）本题非常适合于用"动能定理的微分形式"（对整个系统）求圆盘质心 A 的加速度和滑块 B 的加速度，正如解答所给出的那样。

以圆盘 A 为研究对象，利用"对质心的动量矩定理"和"质心运动定理"求解圆盘质心 A 的加速度也是可以的，但是若不结合其他的研究对象也只能求得圆盘质心 A 的加速度和所受摩擦力的关系，即 $a_A = r\alpha_A = \dfrac{2F_{fA}}{m}$，却不能像以整体为研究对象应用"动能定理的微分形式"那样直接求出 $a = \dfrac{2}{5}(2\sin\beta - f\cos\beta)g$。

9-24 图示均质细直杆 OA 的质量为 m，长度为 $l = 6r$，可绕水平轴 O 转动，杆的另一端以铰链 A 与质量为 $3m$、半径为 r 的均质圆盘的中心相连，弹簧的刚度系数 $k = \dfrac{mg}{16r}k$，原长 $l_0 = 4r$，若不计摩擦，当系统于图示水平位置无初速释放，试求杆 OA 转至铅垂位置时，杆 OA 的角速度、角加速度及 O 处所受到的约束力。

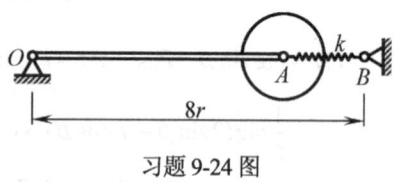

习题 9-24 图

解：

（1）以圆盘为研究对象，由对质心的动量矩定理确定圆盘的运动形式，由质心运动定理求圆盘中心铰链 A 所受到的约束力。

以圆盘 A 为研究对象，受力分析如解答图(a)所示，由于圆盘 A 所受的外力，即重力、弹簧力和销钉 A 处的约束力都过圆心 A，故 $M_A^{(e)} \equiv 0$，根据对质心的动量矩定理有 $J_A\alpha_A = M_A^{(e)} \equiv 0 \Rightarrow \alpha_A = 0$，$\omega_A = \text{const}$。又因为系统初始静止，故 $\omega_A = 0$，即圆盘 A 作圆弧平移（因为点 A 的轨迹为圆弧）。

当杆 OA 转至铅垂位置时，系统的运动分析如解答图(b)所示。

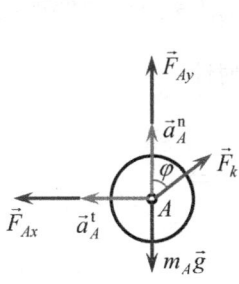
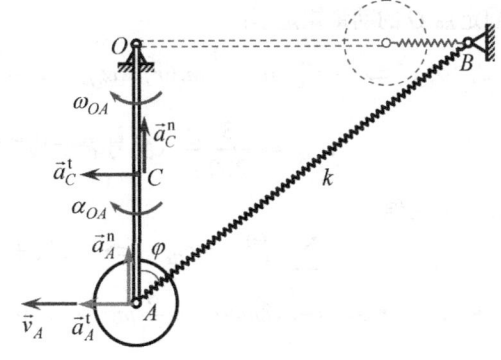

习题 9-24 解答图(a)　　　　　　习题 9-24 解答图(b)

此时弹簧力为

$$F_k = k\lambda = k(10r - l_0) = k(10r - 4r) = 6kr = 6 \cdot \frac{mg}{16r} \cdot r = \frac{3}{8}mg$$

根据质心运动定理，有

$$\sum F_x = ma_x: \quad F_{Ax} - F_k \sin\varphi = m_A a_A^t \quad \Rightarrow$$

$$F_{Ax} = m_A a_A^t + F_k \sin\varphi = 3m \cdot (OA \cdot \alpha_{OA}) + \frac{3}{8}mg \cdot \frac{4}{5} = 18mr\alpha_{OA} + \frac{3}{10}mg$$

$$\sum F_y = ma_y: \quad F_{Ay} - m_A g + F_k \cos\varphi = m_A a_A^n \quad \Rightarrow$$

$$F_{Ay} = m_A a_A^n + m_A g - F_k \cos\varphi = 3m \cdot (OA \cdot \omega_{OA}^2) + 3mg - \frac{3}{8}mg \cdot \frac{3}{5} = 18mr\omega_{OA}^2 + \frac{111}{40}mg$$

（2）利用动能定理，求杆 OA 的角速度。

以整个系统为研究对象，杆 OA 由水平位置转至铅垂位置。
初始瞬时系统的动能为

$$T_0 = 0$$

末了瞬时系统的动能为

$$T_1 = \frac{1}{2}m_A v_A^2 + \frac{1}{2}J_O^{OA}\omega_{OA}^2 = \frac{1}{2} \cdot 3m \cdot (6r \cdot \omega_{OA})^2 + \frac{1}{2} \cdot \frac{1}{3}m(6r)^2 \cdot \omega_{OA}^2 = 60mr^2\omega_{OA}^2$$

重力所做的功为

$$W_{01}^{(1)} = m_{OA}g \cdot \frac{OA}{2} + m_A g \cdot OA = mg \cdot 3r + 3m \cdot 6r = 21mgr$$

弹簧力所做的功为

$$W_{01}^{(2)} = \frac{1}{2}k(\lambda_0^2 - \lambda_1^2) = \frac{1}{2} \cdot \frac{mg}{16r}[(2r-4r)^2 - (10r-4r)^2] = -mgr$$

根据动能定理的积分形式，得到

$$T_1 - T_0 = W_{01}^{(1)} + W_{01}^{(2)} \quad \Rightarrow \quad 60mr^2\omega_{OA}^2 = 21mgr - mgr \quad \Rightarrow \quad \omega_{OA} = \sqrt{\frac{g}{3r}} \quad (\text{顺时针})$$

（3）利用对固定点 O 的动量矩定理和质心运动定理，求杆 OA 的角加速度及铰支座 O 处的约束力。

方法一：以杆 OA（不带销钉 A）为研究对象，如解答图(c)所示。

① 对固定点 O 的动量矩定理：

$$\sum M_O^{(e)} = J_O^{OA} \alpha_{OA} \Rightarrow -F'_{Ax} \cdot 6r = \frac{1}{3}m(6r)^2 \cdot \alpha_{OA} \Rightarrow -\left(18mr\alpha_{OA} + \frac{3}{10}mg\right) \cdot 6r = \frac{1}{3}m(6r)^2 \cdot \alpha_{OA} \Rightarrow$$

$$\alpha_{OA} = -\frac{3}{200}\frac{g}{r} \quad \text{（负号表示其真实转向为逆时针）}$$

② 质心运动定理：

$$\sum F_x^{(e)} = ma_{Cx} \Rightarrow F_{Ox} + F'_{Ax} = -ma_C^t \Rightarrow$$

$$F_{Ox} + F'_{Ax} = -ma_C^t = -\left(18mr\alpha_{OA} + \frac{3}{10}mg\right) - m \cdot 3r\alpha_{OA}$$

$$= -21mr\alpha_{OA} - \frac{3}{10}mg = -21mr \cdot \left(-\frac{3}{200}\frac{g}{r}\right) - \frac{3}{10}mg = \frac{3}{200}mg \quad (\rightarrow)$$

$$\sum F_y^{(e)} = ma_{Cy} \Rightarrow F_{Oy} - F'_{Ay} - mg = ma_C^n \Rightarrow$$

$$F_{Oy} = mg + F'_{Ay} + ma_C^n = mg + \left(18mr\omega_{OA}^2 + \frac{111}{40}mg\right) + m \cdot 3r\omega_{OA}^2$$

$$= \frac{151}{40}mg + 21mr\omega_{OA}^2 = \frac{151}{40}mg + 21mr\left(\sqrt{\frac{g}{3r}}\right)^2 = \frac{431}{40}mg \quad (\uparrow)$$

方法二：以杆 OA 和圆盘 A 组成的部分系统为研究对象，如解答图(d)所示。

① 计算对固定点 O 的动量矩：

$$L_O^{OA} = J_O^{OA}\omega_{OA} = \frac{1}{3}m(6r)^2 \cdot \omega_{OA} = 12mr^2\omega_{OA} \quad \text{（顺时针）}$$

$$L_O^A = 3mv_A \cdot 6r = 3m \cdot 6r\omega_{OA} \cdot 6r = 108mr^2\omega_{OA} \quad \text{（顺时针）}$$

所以

$$L_O = L_O^{OA} + L_A^O = 120mr^2\omega_{OA} \quad \text{（顺时针）}$$

② 对固定点 O 的动量矩定理：

$$\left.\frac{dL_O}{dt}\right|_{\text{杆}OA\text{铅垂}} = M_O^{(e)} \Rightarrow \frac{d(120mr^2\omega_{OA})}{dt} = -F_k \cdot 6r\sin\varphi \Rightarrow 120mr^2\alpha_{OA} = -\frac{3}{8}mg \cdot 6r \cdot \frac{4}{5} \Rightarrow$$

$$\alpha_{OA} = -\frac{3}{200}\frac{g}{r} \quad \text{（负号表示真实转向为逆时针）}$$

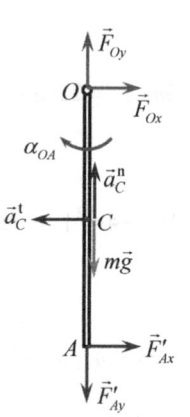

习题 9-24 解答图(c)

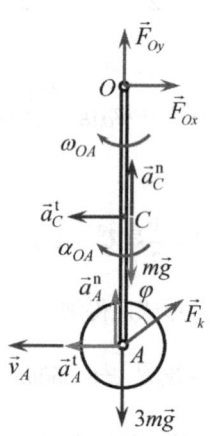

习题 9-24 解答图(d)

③ 质心运动定理：

$$\sum F_x^{(e)} = ma_x \Rightarrow F_{Ox} + F_k \sin\varphi = -ma_C^t - 3ma_A^t \Rightarrow$$

$$F_{Ox} = -ma_C^t - 3ma_A^t - F_k \sin\varphi = -m \cdot 3r\alpha_{OA} - 3m \cdot 6r\alpha_{OA} - \frac{3}{8}mg \cdot \frac{4}{5}$$

$$= -21mr\alpha_{OA} - \frac{3}{10}mg = -21mr \cdot \left(-\frac{3}{200}\frac{g}{r}\right) - \frac{3}{10}mg = \frac{3}{200}mg \quad (\rightarrow)$$

$$\sum F_y^{(e)} = ma_y \Rightarrow F_{Oy} - mg - 3mg + F_k\cos\varphi = ma_C^n + 3ma_A^n \Rightarrow$$

$$F_{Oy} = 4mg - F_k\cos\varphi + ma_C^n + 3ma_A^n = 4mg - \frac{3}{8}mg \cdot \frac{3}{5} + m \cdot 3r\omega_{OA}^2 + 3m \cdot 6r\omega_{OA}^2$$

$$= \frac{151}{40}mg + 21mr\omega_{OA}^2 = \frac{151}{40}mg + 21mr\left(\sqrt{\frac{g}{3r}}\right)^2 = \frac{431}{40}mg \quad (\uparrow)$$

解析：

（1）这是一个综合性习题，用到了质心运动定理、对质心和固定点的动量矩定理（当然还可以利用达朗贝尔原理）和动能定理（或机械能守恒定律）。在本题的求解中，利用"动能定理的积分形式"求得了杆 OA 的角速度 ω_{OA}，当然也可以利用"机械能守恒定律"来求解，因为该系统中做功的力为重力和弹簧力，属于有势系统（保守系统）。

（2）以圆盘 A 为研究对象，利用"对质心的动量矩定理"判断圆盘 A 作圆弧平移是本题求解的重要步骤，其关系到应用"动能定理或机械能守恒定律"时圆盘 A 的动能如何表述的问题。

（3）当以杆 OA 或杆 OA 与圆盘 A 组成的部分系统为研究对象时，将对点 A 的动量矩定理写成 $J_A\alpha_{OA} = M_A^{(e)}$ 是错误的，因为点 A 是动点，对动点的动量矩定理不像对固定点或质心的动量矩定理具有简单的形式。对杆 OA 与圆盘 A 组成的系统，将对点 C 的动量矩定理写成 $J_C\alpha_{OA} = M_C^{(e)}$ 也是错误的，因为此时 C 不是系统的质心，而且系统的两个刚体的角加速度也不相同。

9-25 图示四根均质杆的质量均为 m，长度均为 l，组成一个刚性正方形框架 $OABD$，并置于光滑水平面上，此框架可绕点 O 的铅垂轴作无摩擦定轴转动，其上点 A 处有一质量为 m_1 的小虫 M，系统初始时静止。现小虫 M 沿杆 AB 向点 B 爬动，试求小虫以相对于杆 AB 的速度 u 刚好到达点 B 时，正方形框架的角速度。

解：

（1）建立与刚性正方形框架固连的直角坐标系 $Oxyz$，如解答图所示。

系统受到刚性正方形框架和小虫的重力作用，它们均平行于 z 轴；还受到轴承 O 的约束力，它们均过 z 轴，因此 $M_z^{(e)} \equiv 0$，系统对 z 轴的动量矩守恒。

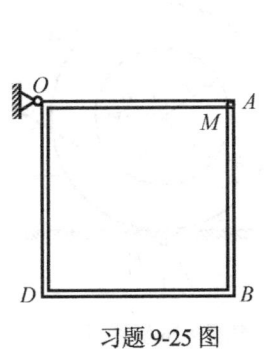

习题 9-25 图

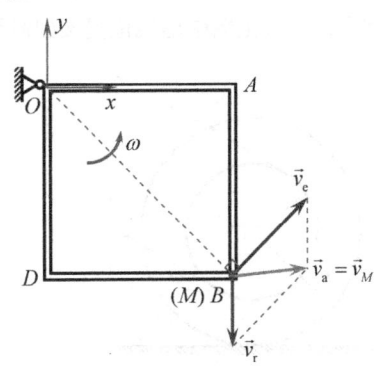

习题 9-25 解答图

（2）运动学分析。

动点：小虫 M；动系：与刚性正方形框架 $OABD$ 固连。

初始瞬时系统静止，则末了瞬时

$$\vec{v}_a = \vec{v}_e + \vec{v}_r$$

大小　　　　　v_M　　　$OB \cdot \omega = \sqrt{2}l\omega$　　　u

方向　　　　　？　　　　$\perp OB$　　　　　↓

$$v_{Mx} = \frac{\sqrt{2}}{2}v_e = \frac{\sqrt{2}}{2} \cdot \sqrt{2}l\omega = l\omega, \quad v_{My} = \frac{\sqrt{2}}{2}v_e - u = \frac{\sqrt{2}}{2} \cdot \sqrt{2}l\omega - u = l\omega - u$$

（3）利用动量矩守恒定律，求刚性正方形框架的角速度。

初始瞬时系统对 z 轴的动量矩为 $L_z^{(1)} = 0$（初始瞬时系统静止）。

末了瞬时系统对 z 轴的动量矩为

$$L_z^{(2)} = J_O^{OABD}\omega + m_1 v_{Mx} \cdot l + m_1 v_{My} \cdot l$$

$$= \left[\frac{1}{12}ml^2 \times 4 + 2 \times m\left(\frac{1}{2}l\right)^2 + 2 \times m\left(l^2 + \frac{1}{4}l^2\right)\right]\omega + m_1 l(v_{Mx} + v_{My})$$

$$= \left[\frac{1}{12}ml^2 \times 4 + 2 \times m\left(\frac{1}{2}l\right)^2 + 2 \times m\left(l^2 + \frac{1}{4}l^2\right)\right]\omega + m_1 l(l\omega + l\omega - u)$$

$$= \frac{10}{3}ml^2\omega + m_1 l(2l\omega - u)$$

由于系统对 z 轴的动量矩守恒，所以

$$L_z^{(1)} = L_z^{(2)} \implies \frac{10}{3}ml^2\omega + m_1 l(2l\omega - u) = 0 \implies \omega = \frac{3m_1 u}{2(5m + 3m_1)l} \text{（逆时针）}$$

解析：

（1）首先通过对系统的受力分析知道 $M_z^{(e)} \equiv 0$，而判断出系统对转轴的动量矩守恒，这是解题的关键。

（2）小虫可看成质点，在写其对 z 轴的动量矩时，可灵活运用类似于合力矩定理的方法，求其两个动量分量 $m\vec{v}_{Mx}$ 和 $m\vec{v}_{My}$ 对 z 轴矩的代数和。

9-26 图示处于铅垂平面内质量为 m、半径为 R 的鼓轮，其质心 C 在其几何中心，已知它对水平中心轴 C 的回转半径为 ρ，现有一与水平面恒成 φ 夹角的常力 $\vec{F}$（$mg > F\sin\varphi$）拉动绕在半径为 r 的轮轴上的无重绳索，使鼓轮从静止开始沿水平地面作纯滚动，试求鼓轮质心的加速度和地面对鼓轮的摩擦力。若将常力 $\vec{F}$ 平移至图中虚线位置又如何？

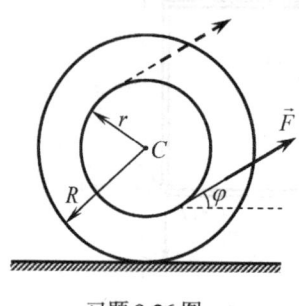

习题 9-26 图

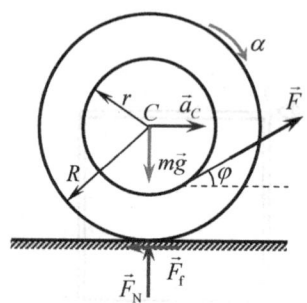

习题 9-26 解答图

解:

(1) 对鼓轮 C 进行受力分析,如解答图所示。

设鼓轮质心 C 的加速度为 $\vec{a}_C$,角加速度为 α(顺时针),则 $a_C = R\alpha$。

根据质心运动定理,有

$$F\cos\varphi - F_{\mathrm{f}} = ma_C \tag{1}$$

$$F\sin\varphi + F_{\mathrm{N}} - mg = 0 \tag{2}$$

根据对质心的动量矩定理,有

$$(m\rho^2)\alpha = F_{\mathrm{f}} \cdot R - F \cdot r \tag{3}$$

联立式(1)和式(3),解得

$$\alpha^{(1)} = \frac{F(R\cos\varphi - r)}{m(\rho^2 + R^2)}, \quad a_C^{(1)} = R\alpha = \frac{FR(R\cos\varphi - r)}{m(\rho^2 + R^2)}, \quad F_{\mathrm{f}}^{(1)} = \frac{F(\rho^2\cos\varphi + Rr)}{\rho^2 + R^2}$$

(2) 将常力 $\vec{F}$ 平移至图中虚线位置的情况。

根据质心运动定理,有

$$F\cos\varphi - F_{\mathrm{f}} = ma_C \tag{4}$$

$$F\sin\varphi + F_{\mathrm{N}} - mg = 0 \tag{5}$$

根据对质心的动量矩定理,有

$$(m\rho^2)\alpha = F_{\mathrm{f}} \cdot R + F \cdot r \tag{6}$$

联立式(4)和式(6),解得

$$\alpha^{(2)} = \frac{F(R\cos\varphi + r)}{m(\rho^2 + R^2)}, \quad a_C^{(2)} = R\alpha = \frac{FR(R\cos\varphi + r)}{m(\rho^2 + R^2)}, \quad F_{\mathrm{f}}^{(2)} = \frac{F(\rho^2\cos\varphi - Rr)}{\rho^2 + R^2}$$

解析:

(1) 当力 $\vec{F}$ 作用点低于质心 C 位置,鼓轮在力 $\vec{F}$ 作用下,若认为质心会向左运动,则是错误的,实际上质心的运动指向可由加速度表达式判断,有三种可能:

① 当 $R\cos\varphi > r$ 时,$a_C^{(1)} > 0$,质心向右运动;

② 当 $R\cos\varphi < r$ 时,$a_C^{(1)} < 0$,质心向左运动;

③ 当 $R\cos\varphi = r$ 时,$a_C^{(1)} = 0$,质心不动。

纯滚动摩擦力的方向,可按鼓轮质心的运动方向随意假设一个指向,题中假设 $F_{\mathrm{f}}^{(1)}$ 朝左,实际计算出 $F_{\mathrm{f}}^{(1)}$ 恒大于零,说明原先假设指向与真实指向一致。

(2) 若力 $\vec{F}$ 作用点高于质心 C 位置,此时 $a_C^{(2)}$ 恒大于零,说明质心向右运动,但 $F_{\mathrm{f}}^{(2)}$ 不一定指向左,这是因为

① 当 $\rho^2\cos\varphi > Rr$ 时,$F_{\mathrm{f}}^{(2)} > 0$,$F_{\mathrm{f}}^{(2)}$ 的方向水平指向左;

② 当 $\rho^2\cos\varphi < Rr$ 时,$F_{\mathrm{f}}^{(2)} < 0$,$F_{\mathrm{f}}^{(2)}$ 的方向水平指向右;

③ 当 $\rho^2\cos\varphi = Rr$ 时,$F_{\mathrm{f}}^{(2)} = 0$,鼓轮不受摩擦力的作用。

这说明纯滚动鼓轮(圆盘)在纯滚动时,其受到的摩擦力方向不一定与轮心速度方向相反,它可以朝前,也可以朝后,还可以不受摩擦力的作用,它取决于主动力的作用情况。

(3) 纯滚动圆盘所受到的摩擦力为静摩擦力,其大小和方向由动力学方程决定,且要满足静摩擦力的物理条件,即 $|F_{\mathrm{f}}| \leq f_s F_{\mathrm{N}}$。

9-28 图示在铅垂平面内长为 $2r$、质量为 m 的均质光滑细长直杆 AB 可绕水平轴 A 转动,以推动

半径为 r、质量为 m 的均质圆盘 C 在水平地面上作纯滚动。初始时圆盘中心 C 正好位于点 A 的正下方，且 $\angle BAC = 45°$。试求系统在杆的重力作用下，由静止开始运动的瞬时及杆 AB 处于铅垂位置时，杆 AB 的角加速度及地面对圆盘的约束力。

解：

1. 初始瞬时

(1) 运动学分析，如解答图(a)所示，$\omega_{AB} = 0$，$\omega_C = 0$。

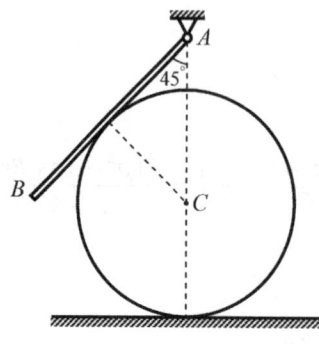

习题 9-28 图

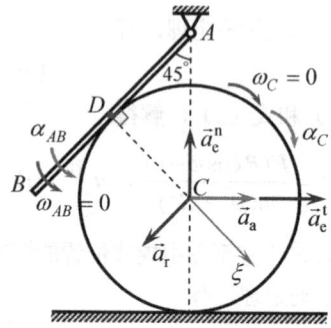

习题 9-28 解答图(a)

动点：圆盘的圆心 C；动系：与杆 AB 固连。

$$\vec{a}_a = \vec{a}_e^n + \vec{a}_e^t + \vec{a}_r + \vec{a}_C$$

大小	$r\alpha_C$	$AC \cdot \omega_{AB}^2 = 0$	$AC \cdot \alpha_{AB} = \sqrt{2}r\alpha_{AB}$	?	$2\omega_{AB} \cdot v_r = 0$
方向	→		→	//AB	

将上式沿解答图(a)所示 ξ 轴投影，得到

$$a_a \cos 45° = a_e^t \cos 45° \quad \Rightarrow \quad r\alpha_C = \sqrt{2}r\alpha_{AB} \quad \Rightarrow \quad \alpha_C = \sqrt{2}\alpha_{AB} \tag{1}$$

(2) 动力学分析。

在初始瞬时以杆 AB 为研究对象，受力分析如解答图(b)所示。

由对定点 A 的动量矩定理，得

$$J_A^{AB} \alpha_{AB} = mg \cdot \frac{\sqrt{2}}{2}r - F_{ND} \cdot r \quad \Rightarrow \quad \frac{1}{3}m(2r)^2 \cdot \alpha_{AB} = \frac{\sqrt{2}}{2}mgr - F_{ND} \cdot r \tag{2}$$

在初始瞬时以圆盘 C 为研究对象，受力分析如解答图(c)所示。

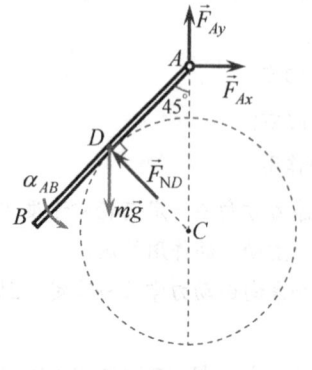

习题 9-28 解答图(b)

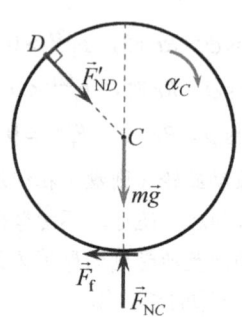

习题 9-28 解答图(c)

由对圆盘质心 C 的动量矩定理，得

$$J_C^C \alpha_C = F_f \cdot r \quad \Rightarrow \quad \frac{1}{2}mr^2 \cdot \alpha_C = F_f \cdot r \tag{3}$$

对于圆盘，由质心运动定理，得

$$\sum F_x = 0: \quad ma_C = F'_{ND} \cdot \frac{\sqrt{2}}{2} - F_f \quad \Rightarrow \quad mr\alpha_C = \frac{\sqrt{2}}{2}F_{ND} - F_f \tag{4}$$

$$\sum F_y = 0: \quad F_{NC} - mg - F'_{ND} \cdot \frac{\sqrt{2}}{2} = 0 \quad \Rightarrow \quad F_{NC} - mg - \frac{\sqrt{2}}{2}F_{ND} = 0 \tag{5}$$

（3）联立求解。

联立式（1）、式（2）、式（3）、式（4）、式（5）求解，得到

$$\alpha_{AB} = \frac{3\sqrt{2}g}{26r} \text{（逆时针）}, \quad F_f = \frac{3}{26}mg \text{（←）}, \quad F_{NC} = \frac{35}{26}mg \text{（↑）}$$

2. 当杆 AB 运动至铅垂位置时

（1）运动学分析：动点：圆盘的圆心 C；动系：与杆 AB 固连。

速度分析，如解答图(d)所示。

$$\begin{array}{cccc}
& \vec{v}_a & = \vec{v}_e & + \vec{v}_r \\
\text{大小} & r\omega_C^{(2)} & \begin{array}{c}AC \cdot \omega_{AB}^{(2)} \\ = \sqrt{3}r\omega_{AB}^{(2)}\end{array} & ? \\
\text{方向} & \rightarrow & \perp AC & \downarrow
\end{array}$$

由几何关系，得到

$$v_a = v_e \cos\varphi \quad \Rightarrow \quad r\omega_C^{(2)} = \sqrt{3}r\omega_{AB}^{(2)} \cdot \frac{\sqrt{2}}{\sqrt{3}} \quad \Rightarrow \quad \omega_C^{(2)} = \sqrt{2}\omega_{AB}^{(2)} \text{（转向如图）} \tag{6}$$

$$v_r = v_e \sin\varphi = \sqrt{3}r\omega_{AB}^{(2)} \cdot \frac{1}{\sqrt{3}} = r\omega_{AB}^{(2)} \text{（↓）}$$

加速度分析，如解答图(e)所示。

$$\begin{array}{cccccc}
& \vec{a}_a & = \vec{a}_e^n & + \vec{a}_e^t & + \vec{a}_r & + \vec{a}_C \\
\text{大小} & r\alpha_C^{(2)} & \begin{array}{c}AC \cdot (\omega_{AB}^{(2)})^2 \\ = \sqrt{3}r(\omega_{AB}^{(2)})^2\end{array} & \begin{array}{c}AC \cdot \alpha_{AB}^{(2)} \\ = \sqrt{3}r\alpha_{AB}^{(2)}\end{array} & ? & \begin{array}{c}2\omega_{AB}^{(2)} \cdot v_r \\ = 2r(\omega_{AB}^{(2)})^2\end{array} \\
\text{方向} & \rightarrow & C \rightarrow A & \perp AC & \downarrow & \rightarrow
\end{array}$$

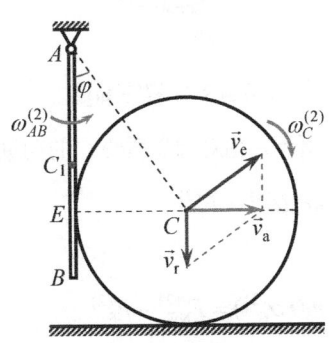

习题 9-28 解答图(d)

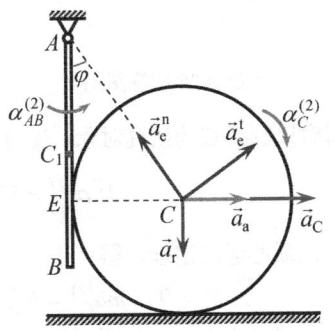

习题 9-28 解答图(e)

将上式沿水平向右投影，得到

$$a_a = -a_e^n \sin\varphi + a_e^t \cos\varphi + a_C \Rightarrow r\alpha_C^{(2)} = -\sqrt{3}r(\omega_{AB}^{(2)})^2 \cdot \frac{1}{\sqrt{3}} + \sqrt{3}r\alpha_{AB}^{(2)} \cdot \frac{\sqrt{2}}{\sqrt{3}} + 2r(\omega_{AB}^{(2)})^2 \Rightarrow$$

$$\alpha_C^{(2)} = (\omega_{AB}^{(2)})^2 + \sqrt{2}\alpha_{AB}^{(2)} \tag{7}$$

（2）动力学分析。

初始状态系统的动能为 $T_1 = 0$，假设初始状态系统的势能为 $V_1 = 0$。

末了状态系统的动能为

$$T_2 = \frac{1}{2}J_A^{AB}(\omega_{AB}^{(2)})^2 + \frac{1}{2}mv_a^2 + \frac{1}{2}J_C^C(\omega_C^{(2)})^2$$

$$= \frac{1}{2}\left(\frac{1}{12}ml^2 + mr^2\right)(\omega_{AB}^{(2)})^2 + \frac{1}{2}m(r\omega_C^{(2)})^2 + \frac{1}{2}\left(\frac{1}{2}mr^2\right)(\omega_C^{(2)})^2$$

$$= \frac{2}{3}mr^2(\omega_{AB}^{(2)})^2 + \frac{3}{4}mr^2(\omega_C^{(2)})^2 = \frac{13}{6}mr^2(\omega_{AB}^{(2)})^2$$

末了状态系统的势能为

$$V_2 = -\frac{2-\sqrt{2}}{2}mgr$$

根据动能定理（机械能守恒定律），有

$$T_1 + V_1 = T_2 + V_2 \Rightarrow \frac{13}{6}mr^2(\omega_{AB}^{(2)})^2 = \frac{2-\sqrt{2}}{2}mgr \Rightarrow \omega_{AB}^{(2)} = \sqrt{\frac{3(2-\sqrt{2})g}{13r}} \quad (\text{逆时针}) \tag{8}$$

在末了瞬时以杆 AB 为研究对象，受力分析如解答图(f)所示，由对定点 A 的动量矩定理，得

$$J_A^{AB}\alpha_{AB}^{(2)} = F_{NE}^{(2)} \cdot \sqrt{2}r \Rightarrow \frac{1}{3}m(2r)^2 \cdot \alpha_{AB}^{(2)} = \sqrt{2}F_{NE}^{(2)}r \tag{9}$$

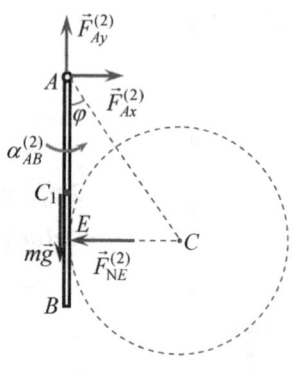
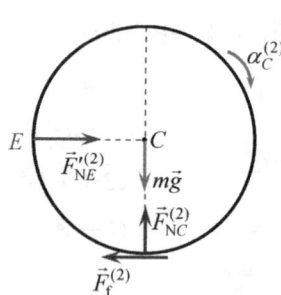

习题 9-28 解答图(f)　　　　　习题 9-28 解答图(g)

在末了瞬时以圆盘 C 为研究对象，受力分析如解答图(g)所示，由对圆盘质心 C 的动量矩定理，得

$$J_C^C\alpha_C^{(2)} = F_f^{(2)} \cdot r \Rightarrow \frac{1}{2}mr^2\alpha_C^{(2)} = F_f^{(2)}r \tag{10}$$

对圆盘，由质心运动定理，得

$$\sum F_x = 0: \quad ma_C^{(2)} = F_{NE}'^{(2)} - F_f^{(2)} \Rightarrow m(r\alpha_C^{(2)}) = F_{NE}'^{(2)} - F_f^{(2)} \tag{11}$$

$$\sum F_y = 0: \quad F_{NC}^{(2)} - mg = 0 \tag{12}$$

（3）联立求解。

联立式（6）、式（7）、式（8）、式（9）、式（10）、式（11）、式（12）求解，得到

$$\alpha_{AB}^{(2)} = -\frac{27(\sqrt{2}-1)g}{169r}$$（负号表示其真实转向与图示相反）

$$F_f^{(2)} = \frac{12(2-\sqrt{2})}{169}mg \quad (\leftarrow), \quad F_{NC}^{(2)} = mg \quad (\uparrow)$$

解析：

（1）因为两刚体在接触处存在相对运动，故需要用复合运动知识建立两刚体运动学特征量之间的关系。在选择动点与动系时，应遵循这样的原则：动点、动系不属于同一刚体；使得相对运动的轨迹为已知曲线，最好是直线或圆周曲线。选圆心 C 为动点是因为圆心 C 到杆 AB 的距离恒为 r，因此在动系杆 AB 上观察圆心 C，其轨迹为平行于 AB 的一条直线。此题不能选择杆上切点或圆盘上的切点为动点，因为其相对运动轨迹为平面未知曲线（在此时该曲线的曲率半径 ρ 未知），于是 $a_r^n = \frac{v_r^2}{\rho}$ 未知，使得杆 AB 的角加速度 α_{AB} 与圆盘 C 的角加速度 α_C 之间关系难以建立。

（2）因为整个系统对固定点 A 的动量矩的通式不易写出，所以此题对整个系统不使用对固定点 A 的动量矩定理，而是将系统的两个刚体拆开，分别对两个刚体用动量矩定理，因杆 AB 光滑，故杆与圆盘之间的相互作用力只有法向约束力，而无切向摩擦力。

（3）因为纯滚动圆盘所受到的摩擦力为静摩擦力，所以在运动过程中，静摩擦力不做功，且一般不会达到最大静摩擦力的值，即 $F_f^{(2)} \neq f F_{NC}^{(2)}$。

9-36 如图所示，系统处于同一铅垂平面内，一质量不计且不可伸长的柔绳跨过质量不计的定滑轮 O，绳的一端系于质量为 m_1、半径为 R 的均质圆盘 A 的圆心，另一端绕在质量为 m_2、半径为 r 的圆盘 B 上，斜面的倾角为 $60°$，试求：（1）为使圆盘在斜面上作纯滚动，盘 A 与斜面间的静摩擦因数应为何值？（2）点 A 的加速度；（3）盘 B 的角加速度。

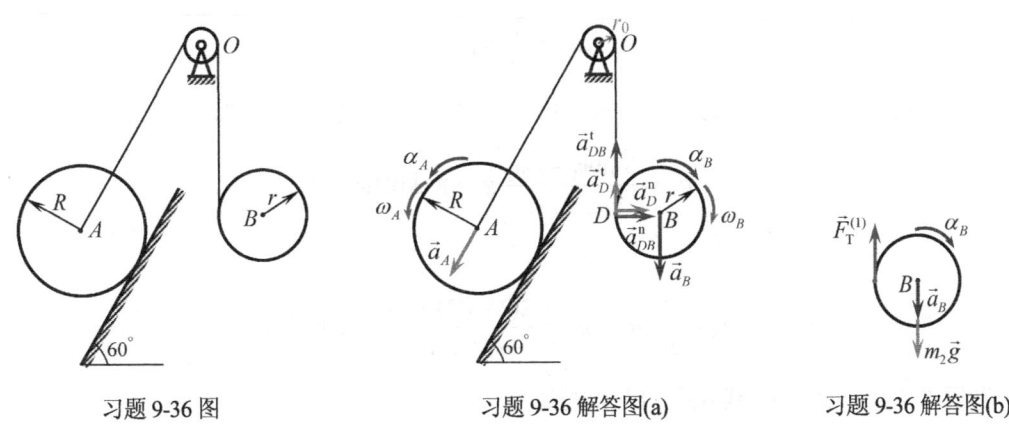

习题 9-36 图 习题 9-36 解答图(a) 习题 9-36 解答图(b)

解：

（1）运动学分析，如解答图(a)所示。

因圆盘 A 沿斜面作纯滚动，故 $a_A = R\alpha_A$。 (1)

圆盘 B：　　　　　$\vec{a}_D^n$　+　$\vec{a}_D^t$　=　$\vec{a}_B$　+　$\vec{a}_{DB}^n$　+　$\vec{a}_{DB}^t$

大小　　　　　　　　？　　　a_A　　　a_B　　　$r\omega_B^2$　　　$r\alpha_B$

方向　　　　　　　　→　　　↑　　　　↓　　　　→　　　　↑

沿 y 轴投影，得到

$$a_D^t = -a_B + a_{DB}^t \quad \Rightarrow \quad a_A = -a_B + r\alpha_B = r\alpha_B - a_B \tag{2}$$

(2) 以圆盘 B 为研究对象，受力分析如解答图(b)所示。
根据对质心的动量矩定理，有

$$J_B \alpha_B = F_T^{(1)} \cdot r \quad \Rightarrow \quad \frac{1}{2}m_2 r^2 \alpha_B = F_T^{(1)} \cdot r \quad \Rightarrow \quad F_T^{(1)} = \frac{1}{2}m_2 r \alpha_B \tag{3}$$

根据质心运动定理，有

$$m_2 g - F_T^{(1)} = m_2 a_B \quad \Rightarrow \quad m_2 g - \frac{1}{2}m_2 r \alpha_B = m_2 a_B \quad \Rightarrow \quad a_B = g - \frac{1}{2}r\alpha_B \tag{4}$$

(3) 以圆盘 A 为研究对象，受力分析如解答图(c)所示。
根据对质心的动量矩定理，有

$$J_A \alpha_A = F_f \cdot R \quad \Rightarrow \quad \frac{1}{2}m_1 R^2 \alpha_A = F_f \cdot R \quad \Rightarrow \quad F_f = \frac{1}{2}m_1 R \alpha_A \tag{5}$$

根据质心运动定理，有

$$F_N - m_1 g \cos 60° = 0 \quad \Rightarrow \quad F_N = m_1 g \cos 60° = \frac{1}{2}m_1 g \tag{6}$$

习题 9-36 解答图(c)

$$m_1 g \sin 60° - F_T^{(2)} - F_f = m_1 a_A \quad \Rightarrow \quad \frac{\sqrt{3}}{2}m_1 g - F_T^{(2)} - F_f = m_1 a_A \tag{7}$$

物理条件：

$$|F_f| \leq f_s F_N \stackrel{(6)}{=} \frac{1}{2}f_s m_1 g \tag{8}$$

(4) 求解。
利用式（1）和式（4），得到

$$\alpha_B = \frac{2}{3r}(a_A + g) \tag{9}$$

注意到 $F_T^{(1)} = F_T^{(2)}$，利用式（1）、式（3）、式（5）及上式代入式（7），得到

$$a_A = \frac{3\sqrt{3}m_1 - 2m_2}{9m_1 + 2m_2}g \quad \text{（沿斜面向下）}$$

则

$$\alpha_B = \frac{2}{3r}(a_A + g) = \frac{2(3+\sqrt{3})m_1}{9m_1 + 2m_2}\frac{g}{r} \quad \text{（顺时针）}$$

利用式（1）、式（5）代入式（8），得到

$$|a_A| \leq f_s g \quad \Rightarrow \quad f_s \geq \left|\frac{3\sqrt{3}m_1 - 2m_2}{9m_1 + 2m_2}\right|$$

解析：

（1）使圆盘 A 沿斜面作纯滚动的条件为圆盘 A 与斜面在接触点处无相对滑动，其摩擦力为静摩擦力，根据"摩擦库仑定律"有 $|F_f| \leq F_{f\max} = fF_N$。

（2）由于绳索 AOD 不可伸长，在绳索上的点 A 和点 D 的加速度大小相等，即 $a_A = a_D$，又因为

圆盘 B 相对于绳索 OD 段作纯滚动，而圆盘上点 D 的加速度有法向 $\vec{a}_D^n$ 和切向 $\vec{a}_D^t$ 两个分量，所以绳索上点 D 的加速度 a_D 与圆盘 B 上点 D 的切向加速度 a_D^t 相等，即 $a_D^t = a_A$。

（3）因不计定滑轮 O 的质量，尽管它绕其几何中心 O 转动的角加速度 $\alpha_O \neq 0$，但因其 $J_O = 0$，所以由 $J_O \alpha_O = (F_T^{(1)} - F_T^{(2)}) \cdot r_0 = 0$ 知 $F_T^{(1)} = F_T^{(2)}$。

（4）这是一个两自由度系统，若只用动能定理的微分形式是不能求解的，因为它只能提供一个标量方程。

9-38 如图所示，质量为 m、半径为 r 的均质圆盘静置于粗糙的水平面上，已知圆盘与水平地面间的摩擦因数为 f，不计滚动摩阻，今受到与水平线成 φ 角，且过圆心的斜向下冲量 $\vec{I}$ 的作用，试问：（1）碰撞时，圆盘在水平地面间不滑动的 φ 角；（2）若圆盘在水平面上为带滑动的碰撞，碰撞后圆盘与水平地面接触点的速度。

解：

碰撞前圆盘中心的速度为 $v_C = 0$，圆盘的角速度为 $\omega_1 = 0$；假设碰撞后圆盘中心的速度为 $u_C(\rightarrow)$，圆盘的角速度为 ω，如解答图所示。

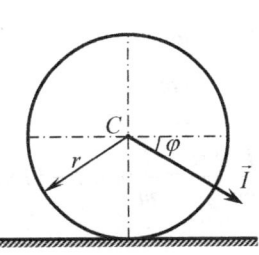
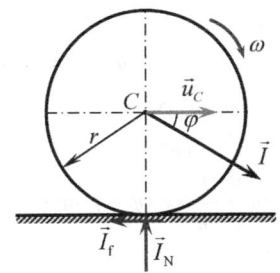

习题 9-38 图　　习题 9-38 解答图

（1）碰撞时，圆盘在地面上不滑动。

根据冲量定理，有

$$mu_C - 0 = I\cos\varphi - I_f \quad \Rightarrow \quad I_f = I\cos\varphi - mu_C \tag{1}$$

$$0 = I_N - I\sin\varphi \quad \Rightarrow \quad I_N = I\sin\varphi \tag{2}$$

根据对质心的冲量矩定理，有

$$J_C \omega - 0 = I_f \cdot r \quad \Rightarrow \quad \frac{1}{2}mr^2\omega = I_f \cdot r \quad \Rightarrow \quad I_f = \frac{1}{2}mr\omega \tag{3}$$

式中，$u_C = r\omega$，则

$$I_f = \frac{1}{2}mr\omega = \frac{1}{2}mu_C \tag{4}$$

将式（1）代入式（4）联立，得到

$$I_f = \frac{1}{3}I\cos\varphi \tag{5}$$

物理条件：

$$|I_f| \leq f I_N \quad \overset{(5)}{\underset{(2)}{\Rightarrow}} \quad \left|\frac{1}{3}I\cos\varphi\right| \leq f I\sin\varphi \quad \Rightarrow \quad \tan\varphi \geq \frac{1}{3f} \quad \Rightarrow \quad \varphi \geq \arctan\frac{1}{3f}$$

（2）碰撞时，圆盘在地面上作带滑动的滚动。

根据冲量定理，有

$$mu_C - 0 = I\cos\varphi - I_f \quad \Rightarrow \quad I_f = I\cos\varphi - mu_C \tag{1}$$

$$0 = I_N - I\sin\varphi \quad \Rightarrow \quad I_N = I\sin\varphi \tag{2}$$

根据对质心的冲量矩定理，有

$$J_C\omega - 0 = I_f \cdot r \quad \Rightarrow \quad \frac{1}{2}mr^2\omega = I_f \cdot r \quad \Rightarrow \quad I_f = \frac{1}{2}mr\omega \tag{3}$$

联立式（1）和式（3），得到

$$u_C = \frac{I}{m}\cos\varphi - \frac{1}{2}r\omega \tag{6}$$

物理条件：$I_f = fI_N \overset{(2)}{\underset{(3)}{\Rightarrow}} \frac{1}{2}mr\omega = fI\sin\varphi \quad \Rightarrow \quad \omega = \dfrac{2fI\sin\varphi}{mr} \tag{7}$

将式（7）代入式（6），得到

$$u_C = \frac{I}{m}\cos\varphi - \frac{1}{2}r\omega = \frac{I}{m}\cos\varphi - \frac{1}{2}r \cdot \frac{2fI\sin\varphi}{mr} = \frac{I}{m}(\cos\varphi - f\sin\varphi) \tag{8}$$

利用两点的速度关系：

$$\vec{u}_A = \vec{u}_C + \vec{u}_{AC}$$

大小　　　　　　　　u_C　　　　$r\omega$

方向　　　　　　　　$\rightarrow$　　　$\leftarrow$

$$u_A = u_C - r\omega \overset{(8)}{\underset{(7)}{=}} \frac{I}{m}(\cos\varphi - f\sin\varphi) - r \cdot \frac{2fI\sin\varphi}{mr} = \frac{I}{m}(\cos\varphi - 3f\sin\varphi) \ (\rightarrow)$$

解析：

本题中"圆盘沿水平面发生无滑动碰撞"与"圆盘沿水平面发生带滑动碰撞"这两种情况，水平地面对圆盘的全约束碰撞冲量均为 $\vec{I} = \vec{I}_N + \vec{I}_f$，其中 $\vec{I}_N$ 为法向约束碰撞冲量，$\vec{I}_f$ 为切向摩擦约束碰撞冲量。应用"冲量定理"和"对质心的冲量矩定理"的表达式是相同的，只是两种情况的"物理条件"不同，它们分别为 $|I_f| \le fI_N$ 和 $I_f = fI_N$；以及碰撞后圆心速度和圆盘的角速度关系不同，它们分别为 $u_C = r\omega$ 和 $u_C \ne r\omega$。

9-39 如图所示，质量为 m、半径为 r 的均质圆盘 D 以匀角速度 ω_0 在水平地面上作纯滚动，撞击杆 AB 后，圆心停止运动；杆 AB 为均质杆，质量为 $6m$，长度为 $l = 4r$；滑块 B 的质量不计，不计水平滑道、铰链 B 和杆端 A 处摩擦。试求碰撞结束时杆 AB 的角速度及其质心 C 的速度。

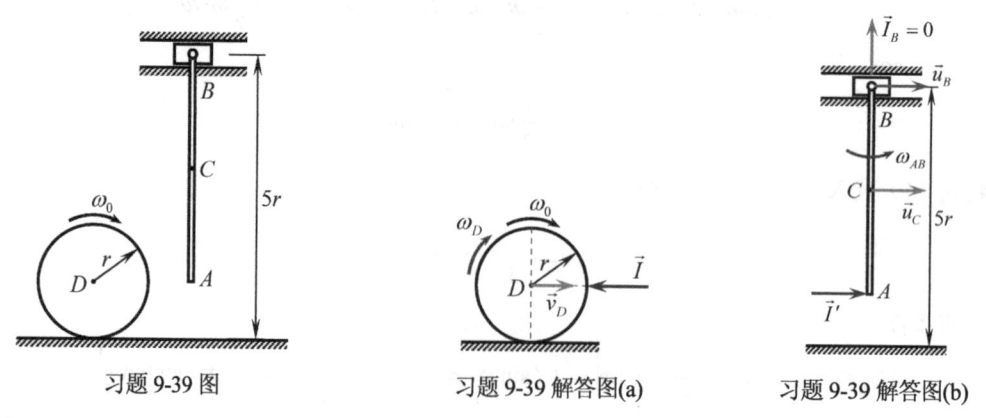

习题 9-39 图　　　　习题 9-39 解答图(a)　　　　习题 9-39 解答图(b)

解：

（1）以圆盘 D 为研究对象。

在碰撞过程中圆盘只受到碰撞处的水平外冲量 $\vec{I}$，圆盘在碰撞过程中没有铅垂方向的地面支承冲量和水平方向的地面摩擦冲量。如解答图(a)所示，其中 ω_D 为碰撞结束时圆盘的角速度。根据题意，碰撞结束时圆盘中心点的速度为零，即 $u_D = 0$，也就是说在碰撞结束瞬时圆盘绕中心点 D 以角速度 ω_D 作定轴转动。

根据对圆盘的质心的冲量矩定理，有

$$J_D \omega_D - J_D \omega_0 = 0 \text{（即圆盘对质心的动量矩守恒）} \Rightarrow \omega_D = \omega_0 \quad \text{（顺时针）}$$

根据冲量定理，有

$$0 - mv_D = -I \quad \text{（注意：列写该式时，要特别注意冲量及动量的改变量的方向）} \Rightarrow$$

$$0 - mr\omega_0 = -I \quad \Rightarrow \quad I = mr\omega_0$$

（2）以杆 AB 为研究对象，如解答图(b)所示。

根据冲量定理有

$$m_{AB} u_C - 0 = I \quad \Rightarrow \quad 6mu_C - 0 = mr\omega_0 \quad \Rightarrow \quad u_C = \frac{1}{6} r\omega_0 \ (\rightarrow)$$

根据对质心的冲量矩定理，有

$$J_C^{AB} \omega_{AB} - 0 = I \cdot \frac{1}{2} l \quad \Rightarrow \quad \frac{1}{12} m_{AB} l^2 \omega_{AB} - 0 = I \cdot \frac{1}{2} l \quad \Rightarrow$$

$$\frac{1}{12} (6m) \cdot (4r)^2 \omega_{AB} - 0 = mr\omega_0 \cdot \frac{1}{2} \cdot 4r \quad \Rightarrow \quad \omega_{AB} = \frac{1}{4} \omega_0 \text{（逆时针）}$$

解析：

对于圆盘 D 在碰撞过程中的冲量分析十分重要，是求解问题的关键。通过分析得知，圆盘在碰撞过程中不受地面的约束冲量，只受到杆 AB 在碰撞处的水平冲量 $\vec{I}$ 的作用。

9-40 如图所示，质量为 m、半径为 r 的均质圆盘在倾角为 θ 的斜面上作纯滚动，在即将与水平面相碰时的角速度为 ω_0，当碰到水平面时不离开该平面，并作无滑动的滚动，试求碰撞结束时盘心 C 的速度。

解：

圆盘与水平面碰撞前 ω_0，$v_C = r\omega_0$。

圆盘与水平面碰撞瞬时 ω_1，$u_C = r\omega_1$。

冲量分析如图所示，根据冲量定理，有

$$\vec{I}_f + \vec{I}_N = m\vec{u}_C - m\vec{v}_C$$

将上式沿 x 轴投影，得到

$$I_f = mu_C - mv_C \cos\theta \quad \Rightarrow \quad I_f = mr(\omega_1 - \omega_0 \cos\theta)$$

将上式沿 y 轴投影，得到

$$I_N = 0 - (-mv_C \sin\theta) \quad \Rightarrow \quad I_N = mr\omega_0 \sin\theta$$

根据对质心的冲量矩定理，有

$$J_C(\omega_1 - \omega_0) = -I_f \cdot r \quad \Rightarrow \quad \frac{1}{2} mr^2 (\omega_1 - \omega_0) = -mr(\omega_1 - \omega_0 \cos\theta) \cdot r \quad \Rightarrow \quad \omega_1 = \frac{1}{3}(1 + 2\cos\theta)\omega_0$$

则

$$u_C = r\omega_1 = \frac{1}{3} r\omega_0 (1 + 2\cos\theta) \ (\rightarrow)$$

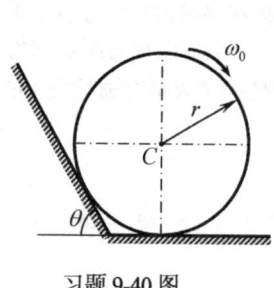
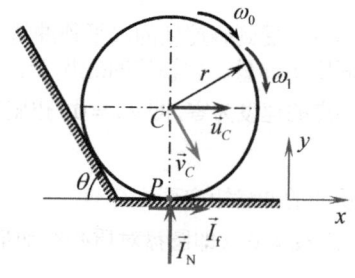

习题 9-40 图　　　　　　习题 9-40 解答图

解析：

本题还可以通过对圆盘的速度瞬心 P 的冲量矩定理得到 $L_P^{\text{前}} = L_P^{\text{后}}$（即碰撞前后对速度瞬心的动量矩守恒）来求解：

$$L_P^{\text{前}} = L_C^{\text{前}} + mv_C\cos\theta \cdot r = \frac{1}{2}mr^2 \cdot \omega_0 + m \cdot r\omega_0 \cdot \cos\theta \cdot r = \frac{1}{2}mr^2\omega_0(1+2\cos\theta) \text{（顺时针）}$$

$$L_P^{\text{后}} = L_C^{\text{后}} + mu_C \cdot r = \frac{1}{2}mr^2\omega_1 + m \cdot r\omega_1 \cdot r = \frac{3}{2}mr^2\omega_1 \text{（顺时针）}$$

于是

$$\frac{1}{2}mr^2\omega_0(1+2\cos\theta) = \frac{3}{2}mr^2\omega_1 \quad \Rightarrow \quad \omega_1 = \frac{1}{3}\omega_0(1+2\cos\theta) \text{（顺时针）}$$

这样，可以不求解 I_N 和 I_f 的表达式，但计算碰撞前后对点 P 的绝对动量矩 $L_P^{\text{前}}$ 和 $L_P^{\text{后}}$ 没有题解中计算对质心的动量矩 L_C 那样简单。

9-43 如图所示，质量均为 m、长度均为 l 的两均质细直杆 AB 和 DE，放置于光滑水平面内，杆 DE 静止于图示位置（与 y 轴夹角为 $30°$），杆 AB 平行于 x 轴，并以速度 v_0 沿 y 轴向上运动，刚好 B 端与 E 端相撞，撞击处的法线正好平行于 y 轴，已知恢复因数为 0.5，试求碰撞后两杆的角速度和质心的速度。

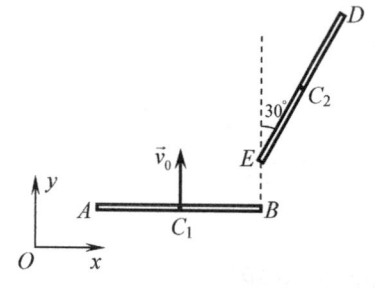　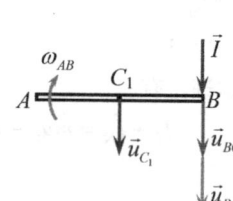　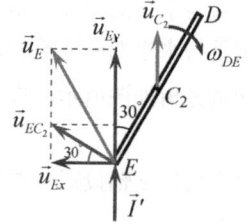

习题 9-43 图　　　　习题 9-43 解答图(a)　　　习题 9-43 解答图(b)

解：

（1）以碰撞后的杆 AB 为研究对象，如解答图(a)所示。

由两点的速度关系：

$$\vec{u}_B \quad = \quad \vec{u}_{C_1} \quad + \quad \vec{u}_{BC_1}$$

大小　　？　　　　u_{C_1}　　　　$\frac{1}{2}l\omega_{AB}$

方向　　↓　　　　↓　　　　　　↓

所以
$$u_B = u_{C_1} + u_{BC_1} = u_{C_1} + \frac{1}{2}l\omega_{AB} \tag{1}$$

根据冲量定理,有
$$m[u_{C_1} - (-v_0)] = I \quad \Rightarrow \quad m(u_{C_1} + v_0) = I \tag{2}$$

根据对质心的冲量矩定理,有
$$J_{C_1}^{AB}\omega_{AB} = I \cdot \frac{1}{2}l \quad \Rightarrow \quad \frac{1}{12}ml^2\omega_{AB} = I \cdot \frac{1}{2}l \quad \Rightarrow \quad I = \frac{1}{6}ml\omega_{AB} \tag{3}$$

(2) 以碰撞后的杆 DE 为研究对象,如解答图(b)所示。

由两点的速度关系:

$$\vec{u}_E = \vec{u}_{C_2} + \vec{u}_{EC_2}$$

| 大小 | ? | u_{C_2} | $\frac{1}{2}l\omega_{DE}$ |
| 方向 | √ | ↑ | ⊥ ED |

所以
$$u_{Ex} = -u_{EC_2}\cos 30° = -\frac{1}{2}l\omega_{DE} \cdot \frac{\sqrt{3}}{2} = -\frac{\sqrt{3}}{4}l\omega_{DE}$$

$$u_{Ey} = u_{C_2} + u_{EC_2}\sin 30° = u_{C_2} + \frac{1}{2}l\omega_{DE} \cdot \frac{1}{2} = u_{C_2} + \frac{1}{4}l\omega_{DE} \tag{4}$$

根据冲量定理,有
$$mu_{C_2} = I' \tag{5}$$

根据对质心的冲量矩定理,有
$$J_{C_2}^{DE}\omega_{DE} = I' \cdot \frac{1}{4}l \quad \Rightarrow \quad \frac{1}{12}ml^2\omega_{DE} = \frac{1}{4}I'l \quad \Rightarrow \quad I' = \frac{1}{3}ml\omega_{DE} \tag{6}$$

(3) 恢复因数。

$$e = \frac{u_B + u_{Ey}}{v_0 - 0} \stackrel{(1)}{=} \frac{u_{C_1} + \frac{1}{2}l\omega_{AB} + u_{C_2} + \frac{1}{4}l\omega_{DE}}{v_0} = \frac{1}{2} \quad \Rightarrow \quad u_{C_1} + \frac{1}{2}l\omega_{AB} + u_{C_2} + \frac{1}{4}l\omega_{DE} = \frac{1}{2}v_0 \tag{7}$$

(4) 求解。

由式(2)、式(3),得到
$$u_{C_1} = \frac{1}{6}l\omega_{AB} - v_0$$

由式(5)、式(6),得到
$$u_{C_2} = \frac{1}{3}l\omega_{DE}$$

由式(3)、式(6),得到
$$\omega_{AB} = 2\omega_{DE}$$

将上述各式代入式(7),得到
$$\omega_{AB} = \frac{36v_0}{23l} \text{(顺时针)}, \quad \omega_{DE} = \frac{1}{2}\omega_{AB} = \frac{18v_0}{23l} \text{(顺时针)}$$

$$u_{C_1} = \frac{1}{6}l\omega_{AB} - v_0 = \frac{1}{6}l \cdot \frac{36v_0}{23l} - v_0 = -\frac{17v_0}{23}$$ （负号表示其真实方向与图示相反，即↑）

$$u_{C_2} = \frac{1}{3}l\omega_{DE} = \frac{1}{3}l \cdot \frac{18v_0}{23l} = \frac{6v_0}{23} (\uparrow)$$

解析：

（1）如何判断碰撞结束时杆 AB 上的质心 C_1 和点 B 的速度方向是平行于 y 轴的？在碰撞前杆 AB 沿 y 轴向上作平移，其动量为 $m\vec{v}_{C_1} = m\vec{v}_0$，其方向沿 y 轴向上，在碰撞过程中杆 AB 在 B 处仅受到一个碰撞冲量 $\vec{I}$ 的方向沿 y 轴向下，根据"冲量定理 $m\vec{u}_{C_1} - m\vec{v}_{C_1} = \vec{I}$"可判定碰撞结束时杆 AB 的动量为 $m\vec{u}_{C_1}$，其方向必定平行于 y 轴，可能沿 y 轴向上也可能向下。碰撞结束时杆 AB 作平面运动，根据"两点的速度关系"有 $\vec{u}_B = \vec{u}_{C_1} + \vec{u}_{BC_1}$，其中 $\vec{u}_{C_1} // y$，$\vec{u}_{BC_1} \perp AB$（即 $\vec{u}_{BC_1} // y$），由此可以判定 $\vec{u}_B // y$。但是要特别指出的是碰撞结束时杆 AB 作平面运动，而并非瞬时平移，因为此时 $\vec{u}_B // \vec{u}_{C_1} \perp BC_1$，$\vec{u}_B \neq \vec{u}_{C_1}$，其速度瞬心如解答图(c)所示。

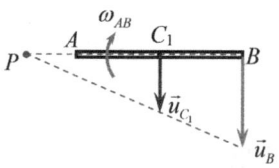

习题 9-43 解答图(c)

（2）在碰撞结束时，杆 DE 的质心 C_2 的速度 $\vec{u}_{C_2}$ 的方向（如图"题 9-43 解答图(b)"）如同上面所阐述"判断碰撞结束时杆 AB 上的质心 C_1 的速度方向是平行于 y 轴"的道理是一样的。

（3）根据恢复因数的定义式 $e = \dfrac{|u_r^n|}{|v_r^n|}$ 可知，杆 AB 与杆 DE 相碰撞的接触点为杆 AB 上的点 B 和杆 DE 上的点 E，且其公法线正好平行于 y 轴，在碰撞前 $\vec{v}_B = \vec{v}_0(\uparrow)$，$v_E = 0$，两者相靠近；在碰撞结束时 $\vec{u}_B(\downarrow)$，$u_{Ey}(\uparrow)$，两者相背离，所以 $e = \dfrac{u_B + u_{Ey}}{v_B - v_E} = \dfrac{u_B + u_{Ey}}{v_0 - 0} = \dfrac{u_B + u_{Ey}}{v_0}$。

第 10 章 达朗贝尔原理

10.1 内容提要

10.1.1 质点惯性力的定义

质点的惯性力定义为 $\vec{F}_I = -m\vec{a}$，即质点惯性力的大小等于质点的质量与其加速度的乘积，方向与加速度方向相反。必须注意，这里的加速度 $\vec{a}$ 是质点相对于惯性参考系的绝对加速度，作用于质点上的这个惯性力是一个假想的力。

10.1.2 达朗贝尔原理

1. 质点的达朗贝尔原理

在任意瞬时，作用于质点上的主动力 $\vec{F}$，约束力 $\vec{F}_N$ 和假想的惯性力 $\vec{F}_I$ 构成一个共点平衡力系，即 $\vec{F} + \vec{F}_N + \vec{F}_I = 0$，这一结论称为质点的达朗贝尔原理。

2. 质点系的达朗贝尔原理

在任意瞬时，作用于质点系内第 i 个质点的主动力 $\vec{F}_i$，约束力 $\vec{F}_{Ni}$ 和该点的假想惯性力 $\vec{F}_{Ii}$ 构成一个共点平衡力系，即 $\vec{F}_i + \vec{F}_{Ni} + \vec{F}_{Ii} = 0$（$i = 1, 2, \cdots, n$），这 n 个共点平衡力系组成了一个空间的一般平衡力系。也就是说，在任意瞬时，作用于质点系上的主动力系、约束力系和惯性力系组成一个空间平衡力系。作用于质点系上由主动力系和约束力系所组成的真实力系，也可以按照外力系和内力系分类，由于质点系的内力总是成对出现，所以内力系的主矢和对任意一点的主矩恒为零，因此，这个空间平衡力系的平衡条件可写为

$$\begin{cases} \sum \vec{F}_i^{(e)} + \sum \vec{F}_{Ii} = 0 \\ \sum \vec{M}_O(\vec{F}_i^{(e)}) + \sum \vec{M}_O(\vec{F}_{Ii}) = 0 \end{cases}$$

即作用于质点系上的外力系和惯性力系组成一个空间平衡力系，这个平衡力系的主矢为零，对任意点 O 的主矩也为零，称之为质点系的达朗贝尔原理。

10.1.3 刚体上惯性力系的简化

在质点系的达朗贝尔原理中，惯性力假想地作用在每个质点上，因此，作用在刚体上的惯性力系由数量为无穷多的惯性力所组成，是一个体积分布力系，必须首先进行简化，才能作进一步的分析处理。对于平面运动刚体，其中的刚体常有质量对称面，且该对称面沿其所在的平面运动，刚体的运动形式有平移、定轴转动和一般平面运动，其惯性力系的简化结果如表 10-1 所示。

刚体达朗贝尔惯性力系简化时应注意以下问题：

（1）由于定轴转动是平面运动的一种特殊情况，因此，对于具有质量对称面，且转轴垂直于质量

对称面的定轴转动刚体，也可以将其达朗贝尔惯性力系向质心 C 简化。但必须特别提醒读者，定轴转动刚体的达朗贝尔惯性力系无论是向转轴与质量对称面交点 O 简化，还是向其质心 C 简化，简化结果都为一个惯性力和一个惯性力偶，尽管这两个惯性力的力矢相同，都等于 $-m\vec{a}_C$，但它们的作用点不同，分别为对应的简化中心。而这两个惯性力偶的力偶矩却是不同的，这是因为计算公式所涉及的转动惯量为对过简化中心且垂直于质量对称面的轴的转动惯量，对不同的简化中心，它们的值显然是不同的，若将简化所得的惯性力画在质心上，而将惯性力偶矩按对定轴的转动惯量的式子给出则是错误的。

表 10-1　平面运动刚体惯性力系的简化结果

刚体的运动形式	等效的惯性力方向或惯性力偶矩转向	等效后惯性力或惯性力偶矩的大小
平移刚体	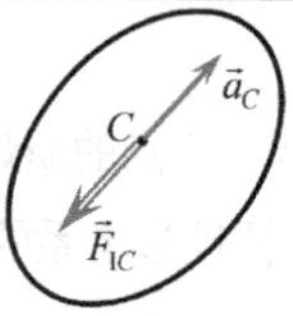 C 为刚体的质心	$F_{IC} = ma_C$，其中 m 为刚体的质量，a_C 为刚体质心 C 的加速度大小
垂直于质量对称面作定轴转动的刚体	向质心 C 简化 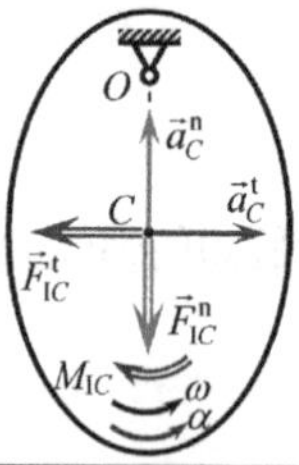	$F_{IC}^n = ma_C^n$，$F_{IC}^t = ma_C^t$，$M_{IC} = J_C\alpha$，其中 a_C^n、a_C^t、α 分别为刚体质心的法向加速度、切向加速度和刚体角加速度的大小，m、J_C 分别为刚体的质量、刚体对垂直于质量对称面的质心轴的转动惯量
	向转轴 O 简化 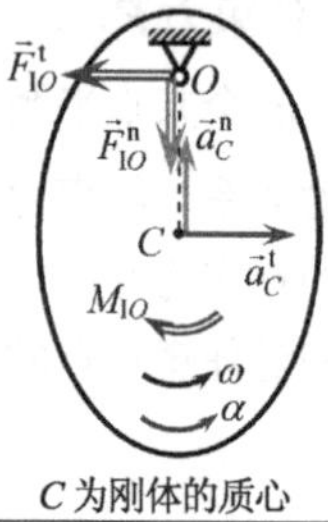 C 为刚体的质心	$F_{IO}^n = ma_C^n$，$F_{IO}^t = ma_C^t$，$M_{IO} = J_O\alpha$，其中 J_O 为刚体对定轴的转动惯量，其余物理量含义同上
质量对称面沿自身所在平面运动的一般平面运动刚体	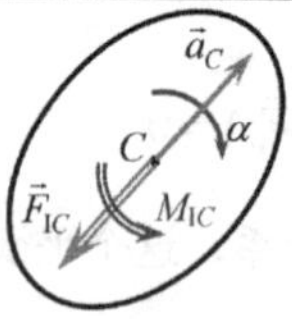 C 为刚体的质心	$F_{IC} = ma_C$，$M_{IC} = J_C\alpha$，其中 a_C、α 分别为刚体质心的加速度、刚体角加速度的大小，m、J_C 分别为刚体的质量、刚体对垂直于质量对称面的质心轴的转动惯量

（2）对于具有质量对称面，且质量对称面沿其所在平面运动的刚体系统这一常见情形，在按各刚体的运动形式分别施加达朗贝尔惯性力系的等效力系时，首先要分析运动，分析运动主要是分析各刚体的质心加速度和刚体的角加速度，并把它们的方向或转向分别画在研究对象的简图上，然后将各刚体的达朗贝尔惯性力系的等效结果也画在图上。画图时要注意，各刚体等效所得的达朗贝尔惯性力应与其质心加速度的方向相反，所得的达朗贝尔惯性力偶的力偶矩转向应与其角加速度的转向相反，这时在写它们的大小时，不要再将对应矢量式前的负号带入。因为矢量式中负号所表示的含义已在图中标出。根据达朗贝尔原理建立平衡方程式时，不仅主动力、外约束力，而且达朗贝尔惯性力都是按图上方向进行的。

10.1.4　解决动力学问题的动静法

根据达朗贝尔原理，通过施加假想的惯性力系，可将动力学问题转化为形式上的静力学问题求解，这种方法常称为动静法。所谓形式上的静力学问题即只具有静力学平衡方程的形式，而没有平衡方程的实质。通过动静法，将动力学中已知力求运动的问题转化为求惯性力和惯性力偶的问题；而对于动力学中已知运动求力的问题，即相当于已知惯性力和惯性力偶求主动力或主动力偶的问题；两类动力学问题也都能方便地求得相关约束力。使用动静法求解动力学问题，可以充分运用静力学中的各种平衡方程和解题技巧，例如巧妙地选取研究对象（整体、单个刚体、相互连接或接触的部分刚体系统），力矩平衡方程的矩心可以任意选取从而减少平衡方程中的未知量等，这样使问题的求解过程大为简化，因而，动静法在使用上具有明显优势。

动静法是解决质点系（包括刚体系统）动力学问题的一种普遍方法，在工程中有广泛的应用，在具体解题时，应在所选研究对象上：①标出全部主动力或主动力偶；②正确画出其所受到的所有约束力；③在将相应的等效惯性力和惯性力偶加到其中每个刚体上（对于质点只需加惯性力）时，需先进行运动学分析，将各刚体质心加速度和各刚体角加速度及其中质点的加速度，用独立运动学量表示出；当独立的加速度或角加速度不能明显肯定其指向或转向时，可先假设其指向或转向，由求解结果的正、负号再说明其真实指向或转向；④巧妙选择平衡方程并正确列写出，然后进行求解得到需求的未知量。由于动静法是在系统运动的给定瞬时位置列写平衡方程的，由于系统在不同瞬时所处的位置是不一样的，所以这时的平衡方程常称为动态平衡方程。

10.1.5　达朗贝尔原理与动量原理的关系及其特点

1. 达朗贝尔原理与动量原理的关系

达朗贝尔原理本质上只是动量原理（动量定理的另一种形式——质心运动定理及动量矩定理）的一种变形，即将质心运动定理和动量矩定理中所涉及的运动学量都移到力系的特征量的那边去，变成了形式上的静力学平衡方程。但必须注意，达朗贝尔惯性力只是假想地作用到质点或质点系上，质点或质点系并非真实地作用着这种力，动力学问题仍然是动力学问题，这种形式上的平衡方程只是表示由运动学特征量表示的达朗贝尔惯性力系与外力系之间的平衡关系。

2. 达朗贝尔原理与动量原理相比所具有的特点

与动量原理相比，用达朗贝尔原理求解含未知力或加速度的动力学问题时，不仅比较简便，而且不易出错，这是因为

（1）达朗贝尔原理只涉及瞬时分析，而动量矩定理涉及动量矩的通式对时间的导数。

（2）应用达朗贝尔原理列写力矩方程时，其矩心的选择可以任意，而应用动量矩定理时，对矩心的选择有一定限制（若选一般动点为矩心，则必须用相对于动点的动量矩定理，其计算较为麻烦）。

（3）对于物系，采用达朗贝尔原理来解题，可以充分发挥静力学中灵活选择研究对象、巧妙选取矩心的优点，求解方程可以尽可能地少，而采用动量原理则一般需对每个刚体列写动力学方程，暴露出许多刚体间相互约束的约束力，求解的方程数较多。

因此，对于平面运动的刚体系统常采用达朗贝尔原理，即动静法进行求解。当然，采用动静法，必须首先正确施加等效的达朗贝尔惯性力和达朗贝尔惯性力偶矩，这成为动静法解题的关键步骤。

应用达朗贝尔原理所列写出的平衡方程，形式上是代数方程，但是只有当已知运动（即已知达朗贝尔惯性力或惯性力偶），求解控制运动的主动力（主动力偶）或对应的约束力（约束力偶）时，平衡方程才是真正意义上的代数方程；当已知主动力（主动力偶）求某瞬时的加速度（角加速度）或约

束力（约束力偶）时，平衡方程也是关于该瞬时加速度（角加速度）和力（主动力和约束力、主动力偶和约束力偶）的代数方程；但对于已知主动力（主动力偶）求系统的运动规律，这时的平衡方程实质上是动力学运动微分方程，这时，需首先将系统放置于一般位置，然后利用达朗贝尔原理列写形式上的平衡方程，得到关于广义坐标的二阶微分方程，最后通过积分来求得系统的运动方程，其运算过程是比较复杂的。故当已知运动求解控制运动的主动力（主动力偶）或约束力（约束力偶）时，或当已知主动力（主动力偶）求解某瞬时的加速度（角加速度）或约束力（约束力偶）时，应用达朗贝尔原理进行求解才显得特别方便，而且还不容易出错。

10.1.6 定轴转动刚体的轴承动约束力

当质量为 m 的刚体以角速度 ω、角加速度 α 绕 Oz 轴作定轴转动时，其上的惯性力系向转轴上点 O 简化得到一个过点 O 的惯性力 $\vec{F}_{IO} = \vec{F}_{IR}$ 和一个其矩为 $\vec{M}_{IO}$ 的惯性力偶。若在点 O 处建立固定直角坐标系 $Oxyz$，设其质心 C 的坐标为 (x_C, y_C, z_C)，则这个惯性力系的主矢 $\vec{F}_{IR}$ 和这个惯性力偶矩 $\vec{M}_{IO}$ 的具体表达式为

$$\vec{F}_{IR} = F_{Ix}\vec{i} + F_{Iy}\vec{j} = m(x_C\omega^2 + y_C\alpha)\vec{i} + m(y_C\omega^2 - x_C\alpha)\vec{j}$$

$$\vec{M}_{IO} = M_{Ix}\vec{i} + M_{Iy}\vec{j} + M_{Iz}\vec{k} = (-J_{yz}\omega^2 + J_{xz}\alpha)\vec{i} + (J_{xz}\omega^2 + J_{yz}\alpha)\vec{j} - J_z\alpha\vec{k}$$

根据达朗贝尔原理求解结果（见主教材式(10-50)）可知，轴承动约束力有两部分组成：一是由主动力和主动力偶引起的，与刚体的运动状态无关，称为静约束力；二是由惯性力系引起的，称为附加动约束力。由于轴承的附加动约束力与转动的角速度平方有关，当刚体作高速转动时会引起基座振动或造成轴承破坏，应设法加以避免。若 $x_C = y_C = 0$，$J_{xz} = J_{yz} = 0$，则轴承的附加动约束力为零，这说明，此时的转轴为中心惯性主轴。

10.1.7 动平衡与静平衡

（1）静平衡。当刚体的质心在转轴上，且刚体除重力外没有受到其他主动力或主动力偶的作用，则刚体可以在任意位置静止不动，这种现象称为静平衡。

（2）动平衡。当刚体的质心在转轴上，且转轴为惯性主轴时，则刚体作定轴转动时不出现轴承附加动约束力，这种现象称为动平衡。

动平衡的刚体必然是静平衡的，但静平衡的刚体不一定是动平衡的。

10.2 思考题及解答

10-5 图示为作平面运动刚体的质量对称面，其角速度为 ω，角加速度为 α，质量为 m，对通过该平面上任一点 A（非质心 C）且垂直于质量对称面的轴的转动惯量为 J_A，若将刚体的达朗贝尔惯性力系向该点简化，试分析图(a)和图(b)所示结果的正确性。

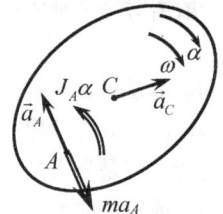

思考题 10-5 图(a)

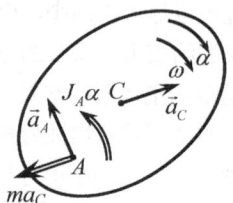

思考题 10-5 图(b)

解答：

图(a)和图(b)都是错误的。达朗贝尔惯性力系向点 A 简化，不应该按点 A 的加速度反向施加惯性力，而是按质心点 C 的加速度反向施加惯性力，且惯性力的大小为 $F_{IA} = ma_C$，而惯性力偶矩应按照 $\vec{M}_{IA} = \vec{M}_{IC} + \overrightarrow{AC} \times (-m\vec{a}_C)$ 计算，显然 $\vec{M}_{IA} \neq -J_A \vec{\alpha}$。

10-6 如图所示，质量为 m、半径为 r 的均质圆盘在水平直线轨道上作纯滚动，已知圆盘质心的速度为 $\vec{v}$，加速度为 $\vec{a}$，试问该圆盘的达朗贝尔惯性力系简化的结果是合力吗？若是，合力作用线在哪里？

解答：

（1）达朗贝尔惯性力系向质心点 C 简化，如解答图(a)所示。

$$a = r\alpha \ (\rightarrow) \Rightarrow \alpha = \frac{a}{r} \ (\text{顺时针})$$

$$F_{IC} = ma = mr\alpha \ (\leftarrow), \quad M_{IC} = J_C \alpha = \frac{1}{2} mr^2 \alpha = \frac{1}{2} mra \ (\text{逆时针})$$

（2）因为 $\vec{F}_{IC} \perp \vec{M}_{IC}$，所以达朗贝尔惯性力系简化的结果是合力，其大小为 $F_{IO} = F_{IC} = ma$，方向水平向左，合力的作用线过点 O，点 O 在质心 C 的正上方，且 $OC = \dfrac{M_{IC}}{F_{IC}} = \dfrac{1}{2} r$，如解答图(b)所示。

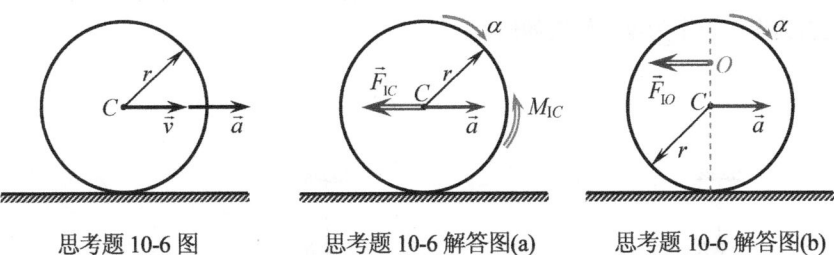

思考题 10-6 图　　　思考题 10-6 解答图(a)　　　思考题 10-6 解答图(b)

10-7 如图所示，质量为 m、半径为 r 的均质圆盘分别在半径为 $R_1 = 2r$ 的固定凸轮和半径为 $R_2 = 4r$ 的固定凹面上作纯滚动，在图(a)和(b)位置，它们的角速度都为 ω、角加速度都为 α，转向都为顺时针，试问它们的达朗贝尔惯性力系向质心简化的结果有何相同和不同之处？

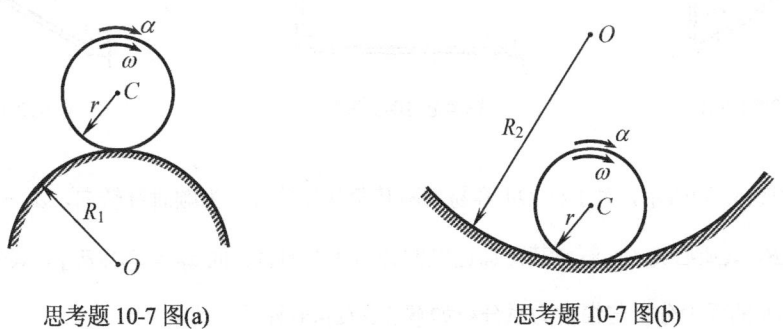

思考题 10-7 图(a)　　　　　思考题 10-7 图(b)

解答：

(a) 达朗贝尔惯性力系向质心简化，如解答图(a)-(a)所示。

$$a_C^n = \frac{v_C^2}{R_1 + r} = \frac{r^2 \omega^2}{3r} = \frac{1}{3} r \omega^2 \ (\downarrow), \quad a_C^t = r\alpha \ (\rightarrow)$$

$$F_{IC}^n = ma_C^n = \frac{1}{3} mr\omega^2 \ (\uparrow), \quad F_{IC}^t = ma_C^t = mr\alpha \ (\leftarrow), \quad M_{IC} = J_C \alpha = \frac{1}{2} mr^2 \alpha \ (\text{逆时针})$$

(b) 达朗贝尔惯性力系向质心简化，如图(b)-(a)所示。

$$a_C^n = \frac{v_C^2}{R_2-r} = \frac{r^2\omega^2}{3r} = \frac{1}{3}r\omega^2 \ (\uparrow), \qquad a_C^t = r\alpha \ (\rightarrow)$$

$$F_{IC}^n = ma_C^n = \frac{1}{3}mr\omega^2 \ (\downarrow), \qquad F_{IC}^t = ma_C^t = mr\alpha \ (\leftarrow), \qquad M_{IC} = J_C\alpha = \frac{1}{2}mr^2\alpha \ (逆时针)$$

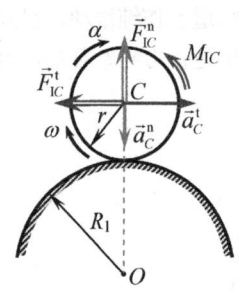
思考题 10-7 解答图(a)-(a)

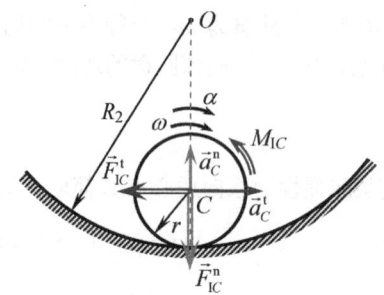
思考题 10-7 解答图(b)-(a)

由以上分析，很容易看出(a)和(b)两种情况的达朗贝尔惯性力系向质心简化结果的异同。

10-8 处于同一铅垂平面的图示静止系统，两均质杆的质量都为 m，长度都为 l，铰链 O、A 光滑，不计柔绳质量，若突然将柔绳 BD 剪断，试针对图(a)、图(b)、图(c)三种情况，分别判断该瞬时杆 AB 的角加速度是否为零？若不为零，转向如何？

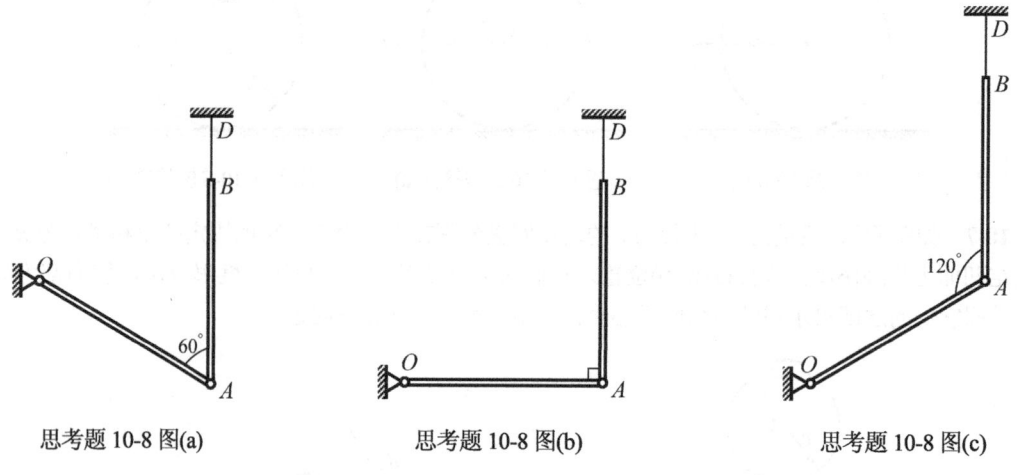

思考题 10-8 图(a)　　　　思考题 10-8 图(b)　　　　思考题 10-8 图(c)

解答：

(a) 如解答图(a)-(a)所示，对于杆 OA 容易判断其角加速度 α_{OA} 为顺时针转向，$a_A = l\alpha_{OA}$（方向如图）；对于杆 AB，其质心为 C，假设其角加速度的转向为顺时针，而 $\vec{a}_C = \vec{a}_A + \vec{a}_{CA}$，其中 $a_{CA} = \frac{1}{2}l\alpha_{AB}$（$\rightarrow$），则杆 AB 的受力分析与惯性力系分析如解答图(a)-(a)所示，其中

$$F_{IC}^{(1)} = ma_A = ml\alpha_{OA} \ (方向如图), \quad F_{IC}^{(2)} = ma_{CA} = \frac{1}{2}ml\alpha_{AB} \ (\leftarrow), \quad M_{IC} = J_C^{AB}\alpha_{AB} = \frac{1}{12}ml^2\alpha_{AB} \ (逆时针)$$

$$\sum M_A = 0: \ F_{IC}^{(2)} \cdot \frac{1}{2}l + M_{IC} - F_{IC}^{(1)}\cos 60° \cdot \frac{1}{2}l = 0 \quad \Rightarrow$$

$$\frac{1}{2}ml\alpha_{AB} \cdot \frac{1}{2}l + \frac{1}{12}ml^2\alpha_{AB} - ml\alpha_{OA} \cdot \frac{1}{2} \cdot \frac{1}{2}l = 0 \quad \Rightarrow \quad \alpha_{AB} = \frac{3}{4}\alpha_{OA} \neq 0 \ (顺时针)$$

(b) 如解答图(b)-(a)所示，对于杆 OA 容易判断其角加速度 α_{OA} 为顺时针转向，$a_A = l\alpha_{OA}$（$\downarrow$）；

对于杆 AB，其质心为 C，假设其角加速度的转向为顺时针，而 $\vec{a}_C = \vec{a}_A + \vec{a}_{CA}$，其中 $a_{CA} = \frac{1}{2}l\alpha_{AB}$（→），则杆 AB 的受力分析与惯性力系分析如解答图(b)-(a)所示，其中

$F_{IC}^{(1)} = ma_A = ml\alpha_{OA}$（↑），$F_{IC}^{(2)} = ma_{CA} = \frac{1}{2}ml\alpha_{AB}$（←），$M_{IC} = J_C^{AB}\alpha_{AB} = \frac{1}{12}ml^2\alpha_{AB}$（逆时针），

$\sum M_A = 0$：$F_{IC}^{(2)} \cdot \frac{1}{2}l + M_{IC} = 0 \Rightarrow \frac{1}{2}ml\alpha_{AB} \cdot \frac{1}{2}l + \frac{1}{12}ml^2\alpha_{AB} = 0 \Rightarrow \alpha_{AB} = 0$

(c) 如解答图(c)-(a)所示，对于杆 OA 容易判断其角加速度 α_{OA} 为顺时针转向，$a_A = l\alpha_{OA}$（方向如图）；对于杆 AB，其质心为 C，假设其角加速度的转向为顺时针，而 $\vec{a}_C = \vec{a}_A + \vec{a}_{CA}$，其中 $a_{CA} = \frac{1}{2}l\alpha_{AB}$（→），则杆 AB 的受力分析与惯性力系分析如解答图(c)-(a)所示，其中

$F_{IC}^{(1)} = ma_A = ml\alpha_{OA}$（方向如图），$F_{IC}^{(2)} = ma_{CA} = \frac{1}{2}ml\alpha_{AB}$（←），

$M_{IC} = J_C^{AB}\alpha_{AB} = \frac{1}{12}ml^2\alpha_{AB}$（逆时针），

$\sum M_A = 0$：$F_{IC}^{(2)} \cdot \frac{1}{2}l + M_{IC} + F_{IC}^{(1)}\cos 60° \cdot \frac{1}{2}l = 0 \Rightarrow \frac{1}{2}ml\alpha_{AB} \cdot \frac{1}{2}l + \frac{1}{12}ml^2\alpha_{AB} + ml\alpha_{OA} \cdot \frac{1}{2} \cdot \frac{1}{2}l = 0 \Rightarrow$

$\alpha_{AB} = -\frac{3}{4}\alpha_{OA} \neq 0$（负号表示其真实转向为逆时针）

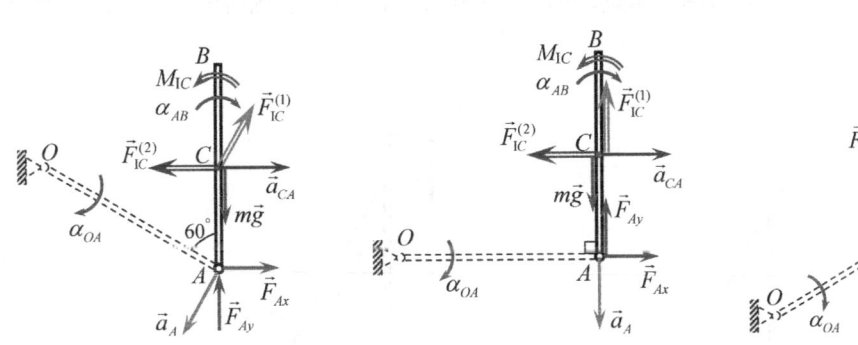

思考题 10-8 解答图(a)-(a)　　　思考题 10-8 解答图(b)-(a)　　　思考题 10-8 解答图(c)-(a)

10-9 如图所示，铅垂转轴 Oz 以匀角速度 ω 转动，其上焊接一刚性杆 AB，与之成 φ 角，在轴和杆之间放置一质量为 m、半径为 r 的均质圆盘 C，设圆盘相对于杆静止，且不计摩擦，试问 ω 为何值时，圆盘对轴的压力等于零。

解答：

当圆盘在图示位置相对于杆静止时，相当于圆盘绕 z 轴作定轴转动。由于 z 轴是圆盘上与 z 轴切点 D 的一根惯性主轴，因此圆盘此时的运动为绕惯性主轴的匀角速定轴转动。

以圆盘 C 为研究对象，受力分析及惯性力系分析如解答图所示，其中

$a_C^n = r\omega^2$（←），$F_{IC} = ma_C^n = mr\omega^2$（→）

$\sum F_x = 0$：$F_{N1}\sin\varphi + F_{IC}\sin\varphi - mg\cos\varphi = 0 \Rightarrow$

$F_{N1}\sin\varphi + mr\omega^2\sin\varphi - mg\cos\varphi = 0 \Rightarrow F_{N1} = mg\frac{\cos\varphi}{\sin\varphi} - mr\omega^2$

令　　　$F_{N1} = mg\frac{\cos\varphi}{\sin\varphi} - mr\omega^2 = 0 \Rightarrow \omega^2 = \frac{g}{r}\frac{\cos\varphi}{\sin\varphi}$

即当 $\omega = \sqrt{\dfrac{g}{r}\dfrac{\cos\varphi}{\sin\varphi}}$ 时，圆盘对轴的压力等于零。

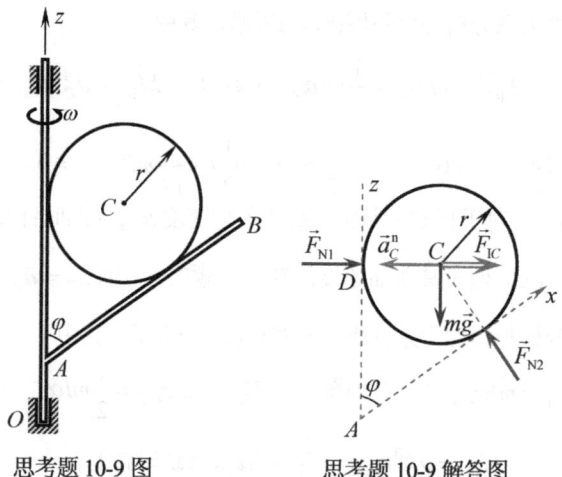

思考题 10-9 图　　　　思考题 10-9 解答图

10-10 图示均质直角三角板 OGH 位于铅垂平面内，绕铅垂轴 AB 转动，已知板重量为 P，长度为 l，宽度为 b，试问三角板转动的角速度 ω 为多大时，才能使轴承 A 处约束力的水平正交分量等于零。

解答：

在轴承 A 处建立随三角板 OGH 一起转动的直角坐标系 Axyz，如解答图所示，使 z 轴与转轴重合，x 轴与 OG 平行。

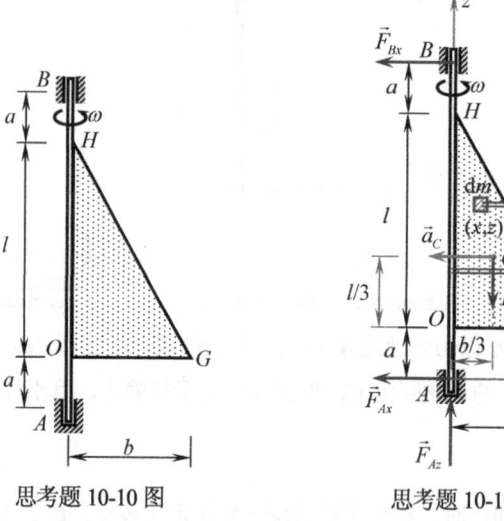

思考题 10-10 图　　　　思考题 10-10 解答图

三角板质心 C 的加速度为

$$a_C = \dfrac{1}{3} b \omega^2$$

三角板上每个质量微元的达朗贝尔惯性力的大小为

$$dF_I = (dm)\cdot(x\omega^2) = \left(\dfrac{\dfrac{P}{g}}{\dfrac{1}{2}bl}dxdz\right)\cdot(x\omega^2) = \dfrac{2P}{gbl}\omega^2 x\, dx dz$$

因为同向的平行力系，可等效为一个合力 $\vec{F}_\mathrm{I}$，其大小为

$$F_\mathrm{I} = F_\mathrm{IR} = ma_C = \frac{P}{g} \cdot \frac{1}{3}b\omega^2 = \frac{1}{3}\frac{P}{g}b\omega^2$$

为求合力作用线位置，用对 y 轴的合力矩定理，有

$$F_\mathrm{I} \cdot z_\mathrm{R} = \iint z \, \mathrm{d}F_\mathrm{I} \quad \Rightarrow \quad \frac{1}{3}\frac{P}{g}b\omega^2 \cdot z_\mathrm{R} = \iint z \frac{2P}{gbl}\omega^2 x \, \mathrm{d}x \mathrm{d}z \quad \Rightarrow$$

$$z_\mathrm{R} = \frac{6}{b^2 l}\iint zx \, \mathrm{d}x\mathrm{d}z = \frac{6}{b^2 l}\int_0^b x \left[\int_a^{a+\frac{b-x}{b}l} z \, \mathrm{d}z\right] \mathrm{d}x = \frac{6}{b^2 l}\int_0^b x \cdot \left[\frac{1}{2}\left(a+\frac{b-x}{b}l\right)^2 - \frac{1}{2}a^2\right] \mathrm{d}x$$

$$= \frac{3}{b^2 l}\int_0^b x \cdot \left[\left(a+\frac{b-x}{b}l\right)^2 - a^2\right] \mathrm{d}x = \frac{3}{b^4}\int_0^b x \cdot [2ab(b-x)+(b-x)^2 l] \mathrm{d}x = a+\frac{1}{4}l$$

$$\sum M_B = 0: \quad F_\mathrm{I} \cdot (2a+l-z_\mathrm{R}) - P \cdot \frac{b}{3} - F_{Ax} \cdot (2a+l) = 0$$

若 $F_{Ax} = 0$，则有

$$F_\mathrm{I} \cdot (2a+l-z_\mathrm{R}) - P \cdot \frac{b}{3} = 0 \quad \Rightarrow \quad \frac{1}{3}\frac{P}{g}b\omega^2 \cdot (2a+l-z_\mathrm{R}) = P \cdot \frac{b}{3} \quad \Rightarrow$$

$$\omega^2 = \frac{g}{2a+l-z_\mathrm{R}} = \frac{g}{2a+l-a-\frac{1}{4}l} = \frac{4g}{4a+3l} \quad \Rightarrow \quad \omega = \sqrt{\frac{4g}{4a+3l}}$$

10.3 习题及解答

10-4 图示质量为 m、长度为 $2l$ 的均质细直杆 AB 的两端分别沿水平地面和铅垂墙面运动，已知 $\vec{v}_A = $ 常矢，试求图示位置杆的达朗贝尔惯性力系分别向质心 C 和点 A 的简化结果。

解法一：

（1）向质心 C 简化：如解答图(a)所示，点 P 为杆 AB 的速度瞬心，则

$$\omega = \frac{v_A}{PA} = \frac{v_A}{2l\sin\beta} \text{（逆时针）}, \quad \alpha = \dot{\omega} = -\frac{v_A\cos\beta}{2l\sin^2\beta}\dot{\beta} = -\frac{v_A\cos\beta}{2l\sin^2\beta} \cdot (-\omega) = \frac{v_A^2\cos\beta}{4l^2\sin^3\beta}$$

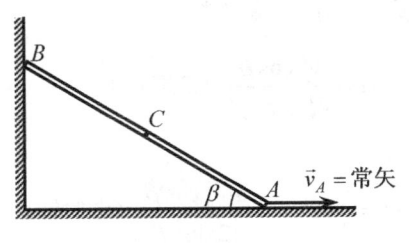

习题 10-4 图

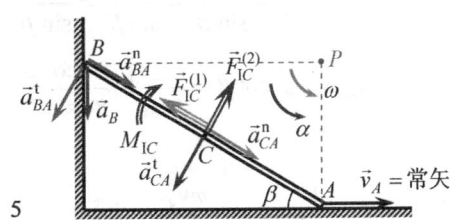

习题 10-4 解答图(a)

或者

$$\begin{array}{cccccc}
\vec{a}_B & = & \vec{a}_A & + & \vec{a}_{BA}^\mathrm{n} & + & \vec{a}_{BA}^\mathrm{t} \\
\text{大小} & ? & & 0 & & 2l\omega^2 & & 2l\alpha\, ? \\
\text{方向} & \downarrow & & & & B \to A & & \perp AB
\end{array}$$

沿水平向右投影，得到

$$0 = a_{BA}^n \cos\beta - a_{BA}^t \sin\beta \implies 2l\omega^2 \cos\beta = 2l\alpha \sin\beta \implies \alpha = \omega^2 \cot\beta = \frac{v_A^2 \cos\beta}{4l^2 \sin^3\beta} \quad (\text{逆时针})$$

又因为 $\vec{a}_C = \vec{a}_A + \vec{a}_{CA}^n + \vec{a}_{CA}^t = \vec{a}_{CA}^n + \vec{a}_{CA}^t$，其中

$$a_{CA}^n = l\omega^2 = \frac{v_A^2}{4l\sin^2\beta} \quad (\text{方向如图}), \quad a_{CA}^t = l\alpha = \frac{v_A^2 \cos\beta}{4l\sin^3\beta} \quad (\text{方向如图})$$

则

$$F_{IC}^{(1)} = ma_{CA}^n = \frac{mv_A^2}{4l\sin^2\beta} \quad (\text{方向如图}), \quad F_{IC}^{(2)} = ma_{CA}^t = \frac{mv_A^2 \cos\beta}{4l\sin^3\beta} \quad (\text{方向如图})$$

$$M_{IC} = J_C \alpha = \frac{1}{12}m(2l)^2 \cdot \alpha = \frac{mv_A^2 \cos\beta}{12\sin^3\beta} \quad (\text{顺时针})$$

(2) 向质心 A 简化，如解答图(b)所示。

$$F_{IA}^{(1)} = ma_{CA}^n = \frac{mv_A^2}{4l\sin^2\beta} \quad (\text{方向如图})$$

$$F_{IA}^{(2)} = ma_{CA}^t = \frac{mv_A^2 \cos\beta}{4l\sin^3\beta} \quad (\text{方向如图})$$

习题 10-4 解答图(b)

由两点的惯性力偶关系式 $\vec{M}_{IA} = \vec{M}_{IC} + \vec{AC} \times \vec{F}_{IC}$，得到

$$M_{IA} = M_{IC} + F_{IC}^{(2)} \cdot l = \frac{mv_A^2 \cos\beta}{12\sin^3\beta} + \frac{mv_A^2 \cos\beta}{4l\sin^3\beta} \cdot l = \frac{mv_A^2 \cos\beta}{3\sin^3\beta} \quad (\text{顺时针})$$

解法二：加速度瞬心法

(1) 向质心 C 简化，如解答图(c)所示，点 P 为杆 AB 的速度瞬心，则 $\omega = \dfrac{v_A}{PA} = \dfrac{v_A}{2l\sin\beta}$（逆时针）。

因为 $\vec{v}_A = $ 常矢，所以点 A 为杆 AB 的加速度瞬心，由于点 B 的加速度方向铅垂向下，根据加速度瞬心法可知，$\vec{a}_C = \dfrac{1}{2}\vec{a}_B$，即杆 AB 的质心 C 的加速度方向也铅垂向下。由 $\vec{a}_B = \vec{a}_A + \vec{a}_{BA}^n + \vec{a}_{BA}^t = \vec{a}_{BA}^n + \vec{a}_{BA}^t$ 可作出如解答图(c)所示的加速度平行四边形。

$$a_B = \frac{a_{BA}^n}{\sin\beta} = \frac{2l\omega^2}{\sin\beta} = \frac{2l}{\sin\beta}\left(\frac{v_A}{2l\sin\beta}\right)^2 = \frac{v_A^2}{2l\sin^3\beta} \quad (\downarrow)$$

$$a_{BA}^t = a_{BA}^n \cot\beta = \frac{v_A^2}{2l\sin^2\beta} \cdot \frac{\cos\beta}{\sin\beta} \implies \alpha = \frac{v_A^2 \cos\beta}{4l^2\sin^3\beta} \quad (\text{逆时针})$$

则

$$F_{IC} = ma_C = \frac{1}{2}ma_B = \frac{mv_A^2}{4l\sin^3\beta} \quad (\uparrow), \quad M_{IC} = J_C\alpha = \frac{1}{3}ml^2\alpha = \frac{mv_A^2\cos\beta}{12\sin^3\beta} \quad (\text{顺时针})$$

(2) 向质心 A 简化，如解答图(d)所示。

$$F_{IA} = F_{IC} = ma_C = \frac{1}{2}ma_B = \frac{mv_A^2}{4l\sin^3\beta} \quad (\uparrow)$$

因为点 A 为杆 AB 的加速度瞬心，所以

$$M_{IA} = J_A\alpha = \left[\frac{1}{12}m(2l)^2 + ml^2\right] \cdot \alpha = \frac{4}{3}ml^2 \cdot \frac{v_A^2\cos\beta}{4l^2\sin^3\beta} = \frac{mv_A^2\cos\beta}{3\sin^3\beta} \quad (\text{顺时针})$$

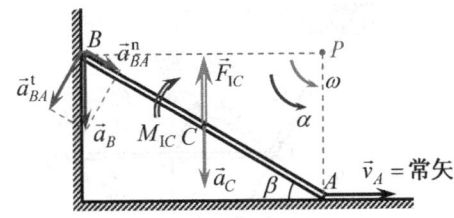

习题 10-4 解答图(c)

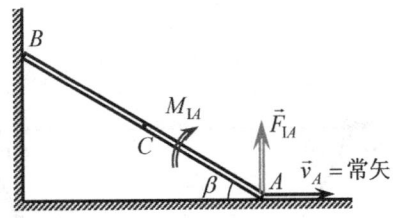

习题 10-4 解答图(d)

解析：

（1）求杆 AB 的角速度 ω 时，可利用"速度瞬心法"也可利用"两点的速度关系——速度基点法 $\vec{v}_B = \vec{v}_A + \vec{v}_{BA}$"，但是利用"速度瞬心法"求杆 AB 的角速度比较简便。

（2）题中求杆 AB 的角加速度 α 用了三种方法。第一种方法是利用杆 AB 的角速度直接对时间求导，因为 $\omega = \dfrac{v_A}{2l\sin\beta}$ 是任意瞬时都成立的一般表达式，在对角速度求时间的一阶导数后需利用 $\omega = -\dot{\beta}$，该式中的"负号"表示随时间的增加按角速度的转向角度 β 减小；第二种方法是利用"两点的加速度关系—— $\vec{a}_B = \vec{a}_A + \vec{a}_{BA}^n + \vec{a}_{BA}^t$"，分别分析各项加速度的大小和方向，沿水平轴投影而得到杆 AB 的角加速度 α；第三种方法是利用 $\vec{a}_B = \vec{a}_{BA}^n + \vec{a}_{BA}^t$（因为 $\vec{a}_A = 0$）画出加速度矢量的平行四边形，由其中三角形的几何关系方便地求得杆 AB 的角加速度 α。

（3）为了利用达朗贝尔原理而确定达朗贝尔惯性力，必须求得杆 AB 的质心 C 的加速度。其常规方法是利用"两点的加速度关系—— $\vec{a}_C = \vec{a}_A + \vec{a}_{CA}^n + \vec{a}_{CA}^t = \vec{a}_{CA}^n + \vec{a}_{CA}^t$"，由此得到的达朗贝尔惯性力可用两个分量来表示，即 $\vec{F}_{IA}^{(1)} = -m\vec{a}_{CA}^n$ 和 $\vec{F}_{IA}^{(2)} = -m\vec{a}_{CA}^t$。在本题中还可以利用"加速度瞬心法"求得杆 AB 的质心 C 的加速度，由于 $\vec{v}_A = $ 常矢量，可见点 A 为杆 AB 的加速度瞬心，根据"加速度瞬心法——刚体上任一点的加速度方向与该点和加速度瞬心的连线的夹角均相同，大小与该点至加速度瞬心的距离成正比"，得到 $\vec{a}_C = \dfrac{1}{2}\vec{a}_B$，只要求出 $\vec{a}_B$，就可方便地求得 $\vec{a}_C$。

（4）将达朗贝尔惯性力系向质心 C 和动点 A（该动点为加速度瞬心）简化的结果，其达朗贝尔惯性力的大小、方向相同，但作用点不同，而达朗贝尔惯性力偶不同。在本题解答中将达朗贝尔惯性力系向动点 A（加速度瞬心）简化也给出了两种方法。第一种方法，首先将达朗贝尔惯性力系向质点 C 简化，再将其简化的惯性力平移至动点 A，根据"力的平移定理"需附加力偶，将该附加力偶与向质心简化的惯性力偶相叠加，从而得到向动点 A 简化的达朗贝尔惯性力偶；第二种方法，由于动点 A 为加速度瞬心，向该点简化的达朗贝尔惯性力偶具有简单的表达式 $M_{IA} = J_A \alpha$，方便地得到达朗贝尔惯性力偶。需要特别指出的是，第一种方法具有普遍性（对于任意动点都适用的方法），第二种方法具有特殊性（动点 A 为加速度瞬心）。

10-6 如图所示，质量为 m、长度为 l 的均质杆由两根刚度系数为 k、质量不计的弹簧静止悬挂在空中，若突然将右边弹簧剪断，试求剪断瞬时杆 AB 的角加速度和点 A 的加速度。

解：

（1）运动学分析，如解答图所示。

$$\vec{a}_A = \vec{a}_\varphi + \vec{a}_\rho, \quad \vec{a}_C = \vec{a}_A + \vec{a}_{CA}^t = \vec{a}_\varphi + \vec{a}_\rho + \vec{a}_{CA}^t, \quad a_{CA}^t = \dfrac{1}{2}l\alpha$$

（2）受力分析与惯性力系的分析，如解答图所示，其中

$$F_k = \dfrac{mg}{2\sin 60°} = \dfrac{\sqrt{3}}{3}mg, \quad F_{IC}^{(1)} = ma_\varphi, \quad F_{IC}^{(2)} = ma_\rho, \quad F_{IC}^{(3)} = ma_{CA}^t = \dfrac{1}{2}ml\alpha, \quad M_{IC} = J_C\alpha = \dfrac{1}{12}ml^2\alpha$$

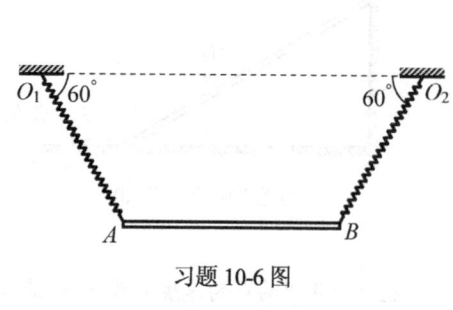

习题 10-6 图

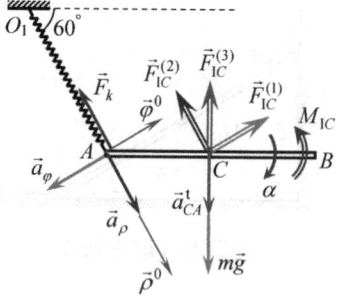

习题 10-6 解答图

（3）达朗贝尔原理，如解答图所示。

$$\sum M_C = 0: \quad M_{IC} - F_k \sin 60° \cdot \frac{1}{2}l = 0 \quad \Rightarrow \quad \frac{1}{12}ml^2\alpha - \frac{\sqrt{3}}{3}mg\sin 60° \cdot \frac{1}{2}l = 0 \quad \Rightarrow$$

$$\alpha = \frac{3g}{l} \text{（顺时针）}$$

$$\sum F_\varphi = 0: \quad F_{IC}^{(1)} + F_{IC}^{(3)}\cos 60° - mg\cos 60° = 0 \quad \Rightarrow \quad ma_\varphi + \frac{1}{2}ml\alpha \cdot \frac{1}{2} - mg \cdot \frac{1}{2} = 0 \Rightarrow$$

$$ma_\varphi + \frac{1}{2}ml \cdot \frac{3g}{l} \cdot \frac{1}{2} - mg \cdot \frac{1}{2} = 0 \quad \Rightarrow \quad a_\varphi = -\frac{1}{4}g \text{（负号表示其真实方向与图示相反）}$$

$$\sum F_\rho = 0: \quad -F_k - F_{IC}^{(2)} - F_{IC}^{(3)}\sin 60° + mg\sin 60° = 0 \quad \Rightarrow$$

$$-\frac{\sqrt{3}}{3}mg - ma_\rho - \frac{1}{2}ml\alpha \cdot \frac{\sqrt{3}}{2} + mg \cdot \frac{\sqrt{3}}{2} = 0 \quad \Rightarrow$$

$$a_\rho = -\frac{7\sqrt{3}}{12}g \text{（负号表示其真实方向与图示相反）}$$

则

$$\vec{a}_A = \vec{a}_\varphi + \vec{a}_\rho$$

$$a_{Ax} = -a_\varphi \sin 60° + a_\rho \cos 60° = -\left(-\frac{1}{4}g\right) \cdot \frac{\sqrt{3}}{2} + \left(-\frac{7\sqrt{3}}{12}g\right) \cdot \frac{1}{2} = -\frac{\sqrt{3}}{6}g$$

$$a_{Ay} = -a_\varphi \cos 60° - a_\rho \sin 60° = -\left(-\frac{1}{4}g\right) \cdot \frac{1}{2} - \left(-\frac{7\sqrt{3}}{12}g\right) \cdot \frac{\sqrt{3}}{2} = g$$

解析：

（1）在未剪断右边弹簧 O_2B 时，系统可在图示位置保持静止平衡状态，容易通过平衡方程求得两个弹簧的弹簧力均为 $F_k = \dfrac{mg}{2\sin 60°} = \dfrac{\sqrt{3}}{3}mg$。突然剪断右边弹簧 O_2B 后，杆 AB 由静止状态开始进入平面运动，弹簧 O_1A 也由静止开始进入运动状态（除了沿弹簧方向进一步变形，还有绕 O_1 的转动），但是剪断弹簧 O_2B 的瞬时弹簧 O_1A 还未来得及进一步变形，所以其弹簧力还保持为原来静止平衡时的弹簧力，即 $F_k = \dfrac{mg}{2\sin 60°} = \dfrac{\sqrt{3}}{3}mg$。

（2）突然剪断右边弹簧 O_2B 的瞬时，左边弹簧 O_1A 的约束不同于柔绳约束，其点 A 的加速度可由两个分量来表示，即 $\vec{a}_A = \vec{a}_\varphi + \vec{a}_\rho$，而不是只有一个分量 $\vec{a}_\varphi$ 或写成 $\vec{a}_A = \vec{a}_A^t$ 也是错误的。此时系统有三个自由度，这意味着系统在该瞬时的运动学量有三个独立量，即 a_φ、a_ρ 和杆 AB 的角加速度 α。

（3）本题是已知力求运动的动力学问题。

10-8 如图所示，固连在一起的两轮子半径分别为 r、R，它们的总质量为 m_1，共同轮心 C 为它们的质心，它们对过质心的水平轴的回转半径为 ρ。现外轮边缘绕有绳索，绳索跨过不计质量的定滑轮 B 与质量为 m 的物块 A 相连。内轮在物块 A 的重力作用下可沿水平悬臂梁作纯滚动。若绳索与轮间无相对滑动，并不计绳索质量，试求物块 A 的加速度及内轮与悬臂梁间的摩擦因数。

解：

(1) 加速度分析，如解答图(a)所示。

$$a_C = r\alpha \ (\leftarrow)$$

$$\vec{a}_D = \vec{a}_C + \vec{a}_{DC}^{\rm n} + \vec{a}_{DC}^{\rm t} = \vec{a}_D^{\rm n} + \vec{a}_D^{\rm t}$$

将上式沿水平方向投影得到 $a_D^{\rm t} = -a_C + a_{DC}^{\rm t} = -r\alpha + R\alpha$，又因为 $a_D^{\rm t} = a_A$，所以

$$\alpha = \frac{a_A}{R-r} \ (\text{逆时针})$$

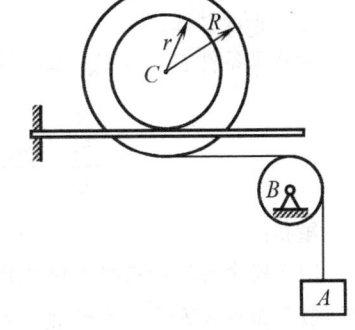

习题 10-8 图

(2) 受力分析及惯性力分析。

物块 A：如解答图(b)所示，其中

$$F_{{\rm I}A} = ma_A \ (\uparrow) \tag{1}$$

鼓轮 C：如解答图(c)所示，其中

$$F_{{\rm I}C} = m_1 a_C = m_1 r\alpha = \frac{m_1 r a_A}{R-r} \ (\rightarrow) \tag{2}$$

$$M_{{\rm I}C} = J_C \alpha = m_1 \rho^2 \alpha = \frac{m_1 \rho^2 a_A}{R-r} \ (\text{顺时针}) \tag{3}$$

(3) 达朗贝尔原理。

物块 A：如解答图(b)所示。

$$F_{\rm T1} + F_{{\rm I}A} - mg = 0 \tag{4}$$

鼓轮 C：如解答图(c)所示。

$$\sum F_x = 0: \ F_{\rm T2} + F_{{\rm I}C} - F_{\rm f} = 0 \tag{5}$$

$$\sum F_y = 0: \ F_{\rm N} - m_1 g = 0 \Rightarrow \ F_{\rm N} = m_1 g$$

$$\sum M_C = 0: \ F_{\rm T2} R - F_{\rm f} r - M_{{\rm I}C} = 0 \tag{6}$$

因定滑轮 B 的质量不计，故

$$F_{\rm T1} = F_{\rm T2} \tag{7}$$

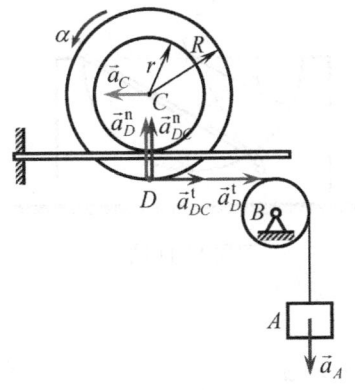

习题 10-8 解答图(a)

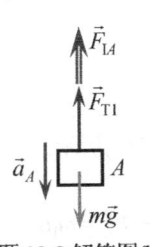

习题 10-8 解答图(b)

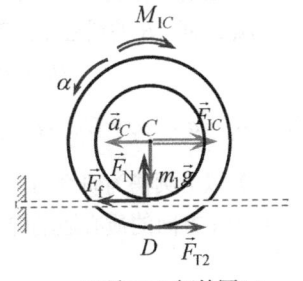

习题 10-8 解答图(c)

联立式（4）、式（5）、式（6）求解，并利用式（1）、式（2）、式（3）和式（7），得到

$$a_A = \frac{m(R-r)^2 g}{m(R-r)^2 + m_1(r^2 + \rho^2)} \quad (\downarrow)$$

$$F_f = \frac{mm_1 g(rR + \rho^2)}{m(R-r)^2 + m_1(r^2 + \rho^2)} \quad (F_f > 0 \text{ 说明其真实方向与假设相同})$$

（4）物理条件。

由物理条件 $F_f \leqslant f F_N$ $\Rightarrow$ 保证鼓轮 C 作纯滚动的摩擦系数为

$$f \geqslant \frac{F_f}{F_N} = \frac{\dfrac{mm_1 g(rR + \rho^2)}{m(R-r)^2 + m_1(r^2 + \rho^2)}}{m_1 g} = \frac{m(rR + \rho^2)}{m(R-r)^2 + m_1(r^2 + \rho^2)}$$

解析：

（1）绳索与外轮之间无相对滑动，所以 $a_D^t = a_A$。若认为 $a_D = a_A$，则是错误的，因为轮上点 D 作一般平面曲线运动，显然 $a_D^n = R\omega^2 \neq 0$。

（2）内轮沿水平悬臂梁作纯滚动，两者之间的摩擦力为静摩擦力。摩擦力方向可以按照两个可能方向假设某一指向，当求出摩擦力 F_f 的值为正时，其真实方向与假设指向相同，若求得摩擦力 F_f 的值为负，则说明其真实方向与假设指向相反。根据"静摩擦的库仑定律（物理条件）"得到

$$|F_f| \leqslant F_{f,\max} = f F_N$$

特别提醒，摩擦力 $F_f \neq f F_N$，其值要利用"动态平衡方程"求得。

（3）圆轮对过其质心的水平轴的转动惯量为 $J_C = m_1 \rho^2$。

（4）固定滑轮 B 的质量不计，所以 $F_{T1} = F_{T2}$。

若考虑固定滑轮 B 的质量，则 $F_{T1} \neq F_{T2}$。原因如下：

假设固定滑轮 B 的质量为 m_2，半径为 r_2，如解答图(d)所示，根据"达朗贝尔原理"，由对点 B 主矩等于零得到

$$(F_{T1} - F_{T2}) \cdot r_2 - J_B \alpha_B = 0$$

式中，$J_B = \dfrac{1}{2} m_2 r_2^2$，$\alpha_B = \dfrac{a_A}{r_2}$（顺时针）。由此可见

$$F_{T1} \neq F_{T2}$$

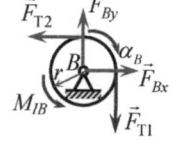

习题 10-8 解答图(d)

10-11 图示平面系统，质量为 $m_1 = 3m$、半径为 r 的光滑半圆槽放置在光滑水平地面上，其中放置有质量为 $m_2 = m$、长度为 $l = \sqrt{3}r$ 的均质细直杆 AB，系统于图示位置无初速释放，试求释放瞬时杆 AB 的角加速度及杆 AB 在 A、B 处所受到的约束力。

解：

（1）运动学分析，如解答图(a)所示。

动点：杆 AB 的质心 C；动系：与半圆槽固连，则

$$\vec{a}_C = \vec{a}_e + \vec{a}_r$$

式中，$a_e = a$，$a_r = OC \cdot \alpha = \dfrac{1}{2} r\alpha$。

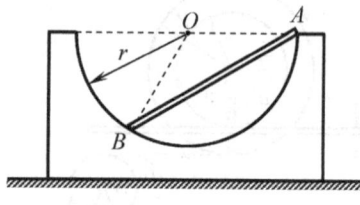

习题 10-11 图

（2）以半圆槽为研究对象，如解答图(b)所示。

对于 x 方向的质心运动定理：

$$-F_B' \sin 30° + F_A' = m_1 a \quad \Rightarrow \quad -F_B + 2F_A = 6ma \tag{1}$$

（3）以杆 AB 为研究对象，如解答图(c)所示，其中

$$F_{\text{Ie}} = m_2 a_e = ma, \quad F_{\text{Ir}} = m_2 a_r = \frac{1}{2} mr\alpha, \quad M_I = J_C \alpha = \frac{1}{12} m(\sqrt{3}r)^2 \alpha = \frac{1}{4} mr^2 \alpha$$

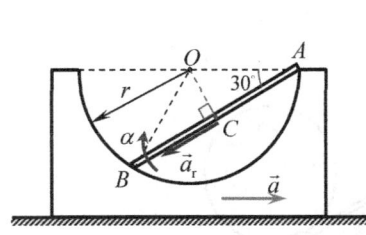

习题 10-11 解答图(a)

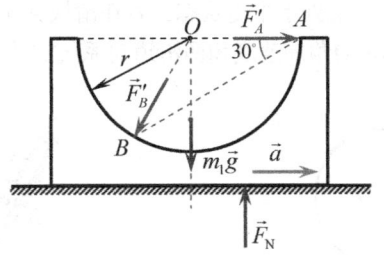

习题 10-11 解答图(b)

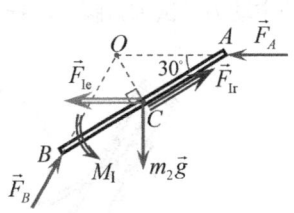

习题 10-11 解答图(c)

达朗贝尔原理：

$$\sum M_O = 0: \quad M_I + F_{\text{Ir}} \cdot \frac{1}{2} r - F_{\text{Ie}} \cdot \frac{\sqrt{3}}{4} r - m_2 g \cdot \frac{1}{4} r = 0 \quad \Rightarrow$$

$$\frac{1}{4} mr^2 \alpha + \frac{1}{2} mr\alpha \cdot \frac{1}{2} r - ma \cdot \frac{\sqrt{3}}{4} r - mg \cdot \frac{1}{4} r = 0 \quad \Rightarrow \quad 2r\alpha - \sqrt{3}a - g = 0 \qquad (2)$$

$$\sum M_C = 0: \quad M_I + F_A \cdot \frac{\sqrt{3}}{4} r - F_B \cdot \frac{\sqrt{3}}{4} r = 0 \quad \Rightarrow \quad \frac{1}{4} mr^2 \alpha + F_A \cdot \frac{\sqrt{3}}{4} r - F_B \cdot \frac{\sqrt{3}}{4} r = 0 \quad \Rightarrow$$

$$mr\alpha + \sqrt{3}(F_A - F_B) = 0 \qquad (3)$$

$$\sum F_y = 0: \quad F_B \cos 30° - m_2 g + F_{\text{Ir}} \sin 30° = 0 \quad \Rightarrow \quad F_B \cdot \frac{\sqrt{3}}{2} - mg + \frac{1}{2} mr\alpha \cdot \frac{1}{2} = 0 \quad \Rightarrow$$

$$2\sqrt{3} F_B - 4mg + mr\alpha = 0 \qquad (4)$$

（4）求解。

联立式（1）、式（2）、式（3）、式（4）求解，得到

$$\alpha = \frac{16g}{29r} \text{（顺时针）}, \quad a = \frac{\sqrt{3}}{29} g \text{（→）}, \quad F_A = \frac{34\sqrt{3}}{87} mg \text{（←）}, \quad F_B = \frac{50\sqrt{3}}{87} mg \text{（}B \to O\text{）}$$

解析：

（1）这是一个两自由度的系统。

（2）杆 AB 相对于半圆槽运动的速度瞬心恒为半圆槽中心 O，所以杆相对于半圆槽作定轴转动，而不是作一般平面运动，且半圆槽又沿光滑水平地面平移，所以需要用"运动学的复合运动"分析加速度。动点为杆 AB 的质心 C，动系与半圆槽固连。由于动系作平移 $\vec{\omega}_e = 0$，科氏加速度 $\vec{a}_C = 2\vec{\omega}_e \times \vec{v}_r = 0$，牵连加速度 $\vec{a}_e = \vec{a}$（半圆槽的平移加速度），于是绝对加速度为 $\vec{a}_a = \vec{a}_C = \vec{a}_e + \vec{a}_r$，而相对加速度 $\vec{a}_r = \vec{a}_r^n + \vec{a}_r^t$，其中 $a_r^n = OC \cdot \omega_r^2 = 0$（因为无初速释放时，杆 AB 相对于半圆槽的角速度 $\omega_r = 0$），$a_r^t = OC \cdot \alpha_r = OC \cdot \alpha$（$\alpha_r$ 为杆 AB 相对于半圆槽的角加速度，因为动系半圆槽作平移，所以杆 AB 相对于半圆槽的角加速度 α_r 等于杆 AB 的绝对角加速度 α），可见 $a_r = a_r^t = OC \cdot \alpha$，其方向垂直于 O、C 连线。

（3）由于半圆槽的质心不在 O 点，且半圆槽作水平直线平移，以半圆槽为研究对象，利用"质心运动定理"列写"水平方向的投影方程" $-F_B' \sin 30° + F_A' = m_1 a$，等价于利用"达朗贝尔原理"引入达朗贝尔惯性力之后所列写的水平方向的投影"平衡方程"，即 $F_I - F_B' \sin 30° + F_A' = 0$，其中达朗贝尔惯性力为 $\vec{F}_I = -m_1 \vec{a}$，作用于其质心上。再由 $\sum M_O = 0$ 知地面对半圆槽的约束力 $\vec{F}_N$ 不过点 O，而应沿运动方向前移一段距离。

10-12 图示系统处于同一铅垂平面内，长度为 $l=2\sqrt{3}r$、质量为 m 的均质细直杆 AB，在其中点 C 与半径为 r、质量为 m 的均质圆盘 D 焊接，且 AB 沿圆盘的切线方向，杆 AB 的两端与两滑块 A、B 光滑铰接，滑块 A、B 可分别沿水平滑道和倾角为 $60°$ 的滑道滑动，OB 为弹簧，不计滑块和弹簧的质量以及滑道摩擦，系统于图示位置处于平衡状态。若在滑块 A 上突然施加大小为 $F=4mg$ 的水平向右的主动力，试求该瞬时，杆 AB 的角加速度和两滑道对系统的约束力。

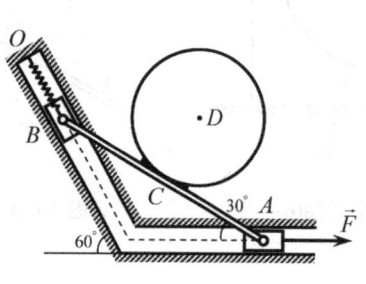

习题 10-12 图

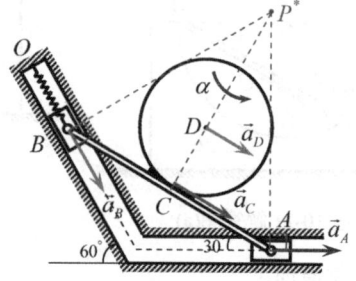

习题 10-12 解答图(a)

解：

（1）运动学分析。

在图示瞬时，$\omega = 0$，$\alpha \neq 0$（瞬时静止），由滑块 A 和滑块 B 的加速度方向可以确定杆 AB（也为圆盘 D）的加速度瞬心 P^*，如解答图(a)所示。

$a_C = P^*C \cdot \alpha = 3r\alpha$（方向如图，$\perp P^*C$） $\quad$ $a_D = P^*D \cdot \alpha = 2r\alpha$（方向如图，$\perp P^*D$）

（2）受力分析及惯性力系分析，如解答图(b)所示，其中

$$F_{IC} = ma_C = 3mr\alpha, \quad F_{ID} = ma_D = 2mr\alpha$$

$$M_{ID} = J_D^{盘}\alpha = \frac{1}{2}mr^2\alpha, \quad M_{IC} = J_C^{杆}\alpha = \frac{1}{12}ml^2\alpha = \frac{1}{12}m(2\sqrt{3}r)^2\alpha = mr^2\alpha$$

在突然施加 $F=4mg$ 的载荷瞬时，系统处于瞬时静止，弹簧在该时刻的弹簧力 F_k 还保持为静止平衡时的弹簧力，如解答图(c)所示。所以

$$\sum M_{P^*} = 0: \quad mg \cdot r + mg \cdot \frac{3}{2}r - F_k \cdot 2\sqrt{3}r = 0 \quad \Rightarrow \quad F_k = \frac{5\sqrt{3}}{12}mg \text{（拉）}$$

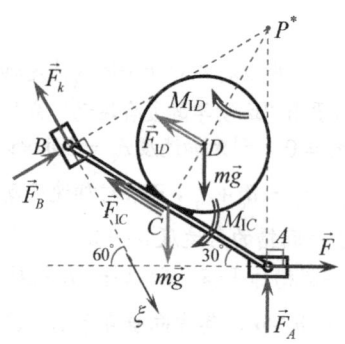

习题 10-12 解答图(b)

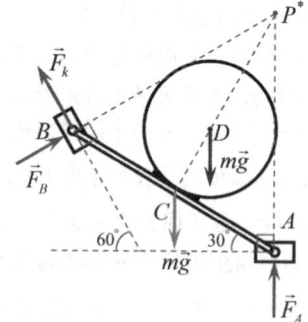

习题 10-12 解答图(c)

（3）达朗贝尔原理：如解答图(b)所示。

$$\sum M_{P^*} = 0: \quad mg \cdot r + mg \cdot \frac{3}{2}r - F_k \cdot 2\sqrt{3}r + F \cdot 2\sqrt{3}r - M_{IC} - M_{ID} - F_{ID} \cdot 2r - F_{IC} \cdot 3r = 0 \quad \Rightarrow$$

$$mg \cdot r + mg \cdot \frac{3}{2}r - \frac{5\sqrt{3}}{12}mg \cdot 2\sqrt{3}r + 4mg \cdot 2\sqrt{3}r - mr^2\alpha - \frac{1}{2}mr^2\alpha - 2mr\alpha \cdot 2r - 3mr\alpha \cdot 3r = 0 \quad \Rightarrow$$

$$\alpha = \frac{16\sqrt{3}g}{29r} \text{（逆时针）}$$

$$\sum F_\xi = 0: \ -F_A\cos 30° + F\cos 60° - F_k + mg\cos 30° + mg\cos 30° - F_{ID}\cos 30° - F_{IC}\cos 30° = 0 \Rightarrow$$

$$-F_A \cdot \frac{\sqrt{3}}{2} + 4mg \cdot \frac{1}{2} - \frac{5\sqrt{3}}{12}mg + mg \cdot \frac{\sqrt{3}}{2} + mg \cdot \frac{\sqrt{3}}{2} - 2mr\alpha \cdot \frac{\sqrt{3}}{2} - 3mr\alpha \cdot \frac{\sqrt{3}}{2} = 0 \quad \Rightarrow$$

$$F_A = \frac{7+8\sqrt{3}}{6}mg - 5mr\alpha = -\left(\frac{124\sqrt{3}}{87} - \frac{7}{6}\right)mg \text{（负号表示其真实方向为↓）}$$

$$\sum F_x = 0: \ F_B\cos 30° + F - F_k\sin 30° - F_{ID}\cos 30° - F_{IC}\cos 30° = 0 \quad \Rightarrow$$

$$F_B \cdot \frac{\sqrt{3}}{2} + 4mg - \frac{5\sqrt{3}}{12}mg \cdot \frac{1}{2} - 2mr\alpha \cdot \frac{\sqrt{3}}{2} - 3mr\alpha \cdot \frac{\sqrt{3}}{2} = 0 \quad \Rightarrow$$

$$F_B = \frac{5-32\sqrt{3}}{12}mg + 5mr\alpha = \left(\frac{5}{12} + \frac{8\sqrt{3}}{87}\right)mg \text{（方向：垂直于60°滑道向上）}$$

解析：

（1）由于杆 AB 和圆盘 D 焊接，即为同一个刚体。该系统为单自由度系统，运动学中只有一个未知量，可以选取为杆 AB（也为圆盘 D）的角加速度 α（大小未知，转向为逆时针）。对系统的受力分析可以知道，该系统在 A、B 处分别受到滑道的大小未知、方向已知的约束力 F_A 和 F_B。即整个系统共有三个未知量 α、F_A 和 F_B，共有三个"动力学方程"，可以求解。

（2）由于系统初始静止，突然施加外力而进入瞬时静止的运动状态，根据"加速度瞬心法"，由点 A 和点 B 的加速度方向可确定系统的加速度瞬心为点 P^*，由此可确定杆 AB 质心 C 和圆盘质心 D 的加速度的方向，其大小均可用杆 AB 角加速度 α 来表示。由此可见，对于杆 AB 向其质心 C 简化的达朗贝尔惯性力系有一个惯性力 F_{IC} 和一个惯性力偶 M_{IC}，而对于圆盘 D 向其质心 D 简化的达朗贝尔惯性力系也一个惯性力 F_{ID} 和一个惯性力偶 M_{ID}。如果在运动学分析中用"两点的加速度关系"就比较麻烦了：假设系统的角加速度为 α（逆时针），由 $\vec{a}_B = \vec{a}_A + \vec{a}_{BA}^t$ 分析其各项大小和方向，并将该式沿两个不同方向的投影式，得到 $a_A = 4r\alpha$（水平向右），$a_B = 2\sqrt{3}r\alpha$（沿倾斜滑道向下）；再利用 $\vec{a}_C = \vec{a}_A + \vec{a}_{CA}^t$ 或 $\vec{a}_C = \vec{a}_B + \vec{a}_{CB}^t$ 或 $\vec{a}_C = \frac{1}{2}(\vec{a}_A + \vec{a}_B)$ 以及 $\vec{a}_D = \vec{a}_A + \vec{a}_{DA}^t$ 或 $\vec{a}_D = \vec{a}_B + \vec{a}_{DB}^t$ 来表示杆 AB 质心 C 和圆盘质心 D 的加速度，此种做法，对于杆 AB 向其质心 C 简化的达朗贝尔惯性力有两个分量和一个惯性力偶 M_{IC}，而对于圆盘 D 向其质心 D 简化的达朗贝尔惯性力也有两个分量和一个惯性力偶 M_{ID}。

（3）在突然施加外力的瞬时，系统处于瞬时静止状态，弹簧还来不及再产生新的变形，在该瞬时弹簧力仍为静止平衡时的弹簧力，而这个弹簧力可按静止平衡状态的平衡方程 $\sum M_{P^*} = 0$：

$$mg \cdot r + mg \cdot \frac{3}{2}r - F_k \cdot 2\sqrt{3}r = 0 \text{ 求得。}$$

（4）在本题的解答中，将整个系统视为两个刚体（杆 AB 和圆盘 D），因焊接，杆 AB 和圆盘 D 的角加速度相等，将两个刚体的达朗贝尔惯性力系分别向各自的质心进行了简化。由于杆 AB 和圆盘 D 焊接，即固连，可将整个系统视为一个刚体，其质心为 E，位于点 C、D 的连线的中点，而将整体的达朗贝尔惯性力系向其质心 E 简化，可得到惯性力和惯性力偶分别为

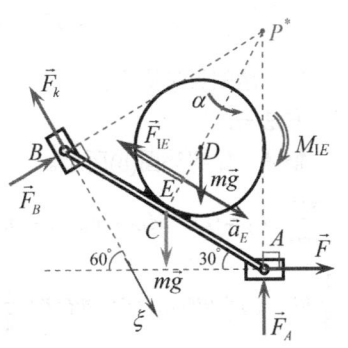

习题10-12解答图(d)

$$F_{1E} = 2ma_E = 2m \cdot P^*E \cdot \alpha = 2m \cdot \frac{5}{2}r \cdot \alpha = 5mr\alpha$$

$$M_{1E} = J_E\alpha = \left\{\left[\frac{1}{2}mr^2 + m\left(\frac{r}{2}\right)^2\right] + \left[\frac{1}{12}m(2\sqrt{3}r)^2 + m\left(\frac{r}{2}\right)^2\right]\right\} \cdot \alpha$$

$$= \left(\frac{3}{4}mr^2 + \frac{5}{4}mr^2\right) \cdot \alpha = 2mr^2\alpha$$

如解答图(d)所示，其最终结果相同。

10-13 图示系统处于同一铅垂平面内，均质细长直杆 OA 的质量为 m，长度为 $l = 2r$，可绕光滑轴 O 转动，其 A 端与一质量为 m、半径为 r 的均质圆盘的盘缘光滑铰接，圆盘可沿光滑水平地面运动。若系统于图示位置无初速释放，试求释放瞬时：（1）两刚体的角加速度；（2）盘心 B 的加速度；（3）圆盘受到的约束力。

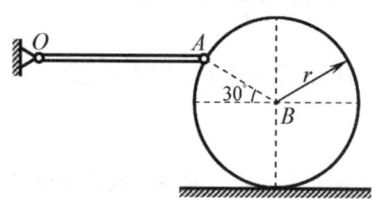
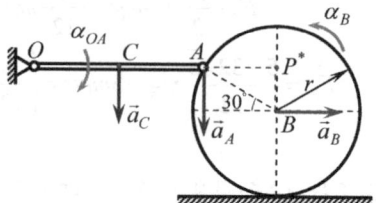

习题 10-13 图　　　　　　　习题 10-13 解答图(a)

解：

（1）运动学分析，如解答图(a)所示。

杆 OA：　　　　$a_A = 2r\alpha_{OA}$（↓），　$a_C = r\alpha_{OA}$（↓）

圆盘 B：因为圆盘 B 在初始瞬时是瞬时静止，所以利用点 A 和点 B 的加速度方向，可确定点 P^* 为圆盘 B 的加速度瞬心，如解答图(a)所示。

$$a_A = P^*A \cdot \alpha_B = \frac{\sqrt{3}}{2}r\alpha_B, \quad 故 \alpha_{OA} = \frac{\sqrt{3}}{4}\alpha_B \tag{1}$$

$$a_B = P^*B \cdot \alpha_B = \frac{1}{2}r\alpha_B$$

（2）受力分析及惯性力系的分析，如解答图(b)所示，其中

$$F_{1C} = ma_C = mr\alpha_{OA}, \quad M_{1C} = J_C^{杆}\alpha_{OA} = \frac{1}{12}ml^2\alpha_{OA} = \frac{1}{12}m(2r)^2\alpha_{OA} = \frac{1}{3}mr^2\alpha_{OA}$$

$$F_{1B} = ma_B = \frac{1}{2}mr\alpha_B, \quad M_{1B} = J_B^{盘}\alpha_B = \frac{1}{2}mr^2\alpha_B$$

（3）达朗贝尔原理。

方法一：

整体：如解答图(b)所示。

$$\sum M_O = 0: \quad M_{1C} + F_{1C} \cdot r - mg \cdot r - M_{1B} - F_{1B} \cdot \frac{1}{2}r - mg \cdot \left(2r + \frac{\sqrt{3}}{2}r\right) + F_N \cdot \left(2r + \frac{\sqrt{3}}{2}r\right) = 0 \Rightarrow$$

$$\frac{1}{3}mr^2\alpha_{OA} + mr\alpha_{OA} \cdot r - mg \cdot r - \frac{1}{2}mr^2\alpha_B - \frac{1}{2}mr\alpha_B \cdot \frac{1}{2}r - mg \cdot \left(2r + \frac{\sqrt{3}}{2}r\right) + F_N \cdot \left(2r + \frac{\sqrt{3}}{2}r\right) = 0 \Rightarrow$$

$$\frac{4}{3}mr\alpha_{OA} - \frac{6+\sqrt{3}}{2}mg - \frac{3}{4}mr\alpha_B + \frac{4+\sqrt{3}}{2}F_N = 0 \tag{2}$$

圆盘 B：如解答图(c)所示。

$$\sum M_A = 0: F_N \cdot \frac{\sqrt{3}}{2}r - mg \cdot \frac{\sqrt{3}}{2}r - F_{IB} \cdot \frac{1}{2}r - M_{IB} = 0 \Rightarrow$$

$$F_N \cdot \frac{\sqrt{3}}{2}r - mg \cdot \frac{\sqrt{3}}{2}r - \frac{1}{2}mr\alpha_B \cdot \frac{1}{2}r - \frac{1}{2}mr^2\alpha_B = 0 \Rightarrow F_N = mg + \frac{\sqrt{3}}{2}mr\alpha_B \quad (3)$$

$$\sum F_x = 0: F_{Ax} - F_{IB} = 0 \Rightarrow F_{Ax} = F_{IB} = \frac{1}{2}mr\alpha_B \quad (4)$$

$$\sum F_y = 0: F_{Ay} + F_N - mg = 0 \Rightarrow F_{Ay} = mg - F_N \stackrel{(3)}{=} -\frac{\sqrt{3}}{2}mr\alpha_B \quad (5)$$

联立式（1）、式（2）、式（3）求解，得到

$$\alpha_{OA} = \frac{3g}{16r} \text{（顺时针）}, \quad \alpha_B = \frac{\sqrt{3}}{4}\frac{g}{r} \text{（逆时针）}, \quad F_N = \frac{11}{8}mg \text{（↑）}$$

将 $\alpha_B = \frac{\sqrt{3}}{4}\frac{g}{r}$ 代入式（4）和式（5），得到

$$F_{Ax} = \frac{\sqrt{3}}{8}mg \text{（→）}, \quad F_{Ay} = -\frac{3}{8}mg \text{（负号表示其真实方向与图示相反，即↓）}$$

则

$$a_B = \frac{1}{2}r\alpha_B = \frac{\sqrt{3}}{8}g \text{（→）}$$

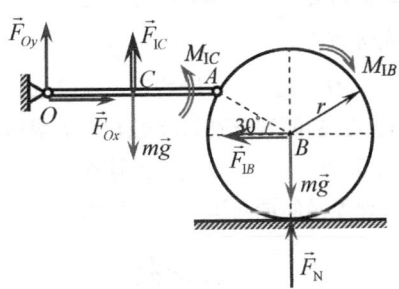

习题 10-13 解答图(b)

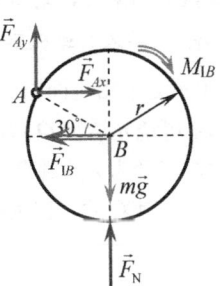

习题 10-13 解答图(c)

方法二：

圆盘 B：如解答图(c)所示。

$$\sum M_A = 0: F_N \cdot \frac{\sqrt{3}}{2}r - mg \cdot \frac{\sqrt{3}}{2}r - F_{IB} \cdot \frac{1}{2}r - M_{IB} = 0 \Rightarrow F_N = mg + \frac{\sqrt{3}}{2}mr\alpha_B \quad (6)$$

$$\sum F_x = 0: F_{Ax} - F_{IB} = 0 \Rightarrow F_{Ax} = F_{IB} = \frac{1}{2}mr\alpha_B \quad (7)$$

$$\sum F_y = 0: F_{Ay} + F_N - mg = 0 \Rightarrow F_{Ay} = mg - F_N = -\frac{\sqrt{3}}{2}mr\alpha_B \quad (8)$$

杆 OA：如解答图(d)所示。

$$\sum M_O = 0: M_{IC} + F_{IC} \cdot r - mg \cdot r - F'_{Ay} \cdot 2r = 0 \Rightarrow$$

$$\frac{1}{3}mr^2\alpha_{OA} + mr\alpha_{OA} \cdot r - mg \cdot r - F_{Ay} \cdot 2r = 0 \Rightarrow$$

$$\frac{2}{3}mr\alpha_{OA} - \frac{1}{2}mg = F_{Ay} \quad (9)$$

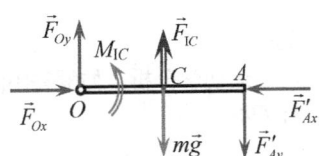

习题 10-13 解答图(d)

联立式（1）、式（6）、式（7）、式（8）、式（9）求解，得到

$$\alpha_{OA} = \frac{3g}{16r}（顺时针）, \qquad \alpha_B = \frac{\sqrt{3}}{4}\frac{g}{r}（逆时针）, \qquad F_N = \frac{11}{8}mg（\uparrow）$$

$$F_{Ax} = \frac{\sqrt{3}}{8}mg（\rightarrow）, \qquad F_{Ay} = -\frac{3}{8}mg（负号表示其真实方向与图示相反，即\downarrow）$$

则

$$a_B = \frac{1}{2}r\alpha_B = \frac{\sqrt{3}}{8}g（\rightarrow）$$

解析：

（1）本题中圆盘 B 沿光滑水平地面作连滚带滑的平面运动，并非纯滚动。

（2）系统为单自由度系统。通过运动学的加速度分析，可得到作定轴转动的杆 OA 的角加速度 α_{OA} 和沿光滑水平地面作平面运动的圆盘 B 的角加速度 α_B 之间的关系，也就是说，对于整个系统，运动学中只有一个独立未知量，可选取为 α_{OA} 或 α_B。

（3）本题在运动学的加速度分析中也可利用"两点的加速度关系"，但是要比利用"加速度瞬心法"（本题所给出的解答）麻烦。

（4）对于整个系统而言，共有六个未知量：运动学的未知量有一个 α_{OA} 或 α_B，外约束未知量有三个 F_{Ox}、F_{Oy} 和 F_N，内约束未知量有两个 F_{Ax}、F_{Ay}；整个系统有两个刚体（杆 OA 和圆盘 B），对于每一个刚体又有三个独立的动力学方程，共计六个方程，可以分别求解上述六个未知量。若只求运动学量和地面对圆盘的约束力，则由达朗贝尔原理只需对圆盘列写 $\sum M_A = 0$ 和对系统列写 $\sum M_O = 0$ 即可求出 F_N 和 α_B，并不需要列写所有独立的"动态平衡方程"。

10-16 图示处于铅垂面内的平面系统，细直杆 OA、AB 及圆盘 B 皆均质，质量都为 m；长度为 $l_1 = 2r$ 的杆 OA 可绕光滑轴 O 转动；长度为 $l_2 = 4r$ 的杆 AB 的两端分别与杆 OA 的 A 端和盘心 B 光滑铰接，运动时，半径为 r 的圆盘沿倾角为 $30°$ 的斜面作纯滚动，且 O、B 两点的连线平行于斜面。若系统于图示位置无初速释放，试求释放瞬间，圆盘的角加速度及斜面对圆盘的约束力。

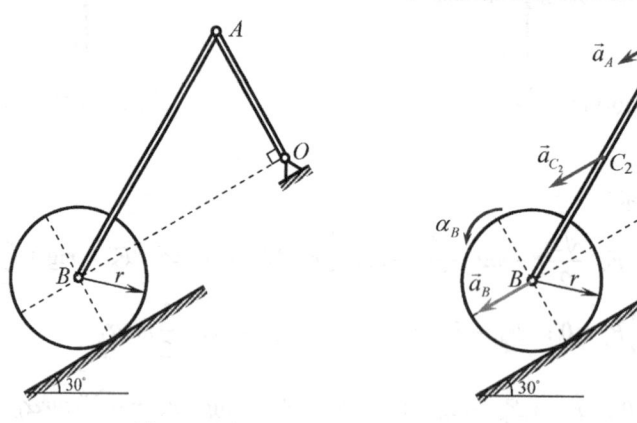

习题 10-16 图 　　　　　习题 10-16 解答图(a)

解：

（1）运动学分析，如解答图(a)所示。

杆 OA： $\qquad a_{C_1} = r\alpha_{OA}, \quad a_A = 2r\alpha_{OA}$

杆 AB：由"加速度瞬心法"知，杆 AB 的加速度瞬心 P^* 在无穷远处，因此

$$a_{C_2} = a_B = a_A = 2r\alpha_{OA} \quad 且 \quad \alpha_{AB} = 0$$

圆盘 B：
$$\alpha_B = \frac{a_B}{r} = \frac{2r\alpha_{OA}}{r} = 2\alpha_{OA}$$

（2）受力分析和惯性力系的分析，如解答图(b)所示，其中

$$F_{IC_1} = ma_{C_1} = mr\alpha_{OA} = \frac{1}{2}mr\alpha_B, \quad M_{IC_1} = J_{C_1}^{OA}\alpha_{OA} = \frac{1}{12}m(2r)^2 \cdot \frac{1}{2}\alpha_B = \frac{1}{6}mr^2\alpha_B$$

$$F_{IC_2} = ma_{C_2} = 2mr\alpha_{OA} = mr\alpha_B, \quad F_{IB} = ma_B = 2mr\alpha_{OA} = mr\alpha_B, \quad M_{IB} = J_B^{盘}\alpha_B = \frac{1}{2}mr^2\alpha_B$$

（3）达朗贝尔原理。

① 圆盘 B：如解答图(c)所示。

$$\sum M_B = 0: \quad M_{IB} - F_f \cdot r = 0 \quad \Rightarrow \quad \frac{1}{2}mr^2\alpha_B - F_f \cdot r = 0 \quad \Rightarrow \quad \frac{1}{2}mr\alpha_B = F_f \tag{1}$$

② 杆 AB 和圆盘 B：如解答图(d)所示。

$$\sum M_A = 0: \quad F_f \cdot 3r - F_N \cdot 2\sqrt{3}r - M_{IB} + F_{IB} \cdot 2r + mg \cdot 2r + F_{IC_2} \cdot r + mg \cdot r = 0 \quad \Rightarrow$$

$$F_f \cdot 3r - F_N \cdot 2\sqrt{3}r - \frac{1}{2}mr^2\alpha_B + mr\alpha_B \cdot 2r + mg \cdot 2r + mr\alpha_B \cdot r + mg \cdot r = 0 \quad \Rightarrow$$

$$3F_f - 2\sqrt{3}F_N + \frac{5}{2}mr\alpha_B + 3mg = 0 \tag{2}$$

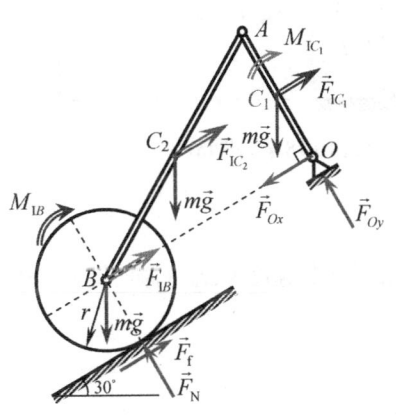
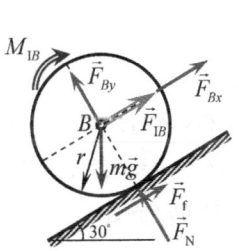
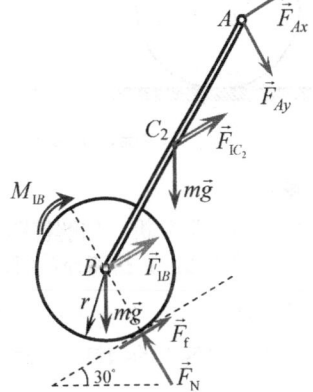

习题 10-16 解答图(b)　　　习题 10-16 解答图(c)　　　习题 10-16 解答图(d)

③ 整体：如解答图(b)所示。

$$\sum M_O = 0: \quad F_f \cdot r - F_N \cdot 2\sqrt{3}r - M_{IB} + mg \cdot 3r - F_{IC_2} \cdot r + mg \cdot 2r - M_{IC_1} - F_{IC_1} \cdot r + mg \cdot \frac{1}{2}r = 0 \quad \Rightarrow$$

$$F_f \cdot r - F_N \cdot 2\sqrt{3}r - \frac{1}{2}mr^2\alpha_B + mg \cdot 3r - mr\alpha_B \cdot r + mg \cdot 2r - \frac{1}{6}mr^2\alpha_B - \frac{1}{2}mr\alpha_B \cdot r + mg \cdot \frac{1}{2}r = 0 \quad \Rightarrow$$

$$6F_f - 12\sqrt{3}F_N - 13mr\alpha_B + 33mg = 0 \tag{3}$$

（4）求解。

联立式（1）、式（2）和式（3）求解，得到

$$\alpha_B = \frac{15}{34}\frac{g}{r} \text{（逆时针）}, \quad F_f = \frac{1}{2}mr\alpha_B = \frac{15}{68}mg \text{（沿斜面向上）}$$

$$F_N = \frac{27\sqrt{3}}{34}mg \text{（垂直于斜面向上）}$$

解析：

（1）该系统为单自由度系统，可选取圆盘的角加速度为运动学独立未知量。

（2）在无初速释放瞬时，杆 AB 为瞬时静止，$\omega_{AB}=0$，根据"加速度瞬心法"，由 A、B 两点的加速度方向可知，杆 AB 的加速度瞬心 P*在无穷远处，且 $\alpha_{AB}=0$，则杆 AB 上所有点的加速度的大小相等、方向相同。由 $\vec{a}_B = \vec{a}_A + \vec{a}_{BA}^t$ 也可得到同样结论。

（3）本题解法通过巧妙地选取研究对象，只列写了三个平衡方程就求出了需要求的三个未知量，其效率非常之高。

10-18 图示系统处于同一铅垂平面内，均质圆盘的质量为 m，半径为 r；杆 OD 的质量也为 m，质心 C 离转轴 O 的距离为 $\frac{3}{2}r$，对转轴 O 的回转半径为 $\rho=\sqrt{3}r$；不计质量的销钉 A 固连于圆盘 B 的盘缘上，并放置于杆的直槽内，直槽和轴承皆光滑。已知运动时圆盘能沿水平地面作纯滚动，若系统于图示位置无初速释放，试求释放瞬时：（1）圆盘的角加速度；（2）地面对圆盘的摩擦力。

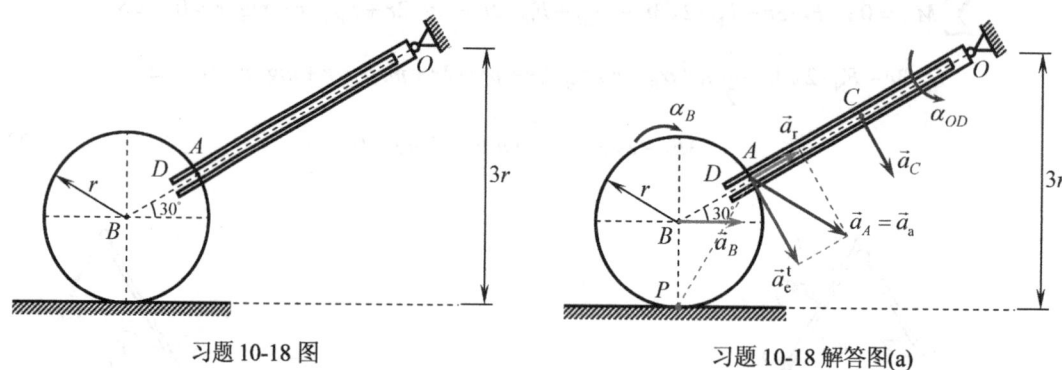

习题 10-18 图　　　　　　　习题 10-18 解答图(a)

解：

（1）运动学分析，如解答图(a)所示。

对于圆盘 B：无初速释放时，其加速度瞬心为点 P，假设圆盘 B 的角加速度为 α_B（顺时针），则 $a_B = PB \cdot \alpha_B = r\alpha_B$（→），$a_A = PA \cdot \alpha_B = \sqrt{3}r\alpha_B$（⊥PA）。

动点：圆盘上的销钉 A；动系：与杆 OD 固连。

$$\vec{a}_A = \vec{a}_a = \vec{a}_e^t + \vec{a}_r$$

大小	$\sqrt{3}r\alpha_B$	$3r\alpha_{OD}$	?
方向	⊥PA	⊥OA	//OA

由几何关系，得到

$$a_A \cos 30° = a_e^t \quad \Rightarrow \quad \sqrt{3}r\alpha_B \cdot \frac{\sqrt{3}}{2} = 3r\alpha_{OD} \quad \Rightarrow \quad \alpha_{OD} = \frac{1}{2}\alpha_B$$

则

$$a_C = \frac{3}{2}r\alpha_{OD} = \frac{3}{4}r\alpha_B$$

（2）受力分析和惯性力系分析，如解答图(b)所示，其中

$$F_{IB} = ma_B = mr\alpha_B,\quad M_{IB} = J_B^{盘}\alpha_B = \frac{1}{2}mr^2\alpha_B,\quad F_{IO} = ma_C = \frac{3}{4}mr\alpha_B$$

$$M_{IO} = J_O^{杆}\alpha_{OD} = m\rho^2\alpha_{OD} = m(\sqrt{3}r)^2 \cdot \frac{1}{2}\alpha_B = \frac{3}{2}mr^2\alpha_B$$

(3)达朗贝尔原理。

① 圆盘 B：如解答图(c)所示。

$$\sum M_P = 0: \quad F_{IB} \cdot r + M_{IB} - F_A \cdot \frac{3}{2}r = 0 \Rightarrow mr\alpha_B \cdot r + \frac{1}{2}mr^2\alpha_B - F_A \cdot \frac{3}{2}r = 0 \Rightarrow F_A = mr\alpha_B \quad (1)$$

$$\sum F_x = 0: \quad F_f - F_{IB} + F_A \sin 30° = 0 \Rightarrow F_f - mr\alpha_B + \frac{1}{2}F_A = 0 \Rightarrow F_f = \frac{1}{2}mr\alpha_B \quad (2)$$

或 $\sum M_E = 0: \quad -F_{IB} \cdot 2r + M_{IB} - F_f \cdot 3r = 0 \Rightarrow -mr\alpha_B \cdot 2r + \frac{1}{2}mr^2\alpha_B - F_f \cdot 3r = 0 \Rightarrow F_f = \frac{1}{2}mr\alpha_B$

(2′)

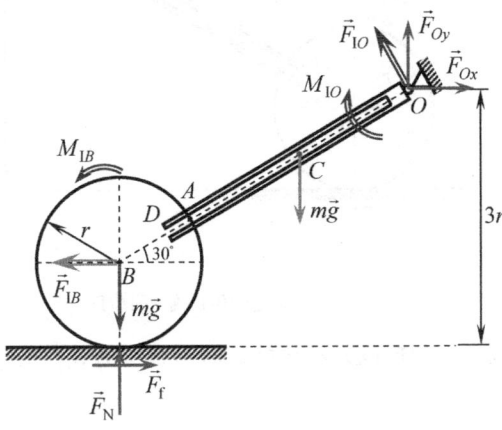

习题 10-18 解答图(b)

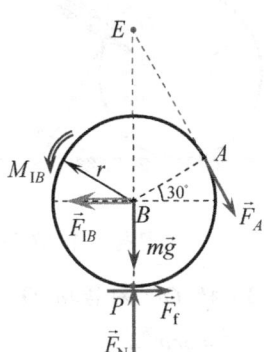

习题 10-18 解答图(c)

② 杆 OD：如解答图(d)所示。

$$\sum M_O = 0: \quad mg \cdot \frac{3\sqrt{3}}{4}r - F_A \cdot 3r - M_{IO} = 0 \Rightarrow$$

$$mg \cdot \frac{3\sqrt{3}}{4}r - F_A \cdot 3r - \frac{3}{2}mr^2\alpha_B = 0 \Rightarrow$$

$$F_A = \frac{\sqrt{3}}{4}mg - \frac{1}{2}mr\alpha_B \quad (3)$$

(4)求解。

联立式（1）、式（2）或式(2′)和式（3）求解，得到

$$\alpha_B = \frac{\sqrt{3}}{6}\frac{g}{r} \text{（顺时针）}, \quad F_f = \frac{1}{2}mr\alpha_B = \frac{\sqrt{3}}{12}mg \text{（→）}$$

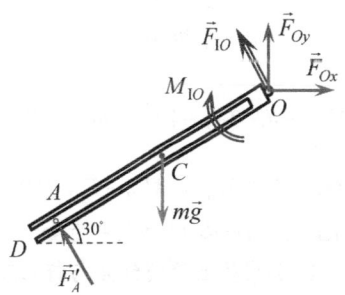

习题 10-18 解答图(d)

解析：

（1）圆盘上的销钉 A 相对于杆 OD 的直槽作直线运动，所以需要用"复合运动"的知识来分析相关加速度的关系。选取动点为圆盘上的销钉 A，动系与杆 OD 固连，则 $\vec{a}_A = \vec{a}_a = \vec{a}_e + \vec{a}_r + \vec{a}_C$，其中科氏加速度 $\vec{a}_C = 2\vec{\omega}_e \times \vec{v}_r = 0$，这是因为在无初速释放瞬时，系统处于瞬时静止状态，动系的角速度 $\vec{\omega}_e = 0$，$\vec{v}_r = 0$，牵连加速度 $\vec{a}_e = \vec{a}_e^n + \vec{a}_e^t = \vec{\omega}_e \times (\vec{\omega}_e \times \overrightarrow{OA}) + \vec{\alpha}_e \times \overrightarrow{OA} = \vec{a}_e^t$，可见 $\vec{a}_A = \vec{a}_a = \vec{a}_e^t + \vec{a}_r$。

（2）在分析圆盘上的销钉 A 的加速度时，解答中用"加速度瞬心法"给出，也可以用"两点的加速度关系——加速度的基点法"，如解答图(e)所示，如下：

$$\begin{array}{cccccccc}
\vec{a}_A & = & \vec{a}_B & + & \vec{a}_{AB}^{\,t} & = & \vec{a}_a & = & \vec{a}_e^{\,t} & + & \vec{a}_r \\
\text{大小} & & r\alpha_B & & r\alpha_B & & & & 3r\alpha_{OD} & & ? \\
\text{方向} & & \rightarrow & & \perp AB & & & & \perp OA & & //OA
\end{array}$$

沿 ξ 轴投影,得到

$$a_B \sin 30° + a_{AB}^{\,t} = a_e^{\,t} \Rightarrow r\alpha_B \cdot \frac{1}{2} + r\alpha_B = 3r\alpha_{OD} \Rightarrow \alpha_{OD} = \frac{1}{2}\alpha_B$$

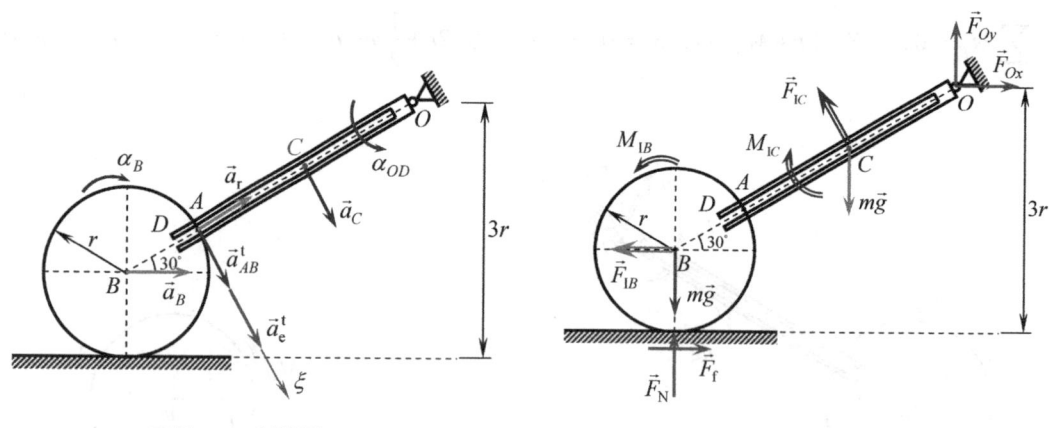

习题 10-18 解答图(e)　　　　　　　习题 10-18 解答图(f)

（3）杆 OD 对转轴 O 的回转半径为 $\rho = \sqrt{3}r$，则杆 OD 对该轴的转动惯量为 $J_O^{\text{杆}} = m\rho^2 = m \cdot (\sqrt{3}r)^2 = 3mr^2$。

（4）杆 OD 作定轴转动，其上的达朗贝尔惯性力系可向固定点 O 简化（解答已给出，如解答图(b)所示），也可向质心 C 简化。若向质心 C 简化，如解答图(f)所示：

$$F_{IC} = ma_C = \frac{3}{4}mr\alpha_B$$

$$M_{IC} = J_C^{\text{杆}}\alpha_{OD} = [J_O^{\text{杆}} - m \cdot (OC)^2] \cdot \alpha_{OD} = \left[m\rho^2 - m \cdot \left(\frac{3}{2}r\right)^2\right] \cdot \alpha_{OD} = \left(3mr^2 - \frac{9}{4}mr^2\right) \cdot \alpha_{OD} = \frac{3}{4}mr^2\alpha_{OD}$$

其值等效于 $M_{IC} = M_{IO} - F_{IO} \cdot (OC)^2$。显然，对本题而言，将杆 OD 的达朗贝尔惯性力系向固定点 O 简化要比向质心 C 简化更简便。

（5）圆盘上的销钉 A 与杆 OD 的直槽为光滑面约束，它们之间的约束力 $\vec{F}_A$ 和 $\vec{F}_A'$ 为作用力和反作用力，其方向均垂直于杆 OD 的直槽。

10-20 图示铅垂平面内曲柄-连杆-滑块机构，曲柄 OA 为均质直杆，其长度为 r，质量为 m；连杆 AB 也为均质直杆，其长度为 $2r$，质量为 $2m$；均质滑块的质量为 m。在曲柄上作用一主动力偶，其力偶矩 M 随时间 t 变化，使曲柄 OA 绕轴 O 以匀角速度 ω_0 作顺时针转动。若不计摩擦，试求图示瞬时，力偶矩 M 的值和滑道对滑块的约束力。

解：

（1）运动学分析，如解答图(a)所示。

杆 OA：$a_{C_1} = \frac{1}{2}r\omega_0^2$，$a_A = r\omega_0^2$。

杆 AB：加速度瞬心为点 P^*，$\alpha_{AB} = \dfrac{a_A}{P^*A} = \dfrac{r\omega_0^2}{\sqrt{3}r} = \dfrac{\sqrt{3}}{3}\omega_0^2$（逆时针）

$$a_{C_2} = P^*C_2 \cdot \alpha_{AB} = r \cdot \frac{\sqrt{3}}{3}\omega_0^2 = \frac{\sqrt{3}}{3}r\omega_0^2 \quad (\perp P^*C_2), \quad a_B = P^*B \cdot \alpha_{AB} = \frac{\sqrt{3}}{3}r\omega_0^2 \quad (\rightarrow)$$

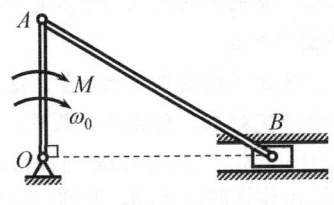

习题 10-20 图

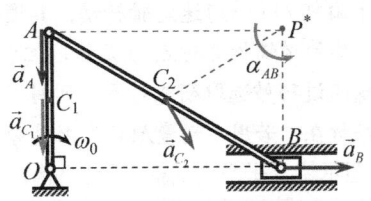

习题 10-20 解答图(a)

（2）受力分析和惯性力系分析，如解答图(b)所示，其中

$$F_{IC_1} = ma_{C_1} = \frac{1}{2}mr\omega_0^2, \quad F_{IC_2} = 2ma_{C_2} = \frac{2\sqrt{3}}{3}mr\omega_0^2$$

$$M_{IC_2} = J_{C_2}^{AB}\alpha_{AB} = \frac{1}{12}(2m)(2r)^2\alpha_{AB} = \frac{2}{3}mr^2\alpha_{AB} = \frac{2}{3}mr^2 \cdot \frac{\sqrt{3}}{3}\omega_0^2 = \frac{2\sqrt{3}}{9}mr^2\omega_0^2$$

$$F_{IB} = ma_B = \frac{\sqrt{3}}{3}mr\omega_0^2$$

（3）达朗贝尔原理。

① 杆 AB 和滑块 B，如解答图(c)所示。

$$\sum M_A = 0: \quad F_{IC_2} \cdot \frac{1}{2}r - M_{IC_2} - 2mg \cdot \frac{\sqrt{3}}{2}r - F_{IB} \cdot r + F_N \cdot \sqrt{3}r - mg \cdot \sqrt{3}r = 0 \quad \Rightarrow$$

$$\frac{2\sqrt{3}}{3}mr\omega_0^2 \cdot \frac{1}{2}r - \frac{2\sqrt{3}}{9}mr^2\omega_0^2 - 2mg \cdot \frac{\sqrt{3}}{2}r - \frac{\sqrt{3}}{3}mr\omega_0^2 \cdot r + F_N \cdot \sqrt{3}r - mg \cdot \sqrt{3}r = 0 \quad \Rightarrow$$

$$F_N = \frac{2}{9}mr\omega_0^2 + 2mg \quad (\uparrow)$$

② 整体，如解答图(b)所示。

$$\sum M_O = 0: \quad -M + F_{IC_2} \cdot r - M_{IC_2} - 2mg \cdot \frac{\sqrt{3}}{2}r + F_N \cdot \sqrt{3}r - mg \cdot \sqrt{3}r = 0 \quad \Rightarrow$$

$$-M + \frac{2\sqrt{3}}{3}mr\omega_0^2 \cdot r - \frac{2\sqrt{3}}{9}mr^2\omega_0^2 - 2mg \cdot \frac{\sqrt{3}}{2}r + \left(\frac{2}{9}mr\omega_0^2 + 2mg\right) \cdot \sqrt{3}r - mg \cdot \sqrt{3}r = 0 \quad \Rightarrow$$

$$M = \frac{2\sqrt{3}}{3}mr^2\omega_0^2 \quad (\text{顺时针})$$

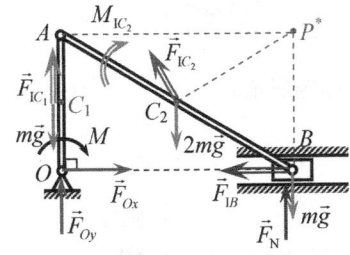

习题 10-20 解答图(b)

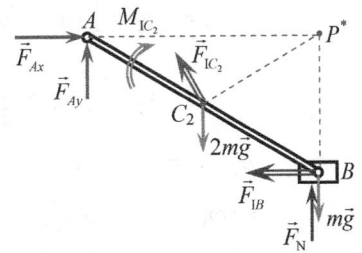

习题 10-20 解答图(c)

解析：

（1）曲柄-连杆-滑块机构是典型的单自由度系统，又一次利用"加速度瞬心法"方便快速地建立了各运动学量之间的关系。该题属于已知运动求力的动力学问题。

（2）欲使曲柄 OA 作匀速定轴转动，在其上所施加的主动力偶 M 的大小必然随机构的位置变化而变化。

（3）由于曲柄 OA 作匀速定轴转动，其惯性力系向其上任一点简化的结果均为只有一个惯性力而无惯性力偶。尽管该惯性力对点 O 无矩，但也要在受力分析图中画出。

（4）本题通过巧妙选取研究对象，列写了两个平衡方程就求出了所要求的未知量，这就是达朗贝尔原理的优势所在。若用"动量原理"求需分别以三个刚体为研究对象，则会麻烦很多。

10-21 图示铅垂平面内曲柄-摇杆机构，均质曲柄 OA 的长度为 r，质量为 m；曲柄 OA 上作用一主动力偶，其矩 M 随时间而变化，使曲柄绕轴 O 以匀角速度 ω_0 作逆时针转动，并通过滑块 A 带动摇杆 BD 运动。长度为 $l = 3r$ 的摇杆 BD 可视为质量 $m_1 = 8m$ 的均质细直杆，若不计滑块 A 的质量和各接触处摩擦，试求图示瞬时，力偶矩 M 的值和支座 O 对系统的约束力。

解：

（1）运动学分析，如解答图(a)所示。

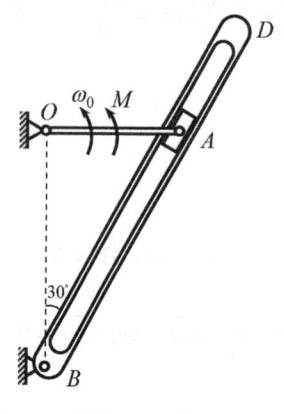
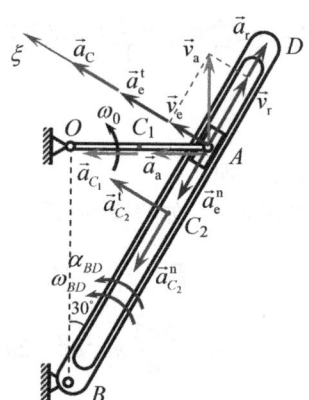

习题 10-21 图　　　　　习题 10-21 解答图(a)

动点：杆 OA 上的点 A（套筒 A 上的点 A）；动系：与杆 BD 固连。

	$\vec{v}_a$	=	$\vec{v}_e$	+	$\vec{v}_r$
大小	$r\omega_0$		$2r\omega_{BD}$		?
方向	$\perp OA$		$\perp AB$		$//AD$

由几何关系，得到

$$v_e = \frac{1}{2}v_a = \frac{1}{2}r\omega_0, \quad \text{故 } \omega_{BD} = \frac{v_e}{2r} = \frac{\frac{1}{2}r\omega_0}{2r} = \frac{1}{4}\omega_0 \text{（逆时针）}$$

$$v_r = \frac{\sqrt{3}}{2}v_a = \frac{\sqrt{3}}{2}r\omega_0 \text{（方向}//BD\text{，如图所示）}$$

	$\vec{a}_a$	=	$\vec{a}_e^n$	+	$\vec{a}_e^t$	+	$\vec{a}_r$	+	$\vec{a}_C$
大小	$a_A = r\omega_0^2$		$2r\omega_{BD}^2$		$2r\alpha_{BD}$		?		$2\omega_{BD}v_r$
方向	$\leftarrow$		$A \to B$		$\perp AB$		$//AB$		$\perp AB$

沿 ξ 轴投影，得到

$$a_a \cos 30° = a_e^t + a_C \quad \Rightarrow \quad r\omega_0^2 \cdot \frac{\sqrt{3}}{2} = 2r\alpha_{BD} + 2\omega_{BD}v_r \quad \Rightarrow$$

$$r\omega_0^2 \cdot \frac{\sqrt{3}}{2} = 2r\alpha_{BD} + 2 \cdot \frac{1}{4}\omega_0 \cdot \frac{\sqrt{3}}{2}r\omega_0 \quad \Rightarrow \quad \alpha_{BD} = \frac{\sqrt{3}}{8}\omega_0^2 \text{（逆时针）}$$

则

$$a_{C_1} = \frac{1}{2}r\omega_0^2, \quad a_{C_2}^n = \frac{3}{2}r\omega_{BD}^2 = \frac{3}{32}r\omega_0^2, \quad a_{C_2}^t = \frac{3}{2}r\alpha_{BD} = \frac{3\sqrt{3}}{16}r\omega_0^2$$

（2）受力分析和惯性力系分析，如解答图(b)所示，其中

$$F_{IC_1} = ma_{C_1} = \frac{1}{2}mr\omega_0^2, \quad F_{IC_2}^n = 8ma_{C_2}^n = \frac{3}{4}mr\omega_0^2, \quad F_{IC_2}^t = 8ma_{C_2}^t = \frac{3\sqrt{3}}{2}mr\omega_0^2$$

$$M_{IC_2} = J_{C_2}^{BD}\alpha_{BD} = \frac{1}{12} \cdot 8m \cdot (3r)^2 \cdot \frac{\sqrt{3}}{8}\omega_0^2 = \frac{3\sqrt{3}}{4}mr^2\omega_0^2$$

（3）达朗贝尔原理。

① 杆 BD，如解答图(c)所示。

$$\sum M_B = 0: \quad -M_{IC_2} - 8mg \cdot \frac{3}{4}r - F_{IC_2}^t \cdot \frac{3}{2}r + F_{NA} \cdot 2r = 0 \quad \Rightarrow$$

$$-\frac{3\sqrt{3}}{4}mr^2\omega_0^2 - 8mg \cdot \frac{3}{4}r - \frac{3\sqrt{3}}{2}mr\omega_0^2 \cdot \frac{3}{2}r + F_{NA} \cdot 2r = 0 \quad \Rightarrow \quad F_{NA} = 3mg + \frac{3\sqrt{3}}{2}mr\omega_0^2$$

② 杆 OA 和滑块 A，如解答图(d)所示。

$$\sum M_O = 0: \quad M - mg \cdot \frac{1}{2}r - F_{NA} \cdot \frac{1}{2}r = 0 \quad \Rightarrow$$

$$M - mg \cdot \frac{1}{2}r - \left(3mg + \frac{3\sqrt{3}}{2}mr\omega_0^2\right) \cdot \frac{1}{2}r = 0 \quad \Rightarrow \quad M = 2mgr + \frac{3\sqrt{3}}{4}mr^2\omega_0^2 \text{（逆时针）}$$

$$\sum F_x = 0: \quad F_{Ox} + F_{IC_1} + F'_{NA}\cos 30° = 0 \quad \Rightarrow \quad F_{Ox} + \frac{1}{2}mr\omega_0^2 + \left(3mg + \frac{3\sqrt{3}}{2}mr\omega_0^2\right) \cdot \frac{\sqrt{3}}{2} = 0 \quad \Rightarrow$$

$$F_{Ox} = -\left(\frac{3\sqrt{3}}{2}mg + \frac{11}{4}mr\omega_0^2\right) \text{（负号表示其真实方向与图示相反，即 ←）}$$

$$\sum F_y = 0: \quad F_{Oy} - mg - F'_{NA}\sin 30° = 0 \quad \Rightarrow \quad F_{Oy} - mg - \left(3mg + \frac{3\sqrt{3}}{2}mr\omega_0^2\right) \cdot \frac{1}{2} = 0 \quad \Rightarrow$$

$$F_{Oy} = \frac{5}{2}mg + \frac{3\sqrt{3}}{4}mr\omega_0^2 \text{（↑）}$$

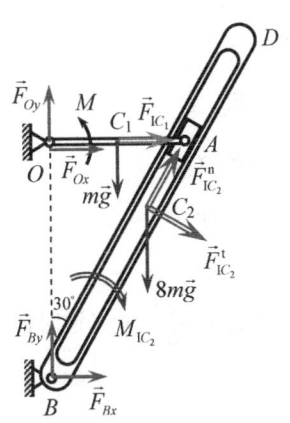

习题 10-21 解答图(b)

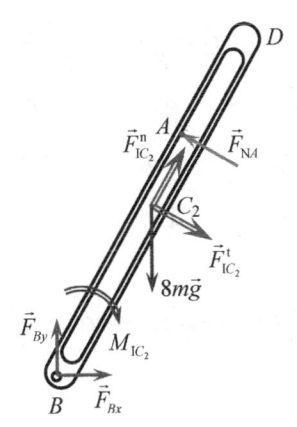

习题 10-21 解答图(c)

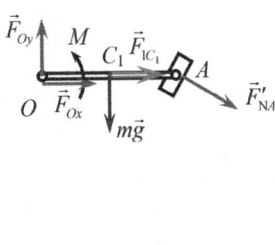

习题 10-21 解答图(d)

解析：

（1）曲柄-摇杆机构是典型的单自由度系统，由于滑块 A 相对于摇杆 BD 的直槽作直线平移，所以必须用"复合运动"的知识分析运动学的速度和加速度关系。本题也属于已知运动求力的动力学问题。

（2）对于整个系统而言，共有六个未知量：固定铰支座 O 的约束力 F_{Ox}、F_{Oy}，固定铰支座 B 的约束力 F_{Bx}、F_{By}，摇杆 BD 直槽与滑块 A 的约束力 F_{NA}，还有主动力偶 M 的大小。整个系统可看成由两个刚体组成，即曲柄 OA 和摇杆 BD（将滑块可附带于杆 OA 上），每个刚体有三个独立的动力学"平衡"方程，可以求解所有未知量。但是本题只要求力偶矩 M 的大小和固定铰支座 O 的约束力 F_{Ox}、F_{Oy}，因此如何选取研究对象和列写何种方程是有技巧的，题中所给出的解法比较简便快捷。

（3）从求得固定铰支座 O 的约束力 $F_{Ox} = \dfrac{3\sqrt{3}}{2}mg + \dfrac{11}{4}mr\omega_0^2$，$F_{Oy} = \dfrac{5}{2}mg + \dfrac{3\sqrt{3}}{4}mr\omega_0^2$ 的结果可以看出，它们均为动约束力，其中等号右边的第一项均为静约束力，等号右边的第二项为附加动约束力。

10-22 图示系统处于同一铅垂平面内，半径为 r、中心为 B 的均质圆盘由均质连杆 AB 和均质曲柄 OA 带动在半径为 $5r$ 的固定凸圆轮上作纯滚动，已知各刚体的质量均为 m，$AB = 4r$，$OA = 2r$。当 OA 在主动力偶矩 $M(t)$ 的作用下以匀角速度 $\omega_0\left(\omega_0 < 9\sqrt{\dfrac{g}{22r}}\right)$ 作逆时针转动时，试求图示瞬时 M 的代数值及固定凸圆轮对圆盘 B 的约束力。

解：

（1）运动学分析，如解答图(a)所示。

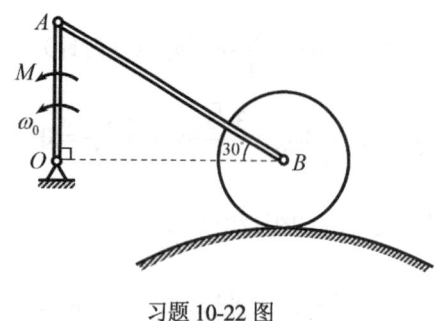

习题 10-22 图　　　　习题 10-22 解答图(a)

杆 AB 作瞬时平动，则

$$\omega_{AB} = 0, \quad v_A = v_B = 2r\omega_0 \;(\leftarrow)$$

$$a_A = 2r\omega_0^2 \;(\downarrow), \quad a_B^n = \dfrac{v_B^2}{R+r} = \dfrac{(2r\omega_0)^2}{5r+r} = \dfrac{2}{3}r\omega_0^2 \;(\downarrow)$$

	$\vec{a}_B^n$	$+$	$\vec{a}_B^t$	$=$	$\vec{a}_A$	$+$	$\vec{a}_{BA}^n$	$+$	$\vec{a}_{BA}^t$
大小	$\dfrac{2}{3}r\omega_0^2$		$r\alpha_B$?		$2r\omega_0^2$		$AB\cdot\omega_{AB}^2=0$		$AB\cdot\alpha_{AB}$?
方向	$\downarrow$		$\rightarrow$		$\downarrow$				$\perp AB$

沿 y 轴投影，得到

$$-a_B^n = -a_A + a_{BA}^t \cos 30° \;\Rightarrow\; -\dfrac{2}{3}r\omega_0^2 = -2r\omega_0^2 + 4r\alpha_{AB}\cdot\dfrac{\sqrt{3}}{2} \;\Rightarrow\; \alpha_{AB} = \dfrac{2\sqrt{3}}{9}\omega_0^2 \;（逆时针）$$

沿 x 轴投影，得到

$$a_B^t = a_{BA}^t \sin 30° \;\Rightarrow\; r\alpha_B = 4r\alpha_{AB}\cdot\dfrac{1}{2} \;\Rightarrow\; \alpha_B = 2\alpha_{AB} = \dfrac{4\sqrt{3}}{9}\omega_0^2 \;（顺时针）$$

则

$$\vec{a}_C = \frac{1}{2}(\vec{a}_A + \vec{a}_B^n + \vec{a}_B^t) = \frac{1}{2}\left(-2r\omega_0^2\vec{j} - \frac{2}{3}r\omega_0^2\vec{j} + \frac{4\sqrt{3}}{9}r\omega_0^2\vec{i}\right) = \frac{2\sqrt{3}}{9}r\omega_0^2\vec{i} - \frac{4}{3}r\omega_0^2\vec{j}$$

（2）对圆盘 B：受力分析和惯性力分析如解答图(b)所示，其中

$$F_{IB}^n = ma_B^n = \frac{2}{3}mr\omega_0^2 \ (\uparrow), \quad F_{IB}^t = ma_B^t = mr\alpha_B = \frac{4\sqrt{3}}{9}mr\omega_0^2 \ (\leftarrow)$$

$$M_{IB} = J_B\alpha_B = \frac{1}{2}mr^2 \cdot \frac{4\sqrt{3}}{9}\omega_0^2 = \frac{2\sqrt{3}}{9}mr^2\omega_0^2 \ (\text{逆时针})$$

根据达朗贝尔原理，有

$$\sum M_B = 0: \quad F_f \cdot r - M_{IB} = 0 \quad \Rightarrow \quad F_f = \frac{2\sqrt{3}}{9}mr\omega_0^2 \ (\leftarrow)$$

（3）对圆盘 B 和杆 AB：受力分析和惯性力分析如解答图(c)所示，其中

$$F_{IC}^x = ma_{Cx} = \frac{2\sqrt{3}}{9}mr\omega_0^2 \ (\leftarrow), \quad F_{IC}^y = ma_{Cy} = \frac{4}{3}mr\omega_0^2 \ (\uparrow)$$

$$M_{IC} = J_C\alpha_{AB} = \frac{1}{12}m(4r)^2 \cdot \left(\frac{2\sqrt{3}}{9}\omega_0^2\right) = \frac{8\sqrt{3}}{27}mr^2\omega_0^2 \ (\text{顺时针})$$

根据达朗贝尔原理，有

$$\sum M_A = 0:$$

$$-M_{IC} - F_{IC}^x \cdot r + F_{IC}^y \cdot \sqrt{3}r - mg \cdot \sqrt{3}r + M_{IB} + F_{IB}^n \cdot 2\sqrt{3}r - F_{IB}^t \cdot 2r - mg \cdot 2\sqrt{3}r - F_f(2r+r) + F_N \cdot 2\sqrt{3}r = 0 \quad \Rightarrow$$

$$F_N = \frac{3}{2}mg - \frac{11}{27}mr\omega_0^2 \ (\uparrow)$$

（4）整体：受力分析和惯性力分析如解答图(d)所示，其中

$$F_{IO} = ma_{C'}^n = m \cdot r \cdot \omega_0^2 = mr\omega_0^2 \ (\uparrow)$$

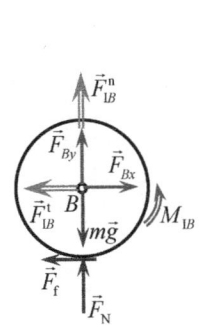
习题 10-22 解答图(b)

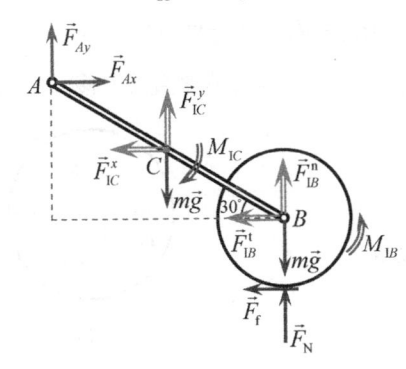
习题 10-22 解答图(c)

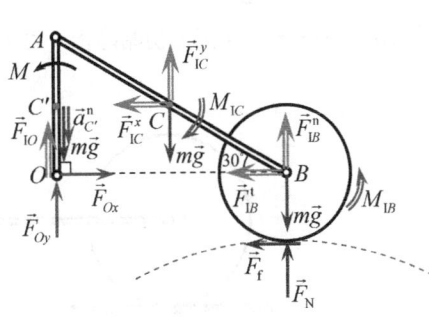
习题 10-22 解答图(d)

根据达朗贝尔原理，有

$$\sum M_O = 0:$$

$$M - M_{IC} + F_{IC}^x \cdot r + F_{IC}^y \cdot \sqrt{3}r - mg \cdot \sqrt{3}r + M_{IB} + F_{IB}^n \cdot 2\sqrt{3}r - mg \cdot 2\sqrt{3}r + F_N \cdot 2\sqrt{3}r - F_f \cdot r = 0 \quad \Rightarrow$$

$$M - \frac{8\sqrt{3}}{27}mr^2\omega_0^2 + \frac{2\sqrt{3}}{9}mr\omega_0^2 \cdot r + \frac{4}{3}mr\omega_0^2 \cdot \sqrt{3}r - mg\cdot\sqrt{3}r + \frac{2\sqrt{3}}{9}mr\omega_0^2 + \frac{2}{3}mr\omega_0^2 \cdot 2\sqrt{3}r - mg\cdot 2\sqrt{3}r$$
$$+ \left(\frac{3}{2}mg - \frac{11}{27}mr\omega_0^2\right)\cdot 2\sqrt{3}r - \frac{2\sqrt{3}}{9}mr\omega_0^2 \cdot r = 0 \Rightarrow$$

$$M = -\frac{16\sqrt{3}}{9}mr^2\omega_0^2 \text{（负号表示 } M \text{ 的真实转向与图示相反，即顺时针）}$$

解析：

（1）这是单自由度系统，属于已知运动求主动力偶和约束力的动力学问题。

（2）在题目的已知条件中给出 $\omega_0 < 9\sqrt{\dfrac{g}{22r}}$ 的含义是为使 $F_N = \dfrac{3}{2}mg - \dfrac{11}{27}mr\omega_0^2 > 0$，这样才能使圆盘 B 不离开固定凸轮，否则圆盘 B 会脱离固定凸轮表面。

（3）圆盘 B 在固定凸轮上作纯滚动，其中心点 B 的运动轨迹为圆周曲线，所以点 B 的加速度应为法向加速度和切向加速度两个分量，即 $\vec{a}_B = \vec{a}_B^n + \vec{a}_B^t$。

（4）在解答中是利用"中点的加速度公式 $\vec{a}_C = \dfrac{1}{2}(\vec{a}_A + \vec{a}_B)$"求得了杆 AB 的质心 C 的加速度，还可以用"两点的加速度关系——加速度基点法"来求得，即 $\vec{a}_C = \vec{a}_A + \vec{a}_{CA}^n + \vec{a}_{CA}^t$。但是，不适于用"加速度瞬心法"求杆 AB 的质心 C 的加速度，因为点 B 的加速度方向不便确定，也就不便确定杆 AB 的加速度瞬心。

10-25 如图所示，长度为 l、质量为 m 的均质细直杆 AB 用光滑铰链铰接在半径为 r、质量为 m 的均质圆盘的中心 A，设水平地面光滑。若杆 AB 从图示水平位置无初速释放，且圆盘始终与地面接触，试求杆 AB 运动至铅垂位置时：（1）圆心 A 的速度和杆 AB 的角速度；（2）圆心 A 的加速度和杆 AB 的角加速度；（3）地面作用于圆盘上的约束力。

解：

（1）确定圆盘的运动状态。

对圆盘 A 进行运动和受力分析如解答图(a)所示。

$$\sum M_A = 0: \quad M_{IA} = 0 \quad \Rightarrow \quad M_{IA} = J_A\alpha_A = \frac{1}{2}mr^2\alpha_A \quad \Rightarrow \quad \alpha_A = 0$$

所以 $\omega_A = \text{const}$，又因为初始静止，可见 $\omega_A \equiv 0$，即圆盘作水平直线平移。

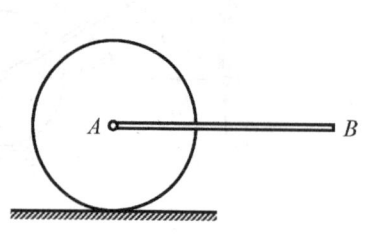
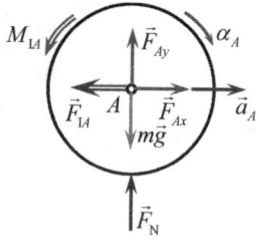

习题 10-25 图 　　　　　习题 10-25 解答图(a)

（2）求末了位置圆盘圆心 A 的速度和杆 AB 的角速度。

设杆运动至铅垂位置时，圆心 A 的速度为 v_A，杆 AB 的角速度为 ω_{AB}，方向如解答图(b)所示。

$$\vec{v}_C = \vec{v}_A + \vec{v}_{CA} \quad \xrightarrow{\text{水平投影}} \quad v_C = v_A - v_{CA} = v_A - \frac{\omega_{AB}l}{2}$$

又因为系统所受外力在水平方向上投影为零，故系统动量在水平方向上投影守恒，则有

$$mv_A + mv_C = 0 \Rightarrow mv_A + m\left(v_A - \frac{\omega_{AB}l}{2}\right) = 0 \Rightarrow v_A = \frac{1}{4}l\omega_{AB} \quad (1)$$

根据机械能守恒定律，有

$$\frac{1}{2}mv_A^2 + \frac{1}{2}mv_C^2 + \frac{1}{2}J_C\omega_{AB}^2 = mg \cdot \frac{l}{2} \Rightarrow \frac{1}{2}mv_A^2 + \frac{1}{2}m\left(v_A - \frac{\omega_{AB}l}{2}\right)^2 + \frac{1}{2}\left(\frac{1}{12}ml^2\right)\omega_{AB}^2 = mg \cdot \frac{l}{2} \Rightarrow$$

$$2v_A^2 - lv_A\omega_{AB} + \frac{1}{3}l^2\omega_{AB}^2 = gl \quad (2)$$

联立式（1）、式（2）求解，得到

$$\omega_{AB} = \sqrt{\frac{24g}{5l}} \quad (顺时针), \quad v_A = \frac{1}{4}l\omega_{AB} = \sqrt{\frac{3gl}{10}} \quad (\rightarrow)$$

（3）应用达朗贝尔原理，求圆盘中心 A 的加速度、杆 AB 的角加速度及地面对圆盘的约束力。

① 加速度分析如解答图(c)所示。

$$\vec{a}_C = \vec{a}_A + \vec{a}_{CA}^n + \vec{a}_{CA}^t$$

大小　？　　$a_A \neq r\alpha_A$　　$\frac{1}{2}l\omega_{AB}^2$　　$\frac{1}{2}l\alpha_{AB}$

方向　？　　$\rightarrow$　　$\uparrow$　　$\leftarrow$

$$a_{Cx} = a_A - a_{CA}^t = a_A - \frac{1}{2}l\alpha_{AB}$$

$$a_{Cy} = a_{CA}^n = \frac{1}{2}l\omega_{AB}^2 = \frac{1}{2}l \cdot \frac{24g}{5l} = \frac{12}{5}g$$

② 受力分析及惯性力分析如解答图(d)所示，其中

$$F_{IA} = ma_A, \quad F_{IC}^{(1)} = ma_{Cx} = m\left(a_A - \frac{1}{2}l\alpha_{AB}\right),$$

$$F_{IC}^{(2)} = ma_{Cy} = \frac{12}{5}mg, \quad M_{IC} = J_C\alpha_{AB} = \frac{1}{12}ml^2\alpha_{AB}$$

③ 达朗贝尔原理，以整体为研究对象，如解答图(d)所示。

$$\sum F_x = 0: \quad -F_{IA} - F_{IC}^{(1)} = 0 \Rightarrow -ma_A - m\left(a_A - \frac{1}{2}l\alpha_{AB}\right) = 0 \Rightarrow 4a_A - l\alpha_{AB} = 0 \quad (3)$$

$$\sum M_A = 0: \quad M_{IC} - F_{IC}^{(1)} \cdot \frac{l}{2} = 0 \Rightarrow \frac{1}{12}ml^2\alpha_{AB} - m\left(a_A - \frac{1}{2}l\alpha_{AB}\right) \cdot \frac{l}{2} = 0 \Rightarrow 3a_A - 2l\alpha_{AB} = 0 \quad (4)$$

联立式（3）和式（4）求解，得到 $a_A = 0$，$\alpha_{AB} = 0$。

$$\sum F_y = 0: \quad F_N - 2mg - F_{IC}^{(2)} = 0 \Rightarrow F_N = 2mg + F_{IC}^{(2)} = 2mg + \frac{12}{5}mg = \frac{22}{5}mg \quad (\uparrow)$$

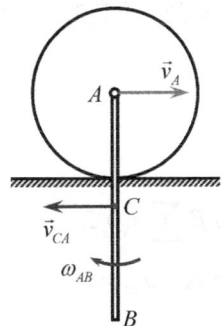
习题 10-25 解答图(b)

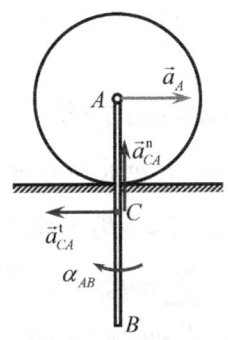
习题 10-25 解答图(c)

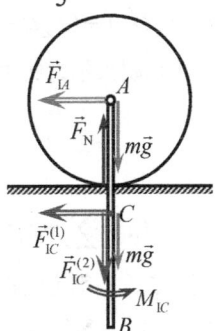
习题 10-25 解答图(d)

解析：

（1）以圆盘 A 为研究对象，利用"对质心的动量矩定理"或"动静法"可知，圆盘 A 由初始位置运动至末了位置的过程中作水平直线平移，这是求解该问题的关键。该系统为三个自由度的系统，一旦确定圆盘 A 作水平直线平移，该系统也就只有两个未知的运动学量了。

（2）由于整个系统在水平方向不受外力，根据"系统的动量在水平方向的投影守恒"给出了一个动力学方程，再根据"动能定理的积分形式"或"机械能守恒定律"（系统在运动过程中只有重力做功，为有势或保守系统）又给出了一个动力学方程，将上述两个动力学方程联立求解便可得到圆盘中心点 A 的速度 v_A 和杆 AB 的角速度 ω_{AB}。

（3）若写成 $a_A = \dot{v}_A = 0$，$\alpha_{AB} = \dot{\omega}_{AB} = 0$ 是错误的，因为题中求得 v_A 和 ω_{AB} 是瞬时值，而不是任意瞬时都成立的通式。

10-28 图示一均质薄圆盘装在水平轴的中部，圆盘与轴线成 $(90°-\beta)$ 夹角，且偏心距 $OC=e$。已知圆盘的质量为 m，半径为 r，当圆盘以匀角速度 ω 绕转轴转动时，试求轴承 A、B 处的附加动约束力。

解：

（1）建立直角坐标系，如解答图(a)所示。

以 O 为原点建立与圆盘固连的直角坐标系 $Oxyz$，使 Ox 轴铅垂向上，Oz 轴与转轴重合，且水平向右。再以 O 为原点建立与圆盘固连的直角坐标系 $O\xi\eta\zeta$，使 $O\xi$ 轴过质心 C，$O\eta$ 轴与 Oy 轴重合。

$$x_C = -e\cos\beta,\quad y_C = 0,\quad z_C = -e\sin\beta,\quad \text{则} \begin{Bmatrix} x_i \\ z_i \end{Bmatrix} = \begin{bmatrix} \cos\beta & -\sin\beta \\ \sin\beta & \cos\beta \end{bmatrix} \begin{Bmatrix} \xi_i \\ \zeta_i \end{Bmatrix}$$

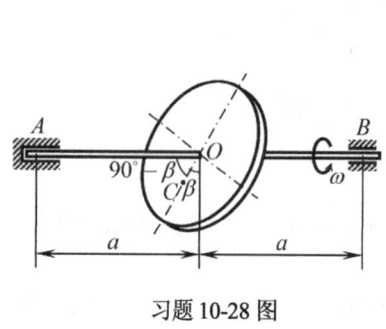

习题 10-28 图

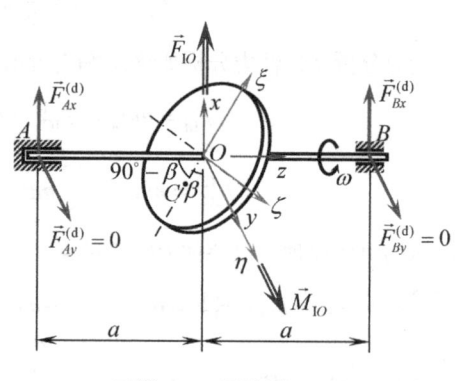

习题 10-28 解答图(a)

（2）惯性力分析，如解答图(a)所示。

根据主教材中式(10-47)和式(10-48)（ $\vec{F}_{IA} \overset{(10.47)}{=} m(y_C\alpha + x_C\omega^2)\vec{i} - m(x_C\alpha - y_C\omega^2)\vec{j}$，$\vec{M}_{IA} \overset{(10.48)}{=} (J_{xz}\alpha - J_{yz}\omega^2)\vec{i} + (J_{yz}\alpha + J_{xz}\omega^2)\vec{j} - J_z\alpha\vec{k}$），达朗贝尔惯性力系向 O 点简化所得的一个达朗贝尔惯性力和一个达朗贝尔力偶矩分别为

$$\vec{F}_{IO} = mx_C\omega^2\vec{i} = m(-e\cos\beta)\omega^2\vec{i} = (-me\omega^2\cos\beta)\vec{i}$$

$$\vec{M}_{IO} = (-J_{yz}\omega^2)\vec{i} + (J_{xz}\omega^2)\vec{j}$$

$$J_{yz} = \sum m_i y_i z_i = \sum m_i \eta_i(\xi_i\sin\beta + \zeta_i\cos\beta) = (\sin\beta)\sum m_i\eta_i\xi_i + (\cos\beta)\sum m_i\eta_i\zeta_i$$

因为 ξ、ζ 都为圆盘的惯性主轴，所以 $\sum m_i\eta_i\xi_i = 0$，$\sum m_i\eta_i\zeta_i = 0$。可见，$J_{yz} = 0$。

$$J_{xz} = \sum m_i x_i z_i = \sum m_i(\xi_i\cos\beta - \zeta_i\sin\beta)(\xi_i\sin\beta + \zeta_i\cos\beta)$$

$$= \sin\beta\cos\beta\left[\sum m_i(\xi_i^2 - \zeta_i^2)\right] + (\cos^2\beta - \sin^2\beta)\sum m_i\xi_i\zeta_i \left(\sum m_i\xi_i\zeta_i = 0\right)$$

$$= \sin\beta\cos\beta\left[\sum m_i(\xi_i^2 - \zeta_i^2)\right] = \sin\beta\cos\beta\left[\sum m_i(\xi_i^2 + \eta_i^2 - \zeta_i^2 - \eta_i^2)\right]$$

$$= \sin\beta\cos\beta\left[\sum m_i(\xi_i^2 + \eta_i^2) - \sum m_i(\eta_i^2 + \zeta_i^2)\right] = \sin\beta\cos\beta(J_\zeta - J_\xi)$$

$$= \sin\beta\cos\beta\left(\frac{1}{2}mr^2 + me^2 - \frac{1}{4}mr^2\right) = \frac{\sin 2\beta}{2}\left(\frac{1}{4}mr^2 + me^2\right)$$

因此

$$\vec{M}_{IO} = (-J_{yz}\omega^2)\vec{i} + (J_{xz}\omega^2)\vec{j} = \frac{\omega^2\sin 2\beta}{2}\left(\frac{1}{4}mr^2 + me^2\right)\vec{j}$$

（3）求轴承的动附加约束力，如解答图(a)所示。

$$\sum M_{By} = 0: \quad M_{IO} - F_{Ax}^{(d)} \cdot 2a - F_{IO} \cdot a = 0 \quad \Rightarrow$$

$$F_{Ax}^{(d)} = \frac{M_{IO} - F_{IO} \cdot a}{2a} = \frac{1}{2}m\left[e\cos\beta + \frac{1}{2a}\left(\frac{1}{4}r^2 + e^2\right)\sin 2\beta\right]\omega^2 \quad （方向如图所示）$$

$$\sum F_x = 0: \quad F_{Ax}^{(d)} + F_{IO} + F_{Bx}^{(d)} = 0 \quad \Rightarrow$$

$$F_{Bx}^{(d)} = -F_{Ax}^{(d)} - F_{IO} = \frac{1}{2}m\left[e\cos\beta - \frac{1}{2a}\left(\frac{1}{4}r^2 + e^2\right)\sin 2\beta\right]\omega^2 \quad （方向如图所示）$$

解析：

（1）系统在运动过程中所求得的约束力为动约束力，其中包括静约束力（系统静止平衡时的约束力）和附加动约束力（不包括静约束力只因系统运动而引起的约束力）。欲求"附加动约束力"，所以在求解中不必考虑圆盘的重力。

（2）若系统处于静止平衡状态，其受力分析如解答图(b)所示，则

$$\sum M_{By} = 0: \quad F_{Ax}^{(st)} \cdot 2a - mg \cdot (a + e\sin\beta) = 0 \quad \Rightarrow \quad F_{Ax}^{(st)} = \frac{a + e\sin\beta}{2a}mg \quad (\uparrow)$$

$$\sum F_x = 0: \quad F_{Ax}^{(st)} + F_{Bx}^{(st)} - mg = 0 \quad \Rightarrow \quad F_{Bx}^{(st)} = \frac{a - e\sin\beta}{2a}mg \quad (\uparrow)$$

（3）为使偏心圆盘绕转轴 AB 作匀速定轴转动，其上必作用一沿转轴方向、大小随时间变化的主动力偶 $M(t)$，该主动力偶 $M(t)$ 对轴承的约束力没有任何影响。

（4）圆盘绕转轴 AB 作匀速定轴转动，其上惯性力系向固定点 O 简化得到惯性力 $\vec{F}_{IO}$ 和惯性力偶 $\vec{M}_{IO}$，而惯性力偶 $\vec{M}_{IO}$ 中含有惯性积 J_{yz} 和 J_{xz}，而 x、z 轴并不是圆盘的惯性主轴。但是 y 轴是圆盘的惯性主轴，所以 $J_{yx} = 0$，$J_{yz} = 0$，而 $J_{xz} \neq 0$。为了求惯性积 J_{xz}，就要利用几何关系将其表示为圆盘的惯性主轴 ξ、η、ζ 的几何性质，如解答所推导而得到表达式 $J_{xz} = \sin\beta\cos\beta(J_\zeta - J_\xi)$。

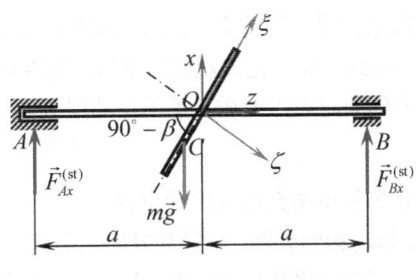

习题 10-28 解答图(b)

第 11 章 虚位移原理

11.1 内容提要

11.1.1 约束方程及其分类

预先给定的限制系统位置或速度的几何或运动条件统称为约束,将约束对系统的限制条件通过系统中相关坐标或相关速度或时间的数学方程来表示,称为约束方程。

对非自由质点系,当质点数为 n,受到 s 个独立约束,则约束方程的一般形式为

$$f_j(\vec{r}_i, \dot{\vec{r}}_i, t) = 0 \quad (i = 1, 2, \cdots, n; \quad j = 1, 2, \cdots, s)$$

或用直角坐标表示为

$$f_j(x_i, y_i, z_i, \dot{x}_i, \dot{y}_i, \dot{z}_i, t) = 0 \quad (i = 1, 2, \cdots, n; \quad j = 1, 2, \cdots, s)$$

式中,$\vec{r}_i$ 为系统中第 i 个质点相对于固定点 O 的矢径,$\vec{r}_i = x_i \vec{i} + y_i \vec{j} + z_i \vec{k}$。

按不同特性对约束的分类见表 11-1。

表 11-1 约束的分类

名 称	约束方程及描述	说 明
完整约束	$f_j(\vec{r}_i) = 0$ 或 $f_j(\vec{r}_i, t) = 0$	限制系统位置的约束方程,或限制系统速度的运动约束方程,但可积分成位置约束方程
非完整约束	$f_j(\vec{r}_i, \dot{\vec{r}}_i) = 0$ 或 $f_j(\vec{r}_i, \dot{\vec{r}}_i, t) = 0$,且不可积分	限制系统速度的运动约束方程,且不可积分
定常约束	$f_j(\vec{r}_i) = 0$ 或 $f_j(\vec{r}_i, \dot{\vec{r}}_i) = 0$	约束方程中不显含时间 t 的约束
非定常约束	$f_j(\vec{r}_i, t) = 0$ 或 $f_j(\vec{r}_i, \dot{\vec{r}}_i, t) = 0$	约束方程中显含时间 t 的约束
双侧约束	用等式表示	约束在两个方向都起到限制作用,又称为双面约束
单侧约束	用不等式表示	约束只在一个方向起到限制作用,又称为单面约束

11.1.2 虚位移

1. 虚位移的概念

在给定瞬时(位置),质点或质点系中为约束所允许的假想的无限小的位移称为虚位移。注意,当系统所受约束为非定常约束时,即约束面按已知规律运动时,则需将这种约束在该瞬时进行"冻结"变成该位置的不动约束面之后再看约束对质点或质点系的运动限制。

2. 虚位移与实位移的异同

相同点:虚位移和实位移都是为约束所允许发生的位移。

不同点:虚位移是与主动力、运动初始条件、质量和时间间隔都无关的可能的假想的无限小位移,是一个纯几何的概念,比较抽象;而实位移是与主动力、运动初始条件、质量和时间间隔都有关的真

实位移（当时间间隔为 Δt 时为有限位移，当时间间隔为 $\mathrm{d}t$ 时为无限小位移）。一个静止的质点或质点系不会发生实位移（除非改变其受力状态），但只要其自由度数大于零，可以使其有虚位移。

设受完整约束的由 n 个质点组成的质点系的自由度数为 k，其广义坐标为 $q_1, q_2, \cdots, q_k$，则质点系中各质点相对于某固定点的矢径为 $\vec{r}_i = \vec{r}_i(q_1, q_2, \cdots, q_k, t)$ $(i=1,2,\cdots,n)$，在给定瞬时各质点的虚位移用 $\delta \vec{r}_i$ 表示，而在给定瞬时之后的 $\mathrm{d}t$ 时间内所发生的实位移用 $\mathrm{d}\vec{r}_i$ 表示，它们的计算式分别为

$$\delta \vec{r}_i = \sum_{j=1}^{k} \frac{\partial \vec{r}_i}{\partial q_j} \delta q_j, \quad \mathrm{d}\vec{r}_i = \sum_{j=1}^{k} \frac{\partial \vec{r}_i}{\partial q_j} \mathrm{d}q_j + \frac{\partial \vec{r}_i}{\partial t} \mathrm{d}t \quad (i=1,2,\cdots,n)$$

式中，δq_j 和 $\mathrm{d}q_j$ 分别称为广义虚位移和广义实位移，由于 $\dfrac{\partial \vec{r}_i}{\partial q_j}$ 在给定位置的取值是确定的，又 $\delta q_j (j=1,2,\cdots,k)$ 是为约束允许的一组无限小的独立变化的量，因此 $\delta \vec{r}_i$ 的取值可以有无限多种，或者说，虚位移要视约束情况可能有无限多种不同方向或两个相反的方向，而其大小却有无限多种可能的微小值；在给定主动力、运动初始条件、质量和时间间隔 $\mathrm{d}t$ 后，$\mathrm{d}q_j (j=1,2,\cdots,k)$ 的取值是确定的，于是 $\mathrm{d}\vec{r}_i$ 的值是唯一的。当系统所受约束还为定常时，则 $\dfrac{\partial \vec{r}_i}{\partial t} = 0$，这说明，对于定常完整约束系统，实位移是无限多个虚位移中的一个。由以上计算式可知，对于非定常完整约束系统，实位移不是无限多个虚位移中的一个。

3. 虚位移的计算

在本课程的具体解题时，所遇到的约束绝大多数都为定常完整约束，此时常采用以下方法进行虚位移的计算或建立虚位移之间的关系。

（1）几何法（虚位移法）：利用定常约束，实位移为虚位移中的一个这一特性，采用求微小实位移的方法求虚位移，根据约束的几何关系直接求得各点虚位移或虚位移之间的关系或刚体虚转角之间的关系。此时运动学分析中点的速度 $\vec{v}$ 和刚体角速度 ω 在虚位移分析中分别用点的虚位移 $\delta \vec{r}$ 和刚体虚转角 $\delta \varphi$ 代替，于是运动学分析中各种求速度的方法（速度瞬心法、速度投影定理、两点速度关系、点的速度合成定理、刚体的角速度合成定理）均适用于虚位移的计算。

（2）解析法（分析法）：将系统放在任意位置，若系统内各点的位置能较容易写出它们的三个直角坐标与系统广义坐标之间的关系或容易建立各刚体方位角之间的关系，则进行等时变分运算（类似于微分运算，即将微分运算中微分符号"d"改为变分符号"δ"，并有 $\delta t = 0$）求得各点虚位移在三个直角坐标上的投影 δx、δy 和 δz 或各刚体虚转角之间的关系。

注意，若用几何法计算虚位移时，应将一组协调的虚位移，包括各刚体的虚转角转向和各受力点的虚位移方向画到图上，所谓协调性，即独立虚位移的指向或虚转角的转向可假定，但一旦作出假定后，其他相关虚位移的方向或虚转角的转向必须与它相一致。若用解析法计算虚位移，应画出系统中固定直角坐标系，刚体方位角的起始边必须是参考系中的固定方向，并隐含规定坐标变分的正向与相应坐标轴的正向相同，方位角变分的正转向也与方位角的转向相同。

11.1.3 虚功与理想约束

作用于质点上的力以及作用于刚体上的力和力偶的虚功计算式如表 11-2 所示。

在质点系的任何一组虚位移中，所有约束力所作的虚功代数和恒等于零的约束称为理想约束。例如，光滑面约束、光滑铰链约束、两刚体相对运动为纯滚动的约束、二力杆约束、不可伸长的柔索约束等，都是理想约束。

表 11-2 各类力的虚功计算式

力 的 类 型	虚功计算表达式		说 明
作用于质点或虚平移刚体或虚瞬时平移刚体的力 $\vec{F}$	几何法：$\delta'W = \|\vec{F}\| \cdot \|\delta\vec{r}\| \cos\theta$		$\vec{r}$ 为力 $\vec{F}$ 的作用点相对于惯性空间中某固定点 O 的矢径，θ 为 $\vec{F}$ 与 $\delta\vec{r}$ 之间的夹角，在 O 处建立直角坐标系 $Oxyz$，$\vec{r} = x\vec{i} + y\vec{j} + z\vec{k}$，$\vec{F} = F_x\vec{i} + F_y\vec{j} + F_z\vec{k}$
	解析法：$\delta'W = F_x\delta x + F_y\delta y + F_z\delta z$		
作用于虚平移或虚瞬时平移刚体上的力偶 M	$\delta'W = 0$		
作用于虚定轴转动刚体或虚瞬时定轴转动刚体上的力偶 M	$\delta'W = M \cdot \delta\varphi$ 或 $-M \cdot \delta\varphi$		$\delta\varphi$ 为刚体的虚转角，当力偶矩 M 的转向与 $\delta\varphi$ 的转向相同时，取正；相反时，取负
作用于虚定轴 O 转动刚体或虚瞬时定轴 P 转动刚体上的力 $\vec{F}$	$\delta'W = M_O(\vec{F}) \cdot \delta\varphi$ 或 $-M_O(\vec{F}) \cdot \delta\varphi$		$M_O(\vec{F})$ 为力 $\vec{F}$ 对定轴 O 的力矩；$M_P(\vec{F})$ 为力 $\vec{F}$ 对速度瞬轴 P 的力矩。当这些力矩的转向与 $\delta\varphi$ 的转向相同时，取正；相反时，取负
	$\delta'W = M_P(\vec{F}) \cdot \delta\varphi$ 或 $-M_P(\vec{F}) \cdot \delta\varphi$		
有势力	重力	$\delta'W = -mg \cdot \delta z_C$	mg 为重力，δz_C 为重物重心 C 的 z 坐标（z 轴向上为正）的通式求等时变分后在该位置取值
	一对弹性力	$\delta'W = -k\lambda \cdot \delta\lambda$	k 为弹簧的刚度系数，λ 为该位置弹簧的变形量，$\delta\lambda$ 为弹簧变形量的通式求等时变分后在该位置取值

11.1.4 虚位移原理

具有双侧、理想约束的质点系，在某一位置保持静止平衡的充要条件是：作用于质点系上所有主动力在该位置的任何一组虚位移上所作的虚功之代数和等于零。这个结论称为虚位移原理或虚功方程，它给出了非自由质点系静止平衡的一般条件，其数学表达式为 $\sum_{i=1}^{n} \vec{F}_i \cdot \delta\vec{r}_i = 0$，又称为虚功方程或静力学普遍方程。虚位移原理在解决质点系（包括刚体系统）的平衡问题时，不需要解除约束，在虚功方程中也不出现理想约束力，从而能简化求解过程。例如，对于给定平衡位置的机构，很容易求解出作用于其上主动力（主动力偶）之间关系或给定主动力（主动力偶）的机构很容易得求平衡位置。对于受完整约束的系统，如果是自由度等于零的静定结构，若要求某个或某些约束力（约束力偶），则只需解除该处对应的约束代之以所要求解的约束力（约束力偶），并将其看成主动力（主动力偶）即可，此时由于解除了某个或某些约束而使系统具有运动自由度，解除约束的个数与系统运动自由度数相等。通常，一次只解除一个未知量的约束，使静定结构变成一个自由度的机构，以方便正确求解。同理，也可将虚位移原理应用到具有动摩擦的非理想约束系统，只要将动摩擦力看成主动力即可。在写虚功方程时，一定要特别注意正确写出各力或各力偶所做虚功的正负值，以免造成计算错误。

11.1.5 用广义力表示质点系的平衡条件

1. 广义力的计算

对于由 n 个质点组成的完整、双侧、理想约束的质点系，设其自由度数为 k，广义坐标为 $q_1, q_2, \cdots, q_k$，第 i 个质点相对于惯性空间中某固定点 O 的矢径为 $\vec{r}_i$，作用于其上的主动力的合力为 $\vec{F}_i$，则对应广义坐标 q_j 的广义力 Q_j 定义为

$$Q_j = \sum_{i=1}^n \vec{F}_i \cdot \frac{\partial \vec{r}_i}{\partial q_j} \quad (j=1,2,\cdots,k)$$

在具体计算时，可采用以下方法：

（1）几何法：取除 $\delta q_j \neq 0$，其余广义坐标的变分都为零的一组虚位移，即用几何法写出只由 δq_j 引起的各刚体的虚转角和各主动力作用点的虚位移，计算质点系上所有主动力在这组虚位移上所做虚功之代数和，记为 $\sum_{i=1}^n \delta' W_{\vec{F}_i}^{(j)}$，则

$$Q_j = \frac{\sum_{i=1}^n \delta' W_{\vec{F}_i}^{(j)}}{\delta q_j} \quad (j=1,2,\cdots,k)$$

（2）解析法：在固定点 O 处建立固定直角坐标系 $Oxyz$，$\vec{r}_i = x_i\vec{i} + y_i\vec{j} + z_i\vec{k}$，$\vec{F}_i = F_{ix}\vec{i} + F_{iy}\vec{j} + F_{iz}\vec{k}$，则

$$Q_j = \sum_{i=1}^n \left(F_{ix}\frac{\partial x_i}{\partial q_j} + F_{iy}\frac{\partial y_i}{\partial q_j} + F_{iz}\frac{\partial z_i}{\partial q_j} \right) \quad (j=1,2,\cdots,k)$$

若作用于质点系上的主动力均为有势力，则广义力 Q_j 与系统的势能函数 $V(q_1,q_2,\cdots,q_k)$ 的关系为

$$Q_j = -\frac{\partial V}{\partial q_j} \quad (j=1,2,\cdots,k)$$

2. 用广义力表示的平衡条件

对于具有完整、双侧、理想约束的 k 个自由度的质点系，在给定位置保持静止平衡的充要条件是：对应于每一个广义坐标的广义力均为零，即

$$Q_j = 0 \quad (j=1,2,\cdots,k)$$

11.1.6 单自由度有势系统的平衡稳定性

质点系在某一位置处于静止平衡状态，在受到微小的初始干扰偏离了这个平衡位置后，若它的运动总不超出该平衡位置邻近的某一给定的微小区域，则称质点系在该位置的平衡是稳定的，否则，就是不稳定的。

本课程只要求能够对单自由度有势系统的平衡稳定性进行判定，其具体方法如下：

设系统的广义坐标为 q，其势能函数为 $V(q)$，先由 $\frac{\mathrm{d}V}{\mathrm{d}q}=0$ 可求平衡位置 q_0，若 $\left(\frac{\mathrm{d}^2 V}{\mathrm{d}q^2}\right)\bigg|_{q=q_0} > 0$，则为稳定平衡；若 $\left(\frac{\mathrm{d}^2 V}{\mathrm{d}q^2}\right)\bigg|_{q=q_0} < 0$，则为不稳定平衡；若 $\left(\frac{\mathrm{d}^2 V}{\mathrm{d}q^2}\right)\bigg|_{q=q_0} = 0$，则只有当 V 对 q 的不等于零的最低阶导数是偶数阶，且其值为正时，才为稳定平衡，否则都为不稳定平衡；若 $V=$ 常数，则系统在所有位置都能平衡，称为随遇平衡。

11.1.7 求解静力学问题的虚位移原理与力系平衡法的比较

（1）平衡的对象不同。力系的平衡条件是只对单个质点或单个刚体保持静止平衡的充要条件；而虚位移原理则是双侧、理想约束的质点系保持静止平衡的充要条件，不仅适用于单个质点、单个刚体，还适用于刚体系统和变形体。

（2）处理问题的思路不同。力系平衡法是采用若质点或刚体处于静止状态，则直接去找作用于其上的力系应满足什么条件；而虚位移原理采用的是在质点系所处位置假想任意发生一组虚位移，看看作用于其上的主动力系的虚功之和是否为零，若为零才为静止平衡位置，是一种动中求静的方法，此外，由于力的功是动力学中的概念，因而可以说，虚位移原理是用动力学的方法解决静力学问题，可称为静动法。

（3）虚位移原理要比力系平衡法更具优势。主要体现在以下两个方面：一是力系平衡法只对平衡位置处的相关未知量进行求解，无法判断该平衡位置是否稳定，而虚位移原理不仅能判断平衡位置，而且还能判断平衡位置的稳定性；二是用力系平衡法求解刚体系统的平衡问题时常需要巧妙地选取研究对象（经常要好几次选取不同的研究对象）和列写最少的平衡方程，技巧性很强，费时费力，而虚位移原理求解思路规范，技巧性不强，求解过程较为简捷（建立虚位移之间的关系和正确写出虚功，读者都比较容易掌握）。

（4）虚位移原理是静力学普遍方程，与达朗贝尔原理结合构成动力学普遍方程，是分析力学的基础，因此，虚位移原理具有重要的理论意义。

11.2 思考题及解答

11-6 图示重量为 P、长度为 l 的均质杆 AB，其两端分别放置于光滑水平地面和光滑铅直墙面上，在主动力 $\vec{F}$ 的作用下于图示位置处于平衡状态。今设想点 A 发生一向右的虚位移 $\delta \vec{x}_A$，试问由虚位移原理所建立的虚功方程是什么？求杆质心 C 的虚位移你能用多少种方法？

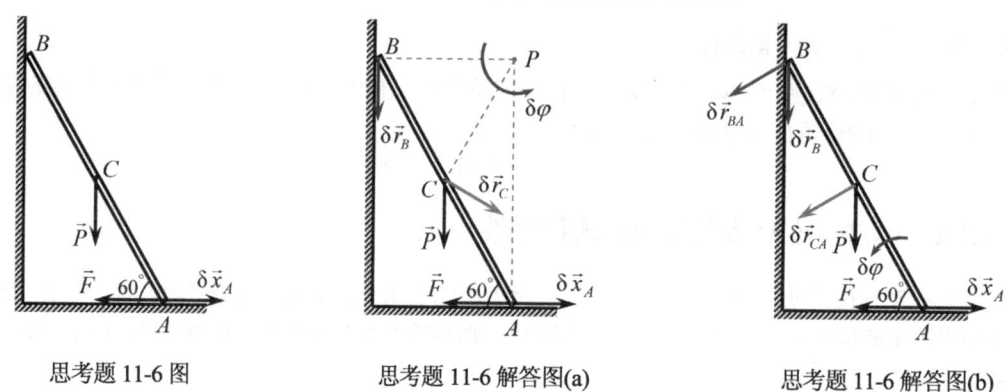

思考题 11-6 图　　　　思考题 11-6 解答图(a)　　　　思考题 11-6 解答图(b)

解答：
由虚位移原理所建立的虚功方程为
$$\vec{P} \cdot \delta \vec{r}_C + \vec{F} \cdot \delta \vec{x}_A = 0$$
用四种方法求杆质心 C 的虚位移。
（1）虚速度瞬心法，如解答图(a)所示，杆 AB 的虚速度瞬心为点 P，则
$$\delta \varphi = \frac{\delta x_A}{PA} = \frac{\delta x_A}{\frac{\sqrt{3}}{2}l} = \frac{2\sqrt{3}\delta x_A}{3l} \text{（逆时针）}, \quad \delta r_C = PC \cdot \delta \varphi = \frac{1}{2}l \cdot \frac{2\sqrt{3}\delta x_A}{3l} = \frac{\sqrt{3}}{3}\delta x_A$$
虚位移原理（虚功方程）为
$$\vec{P} \cdot \delta \vec{r}_C + \vec{F} \cdot \delta \vec{x}_A = 0 \quad \Rightarrow \quad P \cdot \delta r_C \cos 60° - F \cdot \delta x_A = 0 \quad \Rightarrow$$
$$P \cdot \frac{\sqrt{3}}{3}\delta x_A \cdot \frac{1}{2} - F \cdot \delta x_A = 0 \quad \Rightarrow \quad \left(\frac{\sqrt{3}}{6}P - F\right) \cdot \delta x_A = 0$$

由 δx_A 的任意性，得到

$$F = \frac{\sqrt{3}}{6}P$$

（2）虚位移基点法，如解答图(b)所示

$$\delta \vec{r}_B = \delta \vec{r}_A + \delta \vec{r}_{BA}$$

| 大小 | ? | δx_A | $l \cdot \delta \varphi$ |
| 方向 | ↓ | → | $\perp AB$ |

将上式沿水平向右投影，得到

$$0 = \delta x_A - \delta r_{BA} \sin 60° \Rightarrow 0 = \delta x_A - l \cdot \delta \varphi \cdot \frac{\sqrt{3}}{2} \Rightarrow \delta \varphi = \frac{2\sqrt{3}}{3} \frac{\delta x_A}{l} \quad (\text{逆时针})$$

$$\delta \vec{r}_C = \delta \vec{r}_A + \delta \vec{r}_{CA}$$

| 大小 | ? | δx_A | $\frac{1}{2}l \cdot \delta \varphi$ |
| 方向 | ? | → | $\perp AB$ |

将上式沿铅垂向下投影，得到

$$\delta r_{Cy} = \delta r_{CA} \cos 60° = \frac{1}{2}l \cdot \delta \varphi \cdot \frac{1}{2} = \frac{1}{4}l \cdot \delta \varphi \quad (\downarrow)$$

虚位移原理（虚功方程）为

$$\vec{P} \cdot \delta \vec{r}_C + \vec{F} \cdot \delta \vec{x}_A = 0 \Rightarrow P \cdot \delta r_{Cy} - F \cdot \delta x_A = 0 \Rightarrow P \cdot \frac{1}{4}l \cdot \frac{2\sqrt{3}}{3} \frac{\delta x_A}{l} - F \cdot \delta x_A = 0 \Rightarrow$$

$$\left(\frac{\sqrt{3}}{6}P - F\right) \cdot \delta x_A = 0 \text{，由 } \delta x_A \text{ 的任意性得到} \quad F = \frac{\sqrt{3}}{6}P$$

（3）中点虚位移与虚位移投影法，如解答图(c)所示。
根据虚位移投影定理，得到

$$[\delta \vec{r}_A]_{BA} = [\delta \vec{r}_B]_{BA} \Rightarrow \delta r_A \cos 60° = \delta r_B \sin 60° \Rightarrow \frac{\sqrt{3}}{2}\delta r_B = \frac{1}{2}\delta r_A \Rightarrow$$

$$\delta r_B = \frac{\sqrt{3}}{3}\delta r_A = \frac{\sqrt{3}}{3}\delta x_A \text{，因为} \quad \delta \vec{r}_C = \frac{1}{2}(\delta \vec{r}_A + \delta \vec{r}_B) = \frac{1}{2}(\delta \vec{x}_A + \delta \vec{r}_B)$$

虚位移原理（虚功方程）为

$$\vec{P} \cdot \delta \vec{r}_C + \vec{F} \cdot \delta \vec{x}_A = 0 \Rightarrow \vec{P} \cdot \frac{1}{2}(\delta \vec{x}_A + \delta \vec{r}_B) + \vec{F} \cdot \delta \vec{x}_A = 0 \Rightarrow$$

$$\vec{P} \cdot \frac{1}{2}\delta \vec{r}_B + \vec{F} \cdot \delta \vec{x}_A = 0 \Rightarrow P \cdot \frac{1}{2}\delta r_B - F \cdot \delta x_A = 0 \Rightarrow P \cdot \frac{1}{2} \cdot \frac{\sqrt{3}}{3}\delta x_A - F \cdot \delta x_A = 0 \Rightarrow$$

$$\left(\frac{\sqrt{3}}{6}P - F\right) \cdot \delta x_A = 0 \text{，由 } \delta x_A \text{ 的任意性得到} \quad F = \frac{\sqrt{3}}{6}P$$

（4）解析（坐标）法，如解答图(d)所示，将杆 AB 置于一般位置，建立直角坐标系 Oxy。
假设杆 AB 与铅垂墙面的夹角为 φ，则

$$x_A = l \sin \varphi \Rightarrow \delta x_A = l \cos \varphi \cdot \delta \varphi, \quad y_B = l \cos \varphi \Rightarrow \delta y_B = -l \sin \varphi \cdot \delta \varphi,$$

$$y_C = \frac{1}{2}l \cos \varphi \Rightarrow \delta y_C = -\frac{1}{2}l \sin \varphi \cdot \delta \varphi$$

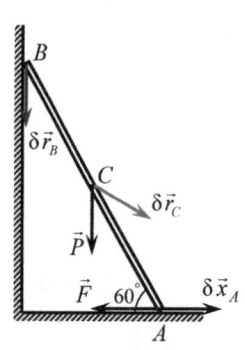
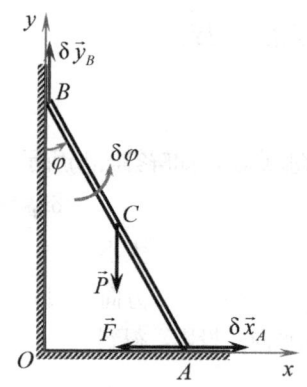

思考题 11-6 解答图(c)　　　　　思考题 11-6 解答图(d)

虚位移原理（虚功方程）为

$$\vec{P} \cdot \delta \vec{r}_C + \vec{F} \cdot \delta \vec{x}_A = 0 \quad \Rightarrow \quad -P \cdot \delta y_C - F \cdot \delta x_A = 0 \quad \Rightarrow$$

$$-P \cdot \left(-\frac{1}{2} l \sin\varphi \cdot \delta\varphi\right) - F \cdot (l \cos\varphi \cdot \delta\varphi) = 0 \quad \Rightarrow$$

$$\left(\frac{1}{2} P \sin\varphi - F \cos\varphi\right) \cdot \delta\varphi = 0 \quad \Rightarrow \quad 由 \delta\varphi 的任意性，得到$$

$$\frac{1}{2} P \sin\varphi - F \cos\varphi = 0 \quad \Rightarrow \quad F = \frac{1}{2} P \tan\varphi = \frac{1}{2} P \tan 30° = \frac{1}{2} P \cdot \frac{\sqrt{3}}{3} = \frac{\sqrt{3}}{6} P$$

11-7　图示为铅垂面内的平面机构，均质曲柄 OA 与连杆 AB 的质量都为 m，长度都为 l，滑块的质量不计，铰链 O、A、B 处摩擦不计，若系统于图示位置处于静止状态，试问你能利用虚位移原理求出水平滑道对滑块的摩擦力吗？若能，则等于多少？

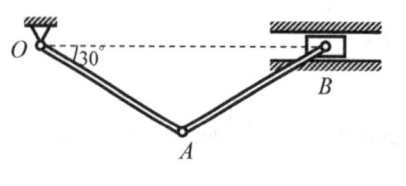
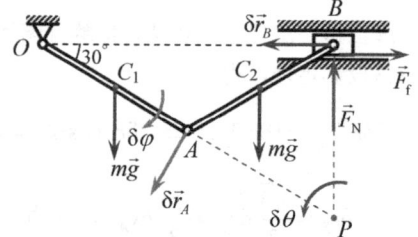

思考题 11-7 图　　　　　思考题 11-7 解答图

解答：

如解答图所示，假设杆 OA 有一顺时针的虚转角 $\delta\varphi$，杆 AB 的虚速度瞬心为点 P，则

$$\delta r_A = l \cdot \delta\varphi, \quad \delta r_A = PA \cdot \delta\theta = l \cdot \delta\theta$$

所以

$$\delta\theta = \delta\varphi（逆时针），\quad \delta r_B = PB \cdot \delta\theta = l \cdot \delta\varphi$$

虚位移原理（虚功方程）为

$$M_O(m\vec{g}) \cdot \delta\varphi + M_P(m\vec{g}) \cdot \delta\theta - F_f \cdot \delta r_B = 0 \quad \Rightarrow \quad mg \cdot \frac{1}{2} l \cos 30° \cdot \delta\varphi + mg \cdot \frac{1}{2} l \cos 30° \cdot \delta\theta - F_f \cdot \delta r_B = 0 \quad \Rightarrow$$

$$mg \cdot \frac{1}{2} l \cos 30° \cdot \delta\varphi + mg \cdot \frac{1}{2} l \cos 30° \cdot \delta\varphi - F_f \cdot l \cdot \delta\varphi = 0 \quad \Rightarrow \quad \left(\frac{\sqrt{3}}{2} mg - F_f\right) \cdot \delta\varphi = 0$$

由 $\delta\varphi$ 的任意性，得到

$$F_{\mathrm{f}} = \frac{\sqrt{3}}{2}mg \quad (\rightarrow)$$

11-8 在图示平面系统中，直杆 AB 和 BD 的长度都为 l，自重不计，凸角 E 位于杆 BD 的中点处，沿杆 BD 的杆向作用一推力 $\vec{F}$，若 B、E 处光滑，试问你能利用虚位移原理求出固定端 A 处的约束力偶矩吗？若能，则等于多少？

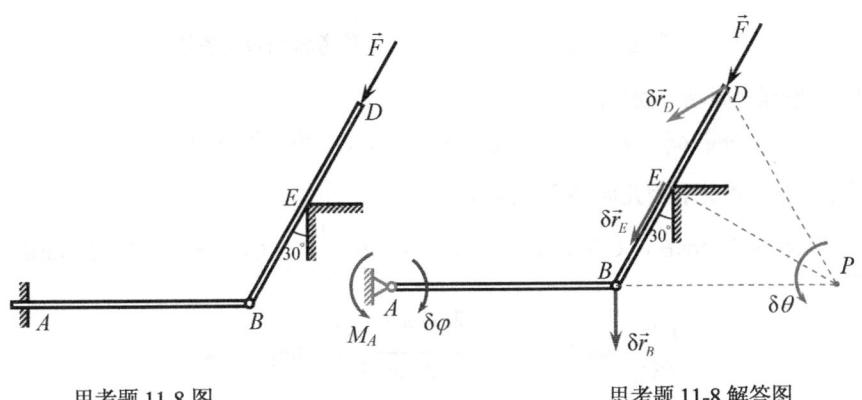

思考题 11-8 图　　　　　　　　思考题 11-8 解答图

解答：
将固定端 A 处的转动约束解除，以固定铰支座代替，并施加相应的约束力偶 M_A（假设其转向为逆时针），如解答图所示。

假设杆 AB 有一虚转角 $\delta\varphi$（顺时针），虚位移分析如解答图所示，点 P 为杆 BD 的虚速度瞬心，则

$$\delta r_B = AB \cdot \delta\varphi = l \cdot \delta\varphi，\quad \delta r_B = PB \cdot \delta\theta = l \cdot \delta\theta$$

所以

$$\delta\theta = \delta\varphi，\quad \delta r_D = PD \cdot \delta\theta = l \cdot \delta\varphi$$

根据虚位移原理（虚功方程）有

$$-M_A \cdot \delta\varphi + \vec{F} \cdot \delta\vec{r}_D = 0 \Rightarrow -M_A \cdot \delta\varphi + F \cdot \delta r_D \cos 30° = 0 \Rightarrow$$

$$-M_A \cdot \delta\varphi + F \cdot l \cdot \delta\varphi \cdot \frac{\sqrt{3}}{2} = 0 \Rightarrow \left(-M_A + \frac{\sqrt{3}}{2}Fl\right)\delta\varphi = 0$$

由 $\delta\varphi$ 的任意性，得到

$$-M_A + \frac{\sqrt{3}}{2}Fl = 0 \Rightarrow M_A = \frac{\sqrt{3}}{2}Fl \quad (\text{逆时针})$$

解析： 作用在杆 BD 上的力 $\vec{F}$ 的虚功还可用如下方法：① $\delta' W_F = M_P(\vec{F})\delta\theta$；②将力 $\vec{F}$ 沿作用线滑移至点 B，则 $\delta' W_F = M_A(\vec{F})\delta\theta$。

11-9 图示长度为 l、质量为 m 的均质杆 AB，放置于半径为 r 的光滑半圆槽内，且 $l > 2r$，试问你能利用虚位移原理求出杆平衡时图示的角 θ 吗？若能，它为多大？

解答：
由杆 AB 上的两点 A 和 D 的虚位移方向可确定杆 AB 的虚速度瞬心为点 P，由此可确定杆 AB 质心 C 的虚位移方向，如解答图所示。

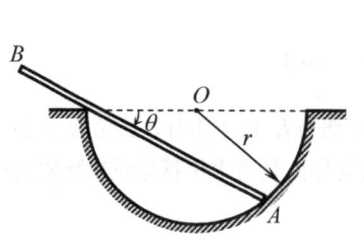
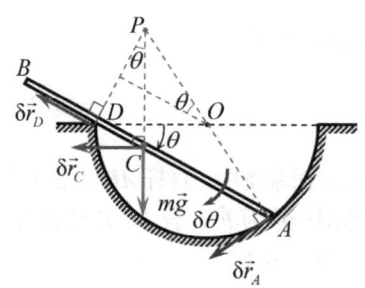

思考题 11-9 图   思考题 11-9 解答图

根据虚位移原理（虚功方程），有

$$m\vec{g} \cdot \delta \vec{r}_C = 0 \quad \Rightarrow \quad m\vec{g} \perp \delta \vec{r}_C \quad \Rightarrow \quad \delta \vec{r}_C \text{ 为水平方向} \quad \Rightarrow$$

PC 沿铅垂向下，由此利用几何关系，得到

$AC = \dfrac{1}{2}l$，$AD = 2r\cos\theta$，$CD = AD - AC = 2r\cos\theta - \dfrac{1}{2}l$，$OP = r$，$PD = 2r\sin\theta$，而

$$\frac{CD}{PD} = \tan\theta \quad \Rightarrow \quad \frac{2r\cos\theta - \dfrac{1}{2}l}{2r\sin\theta} = \tan\theta \quad \Rightarrow$$

$$8r\cos^2\theta - l\cos\theta - 4r = 0 \quad \Rightarrow \quad \cos\theta = \frac{l + \sqrt{l^2 + 128r^2}}{16r}$$

11-10 图示系统处于同一铅垂平面内，均质杆 OA 的质量为 m，长度为 l，$OD = l$，杆端 B 和铰链 D 之间装有一刚度系数为 k 的弹簧，当 $\theta = 0°$ 时弹簧为原长，杆 AB、套筒 D 和弹簧的质量不计，各接触处光滑，试问你能利用虚位移原理求出系统平衡时的角 θ 吗？若能，它为多大？

解答：

去掉弹簧施加一对弹簧力 $\vec{F}_k$，如解答图所示。

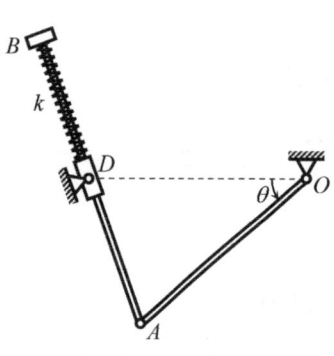
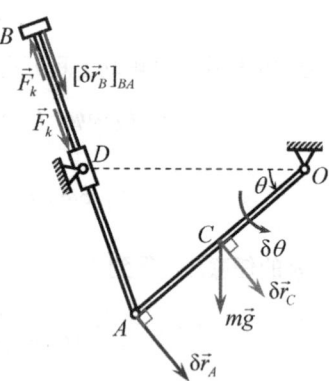

思考题 11-10 图   思考题 11-10 解答图

假设杆 OA 有一虚转角 $\delta\theta$（逆时针），则

$$2\delta r_C = \delta r_A = l \cdot \delta\theta$$

而对于杆 AB，有

$$[\delta \vec{r}_B]_{BA} = [\delta \vec{r}_A]_{BA} \quad \Rightarrow \quad [\delta \vec{r}_B]_{BA} = \delta r_A \cos\frac{\theta}{2}$$

根据虚位移原理（虚功方程），有

$$m\vec{g}\cdot\delta\vec{r}_C + \vec{F}_k \cdot \delta\vec{r}_B = 0 \Rightarrow mg\cdot\delta r_C\cos\theta - F_k\cdot[\delta r_B]_{BA}=0 \Rightarrow$$

$$mg\cdot\frac{1}{2}\delta r_A\cos\theta - F_k\cdot\delta r_A\cos\frac{\theta}{2}=0 \Rightarrow$$

$$\left(\frac{1}{2}mg\cos\theta - F_k\cos\frac{\theta}{2}\right)\cdot\delta r_A = 0$$

由 δr_A 任意性，得到

$$\frac{1}{2}mg\cos\theta - F_k\cos\frac{\theta}{2}=0 \Rightarrow \frac{1}{2}mg\cos\theta - k\lambda\cdot\cos\frac{\theta}{2}=0 \Rightarrow$$

$$\frac{1}{2}mg\cos\theta - k\cdot 2l\sin\frac{\theta}{2}\cdot\cos\frac{\theta}{2}=0 \Rightarrow$$

$$\tan\theta = \frac{mg}{2kl} \Rightarrow \theta = \arctan\frac{mg}{2kl}$$

11.3 习题及解答

11-5 在图示平面四连杆机构中，在杆 AB 上垂直地作用有三角形分布载荷，其最大集度为 q，在杆 OA 的中点作用有水平向左的主动力 $\vec{F}$，且 $F=ql$，若不计各构件自重和各接触处摩擦，为使系统在图示位置平衡，所需施加的作用于杆 BC 上的主动力偶矩 M 的值。

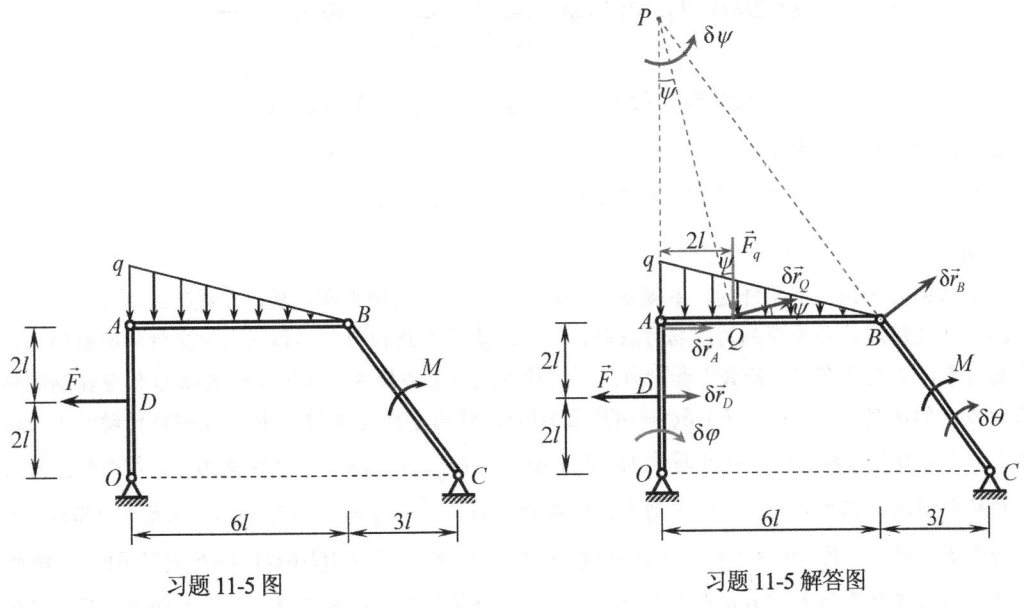

习题 11-5 图　　　　　习题 11-5 解答图

解：

（1）虚位移分析，如解答图所示，则

假设杆 OA 的虚转角为 $\delta\varphi$（转向顺时针）。

杆 OA：　　　　　　　$\delta r_D = 2l\,\delta\varphi$，　$\delta r_A = 4l\,\delta\varphi$

杆 AB：虚速度瞬心为点 P，则

$$\delta\psi = \frac{\delta r_A}{PA} = \frac{4l\delta\varphi}{8l} = \frac{1}{2}\delta\varphi$$

$$\delta r_Q = PQ \cdot \delta\psi = \sqrt{(2l)^2 + (8l)^2} \cdot \delta\psi = \sqrt{17}l\,\delta\psi \quad (\perp PQ)$$

$$\delta r_B = PB \cdot \delta\psi = 10l \cdot \delta\psi = 5l\delta\varphi \quad (\perp BC)$$

杆 BC:
$$\delta\theta = \frac{\delta r_B}{BC} = \frac{5l\delta\varphi}{5l} = \delta\varphi$$

（2）虚位移原理（虚功方程）。

$$F_q = \frac{1}{2} \cdot q \cdot 6l = 3ql \quad (\text{方向为铅垂向下，作用于距点}A\text{的距离为}2l\text{处的位置})$$

方法一：力矩式虚功方程

$$-F \cdot 2l \cdot \delta\varphi - F_q \cdot 2l \cdot \delta\psi + M \cdot \delta\theta = 0 \quad \Rightarrow$$

$$-ql \cdot 2l \cdot \delta\varphi - 3ql \cdot 2l \cdot \frac{1}{2}\delta\varphi + M \cdot \delta\varphi = 0 \quad \Rightarrow \quad (-5ql^2 + M)\delta\varphi = 0$$

由 $\delta\varphi$ 的任意性，得到

$$-5ql^2 + M = 0 \quad \Rightarrow \quad M = 5ql^2$$

方法二：力式虚功方程

$$-F \cdot \delta r_D - F_q \cdot \delta r_Q \sin\psi + M \cdot \delta\theta = 0 \quad \Rightarrow$$

$$-ql \cdot 2l\delta\varphi - 3ql \cdot \sqrt{17}l\delta\varphi \cdot \frac{2l}{\sqrt{(2l)^2 + (8l)^2}} + M \cdot \delta\varphi = 0 \quad \Rightarrow$$

$$-5ql^2\delta\varphi + M\delta\varphi = 0 \quad \Rightarrow \quad (-5ql^2 + M)\delta\varphi = 0$$

由 $\delta\varphi$ 的任意性，得到

$$-5ql^2 + M = 0 \quad \Rightarrow \quad M = 5ql^2$$

解析：

（1）机构的平衡是有条件的，本题就是要求机构在其给定的平衡位置，外载荷应满足的关系。

（2）在利用虚位移原理列写虚功方程时，"力的虚功"是指力对其作用点的虚位移所做的功，对于平面力系，其表述有"力矩式"和"力式"两种方式。①力矩式：作用于绕定轴 O 作虚转动刚体上的主动力 $\vec{F}$ 的虚功可写作 $M_O(\vec{F}) \cdot \delta\varphi = -(F \cdot 2l) \cdot \delta\varphi$，作用于绕速度瞬心 P 作虚瞬时转动的平面运动刚体上，三角形分布载荷的虚功可写作 $M_P(\vec{F}_q) \cdot \delta\psi = -(F_q \cdot 2l) \cdot \delta\psi$，以上两式为负，是因为力矩与虚转角的转向相反。②力的虚功式：主动力 $\vec{F}$ 的虚功可写作 $\vec{F} \cdot \delta\vec{r}_D = -F \cdot (2l \cdot \delta\varphi)$，三角形分布载荷的虚功可写作 $\vec{F}_q \cdot \delta\vec{r}_Q = -F_q \cdot \delta r_Q \sin\psi = -F_q \cdot (PQ \cdot \delta\psi)\sin\psi = -F_q \cdot (AQ \cdot \delta\psi) = -F_q \cdot (2l \cdot \delta\psi)$。由此可见，将"力的虚功"写成"力矩式"或"力式"是完全等价的，一般来说，如果主动力矢量和其作用点的虚位移矢量的几何关系简单明了，则两种写法都比较简便；如果主动力矢量和其作用点的虚位移矢量的几何关系比较复杂，则将"力的虚功"写作"力矩式"更为简单，这一点已从上面所述及的三角形分布载荷的虚功清晰可见。

11-9 在图示机构中，螺旋压榨机由直杆 OA、OB、AE、BH、ED、DH 相互铰接，构成边长为 a 和 b 的两个菱形框架，在铰链 A、B 的销钉上分别有光滑套筒 A 与螺母 B。连有手轮的丝杠穿在套筒 A

和螺母 B 中。当手轮转动时，装在点 D 的压板可压缩物体。已知作用在手轮上的力偶矩为 M，丝杠的螺距为 h，试求当菱形框架的顶角为 2α 时，被压物体所受到的压力的大小（不计各构件自重和各铰链处摩擦）。

解：

（1）分析系统。

机构受主动力偶 M 和主动力 $\vec{F}$ 的作用，如解答图所示。这是单自由度系统，约束许可手轮转动一圈时，丝杠移动一个螺距 h。

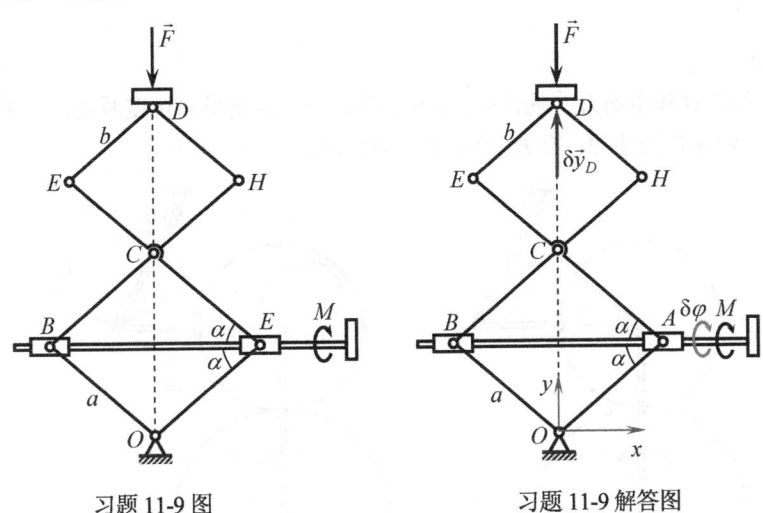

习题 11-9 图　　　　　　习题 11-9 解答图

（2）确定虚位移关系。

建立图示直角坐标 Oxy，则

$$x_A = a\cos\alpha \quad \Rightarrow \quad \delta x_A = -a\sin\alpha\,\delta\alpha, \quad y_D = 2(a+b)\sin\alpha \quad \Rightarrow \quad \delta y_D = 2(a+b)\cos\alpha\,\delta\alpha$$

所以

$$\delta y_D = -\frac{2(a+b)\cos\alpha}{a\sin\alpha}\cdot a\sin\alpha\,\delta\alpha = -\frac{2(a+b)\cos\alpha}{a\sin\alpha}\cdot\delta x_A = -\frac{2(a+b)}{a}\cot\alpha\cdot\delta x_A$$

而由机构传动的几何关系，可知

$$\frac{\delta\varphi}{2\pi} = -\frac{\delta x_A}{h} \quad \Rightarrow \quad \delta x_A = -\frac{h}{2\pi}\delta\varphi$$

则

$$\delta y_D = -\frac{2(a+b)}{a}\cot\alpha\cdot\left(-\frac{h}{2\pi}\delta\varphi\right) = \frac{(a+b)h}{\pi a}\cot\alpha\cdot\delta\varphi$$

（3）列写虚功方程并求解。

$$M\delta\varphi - F\delta y_D = 0 \quad \Rightarrow \quad M\delta\varphi - F\cdot\frac{(a+b)h}{\pi a}\cot\alpha\,\delta\varphi = 0 \quad \Rightarrow \quad \left[M - F\cdot\frac{(a+b)h}{\pi a}\cot\alpha\right]\delta\varphi = 0$$

由 $\delta\varphi$ 的任意性，得到

$$M = F\frac{(a+b)h}{\pi a}\cot\alpha \quad \Rightarrow \quad F = \frac{\pi a}{(a+b)h}\tan\alpha\cdot M$$

解析：

（1）本题是单自由度机构平衡的问题。由于该机构在运动过程中关于 y 轴对称，约束条件允许压

板 D 只沿铅垂方向有虚位移 $\delta \vec{y}_D$，压力 $\vec{F}$ 对该虚位移做虚功为 $\vec{F} \cdot \delta \vec{y}_D = -F \cdot \delta y_D$。由此可见，本题的虚位移分析适合于用"解析法"，如果用"几何法——虚位移矢量法"来分析虚位移就麻烦得多了。

（2）用"解析法"分析确定手轮的虚转角 $\delta \varphi$ 与套筒 A 的水平移动虚位移 δx_A 之间的关系，以及套筒 A 的水平移动虚位移 δx_A 与压板 D 的铅垂位移 δy_D 之间的关系是求解问题的关键。

11-10 图示位于同一水平面内机构，点 B 作用一已知力 $\vec{F}$，方向如图所示，为使机构在 $BC \perp OA$，$\angle ABO_1 = 2\alpha$ 的位置保持平衡，而需在长为 l 的曲柄 OA 上加一力偶矩为 M 的力偶，不计铰链 O、A、C、B、O_1 处摩擦，试求此力偶矩 M 的大小（已知 $O_1B = 2l/3$，$BC = r$）。

解：

（1）分析系统。

机构受主动力偶 M 和主动力 $\vec{F}$ 的作用，如解答图所示。这是单自由度系统，约束许可杆 OA、杆 O_1B 作定轴转动，轮 A 作纯滚动，杆 BC 作平面一般运动。

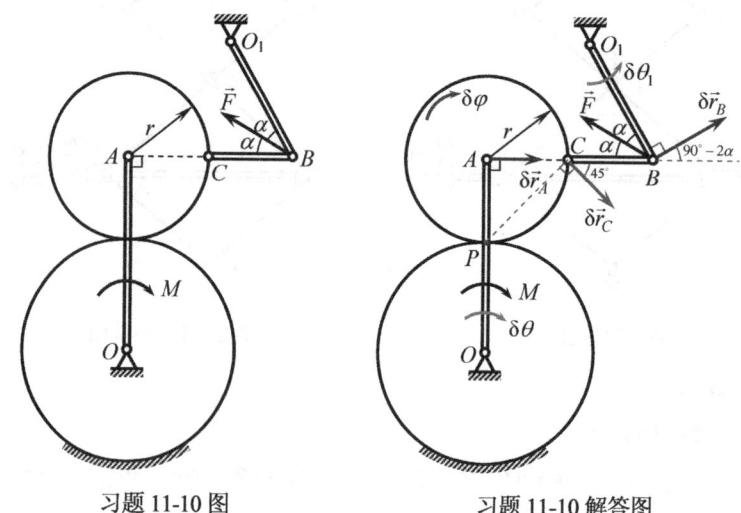

习题 11-10 图　　　　习题 11-10 解答图

（2）确定虚位移关系。

设杆 OA 的虚转角为 $\delta\theta$，转向为顺时针，如解答图所示。

杆 OA：
$$\delta r_A = OA \cdot \delta\theta = l\delta\theta$$

轮 A：
$$\delta r_A = PA \cdot \delta\varphi = r\delta\varphi, \quad \delta r_C = PC \cdot \delta\varphi = \sqrt{2}r\delta\varphi$$

所以
$$\delta\varphi = \frac{l}{r}\delta\theta, \quad \delta r_C = \sqrt{2}r \cdot \frac{l}{r}\delta\theta = \sqrt{2}l\delta\theta$$

杆 BC：
$$[\delta\vec{r}_C]_{CB} = [\delta\vec{r}_B]_{CB} \Rightarrow \delta r_C \cos 45° = \delta r_B \cos(90° - 2\alpha) \Rightarrow$$
$$\delta r_B = \frac{\cos 45°}{\cos(90° - 2\alpha)}\delta r_C = \frac{\sqrt{2}}{2\sin 2\alpha} \cdot \sqrt{2}l\delta\theta = \frac{l}{\sin 2\alpha}\delta\theta$$

杆 O_1B：
$$\delta r_B = O_1B \cdot \delta\theta_1 \Rightarrow \delta\theta_1 = \frac{\delta r_B}{O_1B} = \frac{l}{O_1B \sin 2\alpha}\delta\theta$$

（3）列写虚功方程并求解。

$$M \cdot \delta\theta - F \cdot O_1B \sin\alpha \cdot \delta\theta_1 = 0 \Rightarrow M \cdot \delta\theta - F \cdot O_1B \sin\alpha \cdot \frac{l}{O_1B \sin 2\alpha}\delta\theta = 0 \Rightarrow \left(M - \frac{Fl}{2\cos\alpha}\right)\delta\theta = 0$$

由 $\delta\theta$ 的任意性，得到

$$M = \frac{Fl}{2\cos\alpha}$$

可见，结果与 O_1B 的长度无关。

解析：

（1）由虚位移的分析易得知 $[\delta\vec{r}_A]_{AB} = [\delta\vec{r}_B]_{AB}$，但是该表达式并非"虚位移的投影定理"的表述，因为点 A 和点 B 不在同一刚体上，所以不用应用"虚位移的投影定理"，这只是一种巧合。因为对轮 A 有 $[\delta\vec{r}_A]_{AC} = [\delta\vec{r}_C]_{AC}$，对杆 BC 有 $[\delta\vec{r}_C]_{CB} = [\delta\vec{r}_B]_{CB}$，恰巧 AC、CB 在同一条水平直线上，所以才有 $[\delta\vec{r}_A]_{AC} = [\delta\vec{r}_B]_{CB}$。

（2）由于在求解过程中未用到 $O_1B = \frac{2}{3}l$ 和 $BC = r$ 的条件，所以杆 O_1B 和杆 BC 的长度可以是任意给定的确定值。但若用虚速度瞬心法求杆 BC 的虚转角，并进一步确定点 B 虚位移大小，则这两个长度都会用到。

（3）题解中为了应用虚位移原理，假定圆盘为虚纯滚动，是为了保证系统为理想约束系统，否则摩擦力会做虚功，系统的自由度也变为 2 个了。

11-12 如图所示，半径为 r 的圆轮放在粗糙水平地面上，连杆 AB 的两端分别与轮缘上的点 A 和滑块 B 光滑铰接，现在圆轮上施加其矩为 M 的主动力偶，在滑块上施加水平向右主动力 $\vec{F}$，使系统在图示位置（B、A、D 成一直线并与水平线夹角为 $\varphi = 30°$）时处于静止状态，设力 $\vec{F}$ 为已知，忽略滚动摩阻力偶和各构件的重量以及水平滑道对滑块 B 的摩擦，试求主动力偶矩 M 的值及地面对圆轮的摩擦力。

解：

（1）虚位移分析，如解答图所示。

假设圆盘在粗糙的地面上有顺时针转向的虚转角 $\delta\theta$ 和水平向右的滑动虚位移 δx，则 $\delta\vec{r}_A = \delta\vec{r}_E + \delta\vec{r}_{AE}$，其中 $\delta r_E = \delta x$，$\delta r_{AE} = EA \cdot \delta\theta = 2r\cos\varphi\,\delta\theta$

杆 AB：
$$[\delta\vec{r}_A]_{AB} = [\delta\vec{r}_B]_{AB} \Rightarrow [\delta\vec{r}_E + \delta\vec{r}_{AE}]_{AB} = [\delta\vec{r}_B]_{AB} \Rightarrow$$

$$[\delta\vec{r}_E]_{AB} + [\delta\vec{r}_{AE}]_{AB} = [\delta\vec{r}_B]_{AB} \Rightarrow \delta x\cos\varphi + \delta r_{AE} = \delta r_B \cos\varphi \Rightarrow$$

$$\delta x\cos\varphi + 2r\cos\varphi\,\delta\theta = \delta r_B \cos\varphi \Rightarrow \delta r_B = \delta x + 2r\,\delta\theta$$

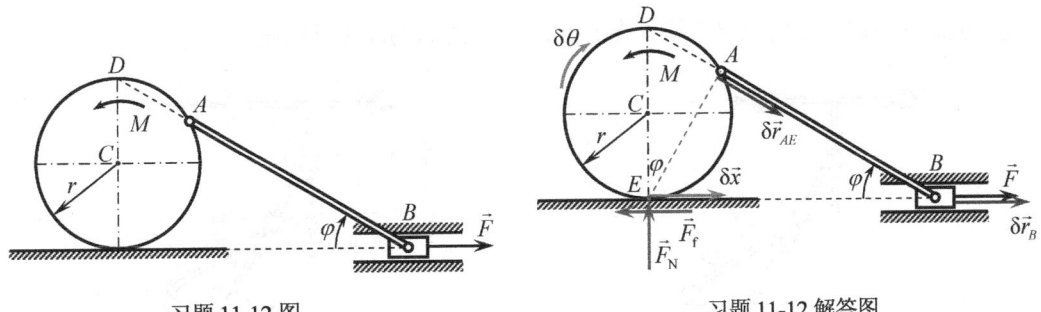

习题 11-12 图　　　　　　习题 11-12 解答图

（2）虚位移原理（虚功方程）。

$-M\delta\theta - F_f \cdot \delta x + F \cdot \delta r_B = 0 \Rightarrow -M\delta\theta - F_f \cdot \delta x + F \cdot (\delta x + 2r\,\delta\theta) = 0 \Rightarrow (M - 2Fr)\delta\theta + (F_f - F)\delta x = 0$，

由 $\delta\theta$、δx 相互独立且具有任意性，得到

$$\begin{cases} M - 2Fr = 0 \\ F_f - F = 0 \end{cases} \Rightarrow \begin{cases} M = 2Fr \\ F_f = F \quad (\leftarrow) \end{cases}$$

解析：

（1）本题是讨论两自由度机构的条件平衡问题。

（2）假想圆轮 C 在粗糙水平地面上不是作纯滚动而是连滚带滑的平面运动，其与水平地面之间的摩擦约束为非理想约束，该约束力为作负虚功的动摩擦力，可将其视为主动力来处理即可。

（3）由于虚位移原理中所给出的虚位移是为约束所允许的任意一组虚位移，且系统的各广义坐标相互独立，所以两自由度问题也可以变成单自由度求解，解答如下：

令 $\delta\theta \neq 0$，$\delta x = 0$，相当于圆轮在水平地面上作虚纯滚动，则 $\delta r_A = EA \cdot \delta\theta = \sqrt{3}r\delta\theta$ （方向垂直于 EA 斜向下），而对于杆 AB 有 $[\delta\vec{r}_A]_{AB} = [\delta\vec{r}_B]_{AB}$ $\Rightarrow$ $\delta r_B = \dfrac{\delta r_A}{\cos 30°} = 2r \cdot \delta\theta$，虚功方程为 $-M\delta\theta + F \cdot \delta r_B = 0$ $\Rightarrow$ $M = 2Fr$；

再令 $\delta\theta = 0$，$\delta x \neq 0$，相当于圆轮在水平地面上只滑不滚（虚平移），则 $\delta r_A = \delta x$ （→），$\delta r_B = \delta r_A = \delta x$ （→），虚功方程为 $-F_f \cdot \delta x + F \cdot \delta r_B = 0$ $\Rightarrow$ $F_f = F$。

11-14 图示刨床平面机构由曲柄 O_1A、摇杆 O_2B、套筒 A 和 B 及 T 形杆组成。当曲柄 O_1A 绕轴 O_1 转动时，借助套筒 A 可带动摇杆 O_2B 绕轴 O_2 摆动，摇杆借助套筒 B 可带动 T 形杆作水平直线平移，已知 $O_1A = O_1O_2 = r$，$O_2B = l$，系统在主动力偶（其矩为 M）和主动力 $\vec{F}$ 的作用下于图示位置处于平衡状态，若不计各构件自重和各接触处摩擦，试求 M 和 F 应满足的关系。

解法一：几何法——虚位移矢量法

（1）虚位移分析，如解答图(a)所示。

假设杆 O_1A 有虚转角 $\delta\varphi$ （逆时针），则 $\delta r_A = r\delta\varphi$。

① 动点：杆 O_1A 上的点 A；动系：与杆 O_2B 固连。

$$\begin{array}{cccccc} & \delta\vec{r}_a^{(1)} & = & \delta\vec{r}_e^{(1)} & + & \delta\vec{r}_r^{(1)} \\ \text{大小} & \delta r_A = r\delta\varphi & & \sqrt{3}r \cdot \delta\theta & & ? \\ \text{方向} & \downarrow & & \perp O_2B & & // O_2B \end{array}$$

由几何关系，得到

$$\delta r_e^{(1)} = \delta r_a^{(1)} \sin 60° \Rightarrow \sqrt{3}r\delta\theta = r\delta\varphi \cdot \frac{\sqrt{3}}{2} \Rightarrow \delta\theta = \frac{1}{2}\delta\varphi$$

② 动点：杆 O_2B 上的点 B（套筒 B 上的点 B）；动系：与 T 形杆固连。

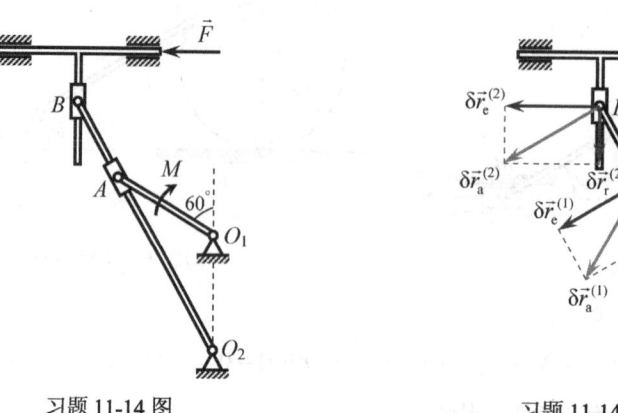

习题 11-14 图   习题 11-14 解答图(a)

$$\begin{array}{cccc} & \delta\vec{r}_{a}^{(2)} & = & \delta\vec{r}_{e}^{(2)} & + & \delta\vec{r}_{r}^{(2)} \\ \text{大小} & l\delta\theta & & \delta r_{e}^{(2)}? & & ? \\ \text{方向} & \perp O_2B & & \leftarrow & & \downarrow \end{array}$$

由几何关系，得到

$$\delta r_a^{(2)} \sin 60° = \delta r_e^{(2)} \quad \Rightarrow \quad l\delta\theta \cdot \frac{\sqrt{3}}{2} = \delta r_e^{(2)} \quad \Rightarrow \quad \delta r_e^{(2)} = \frac{\sqrt{3}}{2}l\delta\theta = \frac{\sqrt{3}}{4}l\delta\varphi$$

（2）虚位移原理（虚功方程）。

$$-M \cdot \delta\varphi + F \cdot \delta r_e^{(2)} = 0 \quad \Rightarrow \quad -M \cdot \delta\varphi + F \cdot \frac{\sqrt{3}}{4}l\delta\varphi = 0 \quad \Rightarrow \quad \left(-M + \frac{\sqrt{3}}{4}Fl\right)\delta\varphi = 0$$

由 $\delta\varphi$ 的任意性，得到

$$-M + \frac{\sqrt{3}}{4}Fl = 0 \quad \Rightarrow \quad M = \frac{\sqrt{3}}{4}Fl$$

解法二：解析法——坐标和几何关系通式的等时变分法

将机构置于一般位置，假设曲柄 O_1A 与铅垂线的夹角为 φ（逆时针），则摇杆 O_2B 与铅垂线的夹角为 $\frac{1}{2}\varphi$，如解答图(b)所示。

建立如图所示直角坐标系 O_2xy，则 T 形杆上的点 B 的 x 坐标为

$$x_B = l\sin\frac{\varphi}{2} \quad \Rightarrow \quad \delta x_B = \frac{1}{2}l\cos\frac{\varphi}{2}\delta\varphi$$

虚位移原理（虚功方程）：

$$F \cdot \delta x_B - M \cdot \delta\varphi = 0 \quad \Rightarrow \quad F \cdot \left(\frac{1}{2}l\cos\frac{\varphi}{2}\delta\varphi\right) - M \cdot \delta\varphi = 0$$

$$\Rightarrow \left(\frac{1}{2}Fl\cos\frac{\varphi}{2} - M\right) \cdot \delta\varphi = 0$$

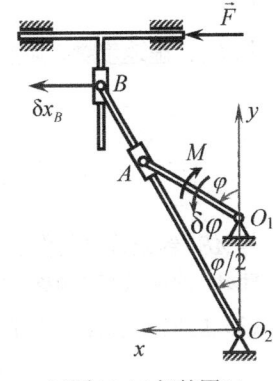

习题 11-14 解答图(b)

由 $\delta\varphi$ 的任意性，得到

$$\frac{1}{2}Fl\cos\frac{\varphi}{2} - M = 0 \quad \Rightarrow \quad M = \frac{1}{2}Fl\cos\frac{\varphi}{2} \quad \text{（任意瞬时都成立的含有广义坐标的一般表达式）}$$

当 $\varphi = 60°$ 时，则有

$$M = \frac{1}{2}Fl\cos\frac{60°}{2} = \frac{1}{2}Fl\cos 30° = \frac{\sqrt{3}}{4}Fl \quad \text{（系统处于平衡位置所满足的条件）}$$

解析：

（1）用"几何法——虚位移矢量法"分析虚位移时（解法一），由于系统中套筒 A 和 B 分别相对于摇杆 O_2B 和 T 形杆作直线运动，因此在计算分析虚位移要应用"复合运动"的知识在图示位置（瞬时性）选取"两个动点"和"两个动系"。

（2）用"解析法——坐标通式与几何关系通式的等时变分法"时（解法二），务必将系统置于一般位置（普适性），以便对坐标通式及几何关系通式进行等时变分计算，从而得到虚位移关系，再利用"虚位移原理"列写虚功方程，此时所列写的虚功方程也为通式（含有广义坐标的一般表达式），然后再将系统的平衡位置的广义坐标的值代入上述"含有广义坐标的一般表达式的虚功方程"，便得到机构在平衡位置的平衡条件。

11-23 在图示平面机构中，$OA = BC = AE = 3l$，杆 OA 与杆 BC 在 D 处以销钉相连，且 $AD = DC = l$，

杆 AE 的 E 端固连一挡板，在挡板和铰链 C 之间连接一刚度系数为 k 的弹簧，O、B 两点处于同一水平线上，在铰链 A 处铅垂地作用一主动力 $\vec{F}$，若不计各构件自重和各接触处摩擦，当 $\theta = 30°$ 时系统处于平衡状态，试求此时弹簧的变形量。

解法一：几何法——虚位移矢量法

（1）去掉弹簧，施加一对大小相等、方向相反的弹簧力 $\vec{F}_k$、$\vec{F}_k'$，如解答图(a)所示。

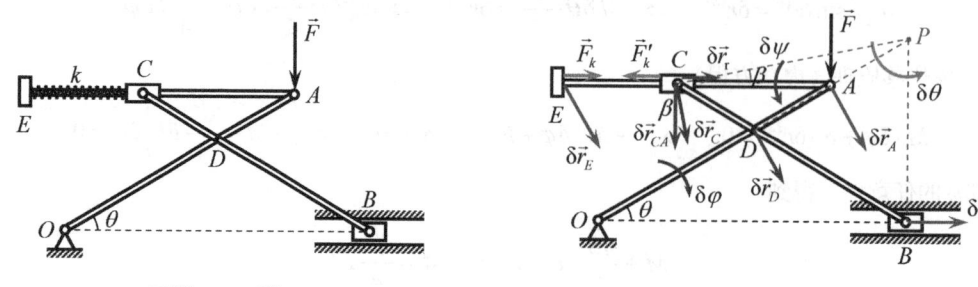

习题 11-23 图　　　　　　　　习题 11-23 解答图(a)

（2）虚位移分析，假想杆 OA 发生一顺时针转向的虚转角 $\delta\varphi$，则

杆 OA：　　　　　　　　$\delta r_D = 2l\,\delta\varphi$，　$\delta r_A = 3l\,\delta\varphi$

杆 BC：虚速度瞬心为点 P，则

$$\delta\theta = \frac{\delta r_D}{PD} = \frac{2l\,\delta\varphi}{2l} = \delta\varphi$$

$$\delta r_C = PC \cdot \delta\theta = \sqrt{(2l)^2 + (3l)^2 - 2 \cdot 2l \cdot 3l \cos 60°} \cdot \delta\theta = \sqrt{7}l\,\delta\varphi$$

杆 AE：约束许可其虚平移（因为点 A 与点 E 始终处于同一高度，即杆 AE 始终处于水平方位），所以杆 AE 的虚转角为 $\delta\psi = 0$，$\delta\vec{r}_E = \delta\vec{r}_A$，$\delta r_E = \delta r_A = 3l\,\delta\varphi$

（3）虚位移原理（虚功方程）。

$$F \cdot \delta r_A \cos 30° - F_k \cdot \delta r_C \sin\beta + F_k \cdot \delta r_E \cos 60° = 0 \quad \Rightarrow$$

$$F \cdot 3l\,\delta\varphi \cdot \frac{\sqrt{3}}{2} - F_k \cdot \sqrt{7}l\,\delta\varphi \cdot \frac{\sqrt{7}}{14} + F_k \cdot 3l\,\delta\varphi \cdot \frac{1}{2} = 0 \quad \Rightarrow \quad \left(\frac{3\sqrt{3}}{2}F + F_k\right)\delta\varphi = 0$$

由 $\delta\varphi$ 的任意性，得到

$$\frac{3\sqrt{3}}{2}F + F_k = 0 \quad \Rightarrow \quad F_k = -\frac{3\sqrt{3}}{2}F$$

则弹簧的变形量为

$$\lambda = \frac{F_k}{k} = -\frac{3\sqrt{3}}{2}\frac{F}{k} \quad （负号表示弹簧受压）$$

解法二：解析法——坐标通式和几何关系通式的等时变分法

（1）去掉弹簧，施加一对大小相等、方向相反的弹簧力 $\vec{F}_k$ 和 $\vec{F}_k'$，如解答图(b)所示。

（2）虚位移分析。

建立如解答图(b)所示直角坐标系 Oxy，将系统置于一般位置，杆 OA 与水平线之间的夹角为 θ，则

$y_A = OA\sin\theta = 3l\sin\theta$，　　　　　　　　$\delta y_A = 3l\cos\theta\,\delta\theta$

$x_C = OB - BC\cos\theta = 4l\cos\theta - 3l\cos\theta = l\cos\theta$，　　　　$\delta x_C = -l\sin\theta\,\delta\theta$

$$x_E = -(AE - x_A) = -(3l - 3l\cos\theta) = 3l(\cos\theta - 1), \qquad \delta x_E = -3l\sin\theta\,\delta\theta$$

(3) 虚位移原理（虚功方程）。

$$-F\cdot\delta y_A - F_k\cdot\delta x_C + F_k\cdot\delta x_E = 0 \Rightarrow -F\cdot 3l\cos\theta\,\delta\theta - F_k\cdot(-l\sin\theta\,\delta\theta) + F_k\cdot(-3l\sin\theta\,\delta\theta) = 0 \Rightarrow$$

$$(-3F\cos\theta - 2F_k\sin\theta)\delta\theta = 0$$

由 $\delta\theta$ 的任意性，得到

$$-3F\cos\theta - 2F_k\sin\theta = 0 \Rightarrow F_k = -\frac{3}{2}F\cot\theta$$

当 $\theta = 30°$ 时

$$F_k = -\frac{3}{2}F\cot 30° = -\frac{3\sqrt{3}}{2}F$$

则弹簧的变形量为

$$\lambda = \frac{F_k}{k} = -\frac{3\sqrt{3}}{2}\frac{F}{k}\quad（负号表示弹簧受压）$$

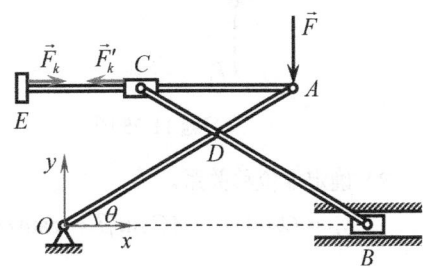

习题 11-23 解答图(b)

解析：

(1) 解除弹簧后施加一对等值反向的弹簧力（假设弹簧受拉），该机构为单自由度机构，其中作用于点 E 和套筒 C 上的弹簧力均做虚功，且两者的虚功不相等。

(2) 在解法一中用"几何法——虚位移矢量法"进行虚位移分析时，可直观判定杆 AE 作虚平移，杆 AE 的虚转角 $\delta\psi = 0$。

还可以利用"复合运动"的虚位移法求得杆 AE 的虚转角，方法如下：

动点：套筒 C（杆 BC 上的点 C）；动系：与杆 AE 固连。

	$\delta\vec{r}_a$	$= \delta\vec{r}_e + \delta\vec{r}_r$	$= \delta\vec{r}_A$	$+ \delta\vec{r}_{CA}$	$+ \delta\vec{r}_r$
大小	δr_C		$3l\,\delta\varphi$	$\sqrt{3}l\,\delta\psi$	?
方向	$\perp PC$		$\perp OA$	$\perp AC$	$//AC$

沿 y 轴向上投影，得到

$$-\delta r_C \cos\beta = -\delta r_A \cos 30° - \delta r_{CA} \Rightarrow$$

$$-\sqrt{7}l\,\delta\varphi \cdot \frac{\frac{3\sqrt{3}}{2}l}{\sqrt{7}l} = -3l\,\delta\varphi \cdot \frac{\sqrt{3}}{2} - \sqrt{3}l\,\delta\psi \Rightarrow \delta\psi = 0\text{（即杆 }AE\text{ 作虚平移）}$$

由此可见，利用"复合运动"的虚速度法求杆 AE 的虚转角比较烦琐，但对于概念的理解还是有帮助的。

11-25 如图所示，由四根杆组成的机构处于同一铅垂平面内。其中 $AB = CD$，$AC = BD = c$。杆 AB 可绕杆上点 O 转动，且 $OA = a$，$OB = b$。今在点 C 作用一铅垂力 $\vec{F}_1$，在点 D 作用一水平力 $\vec{F}_2$，使机构处于平衡状态。试问此时杆 AB、AC 与水平线的夹角 α、β 各等于多少？不计各杆自重和各接触处摩擦。

解：

(1) 分析系统。

机构受主动力 $\vec{F}_1$、$\vec{F}_2$ 的作用，如解答图(a)所示。这是两个自由度系统。建立如解答图(a)所示直角坐标系 Oxy，取广义坐标为 α、β。

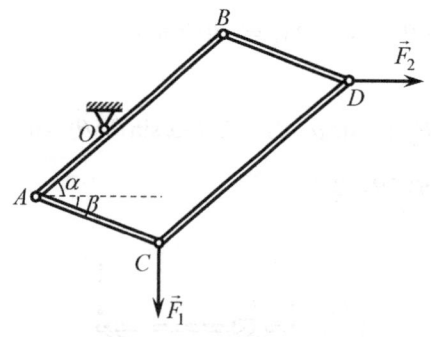
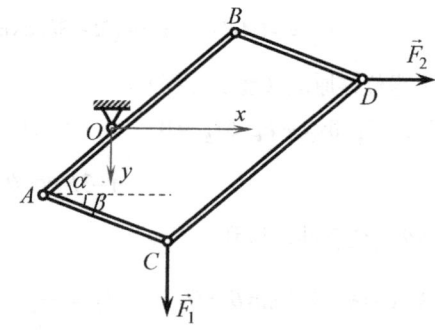

习题 11-25 图   习题 11-25 解答图(a)

（2）确定虚位移关系。

$$y_C = OA\sin\alpha + AC\sin\beta = a\sin\alpha + AC\sin\beta \Rightarrow \delta y_C = a\cos\alpha\,\delta\alpha + AC\cos\beta\,\delta\beta$$

$$x_D = OB\cos\alpha + BD\cos\beta = b\cos\alpha + AC\cos\beta \Rightarrow \delta x_D = -b\sin\alpha\,\delta\alpha - AC\sin\beta\,\delta\beta$$

（3）列写和求解虚功方程。

$$F_1\delta y_C + F_2\delta x_D = 0 \Rightarrow (F_1 a\cos\alpha - F_2 b\sin\alpha)\delta\alpha + (F_1\cos\beta - F_2\sin\beta)c\,\delta\beta = 0$$

由 $\delta\alpha$，$\delta\beta$ 的任意性，得到

$$\begin{cases} F_1 a\cos\alpha - F_2 b\sin\alpha = 0 \\ F_1\cos\beta - F_2\sin\beta = 0 \end{cases} \Rightarrow \begin{cases} \tan\alpha = \dfrac{F_1 a}{F_2 b} \\ \tan\beta = \dfrac{F_1}{F_2} \end{cases} \Rightarrow \begin{cases} \alpha = \arctan\dfrac{F_1 a}{F_2 b} \\ \beta = \arctan\dfrac{F_1}{F_2} \end{cases}$$

解析：

（1）这是两个自由度的机构，给定主动力求平衡位置的问题。

（2）该系统受到完整、双侧、理想约束，取 α 和 β 为广义坐标，$\delta\alpha$ 和 $\delta\beta$ 为广义虚位移，两者相互独立，相对应的广义力分别为 $(F_1 a\cos\alpha - F_2 b\sin\alpha)$ 和 $(F_1\cos\beta - F_2\sin\beta)c$，该两个广义力分别为零即为系统保持静止平衡的充分必要条件。

（3）因为两个广义虚位移是相互独立的，可任意取值，所以本题还可以依次释放或限制两个自由度中其中一个自由度，将两个自由度的机构变成一个自由度的机构来处理，求解如下：

① 假设 $\delta\alpha \neq 0$，$\delta\beta = 0$，此时两个自由度的机构变为一个自由度的机构，杆 AB 和杆 CD 作虚定轴转动，杆 AC 和杆 BD 作虚平移，如解答图(b)所示。

$$\delta r_A = OA\cdot\delta\alpha = a\cdot\delta\alpha,\ \delta r_C = \delta r_A = a\cdot\delta\alpha,\ \delta r_B = OB\cdot\delta\alpha = b\cdot\delta\alpha,\ \delta r_D = \delta r_B = b\cdot\delta\alpha$$

$$\vec{F}_1\cdot\delta\vec{r}_C + \vec{F}_2\cdot\delta\vec{r}_D = 0 \Rightarrow F_1\cdot\delta r_C\cos\alpha - F_2\cdot\delta r_D\cos(90°-\alpha) = 0 \Rightarrow$$

$$F_1\cdot a\cdot\delta\alpha\cos\alpha - F_2\cdot b\cdot\delta\alpha\sin\alpha = 0 \Rightarrow (F_1 a\cos\alpha - F_2 b\sin\alpha)\delta\alpha = 0$$

由 $\delta\alpha$ 的任意性，得到

$$F_1 a\cos\alpha - F_2 b\sin\alpha = 0 \Rightarrow \alpha = \arctan\dfrac{F_1 a}{F_2 b}$$

② 假设 $\delta\alpha = 0$，$\delta\beta \neq 0$，此时两个自由度的机构变为一个自由度的机构，杆 AB 静止不动，杆 CD 作虚平移，杆 AC 和杆 BD 作虚定轴转动，如解答图(c)所示。

$$\delta r_C = AC\cdot\delta\beta = c\cdot\delta\beta,\ \delta r_D = BD\cdot\delta\beta = c\cdot\delta\beta$$

$$\vec{F}_1 \cdot \delta \vec{r}_C + \vec{F}_2 \cdot \delta \vec{r}_D = 0 \quad \Rightarrow \quad F_1 \cdot \delta r_C \cos\beta - F_2 \cdot \delta r_D \cos(90° - \beta) = 0 \quad \Rightarrow$$

$$F_1 \cdot c \cdot \delta\beta \cos\beta - F_2 \cdot c \cdot \delta\beta \sin\beta = 0 \quad \Rightarrow \quad (F_1 c \cos\beta - F_2 c \sin\beta)\delta\beta = 0$$

由 $\delta\beta$ 的任意性，得到

$$F_1 c \cos\beta - F_2 c \sin\beta = 0 \quad \Rightarrow \quad \beta = \arctan\frac{F_1}{F_2}$$

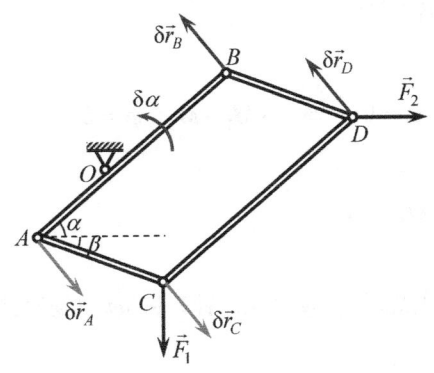

习题 11-25 解答图(b)

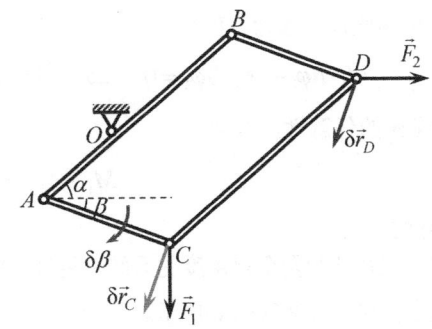

习题 11-25 解答图(c)

11-27 图示由 AB、CD、DE 三杆组成的平面系统中，$AC = CD = DE = l$，今在三杆上分别作用一力偶，并在图示位置平衡，若不计各构件自重和各接触处摩擦，已知 M_1，试求 M_2 和 M_3 的值。

解法一：

（1）该系统为两个自由度的系统。

（2）假想杆 CD 不转动（固定不动），则系统变为单自由度系统，如解答图(a)所示。

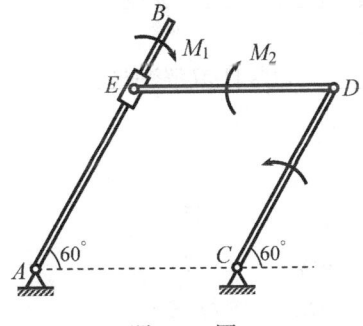

习题 11-27 图

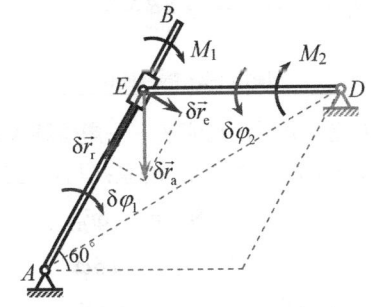

习题 11-27 解答图(a)

动点：杆 DE 上的点 E；动系：与杆 AB 固连。

$$\begin{array}{cccc} & \delta\vec{r}_a & = & \delta\vec{r}_e & + & \delta\vec{r}_r \\ \text{大小} & l\delta\varphi_2 & & l\delta\varphi_1 & & ? \\ \text{方向} & \perp DE & & \perp AE & & //AE \end{array}$$

由几何关系，得到

$$\delta r_a = 2\delta r_e \quad \Rightarrow \quad l\delta\varphi_2 = 2l\delta\varphi_1 \quad \Rightarrow \quad \delta\varphi_2 = 2\delta\varphi_1$$

虚位移原理（虚功方程）。

$$M_1 \cdot \delta\varphi_1 - M_2 \cdot \delta\varphi_2 = 0 \quad \Rightarrow \quad M_1 \cdot \delta\varphi_1 - M_2 \cdot 2\delta\varphi_1 = 0 \quad \Rightarrow \quad (M_1 - 2M_2)\delta\varphi_1 = 0$$

由 $\delta\varphi_1$ 的任意性，得到

$$M_1 - 2M_2 = 0 \quad \Rightarrow \quad M_2 = \frac{1}{2}M_1$$

（3）假想杆 DE 作平移（限制杆 DE 的转角位移），则系统变为单自由度系统，如解答图(b)所示。

$$\delta r_E = l\,\delta\varphi_1, \quad \delta r_D = l\,\delta\varphi_3$$

又

$$\delta\vec{r}_E = \delta\vec{r}_D \quad \Rightarrow \quad \delta\varphi_1 = \delta\varphi_3$$

虚位移原理（虚功方程）。

$$M_1 \cdot \delta\varphi_1 - M_3 \cdot \delta\varphi_3 = 0 \quad \Rightarrow \quad M_1 \cdot \delta\varphi_1 - M_3 \cdot \delta\varphi_1 = 0 \quad \Rightarrow \quad (M_1 - M_3)\delta\varphi_1 = 0$$

由 $\delta\varphi_1$ 的任意性，得到

$$M_1 - M_3 = 0 \quad \Rightarrow \quad M_3 = M_1$$

解法二：

（1）该系统为两个自由度的系统，将杆 AB 和杆 DE 的虚转角 $\delta\varphi_1$（顺时针）和 $\delta\varphi_2$（逆时针）作为广义虚位移，如解答图(c)所示。

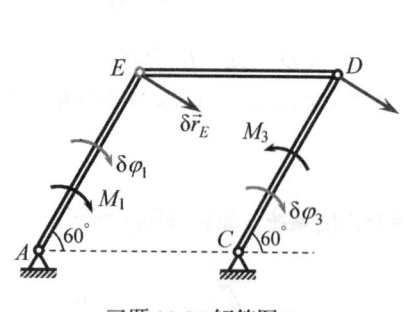

习题 11-27 解答图(b)

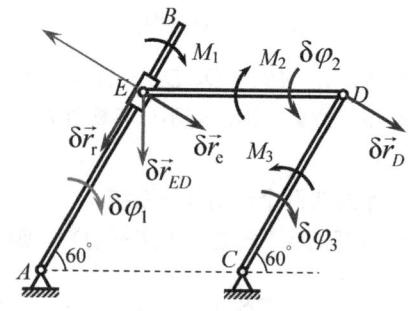

习题 11-27 解答图(c)

（2）虚位移分析，几何法——**虚位移矢量法**。

动点：杆 DE 上的点 E；动系：与杆 AB 固连。

$$\delta\vec{r}_a \;=\; \delta\vec{r}_D \;+\; \delta\vec{r}_{ED} \;=\; \delta\vec{r}_e \;+\; \delta\vec{r}_r$$

大小　　　　　$l\delta\varphi_3$　　　　$l\delta\varphi_2$　　　　$l\delta\varphi_1$　　　　?

方向　　　　　$\perp CD$　　　　$\perp DE$　　　　$\perp AE$　　　　$// AE$

沿 ξ 轴投影，得到

$$-\delta r_D - \delta r_{ED}\cos 60° = -\delta r_e \quad \Rightarrow \quad -l\delta\varphi_3 - l\delta\varphi_2 \cdot \frac{1}{2} = -l\delta\varphi_1 \quad \Rightarrow \quad \delta\varphi_3 = \delta\varphi_1 - \frac{1}{2}\delta\varphi_2$$

（3）虚位移原理（虚功方程）。

$$M_1 \cdot \delta\varphi_1 - M_2 \cdot \delta\varphi_2 - M_3 \cdot \delta\varphi_3 = 0 \quad \Rightarrow \quad M_1 \cdot \delta\varphi_1 - M_2 \cdot \delta\varphi_2 - M_3 \cdot \left(\delta\varphi_1 - \frac{1}{2}\delta\varphi_2\right) = 0 \quad \Rightarrow$$

$$(M_1 - M_3) \cdot \delta\varphi_1 + \left(-M_2 + \frac{1}{2}M_3\right) \cdot \delta\varphi_2 = 0$$

由 $\delta\varphi_1$ 和 $\delta\varphi_2$ 的任意性，得到

$$\begin{cases} M_1 - M_3 = 0 \\ -M_2 + \dfrac{1}{2}M_3 = 0 \end{cases} \Rightarrow \quad M_1 = M_3 = 2M_2$$

解析：

（1）取杆 AB 的虚转角 $\delta\varphi_1$ 和杆 DE 的虚转角 $\delta\varphi_2$ 为系统的广义虚位移，其对应的两个广义力分别为 $Q_1 = M_1 - M_3$ 和 $Q_2 = -M_2 + \dfrac{1}{2}M_3$，而两个广义力分别为零是系统保持静止平衡的充分必要条件。

（2）本题给出的两种解法，因为系统所具有的两个广义虚位移是相互独立的，在解法二中假设 $\delta\varphi_1 \neq 0$，$\delta\varphi_2 \neq 0$，即系统为两个自由度的机构；解法一中分别假设 $\delta\varphi_1 \neq 0$、$\delta\varphi_3 = 0$ 和 $\delta\varphi_1 \neq 0$、$\delta\varphi_2 = 0$，而将系统变为单自由度的机构。一般情况，对于多自由度系统，解法一比解法二简便。

11-28 图示系统处于同一铅垂平面内，滑块 A 可在水平滑槽中滑动，$AC=OC=CI=CB=BD=ID=DE=DG=EH=GH=l$，C、D 处为销钉相连，两根弹簧的刚度系数均为 k，且当 $\theta=30°$ 时都为原长。若不计各构件自重和各接触处摩擦，今在铰链 H 悬挂一自重为 P 的重物，试求机构平衡时的角度 θ。

解：

（1）去掉两根弹簧，分别施加两对大小相等、方向相反的弹簧力 $\vec{F}_{k1}$、$\vec{F}'_{k1}$ 和 $\vec{F}_{k2}$、$\vec{F}'_{k2}$，如解答图所示。

$$F_{k1} = F'_{k1} = k_1\lambda_1 = k(2l\sin\theta - l) = kl(2\sin\theta - 1)$$

$$F_{k2} = F'_{k2} = k_2\lambda_2 = k(2l\cos\theta - \sqrt{3}l) = kl(2\cos\theta - \sqrt{3})$$

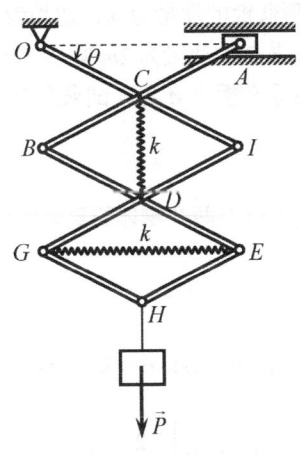
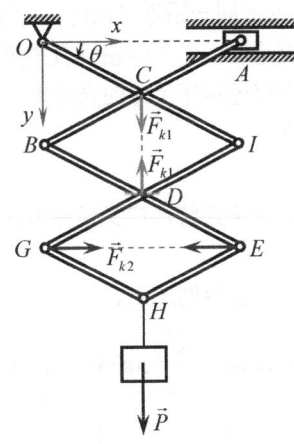

习题 11-28 图　　　　习题 11-28 解答图

（2）虚位移分析。

建立如解答图所示固定直角坐标系 Oxy，则

$$y_C = l\sin\theta \Rightarrow \delta y_C = l\cos\theta\,\delta\theta$$
$$y_D = 3l\sin\theta \Rightarrow \delta y_D = 3l\cos\theta\,\delta\theta$$
$$x_G = 0 \Rightarrow \delta x_G = 0$$
$$x_E = 2l\cos\theta \Rightarrow \delta x_E = -2l\sin\theta\,\delta\theta$$
$$y_H = 5l\sin\theta \Rightarrow \delta y_H = 5l\cos\theta\,\delta\theta$$

（3）虚位移原理（虚功方程）。

$$F_{k1} \cdot \delta y_C - F_{k1} \cdot \delta y_D + F_{k2} \cdot \delta x_G - F_{k2} \cdot \delta x_E + P \cdot \delta y_H = 0 \Rightarrow$$
$$F_{k1}(\delta y_C - \delta y_D) - F_{k2} \cdot \delta x_E + P \cdot \delta y_H = 0 \Rightarrow$$
$$F_{k1}(l\cos\theta\delta\theta - 3l\cos\theta\delta\theta) - F_{k2}(-2l\sin\theta\delta\theta) + P(5l\cos\theta\delta\theta) = 0 \Rightarrow$$
$$(-2F_{k1}\cos\theta + 2F_{k2}\sin\theta + 5P\cos\theta)\delta\theta = 0$$

由 $\delta\theta$ 的任意性，得到
$$-2F_{k1}\cos\theta + 2F_{k2}\sin\theta + 5P\cos\theta = 0 \Rightarrow$$
$$-2kl(2\sin\theta - 1)\cos\theta + 2kl(2\cos\theta - \sqrt{3})\sin\theta + 5P\cos\theta = 0 \Rightarrow$$
$$\tan\theta = \frac{2kl + 5P}{2\sqrt{3}kl} \Rightarrow \theta = \arctan\frac{2kl + 5P}{2\sqrt{3}kl} = \arctan\frac{\sqrt{3}(2kl + 5P)}{6kl}$$

解析：

（1）在系统内安置两根弹簧，其弹簧力属于做功的内力。将两根弹簧去掉后需分别施加一对大小相等、方向相反的弹簧力，此时可将这两对弹簧力视为做虚功的主动外力。

（2）由于本题所给机构的几何关系的复杂性，不适合用"几何法——虚位移矢量法"分析虚位移。

（3）由于在机构运动过程中，点 B、G 不离开 O、B、G 三点连线的铅垂位置，因此可判定点 B 虚位移 $\delta\vec{r}_B$ 和点 G 虚位移 $\delta\vec{r}_G$ 的方向均铅垂向下。

（4）该系统在运动过程中始终关于某铅垂轴对称（不同瞬时关于不同的铅垂轴对称），在用"解析法——坐标通式和几何关系通式的等时变分法"分析虚位移时，不要将坐标系建立在初始位置铅垂对称轴上，因为该机构运动至某一位置后不再关于初始位置的对称轴对称。

11-30 图示系统处于同一铅垂平面内，均质正方形薄板的质量为 m，边长为 a，其顶点 A、B 分别可沿固定光滑水平直槽和固定光滑铅垂直槽滑动，小球 D 的质量为 $2m/3$，用长度为 $l = 3a$ 的不可伸长，且质量不计的细绳跨过不计尺寸的光滑定滑轮 E 后系在板上 A 点，试求系统平衡时的角度 θ，并讨论平衡位置的稳定性。

解：

（1）该系统为单自由度系统，广义坐标为 θ，系统中仅有两个物体的重力做功，为有势力场（保守力场）。

（2）系统的势能，如解答图所示。

$$h_1 = a\cos\theta + \frac{\sqrt{2}}{2}a\sin(\theta - 45°), \quad h_2 = 3a - a - a\sin\theta = 2a - a\sin\theta$$

$$V = mgh_1 - \frac{2}{3}mgh_2 = mg\left[a\cos\theta + \frac{\sqrt{2}}{2}a\sin(\theta - 45°)\right] - \frac{2}{3}mg(2a - a\sin\theta)$$

$$= mga\left[\cos\theta + \frac{\sqrt{2}}{2}\sin(\theta - 45°)\right] - \frac{2}{3}mga(2 - \sin\theta)$$

（3）求广义力 Q。

$$Q = -\frac{dV}{d\theta} = -mga\left[-\sin\theta + \frac{\sqrt{2}}{2}\cos(\theta - 45°)\right] + \frac{2}{3}mga(-\cos\theta) = mga\left(\frac{1}{2}\sin\theta - \frac{7}{6}\cos\theta\right)$$

（4）确定系统的平衡位置。

令 $Q = -\frac{dV}{d\theta} = 0$，则 $mga\left(\frac{1}{2}\sin\theta - \frac{7}{6}\cos\theta\right) = 0 \Rightarrow \tan\theta = \frac{7}{3} \Rightarrow \theta = \arctan\frac{7}{3} = 66.8°$

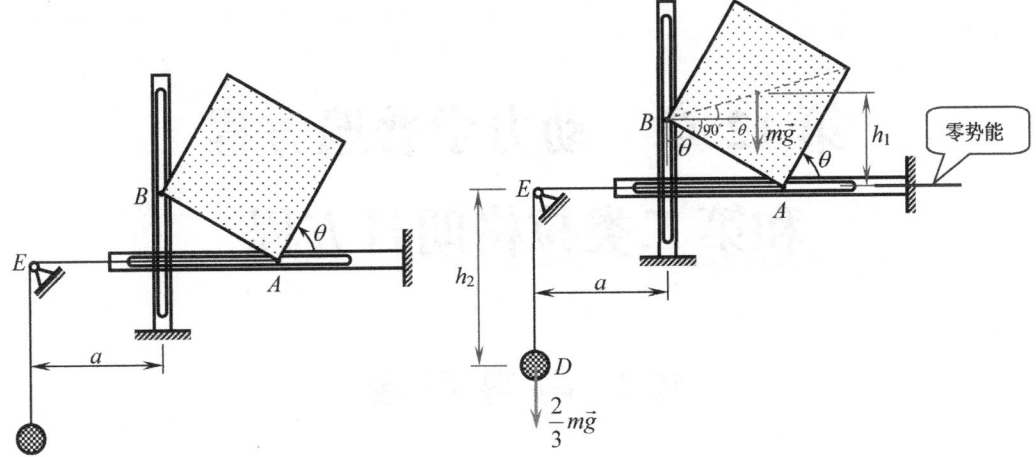

习题 11-30 图　　　　　　　　习题 11-30 解答图

（5）判断平衡的稳定性。

$$\frac{\mathrm{d}^2 V}{\mathrm{d}\theta^2} = \frac{\mathrm{d}}{\mathrm{d}\theta}\left[mga\left(\frac{7}{6}\cos\theta - \frac{1}{2}\sin\theta\right)\right] = -mga\left(\frac{7}{6}\sin\theta + \frac{1}{2}\cos\theta\right)$$

当 $\theta = \arctan\dfrac{7}{3} = 66.8°$ 时，$\dfrac{\mathrm{d}^2 V}{\mathrm{d}\theta^2} < 0$，不稳定平衡。

（6）结论。

$\theta = \arctan\dfrac{7}{3} = 66.8°$ 为平衡位置，但为不稳定平衡位置。

解析：

（1）这是关于"单自由度的有势（保守）系统的平衡位置及其稳定性"问题。

（2）正确计算系统的势能函数 V 是本题的关键。在该单自由度有势（保守）系统中有两个物体的重力做功，其系统的势能函数 V 可以表示为系统广义坐标 θ 的函数，首先说明"重力势能的零势能位置"，这是正确表述系统的势能函数 V 的前提，但无论选取"哪一个位置"为"重力势能的零势能位置"，其系统的势能函数仅相差一个常数，对本问题并无任何影响。

（3）对于"单自由度的有势（保守）系统"，其广义力 $Q = -\dfrac{\mathrm{d}V}{\mathrm{d}\theta}$，令 $Q = -\dfrac{\mathrm{d}V}{\mathrm{d}\theta} = 0$，可得到一个或多个平衡位置，在计算 $\dfrac{\mathrm{d}^2 V}{\mathrm{d}\theta^2}$ 后，将一个或多个平衡位置代入其中，若其结果大于零为稳定平衡；若其结果小于零为不稳定平衡。

第 12 章 动力学普遍方程和第二类拉格朗日方程

12.1 内容提要

12.1.1 动力学普遍方程（达朗贝尔-拉格朗日原理）

首先利用达朗贝尔原理将动力学问题转化为形式上的静力学问题，再用虚位移原理进行求解，其结果就是分析动力学中的达朗贝尔-拉格朗日原理：具有双侧、理想约束的非自由质点系在运动的任一瞬时，作用于其上的主动力系和惯性力系在系统的任何一组虚位移上所做的虚功之和等于零，即

$$\sum_{i=1}^{n}(\vec{F}_i + \vec{F}_{Ii}) \cdot \delta \vec{r}_i = 0 \quad \text{或} \quad \sum_{i=1}^{n}(\vec{F}_i - m_i \vec{a}_i) \cdot \delta \vec{r}_i = 0$$

上式建立了非自由质点系动力学的普遍规律，故又称其为动力学普遍方程，它是推导分析力学中各种动力学方程的基础。分析力学与牛顿-欧拉创建的矢量力学不同，它研究多自由度非自由质点系动力学所采用的物理量是质点系的动能、势能、广义力等标量，因而可以充分使用纯粹数学分析的方法进行研究，分析力学追求的是建立非自由度质点系动力学的一般理论和一般数学模型，对于各种具体力学问题，只要进行代入与展开，就能得到具体的结果。

由于在动力学普遍方程中不出现理想约束力，一般常选整个系统为研究对象，因此，必须首先判断系统的自由度数，选择合适的广义坐标；然后将系统中各质点或各刚体质心的加速度和各刚体的角加速度（注意：它们都是相对于惯性参考系的绝对加速度和绝对角加速度）用系统的广义加速度表示，并将主动力系和等效后的惯性力系所做虚功要用到的虚位移或虚转角（注意：它们也都是相对于惯性参考系的绝对虚位移或绝对虚转角）用系统的广义虚位移表示；最后由动力学普遍方程求得所需结果。利用动力学普遍方程可方便求得系统在给定位置的某点加速度或某刚体的角加速度等。

12.1.2 第二类拉格朗日方程

1. 第二类拉格朗日方程的基本形式

将动力学普遍方程应用到完整约束系统，首先将动力学普遍方程表示成广义坐标的形式，进而转化为能量的形式，利用完整约束系统各广义坐标的变分（即各广义虚位移）的相互独立性，可导出系统的第二类拉格朗日方程。对于具有 k 个自由度，其广义坐标为 $q_1, q_2, \cdots, q_k$ 的完整、双侧、理想约束系统，其第二类拉格朗日方程为

$$\frac{\mathrm{d}}{\mathrm{d}t}\left(\frac{\partial T}{\partial \dot{q}_j}\right) - \frac{\partial T}{\partial q_j} = Q_j \quad (j = 1, 2, \cdots, k)$$

式中，T 是质点系的动能，$\dot{q}_j$ 是广义速度，Q_j 是对应于广义坐标 q_j 的广义力。这是一个方程组，方

程的数目等于质点系的自由度数,它揭示了系统动能的变化与广义力之间的关系。第二类拉格朗日方程的形式规范、简捷,且非常易记,是一种简便有效并且具有普遍性的动力学建模方法。

2. 有势(保守)系统的第二类拉格朗日方程

如果系统所受的主动力均为有势力(保守力),此时系统的势能可表示为广义坐标的函数,即 $V = V(q_1, q_2, \cdots, q_k)$,利用 $Q_j = -\dfrac{\partial V}{\partial q_j}$ 可得

$$\frac{\mathrm{d}}{\mathrm{d}t}\left(\frac{\partial L}{\partial \dot{q}_j}\right) - \frac{\partial L}{\partial q_j} = 0 \ (j = 1, 2, \cdots, k)$$

式中,$L = T - V$ 为系统的动能与势能之差,常称为拉格朗日函数,有时也称为动势。上式常称为有势(保守)系统的第二类拉格朗日方程。

3. 用第二类拉格朗日方程解题与直接应用牛顿动力学方程解题的对比及注意事项

应用第二类拉格朗日方程解题,由于消去了全部理想约束力,可使系统的动力学独立方程的数目减少到最少;在建立方程的过程中只需要进行速度分析,而不必进行加速度分析(显然速度分析要比加速度分析简单很多),而且解题步骤统一规范,容易掌握,所以,大大简化了复杂质点系动力学问题的分析和求解过程;所得的动力学方程适用于系统的任意位置。但是,第二类拉格朗日方程中各项的物理意义不如牛顿动力学方程那样清晰明显,也不能像牛顿动力学方程那样求得理想约束力,对于单个物体或简单系统求解特定位置的动力学问题有时不用牛顿动力学方程简捷、方便。

应用第二类拉格朗日方程求解动力学问题的关键之一是选好系统的广义坐标,广义坐标是能完全确定完整约束系统位置的独立几何参数,其个数等于系统的自由度数。对于同一系统,广义坐标的选择并不唯一,既可以选择相对于惯性参考系的位移或转角为广义坐标,也可以选择相对于某动参考系的位移或转角为广义坐标,因此,系统广义坐标的选择有很大的灵活性,并具有一定的技巧性,选择系统广义坐标的基本原则是,使系统的动能 T 和势能 V(或广义力)的计算表达式尽可能简单。另外,在计算 $\dfrac{\mathrm{d}}{\mathrm{d}t}\left(\dfrac{\partial T}{\partial \dot{q}_j}\right)$ 或 $\dfrac{\mathrm{d}}{\mathrm{d}t}\left(\dfrac{\partial L}{\partial \dot{q}_j}\right)$ 时,对 $\dfrac{\partial T}{\partial \dot{q}_j}$ 或 $\dfrac{\partial L}{\partial \dot{q}_j}$ 中所有时间变量都必须对时间 t 求导,这是初学者很容易犯错的地方。

12.1.3 有势(保守)系统第二类拉格朗日方程的首次积分

1. 能量积分

当系统的主动力都为有势力、且拉格朗日函数 L 不显含时间 t 时,则第二类拉格朗日方程有广义能量积分。

$$\sum_{j=1}^{k} \frac{\partial L}{\partial \dot{q}_j} \dot{q}_j - L = T_2 - T_0 + V = \text{const}$$

式中,T_2 和 T_0 分别为系统动能的广义速度的二次齐次式和零次齐次式,当系统所受到的约束还为定常时,则有机械能守恒

$$T + V = \text{const}$$

2. 循环积分

当系统的主动力都为有势力,且拉格朗日函数不显含某一广义坐标 q_h 时,q_h 称为循环坐标,此时有循环积分

$$\frac{\partial L}{\partial \dot{q}_h} = \frac{\partial T}{\partial \dot{q}_h} = p_h = \text{const}$$

式中，p_h 称为广义动量。广义动量守恒将动量守恒定律和动量矩守恒定律都包括在内，但对于许多情形，广义动量守恒并不具有明显的物理意义。

首次积分又称为初积分或第一积分。利用首次积分可对微分方程组进行降阶，为第二类拉格朗日方程的求解打下了基础。如果有足够数量的首次积分，有时不用求积分便可找到问题的解；首次积分要比质点系的动力学普遍定理的守恒式更具一般性，这说明第二类拉格朗日方程在理论上要比动力学的三个守恒定律更具普遍意义。

12.2 思考题及解答

12-3 处于铅垂平面内的图示系统中，均质杆 AB 的质量为 m，长度为 l，滑块 A 的质量和接触处摩擦不计，若以图示 x 和 φ 为描述系统的广义坐标，则对应的广义力 Q_x 和 Q_φ 对图(a)、图(b)两种情况有区别吗？

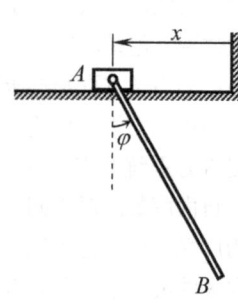

思考题 12-3 图(a)

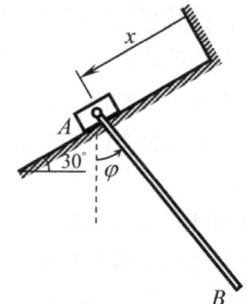

思考题 12-3 图(b)

解答：

(a) 如解答图(a)-(a)所示。

以杆 AB 的质心点 C 为动点，动系与滑块 A 固连。则

$$\delta \vec{r}_a = \delta \vec{r}_e + \delta \vec{r}_r, \quad \delta r_e = \delta x \;(\leftarrow), \quad \delta r_r = \frac{1}{2} l \cdot \delta \varphi \;(\perp AB)$$

系统的虚功之和为

$$\sum \delta' W = m\vec{g} \cdot \delta \vec{r}_a = m\vec{g} \cdot (\delta \vec{r}_e + \delta \vec{r}_r) = m\vec{g} \cdot \delta \vec{r}_r = -mg \cdot \delta r_r \sin\varphi = -mg \cdot \frac{1}{2} l \cdot \delta \varphi \sin\varphi = -\frac{1}{2} mgl\, \delta \varphi \sin\varphi$$

系统对应于广义坐标 x 和 φ 的广义力分别为

$$Q_x = \frac{\sum \delta' W}{\delta x} = 0, \quad Q_\varphi = \frac{\sum \delta' W}{\delta \varphi} = -\frac{1}{2} mgl \sin\varphi$$

(b) 如解答图(b)-(a)所示。

以杆 AB 的质心点 C 为动点，动系与滑块 A 固连。则

$$\delta \vec{r}_a = \delta \vec{r}_e + \delta \vec{r}_r, \quad \delta r_e = \delta x \;(\text{方向如图}), \quad \delta r_r = \frac{1}{2} l \cdot \delta \varphi \;(\perp AB)$$

系统的虚功之和为

$$\sum \delta'W = m\vec{g}\cdot\delta\vec{r}_a = m\vec{g}\cdot(\delta\vec{r}_e+\delta\vec{r}_r) = m\vec{g}\cdot(\delta\vec{x}+\delta\vec{r}_r)$$

$$= mg\cdot\delta x\sin 30° - mg\cdot\frac{1}{2}l\cdot\delta\varphi\sin\varphi = \frac{1}{2}mg\cdot\delta x - \frac{1}{2}mgl\cdot\delta\varphi\sin\varphi$$

系统对应于广义坐标 x 和 φ 的广义力分别为

$$Q_x = \frac{\sum\delta'W}{\delta x} = \frac{1}{2}mg, \quad Q_\varphi = \frac{\sum\delta'W}{\delta\varphi} = -\frac{1}{2}mgl\sin\varphi$$

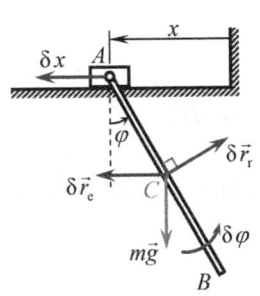
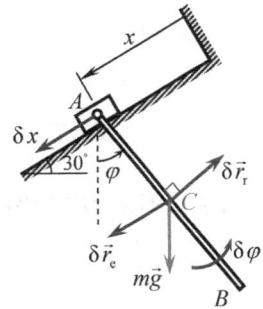

思考题 12-3 解答图(a)-(a)　　　　　　思考题 12-3 解答图(b)-(a)

12-6 图(a)所示两相同的均质物块（质量都为 m，长度都为 a）用刚度系数为 k、原长为 l 的弹簧相连，并将不计质量的弹簧拉伸一定的长度后将它们初始静止地放置于光滑水平面上，若用图示 x_1、x_2 分别表示两物块质心位置，试问系统运动时的循环坐标是（1）x_1；是（2）x_2；是（3）x_2-x_1；还是（4）x_1+x_2？若如图(b)所示将两物块换成两个质量都为 m、半径都为 r 的相同圆盘，盘心用弹簧相连，光滑地面改成粗糙地面，且已知圆盘能沿粗糙地面作纯滚动，则这时还有循环坐标吗？若有，两者的循环积分有什么区别吗？

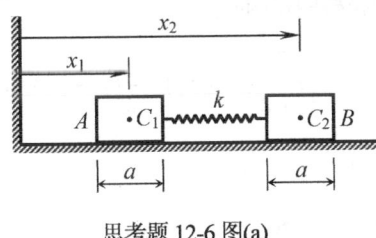

思考题 12-6 图(a)　　　　　　思考题 12-6 图(b)

解答：
如图(a)所示的情况：该系统为两个自由度的有势（保守）系统。
(a.1) 令 x_1、x_2 为广义坐标，则拉格朗日函数为

$$L = T - V = \frac{1}{2}m\dot{x}_1^2 + \frac{1}{2}m\dot{x}_2^2 - \frac{1}{2}k(x_2-x_1-a-l)^2$$

在拉格朗日函数 L 中显含广义坐标 x_1 和 x_2，所以广义坐标 x_1 和 x_2 不是循环坐标，不存在循环积分。

(a.2) 令 $y_1 = x_1$、$y_2 = x_2 - x_1$ 为广义坐标，则拉格朗日函数为

$$L = T - V = \frac{1}{2}m\dot{y}_1^2 + \frac{1}{2}m(\dot{y}_1+\dot{y}_2)^2 - \frac{1}{2}k(y_2-a-l)^2$$

在拉格朗日函数 L 中不显含广义坐标 y_1，$\dfrac{\partial L}{\partial y_1} = \dfrac{\partial L}{\partial x_1} = 0$，所以广义坐标 $y_1 = x_1$ 是循环坐标，其对应的循环积分为

$$\frac{\partial L}{\partial \dot{y}_1} = \frac{\partial}{\partial \dot{y}_1}\left[\frac{1}{2}m\dot{y}_1^2 + \frac{1}{2}m(\dot{y}_1 + \dot{y}_2)^2 - \frac{1}{2}k(y_2 - a - l)^2\right]$$
$$= 2m\dot{y}_1 + m\dot{y}_2 = 2m\dot{x}_1 + m(\dot{x}_2 - \dot{x}_1) = m(\dot{x}_1 + \dot{x}_2)$$

(a.3) 令 $y_1 = x_1$、$y_2 = x_1 + x_2$ 为广义坐标，则拉格朗日函数为

$$L = T - V = \frac{1}{2}m\dot{y}_1^2 + \frac{1}{2}m(\dot{y}_2 - \dot{y}_1)^2 - \frac{1}{2}k(y_2 - 2y_1 - a - l)^2$$

在拉格朗日函数 L 中显含广义坐标 $y_1 = x_1$ 和 $y_2 = x_1 + x_2$，所以广义坐标 $y_1 = x_1$ 和 $y_2 = x_1 + x_2$ 不是循环坐标，不存在循环积分。

(a.4) 令 $y_1 = x_2$、$y_2 = x_2 - x_1$ 为广义坐标，则拉格朗日函数为

$$L = T - V = \frac{1}{2}m(\dot{y}_1 - \dot{y}_2)^2 + \frac{1}{2}m\dot{y}_1^2 - \frac{1}{2}k(y_2 - a - l)^2$$

在拉格朗日函数 L 中不显含广义坐标 y_1，$\dfrac{\partial L}{\partial y_1} = \dfrac{\partial L}{\partial x_2} = 0$，所以广义坐标 $y_1 = x_2$ 是循环坐标，其对应的循环积分为

$$\frac{\partial L}{\partial \dot{y}_1} = \frac{\partial}{\partial \dot{y}_1}\left[\frac{1}{2}m(\dot{y}_1 - \dot{y}_2)^2 + \frac{1}{2}m\dot{y}_1^2 - \frac{1}{2}k(y_2 - a - l)^2\right]$$
$$= 2m\dot{y}_1 - m\dot{y}_2 = 2m\dot{x}_2 - m(\dot{x}_2 - \dot{x}_1) = m(\dot{x}_1 + \dot{x}_2)$$

(a.5) 令 $y_1 = x_2$、$y_2 = x_1 + x_2$ 为广义坐标，则拉格朗日函数为

$$L = T - V = \frac{1}{2}m(\dot{y}_2 - \dot{y}_1)^2 + \frac{1}{2}m\dot{y}_1^2 - \frac{1}{2}k(2y_1 - y_2 - a - l)^2$$

在拉格朗日函数 L 中显含广义坐标 $y_1 = x_2$ 和 $y_2 = x_1 + x_2$，所以广义坐标 $y_1 = x_2$ 和 $y_2 = x_1 + x_2$ 不是循环坐标，不存在循环积分。

(a.6) 令 $y_1 = x_1 + x_2$、$y_2 = x_2 - x_1$ 为广义坐标，则拉格朗日函数为

$$L = T - V = \frac{1}{2}m\left[\frac{1}{2}(\dot{y}_1 - \dot{y}_2)\right]^2 + \frac{1}{2}m\left[\frac{1}{2}(\dot{y}_1 + \dot{y}_2)\right]^2 - \frac{1}{2}k\left[\frac{1}{2}(y_1 + y_2) - \frac{1}{2}(y_1 - y_2) - a - l\right]^2$$
$$= \frac{1}{8}m(\dot{y}_1 - \dot{y}_2)^2 + \frac{1}{8}m(\dot{y}_1 + \dot{y}_2)^2 - \frac{1}{2}k(y_2 - a - l)^2$$

在拉格朗日函数 L 中不显含广义坐标 $y_1 = x_1 + x_2$，$\dfrac{\partial L}{\partial y_1} = \dfrac{\partial L}{\partial (x_1 + x_2)} = 0$，所以广义坐标 $y_1 = x_1 + x_2$ 是循环坐标，其对应的循环积分为

$$\frac{\partial L}{\partial \dot{y}_1} = \frac{\partial}{\partial \dot{y}_1}\left[\frac{1}{8}m(\dot{y}_1 - \dot{y}_2)^2 + \frac{1}{8}m(\dot{y}_1 + \dot{y}_2)^2 - \frac{1}{2}k(y_2 - a - l)^2\right] = \frac{1}{2}m\dot{y}_1 = \frac{1}{2}m(\dot{x}_1 + \dot{x}_2)$$

如图(b)所示的情况：该系统为两个自由度的有势（保守）系统。

(b.1) 令 x_1、x_2 为广义坐标，则拉格朗日函数为

$$L = T - V = \frac{1}{2}m\dot{x}_1^2 + \frac{1}{2}J_{C_1}\omega_1^2 + \frac{1}{2}m\dot{x}_2^2 + \frac{1}{2}J_{C_2}\omega_2^2 - \frac{1}{2}k(x_2 - x_1 - l)^2$$
$$= \frac{1}{2}m\dot{x}_1^2 + \frac{1}{2}\cdot\frac{1}{2}mr^2\cdot\left(\frac{\dot{x}_1}{r}\right)^2 + \frac{1}{2}m\dot{x}_2^2 + \frac{1}{2}\cdot\frac{1}{2}mr^2\cdot\left(\frac{\dot{x}_2}{r}\right)^2 - \frac{1}{2}k(x_2 - x_1 - l)^2$$
$$= \frac{3}{4}m\dot{x}_1^2 + \frac{3}{4}m\dot{x}_2^2 - \frac{1}{2}k(x_2 - x_1 - l)^2$$

在拉格朗日函数 L 中显含广义坐标 x_1 和 x_2，所以广义坐标 x_1 和 x_2 不是循环坐标，不存在循环积分。

(b.2) 令 $y_1 = x_1$、$y_2 = x_2 - x_1$ 为广义坐标，则拉格朗日函数为

$$L = T - V = \frac{3}{4}m\dot{y}_1^2 + \frac{3}{4}m(\dot{y}_1 + \dot{y}_2)^2 - \frac{1}{2}k(y_2 - l)^2$$

在拉格朗日函数 L 中不显含广义坐标 $y_1 = x_1$，$\dfrac{\partial L}{\partial y_1} = \dfrac{\partial L}{\partial x_1} = 0$，所以广义坐标 $y_1 = x_1$ 是循环坐标，其对应的循环积分为

$$\frac{\partial L}{\partial \dot{y}_1} = \frac{\partial}{\partial \dot{y}_1}\left[\frac{3}{4}m\dot{y}_1^2 + \frac{3}{4}m(\dot{y}_1 + \dot{y}_2)^2 - \frac{1}{2}k(y_2 - l)^2\right] = \frac{3}{2}m\dot{y}_1 + \frac{3}{2}m(\dot{y}_1 + \dot{y}_2)$$

$$= 3m\dot{y}_1 + \frac{3}{2}m\dot{y}_2 = 3m\dot{x}_1 + \frac{3}{2}m(\dot{x}_2 - \dot{x}_1) = \frac{3}{2}m(\dot{x}_1 + \dot{x}_2)$$

(b.3) 令 $y_1 = x_1$、$y_2 = x_1 + x_2$ 为广义坐标，则拉格朗日函数为

$$L = T - V = \frac{3}{4}m\dot{y}_1^2 + \frac{3}{4}m(\dot{y}_2 - \dot{y}_1)^2 - \frac{1}{2}k(y_2 - 2y_1 - l)^2$$

在拉格朗日函数 L 中显含广义坐标 $y_1 = x_1$ 和 $y_2 = x_1 + x_2$，所以广义坐标 $y_1 = x_1$ 和 $y_2 = x_1 + x_2$ 不是循环坐标，不存在循环积分。

(b.4) 令 $y_1 = x_2$、$y_2 = x_2 - x_1$ 为广义坐标，则拉格朗日函数为

$$L = T - V = \frac{3}{4}m(\dot{y}_1 - \dot{y}_2)^2 + \frac{3}{4}m\dot{y}_1^2 - \frac{1}{2}k(y_2 - l)^2$$

在拉格朗日函数 L 中不显含广义坐标 $y_1 = x_2$，$\dfrac{\partial L}{\partial y_1} = \dfrac{\partial L}{\partial x_2} = 0$，所以广义坐标 $y_1 = x_2$ 是循环坐标，其对应的循环积分为

$$\frac{\partial L}{\partial \dot{y}_1} = \frac{\partial}{\partial \dot{y}_1}\left[\frac{3}{4}m(\dot{y}_1 - \dot{y}_2)^2 + \frac{3}{4}m\dot{y}_1^2 - \frac{1}{2}k(y_2 - l)^2\right] = \frac{3}{2}m(\dot{y}_1 - \dot{y}_2) + \frac{3}{2}m\dot{y}_1 = 3m\dot{y}_1 - \frac{3}{2}m\dot{y}_2$$

$$= 3m\dot{x}_2 - \frac{3}{2}m(\dot{x}_2 - \dot{x}_1) = \frac{3}{2}m(\dot{x}_1 + \dot{x}_2)$$

(b.5) 令 $y_1 = x_2$、$y_2 = x_1 + x_2$ 为广义坐标，则拉格朗日函数为

$$L = T - V = \frac{3}{4}m(\dot{y}_2 - \dot{y}_1)^2 + \frac{3}{4}m\dot{y}_1^2 - \frac{1}{2}k(2y_1 - y_2 - l)^2$$

在拉格朗日函数 L 中显含广义坐标 $y_1 = x_2$ 和 $y_2 = x_1 + x_2$，所以广义坐标 $y_1 = x_2$ 和 $y_2 = x_1 + x_2$ 不是循环坐标，不存在循环积分。

(b.6) 令 $y_1 = x_1 + x_2$、$y_2 = x_2 - x_1$ 为广义坐标，则拉格朗日函数为

$$L = T - V = \frac{3}{4}m\left[\frac{1}{2}(\dot{y}_1 - \dot{y}_2)\right]^2 + \frac{3}{4}m\left[\frac{1}{2}(\dot{y}_1 + \dot{y}_2)\right]^2 - \frac{1}{2}k(y_2 - l)^2$$

$$= \frac{3}{16}m(\dot{y}_1 - \dot{y}_2)^2 + \frac{3}{16}m(\dot{y}_1 + \dot{y}_2)^2 - \frac{1}{2}k(y_2 - l)^2$$

在拉格朗日函数 L 中不显含广义坐标 $y_1 = x_1 + x_2$，$\dfrac{\partial L}{\partial y_1} = \dfrac{\partial L}{\partial (x_1 + x_2)} = 0$，所以广义坐标 $y_1 = x_1 + x_2$ 是循环坐标，其对应的循环积分为

$$\frac{\partial L}{\partial \dot{y}_1} = \frac{\partial}{\partial \dot{y}_1}\left[\frac{3}{16}m(\dot{y}_1-\dot{y}_2)^2 + \frac{3}{16}m(\dot{y}_1+\dot{y}_2)^2 - \frac{1}{2}k(y_2-l)^2\right]$$

$$= \frac{3}{8}m(\dot{y}_1-\dot{y}_2) + \frac{3}{8}m(\dot{y}_1+\dot{y}_2) = \frac{3}{4}m\dot{y}_1 = \frac{3}{4}m(\dot{x}_1+\dot{x}_2)$$

12.3 习题及解答

12-1 如图所示，吊索一端绕在半径为 r、重为 P_1 的均质鼓轮 I 上，另一端绕过半径为 R、质量可不计的定滑轮 II 系于重为 P_2 的平台 III 上，鼓轮上作用一顺时针转向的力偶矩 M，若吊索的质量及轴承 A、B 处摩擦均可略去不计，吊索与轮间无相对滑动，试求平台上升的加速度。

解：

（1）运动学分析，如解答图(a)所示。

假设平台上升的加速度为 a，则 $a_B = a$（↑），假设鼓轮的角加速度为 α（顺时针），则

$$\vec{a}_D^n + \vec{a}_D^t = \vec{a}_B + \vec{a}_{DB}^n + \vec{a}_{DB}^t$$

| 大小 | ? | a | a | ? | $r\alpha$ |
| 方向 | ← | ↓ | ↑ | ← | ↓ |

沿铅垂向上投影，得到

$$-a_D^t = a_B - a_{DB}^t \Rightarrow -a = a - r\alpha \Rightarrow \alpha = \frac{2a}{r}\text{（顺时针）}$$

（2）受力分析与惯性力分析，如解答图(b)所示，其中

$$F_{1I} = \frac{P_1}{g}a, \quad F_{2I} = \frac{P_2}{g}a, \quad M_{1I} = J_B^B\alpha = \frac{1}{2}\frac{P_1}{g}r^2 \cdot \alpha = \frac{1}{2}\frac{P_1}{g}r^2 \cdot \frac{2a}{r} = \frac{P_1}{g}ra$$

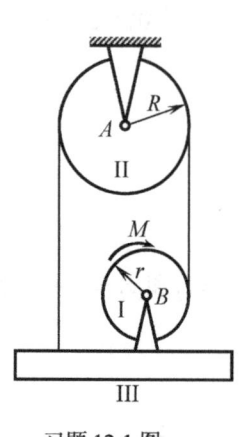

习题 12-1 图

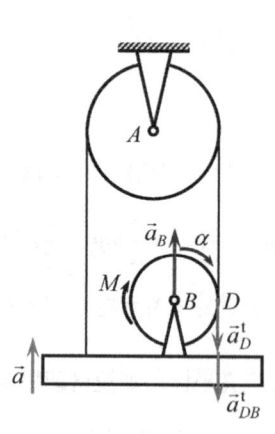

习题 12-1 解答图(a)

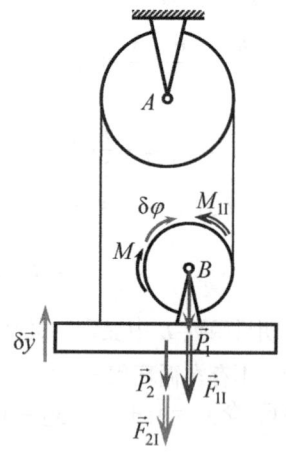

习题 12-1 解答图(b)

（3）动力学普遍方程。

假设平台上升的虚位移为 δy，如解答图(b)所示，则鼓轮的虚转角为 $\delta\varphi = \frac{2\delta y}{r}$，故系统的动力学普遍方程为

$$-(P_1+P_2+F_{1I}+F_{2I})\delta y + M\delta\varphi - M_{1I}\delta\varphi = 0 \Rightarrow -\left(P_1+P_2+\frac{P_1}{g}a+\frac{P_2}{g}a\right)\delta y + \left(M-\frac{P_1}{g}ra\right)\cdot\frac{2\delta y}{r} = 0 \Rightarrow$$

$$\left(P_1+P_2+\frac{3P_1}{g}a+\frac{P_2}{g}a-\frac{2M}{r}\right)\delta y=0$$

由 δy 的任意性，得到

$$P_1+P_2+\frac{3P_1}{g}a+\frac{P_2}{g}a-\frac{2M}{r}=0 \quad \Rightarrow \quad a=\frac{2M-(P_1+P_2)r}{(3P_1+P_2)r}g \quad (\uparrow)$$

解析：

（1）根据该机构的传动关系，容易判定平台Ⅲ的运动为水平方位的铅垂平移，因此平台Ⅲ上所有点的加速度大小均为 a，其方向铅垂向上，则平台Ⅲ上的点 B（也是鼓轮 B 的中心点）的加速度大小为 $a_B=a$，方向铅垂向上。该点的加速度判定对于求解问题至关重要。

（2）在运动学的加速度分析中，为了确定鼓轮Ⅰ的角加速度 α 而给出的两点的加速度关系式 $\vec{a}_D^n+\vec{a}_D^t=\vec{a}_B+\vec{a}_{DB}^n+\vec{a}_{DB}^t$，是针对鼓轮Ⅰ上的中心点 B 和边缘点 D（鼓轮Ⅰ上与吊索的接触点）的两点加速度关系式。

在上式中，$\vec{a}_D^n$ 和 $\vec{a}_{DB}^n$（$a_{DB}^n=r\omega^2$）的大小均为未知量，方向均为水平向左；而为什么 $\vec{a}_D^t$ 的大小为 $a_D^t=a$，方向为铅垂向下呢？这是因为，绕过定滑轮Ⅱ的左、右两边吊索的加速度大小均为 a，左边吊索的加速度方向铅垂向上，右边吊索的加速度方向铅垂向下，而鼓轮Ⅰ与其绕过的吊索无相对滑动，所以鼓轮Ⅰ上边缘点 D（与右边吊索的接触点）的切向加速度 $\vec{a}_D^t$ 与右边吊索的加速度大小相等、方向相同，即 $a_D^t=a$（↓）。

（3）本题明确告知，不计定滑轮Ⅱ的质量（或重量），因此绕过其左、右两边吊索的张力相等，即 $F_{T1}=F_{T2}$；若考虑定滑轮Ⅱ的质量（或重量），其左、右两边吊索的张力不再相等，即 $F_{T1}\neq F_{T2}$。

（4）若假设平台Ⅲ上升了 δy 的虚位移，则可根据几何关系得到鼓轮Ⅰ的虚转角为 $\delta\varphi=\dfrac{2\delta y}{r}$。这是因为，对于该单自由度系统，平台Ⅲ上升了 δy，而绕过平台上的定滑轮Ⅱ的吊索就缠绕了 $2\delta y$ 的长度，使鼓轮Ⅰ就转过了 $2\delta y$ 的弧长，因此鼓轮Ⅰ的虚转角为 $\delta\varphi=\dfrac{2\delta y}{r}$。其实鼓轮Ⅰ的角加速度为 $\alpha=\dfrac{2a}{r}$ 也同样地反映了上述的几何关系。

12-2 图示椭圆规机构在水平面内运动。椭圆规尺 AB 由曲柄 OC 带动，曲柄 OC 上作用有逆时针转向的常力偶矩 M_0。已知曲柄和规尺均为均质细直杆，质量分别为 m 和 $2m$，$OC=AC=BC=l$，滑块 A、B 的质量均为 m_1。若不计摩擦，试求曲柄的角加速度。

解：

（1）运动学分析，如解答图(a)所示。

因为 $\theta=\varphi$，所以 $\omega_{AB}=\dot\varphi=\dot\theta=\omega_1$（顺时针），$\alpha_{AB}=\dot\omega_1=\alpha_1$（顺时针），加速度分析，如解答图(b)所示。

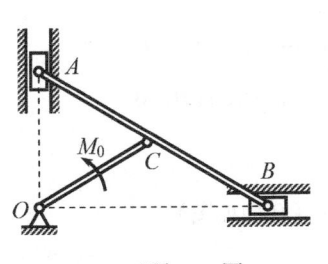

习题 12-2 图

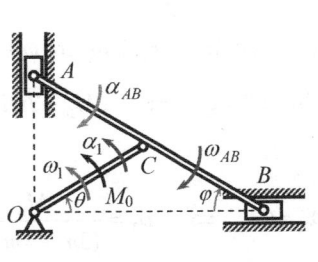

习题 12-2 解答图(a)

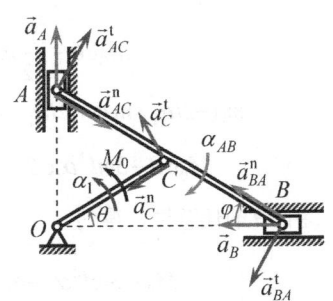

习题 12-2 解答图(b)

$$\begin{array}{cccccc}
\vec{a}_B & = & \vec{a}_A & + & \vec{a}_{BA}^{\,n} & + & \vec{a}_{BA}^{\,t} \\
\text{大小} & a_B & & a_A & & 2l\omega_{AB}^2 & & 2l\alpha_{AB} \\
\text{方向} & \leftarrow & & \uparrow & & B \to A & & \perp AB
\end{array}$$

将上式沿水平向左投影，得到

$$a_B = a_{BA}^n \cos\varphi + a_{BA}^t \sin\varphi = 2l\omega_{AB}^2 \cos\varphi + 2l\alpha_{AB}\sin\varphi$$

将上式沿铅垂向上投影，得到

$$0 = a_A + a_{BA}^n \sin\varphi - a_{BA}^t \cos\varphi \quad \Rightarrow \quad a_A = -2l\omega_{AB}^2 \sin\varphi + 2l\alpha_{AB}\cos\varphi$$

（2）系统的受力分析及惯性力分析。

如解答图(c)所示，因为系统处于同一水平面内，重力对虚位移无虚功，所以重力在图中没有标示出。其中

$$F_{1I}^n = ma_D^n = m \cdot \frac{1}{2} a_C^n = \frac{1}{2} ml\omega_1^2, \quad F_{1I}^t = ma_D^t = m \cdot \frac{1}{2} a_C^t = \frac{1}{2} ml\alpha_1, \quad M_{1I} = J_D^{OC} \alpha_1 = \frac{1}{12} ml^2 \alpha_1$$

$$F_{CI}^n = 2m \cdot a_C^n = 2ml\omega_1^2, \quad F_{CI}^t = 2m \cdot a_C^t = 2ml\alpha_1$$

$$M_{ABI} = J_C^{AB} \alpha_1 = \left[\frac{1}{12} \cdot 2m \cdot (2l)^2\right] \cdot \alpha_1 = \frac{2}{3} ml^2 \alpha_1, \quad F_{AI} = m_1 a_A, \quad F_{BI} = m_1 a_B$$

（3）系统的虚位移分析，如解答图(d)所示。

假设曲柄OC发生一逆时针转向的虚角位移$\delta\theta$，则杆AB有顺时针虚角位移为

$$\delta\varphi = \delta\theta, \quad \delta r_A = PA \cdot \delta\varphi = 2l\cos\varphi \cdot \delta\varphi, \quad \delta r_B = PB \cdot \delta\varphi = 2l\sin\varphi \cdot \delta\varphi,$$

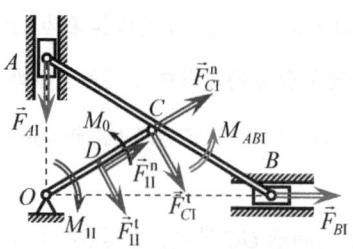
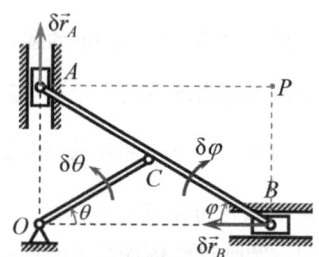

习题 12-2 解答图(c)　　　　　习题 12-2 解答图(d)

（4）动力学普遍方程，如解答图(c)、(d)所示

$$M_0 \delta\theta - M_{1I}\delta\theta - F_{1I}^t \cdot \frac{l}{2}\delta\theta - F_{CI}^t \cdot l\delta\theta - M_{ABI}\delta\varphi - F_{AI}\delta r_A - F_{BI}\delta r_B = 0 \quad \Rightarrow$$

$$M_0 \delta\theta - \frac{1}{12}ml^2\alpha_1\delta\theta - \frac{1}{2}ml\alpha_1 \cdot \frac{l}{2}\delta\theta - 2ml\alpha_1 \cdot l\delta\theta - \frac{2}{3}ml^2\alpha_1\delta\theta - m_1 a_A \delta r_A - m_1 a_B \delta r_B = 0 \quad \Rightarrow$$

$$M_0\delta\theta - \frac{1}{12}ml^2\alpha_1\delta\theta - \frac{1}{2}ml\alpha_1 \cdot \frac{l}{2}\delta\theta - 2ml\alpha_1 \cdot l\delta\theta - \frac{2}{3}ml^2\alpha_1\delta\theta$$

$$-m_1(-2l\omega_1^2\sin\varphi + 2l\alpha_1\cos\varphi)(2l\cos\varphi\,\delta\theta) - m_1(2l\omega_1^2\cos\varphi + 2l\alpha_1\sin\varphi)(2l\sin\varphi\,\delta\theta) = 0$$

$$M_0\delta\theta - 3ml^2\alpha_1\delta\theta - 4m_1l^2\alpha_1\,\delta\theta = 0 \quad \Rightarrow \quad (M_0 - 3ml^2\alpha_1 - 4m_1l^2\alpha_1)\,\delta\theta = 0$$

由$\delta\theta$的任意性，得到

$$M_0 - 3ml^2\alpha_1 - 4m_1l^2\alpha_1 = 0 \quad \Rightarrow \quad \alpha_1 = \frac{M_0}{(3m+4m_1)l^2} \quad \text{（转向如图）}$$

解析：
（1）曲柄 OC 在常力偶 M_0 作用下，不可能作匀速定轴转动，即曲柄 OC 的角加速度 $\alpha_1 \neq 0$。
（2）由于机构处于水平面内，各构件的重力对约束所许可的虚位移无虚功。
（3）从求得曲柄 OC 的角加速度 $\alpha_1 = \dfrac{M_0}{(3m+4m_1)l^2}$ 的结果可以看出，其值为常数，这是因为在机构的运动过程中只有常力偶 M_0 做功。

12-5 如图所示，质量为 m、半径为 r 的均质半圆盘在粗糙水平地面上作无滑动的滚动，试以圆心 O 和质心 C 的连线与铅垂线夹角 θ 为广义坐标写出其运动微分方程，并求其在平衡位置附近作微振动的周期。

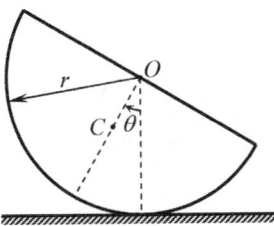
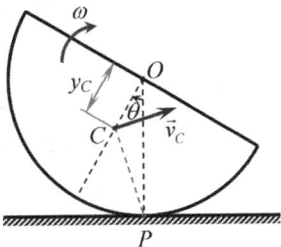

习题 12-5 图　　　习题 12-5 解答图

解：
（1）半圆盘的动能。如解答图所示，半圆盘的质心为点 C，则 $y_C = OC = \dfrac{4r}{3\pi}$，半圆盘对质心点的转动惯量为 $J_C = \dfrac{1}{18\pi^2}mr^2(9\pi^2 - 32)$，半圆盘的速度瞬心为点 P，则

$$v_C = PC \cdot \omega = \sqrt{r^2 + y_C^2 - 2ry_C\cos\theta} \cdot \omega = \sqrt{r^2 + \left(\dfrac{4r}{3\pi}\right)^2 - 2r\left(\dfrac{4r}{3\pi}\right)\cos\theta} \cdot \dot{\theta} = \sqrt{1 + \dfrac{16}{9\pi^2} - \dfrac{8}{3\pi}\cos\theta} \cdot r\dot{\theta}$$

则半圆盘的动能为

$$T = \dfrac{1}{2}mv_C^2 + \dfrac{1}{2}J_C\omega^2 = \dfrac{1}{2}m \cdot \left(1 + \dfrac{16}{9\pi^2} - \dfrac{8}{3\pi}\cos\theta\right)r^2\dot{\theta}^2 + \dfrac{1}{2} \cdot \dfrac{1}{18\pi^2}mr^2(9\pi^2 - 32) \cdot \dot{\theta}^2$$

$$= \dfrac{1}{2}mr^2\dot{\theta}^2\left(\dfrac{3}{2} - \dfrac{8}{3\pi}\cos\theta\right)$$

（2）半圆盘的势能。

$$V = mgh = mg \cdot (r - OC \cdot \cos\theta) = mg\cdot\left(r - \dfrac{4r}{3\pi}\cos\theta\right) = mgr\left(1 - \dfrac{4}{3\pi}\cos\theta\right)$$

（3）拉格朗日函数。

$$L = T - V = \dfrac{1}{2}mr^2\dot{\theta}^2\left(\dfrac{3}{2} - \dfrac{8}{3\pi}\cos\theta\right) - mgr\left(1 - \dfrac{4}{3\pi}\cos\theta\right)$$

（4）计算导数。

$$\dfrac{\partial L}{\partial \dot{\theta}} = mr^2\dot{\theta}\left(\dfrac{3}{2} - \dfrac{8}{3\pi}\cos\theta\right), \qquad \dfrac{\mathrm{d}}{\mathrm{d}t}\dfrac{\partial L}{\partial \dot{\theta}} = \dfrac{8}{3\pi}mr^2\dot{\theta}^2\sin\theta + mr^2\ddot{\theta}\left(\dfrac{3}{2} - \dfrac{8}{3\pi}\cos\theta\right)$$

$$\dfrac{\partial L}{\partial \theta} = \dfrac{1}{2}mr^2\dot{\theta}^2\left(\dfrac{8}{3\pi}\sin\theta\right) - mgr\left(\dfrac{4}{3\pi}\sin\theta\right) = \dfrac{4}{3\pi}mr^2\dot{\theta}^2\sin\theta - \dfrac{4}{3\pi}mgr\sin\theta$$

（5）第二类拉格朗日方程。

$$\frac{\mathrm{d}}{\mathrm{d}t}\frac{\partial L}{\partial \dot\theta}-\frac{\partial L}{\partial \theta}=0 \quad \Rightarrow \quad \frac{8}{3\pi}mr^2\dot\theta^2\sin\theta+mr^2\ddot\theta\left(\frac{3}{2}-\frac{8}{3\pi}\cos\theta\right)-\frac{4}{3\pi}mr^2\dot\theta^2\sin\theta+\frac{4}{3\pi}mgr\sin\theta=0 \quad \Rightarrow$$

$$\left(\frac{3}{2}-\frac{8}{3\pi}\cos\theta\right)\ddot\theta+\frac{4}{3\pi}\dot\theta^2\sin\theta+\frac{4g}{3\pi r}\sin\theta=0 \quad \text{（运动微分方程）}$$

（6）微振动的周期。

因为

$$T=\frac{1}{2}mr^2\dot\theta^2\left(\frac{3}{2}-\frac{8}{3\pi}\cos\theta\right)$$

所以

$$a(0)=mr^2\left(\frac{3}{2}-\frac{8}{3\pi}\cos\theta\right)\bigg|_{\theta=0}=mr^2\left(\frac{3}{2}-\frac{8}{3\pi}\right)$$

又因为

$$V=mgr\left(1-\frac{4}{3\pi}\cos\theta\right)$$

所以

$$b=\frac{\mathrm{d}^2V}{\mathrm{d}\theta^2}\bigg|_{\theta=0}=\frac{4}{3\pi}mgr\cos\theta\bigg|_{\theta=0}=\frac{4}{3\pi}mgr$$

则系统作微振动的运动微分方程为

$$a(0)\ddot\theta+b\theta=0 \quad \Rightarrow \quad mr^2\left(\frac{3}{2}-\frac{8}{3\pi}\right)\ddot\theta+\frac{4}{3\pi}mgr\theta=0 \quad \Rightarrow \quad \left(\frac{3}{2}-\frac{8}{3\pi}\right)\ddot\theta+\frac{4g}{3\pi r}\theta=0$$

故系统微振动的周期为

$$T=\frac{2\pi}{\omega_0}=\frac{2\pi}{\sqrt{\dfrac{b}{a(0)}}}=\pi\sqrt{\frac{(9\pi-16)r}{2g}}$$

解析：

（1）半圆盘对过其质心、垂直于盘面的轴的转动惯量

$$J_C=J_O-m\cdot(OC)^2=\frac{1}{2}mr^2-m\left(\frac{4r}{3\pi}\right)^2=\frac{1}{18\pi^2}mr^2\left(9\pi^2-32\right)$$

（2）系统在平衡位置附近的微振动周期 T 可由系统作微振动的运动微分方程 $a(0)\ddot\theta+b\theta=0$ 来定义，即 $T=\dfrac{2\pi}{\omega_0}$，其中 $\omega_0=\sqrt{\dfrac{b}{a(0)}}$，$a(0)$ 由动能函数 $T=a(\theta)\dot\theta^2$ 中的系数函数 $a(\theta)$ 并令 $\theta=0$ 而给出定义，$b=\dfrac{\mathrm{d}^2V}{\mathrm{d}\theta^2}\bigg|_{\theta=0}$。

12-6 如图所示，一质量为 m_1、半径为 r 的均质圆柱体 C，在质量为 m_2、半径为 R 的半圆柱槽 A 中作纯滚动，半圆柱槽以刚度系数为 k 的质量不计的弹簧支承，并被约束在铅垂导轨上无摩擦地上下平移。若以半圆柱槽相对于系统平衡位置向上位移 y 和 O、C 两点连线与铅垂向下直线的夹角 φ 为系统的广义坐标，试写出系统的第二类拉格朗日方程。

解：

（1）运动学分析，如解答图(a)所示，系统平衡时弹簧的静压缩量为 $\delta_0 = \dfrac{(m_1+m_2)g}{k}$。

以半圆柱槽相对于系统平衡位置向上位移 y 和 OC 与铅垂线的夹角 φ 为系统的广义坐标，如解答图(a)所示。

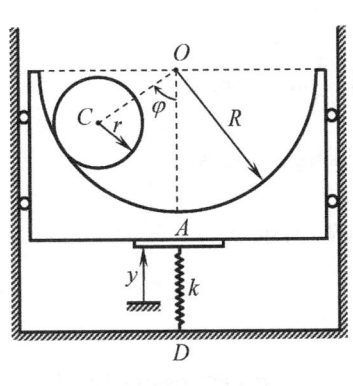
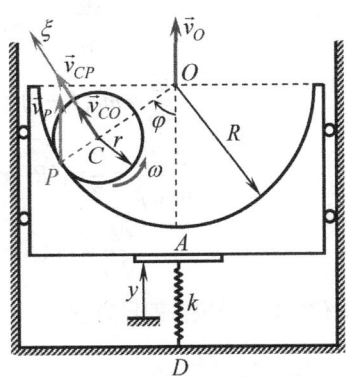

习题 12-6 图　　　　　　　　　　　习题 12-6 解答图(a)

	$\vec{v}_C$	=	$\vec{v}_P$	+	$\vec{v}_{CP}$	=	$\vec{v}_O$	+	$\vec{v}_{CO}$
大小			$\dot{y}$		$r\omega$		$\dot{y}$		$(R-r)\dot{\varphi}$
方向			↑		⊥ PC		↑		⊥ OC

沿 ξ 轴方向投影，得到

$$v_P\sin\varphi + v_{CP} = v_O\sin\varphi + v_{CO} \Rightarrow \dot{y}\sin\varphi + r\omega = \dot{y}\sin\varphi + (R-r)\dot{\varphi} \Rightarrow \omega = \dfrac{R-r}{r}\dot{\varphi}\ （逆时针）$$

（2）系统的动能。

$$T = \dfrac{1}{2}m_2\dot{y}^2 + \left[\dfrac{1}{2}m_1 v_C^2 + \dfrac{1}{2}\left(\dfrac{1}{2}m_1 r^2\right)\omega^2\right]$$

$$= \dfrac{1}{2}m_2\dot{y}^2 + \dfrac{1}{2}m_1\left[v_{CO}^2 + v_O^2 - 2v_{CO}v_O\cos(90°+\varphi)\right] + \dfrac{1}{2}\left(\dfrac{1}{2}m_1 r^2\right)\left(\dfrac{R-r}{r}\dot{\varphi}\right)^2$$

$$= \dfrac{1}{2}m_2\dot{y}^2 + \dfrac{1}{2}m_1\left[(R-r)^2\dot{\varphi}^2 + \dot{y}^2 + 2(R-r)\dot{\varphi}\dot{y}\sin\varphi\right] + \dfrac{1}{2}\left(\dfrac{1}{2}m_1 r^2\right)\left(\dfrac{R-r}{r}\dot{\varphi}\right)^2$$

$$= \dfrac{1}{2}m_2\dot{y}^2 + \dfrac{1}{2}m_1\left\{\left[(R-r)\dot{\varphi}+\dot{y}\sin\varphi\right]^2 + (\dot{y}\cos\varphi)^2\right\} + \dfrac{1}{2}\left(\dfrac{1}{2}m_1 r^2\right)\left(\dfrac{R-r}{r}\dot{\varphi}\right)^2$$

（3）系统的势能。

设系统平衡位置为系统的零势能位置，则系统的势能为

$$V = m_2 g y + m_1 g\left[y + (R-r)(1-\cos\varphi)\right] + \dfrac{1}{2}k(y-\delta_0)^2 - \dfrac{1}{2}k\delta_0^2$$

（4）系统的拉格朗日函数。

$$L = T - V = \dfrac{1}{2}m_2\dot{y}^2 + \dfrac{1}{2}m_1\left\{\left[(R-r)\dot{\varphi}+\dot{y}\sin\varphi\right]^2 + (\dot{y}\cos\varphi)^2\right\}$$

$$+ \dfrac{1}{4}m_1(R-r)^2\dot{\varphi}^2 - m_2 g y - m_1 g\left[y + (R-r)(1-\cos\varphi)\right] - \dfrac{1}{2}k(y-\delta_0)^2 + \dfrac{1}{2}k\delta_0^2$$

（5）计算导数。

$$\frac{\partial L}{\partial \dot{y}} = m_1\dot{y} + m_2\dot{y} + m_1(R-r)\dot{\varphi}\sin\varphi$$

$$\frac{\mathrm{d}}{\mathrm{d}t}\frac{\partial L}{\partial \dot{y}} = (m_1+m_2)\ddot{y} + m_1(R-r)(\ddot{\varphi}\sin\varphi + \dot{\varphi}^2\cos\varphi)$$

$$\frac{\partial L}{\partial y} = -m_2 g - m_1 g - k(y-\delta_0) = -ky$$

$$\frac{\partial L}{\partial \dot{\varphi}} = m_1(R-r)[(R-r)\dot{\varphi} + \dot{y}\sin\varphi] + \frac{1}{2}m_1(R-r)^2\dot{\varphi}$$

$$\frac{\mathrm{d}}{\mathrm{d}t}\frac{\partial L}{\partial \dot{\varphi}} = \frac{3}{2}m_1(R-r)^2\ddot{\varphi} + m_1(R-r)(\ddot{y}\sin\varphi + \dot{y}\dot{\varphi}\cos\varphi)$$

$$\frac{\partial L}{\partial \varphi} = m_1(R-r)\dot{\varphi}\dot{y}\cos\varphi - m_1 g(R-r)\sin\varphi$$

（6）系统的第二类拉格朗日方程。

$$\begin{cases}\dfrac{\mathrm{d}}{\mathrm{d}t}\dfrac{\partial L}{\partial \dot{y}} - \dfrac{\partial L}{\partial y} = 0\\ \dfrac{\mathrm{d}}{\mathrm{d}t}\dfrac{\partial L}{\partial \dot{\varphi}} - \dfrac{\partial L}{\partial \varphi} = 0\end{cases} \Rightarrow \begin{cases}(m_1+m_2)\ddot{y} + m_1(R-r)(\ddot{\varphi}\sin\varphi + \dot{\varphi}^2\cos\varphi) + ky = 0\\ 3(R-r)\ddot{\varphi} + 2\ddot{y}\sin\varphi + 2g\sin\varphi = 0\end{cases}$$

解析：

（1）系统处于静止平衡位置（$y=0$）时，由于圆柱体和半圆柱槽的重力作用，弹簧已存在压缩变形，其压缩变形量可由静力平衡方程得到 $\delta_0 = \dfrac{(m_1+m_2)g}{k}$，此时弹簧已有变形势能（弹性势能），为 $v_0 = \dfrac{1}{2}k\delta_0^2$。

（2）在本题的解答中，是利用"两点的速度关系——速度基点法"来分析系统的速度的，还可以利用"复合运动"的知识分析系统的速度。如下：

动点为圆柱体的中心点 C；动系与半圆柱槽 A 固连（作铅垂平移），如解答图(b)所示。

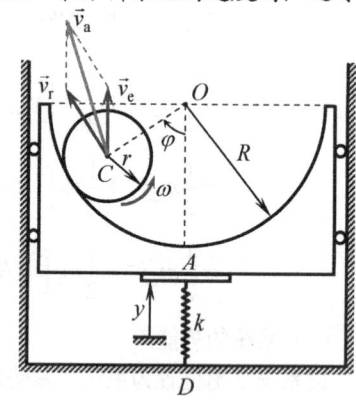

习题 12-6 解答图(b)

$$\vec{v}_\mathrm{a} = \vec{v}_\mathrm{e} + \vec{v}_\mathrm{r}$$

大小　　？　　　$\dot{y}$　　　$(R-r)\dot{\varphi}$ 或 $r\omega$

方向　　？　　　↑　　　⊥OC

可见，$\omega = \dfrac{R-r}{r}\dot{\varphi}$（逆时针）。

应该指出，此处圆柱体的角速度是相对于半圆柱槽的角速度，但是动系（半圆柱槽）作平移，因此圆柱体的角速度也是其绝对角速度。

由速度矢量的几何关系，得到

$$v_C^2 = v_\mathrm{a}^2 = v_\mathrm{e}^2 + v_\mathrm{r}^2 - 2v_\mathrm{e}v_\mathrm{r}\cos(90°+\varphi) = \dot{y}^2 + (R-r)^2\dot{\varphi}^2 + 2(R-r)\dot{y}\dot{\varphi}\sin\varphi$$

12-10 图示系统位于水平面内，质量为 m、长度为 $l=3r$ 的均质细杆 OC，其上作用有力偶矩为 M_1 的主动力偶，杆的一端绕通过点 O 的光滑铅垂轴逆时针转动，方位角为 θ，另一端则用光滑铰链与质量为 m、半径为 r 的均质圆盘的质心 C 相连；该圆盘又在另一绕轴 O（也为光滑铅垂轴）作顺时针转动的空心半圆柱的内侧滚动而不滑动；该空心半圆柱的方位角为 φ，对轴 O 的转动惯量 $J_O = 8mr^2$，其上作用有力偶矩为 M_2 的主动力偶。试以 θ、φ 为广义坐标建立系统的运动微分方程。

解：

（1）系统的动能，如解答图(a)所示。

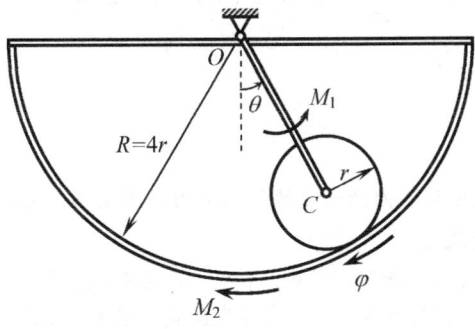

习题 12-10 图

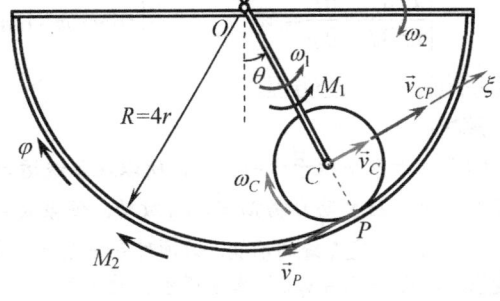

习题 12-10 解答图(a)

$\omega_1 = \dot\theta$（逆时针），$\omega_2 = \dot\varphi$（顺时针），$v_C = l\omega_1 = 3r\dot\theta$，$v_P = R\omega_2 = 4r\dot\varphi$

$$\begin{array}{cccc} & \vec v_C & = \vec v_P & + \vec v_{CP} \\ \text{大小} & 3r\dot\theta & 4r\dot\varphi & r\omega_C \\ \text{方向} & \perp OC & \perp OP & \perp CP \end{array}$$

沿 ξ 轴投影，得到

$$v_C = -v_P + v_{CP} \quad \Rightarrow \quad 3r\dot\theta = -4r\dot\varphi + r\omega_C \quad \Rightarrow \quad \omega_C = 3\dot\theta + 4\dot\varphi$$

杆 OC 的动能为

$$T_\text{杆} = \frac{1}{2} J_O^\text{杆} \omega_1^2 = \frac{1}{2}\left[\frac{1}{3}m(3r)^2\right]\dot\theta^2 = \frac{3}{2}mr^2\dot\theta^2$$

圆盘 C 的动能为

$$T_\text{盘} = \frac{1}{2}mv_C^2 + \frac{1}{2}J_C^\text{盘}\omega_C^2 = \frac{1}{2}m(3r\dot\theta)^2 + \frac{1}{2}\left(\frac{1}{2}mr^2\right)(3\dot\theta + 4\dot\varphi)^2$$

$$= \frac{27}{4}mr^2\dot\theta^2 + 4mr^2\dot\varphi^2 + 6mr^2\dot\theta\dot\varphi$$

半圆柱 O 的动能为

$$T_\text{柱} = \frac{1}{2}J_O\omega_2^2 = \frac{1}{2}(8mr^2)\dot\varphi^2 = 4mr^2\dot\varphi^2$$

则系统的动能为

$$T = T_\text{杆} + T_\text{盘} + T_\text{柱} = \frac{3}{2}mr^2\dot\theta^2 + \frac{27}{4}mr^2\dot\theta^2 + 4mr^2\dot\varphi^2 + 6mr^2\dot\theta\dot\varphi + 4mr^2\dot\varphi^2$$

$$= \frac{33}{4}mr^2\dot\theta^2 + 8mr^2\dot\varphi^2 + 6mr^2\dot\theta\dot\varphi$$

（2）计算导数。

$$\frac{\partial T}{\partial \dot\theta} = \frac{33}{2}mr^2\dot\theta + 6mr^2\dot\varphi, \quad \frac{\mathrm{d}}{\mathrm{d}t}\frac{\partial T}{\partial \dot\theta} = \frac{33}{2}mr^2\ddot\theta + 6mr^2\ddot\varphi, \quad \frac{\partial T}{\partial \theta} = 0$$

$$\frac{\partial T}{\partial \dot\varphi}=16mr^2\dot\varphi+6mr^2\dot\theta, \qquad \frac{\mathrm{d}}{\mathrm{d}t}\frac{\partial T}{\partial \dot\varphi}=16mr^2\ddot\varphi+6mr^2\ddot\theta, \qquad \frac{\partial T}{\partial \varphi}=0$$

(3) 第二类拉格朗日方程。

$$\begin{cases}\dfrac{\mathrm{d}}{\mathrm{d}t}\dfrac{\partial T}{\partial \dot\theta}-\dfrac{\partial T}{\partial \theta}=M_1\\[6pt]\dfrac{\mathrm{d}}{\mathrm{d}t}\dfrac{\partial T}{\partial \dot\varphi}-\dfrac{\partial T}{\partial \varphi}=M_2\end{cases}\Rightarrow\begin{cases}\dfrac{33}{2}mr^2\ddot\theta+6mr^2\ddot\varphi=M_1\\[6pt]16mr^2\ddot\varphi+6mr^2\ddot\theta=M_2\end{cases}\Rightarrow\begin{cases}33mr^2\ddot\theta+12mr^2\ddot\varphi=2M_1\\[6pt]6mr^2\ddot\theta+16mr^2\ddot\varphi=M_2\end{cases}$$

即为系统的运动微分方程。

解析：

（1）由于系统位于水平面内，所以在系统运动过程中系统内的所有构件的重力均不做功，其系统的势能不变，而主动力偶 M_1 和 M_2 做功，使系统的动能改变。

（2）为了确定系统的动能，必须对系统进行速度分析。在本题的解答中，利用"两点的速度关系——速度基点法 $\vec{v}_C=\vec{v}_P+\vec{v}_{CP}$"来分析系统的速度，还可以利用"复合运动——角速度合成定理和速度合成定理"的知识来分析系统的速度。如下，如解答图(b)所示。

首先，以圆盘 C 为动刚体，动系与空心半圆柱固连，分析各刚体的角速度。

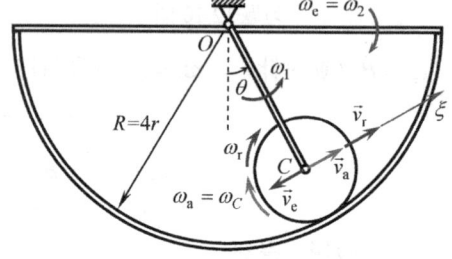

习题 12-10 解答图(b)

$$\begin{array}{cccc}&\vec\omega_\mathrm{a}&=&\vec\omega_\mathrm{e}&+&\vec\omega_\mathrm{r}\\ \text{大小}&\omega_C&&\omega_2=\dot\varphi&&?\\ \text{转向}&\text{顺}&&\text{顺}&&\text{顺}\end{array}$$

所以，$\omega_\mathrm{a}=\omega_\mathrm{e}+\omega_\mathrm{r}\Rightarrow\omega_C=\omega_2+\omega_\mathrm{r}\Rightarrow\omega_\mathrm{r}=\omega_C-\omega_2$。

其次，以圆盘 C 上的中心点 C 为动点，动系与空心半圆柱固连，进行速度分析。

$$\begin{array}{cccc}&\vec{v}_\mathrm{a}&=&\vec{v}_\mathrm{e}&+&\vec{v}_\mathrm{r}\\ \text{大小}&v_C=3r\omega_1&&3r\omega_2&&r\omega_\mathrm{r}?\\ \text{方向}&\perp OC&&\perp OC&&\perp OC\end{array}$$

沿 ξ 轴投影，得到

$$v_\mathrm{a}=-v_\mathrm{e}+v_\mathrm{r}\Rightarrow 3r\omega_1=-3r\omega_2+r\omega_\mathrm{r}\Rightarrow\omega_\mathrm{r}=3(\omega_1+\omega_2)\Rightarrow$$

$$\omega_C-\omega_2=3(\omega_1+\omega_2)\Rightarrow\omega_C=3\omega_1+4\omega_2=3\dot\theta+4\dot\varphi\text{（顺时针）}$$

由此可见，"两点的速度关系——速度基点法 $\vec{v}_C=\vec{v}_P+\vec{v}_{CP}$"要比"复合运动——角速度合成定理 $\vec\omega_\mathrm{a}=\vec\omega_\mathrm{e}+\vec\omega_\mathrm{r}$ 和速度合成定理 $\vec{v}_\mathrm{a}=\vec{v}_\mathrm{e}+\vec{v}_\mathrm{r}$"简便。

（3）圆盘 C 的动能写成 $T_\text{盘}=\dfrac{1}{2}J_P^\text{盘}\omega_C^2$（误认为点 P 是圆盘 C 的速度瞬心）和 $T_\text{盘}=\dfrac{1}{2}J_O^\text{盘}\omega_C^2$（误认为圆盘 C 绕轴 O 作定轴转动）都是错误的。

12-11 图示机构处于同一铅垂平面内，均质圆盘 A 的半径 $R=2r$，质量 $m_1=2m$，可绕中心轴 A 转动；均质圆盘 B 的半径为 r，质量为 m，其中心为 B，可在圆盘 A 的边缘相对于圆盘 A 作纯滚动，均质细直杆 AB 的质量也为 m，铰链 A、B 光滑。若以圆盘 A 顺时针转角 φ 和杆 AB 顺时针转角 ψ 为系统的广义坐标，试写出系统的拉氏方程，并求其首次积分。

解：

（1）运动学分析，如解答图(a)所示，$\omega_A=\dot\varphi$（顺时针），$\omega_{AB}=\dot\psi$（顺时针）。

$$\begin{array}{cccc}
& \vec{v}_B & = \vec{v}_P & + \vec{v}_{BP} \\
\text{大小} & (R+r)\omega_{AB} & R\omega_A & r\omega_B \\
& =3r\dot{\psi} & =2r\dot{\varphi} & \\
\text{方向} & \perp AB & \perp PA & \perp PB \quad \text{（各速度同向）}
\end{array}$$

则
$$v_B = v_P + v_{BP} \Rightarrow 3r\dot{\psi} = 2r\dot{\varphi} + r\omega_B \Rightarrow \omega_B = 3\dot{\psi} - 2\dot{\varphi} \text{（顺时针）}$$

（2）系统的动能。

$$T = \left[\frac{1}{2}J_A^{盘}\omega_A^2\right] + \left[\frac{1}{2}J^{杆}\omega_{AB}^2\right] + \left[\frac{1}{2}mv_B^2 + \frac{1}{2}J_B^{盘}\omega_B^2\right]$$

$$= \frac{1}{2}\left(\frac{1}{2}m_1R^2\right)\dot{\varphi}^2 + \frac{1}{2}\left[\frac{1}{3}m(R+r)^2\right]\dot{\psi}^2 + \frac{1}{2}m[(R+r)\dot{\psi}]^2 + \frac{1}{2}\left(\frac{1}{2}mr^2\right)\left[\frac{(R+r)\dot{\psi} - R\dot{\varphi}}{r}\right]^2$$

$$= 3mr^2\dot{\varphi}^2 + \frac{33}{4}mr^2\dot{\psi}^2 - 3mr^2\dot{\psi}\dot{\varphi}$$

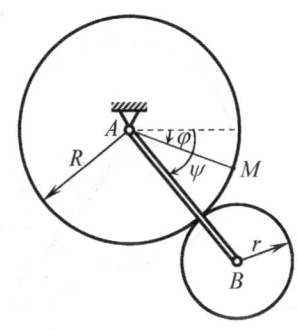
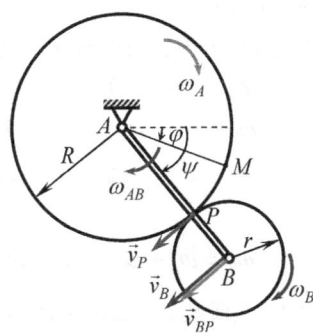

习题 12-11 图   习题 12-11 解答图(a)

（3）系统的势能。

设过 A 的水平面为重力势能的零势能面，则系统的势能为

$$V = -mg\frac{R+r}{2}\sin\psi - mg(R+r)\sin\psi = -\frac{9}{2}mgr\sin\psi$$

（4）第二类拉格朗日方程。

拉格朗日函数为

$$L = T - V = 3mr^2\dot{\varphi}^2 + \frac{33}{4}mr^2\dot{\psi}^2 - 3mr^2\dot{\psi}\dot{\varphi} + \frac{9}{2}mgr\sin\psi$$

则

$$\frac{\partial L}{\partial \dot{\varphi}} = 6mr^2\dot{\varphi} - 3mr^2\dot{\psi}, \quad \frac{d}{dt}\frac{\partial L}{\partial \dot{\varphi}} = 6mr^2\ddot{\varphi} - 3mr^2\ddot{\psi}, \quad \frac{\partial L}{\partial \varphi} = 0$$

$$\frac{\partial L}{\partial \dot{\psi}} = \frac{33}{2}mr^2\dot{\psi} - 3mr^2\dot{\varphi}, \quad \frac{d}{dt}\frac{\partial L}{\partial \dot{\psi}} = \frac{33}{2}mr^2\ddot{\psi} - 3mr^2\ddot{\varphi}, \quad \frac{\partial L}{\partial \psi} = \frac{9}{2}mgr\cos\psi$$

第二类拉格朗日方程为

$$\begin{cases}\dfrac{d}{dt}\dfrac{\partial L}{\partial \dot{\varphi}} - \dfrac{\partial L}{\partial \varphi} = 0 \\ \dfrac{d}{dt}\dfrac{\partial L}{\partial \dot{\psi}} - \dfrac{\partial L}{\partial \psi} = 0\end{cases} \Rightarrow \begin{cases}6mr^2\ddot{\varphi} - 3mr^2\ddot{\psi} = 0 \\ \dfrac{33}{2}mr^2\ddot{\psi} - 3mr^2\ddot{\varphi} - \dfrac{9}{2}mgr\cos\psi = 0\end{cases} \Rightarrow \begin{cases}2\ddot{\varphi} - \ddot{\psi} = 0 \\ 11r\ddot{\psi} - 2r\ddot{\varphi} - 3g\cos\psi = 0\end{cases}$$

（5）首次积分。

因为 $\dfrac{\partial L}{\partial t}=0$，所以

$$T+V=3mr^2\dot\varphi^2+\dfrac{33}{4}mr^2\dot\psi^2-3mr^2\dot\psi\dot\varphi-\dfrac{9}{2}mgr\sin\psi=C_1$$

又因为 $\dfrac{\partial L}{\partial\varphi}=0$，则

$$\dfrac{\partial L}{\partial\dot\varphi}=6mr^2\dot\varphi-3mr^2\dot\psi=C_2$$

解析：

（1）圆盘 B 上的点 P 不是圆盘的速度瞬心，因为 $v_P=R\omega_A=2r\dot\varphi\ne 0$。

（2）本题的解答中，是利用"两点的速度关系——速度基点法 $\vec v_B=\vec v_P+\vec v_{BP}$"来分析系统的速度的，该方法比较简便，还可以利用"复合运动——角速度合成定理和速度合成定理"分析系统的速度，该方法比较麻烦。如下：

动刚体：圆盘 B；动系：与圆盘 A 固连，如解答图(b)所示。

$$\vec\omega_a=\vec\omega_e+\vec\omega_r$$

大小 ω_B? $\omega_A=\dot\varphi$?

转向 顺   顺   顺

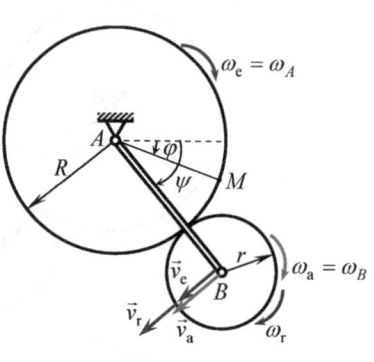

习题 12-11 解答图(b)

所以

$$\omega_a=\omega_e+\omega_r\Rightarrow\omega_B=\omega_A+\omega_r\Rightarrow\omega_r=\omega_B-\omega_A=\omega_B-\dot\varphi$$

动点：杆 AB（或圆盘 B）上的点 B；动系：与圆盘 A 固连。

$$\vec v_a=\vec v_e+\vec v_r$$

大小 v_B $3r\omega_A$ $r\omega_r$

方向 $\perp AB$ $\perp AB$ $\perp AB$

所以

$$v_a=v_e+v_r\Rightarrow v_B=3r\omega_A+r\omega_r\Rightarrow 3r\dot\psi=3r\dot\varphi+r\omega_r\Rightarrow\omega_r=3\dot\psi-3\dot\varphi$$

则

$$3\dot\psi-3\dot\varphi=\omega_B-\dot\varphi\Rightarrow\omega_B=3\dot\psi-2\dot\varphi\text{（顺时针）}$$

（3）由于圆盘 A 和杆 AB 均作定轴转动，所以它们的动能可分别写成 $T_A=\dfrac{1}{2}J_A^{盘A}\omega_A^2$ 和 $T_{AB}=\dfrac{1}{2}J_A^{杆}\omega_{AB}^2$，而圆盘 B 作平面运动（相对于圆盘 A 作纯滚动），其动能写成 $T_B=\dfrac{1}{2}mv_B^2+\dfrac{1}{2}J_B^{盘B}\omega_B^2$。若将圆盘 B 的动能写成 $T_B=\dfrac{1}{2}J_P^{盘B}\omega_B^2$ 或 $T_B=\dfrac{1}{2}J_A^{盘B}\omega_B^2$ 或 $T_B=\dfrac{1}{2}J_B^{盘B}\omega_B^2$ 都是错误的。

（4）该系统所受到的约束为定常约束（约束方程中不显含时间 t），所以 $\dfrac{\partial L}{\partial t}=0$，从而有 $T+V=C_1$（常数），意味该系统的机械能守恒，也就是第一个首次积分的含义。

（5）因为拉格朗日函数 $L=T-V$ 中不含有广义坐标 φ，所以 $\dfrac{\partial L}{\partial\varphi}=0$，$\varphi$ 为循环坐标。则有

$$\dfrac{\partial L}{\partial\dot\varphi}=6mr^2\dot\varphi-3mr^2\dot\psi=C_2\text{（常数）}$$

$\dfrac{\partial L}{\partial \dot{\varphi}}$ 为广义动量，上式表示系统的广义动量守恒。显然，系统的重力对点 A 的主矩不为零，系统对点 A 的动量矩并不守恒。

12-12 如图所示，质量为 m_1、半径为 r 的空心薄壁圆柱 A 在水平地面上作纯滚动，在圆柱的质量对称面内有一质量为 m_2 的小圆球 B（可以视为质点）沿光滑的圆柱内壁运动，试以图示的 x、φ 为广义坐标建立系统的运动微分方程，并写出其首次积分。

解:

（1）运动分析，如解答图所示。

空心薄壁圆柱 A 在地面上作纯滚动；小圆球 B 相对于薄壁圆柱作圆周运动。

空心薄壁圆柱 A 的角速度为

$$\omega = \frac{\dot{x}}{r} \text{（顺时针）}$$

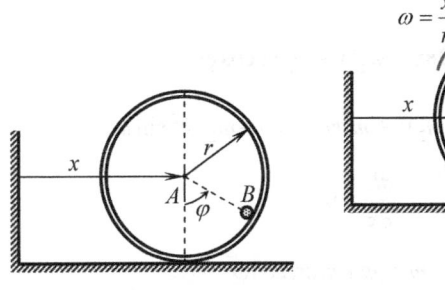
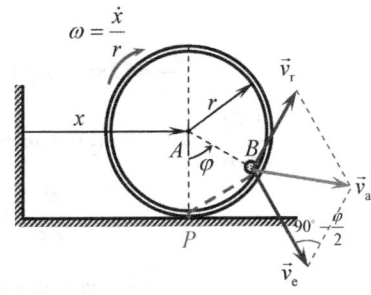

习题 12-12 图　　习题 12-12 解答图

动点：小圆球 B；动系：与空心薄壁圆柱固连。

$$\vec{v}_\mathrm{a} = \vec{v}_\mathrm{e} + \vec{v}_\mathrm{r}$$

大小　　v_B?　　$PB \cdot \omega$　　$r(\dot\varphi+\omega)$

方向　　?　　$\perp PB$　　$\perp AB$

注意：φ 并不是小圆球相对于空心薄壁圆柱的位置角度，因此 $v_\mathrm{r} \ne r\dot\varphi$，因为空心薄壁圆柱在地面上作纯滚动。

$$v_\mathrm{e} = PB\cdot\omega = 2r\sin\frac{\varphi}{2}\cdot\frac{\dot x}{r} = 2\dot x\sin\frac{\varphi}{2}, \quad v_\mathrm{r} = r(\dot\varphi+\omega) = r\dot\varphi + \dot x$$

$$v_B^2 = v_\mathrm{e}^2 + v_\mathrm{r}^2 + -2v_\mathrm{e}v_\mathrm{r}\cos\left(90°-\frac{\varphi}{2}\right) = \left(2\dot x\sin\frac{\varphi}{2}\right)^2 + (r\dot\varphi+\dot x)^2 - 2\left(2\dot x\sin\frac{\varphi}{2}\right)(r\dot\varphi+\dot x)\sin\frac{\varphi}{2}$$

$$= \dot x^2 + r^2\dot\varphi^2 + 2r\dot x\dot\varphi\cos\varphi$$

（2）系统的动能。

空心薄壁圆柱 A（可视为细圆环）的动能为

$$T_A = \frac{1}{2}m_1 v_A^2 + \frac{1}{2}J_A\omega^2 = \frac{1}{2}m_1\dot x^2 + \frac{1}{2}(m_1 r^2)\left(\frac{\dot x}{r}\right)^2 = m_1\dot x^2$$

或

$$T_A = \frac{1}{2}J_P^A\omega^2 = \frac{1}{2}(J_A + m_1 r^2)\omega^2 = \frac{1}{2}(m_1 r^2 + m_1 r^2)\omega^2 = m_1 r^2\omega^2 = m_1 r^2\left(\frac{\dot x}{r}\right)^2 = m_1\dot x^2$$

小球 B 的动能为
$$T_B = \frac{1}{2}m_2 v_B^2 = \frac{1}{2}m_2(\dot{x}^2 + r^2\dot{\varphi}^2 + 2r\dot{x}\dot{\varphi}\cos\varphi)$$

系统的总动能为
$$T = T_A + T_B = m_1\dot{x}^2 + \frac{1}{2}m_2(\dot{x}^2 + r^2\dot{\varphi}^2 + 2r\dot{x}\dot{\varphi}\cos\varphi) = \left(m_1 + \frac{1}{2}m_2\right)\dot{x}^2 + \frac{1}{2}m_2 r^2\dot{\varphi}^2 + m_2 r\dot{x}\dot{\varphi}\cos\varphi$$

（3）系统的势能。

设圆柱 A 的圆心所在水平面为零势能面，则系统的势能为
$$V = -m_2 gr\cos\varphi$$

（4）拉格朗日函数。
$$L = T - V = \left(m_1 + \frac{1}{2}m_2\right)\dot{x}^2 + \frac{1}{2}m_2 r^2\dot{\varphi}^2 + m_2 r\dot{x}\dot{\varphi}\cos\varphi + m_2 gr\cos\varphi$$

（5）计算导数。
$$\frac{\partial L}{\partial \dot{x}} = (2m_1 + m_2)\dot{x} + m_2 r\dot{\varphi}\cos\varphi$$

$$\frac{\mathrm{d}}{\mathrm{d}t}\frac{\partial L}{\partial \dot{x}} = (2m_1 + m_2)\ddot{x} + m_2 r\ddot{\varphi}\cos\varphi - m_2 r\dot{\varphi}^2\sin\varphi$$

$$\frac{\partial L}{\partial x} = 0$$

$$\frac{\partial L}{\partial \dot{\varphi}} = m_2 r^2\dot{\varphi} + m_2 r\dot{x}\cos\varphi$$

$$\frac{\mathrm{d}}{\mathrm{d}t}\frac{\partial L}{\partial \dot{\varphi}} = m_2 r^2\ddot{\varphi} + m_2 r\ddot{x}\cos\varphi - m_2 r\dot{x}\dot{\varphi}\sin\varphi$$

$$\frac{\partial L}{\partial \varphi} = -m_2 r\dot{x}\dot{\varphi}\sin\varphi - m_2 gr\sin\varphi$$

（6）第二类拉格朗日方程。
$$\begin{cases}\dfrac{\mathrm{d}}{\mathrm{d}t}\dfrac{\partial L}{\partial \dot{x}} - \dfrac{\partial L}{\partial x} = 0 \\ \dfrac{\mathrm{d}}{\mathrm{d}t}\dfrac{\partial L}{\partial \dot{\varphi}} - \dfrac{\partial L}{\partial \varphi} = 0\end{cases} \Rightarrow \begin{cases}(2m_1 + m_2)\ddot{x} + m_2 r\ddot{\varphi}\cos\varphi - m_2 r\dot{\varphi}^2\sin\varphi = 0 \\ m_2 r^2\ddot{\varphi} + m_2 r\ddot{x}\cos\varphi - m_2 r\dot{x}\dot{\varphi}\sin\varphi + m_2 r\dot{x}\dot{\varphi}\sin\varphi + m_2 gr\sin\varphi = 0\end{cases} \Rightarrow$$

$$\begin{cases}(2m_1 + m_2)\ddot{x} + m_2 r\ddot{\varphi}\cos\varphi - m_2 r\dot{\varphi}^2\sin\varphi = 0 \\ r\ddot{\varphi} + \ddot{x}\cos\varphi + g\sin\varphi = 0\end{cases}$$

即为系统的运动微分方程。

（7）首次积分。

因为 $\dfrac{\partial L}{\partial t} = 0$，所以
$$T + V = \left(m_1 + \frac{1}{2}m_2\right)\dot{x}^2 + \frac{1}{2}m_2 r^2\dot{\varphi}^2 + m_2 r\dot{x}\dot{\varphi}\cos\varphi - m_2 gr\cos\varphi = C_1$$

又因为 $\dfrac{\partial L}{\partial x} = 0$，所以
$$\frac{\partial L}{\partial \dot{x}} = (2m_1 + m_2)\dot{x} + m_2 r\dot{\varphi}\cos\varphi = C_2$$

解析：

（1）必须指出，φ是小球B在空心薄壁圆柱A内所处位置半径相对于某固定铅垂线的夹角，而不是小球B相对于空心薄壁圆柱A的位置角度。因此小球B相对于空心薄壁圆柱A的速度$v_r \neq r\dot\varphi$。

（2）如何求得小球B相对于空心薄壁圆柱A的速度v_r呢？具体方法如下：

假想有一杆AB，杆AB的A端与空心薄壁圆柱的中心A相铰接，杆AB的B端与小球B固连，即杆AB相对于空心薄壁圆柱A转动又随空心薄壁圆柱的中心A而移动，这样并不改变小球B的运动形式。选取动刚体为假想的杆AB，动系与空心薄壁圆柱A固连，则

$$\vec\omega_a = \vec\omega_e + \vec\omega_r$$

大小	$\omega_{AB} = \dot\varphi$	$\omega = \dfrac{\dot x}{r}$	?
转向	逆时针	顺时针	逆时针

所以

$$\omega_a = -\omega_e + \omega_r \Rightarrow \omega_{AB} = -\omega + \omega_r \Rightarrow \dot\varphi = -\omega + \omega_r \Rightarrow \omega_r = \dot\varphi + \omega$$

故小球B相对于空心薄壁圆柱A的速度为

$$v_r = r\omega_r = r(\dot\varphi + \omega) = r\left(\dot\varphi + \dfrac{\dot x}{r}\right) \quad \text{（方向垂直于杆}AB\text{，即垂直于}AB\text{连线）。}$$

（3）该系统所受到的约束为定常约束（约束方程中不显含时间t），所以$\dfrac{\partial L}{\partial t} = 0$，从而有$T + V = C_1$（常数），意味该系统的机械能守恒，也就是第一个首次积分的含义。

（4）因为拉格朗日函数$L = T - V$中不含有广义坐标x，所以$\dfrac{\partial L}{\partial x} = 0$，广义坐标$x$为循环坐标。则有$\dfrac{\partial L}{\partial \dot x} = (2m_1 + m_2)\dot x + m_2 r\dot\varphi\cos\varphi = C_2$（常数）（$\dfrac{\partial L}{\partial \dot x}$称为广义动量），该式表示系统的广义动量守恒。由于在运动过程中空心薄壁圆柱受到水平地面摩擦力的作用，所以系统所受外力的主矢在水平方向投影$F_{Rx} \neq 0$，因此，系统的动量在水平方向的投影并不守恒。

附录 A 自 测 题

自测题一

一、图示系统处于同一铅垂平面内，半径为 r 的圆盘 D 以匀角速度 ω_0 在半径为 $R = 2r$ 的固定不动的凸圆轮上作逆时针转向的纯滚动，固连于圆盘盘缘上的销钉 B 放置于杆 OA 的直槽内，以带动杆 OA 绕轴 O 作定轴转动。图示瞬时：圆盘位于最高位置，D、B 两点连线与水平线夹角为 $30°$，杆 OA 与水平线夹角为 $60°$，$OB = 3r$，试求该瞬时杆 OA 的角速度和角加速度。

二、图示平面结构由直杆 AC、BD、CD 和 GH 相互铰接而成，已知 $AG = GC = CD = GH = DH = l$，$BH = \dfrac{3}{2}l$，$E$ 为 CD 的中点，所受载荷如图所示，且 $F = \sqrt{3}ql$，$M = \dfrac{3}{2}ql^2$，若不计各构件自重和各接触处摩擦，试求固定铰支座 A、B 处的约束力。

三、图示平面结构由直角弯杆 OA 和直杆 AB、AD 相互铰接而成，C 为杆 AD 的中点，其几何尺寸和所受载荷如图所示，且 $F = \dfrac{1}{2}ql$，$M = 2ql^2$，若不计各构件自重和各接触处摩擦，试用虚位移原理求固定端 O 处约束力偶矩。

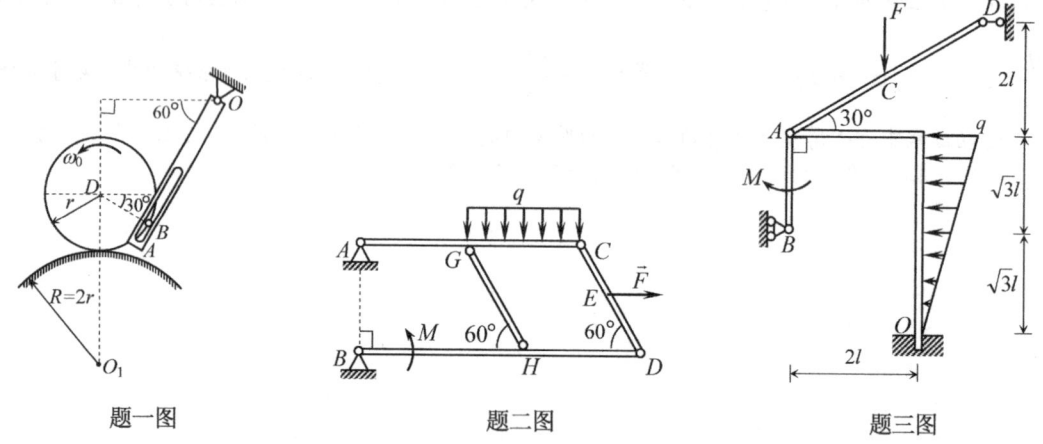

题一图　　　　　题二图　　　　　题三图

四、图示机构处于同一铅垂平面内，由可沿光滑水平滑道滑动的质量为 m 的滑块 A 与质量也为 m、长度为 l 的均质细直杆 AB 光滑铰接而成，系统初始静止于最低位置。现有一水平向左碰撞冲量 $\vec{I}$ 垂直地作用于杆上点 D，且 $BD = \dfrac{l}{4}$，试求：（1）碰撞结束瞬时滑块 A 获得的速度和杆 AB 获得的角速度；（2）若碰撞结束后，杆 AB 能够运动的最高位置为水平位置，则所需碰撞冲量 $\vec{I}$ 的大小。

五、图示系统处于同一铅垂平面内，可沿水平地面作纯滚动的均质圆盘 D 的质量为 m，半径为 r；可绕光滑水平轴 O 作定轴转动的直角弯杆 OAB 的 OA 段质量不计，长度为 r；AB 段均质，质量也为 m，长度为 $l = 2\sqrt{3}r$；杆与圆盘之间为光滑接触。若系统于图示位置（杆与盘的切点 E 和轴 O 的连线为水平直线，D、E 的连线与铅垂线夹角为 $30°$，D、A 的连线与 OA 的夹角为 $60°$）无初速释放，试求释放瞬时:(1)圆盘中心 D 相对于直角弯杆 OAB 运动的相对加速度;(2)圆盘相对地面的绝对角加速度;(3)圆盘和直角弯杆之间的相互作用力。

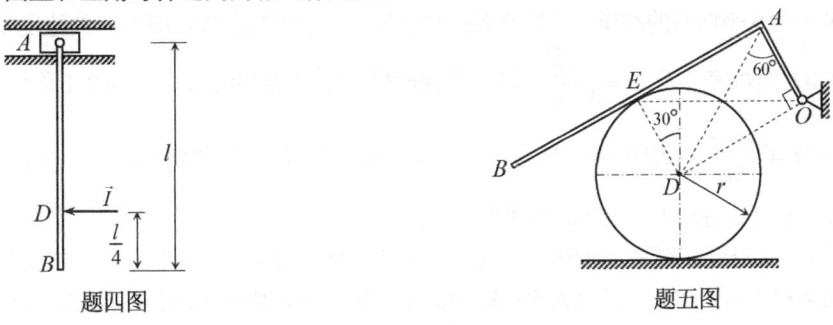

题四图　　　　　　　　　题五图

自 测 题 二

一、图示系统处于同一铅垂平面内,半径为 r 的圆盘 A 以匀角速度 ω_0 绕轴 O 作顺时针转动,从而带动靠在圆盘上的细直杆 BD 绕轴 B 转动,试求图示瞬时杆 BD 的角速度和角加速度。

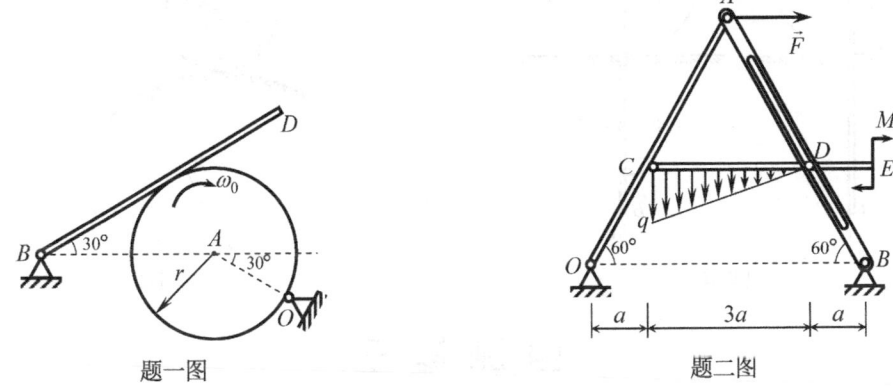

题一图　　　　　　　　　题二图

二、图示不计自重和摩擦的平面结构由杆 OA、AB 和 CE 组成,A、C 处为铰链,固连于水平杆 CE 上的销钉 D 放置于杆 AB 的光滑直槽内,系统的几何尺寸及所受载荷如图所示,且 $F=2\sqrt{3}qa$,$M=2qa^2$,试求支座 O、B 对系统的约束力。

三、图示系统处于同一铅垂平面内,圆盘 O、杆 AB 和杆 BD 的质量都为 m,圆盘的半径为 r,$AB=\sqrt{3}r$,$BD=3r$,$F_1=\sqrt{3}mg$,$M=\dfrac{\sqrt{3}}{4}mgr$,水平地面足够粗糙,若不计铰链 A、B 及倾角为 $30°$ 滑道的摩擦,为使系统在图示位置保持静止,试用虚位移原理求所需施加在杆 BD 上的图示力 $\vec{F}_2$ 的大小。

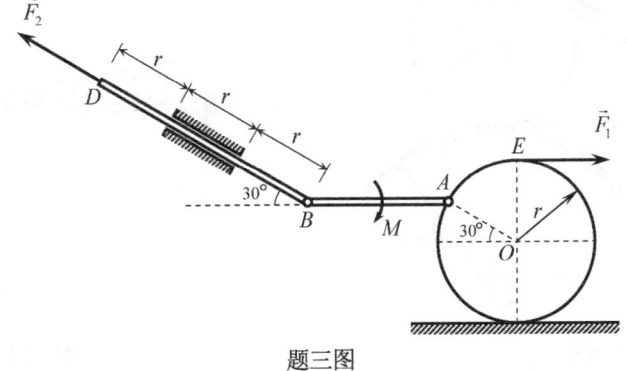

题三图

四、图示系统处于同一铅垂平面内,均质圆盘的质量为 m,半径为 r;均质细直杆 AB 的质量为 m,长度为 $l = 3r$;水平面和铰链 A 光滑;系统在图(a)所示最低位置时处于静止状态。试问在杆的何处作用一个多大的水平向右的冲量,可以使系统获得以下运动初始条件:圆心 A 的速度和圆盘的角速度都为零,杆 AB 的角速度为 $\omega_0 = \sqrt{\dfrac{3g}{2r}}$,转向为逆时针。在碰撞结束后,在杆 AB 上作用一主动力偶,其矩大小恒为 $M = \dfrac{3mgr}{4\pi}$,转向为逆时针,见图(b)。试判断圆盘 A 将作何种运动,并求杆 AB 刚好转过 $90°$ 的瞬时圆心 A 的速度和杆 AB 的角速度。

五、图示系统处于同一铅垂平面内,三均质刚体的质量都为 m,在其矩 M 随位置变化的主动力偶的作用下,使半径为 r 的圆盘在半径为 $R = 3r$ 的固定凸轮上以匀角速度 ω 作纯滚动,转向为顺时针,已知 $AB = 4r$,不计铰链 A、B 处及水平滑道的摩擦,试求图示位置:(1)滑道对滑块的约束力;(2)凸轮对圆盘的摩擦力;(3)主动力偶 M 的值。

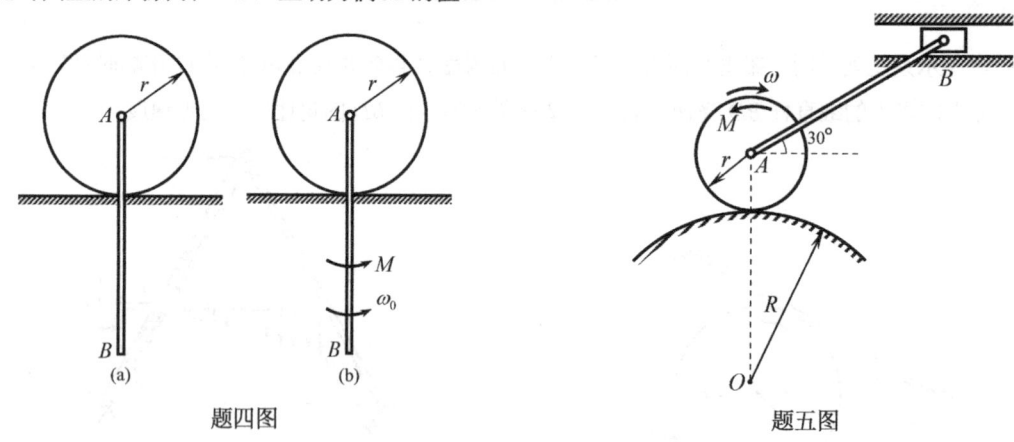

题四图　　　题五图

自 测 题 三

一、图示系统处于同一铅垂平面内,半径为 r 的圆盘 D 以匀角速度 ω_0 沿半径为 $R = 2r$ 的固定不动的凸轮作逆时针转向的纯滚动,固连于盘缘上的销钉 B 放置于杆 OA 的直槽内,从而带动杆 OA 绕轴 O 作定轴转动。在图示瞬时,O_1、D、B 处于同一铅垂直线上,杆 OA 与水平线夹角为 $30°$,$OB = 4r$,试求该瞬时杆 OA 的角速度和角加速度。

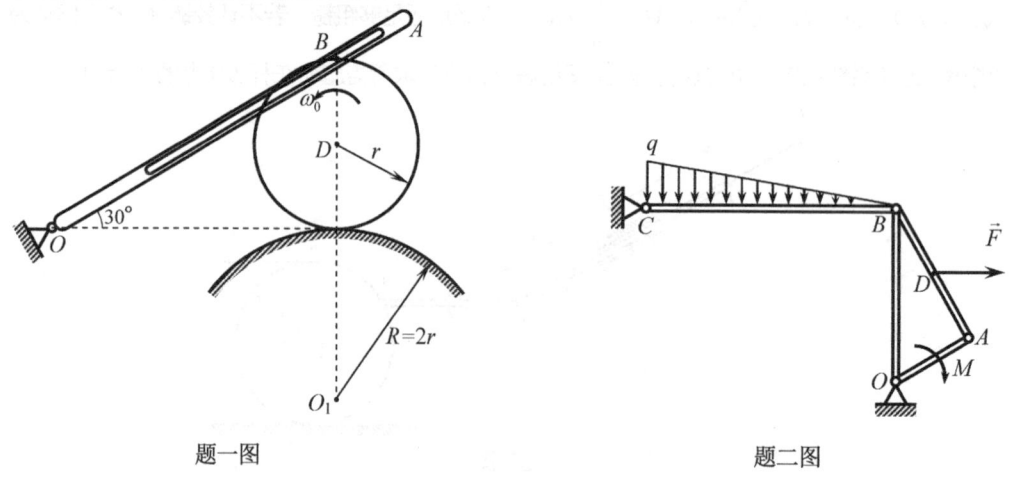

题一图　　　题二图

二、图示平面结构由直杆 OA、OB、AB、BC 在接触处相互铰接而成,已知 $OA = l$, $OB = 2l$, $AB = \sqrt{3}l$, $BC = 3l$, D 为杆 AB 的中点,所受到的载荷如图所示,且 $F = 3ql$, $M = 5ql^2$,若不计各构件自重和各接触处摩擦,试用力系平衡法求杆 OB 的内力。

三、图示平面结构由直角弯杆 OA 和直杆 BC、CD 相互铰接而成,其几何尺寸和所受载荷如图所示,且 $F = \sqrt{3}ql$, $M = 5ql^2$,若不计构件自重和各接触处摩擦,试用虚位移原理求固定端 O 处的约束力偶矩。

四、图示系统处于同一铅垂平面内,质量为 m,倾角为 30°的直角三角块 A 放置于光滑水平地面上;质量为 m,半径为 r 的均质圆盘 B 放置于三角块的斜面上;一刚度系数为 $k = \dfrac{2mg}{r}$ 的弹簧一端与固连于三角块的质量不计的挡板相连,另一端与圆盘中心 B 相连,且弹簧平行于三角块的斜面;已知圆盘运动时相对于三角块为纯滚动。试:(1)当圆盘中心沿斜面由弹簧静伸长(圆盘静止于不运动三角块上时弹簧的伸长量)位置向下发生了 r 位移时,系统无初速释放,求圆盘相对于三角块刚回到静平衡位置时三角块的速度和圆盘的角速度。(2)若圆盘相对于三角块刚回到静平衡位置时圆盘 B 突然受到一过圆心的水平向左的冲量 $\vec{I}$,使碰撞结束时三角块的速度变为零,求冲量 $\vec{I}$ 的大小和碰撞结束时圆盘相对于三角块作纯滚动的角速度。

五、图示系统处于同一铅垂平面内,细长直杆 OA、AB 和圆盘 B 皆均质,质量都为 m,杆长 $OA = AB = 4r$,圆盘半径为 r,在其矩为 M(其值随时间 t 变化)的主动力偶的作用下,使杆 OA 绕轴 O 以匀角速度 $\omega = \sqrt{\dfrac{3g}{64r}}$ 作顺时针转动,并通过连杆 AB 带动圆盘 B 在倾角为 30°的斜面上作纯滚动,且 O、B 两点连线与斜面平行。试求系统运动至图示位置时:(1)斜面对圆盘的摩擦力和正压力;(2)主动力偶矩 M 的值。

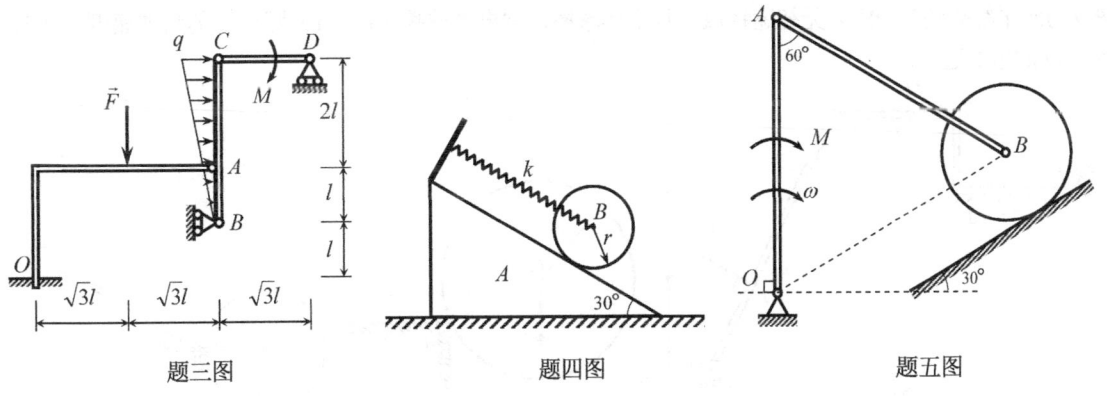

题三图　　　　题四图　　　　题五图

自 测 题 四

一、图示系统处于同一铅垂平面内,鼓轮 D 的外半径为 $R = \sqrt{3}r$,其半径为 r 的内轮沿固定不动的水平轨道以匀角速度 ω_0 向左作纯滚动,固连于外轮盘缘上的销钉 B 放置于杆 OA 的直槽内,从而带动杆 OA 绕轴 O 作定轴转动。在图示瞬时:销钉 B 位于鼓轮的最右端,杆 OA 与水平线夹角为 60°,O、B 两点距离为 $3r$,试求该瞬时杆 OA 的角速度和角加速度。

二、平面结构的几何尺寸和受力情况如图所示,且 $M = 3qa^2$,其中杆 OA 与杆 BD 在其中点以销钉 C 相连,A 处为光滑面接触,若不计各构件自重和各接触处摩擦,试求固定铰支座 B 处的约束力。

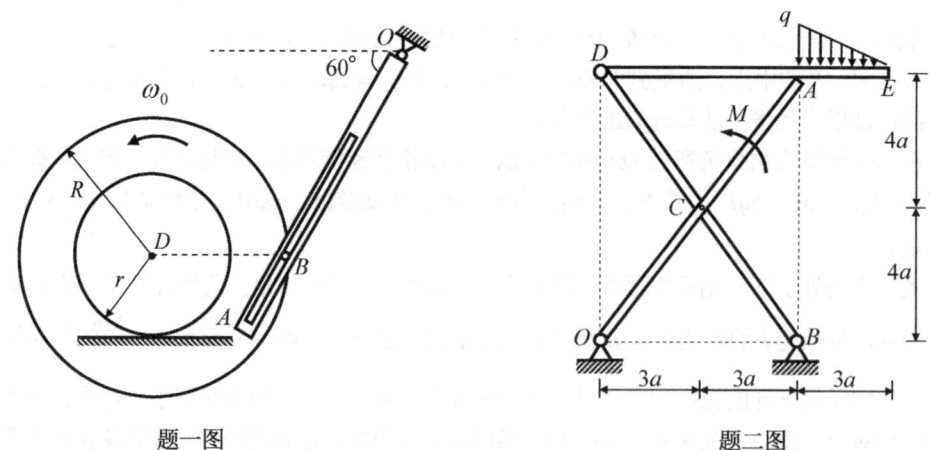

题一图　　　　　　　　　题二图

三、平面结构的几何尺寸和受力情况如图所示，且 $F = 3\sqrt{3}ql$，$M = 3ql^2$，若不计各构件自重和各接触处摩擦，试用虚位移原理求直角弯杆 OAB 在固定端 O 处受到的约束力偶矩。

四、如图所示，质量为 m，半径为 r 的均质圆盘 C 在重力作用下在空中作铅垂直线平移，在即将碰到固定棱角 A 上时圆盘的速度为 $\vec{v}$，已知固定棱角 A 离圆心 C 的水平距离为 $b = \dfrac{\sqrt{3}}{2}r$，碰撞结束时圆盘在棱角 A 上没有滑动，碰撞的恢复因数为 $e = \dfrac{1}{3}$，试求碰撞结束时：（1）圆盘碰撞点的速度；（2）圆盘的角速度；（3）圆盘动能的损失量。

五、在处于同一铅垂平面内的图示系统中，均质圆盘 A 的质量为 $m_1 = 2m$，半径为 r；均质细直杆 BD 的质量为 m，长度为 $l = 2\sqrt{3}r$。系统于图示位置（圆盘半径 OA 与铅垂直线的夹角为 $30°$，杆 BD 与水平线夹角为 $30°$）无初速释放，且不计摩擦，试求释放瞬时：（1）圆盘 A 的角加速度；（2）杆 BD 的角加速度。

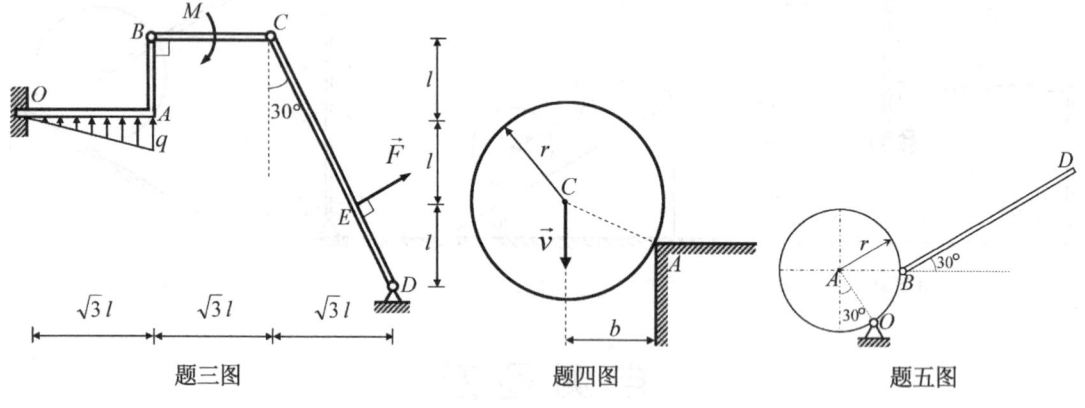

题三图　　　　　　　　题四图　　　　　　　题五图

自 测 题 五

一、图示机构处于同一铅垂平面内，曲柄 OA 以匀角速度 ω_0 绕定轴 O 作顺时针转动，通过连杆 AB 带动半径为 r 的圆盘 D 在铅垂平面上作纯滚动，同时由套于连杆 AB 上的套筒 E 带动杆 EF 在铅垂滑道中滑动。已知 $OA = 2r$，$AB = 4r$，图示瞬时，杆 OA 位于铅垂位置，BD 连线位于水平方位，杆 AB 与水平线间夹角为 $30°$，且点 E 恰好处于 AB 的中点。试求：（1）圆盘 D 的角速度及角加速度；（2）杆 EF 的速度及加速度。

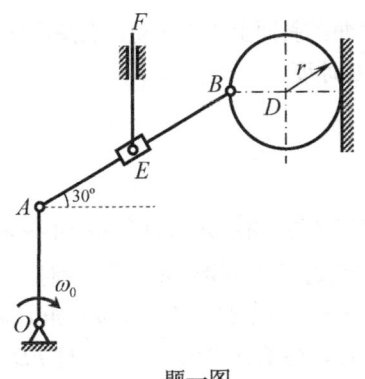
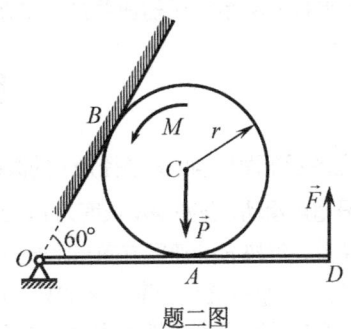

题一图　　　　　　　　　　　题二图

二、处于同一铅垂平面内的图示系统，已知均质圆盘重量为 P、半径为 r，置于一端铰支的水平直杆 OD 与倾角为 $60°$ 的斜面之间，杆端 D 处作用了铅垂向上的主动力，其大小为 $F = P$，$OD = 2\sqrt{3}r$，圆盘与直杆 OD 和圆盘与斜面之间的静滑动摩擦因数均为 $f_s = \dfrac{\sqrt{3}}{4}$。不计直杆 OD 的自重和铰支座处的摩擦，若在图示位置使系统保持静止，试求作用于圆盘上的逆时针转向主动力偶矩 M 能取的值。

三、如图所示平面机构，B 处弹簧的刚度系数为 k，杆 AC 上作用了三角形载荷，杆 CD 上作用了逆时针转向的集中力偶 M_0，滑块 D 上作用了水平向右的集中力 $\vec{P}$，铰链 C 上作用了铅垂向下的集中力 $\vec{F}$。在图示位置（杆 AC 水平，杆 CD 与水平线夹角为 $30°$），系统处于平衡状态，已知 $P = 3\sqrt{3}q_0 a$，$M_0 = \sqrt{3}q_0 a^2$，且弹簧的伸长量 $\lambda = \dfrac{2q_0 a}{3k}$，试用虚位移原理求 C 处集中力 $\vec{F}$ 的大小（不计各构件自重及各接触处摩擦）。

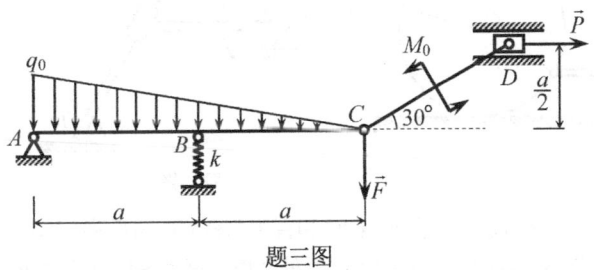

题三图

四、如图所示，质量为 m、长度为 $2l$ 的均质细杆 AB，其 B 端焊接一质量为 m 的质点 B。该系统从水平位置由静止释放，当系统的质心 C 下落了高度 h 后与一光滑支座在 D 点相碰撞，已知恢复因数 $e = 0.5$，试求：（1）碰撞结束时杆 AB 的角速度；（2）支座 D 对杆 AB 的碰撞冲量；（3）碰撞结束时系统的动能。

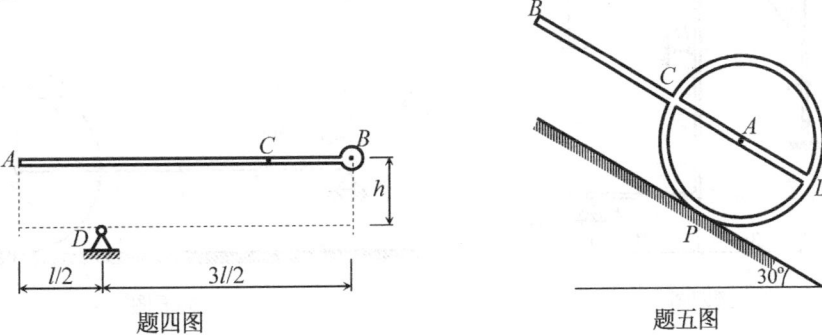

题四图　　　　　　　　　　　题五图

五、均质细圆环半径为 r，质量为 m，圆心为 A，均质细直杆 BD 长度为 $l = 4r$，质量也为 m，杆

BD 沿圆环直径与圆环焊接在一起，圆环可在与水平面成 30° 角的斜面上作纯滚动。在图示位置（杆 BD 与斜面平行）将系统无初速释放，试求释放瞬时系统的角加速度。

自 测 题 六

一、在图示平面机构中，半径为 r 的圆盘 C 在水平地面上作纯滚动，滑块 B 以匀速 v_0 在半径为 $R = 4r$ 的圆弧形滑道内滑动，连杆 AB 长度为 $l = 2r$，两端分别铰接于圆盘边缘 A 和滑块 B。图示瞬时，连杆 AB 处于水平位置，滑块 B 的速度方向与水平方向夹角为 30°，试求该瞬时圆盘 C 的角速度 ω 和角加速度 α。

二、图示平面系统，长度为 r 的杆 AB 与套筒 B 焊接为一体，绕轴 A 顺时针转动；杆 ED 的长度为 $l = 3r$，其 D 端可沿水平地面滑动；图示瞬时（杆 AB 处于水平位置，杆 ED 与地面夹角为 60°）杆 AB 的角速度为 ω，角加速度为零，试求杆端 D 点的速度和加速度。

三、图示铅垂面内不计自重和摩擦的构架由杆 AB、BC、DG 组成。杆 DG 上的销钉 E 放置在杆 BC 的直槽内。其几何尺寸和所受载荷如图所示，且 $F = qa$ 和 $M = \dfrac{15}{2}qa^2$，试求固定端 A 处的约束力。

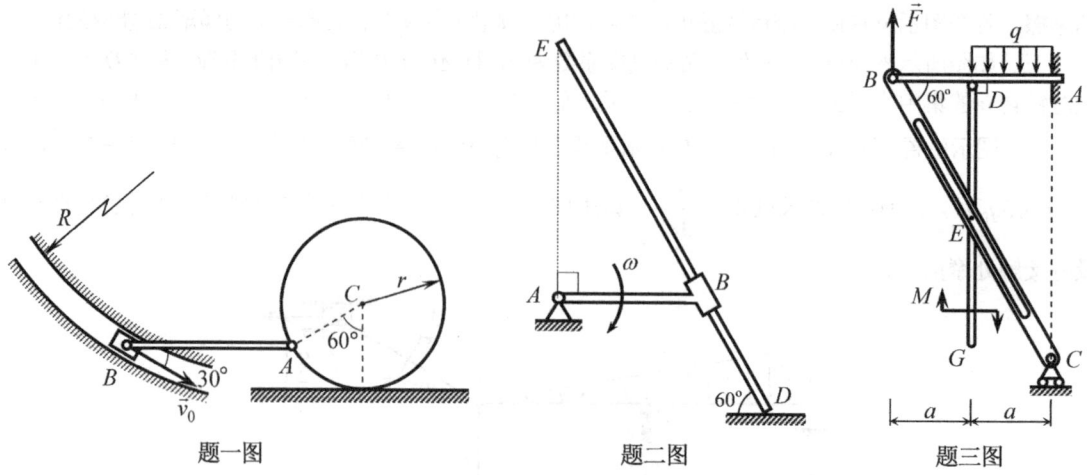

题一图　　　　题二图　　　　题三图

四、图示平面结构，由直杆 OA、三角板 ABC 和直角弯杆 CE 相互铰接而成，其几何尺寸和所受载荷如图所示，且 $M = ql^2$，若不计各构件自重和各接触处摩擦，试用虚位移原理求链杆 D 对系统的约束力。

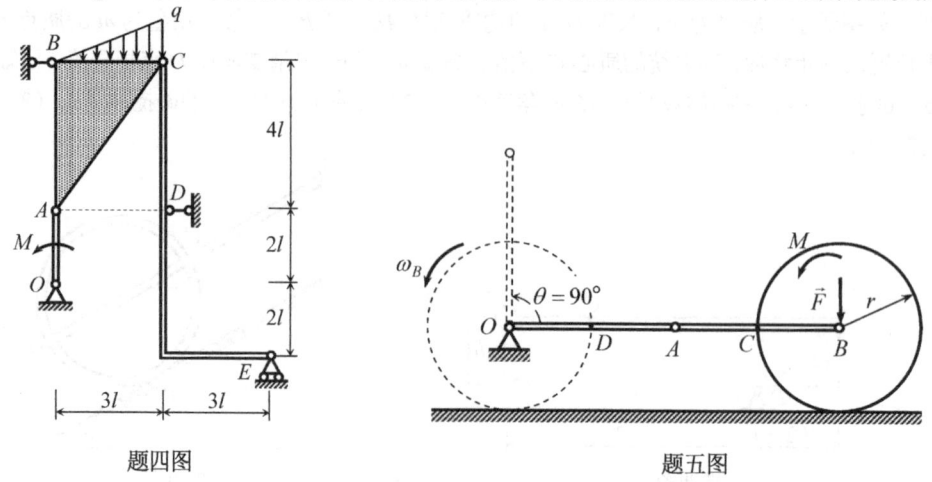

题四图　　　　　　题五图

五、图示系统位于同一光滑水平面内，均质圆盘 B 的质量为 m，半径为 r，均质细直杆 OA 和 AB

的质量也为 m，长度均为 $l = 2r$，各铰链均光滑不计摩擦。初始时，O、A、B 三点位于同一直线上，系统处于静止，现在圆盘 B 上作用一逆时针转向、力偶矩恒为 M 的主动力偶，在圆盘中心作用一个与直线轨道（与初始时直线 OAB 平行）垂直的图示主动力 $\vec{F}$，使圆盘 B 沿该直线轨道作纯滚动（注意：在运动过程中，圆盘可以穿过固定铰支座 O，不会与之相碰），试求当杆 OA 逆时针转过 $\theta = 90°$ 时（图中虚线位置），圆盘的角速度 ω_B。

六、如图所示，质量为 m、半径为 r 的均质圆盘在倾角为 $60°$ 的斜面上向下作纯滚动，在即将与水平面相碰前瞬时角速度为 ω_0，与水平面相碰后不离开该平面，并继续沿水平面作纯滚动，试求碰撞结束时圆盘的角速度。

七、在处于同一铅垂平面的图示系统中，O 端铰支的杆 OB 与 D 端放置于水平地面上的杆 BD 在 B 点铰接，两杆都为均质细直杆，它们的长度均为 l、质量均为 m，A、C 分别为两杆的中点。若不计各处摩擦，将系统于图示位置无初速释放，试求释放瞬时杆 OB 的角加速度及地面对杆 BD 的约束力。

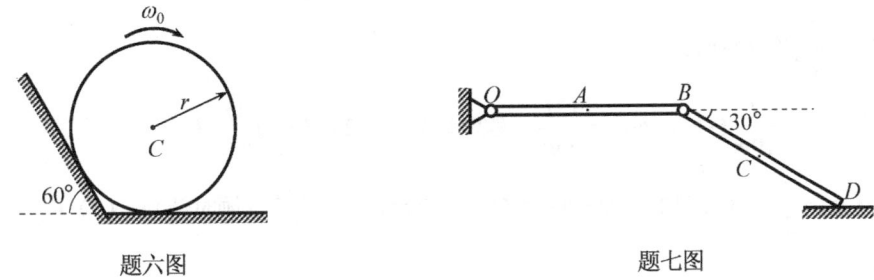

题六图   题七图

附录 B 自测题参考答案

自测题一

一、$\omega_{OA} = \dfrac{\sqrt{3}}{6}\omega_0$（顺时针），$\alpha_{OA} = \dfrac{5+\sqrt{3}}{18}\omega_0^2$（顺时针）

二、$F_{Ax} = \dfrac{\sqrt{3}}{2}ql(\leftarrow)$，$F_{Ay} = ql(\uparrow)$，$F_{Bx} = \dfrac{\sqrt{3}}{2}ql(\leftarrow)$，$F_{By} = 0$

三、$M_O = \dfrac{5}{2}ql^2$（顺时针）

四、(1) $u_A = \dfrac{I}{10m}(\rightarrow)$，$\omega_{AB} = \dfrac{12I}{5ml}$（顺时针）；(2) $I = m\sqrt{\dfrac{5}{6}gl}$

五、(1) $a_r = \dfrac{6}{23}g$（方向由点 D 指向点 O）；(2) $\alpha_{\text{盘}} = \dfrac{4\sqrt{3}g}{23r}$（顺时针）；(3) $F_{NE} = \dfrac{12\sqrt{3}}{23}mg$

自测题二

一、$\omega_{BD} = \dfrac{\sqrt{3}}{6}\omega_0$（逆时针），$\alpha_{BD} = \dfrac{18+5\sqrt{3}}{36}\omega_0^2$（顺时针）

二、$F_{Ox} = \dfrac{8\sqrt{3}}{5}qa(\leftarrow)$，$F_{Oy} = \dfrac{5}{2}qa(\downarrow)$，$F_{Bx} = \dfrac{2\sqrt{3}}{5}qa(\leftarrow)$，$F_{By} = 4qa(\uparrow)$

三、$F_2 = \dfrac{9}{4}mg$

四、水平向右冲量的大小为 $I = \dfrac{3}{4}m\sqrt{6gr}$，作用位置 $AD = 2r$；

$\omega_A = 0$，即圆盘 A 沿光滑水平面作直线平移；

$v_A = \dfrac{3}{8}\sqrt{6gr}(\rightarrow)$，$\omega_{AB} = \dfrac{\sqrt{3}}{4}\sqrt{\dfrac{g}{r}}$（逆时针）

五、(1) $F_{NB} = \dfrac{5}{72}mr\omega^2 + \dfrac{3}{2}mg(\uparrow)$；(2) $F_{fA} = \dfrac{\sqrt{3}}{8}mr\omega^2(\leftarrow)$；(3) $M = \dfrac{\sqrt{3}}{8}mr^2\omega^2$（逆时针）

自测题三

一、$\omega_{OA} = \dfrac{1}{4}\omega_0$（逆时针），$\alpha_{OA} = \dfrac{\sqrt{3}}{24}\omega_0^2$（顺时针）

二、$F_{OB} = -\dfrac{4+23\sqrt{3}}{8}ql$（压杆）

三、$M_O = ql^2$（顺时针）

四、(1) $v_A = \dfrac{\sqrt{3}}{3}\sqrt{gr}(\rightarrow)$，$\omega = \dfrac{4}{3}\sqrt{\dfrac{g}{r}}$（逆时针）；(2) $I = m\sqrt{3gr}(\leftarrow)$，$\omega_r^{(2)} = 2\sqrt{\dfrac{g}{r}}$（逆时针）

五、（1）$F_f = \dfrac{3}{32}mg$（沿斜面向上），$F_N = \dfrac{9\sqrt{3}}{8}mg$（垂直斜面向上）；（2）$M = \dfrac{3\sqrt{3}}{2}mgr$

自测题四

一、$\omega_{OA} = \dfrac{\sqrt{3}}{3}\omega_0$（顺时针），$\alpha_{OA} = \dfrac{9+4\sqrt{3}}{18}\omega_0^2$（顺时针）

二、$F_{Bx} = \dfrac{3}{4}qa(\leftarrow)$，$F_{By} = \dfrac{5}{4}qa(\uparrow)$

三、$M_O = 3ql^2$（顺时针）

四、（1）$u_A = \dfrac{1}{6}v$（方向由点 A 指向点 C）；（2）$\omega = \dfrac{\sqrt{3}v}{3r}$（逆时针）；（3）$\Delta T = \dfrac{17}{72}mv^2$

五、（1）$\alpha_A = \dfrac{17g}{55r}$（↻）；（2）$\alpha_{BD} = \dfrac{27g}{55r}$（↻）

自测题五

一、（1）$\omega_{盘} = \sqrt{3}\omega_0$（顺时针），$\alpha_{盘} = \left(5 + \dfrac{3\sqrt{3}}{2}\right)\omega_0^2$（逆时针）；

（2）$v_{EF} = \dfrac{2\sqrt{3}}{3}r\omega_0(\uparrow)$，$a_{EF} = 2\left(\dfrac{13}{3} + \sqrt{3}\right)r\omega_0^2(\downarrow)$

二、$\dfrac{\sqrt{3}}{7}Pr \leqslant M \leqslant \dfrac{\sqrt{3}}{4}Pr$

三、$F = \dfrac{1}{3}q_0 a$

四、（1）$\omega_{AB} = \dfrac{18\sqrt{2gh}}{17l}$（顺时针）；（2）$I_D = \dfrac{15}{17}m\sqrt{2gh}(\uparrow)$；（3）$T = \dfrac{901}{578}mgh$

五、$\alpha = \dfrac{3(2-\sqrt{3})g}{32r}$（顺时针）

自测题六

一、$\omega = \dfrac{\sqrt{3}v_0}{r}$（顺时针），$\alpha = \dfrac{(15+12\sqrt{3})v_0^2}{4r^2}$（逆时针）

二、$v_D = \sqrt{3}r\omega(\leftarrow)$，$a_D = 3r\omega^2(\rightarrow)$

三、$F_{Ax} = 0$，$F_{Ay} = 5qa(\downarrow)$，$M_A = 9qa^2$（逆时针）

四、$F_D = \dfrac{5}{4}ql(\leftarrow)$

五、$\omega_B = \dfrac{4}{r}\sqrt{\dfrac{3M}{13m}}$（逆时针）

六、$\omega = \dfrac{2}{3}\omega_0$（顺时针）

七、$\alpha_{OB} = \dfrac{9g}{7l}$（顺时针），$F_N = \dfrac{3}{7}mg(\uparrow)$

参 考 文 献

[1] 水小平,白若阳,刘海燕. 理论力学教程. 北京:电子工业出版社,2013.
[2] 贾书惠,李万琼. 理论力学. 北京:高等教育出版社,2002.
[3] 刘延柱,朱本华,杨海兴. 理论力学(第3版). 北京:高等教育出版社,2002.
[4] 李俊峰,张雄. 理论力学(第2版). 北京:清华大学出版社,2010.
[5] 梅凤翔,周际平,水小平. 工程力学学习指导(上、下册). 北京:北京理工大学出版社,2003.
[6] 贾书惠. 理论力学学习辅导. 北京:清华大学出版社,2007.
[7] 贾书惠,张怀瑾. 理论力学辅导. 北京:清华大学出版社,1997.
[8] 韦林. 理论力学学习方法及解题指导(上、下册). 上海:同济大学出版社,2002.
[9] 冯奇,王斌耀. 理论力学导学篇. 北京:机械工业出版社,2003.
[10] 贾启芬,刘习军. 理论力学辅导与习题解答. 机械工业出版社,2012.
[11] 蔡泰信,和兴锁. 理论力学解题方法和技巧. 北京:科学出版社,2005.
[12] 殷祥超,巫静波. 理论力学学习指导与题解. 北京:高等教育出版社,2004.
[13] 沈火明. 理论力学学习指导与能力训练. 成都:西南交通大学出版社,2006.
[14] 李厚明,余天庆. 理论力学解题精粹. 武汉:中国地质大学出版社,2003.
[15] 焦群英. 理论力学学习指导. 北京:中国农业大学出版社,2006.